DIE GRUNDLEHREN DER

MATHEMATISCHEN
WISSENSCHAFTEN

IN EINZELDARSTELLUNGEN MIT BESONDERER
BERÜCKSICHTIGUNG DER ANWENDUNGSGEBIETE

GEMEINSAM MIT

W. BLASCHKE
HAMBURG

M. BORN
GÖTTINGEN

C. RUNGE †
GÖTTINGEN

HERAUSGEGEBEN VON

R. COURANT
GÖTTINGEN

BAND XXI

EINFÜHRUNG IN DIE ANALYTISCHE GEOMETRIE
VON
A. SCHOENFLIES †

ZWEITE AUFLAGE
BEARBEITET VON
M. DEHN

SPRINGER-VERLAG BERLIN HEIDELBERG GMBH 1931

EINFÜHRUNG IN DIE ANALYTISCHE GEOMETRIE DER EBENE UND DES RAUMES

VON

A. SCHOENFLIES

WEIL. PROFESSOR AN DER UNIVERSITÄT
FRANKFURT A. M.

ZWEITE AUFLAGE

BEARBEITET UND DURCH SECHS ANHÄNGE ERGÄNZT
VON

M. DEHN

PROFESSOR AN DER UNIVERSITÄT
FRANKFURT A. M.

MIT 96 TEXTFIGUREN

SPRINGER-VERLAG BERLIN HEIDELBERG GMBH 1931

ISBN 978-3-662-35991-4   ISBN 978-3-662-36821-3 (eBook)
DOI 10.1007/978-3-662-36821-3

Aus dem Vorwort zur ersten Auflage.

Zwischen schulmäßiger und höherer Betrachtung besteht in der analytischen Geometrie vielleicht ein stärkerer Gegensatz als in irgendeinem anderen Gebiet der Mathematik. Seine Überwindung sollte man den Studierenden möglichst erleichtern; am besten so, daß sie selbst die Wandlung ihrer Denkweise innerlich mitschaffend vollziehen. Dem habe ich Rechnung zu tragen gesucht. Die mir bekannten neueren Lehrbücher verfahren freilich zumeist etwas anders. Die projektive Denkweise beherrscht für sie von vornherein und in einheitlicher Darstellung den Aufbau; was zugleich den baldigsten Gebrauch homogener Koordinaten mit sich bringt. Die methodische Konsequenz dieses Verfahrens kann nicht bestritten werden. Für das vorliegende Lehrbuch ist jedoch außer den gebieterischen Forderungen der Wissenschaft auch die Rücksicht auf die ebenfalls gebieterischen Bedürfnisse des Lernenden bestimmend gewesen. Dies gilt insbesondere auch von der Anordnung des Stoffes. Ich hielt es für richtig, die sachlichen und methodischen Grundgedanken dem Studierenden zunächst in der inhomogenen analytischen Sprache zu vermitteln, die er mitzubringen pflegt.

Immer wird ein Kompromiß persönlich gefärbt sein. Ich stehe nicht an zu sagen, daß ich mich wesentlich auf die Seite der Lernenden gestellt habe; ein einführendes Lehrbuch soll in erster Linie ein Lernbuch sein. Unter dem Gesichtspunkt des wissenschaftlichen Aufbaues mag allerdings manches in ihm als ein Mangel erscheinen, worin ich selbst eine pädagogische Notwendigkeit sehe. Von diesem Gesichtspunkt aus bitte ich den kritischen Leser, Plan und Ausführung meiner Arbeit zu beurteilen. Ich hoffe mit ihr auch dem Grundgedanken dieser Sammlung zu entsprechen, der die Bedürfnisse der Anwendungsgebiete besonders berücksichtigen will.

Auch die Abgrenzung des Inhalts ist wesentlich durch pädagogische Erwägungen bestimmt. Er beschränkt sich im wesentlichen auf das lineare Gebiet; dazu wird man auch die Polarität und die Transformation der quadratischen Formen rechnen; bestehen doch ihre Hauptteile in der Diskussion einer Matrix. Dagegen ist der Linienraum sowie die projektive Behandlung der Metrik außerhalb des behandelten Stoffes geblieben.

Frankfurt, im Mai 1925.

A. Schoenflies.

Vorwort zur zweiten Auflage.

Die Tendenz des Buches, wie sie im Vorwort zur ersten Auflage zum Ausdruck kommt, hat sich bewährt. Ich habe deswegen bei der Neuherausgabe den Aufbau ganz unverändert gelassen, um den Wert des Buches für den Anfänger zu erhalten. Dagegen war es nötig, sehr zahlreiche kleinere und auch an einigen wenigen Stellen größere Änderungen auszuführen. Hierbei wurde ich ganz wesentlich von meinen Frankfurter Freunden unterstützt.

Es schien ferner zweckmäßig, durch Hinzufügung von Anhängen das Buch auch dem Interesse des reiferen Mathematikers anzupassen. Der wichtigste Teil, Anhang III, behandelt die lineare Algebra und zeigt, wie durch sie die analytische Geometrie zu einem gewissen Abschluß kommt. In enger Verbundenheit werden hier die wichtigsten Probleme der analytischen Geometrie und der linearen Algebra behandelt. Jede der beiden Disziplinen kann in dieser gemeinsamen Darstellung zu ihrem vollen Recht kommen. Denn dieser Teil der Geometrie ist gleichsam nur eine räumliche Realisation der linear-algebraischen Erscheinungen. Freilich muß man gelegentlich die vieldimensionale Geometrie mit in Betracht ziehen, denn z. B. die Elementarteilertheorie entfaltet ihre volle Schönheit erst bei einer genügend hohen Variablenzahl. Beiden Disziplinen zugrunde liegt die abstrakte Theorie der Verknüpfungen, die aber hier gegenüber der Darstellung im Gebiet der Zahlen und räumlichen Gebilde zurückgedrängt ist.

In einem gewissen Gegensatz zu diesem Teil steht Anhang VI; er zeigt, wie man wichtige Problemgebiete der Geometrie, die sich bisher der analytischen Behandlung entziehen, vielleicht doch einer solchen Behandlung zuführen kann. Der Anhang I gibt eine Übersicht über alle in Betracht kommenden geometrischen Erscheinungen, gleichsam einen systematischen Katalog der analytisch-geometrischen Schaustücke. Anhang II entspricht dem Bedürfnis, über die für die Grundlegung wichtigen Gesichtspunkte etwas zu erfahren. Auf die ausführliche axiomatische Darstellung mußte natürlich verzichtet werden. Es kam vor allem darauf an, die wichtigsten Entwicklungsstufen in der Verschmelzung von Geometrischem und Arithmetischem darzustellen. Anhang IV behandelt im Umriß die interessante Geschichte der analytischen Geometrie. Anhang V endlich gibt einige größere Beispiele zur analytisch-geometrischen Technik. Dieser Anhang ergänzt die aus der ersten Auflage unverändert übernommene Sammlung von Aufgaben und Beispielen.

Frankfurt, im Oktober 1930.

M. Dehn.

Inhaltsverzeichnis.

Sechstes Kapitel.

Linienkoordinaten und Dualität.

Siebentes Kapitel.

Doppelverhältnis und projektive Beziehung.

Achtes Kapitel.

Homogene Koordinaten.

Neuntes Kapitel.

Der Kreis.

Zehntes Kapitel.

Ellipse, Hyperbel, Parabel.

Inhaltsverzeichnis.

Erstes Kapitel

Einleitende Betrachtungen.

Vorbemerkung.

Die analytische Geometrie untersucht die geometrischen Gebilde *mit Hilfe der Algebra*. Die Algebra behandelt die Verknüpfungen der Zahlen. Es ist also eine Methode notwendig, durch die geometrischen Gebilden (Punkt, Gerade usw.) arithmetische Gebilde zugeordnet werden können und andrerseits arithmetische Beziehungen wieder auf das Geometrische übertragen werden können. Diese Methode ist schon im Altertum entwickelt und angewandt worden, aber zur vollen Entfaltung kam die analytische Geometrie erst in der neueren Zeit (vgl. Anhang IV). Besondere Bedeutung für diese Entfaltung hat das Werk von RENÉ DESCARTES, „La Géométrie", das 1637 erschien[1].

Die elementare, unmittelbar auf die Anschauung sich stützende mathematische Denkweise haftet an den Begriffen des *Endlichen*, des *Rationalen* und des *Reellen*; die höhere Auffassung hat sich genötigt gesehen, darüber hinaus zu den Begriffen des *Unendlichen*, des *Irrationalen* und des *Imaginären* fortzuschreiten. Worin dies begründet ist, soll in diesem einleitenden Kapitel kurz erörtert werden. Dazu kommen einige Formeln für Strecken, Winkel und Projektionen, die für den gesamten Aufbau der analytischen Geometrie grundlegend sind und deshalb hier vorangestellt werden.

§ 1. Arithmetisches und geometrisches Kontinuum.

Die folgende Vorstellung ist uns geläufig. Nehmen wir auf einer Geraden g einen festen Punkt O und einen beliebigen Punkt P an, so entspricht der Strecke OP eine gewisse reelle Zahl, die ihre Länge darstellt, und wenn P die Gerade g durchläuft, so nimmt diese Zahl der Reihe nach alle reellen Werte an. Freilich ist diese Vorstellung keineswegs so selbstverständlich, wie es scheinen mag; sie bedarf vielmehr einer eingehenden Erörterung. Hier soll es genügen, auf die Probleme, die sie einschließt, kurz hinzuweisen (vgl. auch Anhang II).

---

[1] Eine deutsche Ausgabe von L. Schlesinger erschien 1894; 2. Auflage 1923.

Auf unserer Geraden nehmen wir (Fig. 1) außer dem Punkt O noch einen Punkt E an; er möge rechts von O liegen. Dem Punkt O ordnen wir die Zahl 0 zu, dem Punkt E die Zahl 1. Es stellt dann OE die *Maßeinheit* auf der Geraden dar (E heißt daher der *Einheits*punkt der Maßbestimmung), und die Richtung von O zu E ist die *positive* Richtung. Jeder *rationalen* Zahl läßt sich dann in bekannter Weise ein Punkt auf g zuordnen: Der positiven ganzen Zahl p entspricht der Punkt P rechts von O, für den $OP = p \cdot OE$ ist; analog einer negativen ganzen Zahl ein Punkt Q links von O.

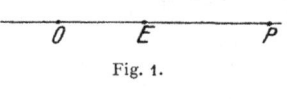

Fig. 1.

Den Punkt M, der dem positiven Bruch m/n entspricht, erhalten wir so, daß wir OE in n gleiche Teile teilen und OM gleich m solcher Teile machen. So finden wir zu jedem positiven oder negativen Bruch einen Punkt von g. Geben wir dem Nenner n der Reihe nach die Werte $1, 2, \ldots, \nu + 1$, und zeichnen für jeden dieser Werte alle zugehörigen Punkte m/n, so ist der Abstand zweier benachbarter von ihnen sicher kleiner als $1/\nu$. Mit wachsendem ν bedeckt sich also die Gerade immer dichter mit Teilpunkten; *es gibt kein noch so kleines Intervall, in das bei diesem Verfahren nicht schließlich Teilpunkte hineinfielen.* Man sagt deshalb, die rationalen Punkte erfüllen die Gerade *überall dicht*.

Doch aber gibt es geometrische Strecken, deren Länge durch kein Stück der Geraden dargestellt werden kann, das in O beginnt und in einem der erhaltenen Punkte endigt. Eine solche Länge besitzt z. B. die Diagonale eines Quadrats über der Längeneinheit. Sie hat die Länge $\sqrt{2}\,OE$. $\sqrt{2}$ ist aber keiner rationalen Zahl gleich[1]. Wir stellen $\sqrt{2}$ durch einen unendlichen nicht periodischen Dezimalbruch dar, von dem wir beliebig viele Stellen berechnen können. Von solchen Brüchen wissen wir, daß sie den gewöhnlichen Rechnungsregeln und Anordnungsregeln ausnahmslos folgen. Hiervon ausgehend, hat die Mathematik die folgenden grundlegenden Vorstellungen ausgebildet: 1. Auch jedem solchen (nicht periodischen) unendlichen Dezimalbruch legen wir einen (*irrationalen*) Zahlenwert bei. Der Größe nach geordnet bilden die rationalen und irrationalen Zahlen das *arithmetische Kontinuum*. 2. Zu jedem Punkte der Geraden g gehört eine und nur eine Zahl des arithmetischen Kontinuums, und umgekehrt: zu jeder solchen Zahl gehört nur ein Punkt von g. Die den rationalen Zahlen zugehörigen Punkte heißen *rationale Punkte*, die anderen *irrationale*; beide zusammen bilden das *geometrische Kontinuum*. 3. Die Anordnung der Zahlen der Größe nach ist die gleiche wie die Anordnung der Punkte auf g, wenn man g von links nach rechts durchläuft.

---

[1] Hätte die Diagonale eine rationale Länge $m/n\,OE$, wo m und n ohne gemeinsamen Teiler sein sollen, so hätte man zunächst $2\,n^2 = m^2$; es müßte also m den Teiler 2 haben, d. h. $m = 2m_1$. Daraus folgte weiter $n^2 = 2m_1^2$, und es wäre auch n durch 2 teilbar, im Widerspruch zu der Festsetzung, daß m und n teilerfremd sind.

§ 2. Streckenrelationen.

Die soeben eingeführte Beziehung zwischen den Zahlen und den Punkten hat zur Folge, daß wir auch das *Rechnen* mit den Zahlen auf die Strecken übertragen, und zwar auf folgender Grundlage:

1. Zwei Punkte A und B der Geraden g bestimmen zwei Strecken derselben Länge, aber entgegengesetzter Richtung; um sie zu unterscheiden, bezeichnen wir sie durch AB und BA und setzen

$$(1) \qquad\qquad AB + BA = 0 \, .$$

2. Sind A, B, C drei Punkte und B zwischen A und C, so ist

$$(2) \qquad\qquad AB + BC = AC \, .$$

Addieren wir hier beiderseits CA, so erhält die Gleichung gemäß (1) die in bezug auf A, B, C symmetrische Form

$$(2a) \qquad\qquad AB + BC + CA = 0 \, .$$

Weil in dieser Form kein Punkt vor dem anderen ausgezeichnet ist, gilt die Gleichung für beliebig angeordnete Punkte A, B, C.

Mit Hilfe dieser Gleichung kann man eine *jede* Strecke AB durch die den Punkten A und B zugehörigen Zahlen a und b ausdrücken. Gemäß (2a) ist

$$OA + AB + BO = 0 \, ,$$

woraus weiter

$$(3) \qquad\qquad AB = OB - OA = (b - a)OE$$

folgt, und dies gilt für *jede Lage* der Punkte A und B. Damit ist nunmehr *jeder* Strecke der Geraden, nach einheitlichem Verfahren und unabhängig von ihrer Lage, eine (positive oder negative) Zahl zugewiesen. Wir werden in Zukunft die Maßeinheit OE weglassen und die Strecken gleich den zugehörigen Zahlen setzen.

Beispiel. Sei $OA = 3$, $OB = 4$ (Reihenfolge OAB), so ist $AB = 4 - 3 = 1$; ist $OA = -3$, $OB = 4$ (Reihenfolge AOB), so ist $AB = 4 + 3 = 7$; ist $OA = -3$, $OB = -4$ (Reihenfolge BAO), so ist $AB = -4 + 3 = -1$.

Den Streckenrelationen (1) und (2a) entsprechen die Zahlenrelationen

$$(b - a) + (a - b) = 0 \quad \text{und} \quad (b - a) + (c - b) + (a - c) = 0 \, .$$

Sie gelten für *beliebige* Zahlen a, b, c, genau wie die Streckenrelationen für beliebig liegende Punkte. Man erkennt leicht, daß sich die Gleichungen (2) und (2a) auf beliebig viele Punkte ausdehnen lassen, unabhängig von ihrer Anordnung. Sind also A, B, C, ..., L, M Punkte auf g, so ist

$$(4) \qquad\qquad AB + BC + \cdots + LM = AM$$

und

$$(4a) \qquad\qquad AB + BC + \cdots + LM + MA = 0 \, .$$

Für vier Punkte A, B, C, D besteht ferner die wichtige Relation

(5) $$AB \cdot CD + AC \cdot DB + AD \cdot BC = 0.$$

Es ist nämlich

$$AB \cdot CD = AB\,(CA + AD),$$
$$AC \cdot DB = AC\,(DA + AB),$$
$$AD \cdot BC = AD\,(BA + AC),$$

und die Addition dieser Gleichungen ergibt rechts Null. Vertauscht man in (5) zwei Punkte miteinander, so geht die linke Seite in sich selbst mit negativem Vorzeichen über. Der arithmetische Ausdruck von (5) ist

$$(b - a)\,(d - c) + (c - a)\,(b - d) + (d - a)\,(c - b) = 0,$$

und auch diese Gleichung ist für beliebige Zahlen a, b, c, d erfüllt.

§ 3. Das Teilungsverhältnis.

Ein Punkt P der Geraden g bestimmt mit der Strecke AB auf g ein *Teilungsverhältnis* (Fig. 2); nämlich den (positiven oder negativen) Zahlenwert

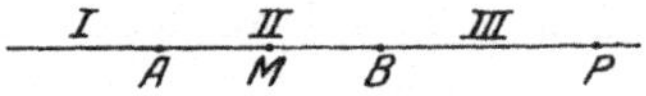

Fig. 2.

(6) $$(ABP) = \frac{AP}{BP} = \mu.$$

Durchläuft der Punkt P die Gerade, so ändert sich auch der Wert von μ; *er nimmt alle Werte des Zahlenkontinuums an, und jeden genau einmal.*

Zunächst erkennt man, daß μ (bedingt durch das Vorzeichen, das den Strecken AP und BP zukommt) auf dem Teil *II* negativ ist, auf den Teilen *I* und *III* aber positiv. Genauer gilt folgendes: Wir nehmen P zunächst verschieden von A und B an; dann ist

$$\mu = \frac{AB + BP}{BP} = 1 + \frac{AB}{BP} = 1 - \frac{AB}{PB},$$

daher ergibt sich:

1. Wenn P von B an den Teil *III* durchläuft, so durchläuft der Bruch $AB : BP$ abnehmend alle positiven Zahlen, und daher durchläuft μ abnehmend alle positiven Zahlen größer als 1.

2. Durchläuft P von links nach rechts den Teil *I*, so durchläuft der Quotient $AB : PB$ alle positiven Zahlen zwischen 0 und 1, also μ alle positiven Zahlen zwischen 1 und 0.

3. Durchläuft P den Teil *II* von A bis B, so durchläuft μ alle negativen Zahlen, und zwar so, daß die absoluten Werte zunehmen. Dem Wert $\mu = -1$ entspricht die Mitte M der Strecke AB. Weiter ist klar, daß $\mu = 0$ ist, wenn P in den Punkt A fällt.

Damit ist bereits jedem positiven und negativen Wert μ eine Lage von P zugewiesen, mit alleiniger Ausnahme von $\mu = 1$; es gibt keine endliche Lage des Punktes P, für die der Quotient $AP : BP$ den Wert 1 annimmt. Außerdem ist auch dem Punkt B noch keine Zahl zugewiesen. Diese Unvollkommenheiten beseitigen wir folgendermaßen: Offenbar kommt μ abnehmend dem Wert 1 immer näher, je weiter sich P nach rechts von O entfernt, und ebenso kommt μ dem Wert 1 zunehmend immer näher, je weiter sich P nach links von O entfernt und beide Male kommt er dem Wert 1 beliebig nahe. Wir legen daher der Geraden *einen unendlich fernen* (uneigentlichen) Punkt P_∞ bei; ihm können wir die Zahl $\mu = 1$ zuweisen. Fällt ferner P in B, so kann μ keinen endlichen Wert haben; wie wir oben sahen, wird μ absolut genommen immer größer, je näher P von links oder rechts an B rückt und es wird dabei absolut beliebig groß. Wir ergänzen daher auch das Zahlenkontinuum durch einen uneigentlichen Wert; wir bezeichnen ihn durch ∞ und weisen ihm den Punkt B zu[1]. *Zwischen dem so erweiterten Zahlenkontinuum und dem so erweiterten Punktkontinuum besteht dann in der Tat das oben behauptete eineindeutige Entsprechen.* Insbesondere entsprechen den Werten

$$\mu = 0, 1, \infty, -1 \text{ die Punkte } A, P_\infty, B, M.$$

§ 4. Winkelrelationen.

Von jetzt an bis zum Ende des 12. Kapitels sollen sich alle unsere Betrachtungen nur auf Gebilde beziehen, die sämtlich in *einer* Ebene liegen.

Zwei sich in einem Punkt O schneidende Geraden zerlegen die Ebene in vier Winkelräume, von denen je zwei Scheitelwinkel zu gleichen Winkeln gehören. Einem Winkel geben wir einen Drehungssinn, indem wir durch eine bestimmte Drehung den einen der beiden ihn bildenden *Halbstrahlen* in den anderen überführen, wobei der zu dem Winkel gehörende Winkelraum überstrichen wird. Ein Drehungssinn, etwa der zur Uhrzeigerdrehung entgegengesetzte, wird als positiver, der andere als negativer Drehungssinn bezeichnet. Die Winkel messen wir durch die Kreisbogen, die ihnen bei der Drehung auf dem um O als Mittelpunkt gelegten Einheitskreis (vom Radius 1) entsprechen. Auf diese Bogen lassen sich die in § 2 für die Gerade dargelegten Entwicklungen übertragen. Je nachdem dem Winkel ein positiver oder negativer Drehungssinn anhaftet, kommt dem Bogen eine positive oder negative Zahl zu, die seiner Länge und zugleich dem ihm zugehörigen Drehungssinn entspricht.

Da der Kreis im Gegensatz zu der Geraden eine geschlossene Kurve ist, so treten gegenüber den Verhältnissen bei Strecken wesentliche

---

[1] Man könnte die Einführung dieses Symbols dadurch umgehen, daß man sagt, bei Annäherung an B nehme $1/\mu$ allmählich den Wert ± 0 an. Sachlich kommt dies auf das gleiche hinaus.

Unterschiede hervor: Zwei Punkte A und B einer Geraden bestimmen nur *eine* endliche Strecke AB, während (Fig. 3a) zwei von O ausgehende Halbstrahlen a und b an sich *zwei* Bogen AB, also auch *zwei* Winkel (ab) liefern[1]. Sie unterscheiden sich durch den Drehungssinn

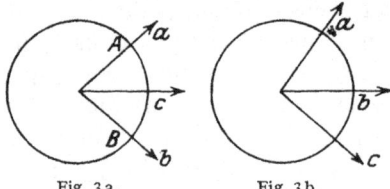

Fig. 3a.   Fig. 3b.

und ergänzen sich, absolut genommen, zu 2π. Ebenso gibt es auch zwei solche Winkel (ba). An Stelle der einen Gleichung (2) von § 2 haben wir also hier für das Verhältnis von (ab) und (ba) zueinander mehrere Möglichkeiten; je nachdem (ba) durch Drehung in demselben Sinn entsteht wie (ab) oder durch Drehung im entgegengesetzten Sinne, haben wir

(7) $(ab) + (ba) = +2\pi$ oder -2π oder 0.

Analog findet man für drei Halbstrahlen a, b, c (Fig. 3a, 3b), daß die Summe

$$(ab) + (bc) + (ca) = 0 \quad \text{oder} \quad \pm 2\pi \quad \text{oder} \quad \pm 4\pi$$

sein kann[2], in allen Fällen also ein Vielfaches von 2π, wofür man auch

$$(ab) + (bc) + (ca) \equiv 0 \quad \mathrm{mod}\, 2\pi$$

schreibt. Es ist leicht, eine analoge Gleichung auf Grund von (7) für beliebig viele Halbstrahlen zu erweisen.

Die in den Gleichungen auftretende Unbestimmtheit werden wir im Folgenden stets durch geeignete Festsetzungen zum Verschwinden bringen, derart, daß nur Gleichungen von der Form

(8) $(ab) + (ba) = 0$

und

(9) $(ab) + (bc) + (ca) = 0$

usw. analog wie für Strecken (§ 2) bestehen.

Die vorstehenden Betrachtungen übertragen sich ohne weiteres auf Geraden, die mit einer Richtung versehen sind (*gerichtete* Geraden, auch *Speere*). Denn zwei gerichteten Geraden einer Ebene, etwa g und h, entspricht, falls wir nur einen Drehungssinn angeben, ein bestimmter Winkel, wenn wir statt g und h die von ihrem gemeinsamen Punkt in den gegebenen Richtungen ausgehenden Halbstrahlen betrachten. Die Winkelrelationen werden nicht verändert, wenn wir statt g, h, $k \ldots$ parallele und gleichgerichtete Geraden g', h', $k' \ldots$ durch einen willkürlichen Punkt O einsetzen.

---

[1] Lassen wir Winkel zu, die größer als 2π sind, so gibt es sogar unendlich viele. Davon wird hier abgesehen.

[2] Bei positivem Umlaufsinn umgekehrt zur Uhrzeigerrichtung ist die Summe in Fig. 3a 2π, in Fig. 3b 4π.

§ 5. Projektionen von Strecken.

Sei s eine gerichtete Gerade, deren Strecken nach § 2 Zahlen zugeordnet sind, AB eine Strecke. Werden durch A und B Parallelen zu einer Richtung p gezogen, die die Gerade s in A' und B' treffen (Fig. 4), so heißt $A'B'$ die *Parallelprojektion* (kürzer *Projektion*) von AB in der Richtung p auf s. Wir bezeichnen sie durch

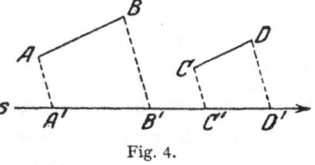

Fig. 4.

(10) $A'B' = \Pi (AB, p, s)$.

Ihr Wert ist positiv oder negativ, je nachdem die Richtung $A'B'$ mit der Richtung von s übereinstimmt oder nicht, ihr Wert ist null, falls AB parallel zu p ist.

Wenn die Richtung p und die Gerade s für die Projektion aller in Betracht kommenden Strecken dieselbe ist, so können wir die Projektion $A'B'$ einfacher durch

(10a) $$A'B' = \Pi (AB)$$

bezeichnen; es gelten alsdann folgende bekannte elementargeometrische Sätze, in denen die Eigenart der Geraden enthalten ist:

1. Ist CD parallel AB aber nicht parallel p, so ist

(11) $$A'B' : AB = C'D' : CD ;$$

je nachdem AB und CD gleich oder entgegengesetzt gerichtet sind, sind es auch $A'B'$ und $C'D'$ auf s. Das Verhältnis der Projektion zur Strecke hat also für alle parallelen und gleichgerichteten Strecken *denselben* numerischen Wert. Ist er c, so haben wir

(12) $$\Pi (AB) = A'B' = c \cdot AB ,$$

und es soll c die *Projektionskonstante* für die zu AB parallelen Strecken heißen; für zu p parallele Strecken gilt ebenfalls (12) mit $c = 0$.

2. Sei $ABC \ldots LM$ irgendein Streckenzug (Fig. 5), so soll unter seiner Projektion auf s die *Summe der Projektionen* der einzelnen Strecken verstanden werden. Man hat also

$\Pi(AB \ldots LM) = A'B' + B'C' + \cdots + L'M'$

und gemäß § 2 daher

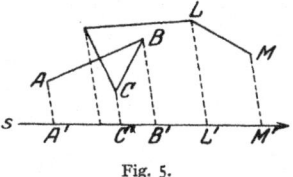

Fig. 5.

(13) $\Pi(AB \ldots LM) = A'M' = \Pi(AM);$

die Projektion des Streckenzuges ist also gleich der Projektion der Strecke, die von seinem Anfangspunkt zum Endpunkt führt.

3. Ist der projizierende Strahl p senkrecht zu s, so heißt die Projektion auch *rechtwinklig*. In diesem Fall ist

(14) $$A'B' = AB \cos(AB, s)[1] .$$

---

[1] Man beachte, daß die Richtungen AB und s zwar zwei verschiedene Winkel bestimmen (§ 4), daß aber ihr Kosinus denselben Wert hat, also die Reihenfolge von AB und s belanglos ist.

Für die senkrechte Projektion eines Streckenzuges $AB \ldots LM$ besteht
daher die Gleichung

$$(15)\ \Pi(AB\ldots LM) = AB \cos(AB, s) + BC \cos(BC, s) + \cdots + LM \cos(LM, s).$$

§ 6. Das Imaginäre.

Schon die Auflösung quadratischer Gleichungen führt darauf, das
Zeichen $\sqrt{-1} = i$ in die Mathematik einzuführen und es in gleicher
Weise rechnerisch zu verwenden wie die reellen Zahlen. Bedeutung
und Berechtigung dieses Verfahrens bedarf freilich eingehender Betrachtung; hier beschränken wir uns auf einige Hinweise.

Man zeigt leicht, daß das Rechnen mit Ausdrücken $a + b\sqrt{-1}$ oder
$(a + bi)$ nach denselben Regeln ausführbar ist, die für reelle Zahlen
gelten; auch ist das Resultat der Rechnung immer ein Ausdruck derselben Form. Die so eingeführten „imaginären (oder komplexen)
Größen" bilden in diesem Sinne einen „Zahlkörper", innerhalb dessen
Addition, Multiplikation usw. ausführbar sind und dieselben Regeln
erfüllen wie die Addition und Multiplikation reeller Größen.

Den imaginären Größen werden wir auch in der analytischen Geometrie begegnen, wenn ein Problem auf die Auflösung quadratischer
oder höherer algebraischer Gleichungen führt. Freilich müssen wir uns
hier mit diesem vorläufigen allgemeinen Hinweis begnügen und für
die Einzelheiten auf die kommenden Entwicklungen verweisen[1].
Übrigens werden wir das Eingehen auf Fälle, in denen imaginäre
Größen vorkommen, auf das unabweislich Notwendige beschränken.

---

[1] Eine ausführliche Begründung des Rechnens mit komplexen Größen findet
man z. B. in HURWITZ-COURANT, Vorl. über allgemeine Funktionentheorie, Grund-
lehren, Bd. III.

Zweites Kapitel

Die Punktkoordinaten in der Ebene.

§ 1. Parallelkoordinaten (kartesische Koordinaten).

Seien (Fig. 6) $X'X$ und $Y'Y$ zwei *gerichtete* Geraden (*Koordinatenachsen*), die sich in einem Punkt O (*Anfangspunkt*) schneiden. Der Winkel XOY soll positiv und kleiner als π sein. Den Punkten auf $X'X$ und $Y'Y$ ordnen wir nach Kap. I § 1 Zahlen zu. Diesen Punkten auf OX und OY sollen die positiven Zahlen entsprechen. Der Maßstab soll auf beiden Achsen der gleiche sein, das heißt gleichen Zahlen sollen gleiche Abstände vom Anfangspunkt entsprechen. Durch einen Punkt P der Ebene ziehen wir je eine Parallele zu den Achsen; sie mögen die Gerade $X'X$ (*x-Achse*) in Q und die Gerade $Y'Y$ (*y-Achse*) in R schneiden; es sei $OQ = a$ und $OR = b$. Dann heißen die so durch P bestimmten Zahlen a und b die *Koordinaten* von P, und man schreibt

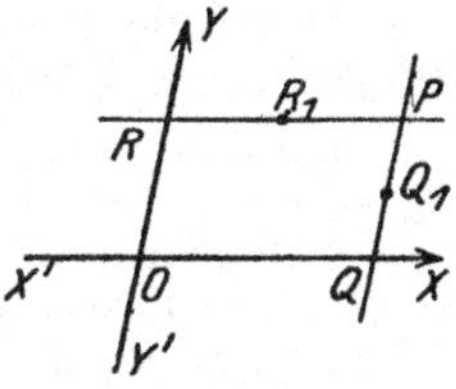

(1) $$x = a, \quad y = b.$$

Insbesondere heißt auch a die *Abszisse* und b die *Ordinate* von P.

Den Punkt mit den Koordinaten a, b bezeichnen wir durch (a, b).

Fig. 6.

Jedem Punkt P entspricht also eindeutig ein Zahlenpaar a, b; ebenso entspricht auch jedem Zahlenpaar eindeutig ein Punkt. Der Punkt mit den Koordinaten $x = 3$, $y = 4$ wird so erhalten, daß man auf der x-Achse die Strecke $OQ = 3$, auf der y-Achse die Strecke $OR = 4$ bestimmt und durch Q und R Parallelen zu den Achsen zieht. Wir haben so eine geometrische Vorschrift, die vom Punkt zum Zahlenpaar und vom Zahlenpaar zum Punkt führt.

Das durch P und die Achsen bestimmte Parallelogramm $OQPR$ hat folgende evidente Eigenschaften: 1. Zwei seiner Seiten stellen nach Länge und Richtung die x-Koordinate dar (nämlich OQ und RP), die zwei anderen ebenso die y-Koordinate (OR und QP). 2. Jeder der beiden Streckenzüge, die von O nach P führen, setzt sich aus zwei Strecken zusammen, deren eine eine x- und deren andere eine y-Koordinate darstellt. 3. Die Strecken OQ und OR sind Parallelprojektionen von OP auf die Achsen (S. 7); der projizierende Strahl ist für die

Projektion OQ parallel zur y-Achse, für OR ist er parallel zur x-Achse. Ferner leuchtet ein: 4. Ist Q_1 *irgendein* Punkt der durch Q und P gehenden Geraden, so ist auch für ihn $x = OQ = a$; ebenso hat y für jeden Punkt R_1 der Geraden RP den Wert $y = OR = b$.

Der Winkel (xy) heißt der *Achsenwinkel*. Ist er ein rechter, so heißen die Koordinaten (zu einander) *rechtwinklig* oder *orthogonal*, sonst *schiefwinklig*.

Wir ergänzen das Parallelogramm der Fig. 6 zu dem Parallelogramm $PP_1P_2P_3$ (Fig. 7), dessen Seiten den Achsen parallel laufen,

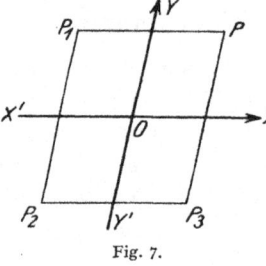

Fig. 7.

und dessen Mittelpunkt O ist; dann haben P, P_1, P_2, P_3 die Koordinaten

$$(2) \qquad a, b; \qquad -a, b; \qquad -a, -b; \qquad a, -b.$$

Hieraus folgt: 1. Zwei Punkte (a, b) und $(-a, -b)$ liegen *zentrisch-symmetrisch*[1]; und falls die Achsen rechtwinklig sind, folgt außerdem: 2. Die Punkte (a, b) und $(a, -b)$ liegen *spiegelbildlich (symmetrisch)* zur x-Achse, ebenso (a, b) und $(-a, b)$ spiegelbildlich zur y-Achse.

Die vier Teile, in die die Ebene durch die Achsen zerfällt, heißen *Quadranten*; die Punkte P, P_1, P_2, P_3 liegen je im ersten, zweiten, dritten, vierten Quadranten.

Der Anfangspunkt O hat die Koordinaten $x = 0$, $y = 0$; für alle Punkte der x-Achse ist $y = 0$ und für alle Punkte der y-Achse ist $x = 0$.

Beispiele. 1. Der Achsenwinkel sei 60°, so bilden die sechs Punkte $(1, 0)$, $(0, 1)$, $(-1, 1)$, $(-1, 0)$, $(0, -1)$, $(1, -1)$ die Ecken eines regulären Sechsecks.

2. Für rechtwinklige Achsen bilden die vier Punkte $(3, 4)$, $(-4, 3)$, $(-3, -4)$, $(4, -3)$ die Ecken eines Quadrats mit O als Mittelpunkt.

3. Der Achsenwinkel sei 45°; die drei Punkte $(0, 0)$, $(1, 0)$, $(0, \sqrt{2})$ bilden drei Ecken eines Quadrats; welches ist die vierte Ecke?

§ 2. Polarkoordinaten.

Den Polarkoordinaten liegt (Fig. 8) ein fester Punkt O (*Pol* oder *Anfangspunkt*) und ein von ihm ausgehender Halbstrahl s (*Polarachse*)

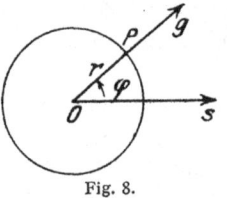

Fig. 8.

dessen Punkten Zahlen zugeordnet sind, zugrunde. Ein Punkt P bestimmt mit ihnen einen Abstand $OP = r$ und einen Winkel $\varphi = (s, OP)$; die so eingeführten Zahlen r und φ bilden die *Polarkoordinaten* von P. Um zu einem Wertepaar

$$(3) \qquad r = \varrho, \qquad \varphi = \alpha$$

den zugehörigen Punkt P zu finden, hat man durch O den Halbstrahl g zu ziehen, für den der Winkel $(sg) = \alpha$ ist, und auf ihm $OP = \varrho$ ab-

---

[1] Zwei Punkte heißen zentrisch symmetrisch (oder *invers*) in bezug auf O, wenn ihre Verbindungslinie durch O geht und in O halbiert wird.

zutragen. Damit ist wiederum einem Punkt ein Zahlenpaar und einem Zahlenpaar ein Punkt zugeordnet. Eine Ausnahme bildet nur der Punkt O, für den $r = 0$ aber der Wert für φ willkürlich ist.

Die Zahlen, die sich für r und φ ergeben, erfüllen keineswegs das ganze Zahlenkontinuum. Man gelangt zu jedem Punkt der Ebene, wenn r alle Werte von 0 bis ∞ annimmt, während φ die Werte von 0 bis 2π durchläuft[1], also für

(4) $$0 \leq r < \infty; \qquad 0 \leq \varphi < 2\pi.$$

Alle Punkte, für die $r = \varrho$ ist, liegen auf einem Kreis um O mit dem Radius ϱ, und alle Punkte, für die $\varphi = \alpha$ ist, erfüllen den von O ausgehenden Halbstrahl g. Kreis und Halbstrahl bestimmen in ihrem Schnittpunkt den Punkt $P(\varrho, \alpha)$.

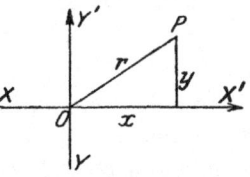

Fig. 9.

Wählt man O als Anfangspunkt eines rechtwinkligen Koordinatensystems und s als die positive x-Achse, so bestehen zwischen den rechtwinkligen Koordinaten und den Polarkoordinaten die Beziehungen (Fig. 9)

(5) $$\begin{cases} x = r \cos\varphi, & y = r \sin\varphi; \\ r^2 = x^2 + y^2, & \operatorname{tg}\varphi = \dfrac{y}{x}, \end{cases} \qquad \varphi = (xr),$$

und es ist der Wert von φ durch das Vorzeichen von x und y eindeutig bestimmt.

Beispiel. Eine Ecke P_0 eines regulären Sechsecks mit O als Mittelpunkt habe die rechtwinkligen Koordinaten x_0, y_0. Die übrigen Ecken seien P_1, P_2, ..., P_5. Man hat, wenn φ_1, φ_2, ..., φ_5 die zugehörigen Winkel sind, für jeden Index n

$$\varphi_n = \varphi_0 + n \cdot \frac{\pi}{3} \quad (n = 1, 2, 3, 4, 5);$$

ihre Koordinaten sind daher

$$x_n = x_0 \cos\frac{n\pi}{3} - y_0 \sin\frac{n\pi}{3}, \qquad y_n = x_0 \sin\frac{n\pi}{3} + y_0 \cos\frac{n\pi}{3}.$$

Bemerkung. Die Wertbeschränkung, der wir die Koordinatenwerte r und φ gemäß (4) unterworfen haben, ist keine notwendige. Es steht nichts im Wege, für r auch negative Werte zuzulassen; solche Werte hat man auf dem Strahl g von O aus in umgekehrter Richtung abzutragen. Allerdings bestimmen dann die Werte

$$r = \varrho, \quad \varphi = \alpha \qquad \text{und} \qquad r = -\varrho, \quad \varphi = \alpha + \pi$$

denselben Punkt P. Zu einem Punkt P gehören also zwei Wertepaare (r, φ), doch streitet dies an sich keineswegs gegen den allgemeinen Koordinatenbegriff. Eine noch weitergehende Verallgemeinerung bringt Kap. III, § 5.

---

[1] Der Wert 2π selbst ist auszuschließen. Das Zeichen $\leq$ bedeutet kleiner oder gleich, das Zeichen $\geq$ größer oder gleich.

§ 3. Biangulare und bipolare Koordinaten.

Man kann den Punkten einer Ebene auf mannigfache Art Zahlenpaare zuweisen, die sie geometrisch bestimmen. Zwei weitere einfache
Beispiele erhalten wir, wenn wir zwei feste Punkte O_1 und O_2 zugrunde
legen (Fig. 10) und als Koordinaten des Punktes P entweder die Abstände O_1P und O_2P benutzen (*bipolare Koordinaten*) oder die Winkel,
die diese Abstände mit der Geraden O_1O_2 bilden (*biangulare Koordinaten*).

Die biangularen Koordinaten

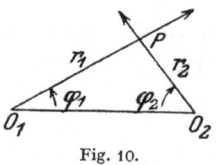

Fig. 10.

(6) $\sphericalangle PO_1O_2 = \varphi_4$ und $\sphericalangle PO_2O_1 = \varphi_2$

sind durch den Punkt P *eindeutig* bestimmt, falls
P nicht mit O_1 oder O_2 zusammenfällt; sie bewegen
sich beide von 0 bis 2π *. Umgekehrt entspricht
jedem Wertepaar $\varphi_1 = \alpha_1$, $\varphi_2 = \alpha_2$ eindeutig ein
Punkt P, wenn φ_1 und φ_2 von 0 und π verschieden sind. Der Wert α_1
bestimmt den Strahl g_1, der mit O_1O_2 den Winkel α_1 bildet, ebenso α_2
den durch O_2 gehenden Strahl g_2.

Die bipolaren Koordinaten

(7) $O_1P = r_1$ und $O_2P = r_2$

sind durch den Punkt P ausnahmslos eindeutig bestimmt. Die umgekehrte Beziehung ist nicht mehr eindeutig. Alle Punkte, für die
$r_1 = \varrho_1$ ist, liegen auf einem Kreis um O_1, ebenso alle Punkte, für die
$r_2 = \varrho_2$ ist, auf einem Kreis um O_2, es ergeben sich also zu einem Zahlenpaar ϱ_1, ϱ_2 im allgemeinen *zwei* zugehörige Punkte. Reelle Punkte P
werden nur zu solchen Zahlenpaaren ϱ_1, ϱ_2 geliefert, für die $\varrho_1 + \varrho_2$
$\geq O_1O_2$ ist. Es treten also bei den Koordinatenbestimmungen von § 2
und § 3 Besonderheiten auf, die aber doch den Gebrauch dieser
Koordinaten an sich nicht hindern.

§ 4. Die charakteristischen Kurvenscharen.

Die Betrachtungen von § 3 zeigen, daß die Einführung von Koordinaten auf mannigfache Weise geschehen kann; sie sollen außerdem
lehren, daß sie in allen Fällen aus derselben geometrischen Quelle fließt.
Es treten in allen Fällen *zwei Scharen von Kurven* auf, die durch ihr
Schneiden die einzelnen Punkte der Ebene geometrisch bestimmen.

Für die Parallelkoordinaten sind es die beiden Geradenscharen,
die den Achsen parallel laufen. Wie wir S. 9 sahen, haben alle Punkte
der durch P und Q gehenden Geraden dieselbe Abszisse $x = OQ$, ebenso
alle Punkte der durch P und R gehenden Geraden dieselbe Ordinate
$y = OR$. Die erste Gerade ist der x-Achse parallel, die zweite der y-Achse.
Wir können dies auch so ausdrücken, daß die erste Parallele eine Ge-

---

* Der positive Sinn von φ_2 ist ausnahmsweise wie der Uhrzeigersinn gewählt.

rade $x = $ const darstellt; die sämtlichen Parallelen zur y-Achse bilden mithin eine Geraden*schar*

$$(8) \qquad x = \text{const} \qquad \text{oder} \qquad x = \lambda,$$

wo die Zahl λ jeden Wert zwischen $-\infty$ und $+\infty$ erhalten kann und jeder solche Wert eine Parallele kennzeichnet. Ebenso bilden die sämtlichen Parallelen zur x-Achse eine Geradenschar

$$(8\,a) \qquad y = \text{const} \qquad \text{oder} \qquad y = \mu,$$

wo auch μ alle Werte zwischen $-\infty$ und $+\infty$ annehmen kann und jeder Wert μ eine dieser Parallelen bestimmt. Jede Gerade der einen Schar schneidet jede Gerade der anderen Schar; die Geraden $x = \lambda$ und $y = \mu$ schneiden sich insbesondere in dem Punkt (λ, μ).

Ebenso ist es bei den anderen Koordinatensystemen. Bei den Polarkoordinaten sind die Kurven $r = \text{const} = \lambda$ Kreise um O, die Kurven $\varphi = \text{const} = \mu$ sind die von O ausgehenden Halbstrahlen. Durch jeden Punkt der Ebene (mit Ausnahme von O) geht je einer dieser Halbstrahlen und je ein Kreis, ihrem Schnittpunkt kommen wieder die Koordinatenwerte $r = \lambda$, $\varphi = \mu$ zu.

Bei den biangularen Koordinaten bilden sowohl die Kurven $\varphi_1 = \text{const}$, wie auch $\varphi_2 = \text{const}$ je ein Büschel von Halbstrahlen; die einen gehen durch O_1, die anderen durch O_2; jeder Strahl des einen Büschels und jeder des anderen bestimmen einen Punkt P als gemeinsamen Punkt mit Ausnahme des Falles, daß beide Strahlen in der Geraden $O_1 O_2$ liegen. Bei den bipolaren Koordinaten sind die beiden Kurvenscharen konzentrische Kreise um O_1 und O_2; durch jeden Punkt P geht ein Kreis der einen Schar und einer der anderen. Wie wir bereits erwähnten (S. 12), schneiden sich zwei solche Kreise im Allgemeinen in zwei Punkten; man wird also diese Koordinaten gerade bei solchen Figuren gut verwenden können, die sich zu der durch O_1 und O_2 gehenden Geraden symmetrisch verhalten.

In Verallgemeinerung hiervon gelangt man zu folgender Erwägung. Hat man in der Ebene zwei Kurvenscharen (c) und (c') von der Art, daß man den Kurven der einen und der anderen Schar — nach irgendeinem Verfahren — alle Zahlenwerte des Kontinuums oder auch einen Teil von ihnen zuordnen kann, und schneidet jede Kurve c der einen Schar jede Kurve c' der anderen Schar, so begründen diese Kurvenscharen eine Koordinatenbestimmung, und zwar so, daß den Schnittpunkten (c, c') die beiden Zahlen als Koordinaten zugehören, die den bezüglichen Kurven c und c' zukommen. *Hiermit ist das allgemeine Prinzip der Koordinatenbestimmung für Punkte gekennzeichnet.*

Drittes Kapitel.

Die Kurvengleichung.

Vorbemerkung.

Eine Zahlengleichung zwischen x und y wird durch unendlich viele Wertepaare befriedigt; man kann für eine der beiden Größen (z. B. x) einen beliebigen Zahlenwert einsetzen und die zugehörigen Werte der anderen berechnen. Sind sie reell, so liefern sie einen oder mehrere Punkte (x, y). Je mehr solcher Punkte man für eine Gleichung zeichnet, je mehr pflegen sie sich einem gewissen „Kurvenbild" anzunähern. So entsteht zu einer Zahlengleichung in x und y ein graphisches Bild[1]. Zweierlei Aufgaben sind nun zu lösen. Erstens sind aus der Gleichung Art und Eigenschaften der ihr entsprechenden Kurve abzuleiten; zweitens ist zu einer geometrisch definierten Kurve die zugehörige Gleichung aufzustellen. Wir beschäftigen uns in diesem Kapitel nur mit einigen Beispielen zur zweiten Aufgabe; die Behandlung der ersten wird einen Hauptteil der folgenden Kapitel einnehmen.

Dem mit der analytischen Geometrie unbekannten Leser wird geraten, die Bilder zu folgenden Gleichungen zu entwerfen[2]: 1. $y^2 = x + 5$ (gemäß § 2 eine Parabel), 2. $2x - y + 3 = 0$ (gemäß § 4 eine Gerade), 3. $y = e^x$ und $y = \ln x$. Für diese beiden Gleichungen erhält man gestaltlich das gleiche Kurvenbild, nur mit Vertauschung der x- und y-Achse.

§ 1. Kreis und Parabel.

Wir legen rechtwinklige Parallelkoordinaten zugrunde. Sei O Mittelpunkt eines *Kreises*, ϱ sein Radius und $P(x, y)$ einer seiner Punkte (Fig. 11). Dann besteht die Gleichung (S. 11)

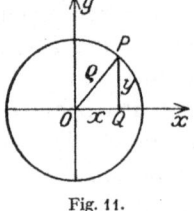

Fig. 11.

$$(1) \qquad x^2 + y^2 = \varrho^2 .$$

Hier ist (x, y) ein beliebiger Punkt des Kreises. Die Gleichung (1) ist für jeden Punkt des Kreises erfüllt. Umgekehrt liegt zwar Punkt (x, y), dessen Koordinaten die Gleichung befriedigen, auf dem Kreis. Die Gleichung (1) heißt deshalb die *Gleichung des Kreises.*

---

[1] Wir haben bisher für beide Achsen dieselbe Maßeinheit benutzt. Es steht aber nichts im Wege, verschiedene Maßeinheiten anzuwenden, was bei den graphischen Darstellungen der Praxis auch vielfach geschieht.

[2] Man benutzt zweckmäßig das sog. Koordinatenpapier.

Durchläuft der Punkt P den Kreis, so ändern sich seine Koordinaten dauernd, aber so, daß sie stets der Gleichung (1) genügen. Sie heißen daher *veränderliche* (variable) oder *laufende* Koordinaten. Es ist eine Eigenart der analytischen Geometrie, daß sie den Punkt (x, y) bald als einzelnen (festen) Punkt auffaßt, bald als Vertreter der vielen Punkte, die einer Gleichung genügen, und daß sie auch oft von der einen Auffassung zur andern übergeht.

2. Die *Parabel* ist der Ort aller Punkte, die von einer festen Geraden (*Direktrix*) und einem festen Punkt (*Brennpunkt*) gleichen Abstand haben. Die Achsen legen wir zweckmäßig so (Fig. 12), daß das vom Brennpunkt F auf die Direktrix d gefällte Lot FD die x-Achse gibt, und das Mittellot von FD die y-Achse. Die Richtung OF sei die positive Achsenrichtung, endlich sei $DF = p$.

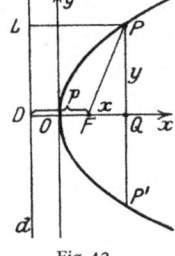

Fig. 12.

Ist LP das vom Parabelpunkt P auf die Direktrix gefällte Lot, so ist

(2) $$FP = LP$$

die definierende Gleichung der Parabel. Sind $OQ = x$, $QP = y$ die Koordinaten von P, so hat man $OF = \frac{1}{2}p$, also $FQ = x - \frac{1}{2}p$, und daher

$$FP^2 = (x - \tfrac{1}{2}p)^2 + y^2, \quad LP = \tfrac{1}{2}p + x;$$

die vorstehende Gleichung geht also in

(2a) $$(x - \tfrac{1}{2}p)^2 + y^2 = (\tfrac{1}{2}p + x)^2$$

über, woraus sich weiter

(3) $$y^2 = 2px$$

ergibt als die Gleichung, die von den Koordinaten x, y des beliebigen Parabelpunktes P erfüllt wird. Umgekehrt hat jeder Punkt, dessen Koordinaten die Gleichung (3) befriedigen, die definierende Eigenschaft (2) eines Parabelpunktes. Denn aus (3) folgt rückwärts (2a) und daraus die Streckenbeziehung (2). Deswegen ist (3) die *Gleichung der Parabel.*

Ist P' der Punkt, dessen Koordinaten x und $-y$ sind, der also (S. 10) symmetrisch zu P in bezug auf die x-Achse liegt, so genügen auch seine Koordinaten der Gleichung (3). Die x-Achse ist daher eine *Symmetrieachse* der Parabel, was auch unmittelbar aus der Definition folgt. In der Gleichung kommt ferner zum Ausdruck, daß reelle Punkte der Parabel nur für nichtnegative Werte von x existieren.

§ 2. Ellipse und Hyperbel.

Ellipse und *Hyperbel* führen wir als geometrischen Ort eines Punktes ein, für den Summe oder Differenz der Abstände von zwei festen Punkten, den Brennpunkten F_1 und F_2 einen konstanten Wert hat.

Die Gleichungen beider Kurven können gemeinsam abgeleitet werden. Ihre definierenden geometrischen Gleichungen lauten (Fig. 13a, 13b)

(4) $$F_1P + F_2P = 2a$$

und

(4') $$F_1P - F_2P = \pm 2a *.$$

Die erste Gleichung gilt für die Ellipse, die zweite für die Hyperbel. Wir setzen noch $F_1F_2 = 2c$. Wird die Gerade F_1F_2 als x-Achse gewählt, und das Mittellot von F_1F_2 als y-Achse, so ergibt sich für den Punkt $P(x, y)$

$$F_1Q = c + x, \qquad F_2Q = x - c,$$

also

(5) $$F_1P^2 = r_1^2 = (x + c)^2 + y^2, \qquad F_2P^2 = r_2^2 = (x - c)^2 + y^2.$$

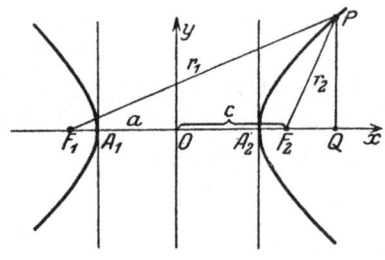

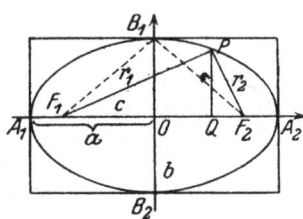

Fig. 13a.   Fig. 13b.

Die so gewonnenen Werte sind in die Gleichungen (4) und (4') einzusetzen. Um aber das Rechnen mit Wurzelzeichen zu vermeiden, erheben wir die Gleichungen zunächst ins Quadrat und finden

(5') $$r_1^2 \pm 2r_1r_2 + r_2^2 = 4a^2 \quad \text{oder} \quad r_1^2 + r_2^2 - 4a^2 = \pm 2r_1r_2.$$

Durch nochmaliges Quadrieren folgt hieraus für beide Gleichungen (4a) und (4')

(5'') $$(r_1^2 + r_2^2)^2 - 8a^2(r_1^2 + r_2^2) + 16a^4 = 4r_1^2r_2^2$$

oder endlich

$$(r_1^2 - r_2^2)^2 - 8a^2(r_1^2 + r_2^2) + 16a^4 = 0.$$

Aus den Gleichungen (5) erhalten wir

$$r_1^2 + r_2^2 = 2(x^2 + y^2 + c^2), \qquad r_1^2 - r_2^2 = 4cx,$$

und daher ergibt sich weiter

$$16c^2x^2 - 16a^2(x^2 + y^2 + c^2) + 16a^4 = 0,$$

---

* Das Doppelzeichen ist nötig, weil sowohl $F_1P > F_2P$ wie auch $F_1P < F_2P$ sein kann.

woraus schließlich

(6') $$x^2 (a^2 - c^2) + y^2 a^2 = a^2 (a^2 - c^2),$$

also, wenn a^2 und $a^2 - c^2$ nicht gleich null sind,

(6) $$\frac{x^2}{a^2} + \frac{y^2}{a^2 - c^2} = 1$$

hervorgeht. Diese Beziehung zwischen den Koordinaten eines Punktes folgt also sowohl aus der geometrischen Beziehung (4) wie aus (4'). Aber aus der Gleichung (6) folgt für bestimmte a und c höchstens eine der beiden Beziehungen. Denn für die Ellipse ist

(7) $$r_1 + r_2 > F_1 F_2; \quad 2a > 2c,$$

da die Summe zweier Dreiecksseiten größer ist als die dritte; bei der Hyperbel ist $r_1 - r_2$ die Differenz zweier Seiten und daher

(7a) $$|r_1 - r_2| < F_1 F_2; \quad 2a < 2c.$$

Also kann aus (6) für $a < c$ nicht (4) folgen, ebenso für $a > c$ nicht (4'). Wir wollen nun zeigen, daß auch umgekehrt für $a > c$ (6) eine Ellipse darstellt, für $a < c$ eine Hyperbel. Es folgt zunächst aus (6) rückwärts die Gültigkeit von (5'') und durch Quadratwurzelziehen die Gültigkeit von einer der Gleichungen (5') und endlich durch nochmaliges Quadratwurzelziehen die Gültigkeit von einer der Gleichungen (4) oder (4'). Also liegt jeder Punkt, dessen Koordinaten die Gleichung (6) befriedigen, auf einer Ellipse oder einer Hyperbel. Eine Ausnahme bilden nur die beiden Fälle, wo $a = 0$ oder $a = c$ ist. Im ersten Falle ergibt (6') $x^2 = 0$, die ins Quadrat erhobene Gleichung der y-Achse. Sie ist als Gleichung der in die y-Achse „ausgearteten" Hyperbel anzusehen, für deren Punkte die Differenz der Abstände von F_1 und F_2 gleich null ist. Die Ellipse artet in diesem Falle in den Punkt $x = y = 0$ aus. Im zweiten Falle ergibt (6') $y^2 = 0$, die ins Quadrat erhobene Gleichung der x-Achse. Sie stellt gleichzeitig die ausgeartete Ellipse, für die die Summe der Abstände von F_1 und F_2 gleich $F_1 F_2$ ist (nämlich die Strecke $F_1 F_2$) und die ausgeartete Hyperbel dar, für die die Differenz der Abstände von F_1 und F_2 gleich $F_1 F_2$ ist (nämlich die beiden von F_1 und F_2 nach außen gehenden Halbstrahlen).

Bei der Ellipse können wir

(8) $$a^2 - c^2 = +b^2 \quad (a^2 = b^2 + c^2)$$

setzen; bei der Hyperbel können wir

(8a) $$a^2 - c^2 = -b^2 \quad (c^2 = a^2 + b^2)$$

setzen, und so finden wir als *Gleichung der Ellipse*

· (9) $$\frac{x^2}{a^2} + \frac{y^2}{b^2} = 1$$

und als *Gleichung der Hyperbel*

(9a) $$\frac{x^2}{a^2} - \frac{y^2}{b^2} = 1 \, .$$

Über die Gestalt beider Kurven läßt sich aus ihren Gleichungen folgendes entnehmen:

1. Ellipsengleichung und Hyperbelgleichung enthalten nur Glieder mit x^2 und y^2. Daraus folgt, daß je vier Punkte

(10) $$(x, y), \quad (x, -y), \quad (-x, y), \quad (-x, -y)$$

zugleich auf unseren Kurven liegen; es sind also (S. 10) sowohl die x-Achse wie die y-Achse *Symmetrieachsen* der Kurven; die Strecke (x, y), $(-x, -y)$ wird durch O halbiert. Der Punkt O heißt deshalb *Mittelpunkt* der Ellipse oder Hyperbel.

2. Ellipse und Hyperbel enthalten die Punkte A_1 und $A_2 (x = \pm a$, $y = 0)$; sie heißen ihre *Scheitel*. Die Ellipse enthält auch die Scheitelpunkte B_1 und $B_2 (x = 0, \ y = \pm b)$, zur Hyperbel gehören dagegen keine reellen Punkte der y-Achse. $A_1 A_2 (= 2a)$ und $B_1 B_2 (= 2b)$ heißen *große* und *kleine* Achse der Ellipse; bei der Hyperbel wird $A_1 A_2 (= 2a)$ als ihre *reelle* Achse bezeichnet, $2b$ heißt auch ihre *imaginäre* Achse[1].

3. Für weitere Schlüsse setzen wir die Gleichungen (9) und (9a) besser in die Form

(11) $$\frac{y}{b} = \sqrt{1 - \frac{x^2}{a^2}} \quad \text{und} \quad \frac{y}{b} = \sqrt{\frac{x^2}{a^2} - 1} \, .$$

Sie zeigen, daß bei der Ellipse y nur reell ist, wenn $x^2 \leq a^2$ ist; ebenso ist, für reelles x, $y^2 \leq b^2$, und so folgt, daß die Ellipse ganz in dem Rechteck $A_1 A_2 B_1 B_2$ enthalten ist. Aus Gleichung (8) findet man noch $F_1 B_1 = F_1 B_2 = F_2 B_1 = F_2 B_2 = a$.

Bei der Hyperbel ist y nur reell, wenn $x^2 \geq a^2$ ist, die Hyperbel liegt also ganz außerhalb des Streifens, der von den Vertikalen durch A_1 und A_2 gebildet wird. Mit x^2 nimmt auch y^2 beständig zu.

§ 3. Die Gerade.

Wir legen beliebige Parallelkoordinaten zugrunde und fassen die verschiedenen Lagen der Geraden zu den Achsen gesondert ins Auge. Die geometrische Eigenschaft, von der wir hier ausgehen, ist der in Kap. I, § 5 enthaltene Projektionssatz für gleichgerichtete Strecken.

Möge die Gerade zunächst durch den Anfangspunkt gehen und mit keiner der beiden Achsen zusammenfallen. Sind dann $P(x, y)$ und $P_1(x_1, y_1)$ zwei ihrer Punkte, so hat man nach I, § 5, (11) (Fig. 14)

$$OP : OP_1 = OQ : OQ_1 = OR : OR_1$$

---

[1] Die Größe b hat auch bei der Hyperbel eine geometrische Bedeutung; vgl. Kap. X, § 6.

und daher $$y : x = y_1 : x_1,$$

der Quotient $y : x$ hat also für alle Punkte der Geraden denselben Wert. Bezeichnen wir ihn durch m, so haben wir für *jeden* Punkt

(12) $$\frac{y}{x} = m, \quad y = mx;$$

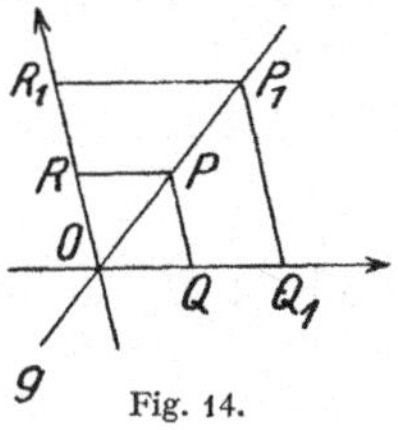

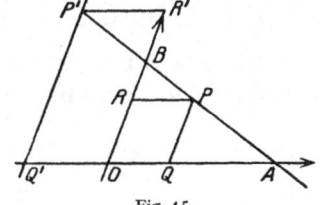

umgekehrt liegt jeder Punkt, dessen Koordinaten (12) genügen, auf dieser Geraden. (12) ist also die Gleichung einer durch O gehenden Geraden.

Beispiel. Die Halbierungslinien der Koordinatenwinkel haben die Gleichungen $y = x$ und $y = -x$.

Fig. 14.

Von den weiteren Fällen betrachten wir zunächst die, daß die Gerade einer Koordinatenachse parallel ist. Für solche Geraden haben wir die Gleichung schon abgeleitet (S. 9). Wir fanden, daß jede Parallele zur y-Achse durch

(13) $$x = \text{const}$$

gegeben ist, und analog jede Parallele zur x-Achse durch eine Gleichung

(13 a) $$y = \text{const}.$$

Es ist also noch der allgemeine Fall zu erledigen, daß die Gerade jede Achse in einem besonderen Punkte schneidet. Seien $OA = a$ und $OB = b$ die Abschnitte auf der x- und y-Achse. Wir gehen davon aus, daß für jeden Punkt P (Fig. 15) nach I, § 15

$$PB : AB = RB : OB = QO : AO,$$
also
$$RB : OQ = OB : OA$$

Fig. 15.

ist; dies liefert, wenn wieder x, y die Koordinaten von P sind,

$$(b - y) : x = b : a,$$
oder

(14) $$\frac{x}{a} + \frac{y}{b} = 1.$$

Diese Beziehung ist auch für die Punkte A und B erfüllt. Umgekehrt liegt jeder Punkt, dessen Koordinaten die Gleichung erfüllen, auf der Geraden.

Aus dem Vorstehenden folgern wir noch, daß *jede Gleichung*

(15) $$A x + B y + C = 0,$$

in der A, B, C irgendwelche Zahlen sein können, die Gleichung einer Geraden ist, falls nicht A und B gleichzeitig Null sind. Ist zunächst keine der drei Größen A, B, C gleich Null, so läßt sich die Gleichung in

$$-\frac{A}{C} x - \frac{B}{C} y = 1$$

überführen; gemäß (14) stellt sie eine Gerade dar, die auf den Achsen die Abschnitte $a = -C/A$, $b = -C/B$ abschneidet.

Beispiel. Der Gleichung $x + y - 4 = 0$ entspricht eine Gerade, für die beide Achsenabschnitte die Länge 4 haben; $x - y + 4 = 0$ eine Gerade, für die $a = -4$, $b = 4$ ist.

Ist nur $C = 0$, hat also die Gleichung die Form

$$A x + B y = 0,$$

und ist $B \neq 0$, so können wir sie auch in die Form

$$y = -\frac{A}{B} x = m x$$

setzen; sie stellt gemäß (12) eine Gerade durch den Anfangspunkt dar. Ist nur $B = 0$ oder nur $A = 0$, so hat die Gleichung eine der Formen

$$A x + C = 0, \quad x = -\frac{C}{A} = a,$$

$$B y + C = 0, \quad y = -\frac{C}{B} = b$$

und stellt dann eine Parallele zur y-Achse oder zur x-Achse dar. Ist außerdem auch noch $C = 0$, so ergeben sich die Achsen selbst.

§ 4. Ellipse, Parabel, Hyperbel in Polarkoordinaten.

Ein erstes Beispiel für die Anwendung von Polarkoordinaten bilde der Ort eines Punktes, für den die Entfernungen von einem festen Punkt (*Brennpunkt*) und einer festen Geraden (*Direktrix*) in einem konstanten Verhältnis stehen (Fig. 16).

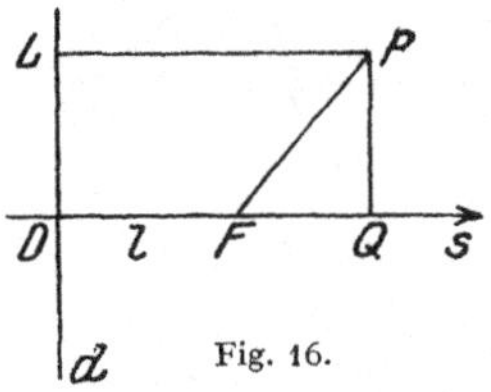

Fig. 16.

Wir nehmen den festen Punkt F als Pol und das von F auf die Direktrix d gefällte Lot als Achse der Koordinaten; ihre positive Richtung sei DF, und es sei $DF = l$. Der Wert des konstanten Verhältnisses sei e, und LP das Lot von P auf d. Die definierende Gleichung

(16) $$FP = e \cdot LP$$

geht wegen

$$LP = DF + FQ = l + r \cos\varphi$$

unmittelbar in

(17) $$r = e l + e r \cos\varphi, \quad r = \frac{e l}{1 - e \cos\varphi}$$

über, und dies ist bereits die gesuchte Gleichung.

Für $e = 1$ ist der Ort gemäß § 1 eine Parabel; wie später (Kap. X, § 1) gezeigt wird, ist er für $e < 1$ eine Ellipse, für $e > 1$ eine Hyperbel[1].

---

[1] Genauer ein Hyperbelast; der andere entspricht dem Wert $-e$ (statt e).

§ 5. Archimedische Spirale.

Als zweites Beispiel für die Anwendung von Polarkoordinaten behandeln wir die Frage, welche Kurve durch eine Gleichung

(18) $$A\,r + B\,\varphi + C = 0$$

dargestellt wird, die der allgemeinen Gleichung der Geraden nachgebildet ist. Dazu ist zunächst der in Kap. II, § 2 entwickelte Koordinatenbegriff etwas zu verallgemeinern. Wir lassen nämlich jetzt Winkel *beliebiger Größe* zu und denken sie so entstanden, daß sich die Achse *s* beliebig oft in positivem Sinne um *O* herumdreht und der zugehörige Bogen auf dem Einheitskreis alle Werte von 0 bis ∞ annimmt. Jedem positiven Wert von *r* zusammen mit einem beliebigen positiven Wert für φ entspricht dann immer noch eindeutig ein bestimmter Punkt *P* der Ebene.

Wir wollen nun alle Punkte ermitteln, die bei der vorstehenden Koordinatenerweiterung den die Gleichung (18) befriedigenden Koordinatenpaaren r, φ entsprechen. Wir behandeln zunächst den Fall $C = 0$. Alsdann können wir die Gleichung in die Form

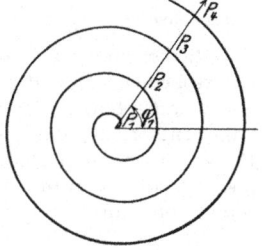

Fig. 17.

(19) $$r = -\frac{B}{A}\,\varphi = c\,\varphi$$

setzen und nehmen insbesondere $c > 0$ an. Wir ziehen (Fig. 17) durch *O* einen Halbstrahl *g* unter dem Winkel φ_1, er entspricht dann zugleich den Winkeln

$$\varphi_1 + 2\pi = \varphi_2, \qquad \varphi_1 + 4\pi = \varphi_3 \text{ usw.}$$

und enthält daher die sämtlichen diesen Winkeln gemäß (19) zugehörigen Punkte $P_1(r_1, \varphi_1)$, $P_2(r_2, \varphi_2)$, $P_3(r_3, \varphi_3)$ ...; dabei ist also

$$r_1 = c\,\varphi_1, \qquad r_2 = c\,\varphi_2 = c\,\varphi_1 + 2\pi c = r_1 + 2\pi c,$$

$$r_3 = c\,\varphi_3 = c\,\varphi_2 + 2\pi c = r_2 + 2\pi c, \ldots,$$

also

(20) $$r_2 - r_1 = r_3 - r_2 = \cdots = 2\pi c,$$

die Punkte P_1, P_2, P_3, ... folgen also auf dem Halbstrahl *g* *im konstanten Abstand* $2\pi c$ aufeinander. Dies gilt für jeden von *O* ausgehenden Halbstrahl; die Eigenart unserer Kurve besteht also darin, daß sie jeden von *O* ausgehenden Halbstrahl *g* in unendlich vielen Punkten schneidet, wobei in unserem Falle je zwei aufeinander folgende, abgesehen von *O*, den konstanten Abstand $2\pi c$ besitzen. Eine solche Kurve heißt *Spirale*, unsere insbesondere *Archimedische* Spirale. Mit gegen Null abnehmendem φ nimmt *r* gegen Null ab. Für den Punkt *O* ist in unserem Koordinatensystem $r = 0$ und φ beliebig. Aus der Gleichung (19) folgt aber für $r = 0$ auch $\varphi = 0$. Das hat folgende geometrische Bedeutung: für kleines r wird auch φ klein, d. h. die Verbindungslinie von O mit einem sehr nahe an O gelegenen Punkt der Spirale bildet einen sehr kleinen Winkel mit der Polarachse. Deswegen ist die Polarachse die Tangente an die Spirale im Punkte O.

Auch die Gleichung

$$A\,r + B\,\varphi + C = 0, \quad (C \neq 0)$$

stellt eine Archimedische Spirale dar, falls $AB \neq 0$ ist. Setzen wir nämlich

$$C = B\,\gamma, \quad \text{also} \quad B\,\varphi + C = B\,(\varphi + \gamma) = B\,\psi,$$

so nimmt unsere Gleichung die Form

$$A\,r + B\,\psi = 0$$

an. Ziehen wir nun durch O eine neue Polarachse s', so daß $(s's) = \gamma$ ist, so ist $(s'g) = \psi$, und unsere Gleichung stellt eine Archimedische Spirale dar, bezogen auf eine Achse s', die mit der Achse s den Winkel $(s's) = \gamma$ bildet. Ist $r = 0$, dann ist $\varphi = -\dfrac{C}{B}$, also ist der Winkel der Tangente im Anfangspunkt gegen die Polarachse $= -\dfrac{C}{B}$.

Bemerkung. Die beiden in § 4 und § 5 behandelten Kurvengleichungen unterscheiden sich in der Weise, daß in der ersten nur trigonometrische Funktionen von φ auftreten, in der zweiten aber φ selbst und zwar algebraisch. Im ersten Falle entspricht daher den Koordinatenwerten r, φ und r, $\varphi \pm 2\,m\,\pi$ *derselbe* Punkt; im zweiten sind es verschiedene Punkte. Darin ist der heterogene Charakter beider Kurvenbilder begründet; man sieht auch, warum man als das Wertgebiet von φ im ersten Falle nur die Werte $0 \leq \varphi < 2\,\pi$ zu betrachten braucht.

§ 6. Darstellung von Kurven mittels eines Parameters.

Es. gibt noch eine wesentlich andere Art, die Punkte eines geometrischen Ortes durch Gleichungen darzustellen. Folgende Beispiele mögen sie kenntlich machen:

1. Für den Punkt $P(x, y)$ eines um den Anfangspunkt O mit dem Radius a geschlagenen Kreises folgt aus (5) S. 11

$$(21) \qquad\qquad x = a\cos\varphi, \quad y = a\sin\varphi,$$

und wenn wir in diesen Gleichungen den Winkel φ alle Werte $0 \leq \varphi < 2\,\pi$ durchlaufen lassen, so durchläuft der durch (21) dargestellte Punkt P genau einmal den ganzen Kreis. Man hat auf diese Weise alle Punkte des Kreises mittels *einer einzigen neuen unabhängigen Variablen* φ (*Parameter*) und mittels *zweier* Gleichungen (eine für x, eine für y) dargestellt. Durch Quadrieren und Addieren (also durch Elimination von φ) erhält man wiederum die Kreisgleichung

$$x^2 + y^2 = a^2.$$

2. Ein Punkt möge sich so in der Ebene bewegen, daß er sich im Nullpunkt der Zeit an der Stelle $M(\xi, \eta)$ befindet, und daß im übrigen seine Koordinaten der Zeit proportional zunehmen. Werde die Zeit (d. h. die Zahl der Zeiteinheiten, z. B. der Sekunden) durch t dargestellt. Da sich der Punkt zur Zeit $t = 0$ in M befindet, haben wir für jede andere Lage gemäß obiger Definition

$$x - \xi = \alpha t, \qquad y - \eta = \beta t,$$

wo α und β die Proportionalitätsfaktoren sind. Die Gleichungen

(22) $$x = \xi + \alpha t, \qquad y = \eta + \beta t$$

stellen daher die Koordinaten von P für den ganzen Verlauf der Bewegung dar. Durch Division erhält man aus ihnen

$$\frac{y - \eta}{x - \xi} = \frac{\beta}{\alpha}, \qquad \beta (x - \xi) - \alpha (y - \eta) = 0,$$

also liegt P stets auf der durch diese Gleichung dargestellten Geraden, und man erkennt sofort, daß P für passendes t mit einem beliebig gewählten Punkte dieser Geraden zusammenfällt.

Ein letztes Beispiel seien die Gleichungen

(23) $$x = a \cos \varphi, \qquad y = b \sin \varphi,$$

in denen φ, wie beim Kreis, eine Winkelgröße darstellt, die alle Werte $0 \leq \varphi < 2\pi$ annimmt. Die Achsen seien rechtwinklig. Für jeden Wert von φ erhält man sofort (durch Quadrieren und Addieren)

$$\frac{x^2}{a^2} + \frac{y^2}{b^2} = 1,$$

es liegen also alle durch (23) dargestellten Punkte auf einer *Ellipse*, und da zu jedem Werte von φ ein Punkt gehört, dessen Koordinaten (23) befriedigen, so sind durch (23) auch alle Punkte der Ellipse dargestellt.

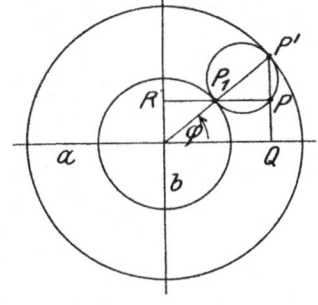

Fig. 18.

Um zur geometrischen Bedeutung von φ zu gelangen, schlagen wir (Fig. 18) über der großen Achse $2a$ einen Kreis und verlängern die Ordinate QP bis zum Schnitt P' mit dem Kreis. Sind x', y' die Koordinaten von P', so ist

$$x' = x = a \cos \varphi, \qquad \text{also} \quad y' = a \sin \varphi.$$

Wir finden daher $\varphi = \sphericalangle(x, OP')$, woraus die geometrische Bedeutung von φ erhellt. Legt man um O auch einen Kreis mit dem Radius b, ist P_1 sein Schnitt mit RP, und sind x_1, y_1 die Koordinaten von P_1, so ist

$$y_1 = y = b \sin\varphi, \quad \text{also} \quad x_1 = b \cos\varphi.$$

Die vorstehenden Gleichungen ergeben noch

(24) $$y : y' = b : a = x_1 : x;$$

jede Ellipsen*ordinate* ist also gegen die Ordinate des großen Kreises im Verhältnis $b : a$ *verkleinert*, jede *Abszisse* im gleichen Verhältnis gegen die Abszisse des kleinen Kreises *vergrößert*.

Man kann die beiden Kreise zu einer punktweisen Zeichnung der Ellipse benutzen. Zieht man durch O einen Halbstrahl, bestimmt auf ihm die Punkte P' und P_1, und zieht durch sie je eine Parallele zu den Achsen, so ist deren Schnittpunkt der Ellipsenpunkt P. Die Punkte P, P', P_1 liegen auf einem Kreis über $P_1 P'$, dessen Durchmesser den festen Wert $a - b$ hat.

Viertes Kapitel

Allgemeine Formeln für Parallel-koordinaten.

§ 1. Strecken und Winkel.

Sei (x, g) der Winkel, den eine gerichtete Gerade g mit der von der negativen Seite zur positiven Seite gerichteten x-Achse bildet (also der Winkel, um den die gerichtete x-Achse im positiven Sinn zu drehen ist, bis sie auch der Richtung nach mit g zusammenfällt oder gleich-gerichtet ist). Ferner sei $(x\,y)$ der Achsenwinkel, der nach unseren Voraussetzungen (S. 9) positiv und kleiner als π ist. Dann soll unter $(y\,g)$ (S. 6) der Winkel

$$(1) \qquad (y\,g) = (y\,x) + (x\,g) = (x\,g) - (x\,y)$$

verstanden werden. Damit ist der Winkel $(y\,g)$ für alle Lagen von g *eindeutig* definiert.

Seien nun $P_1(x_1, y_1)$ und $P_2(x_2, y_2)$ zwei beliebige Punkte auf der von P_1 nach P_2 gerichteten Geraden g, Q_1, Q_2 und R_1, R_2 ihre Pro-jektionen auf den Achsen, und seien die Koordi-naten zunächst rechtwinklig (Fig. 19). Dann ist (S. 7 und 9)

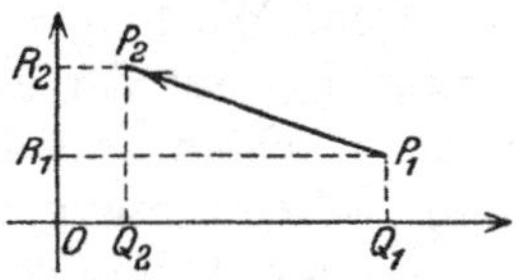

Fig. 19.

$$(2) \qquad \begin{cases} Q_1 Q_2 = x_2 - x_1 = P_1 P_2 \cos(x, P_1 P_2)\,, \\ R_1 R_2 = y_2 - y_1 = P_1 P_2 \cos(y, P_1 P_2)\,. \end{cases}$$

Setzen wir $P_1 P_2 = r$ und $\sphericalangle(x, P_1 P_2) = (x, g) = \varphi$, also $(y, g) = \varphi - \tfrac{1}{2}\pi$, so wird

$$(2\,a) \qquad x_2 - x_1 = r \cos\varphi\,, \quad y_2 - y_1 = r \sin\varphi\,.$$

Hieraus ergibt sich

$$(3) \qquad r^2 = (x_2 - x_1)^2 + (y_2 - y_1)^2\,,$$

$$(4) \qquad \operatorname{tg}\varphi = \frac{y_2 - y_1}{x_2 - x_1}\,,$$

und wenn wir die Gleichungen (2) mit $\cos\varphi$ und $\sin\varphi$ multiplizieren und dann addieren,

$$(5) \qquad (x_2 - x_1)\cos\varphi + (y_2 - y_1)\sin\varphi = r\,.$$

Für schiefwinklige Achsen entnehmen wir die entsprechenden Gleichungen dem Dreieck P_1P_2S (Fig. 20), wo SP_1 und SP_2 den Achsen parallel sind; man erhält zunächst

$$(P_1P_2)^2 = (P_1S)^2 + (SP_2)^2$$
$$+ 2P_1S \cdot SP_2 \cos(xy),$$
$$SP_2 : P_1S = \sin(xg) : \sin(gy)$$

und hieraus weiter

(6) $r^2 = (x_2 - x_1)^2 + (y_2 - y_1)^2 + 2(x_2 - x_1)(y_2 - y_1) \cos(xy)$.

(6a) $\dfrac{y_2 - y_1}{x_2 - x_1} = \dfrac{\sin(xg)}{\sin(gy)}$.*

Sei $P(\xi, \eta)$ der Punkt, der die Strecke P_1P_2 im Verhältnis μ teilt (S. 4). Dann folgt für beliebige Achsen nach dem Projektionssatz

(7) $\dfrac{Q_1Q}{Q_2Q} = \dfrac{R_1R}{R_2R} = \dfrac{P_1P}{P_2P} = \mu$,

oder

$$\frac{\xi - x_1}{\xi - x_2} = \frac{\eta - y_1}{\eta - y_2} = \mu$$

und daraus weiter

(7a) $\xi = \dfrac{x_1 - \mu x_2}{1 - \mu}$, $\eta = \dfrac{y_1 - \mu y_2}{1 - \mu}$.

Durch diese Formeln sind die Koordinaten eines Punktes auf g mit vorgeschriebenem Teilungsverhältnis in bezug auf P_1P_2 gegeben. Insbesondere ist, wenn P die Mitte von P_1P_2 ist, also für $\mu = -1$

(8) $\xi = \dfrac{x_1 + x_2}{2}$, $\eta = \dfrac{y_1 + y_2}{2}$.

Dem Wert $\mu = 1$ entspricht der S. 5 eingeführte uneigentliche Punkt P_∞ auf der Geraden g. Läßt man μ alle Werte durchlaufen, dann durchläuft der Punkt (ξ, η) die ganze Gerade g. Die Gleichungen (7a) stellen deswegen die Verbindungslinie der Punkte (x_1, y_1) und (x_2, y_2) mit Hilfe des Parameters μ dar.

Für den Schwerpunkt $S(\xi, \eta)$ eines Dreiecks $P_1P_2P_3$ ist

(8a) $\xi = \dfrac{x_1 + x_2 + x_3}{3}$, $\eta = \dfrac{y_1 + y_2 + y_3}{3}$.

Man erhält diese Formeln, wenn man die Mitte $M = \left(\dfrac{x_2 + x_3}{2}, \dfrac{y_2 + y_3}{2}\right)$ von P_2P_3 mit P_1 verbindet und P_1M innerhalb im Verhältnis $2 : 1$ teilt ($\mu = -2$). Der Teilpunkt hat den Gleichungen (7a) zufolge die Koordinaten:

$$\xi = \frac{x_1 - (-2)\dfrac{x_2 + x_3}{2}}{1 - (-2)} = \frac{x_1 + x_2 + x_3}{3}, \quad \eta = \frac{y - (-2)\dfrac{y_2 + y_3}{2}}{1 - (-2)} = \frac{y_1 + y_2 + y_3}{3}.$$

---

* Die Formeln (6) und (6a) sind hier nur für die spezielle, in Fig. 20 angegebene Lage der Punkte und Geraden abgeleitet. S. 30 wird die Formel (6) allgemein ohne Benutzung einer Figur abgeleitet.

Ihre Symmetrie für die drei Indizes zeigt, daß die Konstruktion von S auch durch Benutzung der Mitten von $P_1 P_2$ und $P_1 P_3$ erfolgen kann; dies liefert den Satz, daß sich die drei Seitenhalbierenden in einem Punkt schneiden.

Beispiel. Das Dreieck der Punkte (2, 1), (3, − 2), (− 4, − 1) hat die Seitenmitten $(\frac{5}{2}, -\frac{1}{2})$, (− 1, 0), $(-\frac{1}{2}, -\frac{3}{2})$ und den Schwerpunkt $(\frac{1}{3}, -\frac{2}{3})$.

§ 2. Das Lot von einem Punkt auf eine Gerade.

Das Koordinatensystem sei beliebig, $P(\xi, \eta)$ ein Punkt, g eine Gerade (Fig. 21). Durch O ziehen wir den Halbstrahl $n \perp g$, der g in G schneidet. Es sei $OG = \delta$ und OG die positive Richtung von n. Dem von P auf die Gerade g gefällten Lot $LP = l$ legen wir ebenfalls ein *Vorzeichen* bei; wir rechnen l positiv, wenn die Richtung LP die gleiche ist wie die Richtung OG, als negativ, wenn sie ihr entgegengesetzt ist.

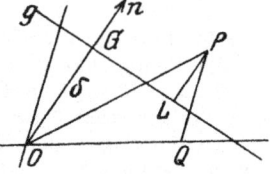

Fig. 21.

Projizieren wir OP senkrecht auf die Gerade n, so ist diese Projektion nach S. 7 gleich der Projektion des Linienzuges OQP, also

(9) $$\Pi(OP, n) = \Pi(OQP, n).$$

Gemäß der Festsetzung über das Vorzeichen von l ist

$$\Pi(OP, n) = OG + LP,$$

andererseits ist gemäß S. 8, Gleichung (15)

$$\Pi(OQP, n) = \xi \cos(nx) + \eta \cos(ny),$$

und so finden wir

$$\delta + l = \xi \cos(nx) + \eta \cos(ny),$$
(10) $$l = \xi \cos(nx) + \eta \cos(ny) - \delta.$$

In dieser Gleichung haben wir *eine der wichtigsten Hilfsformeln der analytischen Geometrie* zu erblicken.

Beispiel. Der Achsenwinkel sei 120°, und es bilde n gleiche Winkel mit den Achsen, so daß $\cos(nx) = \cos(ny) = \frac{1}{2}$ ist; ferner sei $\delta = 1$. Für jeden Punkt (ξ, η) ist dann

$$l = \tfrac{1}{2}\xi + \tfrac{1}{2}\eta - 1$$

der Abstand des Punktes (ξ, η) von der Geraden, deren Richtung senkrecht zu n und deren Abstand von O gleich 1 ist. Die Gleichung der Geraden ist

$$\tfrac{1}{2}\xi + \tfrac{1}{2}\eta - 1 = 0.$$

Für den Punkt (2, 2) z. B., der auf n liegt, ist $l = 1$, was auch geometrisch evident ist.

§ 3. Die Transformation der Koordinaten.

Da das Achsensystem willkürlich ist, so entsteht die Aufgabe, die Koordinaten desselben Punktes P für verschiedene Achsensysteme miteinander zu vergleichen.

Mögen die Achsen zweier Systeme zunächst parallel und gleichgerichtet sein; die Koordinaten von P für das eine System seien x, y,
für das andere X, Y (Fig. 22); der Anfangspunkt O_1 des XY-Systems
habe im xy-System die Koordinaten

Fig. 22.

$$OA_1 = a, \quad OB_1 = b.$$

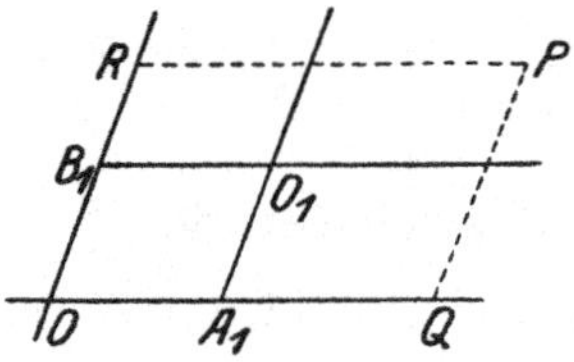

Man hat dann unmittelbar für die Koordinaten von P ein (x, y)-System

$$OQ = OA_1 + A_1Q, \quad OR = OB_1 + B_1R,$$

also

(11) $x = X + a, \quad y = Y + b.$

Beispiele. 1. Die Gleichung $y^2 - 2px - p^2 = 0$ stellt eine Parabel dar, für
die der Brennpunkt der Anfangspunkt ist; sie geht durch die Transformation
$y = Y$, $x = X - \frac{1}{2}p$ in $Y^2 - 2pX = 0$ über. Für $p > 0$ liegt die Parabel im
ersten und vierten Quadranten, für $p < 0$ im zweiten und dritten.

2. Wir zeigen, daß sich die Parabel als Grenzfall der Ellipse oder Hyperbel
einstellt, wenn wir die Achsen unendlich groß werden lassen. Dazu führen wir
in die Ellipsengleichung (S. 17) neue Koordinaten mit derselben x-Achse und dem
Scheitel A_1 als Anfangspunkt ein (Fig. 13a). Für diese X, Y-Koordinaten folgt

$$x = X - a, \quad y = Y;$$

setzen wir diese Werte in die Ellipsengleichung ein, so ergibt sich als Gleichung
für die X, Y-Koordinaten

$$\frac{(X - a)^2}{a^2} + \frac{Y^2}{b^2} = 1;$$

und hieraus folgt weiter

$$\frac{b^2}{a^2}X^2 - 2\frac{b^2}{a}X + Y^2 = 0.$$

Nun mögen a und b unendlich groß werden, aber so, daß $b^2 : a$ einen festen endlichen Wert p bewahrt. Dann strebt $b^2 : a^2 = p : a$ gegen Null, und die Gleichung
geht in

$$Y^2 - 2pX = 0; \quad p = \frac{b^2}{a}$$

über. Dies ist die Parabelgleichung. Mit dem Scheitel A_2 rücken auch F_2 und der
Mittelpunkt O ins Unendliche.

Dieselbe Parabelgleichung kann ebenso aus der Hyperbelgleichung mit A_2
als neuem Anfangspunkt abgeleitet werden.

Die Achsensysteme mögen zweitens denselben Anfangspunkt haben;
die xy-Achsen seien rechtwinklig, während die $x'y'$-Achsen beliebig
bleiben (Fig. 23). Ein Punkt P habe im ersten System die Koordinaten
x, y, im zweiten die Koordinaten x', y'*. Dann sind x, y die senkrechten
Projektionen von OP auf die x- und die y-Achse und daher (S. 7) gleich
den senkrechten Projektionen des Streckenzuges $OQ'P$; für die Projektion auf jede der beiden Achsen ist also

(12) $$\Pi(OP) = \Pi(OQ') + \Pi(Q'P).$$

---

* Es wird kein Mißverständnis verursachen, wenn in den obigen Formeln
x, y, x', y' einmal als Koordinaten, einmal als Zeichen für die Achsenrichtungen
auftreten.

Diese Gleichung wenden wir zuerst auf die x-Achse und dann auf die y-Achse an. Da $OQ' = x'$ in die x'-Achse fällt und $Q'P' = y'$ der y'-Achse parallel ist, so ergibt sich [S. 8, Gleichung (15)]

(13) $\qquad x = x' \cos(x'x) + y' \cos(y'x)$

und ebenso

$$y = x' \cos(x'y) + y' \cos(y'y).$$

Wir setzen noch

$$(xx') = \alpha, \quad (xy') = \beta, \quad \text{also} \quad (x'y') = \beta - \alpha,$$

so wird

$$(yx') = (yx) + (xx') = -\tfrac{1}{2}\pi + \alpha, \quad (yy') = (yx) + (xy') = -\tfrac{1}{2}\pi + \beta,$$

und unsere Gleichungen verwandeln sich in

(13 a) $\qquad \begin{cases} x = x' \cos\alpha + y' \cos\beta, \\ y = x' \sin\alpha + y' \sin\beta. \end{cases}$

Durch Auflösung nach x' und y' ergibt sich hieraus

(13 b) $\qquad \begin{cases} \sin(\beta - \alpha)\, x' = x \sin\beta - y \cos\beta, \\ \sin(\beta - \alpha)\, y' = -x \sin\alpha + y \cos\alpha. \end{cases}$

Sind auch die $x'y'$-Achsen rechtwinklig, und zwar $(x'y') = \dfrac{\pi}{2}$, ist also $\beta = \tfrac{1}{2}\pi + \alpha$, so erhalten wir die einfacheren Formeln

(14) $\qquad \begin{cases} x = x' \cos\alpha - y' \sin\alpha, \\ y = x' \sin\alpha + y' \cos\alpha \end{cases}$

und als Auflösung

(14 a) $\qquad \begin{cases} x' = x \cos\alpha + y \sin\alpha, \\ y' = -x \sin\alpha + y \cos\alpha\, *. \end{cases}$

Es wurde hier vorausgesetzt, daß $\sphericalangle (xy) = (x'y') = \tfrac{1}{2}\pi$ ist, daß also die beiden Achsensysteme *kongruente* Figuren sind. Ist dagegen $(x'y') = -\tfrac{1}{2}\pi$, so stellen beide Achsensysteme nur *spiegelbildlich* (symmetrisch) gleiche Figuren dar[1]; man hat $\beta = \alpha - \tfrac{1}{2}\pi$, und die Formeln (14) gehen in

(14 b) $\qquad x = x' \cos\alpha + y' \sin\alpha, \quad y = x' \sin\alpha - y' \cos\alpha$

über; sie gehen formal aus (14) in der Weise hervor, daß man y' durch $-y'$ ersetzt, was auch geometrisch evident ist.

Aus jeder der Gleichungen (14) und (14 b) folgt

(15) $\qquad\qquad x^2 + y^2 = x'^2 + y'^2;$

man nennt diesen Ausdruck deshalb eine *Invariante* der Transformation, der geometrisch evidenten Tatsache entsprechend, daß der Abstand OP

---

* Diese Gleichungen ergeben sich auch direkt aus (14), indem man x, y mit x', y' vertauscht und α durch $(x'x) = -\alpha$ ersetzt.

[1] Hier wird nur die Beziehung *in der Ebene selbst* in Betracht gezogen.

für alle rechtwinkligen Achsensysteme mit O als Anfangspunkt dieselbe Darstellung hat.

Für die Determinante (Anhang III, § 3) der Gleichungen (14) und (14b) folgt

$$\delta = \begin{vmatrix} \cos\alpha, & -\sin\alpha \\ \sin\alpha, & \cos\alpha \end{vmatrix} = 1 \quad \text{und} \quad \delta = \begin{vmatrix} \cos\alpha, & \sin\alpha \\ \sin\alpha, & -\cos\alpha \end{vmatrix} = -1.$$

Darin kommt der Gegensatz beider Transformationen analytisch zum Ausdruck.

Auch in dem Falle, daß *beide* Achsensysteme schiefwinklig sind, können wir die Transformationsformeln unmittelbar aus dem Projektionssatz von S. 7 entnehmen. Seien wieder x, y und x', y' die Koordinaten von P^*, so sind jetzt x und y die Parallelprojektionen von OP auf der x- und y-Achse im Sinne von S. 9 und wieder gleich den analogen Projektionen des Streckenzuges $OQ'P$. Setzen wir insbesondere [vgl. I, § 5, (12)]

$$\Pi(OQ', x) = a\,x', \quad \Pi(Q'P, x) = b\,y',$$
$$\Pi(OQ', y) = c\,x', \quad \Pi(Q'P, y) = d\,y',$$

wo a, b, c, d die bezüglichen Projektionskonstanten sind, so ergibt sich nach (12)

(16) $$x = a\,x' + b\,y', \quad y = c\,x' + d\,y'.$$

Ganz analog findet sich mit analog bestimmten Projektionskonstanten

(16a) $$x' = a'\,x + b'\,y, \quad y' = c'\,x + d'\,y,$$

die Koordinaten sind also durch eine lineare Substitution miteinander verbunden.

Bemerkung. Die Koeffizienten a, b, c, d und a', b', c', d' sind durch die Achsenrichtungen bestimmt. Seien (Fig. 24) A' und B' Punkte der x'- und y'-Achse, so daß $OA' = 1$, $OB' = 1$ ist; es sind dann $x' = 1$, $y' = 0$ die x', y'-Koordinaten von A' und $x' = 0$, $y' = 1$ die x', y'-Koordinaten von B'. Für ihre x, y-Koordinaten folgt daher aus (16)

$$x = OA = a, \quad y = AA' = c,$$

und aus dem Dreieck OAA' ergibt sich nun

$$a : c : 1 = \sin(x'\,y) : \sin(x\,x') : \sin(x\,y).$$

Ebenso erhält man für die x, y-Koordinaten von B'

$$x = OB = b, \quad y = BB' = d,$$

und aus dem Dreieck OBB' entnimmt man

$$b : d : 1 = \sin(y'\,y) : \sin(x\,y') : \sin(x\,y).$$

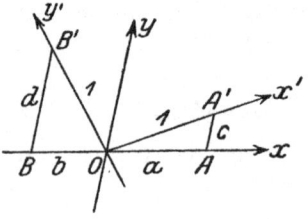

Fig. 24.

Setzen wir noch $(x\,y) = \omega$, so gehen die Formeln (16) über in

(16b) $$\begin{cases} \sin\omega \cdot x = \sin(x'\,y)\,x' + \sin(y'\,y)\,y', \\ \sin\omega \cdot y = \sin(x\,x')\,x' + \sin(x\,y')\,y'. \end{cases}$$

Analoges gilt für die Gleichungen (16a).

---

* Man benutze wieder die Fig. 23.

Die allgemeinste lineare Substitution in der Form (16) stellt keine Transformation des Koordinatensystems dar. Denn die Winkel der Achsen miteinander sind durch drei Winkel, etwa (x, y), (x', y') und (x, x'), vollständig bestimmt. Also sind in den Gleichungen (16b) nur drei Koeffizienten willkürlich, und Entsprechendes gilt von den Gleichungen (16), falls sie Koordinatentransformationen darstellen sollen. Es ist leicht, Substitutionen anzugeben, denen keine Transformationen des Koordinatensystems entsprechen. Setzt man z. B. $x' = x$, $y' = 2y$, so folgt aus $x' = 0$ auch $x = 0$, ebenso aus $y' = 0$ auch $y = 0$; es muß daher die x-Achse mit der x'-Achse und die y-Achse mit der y'-Achse identisch sein. Also müßten auch die x, y- und x', y'-Koordinaten identisch sein, was nicht der Fall ist.

Beispiele. 1. Eine Hyperbel heißt *gleichseitig*, wenn in ihrer Gleichung (9a), S. 18 $a = b$ ist; ihre Gleichung lautet also

$$x^2 - y^2 = a^2.$$

Wir nehmen die Halbierungslinien der Koordinatenachsen als x', y'-Achsen; sie sind rechtwinklig, und es sei $(x\,x') = -\dfrac{\pi}{4}$. Man hat dann die Transformationsgleichungen

$$x = \tfrac{1}{2}\sqrt{2}\,x' + \tfrac{1}{2}\sqrt{2}\,y', \qquad y = -\tfrac{1}{2}\sqrt{2}\,x' + \tfrac{1}{2}\sqrt{2}\,y'.$$

Sie führen die Hyperbelgleichung in

$$2\,x'\,y' = a^2$$

über. Über die Bedeutung dieser Gleichung und der Koordinatenachsen vgl. Kap. X, § 6.

2. Mittels der Gleichungen (13) läßt sich ohne Benutzung einer Figur eine Formel für den Abstand OP für schiefwinklige Koordinaten ableiten. Man erhält

$$\begin{aligned} OP^2 = x^2 + y^2 &= x'^2 + y'^2 + 2\,x'\,y'\,(\cos\alpha\cos\beta + \sin\alpha\sin\beta) \\ &= x'^2 + y'^2 + 2\,x'\,y'\cos(x'\,y'). \end{aligned}$$

Durch Anwendung auf zwei schiefwinklige Systeme folgt

$$x'^2 + y'^2 + 2\,x'\,y'\cos(x'\,y') = x''^2 + y''^2 + 2\,x''\,y''\cos(x''\,y''),$$

der vorstehende Ausdruck ist also wieder eine *Invariante* der Transformation.

Bei Koordinatensystemen mit verschiedenem Anfangspunkt und beliebigen Achsenrichtungen führt eine Verbindung der vorstehenden Formeln zum Ziele. Sei O' der Anfangspunkt der x', y'-Achsen. Will man die x, y-Koordinaten durch die x', y'-Koordinaten ausdrücken, so nimmt man ein X, Y-Achsensystem mit O' als Anfangspunkt zu Hilfe, das den x, y-Achsen parallel ist (Fig. 25). Dann bestehen für die x', y'- und die X, Y-Achsen Formeln der Form

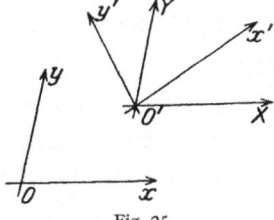

Fig. 25.

$$X = a\,x' + b\,y', \qquad Y = c\,x' + d\,y';$$

andererseits gelten für die x, y- und die X, Y-Koordinaten (S. 28) Formeln der Form

$$x = X + e, \qquad y = Y + f,$$

und daraus folgt schließlich

(17) $$x = a\,x' + b\,y' + e, \qquad y = c\,x' + d\,y' + f.$$

Die allgemeinste Koordinatentransformation drückt sich also durch eine lineare Substitution aus.

§ 4. Der Dreiecksinhalt.

Zwei Punkte $P_1(x_1, y_1)$ und $P_2(x_2, y_2)$ bestimmen mit dem Anfangspunkt O ein Dreieck; sein Flächeninhalt $\mathfrak{F}$ ist zu berechnen, zunächst für rechtwinklige Achsen. Es sei $OP_1 = r_1$, $OP_2 = r_2$. Wir legen die Flächenformel (Fig. 26)

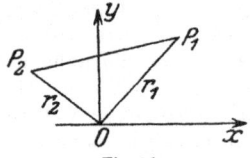

Fig. 26.

$$2\mathfrak{F} = OP_1 \cdot OP_2 \cdot \sin(P_1 O P_2)$$

zugrunde. Hier ist

$$\sphericalangle(P_1 O P_2) = \sphericalangle(r_1 r_2) = (r_1 x) + (x r_2) = (x r_2) - (x r_1),$$

wir finden also

$$2\mathfrak{F} = r_1 r_2 \{\sin(x r_2) \cos(x r_1) - \cos(x r_2) \sin(x r_1)\},$$

und daraus folgt gemäß S. 11

$$(18) \qquad 2\mathfrak{F} = x_1 y_2 - x_2 y_1 = \begin{vmatrix} x_1 & y_1 \\ x_2 & y_2 \end{vmatrix}.$$

Die rechte Seite dieser Formel ändert ihr Vorzeichen, wenn die Indizes 1 und 2, also die Punkte P_1 und P_2, vertauscht werden. *Der Dreiecksfläche legen wir deshalb ebenfalls ein Vorzeichen bei;* und zwar ist $\mathfrak{F}$ positiv, wenn $\sin P_1 O P_2$ positiv ist, negativ, wenn $\sin P_1 O P_2$ negativ ist. Also ist das Vorzeichen von $\mathfrak{F}$ positiv, wenn der Halbstrahl OP_1 dadurch in den Halbstrahl OP_2 übergeht, daß er in positivem Sinn um einen Winkel $< \pi$ gedreht wird; entsprechendes gilt für negatives $\mathfrak{F}$. Dem Drehsinn von r_1 nach r_2 entspricht der *Umlaufssinn* O, P_1, P_2 des Dreiecks. Durch den Umlaufssinn wird das Vorzeichen von $\mathfrak{F}$ in symmetrische Beziehung zu den drei Ecken des Dreiecks gebracht. Wir bezeichnen deshalb genauer $\mathfrak{F}$ mit $\mathfrak{F}_{012}$, wenn der Inhalt durch (18) berechnet wird, und erhalten

$$(19) \qquad \mathfrak{F}_{012} + \mathfrak{F}_{021} = 0.$$

Sind die Achsen schiefwinklig, so führen die Gleichungen (13) zum Resultat; wir haben nur die in ihnen enthaltenen Werte in die Determinante (18) einzusetzen. Zunächst wird

$$\begin{vmatrix} x_1 & y_1 \\ x_2 & y_2 \end{vmatrix} = \begin{vmatrix} x_1' \cos(xx') + y_1' \cos(xy'), & x_1' \cos(yx') + y_1' \cos(yy') \\ x_2' \cos(xx') + y_2' \cos(xy'), & x_2' \cos(yx') + y_2' \cos(yy') \end{vmatrix},$$

und daraus folgt gemäß dem Multiplikationssatz der Determinanten

$$\begin{vmatrix} x_1 & y_1 \\ x_2 & y_2 \end{vmatrix} = \begin{vmatrix} x_1' & y_1' \\ x_2' & y_2' \end{vmatrix} \cdot \begin{vmatrix} \cos(xx'), & \cos(xy') \\ \cos(yx'), & \cos(yy') \end{vmatrix}.$$

Nun ist $(xy) = \frac{1}{2}\pi$, also

$$(yx') = -\tfrac{1}{2}\pi + (xx') = -\tfrac{1}{2}\pi - (x'x), \qquad (yy') = -\tfrac{1}{2}\pi + (xy'),$$

und daher erhält die Determinante der Kosinus den Wert

$$\cos(x'x)\sin(xy') + \cos(xy')\sin(x'x) = \sin[(x'x) + (xy')] = \sin(x'y').$$

Für den Dreiecksinhalt ergibt sich daher

$$(20) \qquad 2\,\mathfrak{F}_{012} = \begin{vmatrix} x_1' & y_1' \\ x_2' & y_2' \end{vmatrix} \sin(x'y').$$

Liege allgemeiner ein aus drei beliebigen Punkten (x_1, y_1), (x_2, y_2), (x_3, y_3) gebildetes Dreieck vor; die Achsen seien beliebig. Wir legen durch (x_1, y_1) eine X- und Y-Achse, parallel zur x- und y-Achse, so können wir zunächst die vorstehenden Gleichungen benutzen und erhalten

$$2\,\mathfrak{F}_{123} = \sin(XY) \begin{vmatrix} X_2 & Y_2 \\ X_3 & Y_3 \end{vmatrix}.$$

Andererseits ist gemäß (11)

$$X = x - x_1, \qquad Y = y - y_1,$$

und daraus folgt weiter

$$(21) \qquad 2\,\mathfrak{F}_{123} = \sin(xy) \begin{vmatrix} x_2 - x_1 & y_2 - y_1 \\ x_3 - x_1 & y_3 - y_1 \end{vmatrix} = \sin(xy) \begin{vmatrix} x_1 & y_1 & 1 \\ x_2 & y_2 & 1 \\ x_3 & y_3 & 1 \end{vmatrix}$$

oder durch Entwicklung der letzten Determinante nach den Elementen der letzten Kolonne

$$(21\,\text{a}) \qquad 2\,\mathfrak{F}_{123} = \sin(xy)\{(x_2 y_3 - x_3 y_2) + (x_3 y_1 - x_1 y_3) + (x_1 y_2 - x_2 y_1)\}.$$

Diese Gleichung läßt eine einfache geometrische Deutung zu. Setzen wir die Dreiecksflächen

$$OP_2 P_3 = \mathfrak{F}_{023}, \qquad OP_3 P_1 = \mathfrak{F}_{031}, \qquad OP_1 P_2 = \mathfrak{F}_{012},$$

so ergibt sich nach (20)

$$2\,\mathfrak{F}_{023} = \sin(xy)(x_2 y_3 - x_3 y_2), \qquad 2\,\mathfrak{F}_{031} = \sin(xy)(x_3 y_1 - x_1 y_3),$$
$$2\,\mathfrak{F}_{012} = \sin(xy)(x_1 y_2 - x_2 y_1),$$

was schließlich

$$\mathfrak{F}_{123} = \mathfrak{F}_{023} + \mathfrak{F}_{031} + \mathfrak{F}_{012}$$

zur Folge hat, eine Gleichung, deren geometrische Bedeutung ersichtlich ist.

Ähnlich erhält man den Flächeninhalt $\mathfrak{F}$ eines einfachen n-Ecks, indem man von

$$\mathfrak{F}_{12\ldots n} = \mathfrak{F}_{012} + \mathfrak{F}_{023} + \cdots + \mathfrak{F}_{0n1}$$

ausgeht und die $\mathfrak{F}_{0ik}$ durch ihre Werte in den Koordinaten ersetzt.

Beispiel. Das Dreieck der drei Punkte $(2, 1)$, $(3, -2)$, $(-4, -1)$ hat den Inhalt -10.

Bemerkung. Für die drei Punkte P_1, P_2, P_3 gibt es bekanntlich sechs Anordnungen entsprechend den sechs Permutationen der Indizes 1, 2, 3. Bei den zyklischen Permutationen ändert sich die in (21) enthaltene Determinante nicht; bei den anderen ändert sie ihr Vorzeichen, das heißt, das Vorzeichen des Inhalts ändert sich mit dem Sinn des Umlaufs um das Dreieck.

§ 5. Doppelte Bedeutung der Transformationsformeln.

Lineare Substitutionen der Koordinaten wie die in § 3 lassen noch eine zweite Deutung zu. Der Ableitung nach stellen sie Koordinaten *desselben* Punktes für *verschiedene* Achsen dar, man kann sie aber auch als Formeln für *verschiedene* Punkte in bezug auf *dieselben* Achsen deuten. Wir beginnen mit den Formeln einfachster Art,

$$(22) \qquad x = x' + a, \quad y = y' + b.$$

Die Achsen mögen beliebig sein. Die Beziehung zweier solcher Punkte $P(x, y)$ und $P'(x', y')$ zueinander ergibt sich aus Projektionssatz von I, § 15, Fig. 22 (S. 28), wenn man OO_1P durch einen Punkt P' zum Parallelogramm OO_1PP' ergänzt; sie zeigt dann, daß der Punkt P aus P' durch eine Schiebung (Translation) um die Strecke $OO_1 = P'P$ hervorgeht. Man sagt, daß die Formeln eine *Schiebung der Ebene* um die Strecke (den Vektor) OO_1 darstellen.

Wir gehen zu den Gleichungen

$$(23) \qquad x' = \alpha x, \quad y' = \beta y \qquad (\alpha, \beta \neq 0)$$

über; das Achsensystem sei wieder beliebig. Man sagt, daß die Punkte P' zu den Punkten P eine *affine* Beziehung haben. Folgende Eigenschaften ergeben sich für sie ohne weiteres:

1. Bilden die Punkte P' eine Gerade g', so tun es auch die Punkte P' und umgekehrt; ist nämlich $Ax' + By' + C = 0$ die Gerade g', so erfüllen die Punkte P die Gerade $A\alpha x + B\beta y + C = 0$. Den Punkten einer Strecke PQ entsprechen die Punkte der Strecke $P'Q'$. Daraus folgt leicht, daß den Punkten, die die Fläche eines Dreiecks erfüllen, Punkte entsprechen, die wieder die Fläche eines Dreiecks erfüllen[1].

2. *Die Flächen entsprechender Figuren stehen in konstantem Verhältnis zueinander.* Sind $\mathfrak{F}$ und $\mathfrak{F}'$ die Inhalte entsprechender Dreiecke, so ist (§ 4)

$$(24) \qquad \mathfrak{F}' : \mathfrak{F} = \sin(xy) \begin{vmatrix} x_1' & y_1' & 1 \\ x_2' & y_2' & 1 \\ x_3' & y_3' & 1 \end{vmatrix} : \sin(xy) \begin{vmatrix} x_1 & y_1 & 1 \\ x_2 & y_2 & 1 \\ x_3 & y_3 & 1 \end{vmatrix}.$$

---

[1] Wir werden später lernen, daß einem Parallelogramm sogar ein Parallelogramm entspricht. Vgl. Kap. XII, § 3, wo die Affinität ausführlicher zur Untersuchung gelangt.

Bezeichnen wir die beiden Determinanten durch D' und D, so folgt aus dem Anhang II, § 3, daß $D' = \alpha\beta D$ ist; daher wird

(24a) $$\mathfrak{F}' : \mathfrak{F} = \alpha\beta = \text{const}.$$

Hiermit ist die Behauptung zunächst für Dreiecke erwiesen. Daraus folgt sie durch die letzte Formel von § 4 auch für alle Polygone, und auf Grund hiervon kann sie durch Grenzübergang auch für beliebige Flächenstücke geschlossen werden[1].

3. Sind P_1, P_2, P drei Punkte einer Geraden, so bleibt das Teilungsverhältnis $(P_1 P_2 P)$ *ungeändert*; die Gleichungen (7a) gehen nämlich durch (23) in

$$\xi' = \frac{x_1' - \mu x_2'}{1 - \mu}, \qquad \eta' = \frac{y_1' - \mu y_2'}{1 - \mu}$$

über. Mitte geht also in Mitte über, Schwerpunkt einer Figur in den Schwerpunkt der entsprechenden Figur.

Beispiel. Aus der Gleichung

$$y : y' = b : a = x_1 : x$$

von S. 24 ist zu schließen, daß Kreis und Ellipse affine Figuren sind. Die Ellipsenpunkte (x, y) hängen nämlich mit den Punkten (x', y') des Kreises vom Durchmesser $2a$ durch die Gleichungen

$$x' = x, \qquad y' = \frac{a}{b} y$$

zusammen, mit den Punkten des Kreises vom Durchmesser $2b$ durch

$$x_1 = \frac{b}{a} x, \qquad y_1 = y;$$

jedes dieser Gleichungspaare hat die Form (23). Aus dem obigen Satz 2 erhält man für die Inhalte $\mathfrak{F} = a^2\pi$ des Kreises und $\mathfrak{F}'$ der Ellipse

$$\mathfrak{F}' : \mathfrak{F} = b : a,$$

und daher findet sich für den Inhalt der Ellipse der Wert $ab\pi$.

Die an die Gleichung (23) geknüpften Schlüsse bleiben bestehen, wenn wir sie allgemeiner so deuten, daß sie sich auf *verschiedene* Achsensysteme beziehen, auf ein xy-System und ein $x'y'$-System, die beliebig in der Ebene liegen sollen (Fig. 25). Auch dann noch wird durch sie jedem Punkt $P(x, y)$ ein Punkt $P'(x', y')$ zugeordnet, und es bleiben die unter 1., 2. und 3. genannten Sätze in Kraft. An Stelle der Gleichung (24) erscheint, wenn wir die in (24a) enthaltenen Determinanten wie oben durch D' und D bezeichnen, die Gleichung

(24b) $$\mathfrak{F}' : \mathfrak{F} = \sin(x'y') D' : \sin(xy) D;$$

sie zeigt ebenfalls, daß $\mathfrak{F}' : \mathfrak{F}$ einen konstanten Wert hat. Die Zuordnung heißt ebenfalls eine *affine*.

---

[1] Man erkennt leicht, daß die Affinität für $\beta = \alpha$ in die Ähnlichkeit übergeht.

Auch den Formeln (14) von § 3 können wir eine analoge Deutung geben; sie stellen *Drehungen* um den Anfangspunkt dar. Seien die Achsen *rechtwinklig*. Wir drehen die ganze Ebene um den Anfangspunkt; dadurch gehe Punkt P in P' über, und es sei der Drehungswinkel $(OP, OP') = \alpha$. Man hat dann unmittelbar (Fig. 27)

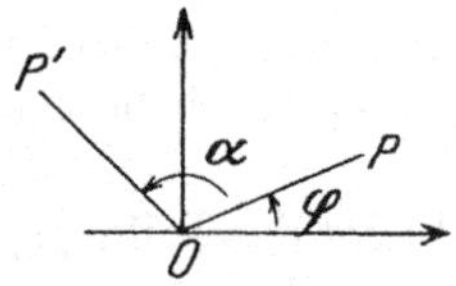

$$(25) \quad \begin{cases} x' = r \sin(\varphi + \alpha) = x \cos\alpha - y \sin\alpha\,, \\ y' = r \cos(\varphi + \alpha) = x \sin\alpha + y \cos\alpha\,, \end{cases}$$

und dies sind die nämlichen Formeln, die bei der Drehung der Koordinatenachsen um den Winkel $-\alpha$ auftreten.

Fig. 27.

Endlich lassen auch die Formeln (14 b) eine derartige Deutung zu. Sie gehen (S. 29) aus (14) dadurch hervor, daß man y' durch $-y'$ ersetzt. Das bedeutet eine Spiegelung an der x'-Achse; sie entsprechen also einer Drehung um den Winkel α und einer nachfolgenden Spiegelung. Eine solche Transformation heißt *Umlegung*; sie kehrt den Umlaufssinn um.

Fünftes Kapitel

Die gerade Linie.

§ 1. Gleichungsformen der Geraden.

Für eine Gerade haben wir in Kap. III, § 3, die Gleichungen

(1)
$$\frac{x}{a} + \frac{y}{b} - 1 = 0$$

und

(2)
$$A x + B y + C = 0$$

abgeleitet. Hier bedeuten a und b die Abschnitte, die die Gerade auf den Achsen abschneidet. A, B, C sind Konstanten, die beliebige Werte haben können; die Abschnitte a und b drücken sich aus ihnen durch die Formeln

$$a = -\frac{C}{A}, \quad b = -\frac{C}{B}.$$

aus. Die Gleichung (2) heißt die *allgemeine* Gleichung der Geraden. Eine weitere vielfach nützliche Gleichungsform ergibt sich aus der ersten Gleichung, wenn man diese in die Form

(3)
$$y = m x + b; \quad m = -\frac{b}{a}$$

setzt; aus der Fig. 15 (S. 19) erhält man für m den Wert

(3 a)
$$m = \frac{\sin (x\,g)}{\sin (g\,y)} = -\frac{\sin (x\,g)}{\sin (y\,g)} \, *.$$

Für rechtwinklige Koordinaten hat man einfacher nach Gleichung (1) von S. 25

(3 b)
$$m = \operatorname{tg} (x\,g) = \operatorname{tg} \alpha; \quad \alpha = (x\,g).$$

Während die Gleichung (1) die Gerade durch zwei Punkte bestimmt, ist sie in Gleichung (3) durch einen Punkt und ihre Richtung festgelegt; m heißt auch *Richtungskonstante*.

Beispiel. Bei rechtwinkligen Koordinaten erhalten wir für die Gleichung $x + y - 4 = 0$ die Werte $a = 4$, $b = 4$, $m = -1$, $\alpha = 135°$.

Eine Gerade kann auch als Verbindungslinie zweier beliebiger Punkte (x_1, y_1) und (x_2, y_2) definiert sein. Die dieser Definition ent-

---

* Eine von der Figur unabhängige Ableitung bringt § 2.

sprechende Gleichung entnehmen wir aus dem vorstehenden durch die folgenden, für das analytisch-geometrische Verfahren charakteristischen Schlüsse[1]. Sicher hat die Gleichung für gewisse noch unbekannte Werte m und b die Form

$$y = mx + b.$$

Da die Gerade durch $(x_1 y_1)$ und $(x_2 y_2)$ geht, bestehen auch die Gleichungen

$$y_1 = mx_1 + b, \quad y_2 = mx_2 + b.$$

Aus ihnen lassen sich die Werte von m und b berechnen und dann in die erste Gleichung einsetzen. Man hat also — anders ausgedrückt — m und b aus den vorstehenden drei Gleichungen zu *eliminieren*. Dazu bilden wir zunächst durch Subtraktion die Gleichungen

$$y - y_1 = m(x - x_1), \quad y - y_2 = m(x - x_2), \quad y_2 - y_1 = m(x_2 - x_1);$$

aus ihnen entsteht durch Division weiter

$$(4) \qquad \frac{y - y_1}{y - y_2} = \frac{x - x_1}{x - x_2} \quad \text{oder} \quad \frac{y - y_1}{y_2 - y_1} = \frac{x - x_1}{x_2 - x_1} \quad \text{oder} \quad \frac{y - y_1}{x - x_1} = \frac{y_2 - y_1}{x_2 - x_1} (= m),$$

jede dieser Gleichungen stellt also die Gerade dar. Nach x und y geordnet erhält sie, von welcher Gleichung wir auch ausgehen, die Form

$$(4a) \qquad x(y_2 - y_1) - y(x_2 - x_1) + x_2 y_1 - x_1 y_2 = 0.$$

Diese Umformung läßt die gewonnene Gleichung als eine Gleichung ersten Grades erkennen. Jede der Gleichungen (4) drückt unmittelbar aus, daß die Gerade erstens die Punkte $(x_1 y_1)$ und $(x_2 y_2)$ enthält, und daß sie zweitens die für sie grundlegende Eigenschaft hat, die im Projektionssatz von S. 7 zum Ausdruck kommt. Sie kann auf Grund dieser Erwägung auch unmittelbar hingeschrieben werden.

Eine zweite Betrachtung, die zur Gleichung einer Geraden durch zwei Punkte führt, ist folgende. Wir gehen davon aus, die Bedingung zu suchen, daß drei Punkte $P_0(x_0 y_0)$, $P_1(x_1 y_1)$, $P_2(x_2 y_2)$ auf derselben Geraden liegen, und wählen diesmal $Ax + By + C = 0$ als Gleichung der Geraden. Es ist dann, *wie die Punkte auch liegen,*

$$A x_0 + B y_0 + C = 0$$
$$A x_1 + B y_1 + C = 0$$
$$A x_2 + B y_2 + C = 0.$$

Dies sind drei homogene Gleichungen für die Größen A, B, C. Sie bestehen in der Weise, daß A, B, C Werte haben, die nicht sämtlich Null sind, und daraus folgt (Anhang III, § 3) die Determinantengleichung

$$(4b) \qquad \begin{vmatrix} x_0 & y_0 & 1 \\ x_1 & y_1 & 1 \\ x_2 & y_2 & 1 \end{vmatrix} = 0$$

---

[1] Für $x_1 = x_2$ oder $y_1 = y_2$ wird die Gerade einer Achse parallel; davon wird wieder abgesehen.

als gesuchte Bedingung. Lassen wir den Punkt $(x_0 y_0)$ variabel werden, und ersetzen ihn insofern durch (xy), so ergibt sich

(4c)
$$\begin{vmatrix} x & y & 1 \\ x_1 & y_1 & 1 \\ x_2 & y_2 & 1 \end{vmatrix} = 0$$

als Gleichung der Geraden. Die Entwicklung der Determinante liefert wiederum die Gleichung (4a). Die geometrische Bedeutung der Gleichung (4c) ist die, daß jeder Punkt (x, y) der Geraden mit den Punkten $(x_1 y_1)$ und $(x_2 y_2)$ eine Dreiecksfläche vom *Inhalt Null* bestimmt (S. 33).

Beispiele. 1. Die durch (2, 3) und (5, -4) gehende Gerade hat die Gleichung

$$\frac{y-3}{x-2} = \frac{-4-3}{5-2} = -\frac{7}{3} \quad \text{oder} \quad 7x + 3y - 23 = 0;$$

Achsenabschnitte und Richtungskonstante sind $a = \frac{23}{7}$, $b = \frac{23}{3}$, $m = -\frac{7}{3}$.

2. Als Gleichungen der Seiten des Dreiecks der Punkte (2, 1), (3, -2), (-4, -1) findet man: $x + 7y + 11 = 0$, $3y - x - 1 = 0$, $3x + y - 7 = 0$.

3. Man bilde die Gleichungen der drei Seitenhalbierenden dieses Dreiecks [vgl. Kap. IV, Gleichung (8)].

Wir knüpfen nochmals an die Gleichungen (4) an. Führen wir in die erste der drei Gleichungen den Wert der beiden einander gleichen Quotienten ein, setzen also

$$\frac{y - y_1}{y - y_2} = \frac{x - x_1}{x - x_2} = k,$$

so erhalten wir daraus

(5)
$$x = \frac{x_1 - k x_2}{1 - k}, \qquad y = \frac{y_1 - k y_2}{1 - k}.$$

Dies sind dieselben Gleichungen, die wir S. 26 gefunden haben. Sie drücken (im Sinn von Kap. III, § 6) die variablen Koordinaten x, y mittels des Parameters k aus, und es ist k das Teilungsverhältnis $(P_1 P_2 P_3)$, das (S. 4) der Punkt (x, y) mit $(x_1 y_1)$ und $(x_2 y_2)$ bestimmt.

Eine allgemeinere Darstellung dieser Art ist

(5a)
$$x = \frac{a + \alpha t}{c + \gamma t}, \qquad y = \frac{b + \beta t}{c + \gamma t}, \qquad c \neq 0;$$

auch ihr entsprechen alle Punkte einer Geraden. Dividiert man die Zähler und Nenner beider Quotienten durch c und setzt

$$-\frac{\gamma}{c} t = k, \quad \frac{a}{c} = x_1, \quad \frac{\alpha}{\gamma} = x_2, \quad \frac{b}{c} = y_1, \quad \frac{\beta}{\gamma} = y_2,$$

so erkennt man, daß die Gleichungen (5a) in (5) übergehen.

Für rechtwinklige Koordinaten bestehen insbesondere folgende Gleichungen: Sei $M(x_1 y_1)$ ein beliebiger fester Punkt der Geraden. Wird dann $MP = s$ gesetzt und $(xg) = \varphi$, so folgt gemäß S. 25

(6)
$$x - x_1 = s \cos\varphi, \qquad y - y_1 = s \sin\varphi,$$

und es ist s der variable Parameter, der alle Werte des Kontinuums durchläuft.

§ 2. Die Hessesche Normalform.

Wir knüpfen an die Formel (10) an, die wir in Kap. IV (S. 27) für den Abstand eines Punktes (ξ, η) von einer Geraden g gefunden haben. Setzen wir abkürzend

(7) $$N(\xi, \eta) = \xi \cos(nx) + \eta \cos(ny) - \delta,$$

so können wir das dort gefundene Resultat folgendermaßen aussprechen:
Der Ausdruck $N(\xi, \eta)$ hat für alle Punkte (ξ, η) eine einheitliche Bedeutung; er stellt die entsprechend der Festsetzung des Richtungssinnes auf der Normalen von g mit Vorzeichen versehene Länge des von (ξ, η) auf die Gerade g gefällten Lotes dar. Die Gerade g erscheint hier so bestimmt, daß sie von O den Abstand δ hat, während n die von O auf g gefällte Normale ist. Auf der einen Seite der Geraden g ist der Ausdruck $N(\xi, \eta)$ positiv, auf der anderen negativ. Die erste Seite heißt die *positive Seite von g*, die andere die *negative Seite von g*.

Liegt ein Punkt $P(x, y)$ auf der Geraden g selbst, so ist die Länge des Lotes *gleich Null* und umgekehrt. Daraus folgt, daß

(7a) $\quad N(x, y) = 0 \quad$ oder $\quad x \cos(xn) + y \cos(yn) - \delta = 0$

die Gleichung der Geraden g ist (Hessesche Normalform).

Die so gefundene Gleichung ist von großer Wichtigkeit. Wir behandeln zunächst ihre Beziehung zu den anderen Gleichungsformen; ausgehend von den beiden Gleichungen (Fig. 21, S. 27)

$$a \cos(xn) = \delta, \qquad b \cos(yn) = \delta,$$

die sich aus (14) von S. 7 ergeben. Diese Werte führen von (7a) unmittelbar zur Gleichung

$$\frac{x}{a} + \frac{y}{b} - 1 = 0.$$

Weiter erhält man für m den Wert

$$m = -\frac{b}{a} = -\frac{\cos(xn)}{\cos(yn)}.$$

Nun ist aber

$$(xn) = (xg) + (gn) = (xg) \pm \tfrac{1}{2}\pi; \qquad (yn) = (yg) + (gn) = (yg) \pm \tfrac{1}{2}\pi *.$$

und daher wird [vgl. Gleichung (3a)]

$$m = -\frac{\sin(xg)}{\sin(yg)} = \frac{\sin(xg)}{\sin(gy)}.$$

Die Beziehung der Normalform zur Gleichung

(8) $$A x + B y + C = 0$$

---

* Da die Richtung von g hier unbestimmt bleibt, ist das doppelte Zeichen nötig.

soll nur für rechtwinklige Achsen erörtert werden; wir behandeln die Aufgabe, die vorstehende allgemeine Gleichung einer Geraden in ihre Normalform überzuführen. Für rechtwinklige Achsen ist

$$(yn) = (yx) + (xn) = (xn) - \tfrac{1}{2}\pi\,;$$

setzen wir also $(xn) = \alpha$, so nimmt $N(x, y)$ die einfachere Form

$$(9) \qquad N(x, y) = x\cos\alpha + y\sin\alpha - \delta$$

an, und die Normalgleichung lautet

$$(9\,\mathrm{a}) \qquad x\cos\alpha + y\sin\alpha - \delta = 0\,.$$

Nun ändert sich die durch eine Gleichung gegebene Beziehung zwischen x und y nicht, wenn die Gleichung mit einer Konstanten multipliziert wird; demgemäß suchen wir Gleichung (8) so mit einer Größe λ zu multiplizieren, daß ihre linke Seite in die linke Seite von (9a), also in den Ausdruck $N(x, y)$ übergeht; dazu muß

$$(9\,\mathrm{b}) \qquad \lambda A = \cos\alpha\,, \quad \lambda B = \sin\alpha\,, \quad \lambda C = -\delta\,.$$

werden. Dies geschieht, wenn $\lambda^2(A^2 + B^2) = 1$ ist, also ergibt sich

$$(10) \qquad \cos\alpha = \frac{A}{\sqrt{A^2 + B^2}}, \quad \sin\alpha = \frac{B}{\sqrt{A^2 + B^2}}, \quad -\delta = \frac{C}{\sqrt{A^2 + B^2}}$$

Hier ist nur noch das Vorzeichen der Wurzel zu bestimmen. Da $\delta > 0$, also $\lambda C < 0$ ist, hat man der Wurzel das umgekehrte Vorzeichen von dem zu geben, das C besitzt.

Für $N(x, y)$ findet sich also der Wert

$$(11) \qquad N(x, y) = \frac{Ax + By + C}{\sqrt{A^2 + B^2}},$$

und die Normalgleichung, die der Gleichung (8) entspricht, ist

$$(12) \qquad \frac{Ax + By + C}{\sqrt{A^2 + B^2}} = 0\,.$$

Bemerkung. Geht die Gerade durch den Anfangspunkt, so verliert die Festsetzung über das Vorzeichen der Wurzel ihren Inhalt. An sich kann man dann das Zeichen noch beliebig wählen; es wird dadurch die Richtung der Normale n festgelegt. Sollte diese Richtung bereits festgelegt sein, so ist dadurch auch das Zeichen der Wurzel bestimmt. Je nachdem also im folgenden Beispiel die Festsetzung für alle Geraden $b \geqq 0$ oder $b \leqq 0$ gleichmäßig sein soll, muß für $b = 0$ die Wurzel negativ oder positiv gewählt werden.

Vielfach wird auch g gerichtet angenommen und dann n durch $\sphericalangle (ng) = \tfrac{1}{2}\pi$ bestimmt.

Beispiele. 1. Für die Gleichung $y = mx + b$ lautet die Normalform

$$\frac{mx - y + b}{\sqrt{1 + m^2}} = 0\,; \quad \cos\alpha = \frac{m}{\sqrt{1 + m^2}}, \quad \sin\alpha = \frac{-1}{\sqrt{1 + m^2}},$$

wo die Wurzel positiv oder negativ ist, je nachdem b negativ oder positiv ist.

2. Das vom Punkte (ξ, η) auf die Gerade $4x - 5y + 2 = 0$ gefällte Lot zu bestimmen. Die Normalform lautet

$$-\frac{1}{\sqrt{41}}(4x - 5y + 2) = 0; \qquad \sqrt{41} > 0,$$

das Lot hat also die Länge

$$l = -\frac{1}{\sqrt{41}}(4\xi - 5\eta + 2).$$

Der Halbstrahl n ist durch $\cos\alpha = -4 : \sqrt{41}$, $\sin\alpha = 5 : \sqrt{41}$ bestimmt; er fällt also in den zweiten Quadranten.

3. Die Höhen des Dreiecks vom Beispiel 2 (§ 1) haben die Längen $2\sqrt{2}$, $\sqrt{10}$, $2\sqrt{10}$; der Anfangspunkt liegt innerhalb des Dreiecks. Dementsprechend ergeben unsere Formeln die Längen alle mit negativen Vorzeichen.

§ 3. Zwei Gerade.

Seien g und g' zwei verschiedene Geraden und

(13) $$A x + B y + C = 0, \qquad A'x + B'y + C' = 0$$

ihre Gleichungen. Ihr Winkel bestimmt sich geometrisch durch

$$(g g') = (g x) + (x g') = (x g') - (x g),$$

woraus

$$\operatorname{tg}(g g') = \frac{\operatorname{tg}(x g') - \operatorname{tg}(x g)}{1 + \operatorname{tg}(x g)\operatorname{tg}(x g')}$$

folgt[1]. Für rechtwinklige Achsen ist insbesondere

$$\operatorname{tg}(x g) = m = -\frac{A}{B}, \qquad \operatorname{tg}(x g') = m' = -\frac{A'}{B'},$$

und so folgt weiter

(14) $$\operatorname{tg}(g g') = \frac{m' - m}{1 + m m'} = \frac{A B' - B A'}{A A' + B B'}.$$

Für die Orthogonalität $(g \perp g')$ ergeben sich also die Gleichungen

(15) $$1 + m m' = 0; \qquad A A' + B B' = 0,$$

für den Parallelismus $(g \,\|\, g')$ ist

(16) $$m = m'; \qquad A B' - B A' = 0; \qquad A : B = A' : B'.$$

Diese Gleichungen gelten für beliebige A, B, A', B'.

Beispiele. 1. Die Gleichung einer Geraden g' aufzustellen, die durch einen Punkt $(x_1 y_1)$ geht und zu einer Geraden g parallel oder senkrecht ist. Ist die Gerade g in der Form $A x + B y + C = 0$ gegeben, so wird man für g' die Gleichung

$$A'x + B'y + C' = 0$$

ansetzen; da der Punkt $(x_1 y_1)$ auf ihr liegen soll, hat man zunächst auch

$$A'x_1 + B'y_1 + C' = 0$$

---

[1] Da g und g' keine gerichteten Geraden sind, so kommt nur ein Winkel $(g g') < \pi$ in Frage.

und erhält durch Subtraktion

$$A'(x - x_1) + B'(y - y_1) = 0 \, . \, ^*$$

Ist nun $g' \parallel g$, so ist $A' : B' = A : B$; ist $g' \perp g$, so ist $A' : B' = -B : A$, und daher hat die gesuchte Gerade im einen und anderen Falle die Gleichung

$$A(x - x_1) + B(y - y_1) = 0; \quad B(x - x_1) - A(y - y_1) = 0 \, .$$

Ist die Gerade g als Verbindungslinie zweier Punkte (a, b) und $(a_1 b_1)$ gegeben, so schließt man nach (4) folgendermaßen: Für die Gerade g ist $m = (b_1 - b) : (a_1 - a)$. Ist also $g' \parallel g$, so hat man $m' = m$, ist $g' \perp g$, so hat man $m m' + 1 = 0$ und erhält als Gleichung von g direkt

$$\frac{y - y_1}{x - x_1} - \frac{b_1 - b}{a_1 - a} = 0 \quad \text{und} \quad \frac{y - y_1}{x - x_1} + \frac{a_1 - a}{b_1 - b} = 0 \, .$$

2. Die Höhen des im Beispiel 2 von § 1 benutzten Dreiecks haben die Gleichungen

$$7x - y - 13 = 0, \quad 3x + y - 7 = 0, \quad 3y - x + 1 = 0,$$

das Dreieck ist rechtwinklig, denn zwei Höhen sind mit zwei Seiten identisch.

Für die Beziehung zweier Geraden zueinander sind drei Fälle möglich. Sie haben keinen im Endlichen gelegenen Punkt gemein, oder einen, oder zwei und damit alle. Wir wollen die analytischen Bedingungen dafür ableiten. Ist (x_0, y_0) ein gemeinsamer Punkt beider Geraden, so ist x_0, y_0 gemeinsames Lösungssystem der Gleichungen (13), und es ist (Anhang III, § 3)

$$(17) \qquad x_0 : y_0 : 1 = \begin{vmatrix} B & C \\ B' & C' \end{vmatrix} : \begin{vmatrix} C & A \\ C' & A' \end{vmatrix} : \begin{vmatrix} A & B \\ A' & B' \end{vmatrix} \, .$$

Von den drei hier auftretenden Determinanten hängt das Eintreten der drei genannten Fälle ab. Seien zunächst alle drei Determinanten gleich Null. Dann folgt

$$A' : A = B' : B = C' : C \, .$$

Ist also μ der gemeinsame Wert dieser Quotienten, so daß

$$A' = \mu A \, , \quad B' = \mu B \, , \quad C' = \mu C$$

ist, so geht die zweite der Gleichungen (13) aus der ersten durch Multiplikation mit μ hervor, und die zugehörigen Geraden sind identisch.

Sind die Geraden nicht identisch, so können also nicht alle drei Determinanten Null sein. Es ist dann zu unterscheiden, ob

$$AB' - BA' \gtrless 0 \quad \text{oder} \quad AB' - BA' = 0$$

ist. Im ersten Fall geben die Gleichungen (17) einen im Endlichen gelegenen Punkt $(x_0 y_0)$; im zweiten Fall jedoch nicht. Wie wir soeben sahen, sind g und g' dann parallel. Insbesondere sind also die Geraden $Ax + By + C = 0$, $Ax + By + C' = 0$ für $C \gtrless C'$ einander

---

* Man kann diese Gleichung auch unmittelbar ansetzen, auf Grund davon, daß sie 1. vom ersten Grad in x und y ist, und 2. für die Werte x_1, y_1 erfüllt ist.

parallel. So sieht man auch auf analytischem Wege ein, daß zwei *verschiedene* nicht parallele Geraden stets einen gemeinsamen Punkt haben.

Bemerkung. Sind alle Koeffizienten mindestens einer der beiden Gleichungen von Null verschieden, und sind zwei der in (17) stehenden Determinanten Null, so ist es auch die dritte. Ein Beispiel, daß nur eine einzelne Determinante von Null verschieden ist, ist folgendes. Für die Geraden

$$A x + C = 0, \quad A' x + C' = 0$$

ist $B = 0$ und $B' = 0$, also sind es auch die beiden Determinanten, die B und B' enthalten. Ist auch $AC' - A'C = 0$, so fallen beide Geraden zusammen; ist $AC' - A'C \gtrless 0$, so sind sie parallel und haben keinen endlichen Punkt gemein.

§ 4. Das Geradenbüschel.

Durch den Schnittpunkt zweier Geraden g und g' gehen unendlich viele Geraden; sie bilden ein *Geradenbüschel* oder *Strahlenbüschel*. Sind die Geraden g und g' wieder durch die Gleichungen (13) gegeben, so wird *jede von g und g' verschiedene Gerade des Büschels durch*

$$(18) \qquad A x + B y + C + \lambda(A' x + B' y + C') = 0$$

dargestellt, wo λ einen endlichen Wert $\gtrless 0$ bedeutet.

Wir zeigen zuerst, daß der Gleichung (18) für jeden solchen Wert von λ eine Gerade durch den Schnittpunkt (g, g') entspricht. Zunächst ist sie nämlich eine Gleichung ersten Grades; sie hat, nach x und y geordnet, die Form

$$(18a) \qquad (A + \lambda A') x + (B + \lambda B') y + (C + \lambda C') = 0.$$

Wir nehmen zunächst an, daß g und g' sich in dem Punkte (x_0, y_0) schneiden. Dann ist sowohl

$$A x_0 + B y_0 + C = 0 \quad \text{wie} \quad A' x_0 + B' y_0 + C' = 0;$$

daher hat auch die linke Seite von (18) für die Koordinaten x_0, y_0 den Wert Null, und die entsprechende Gerade geht durch $(x_0 y_0)$ hindurch.

Zweitens läßt sich die Zahl λ so bestimmen, daß die Gleichung (18) eine *beliebige* von g und g' verschiedene Gerade durch $(x_0 y_0)$ darstellt. Eine solche ist so bestimmbar, daß sie noch einen von $(x_0 y_0)$ verschiedenen Punkt $(x_1 y_1)$ enthält. Es muß dann auch

$$A x_1 + B y_1 + C + \lambda(A' x_1 + B' y_1 + C') = 0$$

sein, also

$$(19) \qquad \lambda = -\frac{A x_1 + B y_1 + C}{A' x_1 + B' y_1 + C'},$$

womit der fragliche Wert $\lambda \gtrless 0$ bestimmt ist. Durch (18) können auch g und g' dargestellt werden, und zwar mit den Parameterwerten $\lambda = 0$ und $\lambda = \infty$. Das letzte bedeutet, daß man λ zunächst durch $1/\mu$ ersetzt; dem Wert $\mu = 0$ entspricht dann die Gerade g', also auch dem Wert $\lambda = \infty$. In diesem Sinn soll der Parameterwert $\lambda = \infty$ in diesem Lehrbuch angewendet werden[1].

Aus (19) ergibt sich nach § 2 (S. 40), daß

$$(20) \qquad \lambda = - \frac{l\sqrt{A^2 + B^2}}{l'\sqrt{A'^2 + B'^2}}$$

ist, wo l und l' die Abstände eines Punktes der durch (18) dargestellten Geraden, die wir mit h bezeichnen, von den Geraden g und g' sind. Die Vorzeichen dieser Abstände hängen nach der Vorschrift des § 2 von der Lage des Anfangspunktes O zu den Geraden g und g' und der Lage der Geraden h ab. Das Vorzeichen von l und l' wechselt gleichzeitig, wenn man auf der Geraden h durch den Punkt (x_0, y_0) hindurchgeht. l/l' ist auch dem Vorzeichen nach auf h konstant, was übrigens auch aus der Formel

$$\frac{l}{l'} = - \frac{\lambda\sqrt{A'^2 + B'^2}}{\sqrt{A^2 + B^2}}$$

hervorgeht, wenn man bedenkt, daß das Vorzeichen der Wurzeln nach § 2 nur von C und C' abhängt, λ aber für die ganze Gerade h konstant ist. l/l' ist positiv, wenn O in demselben von g und g' gebildeten Winkelraum liegt wie h (Fig. 28a), und ist negativ, wenn man, um von O zu h zu gelangen, g oder g' überschreiten muß (Fig. 28b). Ferner ist

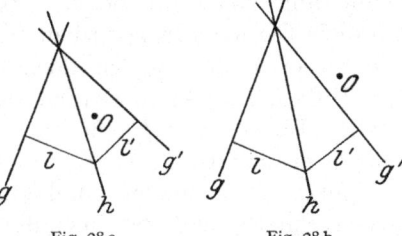

Fig. 28 a. Fig. 28 b.

$$\frac{l}{l'} = \frac{\sin(g\,h)}{\sin(g'h)},$$

und zwar mit dem richtigen Vorzeichen für alle Werte von λ (alle Lagen von h), falls man die Winkel so wählt, daß bei der Drehung um den Winkel $(g\,h)$ von g nach h und ebenso bei der Drehung von g' nach h um den Winkel $(g'h)$ der Punkt O nicht überfahren wird. Im Falle a) sind beide Winkel positiv, im Falle b) der eine positiv, der andere negativ.

Liegen die Gleichungen der beiden Geraden in der Normalform vor, so erhält man

$$(21) \qquad \lambda = - \frac{\sin(g\,h)}{\sin(g'h)},$$

und wenn man insbesondere noch $(g\,g') = \frac{1}{2}\pi$ voraussetzt

$$(21a) \qquad \lambda = \mathrm{tg}(g\,h).$$

Das hier auftretende Verhältnis $\sin(g\,h) : \sin(g'h)$ soll das *Teilungsverhältnis* der Strahlen g, g', h heißen und durch $(g\,g'\,h)$ bezeichnet werden.

---

[1] Will man den Wert $\lambda = \infty$ umgehen, so wird man (18) in der Form $\lambda'(A\,x + B\,y + C) + \lambda(A'x + B'y + C') = 0$ schreiben, dann werden g und g' durch $\lambda = 0$ und $\lambda' = 0$ geliefert. Das Verhältnis $\lambda : \lambda'$ gibt die Werte des Textes.

Es ist noch der Fall $g \parallel g'$ zu erledigen. Dann können wir (18) in die Form

$$A x + B y + C + \lambda (A x + B y + C') = 0$$

setzen, und (18a) lautet:

$$A (1 + \lambda) x + B (1 + \lambda) y + C + \lambda C' = 0 .$$

Sie stellt eine zu g und g' parallele Gerade dar, und umgekehrt ist jede zu g (und g') parallele Gerade in dieser Form enthalten. Alle Parallelen stellen sich also in derselben analytischen Form dar, wie die Geraden eines Büschels, das heißt alle Geraden durch einen Punkt. Wir werden so dazu geführt, zu sagen, daß alle zueinander parallelen Geraden einen *gemeinsamen (uneigentlichen), unendlich fernen, Punkt* haben. Ferner wollen wir sagen, daß alle unendlich fernen Punkte einer Ebene auf der *unendlich fernen Geraden* liegen. Die Berechtigung dieser Ausdrucksweise geht aus folgender geometrischen Konstruktion hervor: wir projizieren die betrachtete Ebene ε von einem nicht auf ihr gelegenen Punkt P auf eine nicht zu ihr parallele Ebene ε'. Dann schneiden sich die Projektionen g' und h' zweier zueinander parallelen (aber nicht zu ε' parallelen) Geraden g und h auf einer Geraden f' von ε'. f' ist die Schnittlinie von ε' mit der zu ε parallelen Ebene durch P. Eine zu ε' parallele Gerade von ε wird in eine zu f' parallele Gerade, ihr unendlich ferner Punkt in den unendlich fernen Punkt von f' projiziert. Durch diese Projektion werden also alle unendlich fernen Punkte von ε auf die Punkte von f', die unendlich ferne Gerade von ε auf die Gerade f' projiziert.

Jetzt erkennen wir, daß durch die Einführung der unendlich fernen Punkte und der unendlich fernen Geraden einer Ebene *ausnahmslos* in dieser Ebene die beiden fundamentalen Regeln gelten: zwei voneinander verschiedene Punkte bestimmen stets eine und nur eine (Verbindungs-)Gerade, zwei voneinander verschiedene Geraden bestimmen stets einen und nur einen (Schnitt-)Punkt. Aber wir dürfen nicht übersehen, daß diese unendlich fernen Elemente bis jetzt noch kein Bürgerrecht in der analytischen Geometrie haben. Denn dem unendlich fernen Punkt auf *einer* Geraden haben wir den Ausnahmezahlenwert ∞ zugeordnet. Dem unendlich fernen Punkt aller nicht zu den Achsen parallelen Geraden in der Ebene würde hiernach nur das eine Zahlenpaar (∞, ∞) zugeordnet, dem unendlich fernen Punkte der Geraden parallel zu den Achsen die Zahlenpaare (∞, y) bzw. (x, ∞). Unsere bisherige Methode der Koordinaten liefert also für 2 Punkte der unendlich fernen Geraden je unendlich viele Zahlenpaare, für alle ihre anderen Punkte aber ein und dasselbe Zahlenpaar. Wir werden deswegen im 8. Kapitel neue Koordinaten einführen, die gleichmäßig für das endliche und unendliche Gebiet der Ebene brauchbar sind.

§ 5. Drei Gerade.

Drei voneinander verschiedene Geraden g, g', g'' gehen entweder durch denselben Punkt (1), oder sie besitzen drei voneinander verschiedene Schnittpunkte (2). Sind die Geraden nicht alle verschieden, so fallen entweder zwei zusammen (3) oder alle drei (4). Es sollen die analytischen Bedingungen für diese vier Fälle gefunden werden, wenn die Geraden durch die Gleichungen

$$(22) \qquad \begin{cases} A x \ + B y \ + C \ = 0 \\ A' x + B' y + C' = 0 \\ A'' x + B'' y + C'' = 0 \end{cases}$$

gegeben sind. Die Untersuchung stützt sich auf ausgiebige Benutzung der Determinanteneigenschaften (vgl. Anhang III, § 3).

Seien zunächst die drei Geraden verschieden. Wir erinnern an folgenden Determinantensatz: Setzen wir abkürzend

$$\begin{vmatrix} B' & C' \\ B'' & C'' \end{vmatrix} = \alpha, \qquad \begin{vmatrix} C' & A' \\ C'' & A'' \end{vmatrix} = \beta, \qquad \begin{vmatrix} A' & B' \\ A'' & B'' \end{vmatrix} = \gamma,$$

so gestattet die Determinante D der Gleichungen (22) die Darstellung

$$(23) \qquad D = \begin{vmatrix} A & B & C \\ A' & B' & C' \\ A'' & B'' & C'' \end{vmatrix} = A\alpha + B\beta + C\gamma.$$

α, β, γ sind nicht sämtlich null, weil dann g' und g'' die gleichen Geraden wären. Es sei zunächst $\gamma \neq 0$, dann liegt (x_0, y_0), der gemeinsame Punkt von g' und g'', im Endlichen. Er ergibt sich durch Auflösung der beiden letzten Gleichungen (22); d. h., es ist

$$x_0 : y_0 : 1 = \begin{vmatrix} B' & C' \\ B'' & C'' \end{vmatrix} : \begin{vmatrix} C' & A' \\ C'' & A'' \end{vmatrix} : \begin{vmatrix} A' & B' \\ A'' & B'' \end{vmatrix} = \alpha : \beta : \gamma.$$

Soll er auch auf der Geraden g liegen, so muß $A x_0 + B y_0 + C = 0$ sein; gemäß (23) ist also notwendig

$$(23\,\text{a}) \qquad D = A\alpha + B\beta + C\gamma = 0.$$

Ist $\gamma = 0$, so sind g' und g'' parallel; sollen also g, g', g'' durch denselben Punkt gehen, so heißt dies $g \parallel g' \parallel g''$, also

$$A : B = A' : B' = A'' : B'',$$

und es folgt ebenfalls $D = 0$ (Anhang, 14).

Ist also $D \gtreqless 0$, so können g, g', g'' *nicht* durch denselben Punkt gehen. Die Gleichung $D = 0$ bildet daher die *notwendige* Bedingung dafür, daß drei verschiedene Geraden durch einen und denselben (endlichen oder unendlich fernen) Punkt gehen.

Die Bedingung ist aber hierfür auch *hinreichend*. Wir setzen jetzt $D = 0$ voraus, und es sei zunächst wieder $\gamma \neq 0$ und (x_0, y_0) der gemeinsame im Endlichen gelegene Punkt von g' und g'', also

$$x_0 : y_0 : 1 = \alpha : \beta : \gamma \,.$$

Aus $D = 0$ oder $A\alpha + B\beta + C\gamma = 0$ folgt also weiter durch Division mit γ

$$A x_0 + B y_0 + C = 0 \,,$$

und damit ist (x_0, y_0) als Punkt der Geraden g erwiesen.

Ist aber $\gamma = 0$, also $g' \,\|\, g''$, so kann man

$$A'x + B'y + C' = 0 \,, \qquad A'x + B'y + C''' = 0$$

als Gleichungen von g' und g'' annehmen, dann bleibt der Wert der Determinante Null, weil die Koeffizienten von g'' mit demselben Faktor multipliziert wurden, und es ist

$$\alpha = B'(C'' - C') \,, \qquad \beta = A'(C' - C''') \,, \qquad \gamma = 0 \,;$$

aus (23) und aus der Voraussetzung $D = 0$ folgt wegen $C' \neq C'''$ $AB' - BA' = 0$, also $g \,\|\, g' \,\|\, g''$.

Die Fälle (3) und (4) erledigen sich folgendermaßen. Möge im Fall (3) g' mit g'' identisch sein, so ist

$$\alpha = 0 \,, \qquad \beta = 0 \,, \qquad \gamma = 0 \,;$$

also ist auch wieder $D = 0$. Die Determinante verschwindet daher jetzt in der Weise, daß zugleich die drei Unterdeterminanten α, β, γ der ersten Zeile den Wert Null haben. Ist umgekehrt $\alpha = 0$, $\beta = 0$, $\gamma = 0$, so folgt, daß g' mit g'' identisch ist, und es gibt daher notwendig mindestens einen endlichen oder unendlich fernen Punkt, den g mit diesen Geraden gemein hat.

Im Fall (4) sind alle drei Geraden identisch; es sind daher die Unterdeterminanten *aller drei* Zeilen, also

$$\alpha \,, \beta \,, \gamma \,, \qquad \alpha' \,, \beta' \,, \gamma' \,, \qquad \alpha'' \,, \beta'' \,, \gamma''$$

sämtlich gleich Null und daher auch D selbst. Beachtet man endlich, daß die drei Geraden nicht sämtlich identisch sind, wenn auch nur eine Unterdeterminante einer der drei Zeilen von Null verschieden ist, so folgt schließlich das Gesamtresultat.

Dann und nur dann, wenn $D = 0$ ist, gibt es mindestens einen gemeinsamen (endlichen oder unendlich fernen) Punkt der drei Geraden g, g', g''. Die Unterdeterminanten von D können entweder für keine Zeile sämtlich verschwinden, oder für eine, oder für alle drei. Im ersten Fall sind alle drei Geraden verschieden, im zweiten Fall sind zwei und nur zwei Geraden identisch, im dritten alle drei.

Beispiel. Die drei Geraden

$$3x - 4y + 1 = 0, \quad 2x + y - 3 = 0, \quad x - 5y + 4 = 0$$

gehen durch einen Punkt. Denn, wird in der zugehörigen Determinante die zweite und dritte Zeile von der ersten subtrahiert, so ergibt sich

$$\begin{vmatrix} 3 & -4 & 1 \\ 2 & 1 & -3 \\ 1 & -5 & 4 \end{vmatrix} = \begin{vmatrix} 0 & 0 & 0 \\ 2 & 1 & -3 \\ 1 & -5 & 4 \end{vmatrix} = 0.$$

Keine zwei der drei Geraden fallen zusammen, da die Koeffizienten für keine zwei proportional sind.

§ 6. Lineare Verbindungen der Gleichungen von drei und vier Geraden.

Für drei durch denselben Punkt laufende Geraden besteht noch ein zweiter wichtiger Satz. Wir setzen die Eigenschaft, auf die es ankommt, zuerst an einem Zahlenbeispiel in Evidenz. Die drei Geraden g, g', g'' des vorstehenden Beispiels haben die Gleichungen

$$3x - 4y + 1 = 0, \quad 2x + y - 3 = 0, \quad x - 5y + 4 = 0.$$

Als Schnittpunkt der Geraden g' und g'' ergibt sich der Punkt $(1, 1)$. Nun erfüllen die linken Seiten der drei Gleichungen offenbar die Relation

(24) $$3x - 4y + 1 = (2x + y - 3) + (x - 5y + 4),$$

und zwar in dem Sinn, daß die rechte Seite durch Umordnung und Zusammenfassung der Glieder mit x, y und den von x und y freien Gliedern identisch in die linke übergeht, daß also die Relation für *alle* Werte von x und y richtig ist[1]. Beide Seiten nehmen daher für *jedes* Wertepaar x, y denselben Zahlenwert an. Für den Punkt $(1, 1)$ haben beide linearen Ausdrücke der rechten Seite den Wert Null, also auch ihre Summe, und daher auch die linke Seite. Auf diese Weise läßt sich also folgern, daß die Gerade g durch $(1, 1)$ geht.

Bezeichnen wir die obigen drei linearen Ausdrücke allgemeiner durch

$$G(x, y), \quad G'(x, y), \quad G''(x, y),$$

so daß also

$$G(x, y) = 0, \quad G'(x, y) = 0, \quad G''(x, y) = 0$$

die Gleichungen der Geraden g, g', g'' sind, so nimmt die Gleichung (24) die Gestalt

(24a) $$G(x, y) = G'(x, y) + G''(x, y)$$

an, und es gilt von ihr wieder folgendes: 1. Die linke Seite stellt nur eine Umordnung der rechten Seite dar; 2. die linke Seite hat für *jedes* Wertepaar x, y denselben Wert wie die rechte, nehmen insbesondere $G'(x, y)$ und $G''(x, y)$ für (x_0, y_0) den Wert Null an, so tut es auch

---

[1] Ebenso wie z. B. $(x - y)(x + y) = x^2 - y^2$.

$G(x, y)$. Man sagt, daß die Gleichung (24a) *identisch* erfüllt ist, und schreibt sie, um dies hervortreten zu lassen, auch in der Form

$$(24\,\mathrm{b}) \qquad G(x, y) \equiv G'(x, y) + G''(x, y).$$

Aus ihr folgt noch

$$G(x, y) - G'(x, y) - G''(x, y) \equiv 0,$$

und zwar wieder in dem Sinn, daß sich links bei der Umordnung und Zusammenfassung alles gegeneinander weghebt.

Die Verallgemeinerung hiervon führt zu folgendem Satz:

Seien $G(x, y) = 0$, $G'(x, y) = 0$, $G''(x, y) = 0$ *die Gleichungen dreier verschiedener Geraden, so gehen sie dann und nur dann durch einen und denselben Punkt, wenn es drei von Null verschiedene Zahlen* λ, λ', λ'' *gibt, so daß* $\lambda G + \lambda' G' + \lambda'' G''$ *identisch gleich Null ist*[1].

Werde zunächst die Gleichung

$$(25) \qquad \lambda G + \lambda' G' + \lambda'' G'' \equiv 0$$

als bestehend angenommen; wir setzen sie in die Form

$$\lambda'' G'' \equiv -\lambda G - \lambda' G'.$$

Dann haben wieder linke und rechte Seite für jedes Wertepaar x, y denselben Wert; und wenn insbesondere die rechte für ein Wertepaar x, y gleich Null ist, so ist es auch die linke. Die Gleichungen

$$G''(x, y) = 0 \quad \text{und} \quad \lambda G(x, y) + \lambda' G'(x, y) = 0$$

sind daher für dieselben Werte (x, y) erfüllt und also Gleichungen *derselben* Geraden. Die erste Gleichungsform zeigt, daß es die Gerade g'' ist, die zweite, daß diese Gerade durch den endlich oder unendlich fernen Schnittpunkt von g und g' geht; und das war zu beweisen.

Weiß man umgekehrt, daß g'' durch den Schnittpunkt von g und g' geht, so läßt sich (S. 44) ihre Gleichung für geeignetes $\lambda' \gtrless 0$ in die Form

$$G(x, y) + \lambda' G'(x, y) = 0$$

setzen. Diese Gleichung stellt also dieselbe Gerade dar, wie $G''(x, y) = 0$. Die linken Seiten können sich daher nur um einen konstanten Faktor unterscheiden (S. 43); es gibt also eine geeignete Zahl (sie heiße $-\lambda''$), so daß

$$-\lambda'' G''(x, y) \equiv G(x, y) + \lambda' G'(x, y)$$

ist oder aber

$$G + \lambda' G' + \lambda'' G'' \equiv 0,$$

und das ist die Behauptung.

---

[1] In abgekürzter Schreibweise wird G statt $G(x, y)$ gesetzt.

Beispiel. Man wähle die Seiten OA und OB eines Dreiecks als Koordinatenachsen. Ist $OA = 2a$, $OB = 2b$, so haben die drei Seitenhalbierenden die Gleichungen

$$\frac{x}{2a} + \frac{y}{b} - 1 = 0, \qquad \frac{x}{a} + \frac{y}{2b} - 1 = 0, \qquad \frac{x}{a} - \frac{y}{b} = 0;$$

werden sie mit $+1$, -1, $+\frac{1}{2}$ multipliziert und addiert, so hebt sich links alles weg, und die Summe ist identisch Null. Sie gehen also durch einen Punkt.

Für vier Geraden gilt nun der folgende Satz: *Sind*

$$G = 0, \qquad G' = 0, \qquad G'' = 0$$

die Gleichungen von drei Geraden, die nicht durch einen Punkt gehen, und ist $H = 0$ die Gleichung irgendeiner Geraden h, so besteht für geeignete Werte α, α', α'' die identische Relation

(26) $$H \equiv \alpha G + \alpha' G' + \alpha'' G''.$$

Beweis: Die Gleichung $H = 0$ laute ausführlicher

$$H \equiv h_1 x + h_2 y + h_3 = 0.$$

Soll dann die Identität (26) bestehen, so müssen sich die α, α', α'' aus den Gleichungen

$$h_1 = \alpha A + \alpha' A' + \alpha'' A'', \qquad h_2 = \alpha B + \alpha' B' + \alpha'' B'',$$

$$h_3 = \alpha C + \alpha' C' + \alpha'' C''$$

als endliche Größen bestimmen lassen. Da hier die Determinante (23) nicht Null ist, so ist dies der Fall, und der Satz ist bewiesen.

Man kann das Resultat auch in folgender symmetrischen Form aussprechen: Sind $G_1 = 0$, $G_2 = 0$, $G_3 = 0$, $G_4 = 0$ die Gleichungen von vier Geraden, dann besteht eine Identität

(26a) $$\lambda_1 G_1 + \lambda_2 G_2 + \lambda_3 G_3 + \lambda_4 G_4 \equiv 0,$$

in der nicht alle λ_i gleich Null sind.

§ 7. Die Schnittpunktsätze für das Dreieck.

Wir stützen uns auf das folgende in § 2 gefundene Resultat: Seien g_1 und g_2 zwei Geraden, $N_1(x, y) = 0$ und $N_2(x, y) = 0$ ihre Normalgleichungen, $(\xi\eta)$ ein beliebiger Punkt, und l_1 und l_2 die von ihm auf g_1 und g_2 gefällten Lote, so ist

$$l_1 = N_1(\xi\eta) \qquad \text{und} \qquad l_2 = N_2(\xi\eta),$$

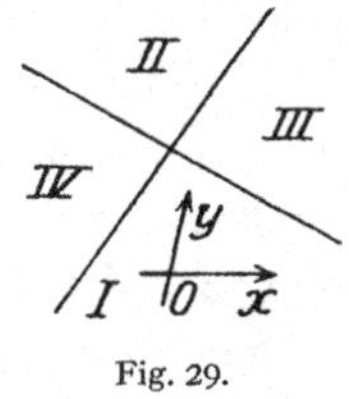

wenn wir die Lotlängen mit passendem Vorzeichen versehen. Hiervon machen wir zunächst in der Weise Anwendung, daß wir $(\xi\eta)$ auf einer der beiden Halbierungslinien w' und w'' des Winkels $(g_1 g_2)$ annehmen; für jeden solchen Punkt $(\xi\eta)$ sind l_1 und l_2 absolut genommen einander gleich; sie haben (Fig. 29) für den Winkelraum *I*, der den Anfangspunkt enthalten soll, und seinen Scheitelraum *II* dasselbe Vorzeichen,

Fig. 29.

für die Winkelräume *III* und *IV* entgegengesetztes. Im ersten Fall ist also $l_1 - l_2 = 0$, im zweiten $l_1 + l_2 = 0$. Setzen wir hier die obigen Werte ein, so folgt, daß alle Punkte $(\xi\eta)$, für die

$$(27) \qquad N_1(\xi\eta) - N_2(\xi\eta) = 0 \qquad \text{oder} \qquad N_1(\xi\eta) + N_2(\xi\eta) = 0$$

ist, die Halbierungslinie w' der Winkel *I* und *II* oder die Halbierungslinie w'' von *III* und *IV* erfüllen. *Es stellen also*

$$(27\,\text{a}) \qquad\qquad N_1 - N_2 = 0 \qquad \text{und} \qquad N_1 + N_2 = 0$$

die beiden Halbierungslinien der Winkel (g_1g_2) *dar.*

Seien nun g_1, g_2, g_3 die drei Geraden eines Dreiecks und

$$N_1 = 0, \qquad N_2 = 0, \qquad N_3 = 0$$

ihre Normalgleichungen; wir nehmen etwa an, daß der Anfangspunkt im Innern des Dreiecks enthalten ist. Dann sind nach dem Vorstehenden

$$N_1 - N_2 = 0, \qquad N_2 - N_3 = 0, \qquad N_3 - N_1 = 0$$

die Gleichungen der drei Winkelhalbierenden und

$$N_1 + N_2 = 0, \qquad N_2 + N_3 = 0, \qquad N_3 + N_1 = 0$$

die Gleichungen der Halbierenden der drei Außenwinkel. Nun ist

$$(N_1 - N_2) + (N_2 - N_3) + (N_3 - N_1) \equiv 0,$$

und damit ist bewiesen, daß *die drei Winkelhalbierenden durch einen Punkt gehen.* Analog hat man

$$(N_1 + N_2) - (N_2 + N_3) + (N_3 - N_1) \equiv 0$$
$$(N_2 + N_3) - (N_3 + N_1) + (N_1 - N_2) \equiv 0$$
$$(N_3 + N_1) - (N_1 + N_2) + (N_2 - N_3) \equiv 0,$$

und folgert ebenso, daß *die Halbierungslinien zweier Außenwinkel und des dritten inneren Winkels ebenfalls durch je einen Punkt gehen.*

Auf Grund des Vorstehenden gelangt man zu folgenden weiteren Sätzen. Die Gleichung

$$N_1 + N_2 + N_3 = 0$$

ist eine Gleichung ersten Grades, stellt also eine Gerade dar. Offenbar geht sie durch den Punkt, für den sowohl $N_1 + N_2 = 0$ wie auch $N_3 = 0$ ist; es ist der Punkt, in dem die Gerade g_3 von der Halbierungslinie des Außenwinkels (g_1g_2) geschnitten wird. Die Gerade geht aber auch durch den Schnittpunkt von $N_1 = 0$ und $N_2 + N_3 = 0$ und durch den Schnittpunkt von $N_2 = 0$ und $N_1 + N_3 = 0$. Dies liefert den folgenden Satz: *Die Halbierungslinien der drei Außenwinkel eines Dreiecks schneiden die Gegenseiten in drei Punkten, die auf einer Geraden liegen*[1].

---

[1] Es sind die drei äußeren Ähnlichkeitspunkte der drei äußeren Berührungskreise. Analoges gilt für die drei folgenden Geraden.

Je ein analoger Satz besteht für die Gleichungen

$$N_1 + N_2 - N_3 = 0 , \qquad N_1 - N_2 + N_3 = 0 , \qquad -N_1 + N_2 + N_3 = 0$$

und die durch sie dargestellten Geraden.

Nach derselben Methode zeigt man, daß *die drei Höhen oder die drei Mittellinien durch einen Punkt gehen* (Fig. 30). Ist $(\xi\eta)$ ein Punkt der Höhe h_3, sind α_1, α_2, α_3 die Dreieckswinkel, und l_1 und l_2 wieder die von $(\xi\eta)$ auf g_1 und g_2 gefällten Lote, so beweist man leicht, daß

$$l_1 : l_2 = \sin (g_1 h_3) : \sin (g_2 h_3) = \cos\alpha_2 : \cos\alpha_1$$

ist, und daher wird — wir nehmen wieder O innerhalb des Dreiecks an —

$$N_1 \cos\alpha_1 - N_2 \cos\alpha_2 = 0$$

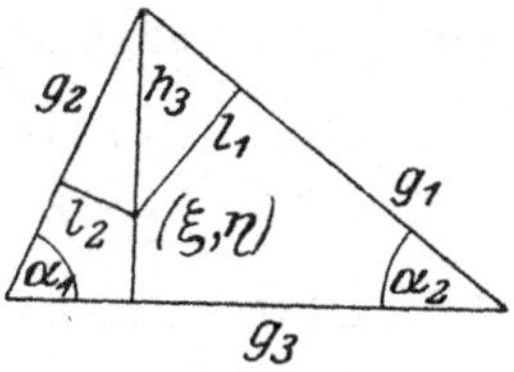

Fig. 30.

die Gleichung der Höhe. Ebenso haben die anderen beiden Höhen die Gleichungen

$$N_2 \cos\alpha_2 - N_3 \cos\alpha_3 = 0 , \qquad N_3 \cos\alpha_3 - N_1 \cos\alpha_1 = 0 ,$$

und die Summe der linken Seiten dieser drei Gleichungen verschwindet identisch.

Für die Mittellinien erhält man ebenso die Gleichungen

$$N_2 \sin\alpha_2 - N_3 \sin\alpha_3 = 0$$
$$N_3 \sin\alpha_3 - N_1 \sin\alpha_1 = 0$$
$$N_1 \sin\alpha_1 - N_2 \sin\alpha_2 = 0 ,$$

deren Summe gleichfalls identisch verschwindet.

§ 8. Geradenpaare.

Die Gleichung

$$(28) \qquad (A x + B y + C) (A_1 x + B_1 y + C_1) = 0$$

wird befriedigt, wenn man entweder den ersten oder den zweiten Faktor der linken Seite gleich Null setzt; also sowohl durch die Punkte der einen wie auch der anderen so bestimmten Geraden. Die Gleichung heißt deshalb Gleichung eines Geradenpaars. Von besonderem Interesse ist der Fall, daß beide Geraden durch den Anfangspunkt gehen. Eine Gleichung

$$(29) \qquad a x^2 + 2 b x y + c y^2 = 0$$

stellt ein solches Geradenpaar dar; man erhält die beiden Geraden, indem man die linke Seite in Faktoren zerlegt.

Für geeignete Werte A, B, A_1, B_1 muß alsdann

$$(30) \qquad a x^2 + 2 b x y + c y^2 = (A x + B y) (A_1 x + B_1 y)$$

werden. Für $a = 0$ erhalten wir sofort

$$(30a) \qquad 2 b x y + c y^2 = (2 b x + c y) y .$$

Wir nehmen jetzt $a \neq 0$ an und erhalten die Gleichungen

(30b) $AA_1 = a$, $\quad BB_1 = c$, $\quad AB_1 + BA_1 = 2b$; $\quad$ also

$$(AB_1 - BA_1)^2 = 4(b^2 - ac).$$

Für AB_1 und BA_1 ergeben sich hieraus die Werte

$$AB_1 = b + \sqrt{b^2 - ac}, \qquad BA_1 = b - \sqrt{b^2 - ac},$$

und man erhält schließlich

$$A : B = AA_1 : BA_1 = a : \left(b - \sqrt{b^2 - ac}\right),$$

$$A_1 : B_1 = AA_1 : AB_1 = a : \left(b + \sqrt{b^2 - ac}\right).$$

Umgekehrt ist auch

$$\left(ax + \left(b - \sqrt{b^2 - ac}\right)y\right)\left(ax + \left(b + \sqrt{b^2 - ac}\right)y\right) = a(ax^2 + 2bxy + cy^2).$$

Für $b^2 - ac < 0$ sind $A : B$ und $A_1 : B_1$ konjugiert komplex; man sagt, daß auch in diesem Fall jedem Faktor von (30) eine Gerade entspricht, und zwar eine *imaginäre* (zwei konjugiert komplexe). Da man mit den komplexen Größen wie mit den reellen rechnen kann, so behalten die analytisch gewonnenen Formeln auch für solche Geraden ihre Geltung. Dies darf jedenfalls als formale Berechtigung des eingeführten Sprachgebrauchs dienen. Jede der beiden Geraden hat in $x = 0$, $y = 0$ ihren einzigen reellen Punkt.

Die Gleichungen (30a) und (30b) liefern unmittelbar die Bedingung, daß die Geraden des Paares orthogonal sind (für rechtwinklige Achsen) oder zusammenfallen; sie lauten

(31) $AA_1 + BB_1 = a + c = 0$ resp. $(AB_1 - BA_1)^2 = 4(b^2 - ac) = 0$.

Für $a + c = 0$ ist $ac \leq 0$, also $b^2 - ac > 0$. Wenn man also auch für den Fall von imaginären Geraden die Bedingung $AA_1 + BB_1 = 0$ als zwei aufeinander senkrechte (zwei zueinander orthogonale) Geraden charakterisierend ansieht, dann folgt, daß durch die Gleichung (29) mit reellen Koeffizienten nur reelle, zueinander orthogonale Geraden dargestellt werden.

Gehen wir zu neuen rechtwinkligen $x'y'$-Achsen durch O über, so wird die Gleichung (29) in

(32) $a'x'^2 + 2b'x'y' + c'y'^2 = 0$

übergehen; die Bedingungen für Orthogonalität und Zusammenfallen müssen sich jetzt durch

(32a) $a' + c' = 0$ resp. $b'^2 - a'c' = 0$

darstellen. Dies muß sich auch analytisch ableiten lassen in dem Sinn, daß sich die Gleichungen (32a) als Folgen der Bedingungen (31) und der Transformationsformeln von S. 29 ergeben. Die Gleichung (32) entsteht, wenn wir in (29) für x und y die Werte gemäß diesen Formeln einführen; man erhält für a', b', c'

$$2a' = 2a\cos^2\alpha + 2b\sin 2\alpha + 2c\sin^2\alpha = a + c + (a-c)\cos 2\alpha + 2b\sin 2\alpha$$
$$2c' = 2a\sin^2\alpha - 2b\sin 2\alpha + 2c\cos^2\alpha = a + c - (a-c)\cos 2\alpha - 2b\sin 2\alpha$$
$$2b' = (c-a)\sin 2\alpha + 2b\cos 2\alpha\,.$$

Hieraus folgt zunächst

$$(33)\qquad a' + c' = a + c\,,\qquad a' - c' = (a-c)\cos 2\alpha + 2b\sin 2\alpha\,.$$

Nun besteht die Identität

$$4(b'^2 - a'c') = 4b'^2 + (a' - c')^2 - (a' + c')^2,$$

und mittels der vorstehenden Gleichungen folgt weiter

$$4b'^2 + (a' - c')^2 = 4b^2 + (a - c)^2,$$

also insgesamt

$$(34)\qquad 4(b'^2 - a'c') = 4b^2 + (a-c)^2 - (a+c)^2 = 4(b^2 - ac)\,.$$

Man bezeichnet die Größen $a + c$ und $b^2 - ac$, weil sie bei der betrachteten Koordinatentransformation ihre Form nicht ändern, wieder als *Invarianten*.

Als Anwendung behandeln wir die Aufgabe, zu einem durch (29) gegebenen Geradenpaar das Paar der Halbierungslinien zu bestimmen. Hat die Gleichung (29) die einfachere Form

$$y^2 - m^2 x^2 = (y + mx)(y - mx) = 0,$$

so fallen die Halbierungslinien in die Achsen; ihre Gleichung lautet also $xy = 0$. Demgemäß wollen wir in Gleichung (29) neue x', y'-Achsen so einführen, daß in (32) $b' = 0$ wird, also

$$a'x'^2 + c'y'^2 = 0$$

die Gleichung des Geradenpaars ist; die Halbierungslinien sind dann

$$x' = 0\,,\qquad y' = 0\,.$$

Für die so gewählten neuen Achsen ist also die Aufgabe bereits gelöst, und es ist nur noch nötig, die Gleichungen der Geraden $x' = 0$ und $y' = 0$ für die x, y-Achsen zu finden. Dazu dienen die Transformationsformeln (14a) von S. 29. Wir können in (29) $b \neq 0$ voraussetzen, weil sonst schon (29) die gewünschte Form hat. Dann bestimmt die Gleichung

$$b' = 0\,,\qquad \text{also}\qquad \operatorname{ctg} 2\alpha = \frac{a-c}{2b}$$

den Winkel $\alpha = (xx')$. Ferner ist

$$x' = x\cos\alpha + y\sin\alpha\,,\qquad y' = -x\sin\alpha + y\cos\alpha\,,$$

und daraus folgt

$$x'y' = (y^2 - x^2)\cos\alpha\sin\alpha + xy(\cos^2\alpha - \sin^2\alpha)\,.$$

Es ist aber

$$\frac{\cos^2\alpha - \sin^2\alpha}{\cos\alpha \sin\alpha} = 2\,\mathrm{ctg}\,2\alpha\,,$$

also erhält die Gleichung $x'y' = 0$ die Form

$$b\,y^2 + (a - c)\,xy - b\,x^2 = 0\,.$$

Diese Gleichung hat eine höchst bemerkenswerte Eigenschaft. Ihre Diskriminante $(a - c)^2 + 4\,b^2$ ist positiv, welche Werte die Koeffizienten a, b, c auch haben mögen, abgesehen von dem Fall, daß $a - c = b = 0$ ist; also auch in dem Fall, daß die Gleichung (29) ein imaginäres Geradenpaar darstellt. Es entspricht dem oben gefundenen Resultat, daß im Fall der Orthogonalität das Paar (29) stets reell ist.

Im Falle $a - c = b = 0$ stellt (29) das Geradenpaar $(x + iy)(x - iy) = 0$ dar. Für dieses Geradenpaar werden die Halbierungslinien unbestimmt. In der Tat hat das Geradenpaar $x^2 + y^2 = 0$ für jedes andere Achsensystem auch die Gleichung $x'^2 + y'^2 = 0$, wie aus Gleichung (15), S. 29 folgt. Mit den Geraden $x \pm iy = 0$ werden wir uns im Kap. IX, § 7 weiter beschäftigen.

Beispiel. Man bestimme das durch $y^2 - 2xy\,\mathrm{tg}\,\delta - x^2 = 0$ gegebene Geradenpaar.

Sechstes Kapitel

Linienkoordinaten und Dualität.

§ 1. Koordinaten der Geraden.

Wie der Punkt, so kann auch die Gerade durch ein Zahlenpaar geometrisch bestimmt werden (*Linienkoordinaten*). Den Punkt faßten wir (S. 12) als Schnitt zweier Geraden auf, und jede dieser beiden Geraden lieferte uns eine der beiden Koordinaten. Analog führen wir eine Gerade als Verbindungslinie zweier Punkte ein, nämlich ihrer Schnittpunkte mit den Achsen. Ihnen entspricht je ein Achsenabschnitt a und b; an sich könnte also dieses Zahlenpaar die Koordinaten der Geraden liefern. Wir wählen aber nicht a und b selbst, sondern ihre *negativen reziproken* Werte

$$(1) \qquad u = -\frac{1}{a}, \qquad v = -\frac{1}{b};$$

bei dieser Koordinatenbestimmung wird für eine Achse die eine Koordinate unbestimmt, die andere unendlich, für alle anderen Geraden durch den Anfangspunkt werden beide Koordinaten unendlich. Deshalb schließen wir von dieser Koordinatendarstellung die Geraden durch den Anfangspunkt aus. Diese Ausnahmen entsprechen genau den Ausnahmen bei der Darstellung durch Punktkoordinaten, nämlich den unendlich fernen Punkten.

Als Beispiel betrachten wir etwa die Gerade, die den Koordinaten $u = 1$, $v = -\frac{1}{4}$ entspricht, sie schneidet auf den Achsen die Abschnitte $a = -1$, $b = 4$ ab und ist so bestimmt. Die geometrische Vorschrift, die dem Koordinatenbegriff der Geraden zugrunde liegt, ist damit evident. Die Achsen können beliebige Lage und Richtung haben.

Ist die Gerade durch eine Gleichung

$$A x + B y + C = 0$$

gegeben und ist $C \neq 0$, so hat man $a = -C : A$, $b = -C : B$, also

$$(1\,a) \qquad u = \frac{A}{C}, \qquad v = \frac{B}{C}; \qquad u : v : 1 = A : B : C,$$

man kann daher die Koordinaten u und v auch so einführen, daß man von der Gleichung der Geraden ausgeht und die Koordinaten direkt mittels der Gleichungen (1a) definiert[1].

Beispiel. Für die Gerade $3x - 4y + 1 = 0$ ist $u = 3$, $v = -4$; umgekehrt entspricht den Koordinaten $u = -\frac{1}{2}$, $v = 2$ die Gerade $x - 4y - 2 = 0$.

Der Winkel $(g'g'')$ zweier Geraden ist nur bis auf Vielfache von π bestimmt. Dagegen ist der Tangens dieser Winkel eindeutig; für rechtwinklige Achsen gilt (S. 42)

$$\mathrm{tg}\,(g'g'') = \frac{A'B'' - B'A''}{A'A'' + B'B''}.$$

Dies kann leicht in eine Formel für die Koordinaten von g' und g'' übergeführt werden. Nach (1a) ist

$$u' : v' = A' : B' \quad \text{und} \quad u'' : v'' = A'' : B'',$$

und so folgt

(2) $$\mathrm{tg}\,(g'g'') = \frac{u'v'' - v'u''}{u'u'' + v'v''}.$$

Die Geraden sind also *parallel* resp. *senkrecht* zueinander, wenn

(2a) $$u'v'' - v'u'' = 0 \quad \text{resp.} \quad u'u'' + v'v'' = 0$$

ist. Als zweite Aufgabe bestimmen wir (für rechtwinklige Achsen) die Länge des Lotes, das man von einem Punkt $(\xi\eta)$ auf eine Gerade (uv) fällen kann. Auch hier führt eine früher abgeleitete Formel direkt zum Ziel. Wir fanden (S. 41)

$$l = \frac{A\xi + B\eta + C}{\sqrt{A^2 + B^2}},$$

und da $A : B : C = u : v : 1$ ist, so folgt

(3) $$l = \frac{u\xi + v\eta + 1}{\sqrt{u^2 + v^2}}\,*.$$

§ 2. Gleichungen in Linienkoordinaten.

Eine Gleichung in u und v wird von unendlich vielen Wertepaaren (u, v) befriedigt; jedem entspricht eine Gerade, und wir fragen, in welcher Weise oder nach welchem Gesetz diese Geraden in der Ebene verteilt sind, und welche geometrischen Gebilde durch sie bestimmt werden.

---

[1] Die Linienkoordinaten sind 1829 von J. PLÜCKER eingeführt worden. Auch M. CHASLES hatte um die gleiche Zeit die Idee dieser Koordinaten; er benutzte dazu aber a und b selbst. PLÜCKER ging den oben zuletzt angedeuteten Weg; er ging von der Erwägung aus, daß eine Gerade ihrer Lage nach durch die Konstanten A, B, C ihrer Gleichung (genauer durch deren Verhältnisse) bestimmt ist. Darin liegt ein *analytisches Prinzip*, das sich auch auf Gleichungen anderer Kurven ausdehnen läßt.

* Für das Zeichen der Wurzel gilt die Festsetzung von S. 41.

1. Zunächst möge ein geometrisches Resultat für die Gleichung
(4)
$$A u - B v = 0$$
abgeleitet werden. Diese Gleichung bedeutet, wenn wir u und v durch ihre Werte von Gleichung (1) ersetzen,

$$\frac{A}{a} - \frac{B}{b} = 0 ; \quad a : b = A : B .$$

Jede Gerade, die der Gleichung (4) genügt, schneidet also auf den Achsen proportionale Stücke a und b ab; alle diese Geraden sind also *parallel* und gehen mithin (S. 46) durch einen gewissen unendlich-fernen Punkt G_∞. Ein unendlich ferner Punkt genügt also einer Gleichung in Linienkoordinaten, ist aber in unseren Punktkoordinaten nicht darstellbar; ebenso genügt eine Gerade durch den Anfangspunkt einer Gleichung in Punktkoordinaten, ist aber in unseren Linienkoordinaten nicht darstellbar.

2. Als zweites Beispiel behandeln wir die Gleichungen
(5)
$$u = \lambda \quad \text{resp.} \quad v = \mu ,$$
in denen λ und μ irgendwelche Konstanten bedeuten. In die Gleichung $u = \lambda$ geht v nicht ein; ihr entspricht also *jede* Gerade, für die $u = \lambda$ ist, während v einen beliebigen Wert haben kann. Alle diese Geraden schneiden die x-Achse im Punkt $a = -1 : \lambda$; sie sind es also, die der Gleichung $u = \lambda$ genügen. Ebenso genügen der Gleichung $v = \mu$ alle Geraden, die die y-Achse im Punkte $b = -1 : \mu$ treffen.

In beiden Beispielen gehen die sämtlichen Geraden durch einen und denselben Punkt; wir werden alsbald erkennen (§ 3), daß dies durch den linearen Charakter der Gleichungen und die definierenden Gleichungen (1) und (1a) bedingt ist.

3. Eine Kurve haben wir bisher nur als Ort der Punkte aufgefaßt, die auf ihr liegen; man kann aber auch die Tangenten ins Auge fassen, von denen sie berührt wird, und die Gleichung suchen, der die Koordinaten aller dieser Tangenten genügen. Wir behandeln als Beispiel den Kreis (für rechtwinklige Achsen).

Ist (α, β) der Mittelpunkt des Kreises, ϱ sein Radius und (u, v) irgendeine seiner Tangenten, so hat das von (α, β) auf (u, v) gefällte Lot die Länge ϱ; man erhält daher aus Gleichung (3)

$$\varrho = \frac{\alpha u + \beta v + 1}{\sqrt{u^2 + v^2}}$$

oder
(6)
$$\varrho^2 (u^2 + v^2) - (\alpha u + \beta v + 1)^2 = 0 .$$

Dieser Gleichung wird von den Koordinaten u, v jeder Kreistangente genügt und umgekehrt hat jede (6) genügende Gerade den Abstand ϱ vom Mittelpunkt (α, β), ist also Tangente unseres Kreises. (6) heißt deshalb *Gleichung des Kreises in Linienkoordinaten*.

Fällt der Mittelpunkt $(\alpha \beta)$ in den Anfangspunkt, so lautet sie einfacher
(7)
$$\varrho^2 (u^2 + v^2) - 1 = 0 .$$

§ 3. Gleichung des Punktes in Linienkoordinaten.

Wir gehen von der Gleichung

$$(8) \qquad \frac{x}{a} + \frac{y}{b} - 1 = 0$$

aus; sie geht, wenn wir die Koordinaten u, v der durch sie dargestellten Geraden in sie einführen, in

$$(9) \qquad ux + vy + 1 = 0$$

über. Hier haben also u, v *bestimmte* Werte, während für x, y die Koordinaten jedes Punktes der Geraden gesetzt werden können. Ist (ξ, η) ein solcher, so ist

$$(10) \qquad u\xi + v\eta + 1 = 0;$$

dies ist also die Bedingung dafür, daß der Punkt (ξ, η) auf der Geraden (u, v) liegt, oder — was dasselbe ist — daß die Gerade (u, v) durch den Punkt (ξ, η) hindurchgeht (*Bedingung der vereinigten Lage für Punkt und Gerade*[1]). Halten wir jetzt (ξ, η) fest und lassen (u, v) variabel werden, so wird die Gleichung von unendlich vielen Wertepaaren (u, v) befriedigt; jede zugehörige Gerade geht durch den Punkt (ξ, η), und die Koordinaten aller durch (ξ, η) gehenden Geraden befriedigen (10); die Gleichung (10) heißt deshalb *Gleichung des Punktes (ξ, η) in Linienkoordinaten*[2]. Man kann sie auch als Gleichung des durch (ξ, η) gehenden *Strahlenbüschels* bezeichnen.

Wir gehen zur allgemeinen Gleichung

$$(11) \qquad Au + Bv + C = 0$$

mit $C \neq 0$ über. Setzt man sie in die Form

$$\frac{A}{C} u = \frac{B}{C} v + 1 = 0,$$

so erkennt man, daß sie die Gleichung des Punktes $\xi = A : C, \eta = B : C$ in Linienkoordinaten ist.

Beispiele. 1. $u - v = 0$ ist die Gleichung eines Punktes P_∞ in einer Richtung, die den zweiten und vierten Quadranten halbiert; $u + v = 0$ die eines Punktes Q_∞ in der Richtung, die den ersten und dritten Quadranten halbiert (vgl. auch § 2, Beispiel 1).

2. Gehen durch Drehung der rechtwinkligen Achsen die Koordinaten u, v einer Geraden in u', v' über, so bestehen für jeden ihrer Punkte die Gleichungen

$$ux + vy + 1 = 0 \quad \text{und} \quad u'x' + v'y' + 1 = 0,$$

und es geht $ux + vy$ in $u'x' + v'y'$ über. Für x', y' und x, y gelten die Gleichungen (14) von S. 29. Daraus folgen für u', v' die Formeln

$$u' = u \cos\alpha + v \sin\alpha, \qquad v' = -u \sin\alpha + v \cos\alpha.$$

---

[1] Um diese in Punkt- und Linienkoordinaten symmetrische Formel zu erhalten, haben wir die in (1) und (1a) enthaltene Wahl von u und v getroffen.

[2] Die unendlich vielen Geraden durch den Punkt $(\xi\eta)$ kann man als Grenzfall der Tangenten eines Kreises für $\varrho = 0$ auffassen. In der Tat geht die Gleichung (6) für $\varrho = 0$ in Gleichung (10) über.

Man folgert hieraus $\qquad u^2 + v^2 = u'^2 + v'^2$,

der Ausdruck $u^2 + v^2$ ist also bei der Drehung rechtwinkliger Achsen *invariant*. Beim Übergang zu parallelen Achsen folgt aus (11) (S. 28) ebenso

$$u' = \frac{u}{u\,a + v\,b + 1}, \qquad v' = \frac{v}{u\,a + v\,b + 1}.$$

§ 4. Dualistisches für Punkte und Geraden.

Die im vorstehenden auftretende Analogie zwischen Punkten und Geraden durchzieht die gesamte ebene Geometrie; sie wird als *Dualität* bezeichnet. Analytisch kommt sie darin zum Ausdruck, daß alle Rechnungen und Schlüsse, die wir in Kap. V mit den Punktkoordinaten x, y und ihren Gleichungen ausführten, sich in der gleichen Weise für die Linienkoordinaten u, v und ihre Gleichungen ausführen lassen. Die für die Geraden und ihre Schnittpunkte gefundenen Sätze müssen sich daher auf die Punkte und ihre Verbindungslinien übertragen. Dies wird durch die folgenden Beziehungen beleuchtet; das am Ende von § 3 gefundene Resultat führen wir nochmals an.

Die allgemeine Gleichung

$$A x + B y + C = 0$$

ist die Gleichung einer Geraden in Punktkoordinaten, und zwar für $C \neq 0$ der Geraden

$$u = \frac{A}{C}, \qquad v = \frac{B}{C}.$$

Die Gleichungen

$$A x + B y + C = 0$$
$$A' x + B' y + C' = 0$$

stellen dann und nur dann dieselbe Gerade dar, wenn

$$A : B : C = A' : B' : C'$$

ist. Sind sie verschieden und ist $A B' - A' B \neq 0$, so ergeben sich aus

$$x_0 : y_0 : 1 = \begin{vmatrix} B & C \\ B' & C' \end{vmatrix} : \begin{vmatrix} C & A \\ C' & A' \end{vmatrix} : \begin{vmatrix} A & B \\ A' & B' \end{vmatrix}$$

die Koordinaten ihres Schnittpunktes (des Punktes, dessen Koordinaten beiden Gleichungen genügen, der also auf beiden Geraden liegt).

Die allgemeine Gleichung

$$A u + B v + C = 0$$

ist die Gleichung eines Punktes in Linienkoordinaten, und zwar für $C \neq 0$ des Punktes

$$x = \frac{A}{C}, \qquad y = \frac{B}{C}.$$

Die Gleichungen

$$A u + B v' + C = 0$$
$$A' u + B' v + C' = 0$$

stellen dann und nur dann denselben Punkt dar, wenn

$$A : B : C = A' : B' : C'$$

ist. Sind sie verschieden und ist $A B' - A' B \neq 0$, so ergeben sich aus

$$u_0 : v_0 : 1 = \begin{vmatrix} B & C \\ B' & C' \end{vmatrix} : \begin{vmatrix} C & A \\ C' & A' \end{vmatrix} : \begin{vmatrix} A & B \\ A' & B' \end{vmatrix}$$

die Koordinaten ihrer Verbindungsgeraden (der Geraden, deren Koordinaten beiden Gleichungen genügen, die also durch beide Punkte geht).

Seien

$$Ax + By + C = 0$$
$$A'x + B'y + C' = 0$$
$$A''x + B''y + C'' = 0$$

die Gleichungen dreier Geraden in Punktkoordinaten. Sollen sie durch einen und denselben Punkt gehen, so muß

$$D = \begin{vmatrix} A & B & C \\ A' & B' & C' \\ A'' & B'' & C'' \end{vmatrix} = 0$$

sein. Diese Bedingung ist notwendig und hinreichend. Ebenso ist

$$\Delta = \begin{vmatrix} x & y & 1 \\ x' & y' & 1 \\ x'' & y'' & 1 \end{vmatrix} = 0$$

die Bedingung, daß die Punkte (x, y), (x', y'), (x'', y'') auf einer Geraden liegen, also für variables (x, y) die Gleichung der Geraden durch die Punkte (x', y') und (x'', y''), also ihrer Verbindungslinie usw.

Seien

$$Au + Bv + C = 0$$
$$A'u + B'v + C' = 0$$
$$A''u + B''v + C'' = 0$$

die Gleichungen dreier Punkte in Linienkoordinaten. Sollen sie auf einer und derselben Geraden liegen, so muß

$$D = \begin{vmatrix} A & B & C \\ A' & B' & C' \\ A'' & B'' & C'' \end{vmatrix} = 0$$

sein. Diese Bedingung ist notwendig und hinreichend. Ebenso ist

$$\Delta = \begin{vmatrix} u & v & 1 \\ u' & v' & 1 \\ u'' & v'' & 1 \end{vmatrix} = 0$$

die Bedingung, daß die Geraden (u, v), (u', v'), (u'', v'') durch denselben Punkt gehen, also für variables (u, v) die Gleichung des Punktes, der sowohl auf (u', v') wie auf (u'', v'') liegt, also ihres Schnittpunktes usw.

Zu weiteren dualistischen Resultaten gelangen wir folgendermaßen.

1. Seien

$$(12) \qquad A'u + B'v + C' = 0 , \qquad A''u + B''v + C'' = 0$$

die Gleichungen zweier verschiedener Punkte, und sei, wie oben, (u_0, v_0) die Gerade, deren Koordinaten u_0, v_0 beiden Gleichungen genügen, die also beide Punkte verbindet. Wir bilden die Gleichung

$$(13) \qquad A'u + B'v + C' + \lambda(A''u + B''v + C'') = 0 ,$$

so ist dies die Gleichung eines Punktes, der auf (u_0, v_0) liegt. Sie ist nämlich eine Gleichung ersten Grades in u, v und wird außerdem durch (u_0, v_0) befriedigt.

2. Nach u und v geordnet geht (13) in

$$(A' + \lambda A'')u + (B' + \lambda B'')v + C' + \lambda C'' = 0$$

über; ist (ξ, η) der durch sie dargestellte Punkt, so hat man

$$\xi = \frac{A' + \lambda A''}{C' + \lambda C''}, \qquad \eta = \frac{B' + \lambda B''}{C' + \lambda C''}.$$

Nun seien $P'(x', y')$ und $P''(x'', y'')$ die den Gleichungen (12) entsprechenden Punkte, dann ist

$$x' = \frac{A'}{C'}, \quad y' = \frac{B'}{C'}, \quad x'' = \frac{A''}{C''}, \quad y'' = \frac{B''}{C''},$$

und man erhält die Formeln

$$(14) \quad \begin{cases} \xi = \dfrac{A'/C' + \lambda A''/C'' \cdot C''/C'}{1 + \lambda \cdot C''/C'} = \dfrac{x' - \mu x''}{1 - \mu} \\[2mm] \eta = \dfrac{B'/C' + \lambda B''/C'' \cdot C''/C'}{1 + \lambda \cdot C''/C'} = \dfrac{y' - \mu y''}{1 - \mu} \end{cases} ; \quad \mu = -\lambda \cdot C''/C'.$$

Durch sie wird auch die geometrische Bedeutung von λ und die Lage des Punktes (ξ, η) geklärt; (ξ, η) ist der Punkt P, der mit den Punkten P' und P'' das Teilungsverhältnis $(P' P'' P) = \mu$ bestimmt, und da C' und C'' Konstanten sind, so kann man kurz sagen, daß λ *dem Teilungsverhältnis μ proportional ist.*

3. Die analogen Betrachtungen gelten dualistisch. Seien $g'(u', v')$ und $g''(u'', v'')$ zwei Geraden mit den Gleichungen

$$(15) \quad A'x + B'y + C' = 0, \quad A''x + B''y + C'' = 0;$$

eine durch ihren Schnittpunkt gehende Gerade sei h, ihre Koordinaten u, v, und

$$(16) \quad A'x + B'y + C' + \lambda(A''x + B''y + C'') = 0$$

ihre Gleichung. Wir erhalten dann in der gleichen Weise wie vorher

$$(17) \quad u = \frac{u' - \mu u''}{1 - \mu}, \quad v = \frac{v' - \mu v''}{1 - \mu}, \quad \mu = -\lambda C''/C'.$$

Es dualisiert sich aber auch die Bedeutung von λ und μ. Wie wir S. 45 sahen, ist der Parameter λ von (16) *dem Teilungsverhältnis*

$$(g' g'' h) = \sin(g' h) : \sin(g'' h)$$

proportional; dasselbe gilt daher auch von μ. Die beiden für das Teilungsverhältnis eingeführten Definitionen stehen sich also ebenfalls dualistisch gegenüber.

4. Wir führen noch die Bezeichnung $Au + Bv + C = Q(u, v)$ ein und ersetzen sie abkürzend durch Q. Dann folgt aus dem Satz von S. 50 das zu ihm dualistische Resultat:

Sind $Q = 0$, $Q' = 0$, $Q'' = 0$ die Gleichungen dreier verschiedener Punkte, so liegen die Punkte stets und nur dann auf einer und derselben Geraden, wenn es drei von Null verschiedene Multiplikatoren λ, λ', λ'' gibt, so daß identisch ist

$$(18) \quad \lambda Q + \lambda' Q' + \lambda'' Q'' \equiv 0.$$

Ebenso überträgt sich der Satz von S. 51 und die ihm entsprechende identische Relation (26).

§ 5. Vollständiges Viereck und Vierseit.

Seien *1, 2, 3, 4* vier Punkte, von denen keine drei auf einer Geraden liegen. Sie bestimmen (Fig. 31) sechs Verbindungslinien (ik); diese bilden

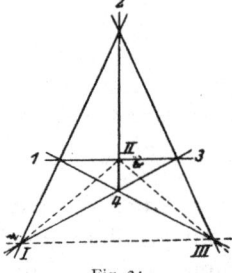

Fig. 31.

die Seiten eines *vollständigen Vierecks*. Die sechs Seiten spalten sich in die drei Paare von *Gegenseiten*

$$(1\,2)\,(3\,4)\,; \qquad (1\,3)\,(2\,4)\,; \qquad (1\,4)\,(2\,3)\,.$$

Die beiden Gegenseiten jedes Paares liefern wieder einen Schnittpunkt; diese drei Schnittpunkte seien *I, II, III*; sie bilden das *Diagonaldreieck* des vollständigen Vierecks. Ebenso bestimmen vier Geraden *1, 2, 3, 4*, von denen keine drei durch einen Punkt gehen, ein *vollständiges Vierseit*. Ihre sechs Schnittpunkte (ik) zerfallen in drei Paare von *Gegenecken*, nämlich

$$(1\,2)\,(3\,4)\,; \qquad (1\,3)\,(2\,4)\,; \qquad (1\,4)\,(2\,3)\,.\,.$$

Jedem Paare entspricht eine Verbindungslinie *I, II, III*, und diese drei Geraden bilden ein Dreiseit, das *Diagonaldreiseit* des vollständigen Vierseits. Viereck und Vierseit sind dualistische Gebilde[1]; es mag genügen, einen sie betreffenden Satz nur für das Vierseit (also in Punktkoordinaten) zu beweisen. Folgendes sei vorausgeschickt:

Zwei Punktepaare *A, B* und *P, Q* einer Geraden heißen *harmonische* Punktepaare, wenn die Strecke *AB* durch *P* und *Q* innen und außen — absolut genommen — nach demselben Verhältnis geteilt wird, wenn also

$$(ABP) + (ABQ) = 0$$

ist. Ebenso heißen zwei Strahlenpaare *a, b* und *p, q* eines Büschels *harmonische* Paare, wenn für ihre Teilungsverhältnisse

$$(abp) + (abq) = 0$$

ist[2]. Aus Gleichung (20) von S. 45 folgt daher, daß die Gleichungen

$$G = 0\,, \qquad G' = 0\,, \qquad G - \lambda G' = 0\,, \qquad G + \lambda G' = 0$$

zwei harmonische Strahlenpaare bestimmen; und ebenso folgt aus (14) von S. 42, daß

$$Q = 0\,, \qquad Q' = 0\,, \qquad Q - \lambda Q' = 0\,, \qquad Q + \lambda Q' = 0$$

zwei harmonische Punktepaare bestimmen.

---

[1] *n* Punkte liefern $\frac{1}{2}n(n-1)$ Verbindungslinien; sie bilden das vollständige *n*-Eck. Ebenso liefern *n* Gerade durch ihre $\frac{1}{2}n(n-1)$ Schnittpunkte das vollständige *n*-Seit. Dreieck und Dreiseit sind identisch.

[2] Die eingehendere Betrachtung enthält Kap. VII, § 2.

Seien nun g, h, k, l die Seiten des Vierseits (Fig. 32), die drei Paare von Gegenecken also

$$(gh)\,(kl)\,, \qquad (gk)\,(hl)\,, \qquad (gl)\,(hk)\,.$$

Wir bestimmen die Gleichungen der Seiten I, II, III des Diagonaldreiecks. Dazu führt die S. 51 abgeleitete Identität (26a) zwischen den linken Seiten der Gleichungen von vier Geraden. Wir wollen sie hier in der Form

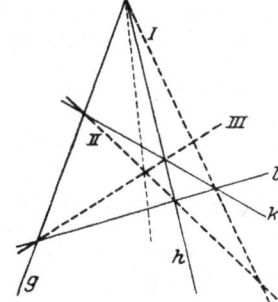

(19) $$G + H + K + L \equiv 0$$

annehmen. Diese Identität läßt sich in

$$G + H \equiv - (K + L)$$

umschreiben; es stellen also die Gleichungen

$$G + H = 0 \quad \text{und} \quad K + L = 0$$

dieselbe Gerade dar. Es ist die Diagonale I;

Fig. 32.

denn die linke Gleichung zeigt, daß sie durch (gh) geht, die rechte ebenso, daß sie durch (kl) geht. Ebenso stellen

und
$$G + K = 0 \quad \text{oder} \quad H + L = 0$$
$$G + L = 0 \quad \text{oder} \quad H + K = 0$$

die Diagonalen II und III dar. Nun sind dem Obigen gemäß

$$G = 0\,, \quad H = 0\,, \quad G + H = 0\,, \quad G - H = 0$$

vier harmonische Strahlen. Andererseits ist auch

$$G - H \equiv (G + K) - (H + K)\,;$$

beide Seiten, gleich Null gesetzt, stellen also wieder dieselbe Gerade dar. Die linke Seite zeigt, daß sie der vierte harmonische Strahl zu g, h und I ist, und gemäß der rechten Seite geht sie durch den Schnittpunkt der Diagonalen II und III.

Damit ist das abzuleitende Resultat gewonnen; im Punkt (gh) bilden die Strahlen g und h mit den beiden Strahlen, die zu den Ecken des Diagonaldreiecks laufen, zwei harmonische Strahlenpaare. Man erhält also den folgenden Satz:

In jeder Ecke eines vollständigen Vierseits bilden die beiden Seiten mit den Strahlen, die zu den Ecken des Diagonaldreiecks laufen, vier harmonische Strahlen.

Der analoge Satz für das vollständige Viereck lautet:

Auf jeder Seite eines vollständigen Vierecks bilden die beiden Ecken mit den durch das Diagonaldreiseit ausgeschnittenen Punkten zwei harmonische Punktepaare.

Mit Hilfe des vollständigen Vierseits (und Vierecks) lassen sich vier harmonische Punkte und vier harmonische Strahlen mit ausschließlicher Verwendung des Lineals zeichnen; man sagt, sie sind *linear* bestimmt. Geht man z. B. von den drei Strahlen g, h, I von Fig. 32 aus und sucht den vierten zu I zugeordneten harmonischen Strahl, so wird man durch einen beliebigen Punkt von I zwei Strahlen k und l ziehen, dann die Geraden II und III und endlich (gh) mit (II, III) verbinden.

Aufgabe: In der Konstruktion des vierten harmonischen Strahles zu g, h und I ist der Punkt auf I beliebig, ebenso die beiden Geraden k und l durch diesen Punkt. Wählt man nun den Punkt auf I an zwei verschiedenen Stellen, ebenso k und l zweimal in verschiedenen Lagen, so ergibt sich doch jedesmal derselbe zu g, h und I gehörende vierte Strahl. Wir erhalten so durch den Vierseitsatz einen reinen Schnittpunktsatz. Wie beweist man ihn direkt mit der obigen Methode?

§ 6. Die Schnittpunktsätze von DESARGUES und PASCAL[1].

Zwei Dreiecke mit den Seiten a, b, c und a', b', c' sollen so liegen, daß die Schnittpunkte entsprechender Seitenpaare — also (aa'), (bb'), (cc') — *in eine Gerade* fallen; dann gehen die Verbindungslinien entsprechender Ecken *durch einen Punkt S*. Dies ist der *Satz von* DESARGUES (1639).

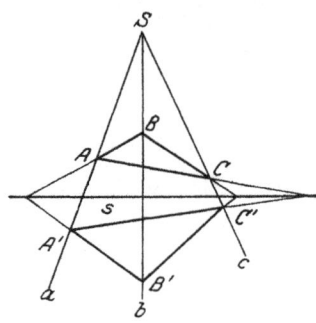

Fig. 33.

Die Gleichungen der Seiten seien (Fig. 33)

$$A = 0, \quad B = 0, \quad C = 0;$$
$$A' = 0, \quad B' = 0, \quad C' = 0,$$

(aa'), (bb'), (cc') mögen auf der Geraden $U = 0$ liegen. Dann ist

$$U \equiv \lambda A + \lambda' A' \equiv \mu B + \mu' B' \equiv \nu C + \nu' C'.$$

Aus diesen Identitäten folgt

$$\mu B - \nu C \equiv \nu' C' - \mu' B',$$
$$\nu C - \lambda A \equiv \lambda' A' - \nu' C',$$
$$\lambda A - \mu B \equiv \mu' B' - \lambda' A',$$

und damit ist der Satz bereits bewiesen. Denn für jede dieser Identitäten stellen die beiden gleich Null gesetzten Seiten die Gleichung der Verbindungslinie zweier entsprechenden Ecken dar, und da die Summe der linken Seiten der Gleichungen identisch verschwindet, so gehen diese drei Geraden durch einen Punkt. Die Dreiecke heißen *perspektivisch*, die Gerade $U = 0$ die *Perspektivitätsachse* und S das *Perspektivitätszentrum*.

Von der Identität (20) ausgehend kann man auf vier verschiedene Arten Paare perspektiver Dreiecke bilden und erhält vier Punkte S; einen z. B., indem man setzt

$$\mu B - \nu' C' \equiv \nu C - \mu' B', \quad \nu' C' - \lambda A \equiv \lambda' A' - \nu C, \quad \lambda A - \mu B \equiv \mu' B' - \lambda' A'.$$

[1] Die obigen Sätze besitzen grundlegende Bedeutung für den axiomatischen Aufbau der Geometrie. Darüber sowie über ihre Entstehung vgl. Enzyklopädie der math. Wiss. Bd. III, 1, S. 450. 1907 bis 1910.

Wie ist die so entstehende Gesamtfigur? Was entspricht dem Desaruessschen Satz dualistisch? Man zeige, daß die Figur des Desaruessschen Satzes sich selbst dual entspricht.

Zum *Pascalschen Satz* (für zwei Gerade) gelangt man folgendermaßen[1]. Auf der Geraden g nehme man drei Punkte *1, 3, 5* an, auf h ebenso drei Punkte *2, 4, 6* (Fig. 34). Dann zeichne man das Sechseck *1 2 3 4 5 6 1*. Der Satz besagt, daß die Schnittpunkte der drei Paare von Gegenseiten, nämlich

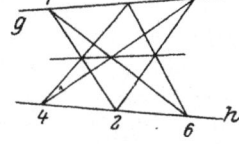

$$(1\,2,\ 4\,5)\,,\quad (2\,3,\ 5\,6)\,,\quad (3\,4,\ 6\,1)$$

in eine Gerade fallen.

Die Gleichungen der Geraden g, h und *(1 2)*

Fig. 34.

seien

(21) $\qquad G = 0\,,\quad H = 0\,,\quad A = 0\,;$

wir können die linearen Funktionen G und H so bestimmen, daß die Gleichungen der Seiten *(2 3)* und *(1 6)* die Form

$$(2\,3)\quad A + H = 0 \quad \text{und} \quad (6\,1)\quad A + G = 0$$

annehmen. Die Gleichungen von *(3 4)* und *(6 5)* werden

$$(3\,4)\quad A + H + \beta G = 0\,, \qquad (6\,5)\quad A + G + \beta' H = 0\,.$$

Für die Seite *(4 5)* erhalten wir die zwei Gleichungen

$$(4\,5)\quad A + \beta G + \gamma H = 0 \quad \text{und} \quad A + \beta' H + \gamma' G = 0\,;$$

die Gerade *(4 5)* geht also durch den Schnittpunkt von $A + \beta G = 0$ und $H = 0$ sowie durch den Schnittpunkt von $A + \gamma' G = 0$ und $H = 0$. Da sie aber sicher nicht mit der Geraden $H = 0$ zusammenfällt, müssen diese beiden Schnittpunkte zusammenfallen. Da nun beide Geraden $A + \beta G = 0$ und $A + \gamma' G = 0$ durch den Schnittpunkt *1* von $A = 0$ und $G = 0$, der nach Voraussetzung nicht auf $G = 0$ liegt, gehen, so müssen diese beiden Geraden zusammenfallen, d. h., es muß $\beta = \gamma'$ sein. Ebenso folgt $\gamma = \beta'$; wir setzen die Gleichung in die Form

$$(4\,5)\quad A + \beta G + \beta' H = 0\,.$$

Nun hat nach § 6 *jede* von g und h verschiedene Gerade die Gleichung

(22) $\qquad\qquad A + \lambda G + \mu H = 0\,.$

Wir bestimmen jetzt λ und μ so, daß diese Gerade durch die beiden Punkte *(2 3) (5 6)* und *(3 4) (6 1)* geht, es müssen also Gleichung (22) und die Gleichungen der Geraden *(2 3)* und *(5 6)* — ebenso die von *(3 4)* und *(6 1)* — zugleich bestehen. Dies liefert die Gleichungen

$$\begin{vmatrix} 1 & \lambda & \mu \\ 1 & 0 & 1 \\ 1 & 1 & \beta' \end{vmatrix} = 0 \quad \text{und} \quad \begin{vmatrix} 1 & \lambda & \mu \\ 1 & 1 & 0 \\ 1 & \beta & 1 \end{vmatrix} = 0$$

oder

$$\lambda\,(1 - \beta') + \mu = 1 \quad \text{und} \quad \lambda + \mu\,(1 - \beta) = 1\,,$$

[1] Vgl. auch den Pascalschen Satz von Kap. XII, § 6.

woraus durch Subtraktion $\lambda\beta' - \mu\beta = 0$ folgt. Diese Gleichung ergibt sich aber auch als Bedingung dafür, daß die Gerade (22) auch den Schnittpunkt von (*1 2*) und (*4 5*) enthält. Denn diese Bedingung ist

$$0 = \begin{vmatrix} 1 & \lambda & \mu \\ 1 & 0 & 0 \\ 1 & \beta & \gamma \end{vmatrix} = \begin{vmatrix} 1 & \lambda & \mu \\ 1 & 0 & 0 \\ 1 & \beta & \beta' \end{vmatrix} = \mu\beta - \lambda\beta',$$

damit ist unser Satz bewiesen. Die Gerade heißt *Pascalsche Gerade*.

Aus den sechs Punkten lassen sich durch Änderung der Reihenfolge mannigfache Sechsecke bilden; zu jedem gehört eine Pascalsche Gerade. Man beweise, daß die drei Geraden, die den Sechsecken (*1 2 3 4 5 6*), (*1 2 5 6 3 4*), (*1 6 3 2 5 4*) entsprechen, durch einen Punkt gehen[1].

Wie lauten die dualistischen Sätze? Man zeige, daß die Figur des Pascalschen Satzes, durch die Pascalsche Gerade vervollständigt, sich selbst dual entspricht.

---

[1] Vgl. J. Plückers Gesammelte mathematische Abhandlungen, S. 236 ff., Leipzig 1895.

Siebentes Kapitel

Doppelverhältnis und projektive Beziehung.

§ 1. Das Doppelverhältnis.

Sind A, B, P, Q vier Punkte einer Geraden (Fig. 35, S. 72[1]), so bestimmen P und Q mit A und B je ein Teilungsverhältnis

$$(ABP) = \frac{AP}{BP} = \mu_1 \quad \text{und} \quad (ABQ) = \frac{AQ}{BQ} = \mu_2.$$

Den Quotienten $\mu_1 : \mu_2$ nennt man das *Doppelverhältnis* (Dv) der vier Punkte[2] und bezeichnet es durch $(ABPQ)$. Ist λ sein Wert, so hat man

$$(1) \qquad (ABPQ) = \frac{AP}{BP} : \frac{AQ}{BQ} = \frac{AP \cdot BQ}{BP \cdot AQ} = \lambda = \frac{\mu_1}{\mu_2}.$$

In den Abszissen a, b, p, q von A, B, P, Q erhält es den Ausdruck

$$(2) \qquad \lambda = \frac{(p - a)(q - b)}{(p - b)(q - a)}.$$

Für zwei Punktepaare AB und PQ sind vier verschiedene Lagen möglich; es kann AB innerhalb von PQ liegen, oder PQ innerhalb von AB, oder jedes Paar außerhalb des anderen oder endlich kein Paar außerhalb des anderen; im letzten Fall *trennen sich* die Paare gegenseitig. Denn man kann in diesem Falle auch durch Überfahrung des unendlich fernen Punktes nicht von dem einen Punkte eines Paares zu dem anderen Punkte dieses Paares gelangen, ohne über einen Punkt des anderen Paares zu kommen. Es haben alsdann (S. 4) μ_1 und μ_2 entgegengesetztes Zeichen, und das Dv ist *negativ*. Im ersten und dritten Fall sind μ_1 und μ_2 positiv, im zweiten sind beide Größen negativ, in diesen drei Fällen ist also λ *positiv*.

Einen besonders wichtigen Fall des Dv liefern zwei *harmonische Punktepaare* (S. 64); für sie ist $\lambda = -1$, die Punkte P und Q teilen AB innen und außen im (absolut) gleichen Verhältnis (§ 2).

---

[1] Die Geraden durch O kommen später in Betracht.

[2] Das Dv wurde von A. F. Möbius vor ungefähr 100 Jahren als grundlegender Begriff in die Geometrie eingeführt. M. Chasles benutzte dafür den Namen anharmonisches Verhältnis. Man spricht auch (nach Ch. v. Staudt) von dem *Wurf* der vier Punkte.

Das einfache Teilungsverhältnis ist ein *Sonderfall* des Dv; es entsteht, wenn Q in den uneigentlichen Punkt Q_∞ rückt. Es ist nämlich

$$(ABPQ_\infty) = (ABP) : (ABQ_\infty),$$

und da $(ABQ_\infty) = 1$ ist (S. 5), so folgt in der Tat

$$(ABPQ_\infty) = (ABP).$$

Man wird daher erwarten, daß sich viele Eigenschaften des Teilungsverhältnisses auf das Dv übertragen. Wir beweisen zunächst den folgenden Satz: Werden A, B, Q festgehalten, während P das lineare Kontinuum durchläuft, so *durchläuft der Wert λ des Dv alle Werte des Zahlenkontinuums genau einmal.* Man hat nämlich

$$\lambda = \frac{\mu_1}{\mu_2} \quad \text{für} \quad \mu_2 = \frac{AQ}{BQ}.$$

Hier ist, da A, B, Q fest bleiben, μ_2 eine Konstante; μ_1 durchläuft, wie I, § 3 gezeigt wurde, das Zahlenkontinuum, also auch $\mu_1 : \mu_2 = \lambda$. Man folgert daraus, daß es nur *einen* Punkt P gibt, der mit A, B, Q ein Dv gleich $(ABPQ)$ von *gegebenem Wert λ* bildet. Fällt P insbesondere in die Punkte A, B, Q, so hat λ die Werte $0, \infty, 1$.

Ändert man die Reihenfolge der Punkte des Teilungsverhältnisses oder des Dv, so wird sich im allgemeinen auch sein Wert ändern. Wir betrachten zunächst das Teilungsverhältnis (ABP). Es läßt sechs verschiedene Anordnungen von A, B, P zu, nämlich

$$(ABP), \quad (BAP), \quad (APB), \quad (BPA), \quad (PAB), \quad (PBA);$$

ihnen entsprechen, wenn $(ABP) = \mu$ gesetzt wird, die *sechs Werte*

$$(3) \qquad \mu, \quad \frac{1}{\mu}, \quad 1 - \mu, \quad \frac{\mu - 1}{\mu}, \quad \frac{1}{1 - \mu}, \quad \frac{\mu}{\mu - 1}.$$

In der Tat ist zunächst

$$(BAP) = BP : AP = \frac{1}{\mu},$$

$$(APB) = \frac{AB}{PB} = \frac{AP + PB}{PB} = 1 - \mu.$$

Durch weitere Anwendung der in diesen Gleichungen enthaltenen Regeln folgt:

$$(BPA) = \frac{\mu - 1}{\mu}, \quad (PAB) = \frac{1}{1 - \mu}, \quad (PBA) = \frac{\mu}{\mu - 1}.$$

Auch das Dv nimmt bei Änderung der Reihenfolge seiner Punkte *nur die sechs in (3) auftretenden Werte* an. Von den 24 verschiedenen Permutationen der Punkte A, B, P, Q besitzen nämlich je vier dasselbe Dv; man findet unmittelbar

$$(4) \qquad (ABPQ) = (BAQP) = (PQAB) = (QPBA).$$

Für die übrigen Werte bestehen folgende Beziehungen. Offenbar ist

$$(5) \qquad (ABPQ) \cdot (ABQP) = 1,$$

und aus der Gleichung (5) von S. 4 findet man mittels Division durch $AD \cdot BC$ leicht

(6) $$(APBQ) + (ABPQ) = 1 .$$

Danach ergeben sich für die sechs Dv

(7) $(ABPQ)$, $(ABQP)$, $(APBQ)$, $(APQB)$, $(AQBP)$, $(AQPB)$

die Werte

(7a) $$\lambda, \quad \frac{1}{\lambda}, \quad 1 - \lambda, \quad \frac{1}{1-\lambda}, \quad \frac{\lambda - 1}{\lambda}, \quad \frac{\lambda}{\lambda - 1},$$

und zu jedem dieser sechs Dv gehören gemäß Gleichung (4) noch drei andere, die ihm gleich sind.

Zu den Gleichungen (5) und (6), die zwei Dv derselben vier Punkte miteinander verbinden, tritt als wichtige Relation noch eine Formel, die sich auf fünf Punkte und drei Dv bezieht, nämlich

(8) $$(ABQR)(ABRP)(ABPQ) = 1;$$

sie folgt unmittelbar aus der Definition (1).

Man kann fragen, ob es Sonderfälle für die Lage der Punkte A, B, P, Q gibt, in denen sich die sechs Werte (7a) auf eine *geringere* Zahl von Werten reduzieren. Man erhält sie, indem man λ gleich einem der fünf anderen Werte setzt.

Für $\lambda = 1/\lambda$ ist $\lambda^2 = 1$, also $\lambda = \pm 1$. Die Lösung $\lambda = 1$ ist keine eigentliche, da dann P in Q fällt, während wir voraussetzen, daß die vier Punkte alle voneinander verschieden sind. Die Lösung $\lambda = -1$ führt auf die oben erwähnten *harmonischen* Punktepaare AB und PQ. Je zwei der sechs Werte (7a) sind einander gleich, nämlich

$$\lambda = \frac{1}{\lambda} = -1, \quad 1 - \lambda = \frac{\lambda - 1}{\lambda} = 2, \quad \frac{1}{1-\lambda} = \frac{\lambda}{\lambda - 1} = \frac{1}{2}.$$

Es gibt also nur *drei* verschiedene Werte des Dv, und es entspricht je acht Permutationen derselbe Dv-Wert. Dasselbe ergibt sich, wenn man $\lambda = 1 - \lambda$ oder $\lambda = \lambda : (\lambda - 1)$ setzt.

Die weiteren Sonderfälle erhalten wir durch die Gleichungen

$$\lambda = \frac{1}{1-\lambda} \quad \text{oder} \quad \lambda = \frac{\lambda - 1}{\lambda},$$

sie führen alle auf

$$\lambda^2 - \lambda + 1 = 0, \quad \lambda = \tfrac{1}{2}\left(+1 + \sqrt{-3}\right) *.$$

Wir stoßen also auf imaginäre Werte λ, die freilich keine reellen Punkte liefern; wir lassen ihnen (analog der S. 54 gegebenen Begründung) imaginäre Punkte entsprechen (*äquianharmonische* Punkte). Für diese Werte λ werden sogar je drei der Werte (7a) einander gleich; es gibt nur

---

* Aus $\lambda^2 - \lambda + 1 = 0$ folgt $\lambda^3 + 1 = 0$; λ ist also eine imaginäre dritte Wurzel aus -1.

zwei verschiedene Dv-Werte, den beiden Werten der in λ auftretenden Quadratwurzel entsprechend.

Der Begriff des Dv ist dualisierbar und läßt sich auf vier Strahlen eines Strahlenbüschels übertragen. Als das Dv der vier Strahlen a, b, p, q eines Büschels von sich schneidenden Geraden definieren wir den

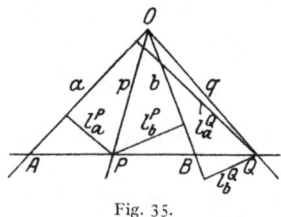

Fig. 35.

Quotienten der beiden einfachen Teilungsverhältnisse (S. 45), setzen also (Fig. 35)

$$(9) \quad \lambda = (a\,b\,p\,q) = \frac{\sin(a\,p)}{\sin(b\,p)} : \frac{\sin(a\,q)}{\sin(b\,q)}.$$

Während das Vorzeichen des einfachen Teilungsverhältnisses abhängt von der positiven Seite der Strahlen a und b (d. i. derjenigen Seite, auf der die Abstände positiv gerechnet werden), ist der Quotient des Teilungsverhältnisses, das Doppelverhältnis, von dieser Festsetzung unabhängig und allein durch die Lage der 4 Strahlen gegeben[1]. Das geht auch aus dem folgenden Satz hervor:

Werden vier durch einen Punkt O gehende Strahlen a, b, p, q von einer (nicht durch O gehenden) Geraden g in den Punkten ABPQ geschnitten, so ist das Doppelverhältnis der vier Strahlen gleich dem Doppelverhältnis der vier Schnittpunkte, also

$$(10) \qquad\qquad (a\,b\,p\,q) = (ABPQ).$$

Nach S. 45 ist

$$\frac{\sin(a\,p)}{\sin(b\,q)} = \frac{l_a^P}{l_b^P},$$

wo l_a^P und l_b^P die Abstände eines Punktes P auf p von a resp. b bedeuten. Ebenso ist

$$\frac{\sin(a\,q)}{\sin(b\,q)} = \frac{l_a^Q}{l_b^Q},$$

wo Q ein Punkt auf q ist. Es ist aber, auch dem Vorzeichen nach,

$$\frac{l_a^P}{l_a^Q} = \frac{AP}{AQ},$$

ebenso

$$\frac{l_b^P}{l_b^Q} = \frac{BP}{BQ},$$

also durch Division:

$$\frac{AP}{BP} : \frac{AQ}{BQ} = \frac{\sin(a\,p)}{\sin(b\,p)} : \frac{\sin(a\,q)}{\sin(b\,q)},$$

womit der Satz bewiesen ist. Wir folgern aus ihm, daß *alle* von a, b, p, q geschnittenen Geraden nach demselben Dv geschnitten werden;

---

[1] Das Teilungsverhältnis auf einer Geraden ist auch dem Vorzeichen nach bestimmt. Der Unterschied gegen das Teilungsverhältnis bei drei Strahlen entspringt dem Umstand, daß auf der Geraden ein Punkt ausgezeichnet ist, der unendlich ferne Punkt.

sind also A', B', P', Q' die Schnittpunkte mit einer Geraden g', so ist $(ABPQ) = (A'B'P'Q')$. (Satz von PAPPUS.)

Der Satz des PAPPUS gilt auch, wenn a, b, p, q einander parallele Geraden sind, und wir definieren das Dv von vier parallelen Geraden, das bisher nicht eingeführt war, durch das Dv der vier Punkte $ABPQ$, in denen a, b, p, q von irgendeiner zu ihnen nicht parallelen Geraden geschnitten werden.

Es bedarf keiner besonderen Erwähnung, daß die für das Dv $(ABPQ)$ abgeleiteten Sätze sich insgesamt auf das Dv $(abpq)$ übertragen. Bemerkt sei nur, daß λ das Zahlenkontinuum durchläuft, wenn die Gerade p bei festem a, b, q einmal den Büschel überstreicht[1]. Es gibt wiederum *genau einen* Strahl p, der mit a, b, q ein Dv von gegebenem Wert bestimmt; insbesondere nimmt λ die Werte 0, ∞, 1 an, wenn p mit a, b, q zusammenfällt. Einen ausgezeichneten Strahl, der dem Punkt P_∞ der Geraden entspricht, gibt es im Strahlbüschel nicht. Dem einfachsten Fall $\lambda = -1$ entsprechen vier Strahlen, die *vier harmonische Strahlen* (zwei harmonische Strahlenpaare) heißen sollen.

§ 2. Harmonische Punkte und Strahlen.

Für zwei harmonische Punktepaare A, B und P, P' folgt aus (1) (wegen $\lambda = -1$) die Gleichung

$$(11) \qquad AP \cdot BP' + AP' \cdot BP = 0 \,.$$

Für die Abszissen a, b, p, p' dieser vier Punkte lautet sie

$$(p - a)(p' - b) + (p' - a)(p - b) = 0 \quad \text{oder}$$
$$(12) \qquad p\,p' - \tfrac{1}{2}(a + b)(p + p') + a\,b = 0 \,.$$

Unter allen Punktepaaren P, P' bei festem A und B gibt es ein ausgezeichnetes; es ist das, von dem ein Punkt in P_∞ fällt. Der andere fällt (Fig. 36) in die Mitte M von AB (mit der Abszisse m). Wird M als neuer Nullpunkt der Maßbestimmung gewählt und $p - m = u$

Fig. 36.

gesetzt, so nimmt Gleichung (12) eine einfachere Form an, nämlich

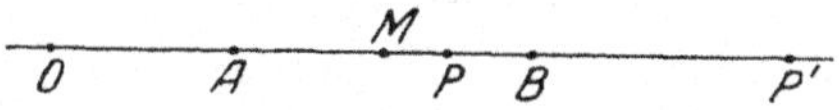

$$(12\,\mathrm{a}) \qquad u\,u' = (p - m)(p' - m) = \left(\frac{a - b}{2}\right)^2 ; \quad m = \frac{a + b}{2} \,.$$

Ihr entspricht die geometrische Beziehung

$$(12\,\mathrm{b}) \qquad MP \cdot MP' = MA^2 = MB^2 \,.$$

Sie zeigt, daß sich P und P' zugleich an die Punkte A und B annähern oder von ihnen entfernen; in A und B fällt P mit P' zusammen.

---

[1] Es handelt sich hier um ungerichtete Geraden; p überstreicht also den gesamten Strahlenbüschel schon bei einer Drehung um π.

Sei Q, Q' ein zweites Paar, das zu A, B harmonisch ist, so besteht für dieses Paar die Gleichung

(13) $$q q' - \tfrac{1}{2} (a + b) (q + q') + a b = 0 .$$

Diese Gleichung und die Gleichung (12) lassen sich so auffassen, daß sie zwei Gleichungen für $a + b$ und $a b$ darstellen, und daß man also, wenn p, p' und q, q' gegeben sind, $a + b$ und $a b$ aus ihnen berechnen kann. Durch $a + b$ und $a b$ ist aber auch das Wertepaar a, b eindeutig bestimmt, und so folgt der Satz, daß es *zu zwei gegebenen Paaren P*, *P'* *und Q*, *Q'* *nur ein Punktepaar A*, *B gibt, das mit beiden harmonisch ist.* Die ihm entsprechenden Werte a, b bestimmt man auf Grund der Erwägung, daß sie die Wurzeln der quadratischen Gleichung

(14) $$z^2 - (a + b) z + a b = 0$$

sind. Diese Gleichung ist also herzustellen, d. h. ihre Koeffizienten sind aus (12), (13) durch p, p', q, q' auszudrücken. Dazu beachte man, daß (14), (12) und (13) drei homogene lineare Gleichungen für 1, $a + b$ und $a b$ darstellen; daher muß ihre Determinante verschwinden, und so erhalten wir die gesuchte Gleichung in der Form

$$\begin{vmatrix} p\,p' & \tfrac{1}{2}(p + p'), & 1 \\ q\,q' & \tfrac{1}{2}(q + q'), & 1 \\ z^2 & -z\,, & 1 \end{vmatrix} = 0 .$$

Es ist noch die Realität der Wurzeln zu prüfen; statt zu diesem Zweck die Diskriminante dieser Gleichung zu untersuchen, benutzen wir zur Ableitung eines geometrischen, an die Lage der beiden Punktepaare P, P', Q, Q' anknüpfenden Resultates direkt die Gleichung (12a). Wir entnehmen ihr

$$(p - m) (p' - m) = (q - m) (q' - m) = \left(\frac{a - b}{2} \right)^2 = n^2 .$$

$a + b$ ist stets reell, nämlich nach (12) und (13)

$$\frac{a + b}{2} = m = \frac{p\,p' - q\,q'}{p - q + p' - q'} ,$$

es sind also a und b dann und nur dann reell, wenn $a - b$ reell ist; darüber entscheidet das Vorzeichen von n^2. Mittels des Wertes von m formen wir den Wert eines jeden Faktors von n^2 um und finden ohne Mühe

$$n^2 = \frac{(p - q) (p - q') (p' - q) (p' - q')}{(p - q + p' - q')^2} .$$

Die Realität der Wurzeln hängt von dem Vorzeichen des Zählers von n^2 ab, also von der Lage der Paare P, P' und Q, Q'. Die Wurzeln sind *reell*, wenn die Paare einander *nicht trennen* (S. 69), denn dann sind zwei Differenzen des Zählers positiv und zwei negativ oder alle haben das gleiche Vorzeichen. Trennen sie sich, so ist je eine ungerade Anzahl von Differenzen positiv oder negativ, und es gibt daher *kein* zu beiden Paaren reelles harmonisches Paar.

Für weitere Betrachtungen gehen wir so vor, daß wir jedes der Punktepaare A, B, P, P', Q, Q' durch eine quadratische Gleichung darstellen. Sei

$$\alpha\,x^2 + 2\,\beta\,x + \gamma = 0\,; \qquad -\frac{2\,\beta}{\alpha} = a + b\,, \qquad \frac{\gamma}{\alpha} = a\,b$$

die Gleichung, die a, b zu Wurzeln hat, und seien ebenso p, p' die dem Paar P, P' entsprechenden Wurzeln der Gleichung

$$\alpha'x^2 + 2\,\beta'x + \gamma' = 0\,; \qquad -\frac{2\,\beta'}{\alpha'} = p + p'\,, \qquad \frac{\gamma'}{\alpha'} = p\,p'.$$

Durch Einsetzen der Werte für $a + b$, $a\,b$, $p + p'$, $p\,p'$ in Gleichung (12) verwandelt sie sich in

$$(15) \qquad\qquad \alpha\,\gamma' - 2\,\beta\,\beta' + \gamma\,\alpha' = 0\,;$$

in dieser Form stellt sich also jetzt die *Bedingung für die harmonische Lage* beider Punktepaare dar.

Hieraus folgert man wiederum die Existenz eines Paares A, B, das *zu zwei gegebenen Paaren*, nämlich P, P' und dem durch die quadratische Gleichung

$$\alpha''x^2 + 2\,\beta''x + \gamma'' = 0$$

dargestellten Paar Q, Q', *zugleich harmonisch* ist. Seine quadratische Gleichung muß solche Koeffizienten α, β, γ haben, für die zugleich

$$(16) \quad \alpha\,\gamma' - 2\,\beta\,\beta' + \alpha'\,\gamma = 0 \quad \text{und} \quad \alpha\,\gamma'' - 2\,\beta\,\beta'' + \alpha''\,\gamma = 0$$

ist. Dies sind zwei lineare homogene Gleichungen für α, 2β, γ; aus ihnen folgt

$$\alpha : 2\,\beta : \gamma = \begin{vmatrix} \alpha' & \beta' \\ \alpha'' & \beta'' \end{vmatrix} : \begin{vmatrix} \alpha' & \gamma' \\ \alpha'' & \gamma'' \end{vmatrix} : \begin{vmatrix} \beta' & \gamma' \\ \beta'' & \gamma'' \end{vmatrix}\,;$$

das gesuchte Paar besteht daher aus den Wurzeln der quadratischen Gleichung

$$(16a) \quad (\alpha'\beta'' - \alpha''\beta')\,x^2 + (\alpha'\gamma'' - \alpha''\gamma')\,x + (\beta'\gamma'' - \beta''\gamma') = 0\,.$$

Das so gefundene Paar ist sogar zu *jedem* Paar harmonisch, das durch eine Gleichung

$$\alpha'x^2 + 2\,\beta'x + \gamma' + \lambda\,(\alpha''x^2 + 2\,\beta''x + \gamma'') = 0\,,$$

d. i. durch die lineare Kombination der quadratischen Gleichungen für die einzelnen Punktepaare, gegeben ist. Aus den Gleichungen (16) folgt nämlich durch Multiplikation mit 1, λ und Addition

$$\alpha\,(\gamma' + \lambda\,\gamma'') - 2\,\beta\,(\beta' + \lambda\,\beta'') + \gamma\,(\alpha' + \lambda\,\alpha'') = 0\,,$$

und dies ist die Behauptung.

Die harmonische Beziehung zweier *Strahlenpaare* ist wiederum durch die Gleichung $\lambda = -1$, also

(17) $\qquad \dfrac{\sin(ap)}{\sin(bp)} : \dfrac{\sin(ap')}{\sin(bp')} = -1 , \qquad \dfrac{\sin(ap)}{\sin(bp)} + \dfrac{\sin(ap')}{\sin(bp')} = 0$

gegeben. Unter allen Strahlenpaaren, die zu a, b harmonisch sind, gibt es ein ausgezeichnetes Paar, nämlich das *orthogonale*, das die Winkel (ab) *halbiert*. Wird der eine Halbierungsstrahl durch m bezeichnet, so besteht analog zur Gleichung (12b) von S. 73 die Gleichung

(18) $\qquad \operatorname{tg}(mp) \cdot \operatorname{tg}(mp') = \operatorname{tg}^2(ma) = \operatorname{tg}^2(mb) .$

Man erhält sie in der Weise, daß man das Strahlenbüschel mit dem Scheitel O durch eine Gerade schneidet, die auf m senkrecht steht. Es sind dann A, B, M, P_∞ vier harmonische Punkte; wird dann noch $OM = 1$ angenommen. so ergibt sich aus (12b) die Gleichung (18).

§ 3. Die projektive Beziehung.

Wir wollen die Punkte zweier Geraden g und g' (*Punktreihen*) in der Weise einander eineindeutig zuordnen, daß sie durch die einfachste analytische Relation miteinander verbunden werden, also durch eine *bilineare* Gleichung. Sind (auf beliebige Anfangspunkte bezogen) x und x' zwei entsprechende Punkte von g und g', so sei

(19) $\qquad axx' + bx + cx' + d = 0$

diese Beziehung. Aus ihr folgt

(19a) $\qquad x' = -\dfrac{bx + d}{ax + c} , \qquad x = -\dfrac{cx' + d}{ax' + b} ;$

die eine Variable drückt sich also durch die andere mittels einer *linearen Substitution* aus. Die so eingeführte Beziehung nennen wir eine *projektive*[1].

Die wichtigste Eigenschaft dieser projektiven Beziehung besteht in der *Invarianz der Dv-Werte entsprechender Punkte*; sind P_1, P_2, P_3, P_4 vier Punkte von g und P_1', P_2', P_3', P_4' die entsprechenden Punkte von g' (*Bildpunkte*), so ist

(20) $\qquad (P_1 P_2 P_3 P_4) = (P_1' P_2' P_3' P_4')$

oder

(20a) $\qquad \dfrac{(x_1 - x_3)(x_2 - x_4)}{(x_1 - x_4)(x_2 - x_3)} = \dfrac{(x_1' - x_3')(x_2' - x_4')}{(x_1' - x_4')(x_2' - x_3')} .$

Den Beweis führen wir folgendermaßen. Zunächst sei bemerkt, daß man drei einfachste Typen linearer Substitutionen unterscheiden kann, nämlich

(21) $\qquad x' = x + l , \quad x' = mx , \quad x' = \dfrac{1}{x} .$

---

[1] Nicht jede eineindeutige Beziehung ist eine projektive; z. B. die Festsetzung $x' = x$ für $x \geq 0$, $x' = \lambda x$ für $x < 0 (\lambda > 1)$.

Für diese Substitutionen ist die Geltung der Gleichung (20a) sehr leicht zu erkennen. Wir zeigen nun, daß sich eine beliebige Substitution aus gewissen einfachsten Substitutionen der Form (21) zusammensetzen läßt.

Für die beiden Substitutionen

$$x' = mx + n \quad \text{und} \quad x' = \frac{m}{x}$$

ist dies leicht ersichtlich; die erste ist die Folge von $x_1 = mx$ und $x' = x_1 + n$; die zweite ist mit $x_1 = 1 : x$ und $x' = mx_1$ äquivalent; endlich durch die Kombination

$$x_1 = mx + n \quad x' = \frac{1}{x_1}$$

ergibt sich unsere Behauptung für die Substitutionen der Form

$$x' = \frac{1}{mx + n}.$$

Um es auch allgemeiner für

(22)
$$x' = \frac{\alpha x + \beta}{\gamma x + \delta}$$

zu erweisen, schreiben wir

$$x' = \frac{\alpha}{\gamma} \cdot \frac{x + \nu}{x + \varkappa} = \frac{\alpha}{\gamma} \left\{ 1 + \frac{\nu - \varkappa}{x + \varkappa} \right\}; \quad \nu = \frac{\beta}{\alpha}, \quad \varkappa = \frac{\delta}{\gamma}$$

und setzen der Reihe nach

$$x_1 = x + \varkappa, \quad x_2 = \frac{\nu - \varkappa}{x_1}, \quad \text{also} \quad x' = \frac{\alpha}{\gamma} + \frac{\alpha}{\gamma} \cdot x_2.$$

Damit ist die Geltung der Gleichung (20a) und die Invarianz der Dv-Werte auch für die Substitution (22) bewiesen. Daß bei der letzten Ableitung $\alpha \neq 0$ und $\gamma \neq 0$ vorausgesetzt wurden, bedeutet keine Einschränkung für die Gültigkeit der Behauptung. Denn die Fälle $\alpha = 0$ oder $\gamma = 0$ sind vorher erledigt worden. Wir haben aber auch $\alpha \gamma (\varkappa - \nu) = \alpha \delta - \beta \gamma \neq 0$ vorausgesetzt in unserer Ableitung. Nun ist (Anhang III, § 3) $\alpha \delta - \beta \gamma$ die *Determinante* der Substitution. Also folgt:

Bei jeder projektiven Beziehung mit nichtverschwindender Determinante ist das Dv von vier Punkten invariant.

Ist $\alpha \delta - \beta \gamma = 0$, also auch in der Beziehung (18) $ad - bc = 0$, dann schreiben wir für $a \neq 0$ (18) in der Form

$$a x' (a x + c) + b (a x + c) = 0$$

oder
$$(a x + c)(a x' + b) = 0.$$

Das bedeutet aber: entweder ist $x = -c/a$, dann ist x' ganz beliebig, oder es ist $x' = -b/a$, dann ist x beliebig. Das kann man auch so ausdrücken: einem beliebigen Punkt x ist stets der Punkt $x' = -b/a$ zugeordnet, aber dem Punkt $x = -c/a$ jeder Punkt x' und entsprechend umgekehrt. Die durch die lineare Substituion dargestellte projektive Beziehung heißt *ausgeartet*. Ist in (18) a und $ad - bc$ gleichzeitig $= 0$, so muß entweder b oder $c = 0$ sein und (18) stellt keine Beziehung zwischen x und x' dar.

Eine ausgeartete Beziehung ist z. B.

$$xx' + x + x' + 1 = 0 \quad \text{oder} \quad (x + 1)(x' + 1) = 0.$$

Wir werden in Zukunft nur projektive Beziehungen betrachten, die *nicht* ausgeartet sind.

Der soeben bewiesene Satz ist umkehrbar; wir können eine projektive Beziehung als eine solche eineindeutige Beziehung der Punkte zweier Geraden definieren, der die Invarianz der Dv-Werte zukommt. Seien nämlich P_i $(i = 1, 2, 3, 4)$ vier beliebig ausgewählte Punkte von g, und P_i' ihre Bildpunkte auf g', so besteht für sie nach Voraussetzung die Gleichung (20a). Hält man nun die drei Paare x_1, x_1', x_2, x_2', x_3, x_3' fest und ersetzt das vierte Paar durch das variable Paar x, x', so geht diese Gleichung, nach x und x' geordnet, in eine bilineare Relation über. Da die drei Paare P_1, P_1', P_2, P_2' und P_3, P_3' beliebig angenommen werden konnten, so folgt noch:

Eine projektive Beziehung zweier Punktreihen ist durch drei beliebig wählbare Paare entsprechender Punkte bestimmt.

Da nach dem Satz von PAPPUS bei Projektion einer Geraden auf eine andere von einem Punkte aus das Doppelverhältnis erhalten bleibt, so wird also durch diese Projektion eine projektive Beziehung in unserem Sinn erhalten. Auch bei mehrmaliger Projektion der Geraden g auf die Gerade g', von g' auf g'' usw. bleibt das Doppelverhältnis erhalten. Man kann leicht nachweisen, daß durch mehrmalige Projektion die allgemeine projektive Beziehung zweier Geraden aufeinander erhalten werden kann. Diese geometrische Tatsache ist der Grund für die Bezeichnung „projektive" Beziehung.

Wenn bei einer projektiven Beziehung dem Punkt Q_∞ von g der im Endlichen gelegene Punkt Q' von g' entspricht und dem Punkt R_∞' von g' der infolgedessen ebenfalls im Endlichen liegende Punkt R von g, so ist für irgend zwei Punktepaare P, P' und P_1, P_1'

$$(PP_1 Q_\infty R) = (P' P_1' Q' R_\infty').$$

Nun ist

$$(PP_1 Q_\infty R) = P_1 R : PR, \quad (P' P_1' Q_\infty') = P' Q' : P_1' Q'.$$

Sind also q' und r die Abszissen von Q' und R, so geht die vorstehende Gleichung in

(23) $\quad PR \cdot P'Q' = P_1 R \cdot P_1' Q' \quad \text{oder} \quad (r - x)(q' - x') = \text{const}$

über; das Produkt $PR \cdot P'Q'$ hat also für jedes Paar entsprechender Punkte einen *konstanten Wert*. Er heißt *Potenz* der projektiven Beziehung. Die Punkte Q' und R heißen *Fluchtpunkte*[1].

---

[1] Die Bezeichnung entstammt der darstellenden Geometrie.

Die Gleichung (23) folgt aus der Beziehung (19), falls man sie für $a \neq 0$ in die Form

$$(23\,a) \qquad \left(x + \frac{c}{a}\right)\left(x' + \frac{b}{a}\right) = \frac{bc - ad}{a^2}$$

bringt.

Ist in Gleichung (19) $a = 0$, so entsprechen sich die unendlich fernen Punkte; es wird also

$$(P_1 P_2 P_3 P_\infty) = (P_1' P_2 P_3 P_\infty'),$$

woraus weiter

$$P_1 P_3 : P_2 P_3 = P_1' P_3' : P_2' P_3' \quad \text{oder} \quad P_i' P_k' = \varrho \cdot P_i P_k$$

mit konstantem ϱ folgt. Zwei Strecken der einen Geraden verhalten sich wie die entsprechenden der anderen (*affine* oder *ähnliche* Punktreihen); ϱ soll das *Dehnungsverhältnis* heißen. Für $\varrho = 1$ sind die Punktreihen *kongruent* (oder gleich).

Die Ausdehnung der projektiven Beziehung auf den Strahlenbüschel behandeln wir in § 6.

§ 4. Vereinigte Lage projektiver Punktreihen.

Fallen die Geraden g und g' von § 3 zusammen, so haben wir auf einer und derselben Geraden eine projektive Zuordnung ihrer Punkte; jeder Punkt ist also doppelt zu rechnen, einmal als Punkt P von g, einmal als Punkt Q' von g'. Wir setzen fest, daß sich die Abszissen x und x' auf denselben Nullpunkt und Einheitspunkt beziehen; einem Wertepaar $x = x'$ entspricht dann ein Paar zusammenfallender *entsprechender* Punkte $P = P'$ beider Punktreihen (*Doppelpunkte*). Jeder solche Wert x ist, falls wir wieder die Beziehung in der Form (18) annehmen, Wurzel der Gleichung

$$(24) \qquad ax^2 + (b + c)\,x + d = 0.$$

Es gibt also *zwei* Doppelpunkte; je nachdem die Diskriminante

$$(24\,a) \qquad (b + c)^2 - 4ad > 0, \quad = 0 \quad \text{oder} \quad < 0$$

ist, sind sie reell, zusammenfallend oder imaginär. Die linke Seite von (24a) ergibt durch Division mit a^2 und Umformung

$$\left(\frac{b}{a} - \frac{c}{a}\right)^2 + 4\,\frac{bc - ad}{a^2},$$

hierbei ist $\frac{bc - ad}{a^2}$ nach (23a) die Potenz der projektiven Beziehung, $\left(\frac{b}{a} - \frac{c}{a}\right)^2$ gleich dem Quadrat über dem Abstand der Fluchtpunkte. Für positive Potenz sind demnach die Doppelpunkte stets reell und voneinander verschieden; für negative Potenz nur, wenn das Quadrat über dem halben Abstand der Fluchtpunkte größer als die absolut genommene Potenz ist.

Die Doppelpunkte S und T seien voneinander verschieden. Sie bilden mit jedem Punktepaar PP' *vier Punkte von festem Dv*. Ist nämlich Q, Q' ein zweites Paar entsprechender Punkte, so hat man

$$(STPQ) = (STP'Q').$$

Setzt man links und rechts für die Dv ihren ausführlichen Wert, so läßt sich die so entstehende Gleichung unmittelbar in die Form

(25)　　　　　　　　$(STPP') = (STQQ')$

überführen, und das ist unsere Behauptung.

Der Wert des Dv ist ohne Schwierigkeit auszurechnen, am besten so, daß man P oder P' unendlich fern annimmt. Aber der Wert ist in den Koeffizienten der Substitution irrational, denn er hängt unsymmetrisch von S und T ab, deren Koordinaten die Wurzeln der quadratischen Gleichung (24) sind. Deswegen ist der Wert auch nur dann reell, wenn die Doppelpunkte reell sind.

Man erhält einen rationalen Ausdruck in dem Dv $(P'P''PP''')$, wo P ein beliebiger Punkt ist, P' der ihm durch die Substitution entsprechende, P'' wieder der P' entsprechende, P''' der P'' entsprechende Punkt. Daß auch dieser Ausdruck von der Wahl von P unabhängig ist, kann man leicht direkt durch seine Berechnung etwa mit Hilfe der Formel (22) nachweisen. Um den Wert zu rechnen, genügt es, P speziell zu wählen, etwa mit der Koordinate $x = -\dfrac{\delta}{\gamma}$, dann ist

$$x' = \infty, \qquad x'' = \frac{\alpha}{\gamma}, \qquad x''' = \frac{\alpha^2 + \beta\gamma}{\alpha\gamma + \delta\gamma}$$

und

$$(P'P''PP''') = \frac{\alpha\delta - \beta\gamma}{(\alpha + \delta)^2}$$

oder in den Koeffizienten der Beziehung (18)

$$(P'P''PP''') = \frac{ad - bc}{(b - c)^2},$$

also gleich dem Quotienten aus der negativen Potenz der projektiven Beziehung, dividiert durch das Quadrat des Abstandes der Fluchtpunkte.

Dieser Ausdruck hat nun eine besonders wichtige Eigenschaft: Wir denken uns die projektive Beziehung selbst projiziert, d. h. daß von einem Punkte aus g auf eine Gerade $\bar{g}$ projiziert wird, wobei die einander entsprechenden Punkte P und P' von g in die Punkte $\bar{P}$ und $\bar{P}'$ auf $\bar{g}$ übergehen mögen. Die Beziehung $\bar{P}\bar{P}'$ ist dann ebenfalls eine projektive, und es gehen vier einander sukzessive entsprechende Punkte $PP'P''P'''$ in vier desgleichen sich sukzessive entsprechende Punkte über. Das obige Dv hat also für die projizierte projektive Beziehung denselben Wert wie für die ursprüngliche. Man nennt deswegen dieses Dv eine *projektive Invariante* der projektiven Beziehung. Statt der Projektion können wir nach dem oben Gesagten auch eine analytische projektive

Beziehung voraussetzen, etwa der Geraden g auf sich selber mittels der Beziehung (22), durch die also ebenfalls die Invariante nicht geändert wird.

Man kann ohne Schwierigkeit zeigen, daß diese Invariante die einzige ist, d. h. daß *im allgemeinen* zwei projektive Beziehungen auf g und $\bar{g}$ durch eine Reihe von Projektionen (oder durch eine projektive Beziehung) ineinander übergeführt werden können, wenn diese Invarianten für sie den gleichen Wert haben (vgl. Anhang III, § 4).

Von diesem Satz gibt es aber zwei Ausnahmen: Ist $\alpha = \delta = 1$ und $\gamma = 0$, dann ist $x' = x + \beta$ und die Invariante $= \frac{1}{4}$, unabhängig von β. Nun sind zwar alle Schiebungen mit von null verschiedenem β ineinander durch Projektion überführbar, aber nicht in die identische Substitution $x' = x$. Ist $\beta \neq 0$, dann fallen die Doppelpunkte in einen Punkt zusammen. Ist $\beta = 0$, dann sind alle Punkte Doppelpunkte.

Der zweite Ausnahmefall wird im nächsten Paragraphen behandelt. Bei ihm hat die Invariante den Wert ∞. Die beiden Fluchtpunkte fallen zusammen.

§ 5. Die involutorische Beziehung.

Eine *involutorische* Beziehung ordnet die Punkte einer Geraden *projektiv* und überdies so einander zu, daß, wenn der Punkt P dem Punkte P' zugeordnet ist, auch $Q = P'$ dem Punkte $Q' = P$ zugeordnet ist. Ihre Eigenart soll zunächst an einigen einfachen Fällen geschildert werden. Den einfachsten Fall bildet die *Symmetrie*. Ist O das Symmetriezentrum, so besteht für jedes zu O symmetrisch liegende Paar P, P' die Gleichung

$$OP' + OP = 0 \quad \text{oder} \quad x' + x = 0.$$

Einen allgemeineren Fall stellen alle Paare P, P' dar, die zu einem Paar A, B harmonisch liegen. In den Punkten A und B fällt je ein Punkt P mit dem entsprechenden Punkt P' zusammen, A und B heißen daher *Doppelpunkte* der *Involution*[1]. Für die Punkte A, B, P, P' besteht nach § 2 Gleichung (15) die in x und x' *symmetrische* Relation

$$x x' - \tfrac{1}{2}(a + b)(x + x') + ab = 0.$$

Beide so erhaltenen Gleichungen sind Sonderfälle der Relation (18); ihre Besonderheit besteht in der Gleichheit der mittleren Koeffizienten $b = c$, so daß

$$(26) \qquad a x x' + b(x + x') + d = 0$$

die bilineare Relation ist. Jede einer solchen Relation entsprechende projektive Beziehung heißt *involutorisch*[2]. Ihr analytischer Charakter

---

[1] Bei der Symmetrie sind O und P_∞ die Doppelpunkte.
[2] Die Bezeichnung entbehrt leider jeder geometrischen Bedeutung.

besteht darin, daß sie symmetrisch in x und x' ist, ihr geometrischer Charakter darin, daß sich die Punkte x und x' wechselseitig entsprechen.

Wir wollen jetzt eine besondere projektive Beziehung auf Grund des Satzes von S. 78 in folgender Weise herstellen. Von den drei beliebig wählbaren Paaren nehmen wir das Paar P, P' beliebig; vom Paar Q, Q' falle Q in P' und Q' in P, das Paar R, R' sei wieder beliebig. Es bestehen dann die Gleichungen

$$a p p' + b p + c p' + d = 0 \quad \text{und} \quad a q q' + b q + c q' + d = 0,$$

und zwar in der Weise, daß $p' = q$ und $q' = p$ ist. Durch Subtraktion beider Gleichungen folgt daher

$$(b - c)\,(p - p') = 0 \quad \text{oder} \quad b - c = 0.$$

Nach unserer Konstruktion entspricht das Paar $P = Q'$ und $P' = Q$ sich doppelt, nämlich einmal als Paar P, P' und einmal als Paar Q, Q'. Aus dieser Annahme folgt aber wegen der Gleichung $b - c = 0$ bereits die Symmetrie der Beziehung zwischen zwei beliebigen einander zugeordneten Koordinatenwerten; entspricht daher R' dem R, so entspricht $S' = R$ dem $S = R'$. Wir können daher folgende Sätze aussprechen:

1. *Entspricht sich bei zwei vereinigt liegenden projektiven Punktreihen ein Punktepaar doppelt, so tun es alle*; die Punktreihen stehen in *involutorischer* Beziehung.

2. *Eine involutorische Beziehung zweier Punktreihen ist durch zwei beliebig wählbare Punktepaare bestimmt.* Dies folgt unmittelbar aus der vorstehenden Betrachtung; das eine Paar ist $Q' = P$, $Q = P'$, das zweite R, R', das gemäß Satz 1 zugleich ein Paar $S' = R$, $S = R'$ ist.

Da nur zwei Paare beliebig wählbar sind, muß zwischen drei Paaren einer Involution eine Beziehung bestehen. Sind (x, x') (y, y') (z, z') die drei Punktepaare, so gilt die Relation (26) für jedes von ihnen, und es ist daher (Anhang III § 3)

(26a)
$$\begin{vmatrix} x\,x' & x + x' & 1 \\ y\,y' & y + y' & 1 \\ z\,z' & z + z' & 1 \end{vmatrix} = 0.$$

Die rechnerische Überführung dieser Gleichung in eine geometrische Beziehung ist ziemlich umständlich; auf einem direkten geometrischen Weg ergibt sie sich wie folgt. Wir bezeichnen die drei Paare durch (A, A'), (B, B'), (C, C'). Dann ist — wegen des doppelten Entsprechens —

$$(A B A' C') = (A' B' A C)$$

oder

$$\frac{A A'}{B A'} \cdot \frac{B C'}{A C'} = \frac{A' A}{B' A} \cdot \frac{B' C}{A' C}.$$

Nun ist $AA' + A'A = 0$; also folgt weiter

$$(27) \qquad BC' \cdot CA' \cdot AB' + B'C \cdot C'A \cdot A'B = 0,$$

und dies ist die gesuchte Relation. Solcher Gleichungen bestehen noch drei weitere, weil man jedes Paar (P, P') auch als Paar (P'_1, P_1) auffassen kann.

Die involutorischen Punktreihen besitzen nach § 4 zwei Doppelpunkte, gegeben durch die Wurzeln der Gleichung

$$a z^2 + 2 b z + d = 0.$$

Im Gegensatz zur allgemeinen projektiven Beziehung ist durch diese Gleichung *auch die Gleichung* (26) *eindeutig bestimmt*; die Involution ist also bereits durch ihre Doppelpunkte gegeben — was auch geometrisch einleuchtet. Je nachdem die Diskriminante $\alpha \delta - \beta^2 > 0$ oder < 0 oder $= 0$ ist, sind die Doppelpunkte reell oder imaginär oder zusammenfallend. Die Involution heißt entsprechend *hyperbolisch* oder *elliptisch* oder *parabolisch*. Um die geometrische Bedeutung der Realitätsbedingung abzuleiten, benutzen wir das besondere Paar, von dem ein Punkt der unendlichferne ist. Der andere heißt *Zentralpunkt*, wir bezeichnen ihn durch C und seine Abszisse durch c. In ihm fallen die beiden Fluchtpunkte Q' und R von S. 78 miteinander zusammen. Die Relation (23) verwandelt sich also für involutorische Punktreihen in

$$(28) \qquad CP \cdot CP' = (c - x)(c - x') = \pm k^2.$$

Hat die Konstante den Wert $+k^2$, so gibt es rechts und links von C je ein zusammenfallendes Punktepaar $A = A'$ und $B = B'$ im Abstand k; die Doppelpunkte sind also reell, und die sich so ergebende Gleichung

$$(28\,\mathrm{a}) \qquad CP \cdot CP' = CA^2 = CB^2$$

zeigt, daß die Involution aus allen Paaren besteht, die zu A und B harmonisch liegen (*hyperbolischer* Fall); je zwei Paare P, P' und Q, Q' *trennen einander nicht*. Hat die Konstante den Wert $-k^2$, so sind reelle Doppelpunkte nicht vorhanden (*elliptischer Fall*); zwei Paare P, P' und Q, Q' *trennen einander*.

Der *parabolische* Fall entspricht einer *ausgearteten* projektiven Beziehung (S. 77), da (26) für $a d - b^2 = 0$ eine ausgeartete Projektivität darstellt. Wir werden diesem Fall in Kap. IX, § 4 begegnen.

Sind auf derselben Geraden *zwei* Involutionen vorhanden, so *gibt es ein ihnen gemeinsames Paar*. Seien zunächst beide Involutionen hyperbolisch, ferner A, B die Doppelpunkte der einen und A', B' die der anderen. Das gemeinsame Paar muß dann sowohl zu A, B wie zu A', B' harmonisch sein; unser Satz ist also nur eine andere Fassung des Resultates von S. 75. Das zeigt auch die analytische Behandlung. Mögen die Gleichungen

$$\alpha\, x\, x' + \beta\, (x + x') + \delta = 0 \quad \text{und} \quad \alpha_1 x\, x' + \beta_1 (x + x') + \delta_1 = 0$$

die beiden Involutionen darstellen. Ihnen genügt *eine* gemeinsame Lösung $x\, x'$ und $x + x'$, und diese Werte bestimmen das gemeinsame Paar (x, x'). Wir bilden wie S. 74 die quadratische Gleichung, die es als Wurzeln hat; also

$$z^2 - (x + x')\, z + x\, x' = 0.$$

Aus ihr und den beiden vorstehenden Gleichungen folgt dann wieder

$$\begin{vmatrix} \alpha & \beta & \delta \\ \alpha_1 & \beta_1 & \delta_1 \\ 1 & -z & z^2 \end{vmatrix} = 0$$

als die gesuchte quadratische Gleichung. Ausführlicher lautet sie

$$(29) \qquad (\alpha\, \beta_1 - \alpha_1 \beta)\, z^2 + z\, (\alpha\, \delta_1 - \alpha_1 \delta) + (\beta\, \delta_1 - \beta_1 \delta) = 0$$

und stimmt in der Tat mit der Gleichung (16a) von S. 75 überein.

Man kann daher auch die dort abgeleiteten Realitätsbedingungen auf die vorliegende Aufgabe übertragen. Statt der Elemente p, p' und q, q' treten hier die Doppelelemente der beiden Involutionen auf. Sind sie reell, sind also beide Involutionen hyperbolisch, so überträgt sich das genannte Resultat unmittelbar; das gemeinsame Paar ist also *imaginär*, wenn die Doppelpunkte einander *trennen*, und *reell*, wenn sie sich *nicht trennen*. Sind aber nicht beide Involutionen hyperbolisch, so ist das gemeinsame Paar *stets reell*. Die Doppelelemente einer elliptischen' Involution haben nämlich konjugiert komplexe Werte. Folglich ist in dem Ausdruck für n^2 (S. 74), wenn mindestens eines der Paare $p\, p'$, $q\, q'$ das Paar der Doppelelemente einer elliptischen Involution ist, der Zähler stets das Produkt zweier konjugiert komplexer Zahlen, der Nenner das Quadrat der Summe zweier konjugiert komplexer Zahlen, also n^2 in diesem Fall stets positiv, gleichgültig, ob nur eine Involution elliptisch ist oder beide.

§ 6. Dualistisches für Strahlbüschel und Punktreihen.

Seien

$$G = 0, \quad G' = 0, \quad G + \lambda G' = 0, \quad G + \mu G' = 0$$

die Gleichungen von vier Strahlen g, g', g_λ, g_μ eines Büschels nicht paralleler Geraden. Nach S. 45 haben λ und μ die Werte

$$\lambda = -\frac{\sqrt{A^2 + B^2}}{\sqrt{A'^2 + B'^2}} \frac{\sin(g\, g_\lambda)}{\sin(g'\, g_\lambda)}, \quad \mu = -\frac{\sqrt{A^2 + B^2}}{\sqrt{A'^2 + B'^2}} \frac{\sin(g\, g_\mu)}{\sin(g'\, g_\mu)},$$

und es stellt daher $\lambda : \mu$ das Dv der vier Strahlen dar. Dasselbe ergibt sich für den Fall, daß g und g' parallel sind, indem wir das Dv ihrer Schnittpunkte mit einer der Achsen bestimmen. Den gleichen Schluß können wir (S. 61) für die analogen Gleichungen von vier Punkten einer Punktreihe ziehen, und so folgt:

Sind $G = 0$, $G' = 0$, $G + \lambda G' = 0$, $G + \mu G' = 0$ die Gleichungen von vier Strahlen g, g', g_λ, g_μ eines Büschels, so stellt $\lambda : \mu$ das Dv $(g\,g'\,g_\lambda\,g_\mu)$ dar; g und g' sollen seine *Grundstrahlen* heißen.	Sind $Q = 0$, $Q' = 0$, $Q + \lambda Q' = 0$, $Q + \mu Q' = 0$ die Gleichungen von vier Punkten P, P', P_λ, P_μ einer Punktreihe, so stellt $\lambda : \mu$ das Dv $(P\,P'P_\lambda P_\mu)$ dar; P und P' sollen ihre *Grundpunkte* heißen.
Insbesondere sind $G = 0$, $G' = 0$, $G - \lambda G' = 0$, $G + \lambda G' = 0$ vier harmonische Strahlen.	Insbesondere sind $Q = 0$, $Q' = 0$, $Q - \lambda Q' = 0$, $Q + \lambda Q' = 0$ vier harmonische Punkte.

Eine allgemeinere Frage betrifft das Dv von *irgend* vier Strahlen des Büschels oder *irgend* vier Punkten der Punktreihe; sie seien durch

$$G + \lambda_i G' = 0 \quad \text{und} \quad Q + \lambda_i Q' = 0; \quad i = 1, 2, 3, 4$$

gegeben. Wir erledigen sie dadurch, daß wir sie auf den vorhergehenden Fall zurückführen. Wir betrachten zunächst die vier Strahlen $G + \lambda_i G' = 0$ und führen mittels der Gleichungen

$$H(x,y) = G + \lambda_1 G', \quad K(x,y) = G + \lambda_2 G'$$

neue lineare Funktionen (also auch neue Grundstrahlen h und k) ein. Diese Gleichungen können wir nach G und G' auflösen und erhalten

$$G = \frac{\lambda_2 H - \lambda_1 K}{\lambda_2 - \lambda_1}, \quad G' = \frac{-H + K}{\lambda_2 - \lambda_1}.$$

Weiter wird

$$G + \lambda_3 G' = \frac{(\lambda_2 - \lambda_3) H - (\lambda_1 - \lambda_3) K}{\lambda_2 - \lambda_1}, \quad G + \lambda_4 G' = \frac{(\lambda_2 - \lambda_4) H - (\lambda_1 - \lambda_4) K}{\lambda_2 - \lambda_1},$$

und die Gleichungen unserer vier Strahlen lauten jetzt

$$H = 0, \quad K = 0, \quad H - \frac{\lambda_1 - \lambda_3}{\lambda_2 - \lambda_3} K = 0, \quad H - \frac{\lambda_1 - \lambda_4}{\lambda_2 - \lambda_4} K = 0.$$

Damit ist die Bestimmung des Dv in der Tat auf den vorigen Fall zurückgeführt. Dasselbe gilt dualistisch, und so folgt

Sind für $i = 1, 2, 3, 4$ $$G + \lambda_i G' = 0$$ die Gleichungen von vier Strahlen g_i eines Büschels, so ist $$(g_1 g_2 g_3 g_4) = \frac{(\lambda_1 - \lambda_3)(\lambda_2 - \lambda_4)}{(\lambda_2 - \lambda_3)(\lambda_1 - \lambda_4)}.$$	Sind für $i = 1, 2, 3\;\; 4$ $$Q + \lambda_i Q' = 0$$ die Gleichungen von vier Punkten P_i einer Geraden, so ist $$(P_1 P_2 P_3 P_4) = \frac{(\lambda_1 - \lambda_3)(\lambda_2 - \lambda_4)}{(\lambda_2 - \lambda_3)(\lambda_1 - \lambda_4)}.$$

Wir gehen zur *projektiven* Beziehung zweier Büschel oder Punktreihen über; wir definieren sie für die Büschel durch die Invarianz der Dv-Werte. Ordnen wir zwei Büschel

$$G + \lambda G' = 0 \quad \text{und} \quad H + \lambda H' = 0$$

in der Weise einander zu, daß jedem Strahl g_i, der dem Wert λ_i entspricht, der Strahl h_i zugewiesen ist, der *demselben* Wert λ_i entspricht, so ist die Beziehung offenbar eine projektive, denn aus dem eben bewiesenen Satz folgt die Invarianz der Dv für beide Büschel unmittelbar.

Aber auch wenn wir die Strahlen der Büschel

(30) $$G + \lambda G' = 0, \quad H + \lambda' H' = 0$$

dann einander zuordnen, falls zwischen λ und λ' die bilineare Relation

(31) $$\alpha \lambda \lambda' + \beta \gamma + \gamma \lambda' + \delta = 0; \quad \lambda' = -\frac{\beta \lambda + \delta}{\alpha \lambda + \gamma}$$

besteht, ist die Zuordnung projektiv. Denn aus ihr ergibt sich nach § 3 (S. 77) sofort

(32) $$\frac{(\lambda_1 - \lambda_3)(\lambda_2 - \lambda_4)}{(\lambda_2 - \lambda_3)(\lambda_1 - \lambda_4)} = \frac{(\lambda_1' - \lambda_3')(\lambda_2' - \lambda_4')}{(\lambda_2' - \lambda_3')(\lambda_1' - \lambda_4')}$$

und damit wieder die Invarianz der Dv-Werte. Also folgt:

Zwei Strahlenbüschel	Zwei Punktreihen
$G + \lambda G' = 0 \quad H + \lambda' H' = 0$	$Q + \lambda Q' = 0, \quad R + \lambda' R' = 0$
stehen in projektiver Beziehung, wenn zwei Strahlen einander entsprechen, deren λ_i und λ_i' durch die lineare Relation (31) verbunden sind.	stehen in projektiver Beziehung, wenn zwei Punkte einander entsprechen, deren λ_i und λ_i' durch die lineare Relation (31) verbunden sind.

Die Ausdehnung dieser Resultate auf die harmonische Lage sowie die involutorische Beziehung von Büscheln und Punktreihen bedarf keiner näheren Ausführung. Drei Einzelresultate über involutorische Strahlenbüschel sollen noch abgeleitet werden.

Sei durch eine projektive Beziehung dem Punkte $Q = 0$ der Punkt $Q' = 0$, dem Punkte $R = 0$ der Punkt $\overline{R}' = 0$, endlich dem Punkte $Q + R = 0$ der Punkt $Q + \varrho \overline{R}' = 0$ zugeordnet, so haben wir $\varrho \overline{R}'$ gleich R'. Dann ist in der betrachteten projektiven Beziehung zwischen den Punktreihen $Q + \lambda R$ und $Q + \lambda' R'$ für entsprechende Punkte $\lambda = \lambda'$. Denn einmal erhalten wir jedenfalls eine projektive Beziehung durch die Zuordnung $\lambda' = \lambda$, andrerseits entsprechen bei dieser projektiven Beziehung ebenso wie bei der gegebenen den drei Punkten $Q = 0$, $R = 0$ und $Q + R = 0$ die drei Punkte $Q' = 0$, $R' = 0$, $Q' + R' = 0$. Folglich stimmt diese projektive Beziehung mit der gegebenen überein, weil durch drei Paare entsprechender Punkte die projektive Beziehung vollständig bestimmt ist. Wir haben also den Satz: *Jede projektive Be-*

ziehung zweier Punktreihen kann durch eine Zuordnung der Punkte
$Q + \lambda R = 0$ *und* $Q' + \lambda' R' = 0$, $\lambda = \lambda'$ *dargestellt werden.* Das analoge
gilt für die projektive Zuordnung zweier Strahlenbüschel.

In der Orthogonalität zweier Strahlen fanden wir (S. 76) eine
ausgezeichnete Eigenschaft eines Strahlenpaares im Büschel; sie tritt
in folgenden Sätzen hervor:

1. *Für zwei projektive Büschel gibt es stets zwei Paare einander ent-*
sprechender je aufeinander senkrechter Strahlen. 2. *In jedem involutorischen*
Strahlenbüschel gibt es ein rechtwinkliges Strahlenpaar. 3. *Die Zuordnung*
bei zwei vereinigt liegenden Büscheln, die jedem Strahl den zu ihm recht-
winkligen zuordnet, ist eine Involution.

Für den Beweis wählen wir die Grundstrahlen eines jeden Büschels
zueinander senkrecht und setzen ihre Gleichungen in der Normalform
voraus. Seien alsdann

$$(33) \qquad N + \lambda N' = 0 \qquad \text{und} \qquad M + \mu M' = 0$$

die beiden Büschel. Die projektive Beziehung entsteht durch die Zuordnung von Strahlen mit den Parametern λ und μ, die verknüpft
sind durch die Gleichung

$$(33\,\text{a}) \qquad \alpha\,\lambda\,\mu + \beta\,\lambda + \gamma\,\mu + \delta = 0.$$

Ist dann l ein variabler Strahl des ersten Büschels und g der Grundstrahl mit der Gleichung $N = 0$, so ist, da die Grundstrahlen des
Büschels orthogonal sind, gemäß Formel (21 a) von S. 45 $h = \mathrm{tg}\,(g\,l)$;
für zwei zueinander orthogonale Strahlen l und l_1 haben wir daher

$$(33\,\text{b}) \qquad \lambda\,\lambda_1 + 1 = 0.$$

Analoges gilt für das zweite Büschel. Soll es also zwei Paare entsprechender senkrechter Strahlen beider Büschel geben, und sind λ, λ_1,
μ, μ_1 die Parameterwerte, zu denen sie gehören, so bestehen für diese
Werte außer (33 a) und (33 b) noch die Gleichungen

$$\alpha\,\lambda_1\mu_1 + \beta\,\lambda_1 + \gamma\,\mu_1 + \delta = 0 \qquad \text{und} \qquad \mu\,\mu_1 + 1 = 0.$$

Weiter folgert man leicht, indem man λ_1 und μ_1 eliminiert,

$$(\alpha\,\lambda + \gamma)\,\mu + \beta\,\lambda + \delta = 0 \qquad \text{und} \qquad (\delta\,\lambda - \beta)\,\mu - \gamma\,\lambda + \alpha = 0$$

und hieraus endlich

$$(34) \qquad (\alpha\,\gamma + \beta\,\delta)\,(\lambda^2 - 1) - \lambda\,(\alpha^2 + \beta^2 - \gamma^2 - \delta^2) = 0.$$

Eine analoge Gleichung besteht für μ. Die Wurzeln von (34) liefern
die beiden Werte λ und λ_1; die Gleichung ist nämlich eine reziproke,
und daher genügen ihre Wurzeln der Gleichung (33 b). Man erkennt
unmittelbar, daß ihre Diskriminante positiv ist; die beiden Wurzeln λ
und λ_1 sind also stets reell. Der erste Satz ist damit bewiesen, und da
eine involutorische Beziehung eine projektive ist, auch Satz 2.

Der Satz 3 ist ein Spezialfall des allgemeinen Satzes: Ordnet man
die Strahlen zweier vereinigt liegender Bündel so einander zu, daß der

einem Strahl entsprechende Strahl durch Drehung um einen festen Winkel aus dem ersteren hervorgeht, dann sind die Büschel einander projektiv zugeordnet. In der Tat haben je vier entsprechende Strahlen das gleiche Dv. Im Falle, daß der Drehungswinkel gleich $\pi/2$ ist, ist die Beziehung involutorisch. Um den Satz analytisch zu beweisen, knüpfen wir an die Gleichungen (33) an. Wir lassen die Strahlen $M = 0$, $M' = 0$ mit $N = 0$, $N' = 0$ zusammenfallen und nehmen in (33a) $\beta = \gamma$ an. Dann sind

$$N + \lambda N' = 0, \qquad N + \mu N' = 0$$

involutorische Büschel. Setzen wir insbesondere $\beta = 0$, $\alpha = \delta$, so geht (33a) in $\lambda\mu + 1 = 0$ über, und in der so bestimmten Involution sind nach Formel (21a) von S. 45 zwei entsprechende Strahlen orthogonal. Ihre (imaginären) Doppelstrahlen sind durch $\lambda^2 + 1 = 0$ gegeben; sie werden also durch $N - iN' = 0$ und $N + iN' = 0$ dargestellt. Auf die Eigenart und Bedeutung dieser Strahlen kommen wir in Kap. IX, § 7 eingehend zurück; man nennt sie auch *absolute* Strahlen.

Man betrachte noch die Sonderfälle $\alpha + \delta = 0$, $\beta = \gamma = 0$ und $\alpha = 0$, $\delta = 0$, $\beta = \gamma$.

§ 7. Erzeugnisse projektiver Elementargebilde [1].

Seien	Seien
(35) $G + \lambda H = 0$ und $G' + \lambda H' = 0$	(35a) $P + \lambda Q = 0$ und $P' + \lambda Q' = 0$
zwei projektive Büschel (Fig. 37) mit den Scheitelpunkten S und S'.	zwei projektive Punktreihen auf den Geraden g und g' (Fig. 38).

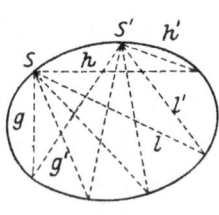

Fig. 37.

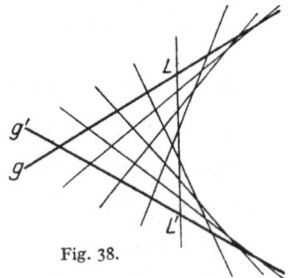

Fig. 38.

Zwei demselben Wert λ entsprechende Strahlen seien l und l'. Für ihren Schnittpunkt (l, l') besteht die (durch Elimination von λ sich ergebende) Gleichung	Zwei demselben Wert λ entsprechende Punkte seien L und L'. Für ihre Verbindungslinie besteht die (durch Elimination von λ sich ergebende) Gleichung
(36) $GH' - G'H = 0$.	(36a) $PQ' - P'Q = 0$.

[1] Der Gedanke, projektive Elementargebilde zur Erzeugung von Kurven zu benutzen, stammt von J. STEINER.

Sie ist in den Koordinaten x, y vom zweiten Grade; es gibt daher im allgemeinen zwei Wertepaare x, y, die ihr und der Gleichung $K = 0$ einer beliebigen Geraden genügen. Somit folgt:

Zwei projektive Strahlenbüschel erzeugen durch die Schnittpunkte entsprechender Strahlen einen Punktort von der Art, daß eine beliebige Gerade zwei Punkte von ihm enthält.

Analog gilt auch umgekehrt: Geht man von der Gleichung (36) aus, so kann man zu ihr zwei projektive Büschel, wie (35) sie darstellt, angeben.

Sie ist in den Koordinaten u, v vom zweiten Grade; es gibt daher im allgemeinen zwei Wertepaare u, v, die ihr und der Gleichung $R = 0$ eines beliebigen Punktes genügen, und so folgt:

Zwei projektive Punktreihen erzeugen durch die Verbindungslinien entsprechender Punkte einen Strahlenort von der Art, daß durch einen beliebigen Punkt zwei seiner Strahlen hindurchgehen.

Analog gilt auch umgekehrt: Geht man von der Gleichung (36a) aus, so kann man zu ihr zwei projektive Punktreihen, wie (35a) sie darstellt, angeben.

Ein Sonderfall tritt ein, wenn in den Büscheln (35) die Verbindungslinie beider Büschelzentra sich selbst entspricht; wir können dann als Grundstrahl $h = h'$ wählen, und die Büschelgleichungen lauten

$$G + \lambda H = 0, \qquad G' + \lambda H = 0.$$

Für den Ort der Schnittpunkte der Strahlen l, l' folgt dann

$$(37) \qquad\qquad (G - G') H = 0 ;$$

er zerfällt in die Gerade $H = 0$ und die Gerade $G - G' = 0$. Jeder Punkt von $H = 0$ gehört den zwei einander entsprechenden Strahlen $h = h'$ an. Auf $G = G' = 0$ schneiden sich je zwei einander entsprechende Strahlen. Die Schnittpunkte (l, l') der von h verschiedenen Strahlenpaare *erfüllen also eine Gerade*. Sie heißt *Perspektivitätsachse* (perspektivische Lage beider Büschel).

Das analoge gilt für projektive Punktreihen, wenn der Schnittpunkt ihrer Träger sich selbst entspricht. Die Verbindungslinien entsprechender Punkte laufen dann sämtlich durch denselben Punkt (Perspektivitätszentrum), die Punktreihen liegen wiederum *perspektivisch*.

Man zeige, daß die Fig. 33 des Desarguesschen Satzes (S. 66) beiden vorstehenden Sonderfällen entspricht; als Scheitel der projektiven Büschel kann man B und B' wählen, als Träger der projektierten Punktreihen AC und $A'C'$. S und s sind Zentrum und Achse der Perspektivität. Welches sind die zugehörigen projektiven Beziehungen?

§ 8. Doppelverhältniskoordinaten.

Die folgenden Betrachtungen sollen die geometrische Bedeutung der analytischen Entwicklungen von § 6 darlegen. Bisher bestimmten wir einen Punkt P einer Geraden durch seinen Abstand $OP = x$ von einem beliebig gewählten Anfangspunkt O; er mag seine *elementare* (kartesische) Koordinate heißen. Im Sinn von Kap. II (S. 13) läßt sich aber auch das Teilungsverhältnis $\mu = (ABP)$ (bei festem A und B) und ebenso auch das Doppelverhältnis $\lambda = (ABPQ)$ (bei festem A, B, Q) als *Koordinate* von P ansehen; denn P und μ, ebenso P und λ, sind eineindeutig aufeinander bezogen, und wenn P die Gerade durchläuft, so durchlaufen μ und $\bar{\lambda}$ das gesamte Zahlenkontinuum. Dies wollen wir nunmehr näher verfolgen.

Die Beziehung zwischen x, μ, λ ist durch folgende Gleichungen gekennzeichnet. Für $OA = a$ und $OB = b$ ist

$$(38) \qquad \mu = \frac{AP}{BP} = \frac{x-a}{x-b}, \quad \text{also} \quad x = \frac{a - \mu b}{1 - \mu};$$

es hängen also x und μ durch eine lineare Substitution miteinander zusammen; nach § 3 folgt daher für vier Punkte P_1, P_2, P_3, P_4

$$(39) \qquad (P_1 P_2 P_3 P_4) = \frac{(x_1 - x_3)(x_2 - x_4)}{(x_2 - x_3)(x_1 - x_4)} = \frac{(\mu_1 - \mu_3)(\mu_2 - \mu_4)}{(\mu_2 - \mu_3)(\mu_1 - \mu_4)}.$$

Ebenso besteht auch zwischen λ und x eine lineare Substitution; denn man hat, wenn $OQ = q$ ist,

$$(40) \qquad \lambda = \frac{AP \cdot BQ}{BP \cdot AQ} = \frac{(x-a)(q-b)}{(x-b)(q-a)}.$$

Die Gleichung (39) besteht also auch für die λ_i an Stelle der μ_i. Das analoge gilt für den Strahlenbüschel; auch bei ihm können wir das Teilungsverhältnis $\mu = (abp)$ und das Doppelverhältnis $\lambda = (abpq)$ als Koordinaten des Strahles p auffassen, und es überträgt sich auch auf sie die Gleichung (39) für das Doppelverhältnis von vier Strahlen.

Damit ist die geometrische Erklärung dafür vorhanden, daß sich das Dv von vier Strahlen und vier Punkten in den Formeln von § 6 sowohl durch die x_i wie die μ_i und die λ_i in derselben Weise ausdrückt, und zwar so, wie es der Gleichung (39) entspricht. Dem so erlangten Resultat geben wir durch zwei Sätze Ausdruck:

1. Kennt man das Dv von vier Punkten P_i zu drei festen Punkten A, B, Q, und ist $(ABP_iQ) = \lambda_i$, so bestimmt sich das Dv der vier Punkte P_i durch

$$(41) \qquad (P_1 P_2 P_3 P_4) = \frac{(\lambda_1 - \lambda_3)(\lambda_2 - \lambda_4)}{(\lambda_2 - \lambda_3)(\lambda_1 - \lambda_4)}.$$

2. *Das Dv von vier Punkten einer Geraden drückt sich in den drei verschiedenen Arten von Koordinaten x, μ, λ in übereinstimmender Weise aus.*

Endlich zeigen wir noch, in welcher besonderen Form sich die in den Gleichungen von § 6 auftretenden analytischen Parameter als Dv darstellen lassen. Der für den Strahlenbüschel benutzte Parameter λ hat den Wert (S. 45)

$$\lambda = -\frac{\sqrt{A^2 + B^2}}{\sqrt{A'^2 + B'^2}} \frac{\sin(gh)}{\sin(g'h)}$$

für g und g' als Grundstrahlen des Büschels; es erscheint also λ zunächst als Produkt aus dem Teilungsverhältnis in eine für alle Strahlen konstante Größe. Dies Produkt läßt sich folgendermaßen in ein Dv verwandeln. Gemäß der eineindeutigen Beziehung zwischen Teilungsverhältnis und den Büschelstrahlen kann man einen Strahl q bestimmen, für den

$$(42) \qquad -\frac{\sqrt{A^2 + B^2}}{\sqrt{A'^2 + B'^2}} = 1 : \frac{\sin(gq)}{\sin(g'q)}$$

ist; man findet also

$$(43) \qquad \lambda = \frac{\sin(gh)}{\sin(g'h)} : \frac{\sin(gq)}{\sin(g'q)}$$

und hat so λ als $Dv(gg'hq)$ dargestellt. Fällt h mit g, g', q zusammen, so hat λ die Werte 0, ∞, 1; man nennt daher q den *Einheitsstrahl*.

Ebenso ist es für die dualen Verhältnisse einer Punktreihe. Bei ihr hat — für A und B als Grundpunkte — der Parameter λ den Wert (S. 63)

$$\lambda = \frac{C'}{C''} \cdot \frac{AP}{BP}$$

und erscheint daher ebenfalls als Produkt eines Teilungsverhältnisses und einer Konstanten. Wir bestimmen wieder einen Punkt Q durch

$$(44) \qquad \frac{C'}{C''} = 1 : \frac{AQ}{BQ}$$

und finden

$$(45) \qquad \lambda = \frac{AP}{BP} : \frac{AQ}{BQ} = (ABPQ);$$

für $\lambda = 0$, ∞, 1 fällt P mit A, B, Q zusammen, Q ist daher wieder der *Einheitspunkt*.

Der so gedeutete Parameter λ ist es, den man als *Doppelverhältniskoordinate* oder *projektive* Koordinate bezeichnet.

Achtes Kapitel.

Homogene Koordinaten.

§ 1. Homogene kartesische Punktkoordinaten.

Um den Übergang von den gewöhnlichen Koordinaten zu den projektiven auszuführen, nimmt man zweckmäßig eine rechnerische Vervollkommnung des analytischen Apparats vor; sie besteht in der *homogenen* Darstellung der Koordinatenwerte. Statt der Größen x, y führen wir zunächst drei Größen x', y', z' ($z' \neq 0$) so ein, daß ihre *Verhältnisse* den Punkt $P(x, y)$ in derselben Weise festlegen, wie es x und y selber tun. Dazu setzen wir

(1) $$x = \frac{x'}{z'}, \quad y = \frac{y'}{z'}, \quad \text{also} \quad x : y : 1 = x' : y' : z',$$

dann soll jedes solche Wertsystem x', y', z' ein Tripel *homogener* Koordinaten des Punktes (x, y) heißen. Einem Tripel x', y', z' (mit $z' \gtrless 0$) entspricht *ein* Wertepaar x, y, also *ein* Punkt P; einem Punkt P entsprechen aber jetzt unendlich viele gleichberechtigte Zahlentripel $x' : y' : z'$, die sämtlich in *demselben Verhältnis* zueinander stehen; jedes geht aus irgendeinem durch Multiplikation mit einem Proportionalitätsfaktor hervor. Dem Punkt $x = 2$, $y = -3$ kommt sowohl das Tripel 2, -3, 1, wie 4, -6, 2 oder -40, 60, -20 usw. zu; man kann also allgemein

(1a) $$x' = \varrho x, \quad y' = \varrho y, \quad z' = \varrho \cdot 1$$

setzen, wo ϱ ein beliebiger von Null verschiedener (Proportionalitäts-) Faktor ist.

Durch Einführung der homogenen Koordinaten geht eine Gleichung in x, y in eine homogene Gleichung in x', y', z' über. Die allgemeine Gleichung einer Geraden lautet für sie

$$A x' + B y' + C z' = 0,$$

die allgemeine Gleichung zweiten Grades erhält analog die Form

$$a x'^2 + b y'^2 + c z'^2 + 2 d x'y' + 2 e x'z' + 2 f y'z' = 0$$

usw. Wenn einer solchen Gleichung irgendein Tripel x', y', z' genügt, so tut es auch jedes zu ihm proportionale, und das sind wieder alle, die einem und demselben Punkt P zugehören.

Im Endlichen gelegene Punkte, d. h. endliche Werte von x und y führen nur zu solchen Tripeln x', y', z', für die $z' \gtreqless 0$ ist.

Der Hauptzweck der homogenen Koordinaten ist aber, auch den unendlich fernen Punkten Koordinaten zuzuordnen. Wir gehen dazu auf die Beziehungen (1) zurück und betrachten alle Punkte auf der Geraden g mit der Gleichung $ax + by = 0$, oder in homogenen Koordinaten $ax' + by' = 0$. Für jeden im Endlichen gelegenen Punkt liefern die Gleichungen

$$\frac{x'}{z'} = x = \sigma b, \qquad \frac{y'}{z'} = y = -\sigma a$$

die Proportion

$$x' \cdot y' : z' = \sigma b : -\sigma a : 1,$$

oder wenn man vom Nullpunkt ($\sigma = 0$) absieht:

$$x' : y' : z' = b : -a : \frac{1}{\sigma}.$$

Dem unendlich fernen Punkt ($\sigma = \infty$) ordnen wir jetzt die Proportion

$$x' : y' : z' = b : -a : 0$$

zu. Wir müssen zunächst untersuchen, ob bei dieser Festsetzung die homogenen Koordinaten eines unendlich fernen Punktes auch die Gleichung für alle zu g parallelen Geraden erfüllen, die doch nach unserer Bestimmung über unendlich ferne Punkte denselben unendlich fernen Punkt wie g haben. Eine solche Gerade hat aber die Gleichung

$$ax + by + c = 0$$

oder in homogenen Koordinaten

$$ax' + by' + cz' = 0,$$

und diese Gleichung wird in der Tat durch Koordinaten, die in der Proportion

$$x' : y' : 1 = b : -a : 0$$

stehen, erfüllt. Sodann untersuchen wir, ob auch in den neuen Koordinaten jede Gerade einer linearen Gleichung genügt und umgekehrt, jede lineare Gleichung eine Gerade darstellt. Aus

$$ax + by + c = 0$$

folgt durch Einführung der homogenen Koordinate

$$ax' + by' + cz' = 0,$$

also genügen die Koordinaten jeder im Endlichen gelegenen Geraden einer linearen Gleichung in homogenen Koordinaten. Alle unendlich fernen Punkte und nur diese haben die Koordinate $z' = 0$. Also genügen auch die Koordinaten der unendlich fernen Geraden einer linearen Gleichung. Umgekehrt folgt aus jeder linearen Gleichung

$$ax' + by' + cz' = 0,$$

wenn nicht gleichzeitig a und b verschwinden, eine lineare Gleichung zwischen x und y, die Gleichung einer im Endlichen gelegenen Geraden. Ist aber $a = b = 0$, $c \neq 0$, dann erhalten wir wieder die unendlich ferne Gerade. Da von einer Beziehung zwischen den Koordinaten nur die Rede sein kann, wenn mindestens einer der Koeffizienten von Null verschieden ist, so erhalten wir auch für homogene Koordinaten den Satz: jede lineare Beziehung zwischen den Koordinaten stellt eine (endliche oder die unendlich ferne) Gerade dar und umgekehrt wird jede Gerade durch eine lineare Beziehung dargestellt.

Wir haben jetzt drei Koordinatenachsen: $x' = 0$, die y-Achse; $y' = 0$, die x-Achse und $z' = 0$ die unendlich ferne Gerade. Das Tripel $(0, 0, 0)$ erfüllt gleichzeitig die Gleichungen aller drei Achsen. Die drei Geraden haben aber keinen gemeinsamen Punkt, denn die y-Achse und die x-Achse haben nur einen, im Endlichen gelegenen Punkt gemeinsam, auf der unendlichfernen Geraden liegen aber nur unendlichferne Punkte. Dem Tripel $(0, 0, 0)$ entspricht also kein Punkt. Wir müssen es als Koordinatentripel ausschließen.

Wir haben also zusammenfassend: allen (endlichen und unendlich fernen) Punkten entsprechen ein-eindeutig alle Proportionen

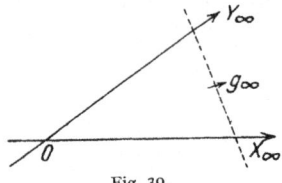

Fig. 39.

$x' : y' : z' = \xi : \eta : \zeta$ mit allen endlichen Wertetripeln ξ, η, ζ, ausgenommen $0, 0, 0$. Wir bezeichnen einen Punkt durch seine homogenen Koordinaten mit (x', y', z') oder (ξ, η, ζ).

Die Gerade g_∞ bildet (Fig. 39) zusammen mit der x- und y-Achse ein der Koordinatenbestimmung zugrunde liegendes Koordinatendreieck. Seine Ecken sind O und die Punkte Y_∞ und X_∞ der y- und x-Achse; und zwar sind (in einfachster Schreibweise)

$$0, 0, 1; \quad 0, 1, 0; \quad 1, 0, 0$$

die Koordinaten dieser drei Punkte.

Die Gerade g_∞ erscheint geometrisch als Grenzlage jeder Geraden g, die parallel mit sich ins Unendliche rückt. Dies bestätigen die Formeln von S. 42. Gemäß Formel (15) ist sie auch zu jeder Geraden g senkrecht; endlich zeigt (14), daß ihr Winkel mit irgendeiner Geraden g einen bestimmten Wert nicht besitzt.

§ 2. Homogene kartesische Linienkoordinaten.

Ist die Gleichung einer Geraden g in homogenen Punktkoordinaten

$$a x' + b y' + c z' = 0,$$

so bezeichnen wir u', v', w' als zu g gehörende *homogene kartesische Linienkoordinaten*, falls

$$u' : v' : w' = a : b : c$$

ist. Es besteht also entsprechend wie bei Punktkoordinaten, zwischen diesen homogenen und den gewöhnlichen Linienkoordinaten die Beziehung

$$u = \frac{u'}{w'}, \quad v = \frac{v'}{w'} \quad \text{und} \quad u' = \sigma u, \quad v' = \sigma v, \quad w' = \sigma \cdot 1,$$

falls $w' \neq 0$ ist.

Aus § 1 folgt, daß allen (endlichen und unendlich fernen) Geraden ein-eindeutig alle Proportionen $u' : v' : w' = a : b : c$ mit allen endlichen Wertetripeln a, b, c, ausgenommen $(0, 0, 0)$, entsprechen. Wir bezeichnen eine Gerade durch ihre homogenen Koordinaten mit (u', v', w') oder (a, b, c). Die Geraden durch den Nullpunkt haben die Koordinaten $(a, b, 0)$, ihre unhomogenen Koordinate u und v sind nicht beide endlich (s. S. 59). Den drei Seiten des Koordinatendreiecks kommen die Koordinaten

$$0, 0, 1; \quad 0, 1, 0; \quad 1, 0, 0$$

zu, und zwar sind $0, 0, 1$ Koordinaten von g_∞, $0, 1, 0$ die der x-Achse, $1, 0, 0$ die der y-Achse. Die unhomogenen Koordinaten von g_∞ sind $u = v$ und $v = 0$.

In homogenen Koordinaten erhält die Gleichung des Punktes die Form

(5) $$A u' + B v' + C w' = 0,$$

als Bedingung der vereinigten Lage für (x', y', z') und (u', v', w') ergibt sich

(5 a) $$u'x' + v'y' + w'z' = 0.$$

Anstatt der bisher benutzten (*vorläufigen*) Bezeichnungen x', y', z' und u', v', w' sollen die homogenen Koordinaten von nun an *einfacher* durch

$$x, \ y, \ z; \quad u, \ v, \ w$$

bezeichnet werden. Den Übergang zu nicht homogenen Koordinaten kann man so vollziehen, daß man $z = 1$ und $w = 1$ setzt; analog geht man von den nichthomogenen Koordinaten zu den homogenen über, indem man x, y, u, v durch $x/z, y/z, u/w, v/w$ ersetzt und dann die Nenner durch Hinaufmultiplizieren beseitigt.

Die Bedingung (5 a) der vereinigten Lage für Punkt und Gerade lautet dann

(5 b) $$u x + v y + w z = 0;$$

sie führt zu folgender dualistischen Aussage:

Ist $A x + B y + C z = 0$ die Gleichung einer Geraden, so gilt für ihre homogenen Koordinaten	Ist $A u + B v + C w = 0$ die Gleichung eines Punktes, so gilt für seine homogene Koordinaten
$$u : v : w = A : B : C;$$	$$x : y : z = A : B : C;$$
A, B, C ist also ein zu der Geraden gehörendes Koordinatentripel.	A, B, C ist also ein zu dem Punkt gehörendes Koordinatentripel.

Es sollen noch die Formeln abgeleitet werden, die dem Teilungsverhältnis einer Strecke oder eines Winkels entsprechen. Für den
Punkt $P(x, y)$, der die Strecke $P_1 P_2$ im Verhältnis μ teilt, fanden wir

$$x = \frac{x_1 - \mu x_2}{1 - \mu}, \qquad y = \frac{y_1 - \mu y_2}{1 - \mu}; \qquad \mu = \frac{P_1 P}{P_2 P}.$$

Die Einführung homogener Koordinaten ergibt

$$\frac{x}{z} = \frac{x_1/z_1 - \mu x_2/z_2}{1 - \mu}, \qquad \frac{y}{z} = \frac{y_1/z_1 - \mu y_2/z_2}{1 - \mu},$$

und dies läßt sich in

$$\frac{x}{z} = \frac{x_1 - \mu x_2 \cdot z_1/z_2}{z_1 - \mu z_2 \cdot z_1/z_2}, \qquad \frac{y}{z} = \frac{y_1 - \mu y_2 \cdot z_1/z_2}{z_1 - \mu z_2 \cdot z_1/z_2}$$

überführen. Setzen wir noch $\mu z_1/z_2 = \mu'$, so erhalten wir

(6) $x : y : z = (x_1 - \mu' x_2) : (y_1 - \mu' y_2) : (z_1 - \mu' z_2); \qquad \mu' = \mu z_1/z_2.$

Die Konstante μ' ist also dem Teilungsverhältnis μ in der Weise proportional, daß der Faktor $z_1 : z_2$ nur von den Punkten P_1 und P_2 abhängt und damit für alle Teilungspunkte P derselbe ist.

Analoge Formeln ergeben sich für eine Gerade h, die den Winkel
$(g_1 g_2)$ in einem gegebenen Verhältnis teilt. Aus den Gleichungen (17)
von S. 63 folgert man ebenso

(7) $u : v : w = (u_1 - \mu' u_2) : (v_1 - \mu' v_2) : (w_1 - \mu' w_2),$

und es ist auch hier μ' in dem vorstehend dargelegten Sinne dem Teilungsverhältnis $(g_1 g_2 h)$ proportional.

Beispiel. Von den Gleichungen $Au + Bv = 0, Au + Cw = 0, Bv + Cw = 0$
stellt die erste einen Punkt auf g_∞ dar, die zweite einen Punkt der x-Achse, die
dritte einen der y-Achse.

§ 3. Lineare projektive Koordinaten.

Seien A_1 und A_2 zwei Punkte einer Geraden — sie sollen wieder
Grundpunkte heißen — und P ein beliebiger Punkt von ihr. Wir sahen
(S. 90), daß wir das Teilungsverhältnis $(A_1 A_2 P)$ als Koordinate von P
auffassen können; dies gilt auch noch, wenn
wir es mit einer Konstanten multiplizieren.

$$\overline{\;0\qquad A_1 \qquad A_2 \quad P}$$

Fig. 40.

Diesem Gedanken wollen wir jetzt analytischen
Ausdruck geben.

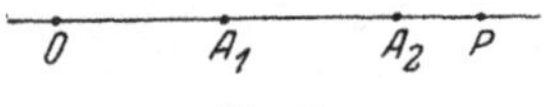

Sei $OP = x$, und seien ϱ_1 und ϱ_2 beliebige Konstanten $\neq 0$; ferner
mögen x_1, x_2 zwei Zahlen sein, so daß (Fig. 40)

(8) $$\frac{x_1}{x_2} = \frac{\varrho_1}{\varrho_2} \cdot \frac{A_1 P}{A_2 P} = \frac{\varrho_1 (x - a_1)}{\varrho_2 (x - a_2)}$$

ist, so entspricht jedem Zahlenpaar x_1, x_2, außer $0, 0$, eindeutig ein
Punkt P der Geraden; umgekehrt gehören zu jedem Punkt unendlich
viele Zahlenpaare von gleichem Verhältnis. Damit ist auf der Geraden

eine allgemeine homogene Koordinatenbestimmung eingeführt. Sie hat folgende evidente Eigenschaften:

1. Gemäß der Definition sind die Koordinaten x_1 und x_2 den mit je einer Konstante ϱ_1 und ϱ_2 multiplizierten Abständen A_1P und A_2P proportional.

2. Wir können diese Proportionalität durch die Gleichungen

$$(9) \qquad \varrho\, x_1 = \varrho_1 (x - a_1), \qquad \varrho\, x_2 = \varrho_2 (x - a_2)$$

ausdrücken; darin bedeutet ϱ einen Proportionalitätsfaktor in dem Sinne, daß es zu jedem einzelnen Wertepaar x_1, x_2 einen Wert ϱ und einen Wert x gibt, der die Gleichungen (9) erfüllt[1].

3. Der Wert $x_1 = 0$ liefert den Punkt A_1, ebenso $x_2 = 0$ den Punkt A_2. Für den Punkt P_∞ ist $x_1 : x_2 = \varrho_1 : \varrho_2$.

4. Die Gleichung (8) läßt sich in die Form

$$(10) \qquad \frac{x_1}{x_2} = \frac{\varrho_1 x - a_1 \varrho_1}{\varrho_2 x - a_2 \varrho_2}$$

setzen; daraus folgt

$$(10a) \qquad x = \frac{a_2 \varrho_2 x_1 - a_1 \varrho_1 x_2}{\varrho_2 x_1 - \varrho_1 x_2} ;$$

es drückt sich also $x_1 : x_2$ mittels einer linearen Substitution (deren Determinante nicht Null ist) durch x aus; analog mit *homogen* linearen Substitutionen auch x durch x_1 und x_2. Es wird aber auch durch *jede* lineare Substitution

$$\frac{x_1}{x_2} = \frac{\alpha x + \beta}{\gamma x + \delta}, \qquad x = \frac{\alpha_1 x_1 + \alpha_2 x_2}{\beta_1 x_1 + \beta_2 x_2},$$

deren Determinante nicht verschwindet, eine homogene Koordinatenbeziehung begründet; da wir in diesem Fall a_1, a_2 und $\varrho_1 : \varrho_2$ aus den Substitutionskoeffizienten berechnen können. Ausnahmefälle treten ein, wenn $\beta = \gamma = 0$ ist, dann ist

$$\frac{x_1}{x_2} = \frac{\alpha}{\delta}\, x,$$

oder wenn $\alpha = \delta = 0$ ist, dann ist

$$\frac{x_1}{x_2} = \frac{\beta}{\gamma x}.$$

Auch diese Fälle wollen wir bei einer Koordinatenbestimmung zulassen.

5. Wir bestimmen noch den Einheitspunkt (S. 91), für den $x_1 : x_2 = 1$ ist, und der jetzt E heißen soll. Gemäß Gleichung (8) bestimmt er sich durch

$$(11) \qquad A_1 E : A_2 E = \varrho_2 : \varrho_1.$$

Führen wir dies in (8) ein, so wird

$$(12) \qquad \frac{x_1}{x_2} = \frac{A_1 P}{A_2 P} : \frac{A_1 E}{A_2 E} = (A_1 A_2 \, P E).$$

---

[1] Das Paar $x_1 = 0$, $x_2 = 0$ ist ausgeschlossen.

Es nimmt also $x_1 : x_2$ *die Bedeutung eines Dv und damit einer Doppel-verhältniskoordinate an*; sie erhält die Werte 0, ∞, 1, wenn P in die Punkte A_1, A_2, E fällt. Durch diese drei Punkte ist gemäß (12) *die Koordinatenbestimmung eindeutig festgelegt.*

6. Die Gleichung

$$x_1 - \lambda x_2 = 0$$

stellt gemäß (12) den Punkt P dar, für den $(A_1 A_2 P E) = \lambda$ ist. Sind ferner P und Q zwei Punkte der Geraden, für die

$$(A_1 A_2 P E) = \lambda \quad \text{und} \quad (A_1 A_2 Q E) = \mu$$

ist, so folgt aus Gleichung (5) und (8) von S 71 $(A_1 A_2 P Q) = \lambda : \mu$; d. h., das Dv der vier Punkte

$$x_1 = 0, \quad x_2 = 0, \quad x_1 - \lambda x_2 = 0, \quad x_1 - \mu x_2 = 0$$

hat den Wert $\lambda : \mu$. Diese Beispiele mögen ein Beleg für die Tatsache sein, daß alle früher abgeleiteten Resultate, die sich auf Dv-Werte beziehen, für die homogenen Koordinaten in gleicher Form bestehen bleiben.

7. Die gewöhnliche Koordinatenbestimmung $OP = x$ läßt sich in die hier dargestellte einordnen. Wird auch für sie ein Einheitspunkt E durch $OE = 1$ eingeführt, so ist

(13) $$x = OP : OE = (OP_\infty P E) \,.$$

Damit ist auch x als Dv dargestellt und zugleich die elementare Koordinatenbestimmung als Sonderfall der projektiven erkannt.

Um die vorstehende homogene Koordinatenbestimmung auf die Strahlen eines Strahlbüschels zu übertragen, legen wir zwei Strahlen g_1 und g_2 als feste Strahlen zugrunde (*Grundstrahlen*). Ist h ein beliebiger Strahl und sind l_1 und l_2 die von einem seiner Punkte auf g_1 und g_2 gefällten Lote, so können wir ihm ein Zahlenpaar u_1, u_2 so zuweisen, daß

(14) $$\frac{u_1}{u_2} = \frac{\varrho_1 l_1}{\varrho_2 l_2} = \frac{\varrho_1 \sin(g_1 h)}{\varrho_2 \sin(g_2 h)} = \frac{\varrho_1}{\varrho_2}(g_1 g_2 h)$$

ist für ϱ_1 und ϱ_2 als beliebig gewählte Konstanten. Wenn wir wieder einen *Einheitsstrahl* e so annehmen, daß für ihn $u_1 : u_2 = 1$ ist, also

(14a) $$(g_1 g_2 e) = \frac{\sin(g_1 e)}{\sin(g_2 e)} = \frac{\varrho_2}{\varrho_1}\,,$$

so verwandelt sich die Definition (14) in

(14b) $$\frac{u_1}{u_2} = \frac{\sin(g_1 h)}{\sin(g_2 h)} : \frac{\sin(g_1 e)}{\sin(g_2 e)} = (g_1 g_2 h e)\,,$$

und es ist $u_1 : u_2$ wiederum in Form eines Dv dargestellt. Analog übertragen sich die übrigen Resultate. Die Gleichungen $u_1 = 0$, $u_2 = 0$ stellen die Strahlen g_1 und g_2 dar; der Gleichung

$$u_1 - \lambda u_2 = 0$$

entspricht der Strahl h, für den $(g_1 g_2 h e) = \lambda$ ist usw.

Die homogenen Koordinaten x_1, x_2 und u_1, u_2 stehen auch untereinander in enger Beziehung. Wir schneiden (Fig. 41) den Büschel durch eine Gerade g; ihre Schnittpunkte mit den Strahlen g_1, g_2, h, e seien G_1, G_2, H, E. Wir nehmen G_1 und G_2 als Grundpunkte homogener Koordinaten und E als Einheitspunkt; es ist dann

$$x_1 : x_2 = (G_1 G_2 H E).$$

Außerdem ist für die Gerade h, also auch für den Punkt H

$$u_1 : u_2 = (g_1 g_2 h e);$$

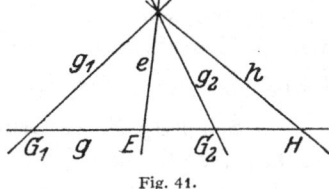

Fig. 41.

nach dem Satz auf S. 72 ist daher

(15) $$x_1 : x_2 = u_1 : u_2.$$

Wir dürfen dies kurz so ausdrücken, daß sich die Koordinatenwerte im Strahlbüschel *durch Projektion unmittelbar auf die Gerade übertragen.*

§ 4. Anwendungen der linearen projektiven Koordinaten.

1. Wir beginnen mit der Einführung einer neuen Bezeichnung. Den Punkt mit den Koordinaten $\xi_1 : \xi_2$ nennen wir auch den Punkt (ξ); soll (ξ) mit dem Punkte (x) identisch sein, so muß

$$x_1 : x_2 = \xi_1 : \xi_2; \qquad x_1 \xi_2 - x_2 \xi_1 = 0$$

sein. Kürzer verwenden wir dafür das Determinantensymbol

(16) $$(x \xi) = 0.$$

Dieses Symbol geht auch in den Ausdruck des Dv ein. Sind p_i, q_i, r_i, s_i die Koordinaten der Punkte P, Q, R, S, so folgt auf Grund der projektiven Bedeutung unserer Koordinaten aus Gleichung (39) von S. 90 zunächst

$$(PQRS) = \left(\frac{p_1}{p_2} - \frac{r_1}{r_2}\right)\left(\frac{q_1}{q_2} - \frac{s_1}{s_2}\right) : \left(\frac{q_1}{q_2} - \frac{r_1}{r_2}\right)\left(\frac{p_1}{p_2} - \frac{s_1}{s_2}\right)$$

und daraus

(16a) $$(PQRS) = \frac{(p_1 r_2 - p_2 r_1)(q_1 s_2 - q_2 s_1)}{(q_1 r_2 - q_2 r_1)(p_1 s_2 - p_2 s_1)} = \frac{(pr)(qs)}{(qr)(ps)}.$$

2. Eine lineare Gleichung

(17) $$a_1 x_1 + a_2 x_2 = 0$$

stellt einen *Punkt* dar, nämlich den Punkt $x_1 : x_2 = -a_2 : a_1$. Eine gleich Null gesetzte quadratische Form

(18) $$f(x) = a_{11} x_1^2 + 2 a_{12} x_1 x_2 + a_{22} x_2^2 = 0$$

hat als Wurzeln ein *Punktepaar.* Es bestehe aus den Punkten (ξ) und (η). Durch Zerlegung der quadratischen Form in ihre beiden Linearfaktoren besteht dann die Gleichung

(18a) $$a_{11} x_1^2 + 2 a_{12} x_1 x_2 + a_{22} x_2^2 = \varrho (x \xi)(x \eta) = 0,$$

und es ist

$$\varrho \xi_2 \eta_2 = a_{11}, \quad \varrho (\xi_1 \eta_2 + \xi_2 \eta_1) = -2 a_{12}, \quad \varrho \xi_1 \eta_1 = a_{22}.$$

7*

Die Gleichungen $(x\xi) = 0$ und $(x\eta) = 0$ liefern die beiden Punkte des Paares. Sie sind identisch, falls die Diskriminante $a_{11}a_{22} - a_{12}^2 = 0$ ist. Werde durch

$$\varphi(x) = b_{11}x_1^2 + 2b_{12}x_1x_2 + b_{22}x_2^2 = 0$$

ein zweites Punktepaar dargestellt; die Bedingung, daß beide Paare harmonisch sind, läßt sich unmittelbar den analogen Betrachtungen von S. 75 entnehmen. Sie lautet also

(18b) $$a_{11}b_{22} - 2a_{12}b_{12} + a_{22}b_{11} = 0.$$

3. Seien B_1, B_2 die Grundpunkte neuer projektiver Koordinaten y_i. Nach § 3 stellt sich $y_1 : y_2$ linear durch x dar, ebenso auch x durch $x_1 : x_2$, es drückt sich also auch $y_1 : y_2$ linear durch $x_1 : x_2$ aus. Auf derselben Grundlage folgt, daß jede lineare Substitution, deren Determinante nicht Null ist, der Einführung neuer Koordinaten entspricht. In homogener Schreibweise sei sie durch

(19) $$\sigma y_1 = \alpha_{11}x_1 + \alpha_{12}x_2, \qquad \sigma y_2 = \alpha_{21}x_1 + \alpha_{22}x_2$$

dargestellt. Die geometrische Bedeutung der Koeffizienten ist leicht zu erkennen. Der Punkt B_1 hat die Gleichung $y_1 = 0$, also in den Koordinaten x_i die Gleichung $a_{11}x_1 + a_{12}x_2 = 0$; ebenso ist $a_{21}x_1 + a_{22}x_2 = 0$ die Gleichung von B_2. Die Determinante $a_{11}a_{22} - a_{12}a_{21}$ ist von Null verschieden, weil B_1 von B_2 verschieden ist. Die auflösenden Gleichungen sind dann

(19a) $$\varrho x_1 = \alpha_{22}y_1 - \alpha_{12}y_2, \qquad \varrho x_2 = -\alpha_{21}y_1 + \alpha_{11}y_2.$$

4. Sei die Gleichung eines Punktes in den x_i und y_i dargestellt durch

$$u_1x_1 + u_2x_2 = 0 \qquad \text{und} \qquad v_1y_1 + v_2y_2 = 0,$$

so daß $-u_2 : u_1$ und $-v_2 : v_1$ seine Koordinaten sind. Alsdann ergeben sich für sie aus (19) die folgenden Transformationsformeln:

(19b) $$\varrho'u_1 = \alpha_{11}v_1 + \alpha_{21}v_2, \qquad \varrho'u_2 = \alpha_{12}v_1 + \alpha_{22}v_2;$$

ihre Auflösungen sind

(19c) $$\sigma'v_1 = \alpha_{22}u_1 - \alpha_{21}u_2, \qquad \sigma'v_2 = -\alpha_{12}u_1 + \alpha_{11}u_2.$$

5. Eine der wichtigsten Aufgaben ist die, die neuen Variablen y_1 und y_2 so einzuführen, daß die Form (18) in eine Summe von mit Koeffizienten multiplizierten Quadraten übergeht, also in eine Form

(20) $$\beta_1 y_1^2 + \beta_2 y_2^2 = 0.$$

Dies ist an sich auf mannigfache Weise möglich; hier soll zunächst die geometrische Bedeutung der Transformation dargelegt werden. Seien die Wurzelpunkte P_1 und P_2 von (18) insbesondere reell, dann haben β_1 und β_2 verschiedenes Vorzeichen; wir dürfen $\beta_1 = p_2^2$, $\beta_2 = -p_1^2$ setzen, und die vorstehende Gleichung spaltet sich in

(20a) $$(p_2y_1 - p_1y_2)(p_2y_1 + p_1y_2) = 0.$$

Sie zeigt, daß (S. 85) die beiden von ihr dargestellten Punkte zu $y_1 = 0$ und $y_2 = 0$ harmonisch sind. Die Einführung von y_1 und y_2 geschieht also so, daß die Grundpunkte B_1, B_2 und die Wurzelpunkte P_1, P_2 zwei *harmonische Paare* bilden[1].

6. Hieraus fließt eine wichtige Folgerung. Sei wieder

$$(20\,\mathrm{b}) \qquad \varphi(x) = b_{11} x_1^2 + 2\,b_{12} x_1 x_2 + b_{22} x_2^2 = 0$$

eine zweite quadratische Form; ihre Wurzelpunkte seien Q_1, Q_2. Nun gibt es (S. 74) ein Punktepaar B_1, B_2, das sowohl zu P_1, P_2 wie zu Q_1, Q_2 harmonisch ist; daher lassen sich zwei Punkte B_1 und B_2 als Grundpunkte für y_1 und y_2 so einführen, daß *beide Formen in den y_i aus der Summe zweier quadratischen Glieder bestehen.*

Um dies auszuführen, knüpfen wir an einen S. 75 bewiesenen Satz an. Aus ihm folgt, daß zugleich mit P_1, P_2 und Q_1, Q_2 auch jedes Wurzelpaar der Gleichung

$$(21) \qquad (a_{11} x_1^2 + 2 a_{12} x_1 x_2 + a_{22} x_2^2) + \lambda (b_{11} x_1^2 + 2\,b_{12} x_1 x_2 + b_{22} x_2^2) = 0$$

zu B_1 und B_2 harmonisch liegt. Der Gesamtheit dieser Paare gehört aber auch jeder der beiden Punkte B_1 und B_2 (doppelt gerechnet) an; soll die vorstehende Gleichung einen *dieser* Punkte darstellen, so muß sie sich auf ein Quadrat einer einzigen Linearform reduzieren und ihre Diskriminante Null sein (Anhang III § 3). Dies liefert die Gleichung

$$(22) \qquad \begin{vmatrix} a_{11} + \lambda b_{11}, & a_{12} + \lambda b_{12} \\ a_{12} + \lambda b_{12}, & a_{22} + \lambda b_{22} \end{vmatrix} = 0.$$

Sie ist eine quadratische Gleichung in λ; seien λ_1 und λ_2 ihre Wurzeln und sei $\lambda_1 \neq \lambda_2$. Die Linearformen, auf deren Quadrat sie sich reduziert, lauten dann für $\lambda_i = \lambda_1$ oder λ_2 bis auf einen Faktor

$$(a_{11} + \lambda_i b_{11}) x_1 + (a_{12} + \lambda_i b_{12}) x_2$$

oder auch

$$(a_{12} + \lambda_i b_{12}) x_1 + (a_{22} + \lambda_i b_{22}) x_2 .$$

Sie entsprechen den Punkten $B_1 (\lambda_i = \lambda_1)$ und $B_2 (\lambda_i = \lambda_2)$; die gesuchte Transformation kann daher etwa durch die Gleichungen

$$(23) \qquad \begin{cases} \sigma y_1 = (a_{11} + \lambda_1 b_{11}) x_1 + (a_{12} + \lambda_1 b_{12}) x_2, \\ \sigma y_2 = (a_{12} + \lambda_2 b_{12}) x_1 + (a_{22} + \lambda_2 b_{22}) x_2 \end{cases}$$

dargestellt werden, deren Determinante, weil wegen $\lambda_1 \neq \lambda_2$ auch $B_1 \neq B_2$ ist, von Null verschieden ist. Den Faktor, durch den sich die rechten Seiten der Transformationsformen von den Linearformen unterscheiden, können wir mit y_1 resp. y_2 vereinigen. Es wird dann

$$f + \lambda_1 \varphi = y_1^2, \qquad f + \lambda_2 \varphi = y_2^2,$$

und es folgt weiter

$$(24) \qquad \varphi = \frac{y_1^2 - y_2^2}{\lambda_1 - \lambda_2}, \qquad f = \frac{-\lambda_2 y_1^2 + \lambda_1 y_2^2}{\lambda_1 - \lambda_2}.$$

---

[1] In der Tat ist auch (18b) erfüllt.

7. Als Ausdruck der projektiven Beziehung zweier Punktreihen ergibt sich zunächst die homogene bilineare Relation, die aus Gleichung (18) (S. 76) durch Einführung von $x_1 : x_2$ hervorgeht; wir schreiben sie

$$(25) \qquad \beta_{11} x_1 x_1' + \beta_{12} x_1 x_2' + \beta_{21} x_1' x_2 + \beta_{22} x_2 x_2' = 0.$$

Die zugehörige lineare Substitution setzen wir in die Form

$$(25\,\text{a}) \qquad \begin{cases} \varrho x_1' = \alpha_{11} x_1 + \alpha_{12} x_2, \\ \varrho x_2' = \alpha_{21} x_1 + \alpha_{22} x_2. \end{cases}$$

Von ausgearteten Beziehungen sehen wir ab, nehmen also die Determinante ungleich Null an. Der Nachweis der *Invarianz der Dv-Werte* kann auf dieser Grundlage sehr einfach geschehen. Seien x, y, z, t vier Punkte der Geraden g und x', y', z', t' die entsprechenden Punkte auf g'. Dann drücken sich die beiden Dv-Werte (S. 99) durch

$$(xyzt) = \frac{(xz)(yt)}{(yz)(xt)}, \qquad (x'y'z't') = \frac{(x'z')(y't')}{(y'z')(x't')}$$

aus. Nun ist nach dem Determinantenmultiplikationssatz (Anhang III § 3)

$$\varrho^2(x'z') = \begin{vmatrix} \varrho x_1' & \varrho x_2' \\ \varrho z_1' & \varrho z_2' \end{vmatrix} = \begin{vmatrix} \alpha_{11}x_1 + \alpha_{12}x_2 & \alpha_{21}x_1 + \alpha_{22}x_2 \\ \alpha_{11}z_1 + \alpha_{12}z_2 & \alpha_{21}z_1 + \alpha_{22}z_2 \end{vmatrix} = \begin{vmatrix} \alpha_{11} & \alpha_{12} \\ \alpha_{21} & \alpha_{22} \end{vmatrix} \cdot \begin{vmatrix} x_1 & x_2 \\ z_1 & z_2 \end{vmatrix},$$

und daraus folgt

$$(26) \qquad (xyzt) = (x'y'z't').$$

8. Um die Doppelpunkte vereinigt liegender projektiver Punktreihen zu ermitteln, nehmen wir für $x_1 : x_2$ und $x_1' : x_2'$ wieder dieselben Grundpunkte und denselben Einheitspunkt an. Die Doppelpunkte sind dann durch $x_1 : x_2 = x_1' : x_2'$ gegeben. Die Gleichungen (25 a) müssen also richtig sein, wenn wir x_1' und x_2' durch x_1 und x_2 ersetzen. Freilich braucht dies nicht für beliebiges ϱ erfüllt zu sein; es muß aber (S. 97) einen Wert ϱ geben, für die es der Fall ist. Für *solches* ϱ müssen also die Gleichungen

$$(27) \qquad \begin{array}{l} (\alpha_{11} - \varrho)\, x_1 + \alpha_{12} x_2 = 0 \\ \alpha_{21} x_1 + (\alpha_{22} - \varrho)\, x_2 = 0 \end{array}, \quad \text{also} \quad \begin{vmatrix} \alpha_{11} - \varrho & \alpha_{12} \\ \alpha_{21} & \alpha_{22} - \varrho \end{vmatrix} = 0$$

bestehen. Dies liefert *zwei* reelle, imaginäre oder zusammenfallende, wegen $\alpha_{11}\alpha_{22} - \alpha_{12}\alpha_{21} \neq 0$ von Null verschiedene Werte ϱ, und für sie sind die Gleichungen (27) durch Werte x_1, x_2 auflösbar, die nicht beide Null sind. So erhalten wir die den Doppelpunkten entsprechenden Koordinaten $x_1 : x_2$. Rechnerisch ergeben sie sich auch so, daß man ϱ aus den Gleichungen (27) eliminiert; man erhält so die quadratische Gleichung

$$(27\,\text{a}) \qquad \alpha_{21} x_1^2 + (\alpha_{22} - \alpha_{11})\, x_1 x_2 - \alpha_{12} x_2^2 = 0.$$

9. Wir betrachten jetzt eine projektive Beziehung, wobei wir die Koordinaten x_1, x_2 auf ein, die Koordinaten x_1', x_2' auf ein anderes,

geeignet gewähltes Koordinatensystem beziehen wollen. Da eine projektive Beziehung durch drei beliebig wählbare Punktepaare festgelegt ist (S. 78), so können wir den Punkten $x_1 = 0$, $x_2 = 0$ die Punkte $x_1' = 0$, $x_2' = 0$ zuweisen. Dies bewirkt in (25) $\beta_{11} = 0$ und $\beta_{22} = 0$; die bilineare Relation lautet also einfacher

$$\beta_{12} x_1 x_2' + \beta_{21} x_2 x_1' = 0.$$

Werden als dritte Punkte auch die Einheitspunkte einander zugewiesen, so wird $\beta_{12} + \beta_{21} = 0$, und unsere Gleichung geht in

$$x_1 x_2' - x_2 x_1' = 0; \quad x_1 : x_2 = x_1' : x_2'$$

über. Sie sagt aus, daß — bei dieser Zuordnungsart — die projektiven Koordinaten entsprechender Punkte *gleiche Zahlenwerte* besitzen.

10. Wir betrachteten ferner eine involutorische Beziehung mit reellen, voneinander verschiedenen Doppelpunkten. Wir denken sie durch ihre beiden Doppelpunkte bestimmt und wählen dazu die Punkte $x_1 = 0$, also auch $x_1' = 0$, und $x_2 = 0$, also $x_2' = 0$. Für die ihr entsprechende bilineare Relation folgt dann $\beta_{11} = \beta_{22} = 0$, sie lautet daher einfacher

$$x_1 x_2' + x_2 x_1' = 0 \quad \text{oder} \quad x_1 : x_2 + x_1' : x_2' = 0.$$

Dies ist formal dieselbe Gleichung, die in gewöhnlichen Koordinaten die Symmetrie auf der Geraden kennzeichnet (S. 81); die Punkte eines Paares haben *entgegengesetzt gleiche D v*-Koordinaten.

11. Wir setzen nun auf g eine Symmetrie voraus, gegeben (in gewöhnlichen Koordinaten) durch $x + x' = 0$. Weiter werde die projektive Abbildung von g auf h so hergestellt, daß den Punkten $0, \infty, 1$ drei Punkte A_1, A_2, E entsprechen; wir wählen sie für h als Grundpunkte und als Einheitspunkt der Maßbestimmung, also als Punkte $x_1 = 0$, $x_2 = 0$, $x_1 : x_2 = 1$. Der Symmetrie auf g entspricht dann als Abbild auf h eine involutorische Beziehung mit A_1 und A_2 als Doppelpunkten und mit der Gleichung $x_1 : x_2 + x_1' : x_2' = 0$. Wir kommen so wieder zu dem unter 9. abgeleiteten Resultat; die Involution auf h stellt sich als ein projektives Abbild der Symmetrie auf g dar, und zwar in der Weise, daß (bei geeignet gewählten Koordinaten) auf g und h dieselbe arithmetische Gesetzmäßigkeit obwaltet.

Wir erkennen so die allgemeine Möglichkeit, Sätze von projektivem Charakter dadurch zu gewinnen, daß wir sie zunächst für einen einfachen Sonderfall ins Auge fassen und sie von ihm projektiv auf den allgemeinen Fall übertragen. Man spricht insofern von einem *Übertragungsprinzip*[1].

---

[1] Involutorische Beziehungen werden deshalb (nach H. Wiener) ebenfalls als „Spiegelungen" bezeichnet. Man nennt sie auch Operationen der Periode zwei und sagt, sie seien gemeinsam dadurch ausgezeichnet, daß ihr *Quadrat gleich* 1 ist. Das bedeutet folgendes: Geht durch eine Spiegelung ein Punkt P in P' über, so führt *dieselbe* Spiegelung P' wieder nach P (also in seine Ausgangsstelle) zurück.

Beispiel. Die Geraden g und g' seien projektiv so aufeinander bezogen, daß dem Punkt P_∞ von g der Punkt P' von g' entspricht. Nun denken wir uns auf g' eine projektive Beziehung — sie möge kurz durch $\mathfrak{P}'$ bezeichnet werden —, einer ihrer Doppelpunkte sei P', der andere O'. Auf g entspricht ihr eine projektive Beziehung $\mathfrak{P}$ mit den Doppelpunkten P_∞ und O, also eine ähnliche Beziehung. Sind Q und Q_1 zwei entsprechende Punkte für sie, so ist $OQ_1 = \alpha \cdot OQ$; sei $\alpha < 1$. Wir wollen sagen, daß Q durch $\mathfrak{P}$ in Q_1 übergeht. Geht analog Q_1 durch $\mathfrak{P}$ in Q_2 über, so ist

$$OQ_2 = \alpha O Q_1 = \alpha^2 O Q \,;$$

analog ist, wenn Q_2 durch $\mathfrak{P}$ in Q_3 übergeht, $OQ_3 = \alpha^3 OQ$ usw. Dabei werden sich, wegen $\alpha < 1$, die Punkte $Q_1, Q_2, Q_3, \ldots, Q_n, \ldots$ beliebig dem Punkte O annähern; man sagt, O sei der Grenzpunkt der Punktfolge $\{Q_n\}$.

Ebenso läßt sich eine Punktfolge bestimmen, die das analoge Verhältnis zu P_∞ hat. Wird nämlich durch Q_{-1} der Punkt bezeichnet, der durch $\mathfrak{P}$ in Q übergeht, ebenso durch Q_{-2} der Punkt, der durch $\mathfrak{P}$ in Q_{-1} übergeht usw., so ist

$$OQ_{-1} = \alpha^{-1} OQ, \quad OQ_{-2} = \alpha^{-2}OQ, \ldots, \quad OQ_{-n} = \alpha^{-n}OQ, \ldots$$

die Länge OQ_{-n} wächst also mit n über alle Grenzen, und es ist P_∞ als Grenzpunkt der Folge $\{Q_{-n}\}$ anzusehen.

Die Übertragung dieses Tatbestandes auf die Gerade g' liefert: Bestimmt man auf g' zu Q' den Punkt Q_1', in den Q' durch $\mathfrak{P}'$ übergeht, zu Q_1' analog den Punkt Q_2' usw., so ist der Doppelpunkt O' der Grenzpunkt der Punktfolge $\{Q_n'\}$ und ebenso P' der Grenzpunkt der Punktfolge $\{Q_{-n}'\}$.

§ 5. Ebene projektive (homogene) Koordinaten.

Die Verallgemeinerung der homogenen Punktkoordinaten x, y, z von § 1 erreichen wir so, daß wir als Seiten des Koordinatendreiecks *drei beliebige Geraden* g_1, g_2, g_3 wählen, die nicht durch einen Punkt gehen (Fig. 42). Ihre Gleichungen in homogenen kartesischen Koordinaten seien

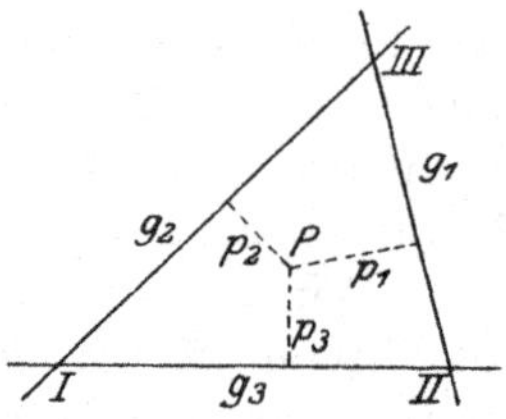

Fig. 42.

$$(28) \quad \begin{cases} a_1 x + b_1 y + c_1 = 0, \\ a_2 x + b_2 y + c_2 = 0, \\ a_3 x + b_3 y + c_3 = 0. \end{cases}$$

Die Determinante der a_i, b_i, c_i ist von Null verschieden und ebenso auch die Determinante der Unterdeterminanten A_i, B_i, C_i (Anhang III § 3), es ist also

$$D = \begin{vmatrix} a_1 & b_1 & c_1 \\ a_2 & b_2 & c_2 \\ a_3 & b_3 & c_3 \end{vmatrix} \gtrless 0 \quad \text{und} \quad \varDelta = \begin{vmatrix} A_1 & B_1 & C_1 \\ A_2 & B_2 & C_2 \\ A_3 & B_3 & C_3 \end{vmatrix} \gtrless 0 \,.$$

Die Schnittpunkte von g_1, g_2, g_3, also die Ecken des Koordinatendreiecks, seien I, II, III; für ihre Koordinaten folgt (S. 47)

$$x_I : y_I : z_I = A_1 : B_1 : C_1, \quad x_{II} : y_{II} : z_{II} = A_2 : B_2 : C_2, \quad x_{III} : y_{III} : z_{III} = A_3 : B_3 : C_3.$$

Sind ferner u_i, v_i, w_i die Koordinaten von g_i, so ist (S. 94)

$$u_1 : v_1 : w_1 = a_1 : b_1 : c_1, \quad u_2 : v_2 : w_2 = a_2 : b_2 : c_2, \quad u_3 : v_3 : w_3 = a_3 : b_3 : c_3.$$

Endlich sind

$$A_1 u_1 + B_1 v_1 + C_1 w_1 = 0, \qquad A_2 u_2 + B_2 v_2 + C_2 w_2 = 0,$$
$$A_3 u_3 + B_3 v_3 + C_3 w_3 = 0$$

die Gleichungen der Punkte I, II, III in Linienkoordinaten. Alles dies sind unmittelbare Folgen der Formeln von Kap. VI, § 4.

Seien nun p_1, p_2, p_3 die mit einem bestimmten Vorzeichen versehenen Längen der Lote von einem Punkt P auf die Dreiecksseiten, so wollen wir drei Zahlen x_1, x_2, x_3 als *Dreieckskoordinaten* von P bezeichnen, wenn sie (für λ_1, λ_2, λ_3 als beliebig, aber fest und von Null verschieden gewählte Konstanten) die Proportion

$$(29) \qquad x_1 : x_2 : x_3 = \lambda_1 p_1 : \lambda_2 p_2 : \lambda_3 p_3$$

erfüllen; wir schreiben sie wieder kürzer in der Form

$$(29\,\mathrm{a}) \qquad \varrho x_i = \lambda_i p_i. \quad i = 1,2,3.$$

Um dies als eine zulässige Koordinatenbestimmung zu erweisen, ist zu zeigen, daß zwischen den Punkten P und den Tripeln x_i die in § 1 geschilderte Beziehung obwaltet. Dazu benutzen wir die Normalgleichungen der Geraden g_1, g_2, g_3; sie seien

$$N_1(x, y) = 0, \quad N_2(x, y) = 0, \quad N_3(x\, y) = 0;$$

mit ihrer Hilfe nimmt die definierende Gleichung (29a) die Form

$$\varrho x_i = \lambda_i N_i(x, y)$$

an. Nun ist aber (S. 41)

$$N_i(x, y) = \frac{a_i x + b_i y + c_i}{\sqrt{a_i^2 + b_i^2}},$$

also

$$\sqrt{a_i^2 + b_i^2}\, N_i(x, y) = a_i x + b_i y + c_i.$$

Wählen wir nun die Koeffizienten der Gleichungen (28) so, daß

$$\sqrt{a_i^2 + b_i^2} = \lambda_i$$

ist, so folgt

$$(30) \qquad \begin{cases} \varrho x_1 = a_1 x + b_1 y + c_1 z \\ \varrho x_2 = a_2 x + b_2 y + c_2 z \\ \varrho x_3 = a_3 x + b_3 y + c_3 z. \end{cases}$$

Damit haben wir $x_1 : x_2 : x_3$ durch x, y und z ausgedrückt. Jedem Wertetripel x, y, z und damit jedem Punkt P entspricht also eindeutig ein Tripel $x_1 : x_2 : x_3$. Um auch das Umgekehrte zu zeigen, lösen wir die vorstehenden Gleichungen nach x, y, z auf; wegen $D \gtrless 0$ ist dies möglich. Wir erhalten, wenn $\varrho' = \frac{\varrho}{D}$ ist;

$$(31) \qquad \begin{cases} x = \varrho'(A_1 x_1 + A_2 x_2 + A_3 x_3), \\ y = \varrho'(B_1 x_1 + B_2 x_2 + B_3 x_3), \\ z = \varrho'(C_1 x_1 + C_2 x_2 + C_3 x_3) \end{cases}$$

und es ergibt sich

(32) $$x : y : z = \sum A_i x_i : \sum B_i x_i : \sum C_i x_i \cdot *$$

Es drücken sich also x, y, z und x_1, x_2, x_3 homogen linear durcheinander aus. Die Gleichung einer Geraden ist daher in den x_i wiederum vom ersten Grade. Insbesondere stellen

$$x_1 = 0, \quad x_2 = 0, \quad x_3 = 0 \quad \text{und} \quad x_i = 0, \quad x_k = 0$$

Seiten und Ecken des Koordinatendreiecks dar; während

(33) $$\sum A_i x_i = 0, \quad \sum B_i x_i = 0, \quad \sum C_i x_i = 0$$

die Gleichungen der Geraden $x = 0$, $y = 0$, $z = 0$ in den x_i-Koordinaten sind.

Die Gleichung

$$C_1 x_1 + C_2 x_2 + C_3 x_3 = 0$$

ist die Gleichung von $z = 0$, also der unendlichfernen Geraden.

Analog gelangen wir zu allgemeinen homogenen Linienkoordinaten (Fig. 43). Sind q_1, q_2, q_3 die Abstände einer Geraden (u, v, w) von den Ecken I, II, III des Koordinatendreiecks, sind μ_1, μ_2, μ_3 irgend drei von Null verschiedene Konstanten und u_1, u_2, u_3 drei Zahlen, die die Proportion

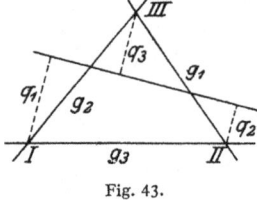

Fig. 43.

$$u_1 : u_2 : u_3 = \mu_1 q_1 : \mu_2 q_2 : \mu_3 q_3 ,$$

also die Gleichungen

(34) $$\sigma u_i = \mu_i q_i, \quad i = 1, 2, 3$$

erfüllen, so können sie uns die *Dreieckskoordinaten der Geraden* (u, v, w) abgeben. Um zu zeigen, daß die Geraden (u, v, w) und die Tripel u_1, u_2, u_3 sich eineindeutig entsprechen, benutzen wir den S. 58 abgeleiteten Ausdruck für das von einem Punkt auf eine Gerade gefällte Lot. Wie wir oben sahen, stellen

$$A_1 : B_1 : C_1 , \quad A_2 : B_2 : C_2 , \quad A_3 : B_3 : C_3$$

die kartesischen homogenen Koordinaten der Ecken I, II, III dar; wir haben daher

$$q_i = \frac{A_i u + B_i v + C_i w}{C_i \sqrt{u^2 + v^2}} .$$

Wir setzen nun $\mu_1 = C_1$, $\mu_2 = C_2$, $\mu_3 = C_3$, wählen also, da die Koeffizienten der Gleichungen (28) und damit auch die C_i bei der Bestimmung der Punktkoordinaten durch die λ_i festgelegt wurden, ein bestimmtes zu dem System der Punktkoordinaten zugeordnetes System von Linienkoordinaten. Es folgt dann

$$\mu_i q_i = \frac{A_i u + B_i v + C_i w}{\sqrt{u^2 + v^2}} ,$$

---

* $\sum A_i x_i$ ist Abkürzung für $A_1 x_1 + A_2 x_2 + A_3 x_3$.

und die Gleichung (34) ergibt, wenn wir den Faktor $\sqrt{u^2 + v^2}$ in den Proportionalitätsfaktor eingehen lassen,

$$(35) \qquad \sigma u_i = A_i u + B_i v + C_i w, \quad i = 1, 2, 3.$$

Damit ist die verlangte, zu den Gleichungen (30) analoge lineare Beziehung zwischen u, v, w und den u_i gefunden. Ihre Auflösung lautet diesmal — für σ' als Proportionalitätsfaktor —

$$(36) \qquad \begin{cases} u = \sigma'(a_1 u_1 + a_2 u_2 + a_3 u_3) \\ v = \sigma'(b_1 u_1 + b_2 u_2 + b_3 u_3) \\ w = \sigma'(c_1 u_1 + c_2 u_2 + c_3 u_3); \end{cases}$$

hieraus folgt schließlich

$$(37) \qquad u : v : w = \sum a_i u_i : \sum b_i v_i : \sum c_i u_i.$$

Es drücken sich also auch u, v, w und u_1, u_2, u_3 homogen linear durcheinander aus. Die Gleichungen

$$\sum a_i u_i = 0, \qquad \sum b_i u_i = 0, \qquad \sum c_i u_i = 0$$

stellen wiederum die Punkte $u = 0$, $v = 0$, $w = 0$, also die Punkte X_∞, Y_∞, O in den homogenen u_i-Koordinaten dar; während die Ecken I, II, III des Koordinatendreiecks und seine Seiten durch

$$u_1 = 0, \qquad u_2 = 0, \qquad u_3 = 0 \quad \text{und} \quad u_i = 0, \qquad u_k = 0$$

bestimmt sind.

Wir haben durch unsere Ableitung den homogenen Punkt- und Linienkoordinaten eine geometrische Bedeutung gegeben, sie sind proportional mit Abständen von Punkten und Geraden. Diese geometrische Bedeutung wird hinfällig, wenn einzelne Koordinatengeraden oder -punkte oder die durch Koordinaten bestimmte Gerade oder Punkte ins Unendliche fallen. Stets gültig ist die analytische Definition durch die Gleichung (32) oder (37).

Für die Ecken des Koordinatendreiecks stellen die Werte

$$1, 0, 0; \qquad 0, 1, 0; \qquad 0, 0, 1$$

je ein Koordinatentripel dar. Als Einheitspunkt bezeichnen wir den Punkt mit dem Koordinatentripel $1, 1, 1$. Die u_i-Koordinaten der Seiten sind analog

$$1, 0, 0; \qquad 0, 1, 0; \qquad 0, 0, 1.$$

Den Koordinatenwerten $u_1 : u_2 : u_3 = 1 : 1 : 1$ entspricht die Gerade $x_1 + x_2 + x_3 = 0$; analog hat der Einheitspunkt die Gleichung $u_1 + u_2 + u_3 = 0$.

Da man außer dem Koordinatendreieck auch die Gerade $x_1 + x_2 + x_3 = 0$ willkürlich wählen kann, indem man die λ_i (S. 105) geeignet wählt, so folgt damit unmittelbar der S. 51 abgeleitete Satz. Setzen wir nämlich abkürzend $x_1 + x_2 + x_3 \equiv -x_4$, so besteht für die vier Geraden $x_i = 0 (i = 1, 2, 3, 4)$ die identische Relation $x_1 + x_2 + x_3 + x_4 \equiv 0$, wobei wir die x_i in den gewöhnlichen Koordinaten x und y ausgedrückt denken, das ist die Identität (26a) von S. 51.

Die homogenen Parallelkoordinaten stellen einen Sonderfall homogener Dreieckskoordinaten dar. Wir wählen insbesondere $g_1 \perp g_2$; die Gerade g_1 werde die y-Achse und g_2 die x-Achse, während g_3 parallel mit sich in g_∞ übergehen soll. Dann ist zunächst für $\lambda_1 = 1$, $\lambda_2 = 1$

$$\varrho x_1 = \lambda_1 p_1 = x, \quad \varrho x_2 = \lambda_2 p_2 = y, \quad \varrho x_3 = \lambda_3 p_3 .$$

Nun wähle man $\lambda_3 = 1/\delta$, wo δ das von O auf g_3 gefällte Lot ist. Dann folgt

$$x_1 : x_2 : x_3 = x : y : p_3/\delta ;$$

rückt nun g_3 ins Unendliche, so wird δ unendlich groß, während zugleich $p_3 : \delta$ — für jeden beliebigen Punkt P — gegen den Grenzwert 1 strebt.

Für die u_i folgt das gleiche nunmehr analytisch auf Grund des in (40) abgeleiteten Resultats für die Bedingung der vereinigten Lage. Sie behält während des geschilderten Grenzübergangs ihre Form $u_1 x_1 + u_2 x_2 + u_3 x_3 = 0$. In der Grenze geht sie in $u_1 x + u_2 y + u_3 = 0$ über, also $u_1 : u_2 : u_3$ in $u : v : 1$.

Das gleiche läßt sich analog für beliebige Parallelkoordinaten erweisen.

Es steht zu erwarten, daß sich auch die so eingeführten homogenen Koordinaten *als Dv-Koordinaten auffassen lassen*. Es soll genügen, es für die x_i zu zeigen. Wir benutzen dazu wieder den Einheitspunkt E, der wegen $x_1 : x_2 : x_3 = 1 : 1 : 1$ nicht in eine Seite des Koordinatendreiecks fällt. Seien e_1, e_2, e_3 die von ihm auf g_1, g_2, g_3 gefällten Lote, so haben wir

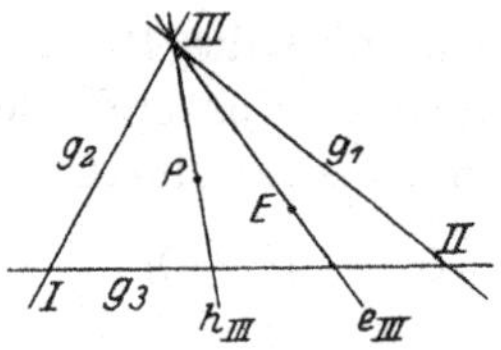

$$e_1 : e_2 : e_3 = \frac{1}{\lambda_1} : \frac{1}{\lambda_2} : \frac{1}{\lambda_3}$$

und können daher setzen (Gleichung 29a)

Fig. 44.

$$(38) \quad \varrho x_1 = p_1 : e_1, \quad \varrho x_2 = p_2 : e_2, \quad \varrho x_3 = p_3 : e_3 .$$

Dies führt dazu, *jeden Quotienten $x_i : x_k$ als Dv darzustellen*. Sind (Fig. 44) h_{III} und e_{III} die Strahlen, die die Punkte P und E mit dem Punkt III verbinden, so hat man

$$(39) \qquad \frac{x_1}{x_2} = \frac{p_1}{p_2} : \frac{e_1}{e_2} = \frac{\sin(g_1 h_{III})}{\sin(g_2 h_{III})} : \frac{\sin(g_1 e_{III})}{\sin(g_2 e_{III})} = (g_1 g_2 h_{III} e_{III}) ,$$

und somit ist $x_1 : x_2$ als Dv dargestellt. Ebenso findet man

$$(39a) \qquad \frac{x_3}{x_1} = (g_3 g_1 h_{II} e_{II}) , \qquad \frac{x_2}{x_3} = (g_2 g_3 h_I e_I) .$$

Das Produkt der drei Dv hat offenbar den Wert 1; also

$$(g_2 g_3 h_I e_I) (g_3 g_1 h_{II} e_{II}) (g_1 g_2 h_{III} e_{III}) = 1 .$$

§ 6. Folgerungen.

Folgende Eigenschaften, die die homogenen Koordinaten betreffen, seien besonders hervorgehoben:

1. Jedes Gleichungssystem der Form (30) mit beliebigen a_i, b_i, c_i und $D \gtrless 0$ liefert eine Koordinatenbestimmung. Denn die Ausgangsgeraden g_1, g_2, g_3 als die drei Seiten eines Dreiecks konnten beliebig

angenommen werden. Durch die Geraden g_i und den Einheitspunkt sind gemäß (38) die *Koordinaten eindeutig festgelegt.*

2. Die Bedingung für die vereinigte Lage einer Geraden (u_i) und eines Punktes (x_i) hat die einfache Form

(40) $$u_1 x_1 + u_2 x_2 + u_3 x_3 = 0 .$$

Die linke Seite der Bedingung der vereinigten Lage in homogenen kartesischen Koordinaten (S. 95, § 2)

$$u x + v y + w z = 0$$

geht nämlich durch Einsetzen der Werte (32) und (37) in

$$\sum A_i x_i \sum a_i u_i + \sum B_i x_i \sum b_i u_i + \sum C_i x_i \sum c_i u_i$$

über. Nun ist (Anhang III § 3)

$$A_i a_i + B_i b_i + C_i c_i = D , \qquad A_i a_k + B_i b_k + C_i c_k = 0$$

für $1 \div k$. Der Ausdruck läßt sich also in die Form

$$D \sum x_i u_i$$

bringen. Die vereinigte Lage des Punktes (x_i) und der Geraden (u_i) hat also die Gleichung (40) zur Folge und umgekehrt folgt aus der Gleichung (40) die Gleichung

$$u x + v y + w z = 0 ,$$

also die vereinigte Lage des Punktes (x_i) und der Geraden (u_i) [1].

3. Die Koordinaten eines Punktes, der eine gegebene Strecke im Verhältnis μ teilt, ergeben sich aus den Formeln (6) von S. 96 folgendermaßen: Seien $x:y:z$ und $X:Y:Z$ die homogenen Parallelkoordinaten der Streckenendpunkte und $\xi:\eta:\zeta$ die des Teilpunkts, so folgt aus den genannten Formeln

$$\varrho \xi = x - \mu' X, \quad \varrho \eta = y - \mu' Y, \quad \varrho \zeta = z - \mu' Z .$$

Wir multiplizieren diese Gleichungen mit a_i, b_i, c_i und addieren sie; werden die homogenen Koordinaten der drei Punkte durch (x_i), (X_i) und (ξ_i) bezeichnet, so findet sich, gemäß (30)

$$\varrho \xi_i = \varrho' x_i - \mu' \varrho'' X_i \qquad (i = 1, 2, 3)$$

oder endlich

$$\sigma \xi_i = x_i + \lambda X_i ; \quad \sigma = \varrho : \varrho' ; \quad \lambda = - \mu' \varrho'' : \varrho' .$$

Ebenso können wir aus den Gleichungen (7) von S. 96 das dualistische Resultat herleiten. Wird jetzt die Bezeichnung zweckmäßigerweise

---

[1] Einführung und Wahl der Konstanten λ_i, μ_i dienen gerade dem Zweck, die obenstehende für alle Koordinatenbestimmungen gleiche Form der Bedingungsgleichung für die vereinigte Lage zu erreichen.

so geändert, daß y_i und z_i die Koordinaten der Streckenendpunkte werden und x_i die des Teilpunktes, so können wir folgende Sätze aussprechen:

Sind (y_i) und (z_i) zwei Punkte, so stellen sich die Punkte ihrer Verbindungslinie durch	Sind (v_i) und (w_i) zwei Gerade, so stellen sich die Geraden durch ihren Schnittpunkt durch
(41) $\varrho x_i = y_i + \lambda z_i$	(41 a) $\varrho u_i = v_i + \lambda w_i$
dar, und es ist λ dem zugehörigen Teilungsverhältnis proportional. Insbesondere sind	dar, und es ist λ dem zugehörigen Teilungsverhältnis proportional. Insbesondere sind
$y_i, \quad z_i, \quad y_i - \lambda z_i, \quad y_i + \lambda z_i$	$v_i, \quad w_i, \quad v_i - \lambda w_i, \quad v_i + \lambda w_i$
vier harmonische Punkte.	vier harmonische Strahlen.

4. Es bedarf nun keines weiteren Nachweises, daß alle Sätze und Relationen projektiver Natur, d. h. Sätze über die vereinigte Lage oder über Doppelverhältnisse und über projektive Beziehungen, für homogene Koordinaten unverändert erhalten bleiben; z. B. haben die vier Punkte (oder Strahlen)

$$y_i, \quad z_i, \quad y_i - \lambda z_i, \quad y_i - \mu z_i \quad (v_i, \quad w_i, \quad v_i - \lambda w_i, \quad v_i - \mu w_i),$$

das $Dv\lambda : \mu$. Ferner sind

$$\varrho x_i = y_i + \lambda z_i, \quad \varrho' x_i' = y_i' + \lambda' z_i'$$

projektive Punktreihen, wenn eine bilineare Relation

$$\alpha \lambda \lambda' + \beta \lambda + \gamma \lambda' + \delta = 0$$

besteht; die projektive Beziehung wird für $\beta = \gamma$, $y_i = y_i'$, $z_i = z_i'$ involutorisch usw.

5. Für das folgende bezeichnen wir die Ecken des Koordinatendreiecks durch G_i. Sind ferner i und k zwei der Indizes 1, 2, 3, so soll l der dritte von i und k verschiedene Index sein. Auf der Seite g_l liegen dann (Fig. 45) die Punkte G_i und G_k. Ferner seien h_l und e_l die Geraden, die G_l mit einem beliebigen Punkt P und mit dem Einheitspunkt E ver-

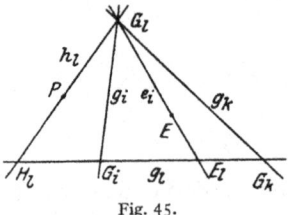

Fig. 45.

binden, und H_l, E_l ihre Schnittpunkte mit g_l. Für den Punkt H_l ist dann $x_l = 0$, und für x_i und x_k gilt die Gleichung (39) von S. 108, also

$$x_i : x_k = (g_i g_k h_l e_l).$$

Nun werde auf g_l eine lineare homogene Koordinatenbestimmung eingeführt mit G_i und G_k als Grundpunkten und E_l als Einheitspunkt, und es seien $x_i' : x_k'$ die Koordinaten von H_l, dann ist (S. 108)

$$x_i' : x_k' = (G_i G_k H_l E_l).$$

Nach dem Satz über die Beziehung zwischen dem Doppelverhältnis von 4 Geraden und dem Doppelverhältnis von 4 Punkten sind aber die beiden hier auftretenden Dv einander gleich, und so folgt

(42) $$x_i' : x_k' = x_i : x_k .$$

Wir sprechen dies kurz dahin aus, daß die *Koordinaten* $x_i : x_k$ *auch homogene lineare Koordinaten auf der Seite* g_l *des Koordinatendreiecks darstellen.*

Ein anderer Beweis dafür ist der folgende. Die Dreieckskoordinaten der Punkte von $x_l = 0$ sind durch die Gleichungen (30) und $x_l = 0$ bestimmt; dabei entsprechen den Punkten G_i, G_k, E_l die Werte $x_i = 0$, $x_k = 0$, $x_i : x_k = 1 : 1$. Durch diese Gleichungen sind aber (S. 97, 98) auch die linearen Koordinaten auf $x_l = 0$ eindeutig bestimmt, und das ist die Behauptung.

Diese Folgerung läßt sich noch verallgemeinern. Alle im Beweis benutzten Beziehungen sind von der besonderen Lage der Seite g_l unabhängig, die Gerade g_l kann daher durch jede beliebige *andere* Gerade der Ebene ersetzt werden, die nicht durch G_l geht.

Auch dieses Resultat überträgt sich dualistisch auf die Linienkoordinaten u_i. Im Strahlbüschel mit dem Scheitel $u_l = 0$ stellen also $u_i : u_k$ homogene lineare Koordinaten für die Büschelstrahlen dar, so daß $u_i = 0$, $u_k = 0$ die Grundstrahlen und $u_i : u_k = 1 : 1$ den Einheitsstrahl liefern.

6. Der Übergang zu einem neuen Koordinatendreieck der Geraden h_1, h_2, h_3 und den ihnen entsprechenden Koordinaten y_i wird *durch eine lineare Substitution* bewirkt. Zwischen den homogenen Koordinaten x, y, z und den x_i und den y_i besteht je ein Gleichungssystem der Form (32); aus ihm folgen die eben behaupteten linearen Relationen. Die zugehörige Determinante ist von Null verschieden. Es bestehen also Gleichungen der Form

(43) $$\begin{cases} \varrho y_1 = a_{11}x_1 + a_{12}x_2 + a_{13}x_3 \\ \varrho y_2 = a_{21}x_1 + a_{22}x_2 + a_{23}x_3; \\ \varrho y_3 = a_{31}x_1 + a_{32}x_2 + a_{33}x_3 \end{cases} \quad D = \begin{vmatrix} a_{11} & a_{12} & a_{13} \\ a_{21} & a_{22} & a_{23} \\ a_{31} & a_{32} & a_{33} \end{vmatrix} \gtrless 0 .$$

Die Auflösung liefert, wenn die A_{ik} die Unterdeterminanten der a_{ik} sind, für x_i die Gleichungen

(43 a) $$\begin{cases} \varrho' x_1 = A_{11}y_1 + A_{21}y_2 + A_{31}y_3 \\ \varrho' x_2 = A_{12}y_1 + A_{22}y_2 + A_{32}y_3; \\ \varrho' x_3 = A_{13}y_1 + A_{23}y_2 + A_{33}y_3 \end{cases} \quad \varDelta = \begin{vmatrix} A_{11} & A_{21} & A_{31} \\ A_{12} & A_{22} & A_{32} \\ A_{13} & A_{23} & A_{33} \end{vmatrix} \gtrless 0 .$$

Den Transformationsformeln für die Linienkoordinaten u_i und v_i legen wir wieder die Bedingung auf, daß sie die Gleichung der vereinigten Lage $\sum u_i x_i = 0$ in $\sum v_i y_i = 0$ überführen; sie müssen alsdann denen von S. 107 analog sein, und lauten also

$$(44) \begin{cases} \sigma u_1 = a_{11}v_1 + a_{21}v_2 + a_{31}v_3, & \sigma' v_1 = A_{11}u_1 + A_{12}u_2 + A_{13}u_3 \\ \sigma u_2 = a_{12}v_1 + a_{22}v_2 + a_{32}v_3, & \sigma' v_2 = A_{21}u_1 + A_{22}u_2 + A_{23}u_3 \\ \sigma u_3 = a_{13}v_1 + a_{23}v_2 + a_{33}v_3, & \sigma' v_3 = A_{31}u_1 + A_{32}u_2 + A_{33}u_3. \end{cases}$$

Umgekehrt wird aber auch durch jede solche lineare Substitution mit nicht verschwindender Determinante eine Koordinatentransformation definiert. Ersetzen wir nämlich in den Gleichungen (43) die x_i gemäß den Gleichungen (30) durch x und y, so ergeben sich für die y_i ebenfalls Gleichungen der Form (30) mit $D \gtrless 0$.

Die Geraden $y_i = 0$ sind die Seiten h_1, h_2, h_3 des neuen Koordinatendreiecks; ebenso liefern die Gleichungen $v_i = 0$ ihre Ecken in Linienkoordinaten. Daraus folgt die geometrische Bedeutung der Substitutionskoeffizienten. Die Koeffizienten

$$a_{11}, a_{12}, a_{13}; \quad a_{21}, a_{22}, a_{23}; \quad a_{31}, a_{32}, a_{33}$$

sind die u_i-Koordinaten der Seiten h_1, h_2, h_3, und

$$A_{11}, A_{12}, A_{13}; \quad A_{21}, A_{22}, A_{23}; \quad A_{31}, A_{32}, A_{33}$$

die x_i-Koordinaten der *Ecken* des neuen Koordinatendreiecks. Analog liefern die Tripel

$$A_{11}, A_{21}, A_{31}; \quad A_{12}, A_{22}, A_{32}: \quad A_{13}, A_{23}, A_{33}$$

und

$$a_{11}, a_{21}, a_{31}; \quad a_{12}, a_{22}; a_{33}; \quad a_{13}, a_{23}, a_{33}$$

die v_i- und y_i-Koordinaten der Seiten und Ecken des alten Koordinatendreiecks im neuen Koordinatensystem.

Neuntes Kapitel

Der Kreis.

§ 1. Die Kreisgleichung.

Die Gleichung eines *Kreises* mit dem Mittelpunkt $M(\alpha, \beta)$ und dem Radius ϱ in rechtwinkligen Koordinaten ergibt sich unmittelbar aus der Formel (3) von S. 25, sie ist

$$(1) \qquad (x - \alpha)^2 + (y - \beta)^2 - \varrho^2 = 0.$$

Nach den Potenzen der Koordinaten geordnet lautet sie

$$x^2 + y^2 - 2\alpha x - 2\beta y + \alpha^2 + \beta^2 - \varrho^2 = 0,$$

wofür man auch

$$(1\,a) \qquad x^2 + y^2 - 2\alpha x - 2\beta y + \delta = 0; \quad \delta = \alpha^2 + \beta^2 - \varrho^2$$

schreibt. Sie ist vom *zweiten* Grad in x und y; insofern heißt der Kreis eine *Kurve der zweiten Ordnung*. Von Gliedern zweiter Ordnung tritt *nur der Ausdruck $x^2 + y^2$ auf*; daraus folgt, daß nur Gleichungen von der Form

$$(2) \qquad A(x^2 + y^2) + 2Bx + 2Cy + D = 0$$

Kreise darstellen können. Wir wollen untersuchen, wann die Gleichung (2) einen Kreis darstellt. Wir sehen nun durch Vergleich mit (1a), daß (2) für $A \neq 0$ einen Kreis darstellt, dessen Mittelpunkt die Koordinaten

$$(3) \qquad \alpha = -\frac{B}{A}, \quad \beta = -\frac{C}{A}$$

besitzt, während sich für das Quadrat seines Radius

$$(3\,a) \qquad \frac{D}{A} = \delta = \alpha^2 + \beta^2 - \varrho^2, \quad \varrho^2 = \frac{B^2 + C^2 - AD}{A^2}$$

ergibt. Ein *reeller* Kreis wird also für $A \neq 0$ durch (2) nur dargestellt, falls

$$(4) \qquad B^2 + C^2 - AD > 0$$

ist. Im Fall $B^2 + C^2 - AD = 0$ ist auch $\varrho = 0$; die Kreisgleichung wird

$$(x - \alpha)^2 + (y - \beta)^2 = 0,$$

ihr genügt nur der eine reelle Punkt $x = \alpha$, $y = \beta$ (*Nullkreis*). Ist endlich $B^2 + C^2 - AD < 0$, so kann die Gleichung (2) durch kein reelles Wertepaar x, y befriedigt werden; man sagt, der Gleichung (2) entspreche ein *imaginärer Kreis*; sein Mittelpunkt (x, β) ist aber reell.

Für $A = 0$ artet die Gleichung (2) in die Gleichung einer Geraden aus. Gehen wir zu homogenen Koordinaten x, y, z über, so wird sie

$$A(x^2 + y^2) + 2Bxz + 2Cyz + Dz^2 = 0;$$

sie bleibt also auch für $A = 0$ eine Gleichung zweiten Grades, nämlich

$$z(2Bx + 2Cy + Dz) = 0.$$

Der ausgeartete Kreis besteht also aus *zwei Geraden*; zu der, die sich aus (2) für $A = 0$ ergibt, kommt noch g_∞ hinzu. Den Übergang zu homogenen Koordinaten werden wir immer dann vornehmen, wenn die Beziehung des Kreises zur Geraden g_∞ von Interesse ist.

Beispiel. Ein Kreis durch drei Punkte $(x_i y_i)$ $(i = 1, 2, 3)$ läßt sich leicht durch eine Determinantengleichung darstellen. Das Verfahren ist dem von S. 39 analog. Sei
$$A(x^2 + y^2) + 2Bx + 2Cy + D = 0$$
für gewisse noch unbekannte A, B, C, D die Kreisgleichung. Dann ist auch
$$A(x_i^2 + y_i^2) + 2Bx_i + 2Cy_i + D = 0; \quad i = 1, 2, 3.$$
Aus diesen vier Gleichungen ist A, B, C, D zu eliminieren; dies liefert die Gleichung des Kreises in Gestalt einer gleich Null zu setzenden Determinante.

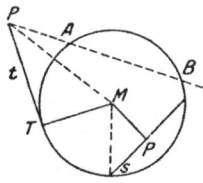

Fig. 46.

Sei t (Fig. 46) die Länge der Tangente, die von einem Punkt $P(\xi, \eta)$ an den Kreis gelegt werden kann, so ist $t^2 = PM^2 - MT^2$ oder

$$t^2 = (\xi - \alpha)^2 + (\eta - \beta)^2 - \varrho^2.$$

Liegt der Punkt $(\xi\eta)$ im Innern des Kreises und ist s die halbe kleinste durch ihn gehende Sehne (die also auf MP senkrecht steht), so folgt für ihr Quadrat ebenso

$$s^2 = \varrho^2 - (\xi - \alpha)^2 - (\eta - \beta)^2.$$

Setzen wir abkürzend

(5) $$(\xi - \alpha)^2 + (\eta - \beta)^2 - \varrho^2 = S(\xi\eta),$$

so haben wir

$$t^2 = S(\xi\eta), \quad s^2 = -S(\xi\eta);$$

der Ausdruck $S(\xi\eta)$ hat also für jeden nicht auf dem Kreise liegenden Punkt eine einfache geometrische Bedeutung. Der Kreis selbst enthält die Punkte, für die $S(\xi\eta)$ den Wert Null hat.

Zieht man durch P eine Gerade, die den Kreis (Fig. 46) in A und B trifft, so ist bekanntlich für jede solche Gerade

$$t^2 = PA \cdot PB, \quad s^2 = -PA \cdot PB$$

und daher in beiden Fällen

(6) $$S(\xi\eta) = PA \cdot PB.$$

Man nennt $PA \cdot PB$ die *Potenz des Punktes P für den Kreis*. Also folgt:

Der Ausdruck $S(\xi\eta)$ stellt für jeden Punkt $P(\xi,\eta)$ die Potenz für den Kreis mit dem Radius ϱ und dem Mittelpunkt (α,β) dar.

Dieser Satz läßt sich leicht analytisch ableiten. Durch den Punkt (ξ,η) denke man eine Gerade gezogen; ihre Gleichungen seien (S. 39)

$$x = \xi + s\cos\varphi, \quad y = \eta + s\sin\varphi.$$

Wird dies in die Gleichung des Kreises eingesetzt, so ergibt sich

$$(\xi - \alpha + s\cos\varphi)^2 + (\eta - \beta + s\sin\varphi)^2 - \varrho^3 = 0,$$

also eine quadratische Gleichung in s, die durch ihre Wurzeln s_1 und s_2 die gemeinsamen Punkte von Kreis und Gerade liefert. Sie geht, nach s geordnet, in $ls^2 + 2ms + n = 0$ über, und es ist

$$l = 1, \quad n = (\xi - \alpha)^2 + (\eta - \beta)^2 - \varrho^2 = S(\xi\eta).$$

Wegen $l = 1$ hat man

$$s_1 s_2 = n = S(\xi\eta).$$

Es ist also $s_1 s_2$ unabhängig von φ gleich $S(\xi\eta)$, und das ist der zu beweisende Satz. Damit haben wir auch den oben benutzten elementar-geometrischen Satz analytisch abgeleitet.

§ 2. Kreis und Gerade. Tangente.

Seien ein Kreis K und eine Gerade g gegeben; die Gerade verbinde die Punkte $P_1(\xi_1\eta_1)$ und $P_2(\xi_2\eta_2)$. Wir stellen ihre Punkte $P(x,y)$ durch die Gleichungen

$$(7) \qquad x = \frac{\xi_1 - \mu\xi_2}{1 - \mu}, \quad y = \frac{\eta_1 - \mu\eta_2}{1 - \mu}$$

dar (S. 39), in denen μ das Teilungsverhältnis $(P_1 P_2 P)$ bedeutet. Die Punkte, in denen g den Kreis schneidet, seien P' und P'', und μ', μ'' die ihnen entsprechenden Werte von μ; sie sind Wurzeln der Gleichung, die sich durch Einsetzen der Werte (7) in die Kreisgleichung ergibt. Da

$$x - \alpha = \frac{\xi_1 - \alpha - \mu(\xi_2 - \alpha)}{1 - \mu}, \quad y - \beta = \frac{\eta_1 - \beta - \mu(\eta_2 - \beta)}{1 - \mu}$$

ist, erhält diese Gleichung die Form

$$\{\xi_1 - \alpha - \mu(\xi_2 - \alpha)\}^2 + \{\eta_1 - \beta - \mu(\eta_2 - \beta)\}^2 - \varrho^2(1 - \mu)^2 = 0;$$

nach μ geordnet lautet sie

$$(8) \qquad S_{22}\mu^2 - 2S_{12}\mu + S_{11} = 0;$$

für

$$S_{11} = (\xi_1 - \alpha)^2 + (\eta_1 - \beta)^2 - \varrho^2 = S(\xi_1\eta_1),$$

$$S_{22} = (\xi_2 - \alpha)^2 + (\eta_2 - \beta)^2 - \varrho^2 = S(\xi_2\eta_2),$$

$$S_{12} = (\xi_1 - \alpha)(\xi_2 - \alpha) + (\eta_1 - \beta)(\eta_2 - \beta) - \varrho^2.$$

Die Berechnung von μ' und μ'' ist jedoch ohne wesentliches Interesse. Die Aufgabe, die wir lösen wollen, ist vielmehr die, die Punkte P_1 und P_2 so zu wählen, daß $P_1 P_2$ Tangente in P_1 wird. Fällt P_1 auf den Kreis, so ist $S(\xi_1\eta_1) = S_{11} = 0$; eine der beiden Wurzeln μ' und

μ'' ist Null. Es sei $\mu' = 0$. Die Gerade $P_1 P_2$ trifft dann den Kreis im allgemeinen noch in einem von P_1 verschiedenen Punkt P''. Soll sie aber Tangente in P_1 sein, so muß auch P'' mit P_1 zusammenfallen; es wird auch $\mu'' = 0$, und die Gleichung (8) hat die Doppelwurzel Null. Dies liefert $S_{12} = 0$ als notwendige und hinreichende Bedingung dafür, daß $P_2(\xi_2, \eta_2)$ auf der Tangente an dem Kreis im Punkte (ξ_1, η_1) liegt. Um die Tangentengleichung in veränderlichen Koordinaten x, y zu erhalten, haben wir ξ_2, η_2 durch x, y zu ersetzen; wir erhalten

$$(9) \qquad (\xi_1 - \alpha)(x - \alpha) + (\eta_1 - \beta)(y - \beta) - \varrho^2 = 0,$$

das ist also die Gleichung der Tangente an den Kreis im Punkte (ξ_1, η_1).

Die Gleichung des von einem nicht auf dem Kreis liegenden Punkt $P_1(\xi_1 \eta_1)$ an den Kreis gezogenen *Tangentenpaares* ergibt sich folgendermaßen. Wir fragen wieder, wie der Punkt $P_2(\xi_2 \eta_2)$ liegen muß, damit die Gerade $P_1 P_2$ eine Tangente des Kreises wird. Die Antwort lautet, daß die Wurzeln μ' und μ'' einander gleich sind. Es muß also die Diskriminante von (8) verschwinden; dies liefert

$$(10) \qquad S_{12}^2 - S_{11} S_{22} = 0$$

als Bedingung für P_2, in variablen ξ_2, η_2 also die Gleichung des Tangentenpaares[1].

Beispiel. Seien (ξ_1, η_1) und (ξ_2, η_2) zwei Punkte des Kreises, und (x_1, y_1) der Schnittpunkt ihrer Tangenten. Dann bestehen für ihn gemäß (9) die beiden Gleichungen

$$(\xi_1 - \alpha)(x_1 - \alpha) + (\eta_1 - \beta)(y_1 - \beta) - \varrho^2 = 0 \quad \text{und}$$
$$(\xi_2 - \alpha)(x_1 - \alpha) + (\eta_2 - \beta)(y_1 - \beta) - \varrho^2 = 0.$$

Daraus folgt unmittelbar, daß

$$(\xi - \alpha)(x_1 - \alpha) + (\eta - \beta)(y_1 - \beta) - \varrho^2 = 0$$

in variablen ξ, η die Gleichung der *Berührungssehne* von (x_1, y_1) ist; denn sie ist Gleichung einer Geraden, und auf ihr liegt gemäß den vorstehenden Gleichungen sowohl (ξ_1, η_1) wie auch (ξ_2, η_2).

Bemerkung. Der Kreis zerlegt die Ebene in zwei Gebiete, ein *inneres* und ein *äußeres*. Eine analytische Unterscheidung liefert, wie wir oben sahen, das Vorzeichen von $S(\xi, \eta)$. Eine andere ebenfalls analytische ist die, daß Gleichung (10) für die äußeren Punkte ein reelles Tangentenpaar darstellt, für die inneren nicht.

§ 3. Linie gleicher Potenzen.

Seien K und K' zwei Kreise. Wir fragen nach den Punkten (x, y), die für K und K' gleiche Potenz besitzen. Für sie muß

$$S(xy) = S'(xy)$$

sein; oder einfacher geschrieben

$$(11) \qquad S - S' = 0.$$

---

[1] Man zeigt leicht, daß (10) ein Geradenpaar darstellt.

Dies ist, da $x^2 + y^2$ in der Differenz $S - S'$ wegfällt, eine Gleichung ersten Grades in x und y; ausführlicher geschrieben lautet sie

(11a) $\qquad 2(\alpha - \alpha')x + 2(\beta - \beta')y - (\delta - \delta') = 0$.

Die durch sie dargestellte Gerade heißt *Linie gleicher Potenzen* oder *Potenzlinie* beider Kreise (auch *Chordale*); die Tangenten, die sich von ihren Punkten an K und K' legen lassen, sind einander gleich. Wie aus Gleichung (15) (S. 42) hervorgeht, steht sie auf der Verbindungslinie von $M(\alpha, \beta)$ und $M'(\alpha', \beta')$ (der Zentrale beider Kreise) senkrecht.

Der Gleichung (11) genügen insbesondere die Punkte, für die zugleich $S = 0$ und $S' = 0$ ist, d. h. die Schnittpunkte beider Kreise; die Gerade (11) hat mit dem Kreise $S = 0$ nur die Punkte gemeinsam, für die auch $S' = 0$ ist. Schneiden sich also die Kreise reell, so ist die Potenzlinie ihre *gemeinsame Sekante*, berühren sie sich, so ist sie die *gemeinsame Tangente*. Wie man die Potenzlinie in dem Fall geometrisch konstruiert, daß die gemeinsamen Punkte imaginär sind, bleibt zunächst offen; wir werden diesen Fall alsbald erledigen.

Bemerkung. Die Potenzlinie ist auch dann eine reelle Gerade, wenn einer oder beide Kreise imaginär sind. Bei einem imaginären Kreis ist übrigens die Potenz für jeden Punkt der Ebene positiv.

Wir gehen zu drei Kreisen K, K', K'' über:

$$S = 0, \qquad S' = 0, \qquad S'' = 0$$

seien ihre Gleichungen, also

(12) $\qquad S - S' = 0, \qquad S' - S'' = 0, \qquad S'' - S = 0$

die Gleichungen ihrer Potenzlinien. Die Summe der linken Seiten dieser drei Gleichungen ist identisch gleich Null, also gehen (S. 50) die drei Potenzlinien durch einen Punkt. *Es gibt also einen Punkt, der für alle drei Kreise die gleiche Potenz besitzt* (*Potenzpunkt* der drei Kreise)[1]. Die von ihm an die drei Kreise konstruierbaren Tangenten sind daher sämtlich einander gleich.

Dieser Satz liefert die Potenzlinie zweier reellen Kreise K und K', die sich nicht reell schneiden. Man zeichne nämlich einen Kreis K'' so, daß er sowohl K wie auch K' schneidet, und ziehe die gemeinsame Sekante für K, K'' und K', K'', so ist ihr Schnittpunkt dem Satz gemäß auch ein Punkt der Potenzlinie der Kreise K und K', die Potenzlinie selbst also das Lot von ihm auf ihre Zentrale.

§ 4. Das Kreisbüschel.

Die Gleichung

(13) $\qquad\qquad S - \lambda S' = 0$,

oder ausführlicher

$$(x^2 + y^2)(1 - \lambda) - 2(\alpha - \lambda\alpha')x - 2(\beta - \lambda\beta')y + \delta - \lambda\delta' = 0,$$

---

[1] Der Punkt fällt ins Unendliche, wenn die drei Zentra auf einer Geraden liegen.

stellt für $\lambda \neq 1$ einen Kreis K'' dar, dessen Mittelpunkt $M''(\alpha'', \beta'')$ die Koordinaten

(14) $$\alpha'' = \frac{\alpha - \lambda\alpha'}{1 - \lambda}, \qquad \beta'' = \frac{\beta - \lambda\beta'}{1 - \lambda}$$

besitzt. Er liegt auf der Zentrale von K und K' und teilt die Strecke MM' im Verhältnis λ (S. 26). Jeder Kreis (13) geht durch die Schnittpunkte von K und K'. Alle Kreise, die den verschiedenen Werten von λ entsprechen, bilden ein *Kreisbüschel*; die gemeinsamen Punkte von K und K' heißen seine *Grundpunkte*. Dem Büschel gehört sowohl K an (für $\lambda = 0$) wie auch K' (für $\lambda = \infty$). Für $\lambda = 1$ artet K'' in die Potenzlinie von K und K' aus; sie ist zugleich Potenzlinie für *irgend zwei* Kreise des Büschels. Wir rechnen sie als uneigentlichen Kreis ebenfalls dem Büschel zu.

Ist (ξ, η) ein Punkt von K'', und setzen wir die Gleichung (13) in die Form

$$S(\xi\eta) : S'(\xi\eta) = \lambda,$$

so erkennen wir die geometrische Eigenschaft des Kreises K''; die Potenz eines jeden seiner Punkte in bezug auf K hat zu der Potenz in bezug auf K' ein konstantes Verhältnis.

Schneiden sich K und K' reell, so gibt es unter den Kreisen des Büschels einen kleinsten; sein Mittelpunkt fällt in die *Potenzlinie*. Berühren sich die Kreise in einem Punkt, so berühren sich alle Kreise des Büschels in ihm. Alle sich in einem Punkt berührenden Kreise bilden aber auch ein Büschel; ihm gehört der Berührungspunkt als Nullkreis an. Den Fall imaginärer Schnittpunkte von K und K' behandeln wir in § 6.

Im Büschel sind im allgemeinen zwei Nullkreise enthalten; sie entsprechen den Wurzeln λ der Gleichung

(14a) $$\varrho''^2 = \alpha''^2 + \beta''^2 - \delta'' = \left(\frac{\alpha - \lambda\alpha'}{1 - \lambda}\right)^2 + \left(\frac{\beta - \lambda\beta'}{1 - \lambda}\right)^2 - \frac{\delta - \lambda\delta'}{1 - \lambda} = 0.$$

Dem Vorstehenden gemäß sind sie für ein Büschel mit reellen Schnittpunkten imaginär; für ein Büschel sich berührender Kreise fallen sie

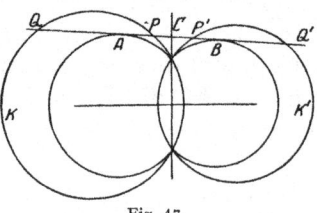

Fig. 47.

zusammen, für ein Büschel mit imaginären Schnittpunkten sind sie reell (vgl. § 6).

Das Kreisbüschel wird von jeder Geraden g in Punktepaaren einer Involution geschnitten; der Schnittpunkt mit der Potenzlinie bildet das Zentrum C der Involution (Fig. 47). Sind nämlich P, Q und P', Q' die Schnittpunkte von g mit zwei Kreisen K und K', so hat C für K und K' gleiche Potenz, es ist also

$$CP \cdot CQ = CP' \cdot CQ',$$

und das ist (S. 33) die definierende Gleichung der Involution.

Die Involution kann hyperbolisch, elliptisch und parabolisch sein. Wird die Gerade g von Kreisen des Büschels berührt, so fallen in den Berührungspunkten A und B je zwei Punkte eines Paares zusammen; sie sind die Doppelpunkte der Involution, und diese ist hyperbolisch. Wird dagegen g von keinem Büschelkreis berührt, so ist die Involution elliptisch. Der parabolische Fall tritt ein, wenn die Kreise sich reell schneiden und die Gerade g durch einen dieser Schnittpunkte hindurchgeht. Dann fällt C in ihn hinein, und die Involution artet aus; von jedem Paar P, Q fällt ein Punkt in C.

§ 5. Winkel zweier Kreise.

Haben zwei reelle Kreise K und K' mit den Mittelpunkten M und M' einen reellen Punkt P gemein, so soll (Fig. 48) der Dreieckswinkel MPM' als der *Schnittwinkel* φ beider Kreise definiert werden. Der Winkel MPM' ist gleich dem einen der beiden Winkel, den die Tangenten der beiden Kreise in P miteinander bilden. Aus dem Dreieck MPM' folgt

$$2 \varrho \varrho' \cos \varphi = \varrho^2 + \varrho'^2 - MM'^2 = \varrho^2 + \varrho'^2 - (\alpha - \alpha')^2 - (\beta - \beta')^2;$$

daraus ergibt sich weiter

(15) $\qquad 2 \varrho \varrho' \cos \varphi = 2 \alpha \alpha' + 2 \beta \beta' - (\delta + \delta')$.

Die Kreise schneiden sich *orthogonal*, wenn

(15a) $\qquad 2 \alpha \alpha' + 2 \beta \beta' - (\delta + \delta') = 0$

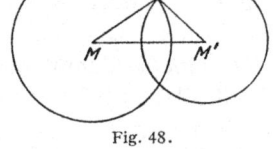

Fig. 48.

ist (*Orthogonalitätsbedingung*). Bei orthogonalem Schneiden ist in den Schnittpunkten der Radius des einen Kreises die Tangente des anderen.

Legen wir die Kreisgleichung in der Form

$$A (x^2 + y^2) + 2 B x + 2 C y + D = 0$$

zugrunde, so erhält die Orthogonalitätsbedingung die Form

(16) $\qquad 2 B B' + 2 C C' - (D A' + A D') = 0$,

und für den Winkel φ folgt

(16a) $\qquad 2 \varrho \varrho' \cos \varphi = \dfrac{2 B B' + 2 C C' - (D A' + A D')}{A A'}$.

Diese Formeln können auch für Kreise, die sich nicht reell schneiden oder auch für nicht reelle Kreise angesetzt werden. Ein reelles Schneiden beider Kreise tritt nur ein, wenn die Formel (15) für $\cos \varphi$ einen Wert gibt, der dem Intervall $-1 \le \cos \varphi \le 1$ angehört. Für $\cos \varphi = \pm 1$ berühren sich beide Kreise; ihre Konstanten befriedigen dann die Gleichung $(\alpha - \alpha')^2 + (\beta - \beta')^2 = (\varrho \pm \varrho')^2$, und man erkennt, daß es für $\cos \varphi = -1$ von außen, für $\cos \varphi = +1$ von innen geschieht. Wir werden aber auch für die übrigen Werte von $\cos \varphi$ von einem (imaginären) Schnittwinkel sprechen und ihn durch obige Formel definieren.

Sei M_1 (Fig. 49) ein Punkt der Potenzlinie von K und K''[1]. Legen wir von ihm die Tangenten an beide Kreise und schlagen mit ihnen (als Radius) einen Kreis K_1 um M_1, so schneidet er die gegebenen Kreise K und K' *orthogonal.* Und um-

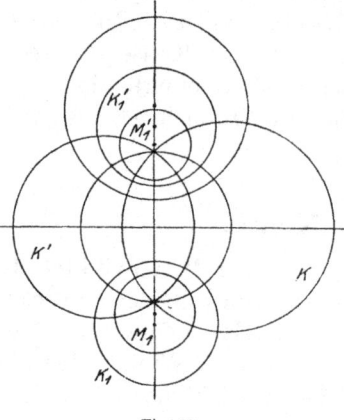

gekehrt: wenn K_1 die Kreise K und K' orthogonal schneidet, dann liegt sein Mittelpunkt auf der Potenzlinie von K und K'. Denn nach (15a) ist in diesem Fall

$$2\alpha_1\alpha + 2\beta_1\beta - (\delta_1 + \delta) = 0,$$
$$2\alpha_1\alpha' + 2\beta_1\beta' - (\delta_1 + \delta') = 0,$$

also

$$2(\alpha - \alpha')\alpha_1 + 2(\beta - \beta')\beta_1 - (\delta - \delta') = 0;$$

folglich liegt nach (11a) der Punkt (α_1, β_1) auf der Potenzlinie von K und K'. Wir lernen damit eine neue Eigenschaft der Potenzlinie kennen; sie ist Ort der Zentra aller Kreise, die K und K' orthogonal

Fig. 49.

schneiden. Haben K und K' keinen reellen Schnittpunkt, so sind die Tangenten an sie für *jeden* Punkt M_1 reell, also auch der gemeinsame Orthogonalkreis mit dem Zentrum M_1 auf der Potenzlinie. Schneiden sie sich reell, so ist der gemeinsame Orthogonalkreis mit einem Schnittpunkte als Zentrum ein Nullkreis; für einen Punkt M_1 auf der Potenzlinie, der innerhalb von K und K' liegt, ist er imaginär.

Fügen wir zu K und K' irgendeinen dritten Kreis K'', so ist der Schnittpunkt ihrer drei Potenzlinien Zentrum eines Kreises, der alle drei Kreise K, K', K'' orthogonal schneidet; *zu drei Kreisen gibt es also stets einen gemeinsamen Orthogonalkreis.* Er kann imaginär sein und auch in eine Gerade ausarten.

Die Gleichung des Orthogonalkreises zu drei Kreisen kann leicht gefunden werden. Setzt man sie in der Form

$$x^2 + y^2 - 2\alpha x - 2\beta y + \delta = 0$$

voraus und bezeichnet man die Konstanten der gegebenen Kreise mit den Indizes 1, 2, 3, so folgen aus der Orthogonalitätsbedingung die Gleichungen

$$\delta_i - 2\alpha\alpha_i - 2\beta\beta_i + \delta = 0; \quad i = 1, 2, 3.$$

Dies sind zusammen vier homogene lineare Gleichungen für $1, -\alpha, -\beta, \delta$; durch das Nullsetzen ihrer Determinante erhalten wir die Gleichung des Orthogonalkreises.

Der Winkel zweier Kreise ist eine Größe, die vom Koordinatensystem unabhängig ist, die Orthogonalität eine vom Koordinatensystem unabhängige Beziehung. Dem müssen im Sinne von S. 55

---

[1] Ein Teil der Figur gehört zu § 6.

Invarianten für alle rechtwinkligen Achsensysteme entsprechen. Dies soll jetzt analytisch nachgewiesen werden. Die Ausdrücke

$$S, \quad S', \quad S - \lambda S'$$

mögen für neue rechtwinklige Koordinaten x_1, y_1 die Form

$$S_1, \quad S_1', \quad S_1 - \lambda S_1'$$

annehmen. Nun enthält das Büschel zwei Nullkreise; es müssen daher *dieselben* Werte λ die Gleichungen

$$S - \lambda S' = 0 \quad \text{und} \quad S_1 - \lambda S_1' = 0$$

zu einem Nullkreis machen. Diese Werte λ sind Wurzeln je einer quadratischen Gleichung (14a), also von

$$(\alpha - \lambda \alpha')^2 + (\beta - \lambda \beta')^2 - (1 - \lambda)(\delta - \lambda \delta') = 0 \quad \text{und}$$
$$(\alpha_1 - \lambda \alpha_1')^2 + (\beta_1 - \lambda \beta_1')^2 - (1 - \lambda)(\delta_1 - \lambda \delta_1') = 0.$$

Diese Gleichungen müssen daher proportionale Koeffizienten von λ^2, λ, 1 besitzen; ihre geometrische Bedeutung wird sogar zeigen, daß diese Koeffizienten resp. gleich sind. Es ergibt sich

$$\alpha^2 + \beta^2 - \delta = \alpha_1^2 + \beta_1^2 - \delta_1, \quad \alpha'^2 + \beta'^2 - \delta' = \alpha_1'^2 + \beta_1'^2 - \delta_1',$$
$$2\alpha\alpha' + 2\beta\beta' - (\delta + \delta') = 2\alpha_1\alpha_1' + 2\beta_1\beta_1' - (\delta_1 + \delta_1').$$

Die ersten beiden Gleichungen haben die evidente Bedeutung $\varrho^2 = \varrho_1^2$, $\varrho'^2 = \varrho_1'^2$, die dritte entspricht der Invarianz der Orthogonalitätsbedingung. Aus allen drei zusammen folgt gemäß (15) auch die Invarianz von $\cos\varphi$.

Werden die so gefundenen invarianten Ausdrücke durch J_k, $J_{k'}$ und $J(k, k')$ bezeichnet, so ist

$$\varrho^2 = J_k, \quad \varrho'^2 = J_{k'}, \quad 2J_k = J(k, k), \quad 2J_{k'} = J(k', k')$$

und daher

$$\cos\varphi = \frac{J(k, k')}{2\sqrt{J_k} \cdot \sqrt{J_{k'}}} = \frac{J(k, k')}{\sqrt{J(k, k) \cdot J(k', k')}}.$$

§ 6. Orthogonale Kreisbüschel.

Wie wir in § 4 sahen, ist die Potenzlinie von K und K' auch Potenzlinie für irgend zwei Kreise des Büschels

$$(17) \qquad\qquad S - \lambda S' = 0;$$

daraus ist bereits zu schließen, daß der in § 5 betrachtete Kreis K_1 um den Punkt M_1 *jeden* Kreis des Büschels orthogonal schneidet. Analytisch ergibt es sich folgendermaßen. Da der Kreis K_1 zu K und K' orthogonal ist, so bestehen nach § 5 die Gleichungen

$$2\alpha_1\alpha + 2\beta_1\beta - (\delta_1 + \delta) = 0,$$
$$2\alpha_1\alpha' + 2\beta_1\beta' - (\delta_1 + \delta') = 0.$$

Aus ihnen folgt — durch Multiplikation mit 1 und λ und Subtraktion —

$$2\alpha_1(\alpha - \lambda\alpha') + 2\beta_1(\beta - \lambda\beta') - \{\delta_1(1 - \lambda) + \delta - \lambda\delta'\} = 0,$$

und dies ist, wie die Gleichungen (14) erkennen lassen, in der Tat die Orthogonalitätsbedingung für K_1 und einen beliebigen Kreis des Büschels. Damit ist zugleich bewiesen: Ist ein Kreis zu irgend zwei Kreisen eines Büschels orthogonal, so ist er zu jedem Kreis dieses Büschels orthogonal.

Sei M_1' ein zweiter Punkt der Potenzlinie (Fig. 49) und K_1' der um ihn gelegte Kreis, der das Büschel orthogonal schneidet; ferner seien

$$S_1 = 0 \quad \text{und} \quad S_1' = 0$$

die Gleichungen beider Kreise. Sie bestimmen ebenfalls ein Büschel, nämlich

(18) $$S_1 - \mu S_1' = 0.$$

Die beiden so erhaltenen Büschel stehen in einer einfachen Beziehung zueinander; *jeder Kreis des einen Büschels schneidet jeden Kreis des anderen orthogonal.* Wir wissen nämlich schon, daß jeder Kreis des ersten Büschels zu zwei Kreisen des zweiten Büschels orthogonal ist, also ist er nach dem eben Bewiesenen zu jedem Kreis des zweiten Büschels orthogonal, und dies ist die Behauptung.

Solche Büschel heißen *orthogonale Kreisbüschel.* Die Potenzlinie des ersten Büschels ist Ort der Kreismittelpunkte für das zweite, und ebenso umgekehrt. Die beiden Potenzlinien stehen aufeinander senkrecht. Besteht insbesondere das eine Büschel aus einander berührenden Kreisen, so auch das andere.

Die so gefundenen Kreisbüschel bilden zwei Kurvenscharen, wie wir sie am Schluß von Kap. II behandelten, und die wir als *Grundlage für Koordinatenbestimmungen* erkannten. Deshalb leiten wir noch einige weitere Eigenschaften für sie ab. Dazu legen wir die Koordinatenachsen zweckmäßig so, daß die beiden Potenzlinien in sie hineinfallen.

Die Gleichung eines Kreises, dessen Mittelpunkt in einen Punkt $(\alpha, 0)$ der x-Achse fällt, lautet

(19) $$x^2 + y^2 - 2\alpha x + \delta = 0;$$

ebenso ist die Gleichung eines Kreises, dessen Mittelpunkt $(0, \beta)$ in die y-Achse fällt,

(19a) $$x^2 + y^2 - 2\beta y + \delta' = 0.$$

Die Bedingung (15a), daß je zwei solche Kreise orthogonal zueinander sind, nimmt hier die einfache Form

$$\delta + \delta' = 0$$

an. Setzen wir $\delta = -\gamma^2$, also $\delta' = +\gamma^2$, so werden unsere Gleichungen

(20) $$x^2 + y^2 - 2\alpha x - \gamma^2 = 0, \quad x^2 + y^2 - 2\beta y + \gamma^2 = 0.$$

Wählen wir nun γ^2 als positive Konstante, so ergeben sich zwei Büschel in der Lage, wie Fig. 49 sie zeigt. Allen Kreisen, die der ersten Gleichung genügen, gehören die gemeinsamen Punkte von

$$x^2 + y^2 - \gamma^2 = 0 \quad \text{und} \quad x = 0$$

an, sie bilden also ein Büschel, für das die y-Achse die Potenzlinie ist; die Punkte auf ihr im Abstand $\pm \gamma$ von O sind die *reellen* Grundpunkte des Büschels. Für die Kreise des zweiten Büschels sind die Grundpunkte durch die Gleichungen

$$x^2 + y^2 + \gamma^2 = 0, \quad y = 0$$

gegeben; ihre Potenzlinie ist die x-Achse, und ihre Grundpunkte sind *imaginär*; keine zwei Kreise dieses Büschels schneiden sich also reell. Man erkennt weiter, daß *jeder* Kreis des ersten Büschels reell ist; für ihn ist $\varrho^2 = \alpha^2 + \gamma^2$. Dagegen ist für das zweite Büschel $\varrho^2 = \beta^2 - \gamma^2$; es enthält daher zwei Nullkreise, den Mittelpunkten $\beta = \pm \gamma$ entsprechend, während die Kreise $\beta^2 < \gamma^2$, deren Mittelpunkte also in das Stück der y-Achse fallen, das durch $+\gamma$ und $-\gamma$ begrenzt ist, imaginär sind; was auch geometrisch evident ist.

Für $\gamma = 0$ gehen die beiden Büschel in Büschel von Berührungskreisen (mit O als Berührungspunkt) über.

§ 7. Kreispunkte und Minimalgeraden.

Wir gehen von Gleichung (2) aus und setzen sie in die homogene Form

$$A(x^2 + y^2) + 2Bxz + 2Cyz + Dz^2 = 0. \qquad (A \gtrless 0).$$

Für die Schnittpunkte des Kreises mit $z = 0$ ist

(21) $$x^2 + y^2 = 0 \quad \text{oder} \quad (x + iy)(x - iy) = 0;$$

sie sind also zugleich Schnittpunkte von g_∞ mit den beiden imaginären Geraden

(21a) $$x + iy = 0 \quad \text{und} \quad x - iy = 0.$$

Da dies Resultat von den Konstanten A, B, C, D unabhängig ist, geht jeder Kreis durch *dieselben* (*imaginären*) *Punkte von* g_∞; sie heißen deshalb *Kreispunkte*. Sie sollen durch $\mathfrak{J}_\infty$ und J_∞ bezeichnet werden.

Die Gleichung des Paares der Kreispunkte lautet in Linienkoordinaten

(21b) $$(u - vi)(u + vi) = u^2 + v^2 = 0.$$

Ihre Koordinaten sind nämlich $x : y : z = 1 : -i : 0$ und $x : y : z = 1 : i : 0$; die Gleichungen in Linienkoordinaten sind daher (S. 60) $u - vi = 0$ und $u + vi = 0$, und dies ist die Behauptung. Wie der Ausdruck $x^2 + y^2$, so bleibt auch $u^2 + v^2$ bei rechtwinkligen Koordinatentransformationen invariant (S. 61).

Die Kreispunkte $\mathfrak{J}_\infty$ und J_∞ gehören auch den ausgearteten Kreisen an, die dem Fall $A = 0$ entsprechen. Alsdann ist nämlich die ganze Gerade g_∞ ein Teil des Kreises, also auch $\mathfrak{J}_\infty$ und J_∞.

Die beiden imaginären Geraden

$$x + iy = 0 \quad \text{und} \quad x - iy = 0$$

haben sehr eigenartige Eigenschaften.

1. Sind (x_1, y_1) und (x_2, y_2) zwei Punkte einer von ihnen, so ist

$$x_1 \pm iy_1 = 0 \quad \text{und} \quad x_2 \pm iy_2 = 0,$$

und daraus folgt

$$x_2 - x_1 \pm i(y_2 - y_1) = 0; \quad (x_2 - x_1)^2 + (y_2 - y_1)^2 = 0.$$

Die linke Seite der letzten Gleichung stellt den Abstand der beiden Punkte (x_1, y_1) und (x_2, y_2) dar; man gelangt also zu dem (zunächst paradox erscheinenden) Resultat, daß irgend zwei Punkte einer solchen Geraden *den Abstand Null* besitzen. Die gleichen Eigenschaften haben die durch Parallelverschiebung aus ihnen entstehenden Geraden durch den Punkt (α, β)

$$x - \alpha \pm i(y - \beta) = 0.$$

Alle diese Geraden heißen deshalb *Minimalgeraden*. Sie bilden ein wichtiges Untersuchungsmittel vieler geometrischen Probleme.

2. Wie die Formel (14) von S. 42 unmittelbar zeigt, wird der Winkel, den eine Minimalgerade mit sich selbst bildet (weil auch der Nenner verschwindet), unbestimmt.

3. Jeder Nullkreis zerfällt in zwei Minimalgeraden entsprechend der Gleichung

$$(x - \alpha)^2 + (y - \beta)^2 = [x - \alpha - i(y - \beta)] \cdot [x - \alpha + i(y - \beta)] = 0.$$

4. *Ein jeder Kreis wird von den durch seinen Mittelpunkt gehenden Minimalgeraden in den Punkten $\mathfrak{J}_\infty$ und J_∞ berührt.* Hierbei verstehen wir unter der Berührung einer Kurve K und einer Geraden t im Punkte $T(a, b)$ genau nach dem Verfahren in § 2 (S. 115) die Erscheinung, daß das Gleichungssystem für K und t eine Doppellösung (a, b) besitzt, wobei der Punkt (a, b) nicht etwa ein Doppelpunkt von K ist. In unserem Falle haben die beiden (in homogenen Koordinaten geschriebenen) Gleichungen

$$(x - \alpha z)^2 + (y - \beta z)^2 - \varrho z^2 = 0$$

und

$$x - \alpha z + i(y - \beta z) = 0$$

als einzige Lösung (Doppellösung)

$$x : y : z = 1 : -i : 0,$$

ebenso

$$(x - \alpha z)^2 + (y - \beta z)^2 - \varrho^2 z^2 = 0$$

und

$$x - \alpha z - i(y - \beta z) = 0$$

als einzige Lösung
$$x : y : z = 1 : i : 0.$$

Die Geraden
$$x - \alpha z + i(y - \beta z) = 0$$
und
$$x - \alpha z - i(y - \beta z) = 0$$

berühren also den Kreis auf der unendlich fernen Geraden $z = 0$. Hieraus folgt unmittelbar: Konzentrische Kreise berühren einander in den Kreispunkten.

5. Die in Kap. VII (S. 88) auftretenden Doppelstrahlen einer orthogonalen Involution sind zwei Minimalgeraden. Die dort benutzten Gleichungen $N = 0$ und $N' = 0$ stellen zueinander orthogonale Geraden dar; nehmen wir sie zu Achsen $x = 0$ und $y = 0$, so gehen die dort benutzten Gleichungen in (21a) über.

§ 8. Die Inversion am Kreis.

Liege ein Kreis vom Radius ϱ mit der Gleichung
$$x^2 + y^2 = \varrho^2$$

vor, und seien P, P' zwei Punkte auf einem durch O gehenden Halbstrahl, für die (Fig. 50)

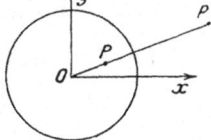

(23) $$OP \cdot OP' = r \cdot r' = \varrho^2$$

ist, so heißen P und P' *Spiegelbilder* voneinander für den Kreis[1]. Aus den Gleichungen

$$x : r = x' : r' \quad \text{und} \quad y : r = y' : r'$$

folgt

Fig. 50.

(24) $$x' = \frac{x \varrho^2}{x^2 + y^2}, \quad y' = \frac{y \varrho^2}{x^2 + y^2}; \quad x = \frac{x' \varrho^2}{x'^2 + y'^2}, \quad y = \frac{y' \varrho^2}{x'^2 + y'^2}.$$

Die durch diese Gleichungen vermittelte Beziehung zwischen den Punkten P und P' heißt *Inversion (Spiegelung) am Kreis* oder auch Transformation durch *reziproke Radien*.

Um die Eigenschaften dieser Transformation abzuleiten, nehmen wir zweckmäßig $\varrho = 1$ an, legen also den Einheitskreis als spiegelnden Kreis zugrunde[2]; seine Gleichung sei $(x^2 + y^2) - 1 = 0$. Dann gilt:

1. Jeder Punkt des spiegelnden Kreises entspricht sich selbst.

2. Die Gleichung irgendeines Kreises, also

(25) $$A(x^2 + y^2) + 2Bx + 2Cy + D = 0$$

verwandelt sich durch die Substitutionen (24) (für $\varrho^2 = 1$) in

(25a) $$A + 2Bx' + 2Cy' + D(x'^2 + y'^2) = 0;$$

ein Kreis geht also in einen Kreis über. Deswegen nennt man diese Transformation eine *Kreisverwandtschaft.* Allgemeinere solche Trans-

---

[1] Für die Bezeichnung vgl. S. 103, Anm. 1.

[2] Dies bedeutet nur die Festlegung der Maßeinheit.

formationen entstehen dadurch, daß man hintereinander mehrere Inversionen an verschiedenen Kreisen ausführt. Ist in (25) $D = 0$, so stellt (25a) eine Gerade dar; jedem Kreis durch O entspricht also eine Gerade, und umgekehrt.

3. Jeder Kreis, der den Einheitskreis *orthogonal* schneidet, geht *in sich selbst über*. Denn für einen solchen Kreis folgt aus der Orthogonalitätsbedingung von S. 119 $A = D$; die Gleichung (25a) ist also mit (25) identisch[1].

4. *Orthogonale* Kreise K und K' gehen bei der Spiegelung in *orthogonale* Kreise über. Die Orthogonalitätsbedingung lautete

$$2BB' + 2CC' - (AD' + DA') = 0 ;$$

sie ist in A, A' und D, D' symmetrisch. Nun geht aber die Gleichung (25a) des gespiegelten Kreises aus der ursprünglichen Gleichung (25) durch bloße Vertauschung von A und D hervor, und daher bleibt die vorstehende Gleichung auch für die Spiegelbilder von K und K' erfüllt.

5. Allgemeiner folgt, daß die Bildkreise sich unter dem *gleichen* Winkel schneiden wie die ursprünglichen Kreise. Für diesen Winkel besteht, wenn A, B, C, D und A_1, B_1, C_1, D_1 die Konstanten der Ausgangskreise sind, die Gleichung (16a), also

$$2AA_1 \varrho \varrho_1 \cos\varphi = 2BB_1 + 2CC_1 - (AD_1 + DA_1) ,$$

und für den Winkel φ' der Bildkreise gilt analog

$$2DD_1 \varrho' \varrho_1' \cos\varphi' = 2BB_1 + 2CC_1 - (AD_1 + DA_1) .$$

Nun ist aber, wie aus (3a) (S. 113) folgt,

$$B^2 + C^2 - AD = A^2 \varrho^2 = D^2 \varrho'^2 ,$$

also $D\varrho' = \pm A\varrho$, $D_1\varrho_1' = \pm A_1\varrho_1$, und daher $\cos\varphi = \pm\cos\varphi'$, also $\varphi' = \varphi$ oder $\varphi' = \pi - \varphi$. Und zwar ergibt sich leicht, daß D und A gleiches resp. ungleiches Vorzeichen haben, je nachdem O außerhalb oder innerhalb des Kreises liegt. Haben also die beiden Kreise die gleiche Lage zu O, dann ist $\varphi' = \varphi$, andernfalls $\varphi' = \pi - \varphi$. In jedem Falle bilden die Tangenten an die beiden Bildkreise in ihrem Schnittpunkte die gleichen Winkel wie die Tangenten an die ursprünglichen Kreise in ihrem Schnittpunkte. Die Verwandtschaft heißt deshalb *winkeltreu*. Insbesondere gehen also Kreise, die sich berühren, wieder in sich berührende Kreise über.

6. Man überzeugt sich geometrisch leicht, daß das Dreieck dreier Punkte P_1, P_2, P_3, und das Dreieck P_1', P_2', P_3' der Spiegelbilder umgekehrten Anordnungssinn besitzen; die Kreisverwandtschaft bewirkt daher eine *Umlegung* der Figuren.

7. Jedem Punkt P_∞ entspricht als Punkt P' der Mittelpunkt O; hier hört das eineindeutige Entsprechen auf. Diese Eigenschaft,

---

[1] *Fest* bleiben nur die zwei Schnittpunkte mit dem Einheitskreis.

nicht durchaus eineindeutig zu sein, ist charakteristisch für alle durch algebraische Beziehungen vermittelte Transformationen, falls sie nicht projektive Transformationen sind. Wenn sie, wie die vorliegende, *im allgemeinen* eineindeutig sind und nur für die Punkte auf einzelnen Kurven diese Eigenschaft verlieren, nennt man sie *birationale Transformationen*, weil die Koordinaten entsprechender Punkte sich in diesem Falle wechselseitig rational durcheinander ausdrücken lassen. Sie spielen in der Theorie der höheren Kurven eine sehr wichtige Rolle. Ein sehr merkwürdiger Satz besagt, daß man jede solche Transformation aus Inversionen (etwa am Einheitskreis) und projektiven Transformationen zusammensetzen kann.

Die Inversion am Kreis läßt sich durch einfache Apparate mechanisch vermitteln. Folgendes sei vorangeschickt:

Die mechanisch *unmittelbar* ausführbare Bewegung ist nur die Drehung einer Stange um einen ihrer Endpunkte. Werden mehrere Stangen so verbunden, daß jede einzelne an sich um die Endpunkte (*Gelenke*) drehbar bleibt, so spricht man von einem *Gelenkmechanismus*. Den einfachsten Fall solcher Mechanismen bildet ein *Gelenkviereck;* man kann ein solches Viereck $ABCD$ z. B. so bewegen, daß AB festgehalten wird, während C und D auf den Kreisen um B und A laufen.

Ein Gelenkmechanismus, in dem zwei Punkte sich so bewegen, daß die von dem einen beschriebene Kurve ein Spiegelbild der anderen Kurve für einen gewissen Kreis ist, heißt *Inversor*.

Zwei einfache Inversoren sind die folgenden:

1. Der Inversor von PEAUCELLIER. In Fig. 51 ist OBC ein gleichschenkliges Dreieck und $ABCA'$ ein Rhombus[1]. Der Punkt O ist fest; die Stangen sind in den gemeinsamen Endpunkten gelenkig verbunden. In allen möglichen Lagen bleiben aber die Punkte O, A und A' auf einer zu BC senkrechten Geraden; ferner sind durch die Lage von A die Lagen der übrigen Punkte bestimmt (zwangläufige Bewegung). Nun ist

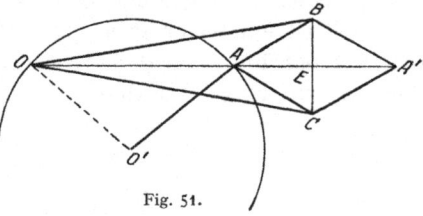

Fig. 51.

$$OA = OE - AE, \quad OA' = OE + AE,$$

also

$$OA \cdot OA' = OE^2 - AE^2 = OB^2 - AB^2 = \text{const} = \varrho^2,$$

es sind also *A und A' Spiegelbilder gegen einen Kreis* um O vom Radius ϱ. Beschreibt A eine Kurve, so beschreibt A' die inverse. Man kann die Bewegung von A mit der Hand (innerhalb eines gewissen Bereichs) beliebig beeinflussen.

---

[1] Der Punkt O' und die Stange $O'A$ bleiben zunächst außer Betracht.

2. Der Hartsche Inversor ist ein *Gelenkviereck* besonderer Art. Er entsteht aus einem Parallelogramm $ABCD$ in der Weise, daß man das Dreieck ABC um die Diagonale AC umschlägt, so daß das Antiparallelogramm von Fig. 52 entsteht. Ist h die Höhe des Trapezes

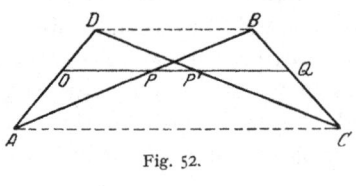

Fig. 52.

$ACBD$, ist ferner $AD = BC = a$, $AB = CD = b$, so hat man

$$AC = \sqrt{b^2 - h^2} + \sqrt{a^2 - h^2},$$
$$BD = \sqrt{b^2 - h^2} - \sqrt{a^2 - h^2},$$

also

$$AC \cdot DB = b^2 - a^2 = \text{const}.$$

Nun sei $OPP'Q$ eine Parallele zwischen AC und BD, so ist $OP' = PQ$. Setzt man nun $AO : OD : AD = \lambda : \mu : (\lambda + \mu)$, so wird

$$OP : DB = \lambda : (\lambda + \mu). \qquad PQ : AC = \mu : (\lambda + \mu),$$

also

$$OP \cdot OP' : AC \cdot DB = \lambda\mu : (\lambda + \mu)^2,$$

und demnach schließlich, falls O auf AD fest, also $\lambda : \mu$ eine Konstante ist,

$$OP \cdot OP' = (b^2 - a^2)\lambda\mu : (\lambda + \mu)^2 = \text{const} = \varrho^2.$$

Die Punkte P und P' sind also wieder *Spiegelbilder für den Kreis* um O mit dem Radius ϱ. Eine zwangläufige Bewegung ist so möglich, daß O fest bleibt, also AD sich um O dreht, während zugleich P eine vorgegebene Kurve (stückweise) beschreibt.

Man benutzt die Inversoren insbesondere zu *Geradführungen*, d. h. so, daß sich ein gewisser Punkt auf einer Geraden bewegt. Wie man dies bewirken kann, zeigt Fig. 51. Das neue Gelenkstück $O'A$ dient dazu; O' ist ein fester Punkt des Materials, und $O'O = O'A$. Es muß daher A beständig auf dem Kreis bleiben, der durch O geht, und daher läuft A' auf einer Geraden.

Zehntes Kapitel

Ellipse, Hyperbel, Parabel.

Ellipse und Hyperbel in der S. 18 angenommenen Lage zum Ko-ordinatensystem zerfallen durch die Koordinatenachsen in vier sym-metrische Kurvenzweige; wir können davon in der Weise Nutzen ziehen, daß wir die geometrische Betrachtung gelegentlich auf den Kurvenzweig des ersten Quadranten beschränken. Da die Parabel in der S. 15 an-genommenen Lage nur für positives x reelle Punkte hat und die x-Achse als Symmetrieachse besitzt, ist dies auch für die Parabel zulässig. Ab-kürzend bezeichnen wir die drei Kurven durch E_2, H_2, P_2.

§ 1. Die Direktrix.

Sei (x, y) ein Punkt einer Ellipse; gemäß vorstehender Festsetzung soll $x > 0$, $y > 0$ sein. Man hat dann (S. 16)

$$r_1^2 - r_2^2 = 4cx, \qquad r_1 + r_2 = 2a$$

und erhält durch Division

$$r_1 - r_2 = 2\frac{c}{a} \cdot x = 2ex, \qquad e = \frac{c}{a},$$

also weiter

(1) $$r_1 = a + ex, \qquad r_2 = a - ex.$$

Für die Hyperbel ergibt sich analog

$$r_1 - r_2 = 2a, \qquad r_1 + r_2 = 2\frac{c}{a}x = 2ex,$$

also

(1a) $$r_1 = ex + a, \qquad r_2 = ex - a.$$

Die hier eingeführte Größe e heißt *numerische* Exzentrizität, c die *lineare*[1]. Für die E_2 ist $e < 1$, für die H_2 ist $e > 1$.

Aus den Gleichungen (1) folgt für die E_2 weiter

(2) $$r_1 = e\Big(x + \frac{a}{e}\Big), \qquad r_2 = e\Big(\frac{a}{e} - x\Big).$$

---

[1] Da c eine Strecke ist und e das Verhältnis zweier Strecken.

Seien nun (Fig. 53) D_1 und D_2 die Punkte der x-Achse, für die

(3) $D_1O = OD_2 = a : e = l$

ist, d_1 und d_2 die in ihnen errichteten Normalen auf der x-Achse und L_1P, L_2P die von P auf sie gefällten Lote, so wandeln sich die Gleichungen (2) in

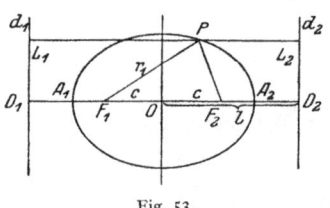

Fig. 53.

(4) $F_1P : L_1P = e$, $F_2P : L_2P = e$,

und das ist genau die Eigenschaft, von der wir in Kap. III (S. 20) ausgingen. Wegen $e < 1$ ist $l > a$, also liegt der Scheitel A_2 zwischen O und D_2.

Für die Hyperbel haben wir ebenso

(2a) $r_1 = e\left(x + \dfrac{a}{e}\right),\quad r_2 = e\left(x - \dfrac{a}{e}\right),$

und wenn wir wieder die Punkte D_1 und D_2 gemäß (3) bestimmen und in ihnen die Normalen d_1 und d_2 auf der x-Achse errichten, so ergeben sich ebenfalls die Gleichungen (4). Hier ist aber $e > 1$, also auch $l < a$, und daher liegt D_2 zwischen O und A_2. Also folgt:

Ellipse und Hyperbel bilden den geometrischen Ort eines Punktes, dessen Abstände von einem festen Punkt (Brennpunkt) und einer festen Geraden (Direktrix, Leitlinie) ein konstantes Verhältnis e besitzen. Für e < 1 ist der Ort eine Ellipse, für e > 1 eine Hyperbel. Jedem der beiden Brennpunkte entspricht eine Direktrix.

Auch bei dieser Definition erscheint die Parabel als Grenzfall zwischen Ellipse und Hyperbel. Ein rein geometrischer Grund für diese Stellung ist der, daß alle drei Kurven aus einem Rotationskegel durch Ebenen herausgeschnitten werden. Darauf beruht ihre gemeinsame Definitionsmöglichkeit und der gemeinsame Name *Kegelschnitte*. Die E_2 entsteht, wenn die Ebene keiner Kegelkante parallel ist; sie schneidet dann nur eine Kegelhälfte; die H_2, wenn sie zu zwei Kegelkanten parallel ist und also beide Kegelhälften schneidet; die P_2 endlich, wenn sie nur einer Kegelkante parallel ist, sie schneidet dann auch nur eine Kegelhälfte. Alle drei Kurven entstehen also, wenn ein Kreis von einem Punkt aus auf eine Ebene projiziert wird. Später werden wir leicht einsehen, daß umgekehrt jede Projektion des Kreises von einem Punkt P aus auf eine nicht durch P gehende Ebene eine Ellipse, Hyperbel oder Parabel ergibt.

Man prüfe im Anschluß hieran, welche Kurve der Schatten einer Turmspitze an verschiedenen Orten der Erde beschreibt.

§ 2. Die Tangente.

Eine Gerade g sei als Verbindungslinie zweier Punkte (ξ_1, η_1) und (ξ_2, η_2) gegeben. Ihre Punkte stellen wir, wie bei der analogen Kreisbetrachtung (Kap. IX, § 2), durch

(5) $x = \dfrac{\xi_1 - \mu \xi_2}{1 - \mu}, \quad y = \dfrac{\eta_1 - \mu \eta_2}{1 - \mu}$

dar; E_2 und H_2 können gemeinsam durch

(6) $$A x^2 + B y^2 = 1; \quad A = \frac{1}{a^2}, \quad B = \pm \frac{1}{b^2}$$

ausgedrückt werden. Für die Punkte P', P'', die sie mit der Geraden g gemein haben, erhalten wir aus (5) und (6) die in μ quadratische Gleichung

$$A(\xi_1 - \mu \xi_2)^2 + B(\eta_1 - \mu \eta_2)^2 - (1 - \mu)^2 = 0,$$

deren Wurzeln μ' und μ'' durch (5) die Punkte P', P'' liefern. Setzen wir die vorstehende Gleichung in die Form

(7) $$L \mu^2 - 2 M \mu + N = 0,$$

so ist

$$L = A \xi_2^2 + B \eta_2^2 - 1, \quad N = A \xi_1^2 + B \eta_1^2 - 1, \quad M = A \xi_1 \xi_2 + B \eta_1 \eta_2 - 1.$$

Wie beim Kreis (S. 115) suchen wir die Bedingung, unter der die Gerade g Tangente in (ξ_1, η_1) wird. Lassen wir (ξ_1, η_1) auf die Kurve fallen, so ist $N = 0$, eine der Wurzeln μ' und μ'' ist Null; es sei $\mu' = 0$, so daß P' mit (ξ_1, η_1) zusammenfällt. Soll die Gerade zur Tangente in (ξ_1, η_1) werden, so muß auch $\mu'' = 0$ sein, also auch $M = 0$; die dafür nötige Bedingung ist also:

$$A \xi_1 \xi_2 + B \eta_1 \eta_2 - 1 = 0.$$

Als Gleichung der Tangente in (ξ_1, η_1) in variablem x, y erhalten wir somit

(8) $$A \xi_1 x + B \eta_1 y - 1 = 0.$$

Die Gleichung des durch einen beliebigen Punkt (ξ_1, η_1) gehenden Tangentenpaares wird wieder, analog zum Kreis (S. 116), durch $LN - M^2 = 0$ dargestellt.

Gleichung (8) führt zu einer einfachen Konstruktion der Tangente (Fig. 54). Sei T ihr Schnitt mit der x-Achse und $OT = x_0$, $OQ_1 = \xi_1$; aus (8) folgt dann

$$\xi_1 x_0 = a^2; \quad \text{d. h.} \quad OQ_1 \cdot OT = A_1 O \cdot OA_2,$$

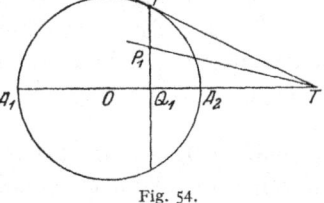

Fig. 54.

die Paare A_1, A_2 und Q_1, T sind also harmonische Paare (S. 68). Dies gilt für die E_2 wie für die H_2; bei der E_2 liegt Q_1 zwischen A_1 und A_2, bei der H_2 ist es T. Damit ist T bestimmt. Die sämtlichen Paare Q_1, T bilden also eine Involution mit A_1 und A_2 als Doppelpunkten. Für $\xi_1 = c$ wird $x_0 = a^2 : c = l$, für den Brennpunkt F_2 ist also D_2 der zugehörige Punkt T, ebenso D_1 für F_1.

Die Lage von T ist von b unabhängig, sie hängt nur von Q_1 ab, ist also für alle Ellipsen mit derselben Achse $2a$ dieselbe. Wenn man daher den Kreis über $2a$ als Durchmesser zeichnet, so geht die Kreistangente in dem Punkt P', der ξ_1 als Abszisse hat, ebenfalls durch T. In dieser Weise läßt sich T gewinnen. Die Unabhängigkeit des Punktes T von b hängt damit zusammen, daß bei der Affinität (s. S. 35, Bsp.) $$x_1 = x, \quad y_1 = \varrho y$$

eine Ellipse mit den Achsen $2a$ und $2b$ in eine Ellipse mit den Achsen $2a$ und $2 \varrho \cdot b$ übergeht. Bei der Affinität bleiben aber alle Punkte der x-Achse fest.

Ferner gehen die Tangenten an eine Kurve wieder in die Tangenten der affinen Kurve über. Also bleibt T der Schnittpunkt der Tangente in P_1 mit der x-Achse fest und ist auch ein Punkt der Tangente in dem entsprechenden Punkt der affinen Kurve.

Aus Gleichung (8) gewinnen wir in einfacher Weise die Gleichung von Ellipse und Hyperbel in *Linienkoordinaten*, d. h. die Gleichung, der die Linienkoordinaten der Tangente an der Kurve genügen. Für die Linienkoordinaten u und v der Tangente erhalten wir (S. 57)

$$u = -A\xi_1, \quad v = -B\eta_1; \quad \xi_1 = -\frac{u}{A}, \quad \eta_1 = -\frac{v}{B}.$$

Nun besteht aber für den Punkt (ξ_1, η_1) die Gleichung (6); setzt man die vorstehenden Werte in sie ein, so gilt die so entstehende Gleichung

$$(9) \qquad\qquad \frac{u^2}{A} + \frac{v^2}{B} - 1 = 0$$

für jede Tangente und *ist daher die gesuchte Gleichung.*

Man kann von (9) auf dualem Weg zu (6) zurückgelangen [durch die Frage nach den Punkten, für die die beiden durch sie gehenden (9) genügenden Strahlen (u, v) zusammenfallen]. So folgt zugleich, daß der Gleichung (9) nur von den Tangenten der E_2 und H_2 genügt wird.

Als Gleichung der Parabeltangente im Punkte (ξ_1, η_1) erhalten wir nach der gleichen Methode

$$(10) \qquad\qquad y\eta_1 - p(x + \xi_1) = 0.$$

In (7) ist nämlich in diesem Fall

$$N = \eta_1^2 - 2p\xi_1, \quad M = \eta_1\eta_2 - p(\xi_2 + \xi_1), \quad L = \eta_2^2 - 2p\xi_2;$$

aus $M = 0$ folgt die vorstehende Gleichung.

Zu den Tangenten der P_2 gehört auch die Gerade g_∞. Um das nachzuweisen, gehen wir zu homogenen Koordinaten über; die P_2-Gleichung wird

$$y^2 - 2pxz = 0.$$

Gemäß S. 124 sind also $x = 0$ und $z = 0$ Tangenten der P_2, und es liegen ihre Berührungspunkte auf $y = 0$.

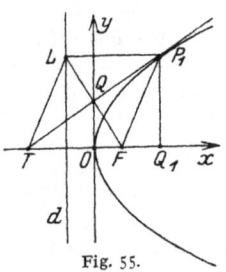

Fig. 55.

Bei der Parabel bestimmt sich der Punkt T durch die Gleichung $x_0 + \xi_1 = 0$. Die Punkte Q_1 und T bilden also wieder mit den Punkten O und P_∞ als Doppelpunkten eine Involution. Ist (Fig. 55) LP_1 das Lot von P_1 auf die Direktrix, so hat man

$$FP_1 = LP_1 = p/2 + \xi_1 = TO + p/2 = TF,$$

es ist also TLP_1F ein Rhombus. Wir erhalten folgende Sätze: 1. die Tangente bildet mit FP_1 und LP_1 gleiche Winkel; 2. die Diagonalen FL und TP_1 schneiden sich auf der y-Achse (der *Scheiteltangente*) senkrecht; was man auch folgendermaßen ausspricht: 3. der Fußpunkt Q des vom Brennpunkt auf die Tangente gefällten Lotes liegt stets auf der Scheiteltangente; 4. der Fußpunkt Q ist die Mitte des Lotes vom Scheitel auf das Lot P_1L von P_1 auf die Scheiteltangente.

Der Scheitel O liegt in der Mitte zwischen dem Schnittpunkte T der Achse mit der Tangente in P_1 und dem Lote von P_1 auf die Achse. Der Satz 4 gibt die einfachste Konstruktion der Tangente an die Parabel zu P_1, falls der Scheitel und die Scheiteltangente gegeben ist.

Ist τ der Winkel der P_2-Tangente mit der x-Achse, so folgt aus (10)

$$m = \operatorname{tg}\tau = p : \eta_1 \quad \text{also} \quad \eta_1 = p \operatorname{ctg}\tau\,.$$

Ferner ist $2\xi_1 : \eta_1 = \eta_1 : p = \operatorname{ctg}\tau$, und daher läßt sich (10) in

$$y = x \operatorname{tg}\tau + \tfrac{1}{2} p \operatorname{ctg}\tau$$

überführen. Denken wir uns eine zweite Tangente, die zu der eben betrachteten normal ist $(r_1 = \tau \pm \tfrac{1}{2}\pi)$, so lautet ihre Gleichung

$$y = - x \operatorname{ctg}\tau - \tfrac{1}{2} p \operatorname{tg}\tau\,.$$

Für den Schnittpunkt beider Tangenten bestehen beide Gleichungen, also auch jede aus ihnen hervorgehende. Durch Subtraktion folgt

$$0 = (x + \tfrac{1}{2}p)(\operatorname{tg}\tau + \operatorname{ctg}\tau) \quad \text{oder} \quad 0 = x + \tfrac{1}{2}p\,,$$

dieser Gleichung genügt daher der Schnittpunkt. Die Schnittpunkte senkrechter Tangentenpaare erfüllen mithin die Direktrix.

§ 3. Die Brennpunkte.

Wir kehren zu Ellipse und Hyperbel zurück und fällen von O und von den Brennpunkten Lote auf die Tangente (Fig. 56). Das Lot von O sei δ, die Lote von F_1 und F_2 seien $F_1 T_1 = \delta_1$ und $F_2 T_2 = \delta_2$. Um sie zu berechnen, haben wir die Tangentengleichung in ihre Normalform zu setzen; es wird erreicht, indem wir Gleichung (8) mit δ multiplizieren[1]. Wir erhalten also für die Tangente im Punkte (ξ, η)

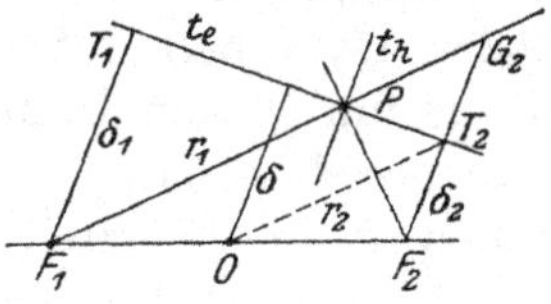

Fig. 56.

$$(11) \qquad N(x, y) = \frac{x\xi}{a^2}\,\delta \pm \frac{y\eta}{b^2}\,\delta - \delta = 0\,.$$

Nun haben die Koordinaten von F_1 und F_2 die Werte $-c, 0$ und $+c, 0$; gemäß S. 27 erhalten wir also für δ_1 und δ_2 die Werte

$$\delta_1 = N(-c, 0) = - \frac{\delta e}{a}\left(\frac{a}{e} + \xi\right),$$

$$\delta_2 = N(c, 0) \;\;\; = - \frac{\delta e}{a}\left(\frac{a}{e} - \xi\right).$$

Dies gilt gemeinsam für E_2 und H_2. Für die E_2 folgt hieraus gemäß (2)

$$(11\,a) \qquad\qquad \delta_1 : \delta_2 = r_1 : r_2\,.$$

Bezeichnen wir r_1 und r_2 als *Brennstrahlen*, so folgt: *Die Ellipsentangente* t_e *bildet mit den beiden Brennstrahlen gleiche Winkel.* Sie halbiert

---

[1] Die Normalform muß $-\delta$ als absolutes Glied haben,

die Nebenwinkel des Winkels $F_1 P F_2$, da F_1 und F_2 auf derselben Seite der Tangente liegen.

Für die H_2 folgt ebenso gemäß (2a)

(11b) $$- \delta_1 : \delta_2 = r_1 : r_2 \, .$$

Bei der H_2 haben also die Lote entgegengesetztes Zeichen. Im Gegensatz zur E_2 liegen daher F_1 und F_2 auf *verschiedenen* Seiten der Tangente; die *Hyperbeltangente t_h halbiert den von den Brennstrahlen gebildeten Winkel $F_1 P F_2$ selbst.*

Aus den vorstehenden Sätzen läßt sich eine physikalische Folgerung ziehen. Wir denken uns die Ellipse als eine spiegelnde Kurve, und es mögen von F_1 Strahlen (z. B. Licht oder Wärme) ausgehen, so wird jeder von F_1 auf einen Ellipsenpunkt P auffallende Strahl nach F_2 gespiegelt; alle von F_1 ausgehenden Strahlen vereinigen sich also in F_2. Dies begründet für F_1 und F_2 die Bezeichnung „Brennpunkte". Bei der Parabel liegt F_2 im Unendlichen, es werden also die von F_1 ausgehenden Strahlen sämtlich parallel zur Achse gespiegelt und umgekehrt. Darauf beruht insbesondere die Verwendung der parabolischen Spiegel für Fernrohre und Scheinwerfer.

Es mag genügen, bei der Ableitung einiger weiterer Eigenschaften von Ellipse und Hyperbel nur die E_2 in Betracht zu ziehen.

1. Werde in Fig. 56 $F_2 T_2$ über T_2 hinaus und $F_1 P$ über P hinaus verlängert bis zum Schnitt G_2, so ist $F_2 P G_2$ gleichschenklig und $F_2 T_2 = T_2 G_2$. Es sind also O und T_2 die Mitten von $F_1 F_2$ und $F_2 G_2$, und daher ist

$$OT_2 = \tfrac{1}{2}(F_1 P + P G_2) = \tfrac{1}{2}(r_1 + r_2) = a \, .$$

Die Fußpunkte der Lote, die man von einem Brennpunkt der Ellipse (oder Hyperbel) auf ihre Tangenten fällen kann, erfüllen also den Kreis um O vom Radius a, der wegen dieser Eigenschaft auch *Fußpunktekreis* genannt wird. Bei der Parabel artet er, wie wir in § 2 sahen, in die Scheiteltangente aus.

2. Aus der Normalgleichung (11) der Tangente folgt, wenn α den Winkel der Normalen δ gegen die x-Achse bedeutet

$$\frac{\delta \xi}{a^2} = \cos \alpha \, , \quad \text{also} \quad \frac{\delta \xi}{a} = a \cos \alpha \, ,$$

$$\frac{\delta \eta}{b^2} = \sin \alpha \, , \quad \text{also} \quad \frac{\delta \eta}{b} = b \sin \alpha \, ,$$

woraus sich weiter

$$\delta^2 = a^2 \cos^2 \alpha + b^2 \sin^2 \alpha$$

ergibt. Wir denken uns eine zweite Tangente, die auf der Tangente in P normal ist; ist δ' das von O auf sie gefällte Lot, so ist

$$\delta'^2 = a^2 \sin^2 \alpha + b^2 \cos^2 \alpha \, ,$$

und es folgt durch Addition

$$\delta^2 + \delta'^2 = a^2 + b^2 \, .$$

Ist S der Schnittpunkt beider Tangenten, so findet sich

$$OS^2 = \delta^2 + \delta'^2 = a^2 + b^2 = \text{const} ;$$

die Schnittpunkte S aller rechtwinkligen Tangentenpaare einer E_2 (oder H_2) erfüllen also einen Kreis um O vom Radius $\sqrt{a^2 + b^2}$ oder $\left(\sqrt{a^2 - b^2}\right)$.

Für die Parabel artet dieser Kreis nach § 2 in die Direktrix aus.

§ 4. Konfokale Kegelschnitte.

Es gibt unendlich viele Ellipsen und Hyperbeln mit denselben Brennpunkten F_1 und F_2. Jeder Punkt P der Ebene bestimmt mit F_1 und F_2 je einen Wert von

$$PF_1 + PF_2 \quad \text{und} \quad PF_1 - PF_2 ,$$

(s. Kap. III, § 2), und diesen Werten entspricht sowohl eine durch P gehende E_2, wie eine durch P gehende H_2 mit den gegebenen Brennpunkten (*konfokale Ellipsen und Hyperbeln*). Nach § 3 halbiert die Hyperbeltangente in P den Winkel $F_1 P F_2$ und die Ellipsentangente seinen Nebenwinkel; beide Tangenten stehen daher aufeinander senkrecht, d. h.:

Konfokale Ellipsen und Hyperbeln schneiden sich überall senkrecht (Fig. 57).

Sind a und b die Halbachsen einer einzelnen Ellipse, a_1 und b_1 die einer zweiten, so hat man $c^2 = a^2 - b^2 = a_1^2 - b_1^2$; wir können also

$$a_1^2 - a^2 = b_1^2 - b^2 = \lambda$$

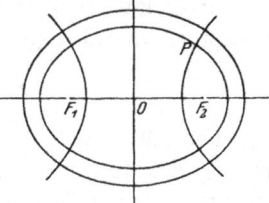

Fig. 57.

setzen, und wenn wir a und b festhalten und λ als *variablen Parameter* einführen, so stellen $a_1^2 = a^2 + \lambda$ und $b_1^2 = b^2 + \lambda$ die Halbachsenquadrate aller E_2 der Schar von konfokalen Kegelschnitten dar; in

$$(12) \qquad \frac{x^2}{a^2 + \lambda} + \frac{y^2}{b^2 + \lambda} - 1 = 0$$

hat man also die Gleichung aller konfokalen E_2. Allen Werten λ, für die $b^2 + \lambda > 0$ ist, entspricht eine E_2; die sämtlichen E_2 gehören also zu den Werten $\infty > \lambda > -b^2$.

Die Gleichung (12) stellt aber auch die sämtlichen konfokalen H_2 dar, und zwar für die Werte $-b^2 > \lambda > -a^2$; denn dann ist $a^2 + \lambda = a_1 > 0$, $b^2 + \lambda = -b_1^2 < 0$, $a_1^2 + b_1^2 = a^2 - b^2 = c^2$. Für die Werte $-a^2 > \lambda > -\infty$ stellt die Gleichung (12) nur noch imaginäre Ellipsen dar. Für die Werte $\lambda = -b^2$ und $\lambda = -a^2$ ergibt sich je eine doppeltzählende Gerade; für $\lambda = -b^2$ ist es $y^2 = 0$, für $\lambda = -a^2$ ist es $x^2 = 0$. Die Bedeutung dieser Grenzfälle erkennen wir genauer, wenn wir die Gestaltänderung verfolgen, die den Übergang des Parameters λ von $+\infty$ bis $-\infty$ begleitet. Für großes λ sind auch die Achsen der Ellipsen sehr groß; nähert sich λ dem Wert $-b^2$, so zieht sich die E_2 allmählich auf das Stück F_1F_2 der x-Achse zusammen. Das komplementäre Stück der x-Achse bildet zugleich den Grenzfall der Hyperbeln[1], wenn sich λ von unten her dem Wert $-b^2$ nähert. Bewegt sich λ von $-b^2$ zu $-a^2$, so entfernen sich die Zweige der H_2 mehr und mehr von der x-Achse und gehen allmählich von beiden Seiten in die y-Achse über (vgl. auch die Betrachtung der Grenzfälle in Kap. III § 2).

Zu weiterer Einsicht führt der Übergang zu Linienkoordinaten. Wir fassen also die Kurven als Tangentengebilde auf; für ihre Gleichung ergibt sich aus (12) gemäß S. 132

$$(13) \qquad u^2(a^2 + \lambda) + v^2(b^2 + \lambda) - 1 = 0.$$

Sie stellt wiederum die sämtlichen E_2 und H_2 in u,v-Koordinaten dar. Sie ist in λ *vom ersten Grade* und liefert für gegebenes u,v nur *einen* zugehörigen Wert λ (*lineare Kurvenschar*). Man folgert daraus, daß es nur *eine* Kurve der Schar gibt, die eine gegebene Gerade als Tangente hat, während durch jeden Punkt zwei Kurven der Schar gehen.

Den Werten $\lambda = -b^2$ und $\lambda = -a^2$ entsprechen hier die Gleichungen

$$u^2(a^2 - b^2) = 1 \quad \text{und} \quad v^2(b^2 - a^2) = 1.$$

Die erste läßt sich in die Form $(uc + 1)(uc - 1) = 0$ setzen; das ihr entsprechende Tangentengebilde ist also durch

$$u = -\frac{1}{c} \quad \text{und} \quad u = +\frac{1}{c}$$

gegeben. Es artet in zwei Strahlenbüschel aus; der Scheitel des einen ist F_1, der des anderen F_2. In diese Büschel spaltet sich also die Gesamtheit der Ellipsentangenten im Grenzfall $\lambda = -b^2$; und dasselbe gilt für die in die x-Achse ausartende H_2.

Der Wert $\lambda = -a^2$ liefert die Gleichung $v^2c^2 + 1 = 0$ oder in homogener Schreibweise $v^2c^2 + w^2 = 0$. Dieser Gleichung genügt nur eine reelle Gerade, nämlich die Gerade $v = w = 0$, d. h. die y-Achse. Im übrigen genügen der Gleichung alle (imaginären) Gerade, die durch die Punkte mit den Koordinaten $x = 0$, $y = \pm ic$ hindurchgehen. Man kann diese, auf der y-Achse gelegenen Punkte auch als die imaginären Brennpunkte der Kurven der Schar auffassen.

Die konfokalen E_2 und H_2 sind (S. 13) zwei orthogonale Kurvenscharen, die zur Koordinatenbestimmung benutzt werden können. Die einer jeden Kurve zugehörigen Zahlenwerte sind die Werte von λ, und jedem Punkt (x, y) entsprechen die Werte λ_1 und λ_2 als Koordinaten, die für diese x, y Wurzeln von (12) sind (*elliptische Koordinaten*).

Rückt der Punkt F_2 ins Unendliche, so gehen die E_2 wie die H_2 in *konfokale Parabeln* über. Durch jeden Punkt gehen zwei dieser P_2. Für den Brennpunkt F_1 als Anfangspunkt nimmt die Gleichung aller dieser Parabeln die Form

$$y^2 - 2\lambda x - \lambda^2 = 0$$

---

[1] Dies ist in Fig. 57 durch die Lücken bei F_1 und F_2 angedeutet worden.

an; λ bedeutet hier geometrisch (S. 28) den Parameter p. Für die Wurzeln λ_1 und λ_2, die den beiden durch einen Punkt (x, y) gehenden Parabeln entsprechen, bestehen die Gleichungen

$$\lambda_1 + \lambda_2 = -2x, \qquad \lambda_1 \lambda_2 = -y^2,$$

aus denen das senkrechte Schneiden der Parabeltangenten in (x, y) nach S. 133 gefolgert werden kann. Da λ_1 und λ_2 verschiedenes Vorzeichen besitzen, so öffnet sich die eine P_2 nach der positiven, die andere nach der negativen x-Achse.

§ 5. Konjugierte Durchmesser.

Den Gleichungen

(14) $$\frac{x^2}{a^2} \pm \frac{y^2}{b^2} - 1 = 0$$

genügen je vier Punkte (x, y), $(x, -y)$, $(-x, y)$, $(-x, -y)$ zugleich. Die Achsen erkannten wir daher als *Symmetrieachsen*; wir können dies auch so aussprechen, daß die Mittelpunkte der Sehnen, die zur einen Achse parallel sind, in die andere Achse fallen. Als Ort der Mitten paralleler Sehnen heißen die Achsen *Durchmesser*; insbesondere *konjugierte* Durchmesser, insofern jeder die Sehnen halbiert, die dem anderen parallel sind. Eine weitere aus der Gleichungsform (14) unmittelbar fließende Folgerung ist die, daß die Geraden $x = \pm a$ und bei der Ellipse auch $y = \pm b$ die Scheiteltangenten sind; es sind also die Tangenten in den Endpunkten des einen dieser beiden konjugierten Durchmesser dem anderen parallel.

Es fragt sich, ob es noch andere durch das Zentrum O gehende Paare von konjugierten Durchmessern gibt, deren *jeder also die Sehnen*

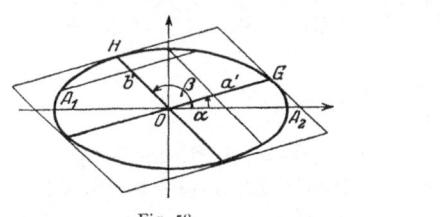

Fig. 58.

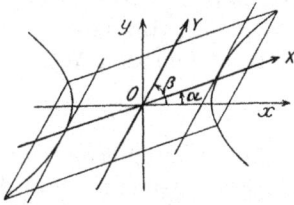

Fig. 59.

halbiert, die dem anderen parallel sind. Ist es der Fall, und wird ein solches Paar als (schiefwinkelige) X- und Y-Achse gewählt, so gehören wiederum je vier Punkte

$$(X, Y), \quad (X, -Y), \quad (-X, Y), \quad (-X, -Y)$$

der E_2 oder H_2 zugleich an, und die Kurvengleichung wird auch für die X- und Y-Achse die Form

(15) $$\frac{X^2}{A^2} \pm \frac{Y^2}{B^2} - 1 = 0$$

besitzen. Es folgt auch wieder, daß die Tangenten in den Endpunkten des einen Durchmessers dem anderen parallel sind (Fig. 58, 59).

Zwischen den x, y-Koordinaten und den X, Y-Koordinaten bestehen die Formeln (13a) von S. 29, also

$$x = X \cos\alpha + Y \cos\beta, \qquad y = X \sin\alpha + Y \sin\beta,$$

wo $\alpha = (xX)$ und $\beta = (xY)$ ist. Setzen wir dies in (14) ein, so sei

(15a) $$L X^2 + 2 M X Y + N Y^2 = 1$$

die so entstehende Gleichung; es ist dann

(16)
$$\begin{cases} L = \dfrac{\cos^2\alpha}{a^2} \pm \dfrac{\sin^2\alpha}{b^2}, \qquad N = \dfrac{\cos^2\beta}{a^2} \pm \dfrac{\sin^2\beta}{b^2}, \\[2mm] \qquad M = \dfrac{\cos\alpha \cdot \cos\beta}{a^2} \pm \dfrac{\sin\alpha \cdot \sin\beta}{b^2}. \end{cases}$$

Damit sich eine Gleichung der Form (15) einstellt, muß $M = 0$ sein, also

(17) $$\frac{\cos\alpha \cos\beta}{a^2} \pm \frac{\sin\alpha \cdot \sin\beta}{b^2} = 0 \qquad \text{oder} \qquad \operatorname{tg}\alpha \cdot \operatorname{tg}\beta = \mp \frac{b^2}{a^2};$$

das obere Zeichen gilt für die E_2, das untere für die H_2. *Je zwei Achsen, deren Richtungen dieser Gleichung entsprechen, liefern ein Paar konjugierter Durchmesser.*

Die Gleichung (17) stimmt mit der Gleichung (17) von S. 76 überein, wenn wir die x-Achse als den dort auftretenden Strahl m nehmen; daher bilden alle Paare konjugierter Durchmesser eine *Involution* von Strahlenpaaren. Bei der E_2 ist $\operatorname{tg}\alpha \cdot \operatorname{tg}\beta < 0$; der eine der beiden Winkel α, β ist also spitz, der andere stumpf (Fig. 58), die Involution ist *elliptisch*. Bei der H_2 ist $\operatorname{tg}\alpha \cdot \operatorname{tg}\beta > 0$, die Winkel α, β sind entweder beide spitz oder beide stumpf (Fig. 59); die Involution ist also *hyperbolisch*[1]. Es treten daher auch zwei reelle Doppelstrahlen der Involution auf, also zwei Durchmesser, die sich *selbst konjugiert* sind. Sie entsprechen den Werten

(18) $$\operatorname{tg}^2\gamma = \frac{b^2}{a^2}, \qquad \operatorname{tg}\gamma = \pm \frac{b}{a};$$

jedes Paar konjugierter Durchmesser wird durch diese Doppelstrahlen voneinander getrennt und liegt zu ihnen harmonisch (S. 83). Die Hauptachsen bilden das in der Involution gemäß S. 87 vorhandene orthogonale Paar. Weiter folgt, daß zwei verschiedene konjugierte Durchmesserpaare bei der E_2 einander trennen; bei der H_2 trennen sie sich nicht.

Für die Ellipse läßt sich ein Paar konjugierter Durchmesser im Anschluß an die Erzeugung der Ellipse von S. 23 folgendermaßen konstruieren. Seien (Fig. 58) (ξ_1, η_1) und (ξ_2, η_2) die Punkte G und H, also $OG = A$, $OH = B$. Dann ist zunächst

(19) $$\xi_1 = A \cos\alpha, \qquad \eta_1 = A \sin\alpha, \qquad \xi_2 = B \cos\beta, \qquad \eta_2 = B \sin\beta,$$

Gleichung (17) wandelt sich also in

(20) $$\frac{\xi_1 \xi_2}{a^2} + \frac{\eta_1 \eta_2}{b^2} = 0.$$

---

[1] Hier ist der Ursprung der Bezeichnung.

Nun folgt aus den Gleichungen (23) von S. 23

(20a) $\quad \xi_1 = a \cos\varphi_1\,, \qquad \eta_1 = b \sin\varphi_1\,, \qquad \xi_2 = a \cos\varphi_2\,, \qquad \eta_2 = b \sin\varphi_2\,,$

und damit geht (20) für den Fall der Ellipse in

(20b) $\qquad\qquad\qquad \cos(\varphi_2 - \varphi_1) = 0\,, \qquad \varphi_2 - \varphi_1 = \pm\tfrac{1}{2}\pi$

über. Sind also G' und H' die Kreispunkte, die (S. 23) den Punkten G und H entsprechen, so ist $OG' \perp OH'$. Damit ist ein einfaches Mittel gewonnen, um für eine gezeichnet vorliegende E_2 Paare konjugierter Durchmesser zu konstruieren. Sie entsprechen affin (S. 34) zwei senkrechten Kreisdurchmessern.

Die Eigenschaften der Durchmesser müssen auf die Parabel, als Grenzfall von E_2 und H_2, in gewisser Weise übergehen. Wir knüpfen daran an, daß die Tangente im Endpunkt eines Durchmessers den von ihm halbierten Sehnen parallel ist. Da beim Grenzübergang zur Parabel der Mittelpunkt auf der x-Achse ins Unendliche rückt, werden die Durchmesser sämtlich zur x-Achse parallel werden. Jeder einzelne Durchmesser schneidet die Parabel noch in einem im Endlichen gelegenen Punkte, und es ist zu erwarten, daß die Tangente in ihm den von diesen Durchmesser halbierten Sehnen wiederum parallel ist. Wählen wir also den Durchmesser als X-Achse, seinen Schnittpunkt mit der P_2 als Anfangspunkt und die Tangente in ihm als Y-Achse, so wird voraussichtlich die Parabelgleichung in

$$Y^2 - 2p'X = 0$$

übergehen. Dies wollen wir nun erweisen.

Die Gleichung $y^2 - 2px = 0$ transformieren wir zunächst auf neue x',y'-Achsen, die den x,y-Achsen parallel sind; ihr Anfangspunkt O' sei (Fig. 60) ein Punkt (ξ, η) der Parabel, so daß $\eta^2 - 2p\xi = 0$ ist. Die Transformationsgleichungen

$$x = x' + \xi\,, \quad y = y' + \eta$$

führen demgemäß die Parabelgleichung in

$$y'^2 + 2\eta y' - 2px' = 0$$

über. Jetzt gehen wir zu neuen X, Y-Achsen durch O' über; die X-Achse soll mit der x'-Achse zusammenfallen, so daß $\sphericalangle(x'X) = 0$ ist, die Y-Achse bleibe zunächst beliebig.

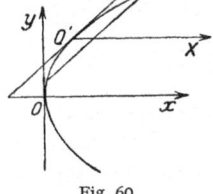

Fig. 60.

Setzen wir $\sphericalangle(x'Y) = \beta$, so lauten die neuen Transformationsgleichungen

(21) $\qquad x' = X + Y\cos\beta\,, \quad y' = Y\sin\beta\,; \quad (x'Y) = \beta\,;$

sie verwandeln die vorstehende Gleichung in

$$Y^2 \sin^2\beta + 2Y(\eta\sin\beta - p\cos\beta) - 2pX = 0\,.$$

Wird nun β so bestimmt, daß

$$\eta\sin\beta - p\cos\beta = 0\,, \qquad \operatorname{tg}\beta = \frac{p}{\eta}$$

ist, so ergibt sich die Gleichung

(21a) $\qquad\qquad\qquad Y^2 \sin^2\beta - 2pX = 0\,;$

ferner ist gemäß S. 133 $\beta = \tau$, d. h., die Y-Achse fällt in der Tat in die Tangente von O'. Also folgt: 1. *Jede Schar paralleler Sehnen der Parabel wird durch einen* (zur Sehnenrichtung *konjugierten*) *Durchmesser halbiert*; 2. *die Tangente im Endpunkte eines Durchmessers ist den von ihm halbierten Sehnen parallel*; 3. *alle Durchmesser sind zueinander und zur Achse parallel.*

§ 6. Die Asymptoten der Hyperbel.

Die für die Hyperbel in § 5 gefundenen Doppelstrahlen der Involution der konjugierten Durchmesser (S. 138) sind als *Tangenten der H_2 in ihren unendlich fernen Punkten* (*Asymptoten*) anzusehen; es sind die Geraden mit den Gleichungen (Fig. 61)

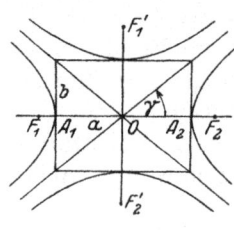

Fig. 61.

$$(22) \qquad \frac{x}{a} - \frac{y}{b} = 0 \quad \text{und} \quad \frac{x}{a} + \frac{y}{b} = 0.$$

Machen wir nämlich Gleichung (14) homogen, so lautet sie

$$\left(\frac{x}{a} - \frac{y}{b}\right)\left(\frac{x}{a} + \frac{y}{b}\right) - z^2 = 0,$$

woraus sich unmittelbar ergibt, daß die Geraden

$$\frac{x}{a} \mp \frac{y}{b} = 0$$

je nur *einen* (doppelt zu zählenden) Punkt mit der Hyperbel gemeinsam haben, nämlich

$$x : y : z = \pm a : b : 0.$$

Dieser Schluß ist ebenso auf die homogene Form der Gleichung (15) anwendbar; auch für sie stellen also

$$(22a) \qquad \frac{X}{A} - \frac{Y}{B} = 0 \quad \text{und} \quad \frac{X}{A} + \frac{Y}{B} = 0$$

die beiden Asymptoten dar[1].

Die Aussagen über konjugierte Durchmesser als Ort der Mitten paralleler Sehnen lassen sich auf das als quadratische Kurve aufgefaßte Asymptotenpaar übertragen. Das Asymptotenpaar (22) wird durch

$$(23) \qquad \frac{x^2}{a^2} - \frac{y^2}{b^2} = 0$$

dargestellt. Hyperbelgleichung und Asymptotengleichung unterscheiden sich also nur durch den Wert des konstanten Gliedes, und dies geht in die Schlüsse von § 5 nicht ein. *Konjugierte Durchmesser der Hyperbel sind also zugleich konjugierte Durchmesser des Asymptotenpaares und umgekehrt.* Hieraus folgt: 1. Auf jeder Sehne sind die beiden Abschnitte zwischen der H_2 und den beiden Asymptoten einander gleich; 2. das

---

[1] Für die E_2 sind die unendlich fernen Punkte und die Tangenten in ihnen, wie beim Kreis, imaginär.

zwischen den Asymptoten liegende Stück einer H_2-Tangente wird im Berührungspunkt halbiert (Fig. 62).

Die H_2-Gleichung nimmt für die Asymptoten als X, Y-Achsen eine besonders einfache Form an. Die Transformationsgleichungen (13a) (S. 29) lauten diesmal, wegen $\alpha = -\gamma$, $\beta = \gamma$,

$$x = X \cos\gamma + Y \cos\gamma, \quad y = -X \sin\gamma + Y \sin\gamma.$$

Der so aus (14) entstehenden Gleichung geben wir wieder die Form

$$LX^2 + 2MXY + NY^2 = 1$$

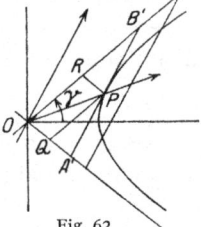

Fig. 62.

oder homogen geschrieben

$$LX^2 + 2MXY + NY^2 = Z^2.$$

Nun haben die X- und Y-Achsen nur ihren unendlich fernen Punkt mit der H_2 gemein, d. h. aus $X = 0$ oder aus $Y = 0$ soll stets $Z = 0$ folgen, daher ist $L = 0$ und $N = 0$, während sich für M — wegen $\operatorname{tg}\gamma = b : a$ — der Wert

$$M = \frac{\cos^2\gamma}{a^2} + \frac{\sin^2\gamma}{b^2} = \frac{2}{a^2 + b^2}$$

ergibt. Die Hyperbelgleichung erhält also die Form

(24)
$$4XY = a^2 + b^2.$$

Aus $\operatorname{tg}\gamma = b : a$ folgt noch $\sin 2\gamma = 2ab : (a^2 + b^2)$; daher kann die Gleichung in

(24a)
$$2XY \sin 2\gamma = ab$$

übergeführt werden, mit 2γ als Asymptotenwinkel. Sie hat eine einfache geometrische Bedeutung. Zieht man nämlich (Fig. 62) durch einen ihrer Punkte $P(X, Y)$ eine Tangente, so schneidet sie (dem obigen Satz 2 gemäß) auf den Asymptoten zwei Stücke $OA' = 2X$ und $OB' = 2Y$ ab. Die linke Seite stellt daher den Inhalt des durch die Tangente und die Asymptoten gebildeten Dreiecks $OA'B'$ dar; *dieser Inhalt ist also konstant.*

Man nennt die Hyperbeln mit den Gleichungen (Fig. 61)

(25)
$$\frac{x^2}{a^2} - \frac{y^2}{b^2} = 1 \quad \text{und} \quad \frac{y^2}{b^2} - \frac{x^2}{a^2} = 1$$

konjugierte Hyperbeln. Sie haben dieselben Asymptoten, liegen aber in verschiedenen Winkelräumen. Der Brennpunktsabstand ist bei beiden derselbe. Da sich die Gleichungen (25) wiederum nur durch den Wert des konstanten Gliedes unterscheiden, so sind konjugierte Durchmesser der einen H_2 auch konjugierte Durchmesser der anderen. Von den beiden Durchmessern eines Paares trifft jeder nur je eine der beiden H_2. Man kann deswegen bei einer H_2 einen Durchmesser mit imaginärer Länge ersetzen durch den auf der gleichen Gerade liegenden Durchmesser der konjugierten Hyperbel, der eine reelle Länge hat.

Auf ein solches Paar gemeinsamer konjugierter Durchmesser bezogen lauten die Gleichungen beider H_2 und des gemeinsamen Asymptotenpaares

$$\frac{X^2}{A^2} - \frac{Y^2}{B^2} = 1 \,, \quad \frac{Y^2}{B^2} - \frac{X^2}{A^2} = 1 \,, \quad \frac{X^2}{A^2} - \frac{Y^2}{B^2} = 0 \,.$$

Die Geraden $X = \pm A$ sind jetzt Tangenten der einen H_2, die Geraden $Y = \pm B$ die der anderen. Sie schneiden die Asymptoten in denselben vier Punkten, nämlich in

$$(A, B), \quad (A, -B), \quad (-A, B), \quad (-A, -B).$$

Sie bilden also das Parellelogramm, das dem der E_2 umgeschriebenen Tangentenparallelogramm der Fig. 58 von S. 137 entspricht.

§ 7. Affine Transformationen von Ellipse, Hyperbel und Parabel in sich.

Eine affine Beziehung hatten wir S. 34 durch die Gleichungen

$$x' = \alpha x \,, \quad y' = \beta y$$

definiert, die sich auf irgendwelche x, y- und x', y'-Achsen beziehen; jedem Punkt (x, y) im ersten System wird durch sie ein Punkt (x', y') im zweiten System zugeordnet. Nun seien a, b und a', b' irgend zwei Paare konjugierter Halbmesser einer E_2 oder einer H_2. Wir wählen sie als x, y- und x', y'-Achsen und setzen

(26) $$\frac{x}{a} = \frac{x'}{a'} \,, \quad \frac{y}{b} = \frac{y'}{b'} \,,$$

so gilt von diesen Gleichungen zweierlei: Erstens vermitteln sie eine affine Beziehung, die die Richtungen der Durchmesserpaare einander zuordnet; zweitens folgt aus ihnen

$$\frac{x^2}{a^2} \pm \frac{y^2}{b^2} = \frac{x'^2}{a'^2} \pm \frac{y'^2}{b'^2} \,;$$

zwei Punkte $P(x, y)$ und $P'(x', y')$, für die diese Ausdrücke den Wert 1 haben, gehören also im Fall der positiven Zeichen derselben E_2, im Fall der negativen Zeichen derselben H_2 an. *Ellipse und Hyperbel gehen daher durch die affine Beziehung* (26) *gleichzeitig in sich über.* Das gleiche folgt für die konjugierte H_2 und die Asymptoten.

Für die affine Beziehung ergab sich (S. 34), daß entsprechende Flächenstücke ein konstantes Verhältnis zueinander besitzen. *Der Wert dieses Verhältnisses ist hier* 1, *da ja der Flächenraum der Ellipse in sich übergeht.* Daraus folgt unmittelbar, daß das aus zwei konjugierten Halbmessern gebildete Dreieck konstanten Inhalt hat; es ist also

(27) $$a' b' \sin(x' y') = a b \sin(x y) \,,$$

und wenn man a, b als Hauptachsen nimmt, ist insbesondere

(27a) $$a' b' \sin(x', y') = a b \,.$$

Wir haben dieses Resultat hier mit Hilfe eines Grenzprozesses, der zu dem Satz über den Inhalt krummlinig begrenzter Flächen führte, unmittelbar geschlossen. Man kann das Resultat natürlich auch rein algebraisch erreichen; eine solche Ableitung wird am Ende von § 5 erhalten.

Weiter sind die Tangenten in den Endpunkten eines Durchmessers dem konjugierten parallel und entsprechen sich in der Affinität (26); die Konstanz des Flächeninhalts gilt daher auch für alle der E_2 (oder den beiden konjugierten H_2) umschriebenen Tangentenparallelogramme, deren Seiten konjugierten Durchmessern parallel sind. Bei der H_2 gilt sie endlich auch für die Dreiecke, in die diese Parallelogramme durch die Asymptoten zerfallen (Fig. 61). Dies liefert wieder den S. 141 bewiesenen Satz.

Da die Gleichungen

$$x' = \alpha y, \quad y' = \beta x$$

aus den Gleichungen

$$x' = \alpha x, \quad y' = \beta y$$

durch eine Vertauschung der Koordinatenachsen entstehen, so stellen nach S. 34 auch die Gleichungen

(28) $$\frac{x}{a} = \varepsilon \frac{y'}{b}, \quad \frac{y}{b} = \varepsilon' \frac{x'}{a}, \quad \varepsilon^2 = \varepsilon'^2 = 1$$

eine affine Transformation dar. Die Koordinatenachsen sollen diesmal beide in die Hauptachsen fallen; es werden also zwei Punkte mit den rechtwinkligen Koordinaten x, y und x', y' einander zugeordnet. Auch diese Transformation *führt die E_2 in sich* über, während die *konjugierten H_2 ineinander* übergehen.

Für die E_2 erhalten wir wie vorher das gleichzeitige Bestehen von

(29) $$\frac{x^2}{a^2} + \frac{y^2}{b^2} = 1 \quad \text{und} \quad \frac{x'^2}{a^2} + \frac{y'^2}{b^2} = 1;$$

also gehören die Punkte (x, y) und (x', y') zugleich der Ellipse an. Weiter folgert man aus (28) durch Multiplikation der rechten Seiten mit den linken, wenn wir $\varepsilon\varepsilon' = -1$ nehmen,

(29a) $$\frac{x}{a} \cdot \frac{x'}{a} + \frac{y}{b} \cdot \frac{y'}{b} = 0.$$

Diese Gleichung stimmt aber abgesehen von der Bezeichnung mit (20) überein, falls wir in dieser Gleichung das obere Vorzeichen wählen; also stellen (x, y) und (x', y') die Endpunkte zweier konjugierter Durchmesser dar. In dieser Weise geht daher die E_2 durch die affine Transformation (28) in sich über.

Für die H_2 folgern wir zunächst das gleichzeitige Bestehen von

(30) $$\frac{x^2}{a^2} - \frac{y^2}{b^2} = 1 \quad \text{und} \quad \frac{y'^2}{b^2} - \frac{x'^2}{a^2} = 1;$$

außerdem besteht jetzt für $\varepsilon\varepsilon' = +1$ die mit der mit dem unteren Vorzeichen versehenen Gleichung (20) übereinstimmende Gleichung

$$(30\,a) \qquad\qquad \frac{x}{a}\,\frac{x'}{a} - \frac{y}{b}\,\frac{y'}{b} = 0\,.$$

Die affine Transformation (28) mit $\varepsilon\varepsilon' = +1$ läßt also auch die konjugierten H_2 in der Weise ineinander übergehen, daß die Endpunkte konjugierter Durchmesser sich gegenseitig vertauschen.

　　Auf Grund dieses Resultats können wir den Gleichungen (28) die Bedeutung geben, daß sie die Endpunkte (x, y) und (x', y') zweier konjugierter Durchmesser a', b' einer Ellipse (oder zweier konjugierter Hyperbeln) miteinander verbinden. Die für diese Endpunkte bestehenden Gleichungen (29) und (30) lassen sich daher für die E_2 in die Form

$$\frac{x^2}{a^2} + \frac{x'^2}{a^2} = 1\,, \qquad \frac{y^2}{b^2} + \frac{y'^2}{b^2} = 1$$

setzen, für die H_2 lauten sie

$$\frac{x^2}{a^2} - \frac{x'^2}{a^2} = 1\,, \qquad \frac{y^2}{b^2} - \frac{y'^2}{b^2} = -1\,.$$

Aus ihnen folgt

$$x^2 \pm x'^2 + y^2 \pm y'^2 = a^2 \pm b^2\,;$$

d. h.

$$(31) \qquad\qquad a'^2 \pm b'^2 = a^2 \pm b^2\,;$$

eine Relation, die ein beliebiges Paar a', b' mit dem Hauptachsenpaar verbindet und eine *Invarianzbeziehung* für die Summe (Differenz) der Quadrate der halben Durchmesser darstellt.

　　Entsprechend dem Umstand, daß die Asymptoten sich selbst konjugierte Durchmesser sind, gehen sie bei der Transformation (28) $(\varepsilon\varepsilon' = +1)$ in sich über.

　　Auch die Parabel gestattet affine Transformationen in sich; um eine solche zu erhalten, knüpfen wir an die Gleichungen (S. 139)

$$y^2 - 2px = 0 \quad \text{und} \quad Y^2\sin^2\beta - 2pX = 0$$

an. Setzen wir

$$(32) \qquad\qquad y = Y\sin\beta\,, \quad x = X,$$

und beziehen die Koordinaten (x, y) und (X, Y) auf die zwei Achsensysteme, für welche die vorstehenden Gleichungen gelten, so wird durch (32) eine *affine Transformation der P_2 in sich* dargestellt.

Elftes Kapitel

Die allgemeine Gleichung zweiten Grades.

§ 1. Ordnung und Klasse.

Eine homogene ganze Funktion $f_n(x_1, x_2, x_3)$ n^{ten} Grades, gleich Null gesetzt, stellt in allgemeinen homogenen Punktkoordinaten (s. S. 104) einen *Punktort* (Kurve) der n^{ten} *Ordnung* dar; ebenso eine gleich Null gesetzte ganze homogene Funktion $\varphi_n(u_1, u_2, u_3)$ n^{ten} Grades in homogenen Strahlenkoordinaten einen *Strahlenort* (Kurve) der n^{ten} *Klasse*. Die Zahl n ist von der Wahl des Koordinatensystems *unabhängig*. Denn der Übergang zu neuen Punktkoordinaten y_i wird so vermittelt, daß (S. 111) jedes x_i durch eine lineare homogene Funktion der y_i ersetzt wird; aus einem Glied, das in x_1, x_2, x_3 zusammen vom n^{ten} Grad ist, gehen lauter Glieder hervor, deren jedes in den y_i zusammen ebenfalls vom n^{ten} Grad ist. Der Grad der Gleichung kann daher durch den Übergang zu den y_i nicht *steigen*. Dasselbe gilt beim Rückgang von den Koordinaten y_i zu den ursprünglichen x_i; wir schließen daher, daß er in beiden Fällen ungeändert (*invariant*) bleibt. Die Zahl n ist also eine Zahl *geometrischer Bedeutung*. Worin sie besteht, erkennt man für die Gleichung $f_n(x_i) = 0$, wenn man mit ihr die Gleichung einer Geraden

$$a_1 x_1 + a_2 x_2 + a_3 x_3 = 0$$

zusammenstellt und die gemeinsamen Lösungen x_i beider Gleichungen in Betracht zieht. Es gibt der Vielfachheit nach gezählt n solche Tripel x_i, die Zahl n bedeutet also die Zahl der Punkte, die eine Gerade allgemeiner Lage mit dem Punktort gemein hat. Ebenso kann man mit der Gleichung $\varphi_n(u_i) = 0$ die Gleichung

$$a_1 u_1 + a_2 u_2 + a_3 u_3 = 0$$

eines Punktes zusammenstellen; man findet der Vielfachheit nach gezählt n gemeinsame Lösungstripel u_i und erkennt, daß es n Strahlen des Strahlenorts gibt, die durch einen Punkt allgemeiner Lage hindurchgehen.

Man kann zeigen — was freilich nur als Tatsache erwähnt werden kann —, daß es zu jedem Punkt des Punktorts im allgemeinen eine

Tangente für ihn gibt, und daß ein Strahlenort im allgemeinen wieder aus allen Tangenten eines Punktorts besteht. Die Gleichungen

$$(1) \qquad f_n(x_i) = 0 \quad \text{und} \quad \varphi_n(u_i) = 0$$

stellen also Gebilde derselben Art (Kurven) dar, einmal als Ort ihrer Punkte, einmal als Ort ihrer Tangenten. Beispiele haben wir bereits kennengelernt (S. 132). Für die Gleichungen zweiten Grades werden wir in § 8 einen allgemeinen Beweis dafür liefern[1].

Eine allgemeine homogene Gleichung n^{ten} Grades besitzt $\frac{1}{2}(n+1)$ $(n+2)$ Koeffizienten. Die Zählung geschieht am einfachsten so, daß wir unhomogene Koordinaten benutzen. Die Gleichung hat dann eine Konstante, zwei Glieder erster Ordnung, drei der zweiten usw.; insgesamt also

$$(2) \qquad 1 + 2 + 3 + \cdots + n + 1 = \tfrac{1}{2}(n+1)(n+2)$$

Glieder. Eine Kurve der n^{ten} Ordnung wird also bestimmt sein, wenn die Verhältnisse dieser Koeffizienten bekannt sind. Sie läßt sich dadurch bestimmen, daß sie $\frac{1}{2}(n+1)(n+2) - 1$ Punkte allgemeiner Lage enthält, was ebenso (mittels der Determinantensätze) bewiesen wird, wie es für die einfacheren Fälle der Geraden und des Kreises geschehen ist (S. 39 und 114). Ebenso kann eine Kurve der n^{ten} Klasse dadurch bestimmt werden, daß sie $\frac{1}{2}(n+1)(n+2) - 1$ Strahlen allgemeiner Lage als Tangenten besitzt. Eine eingehendere Erörterung dieses Sachverhalts muß freilich unterbleiben.

Wir werden die Kurve zweiter Ordnung durch C_2 bezeichnen, die Kurve der zweiten Klasse durch Γ_2. Ihre Gleichungen enthalten dem vorstehenden gemäß sechs Koeffizienten. Eine C_2 ist deswegen durch fünf Punkte allgemeiner Lage bestimmt, d. h. es gibt genau eine Kurve C_2, die durch sie hindurchgeht; was auf anderer Grundlage in Kap. XII, § 6 bewiesen wird[2] (analog für Γ_2).

§ 2. Hilfssätze.

Wir legen zunächst gewöhnliche Parallelkoordinaten zugrunde. Für sie gilt folgendes:

1. Der Übergang von x, y-Koordinaten zu irgendwelchen x', y'-Koordinaten ist (S. 31) durch Formeln der Form

$$(3) \qquad x' = a'x + b'y + e', \quad y' = c'x + d'y + f'$$

---

[1] Die allgemeinen Kurven zweiter Ordnung werden wir überdies als identisch mit den allgemeinen Kurven zweiter Klasse erweisen. Für $n > 2$ ist diese Identität nicht mehr vorhanden.

[2] Ein Fall, in dem 5 Punkte mehr als eine Kurve bestimmen, ist der folgende. Liegen 4 Punkte auf einer Geraden g, und ist P' ein fünfter Punkt, so bildet g mit *jeder* durch P' gehenden Geraden g' ein Geradenpaar durch die 5 Punkte. Wenn ein Kreis (also eine besondere C_2) bereits durch 3 Punkte bestimmt ist, so liegt es daran, daß er auch durch die beiden Kreispunkte geht, so daß von den 5 Punkten für ihn nur 3 beliebig bleiben.

gegeben. Die Gleichungen $x' = 0$, $y' = 0$ liefern die x', y'-Achsen; im x, y-System haben diese Achsen daher die Gleichungen

$$a'x + b'y + e' = 0, \qquad c'x + d'y + f' = 0.$$

Hieraus ist zu folgern: Sollen zwei Geraden

$$Ax + By + C = 0 \quad \text{und} \quad A_1x + B_1y + C_1 = 0$$

die neuen x', y'-Achsen werden, so müssen die vorstehenden Gleichungen dieselben Geraden darstellen wie die ihnen vorhergehenden Gleichungen. Ihre linken Seiten können sich also nur um einen Faktor unterscheiden, die Gleichungen (3) lauten also jedenfalls

(3a) $$\lambda x' = Ax + By + C, \qquad \mu y' = A_1x + B_1y + C_1.$$

Dabei sind λ und μ gewisse Konstanten, deren Wert hier unbestimmt bleiben kann.

Handelt es sich insbesondere um zwei rechtwinklige Achsensysteme mit demselben Anfangspunkt, so bestehen statt (3) die Gleichungen

(4) $$x' = x \cos\alpha + y \sin\alpha, \qquad y' = -x \sin\alpha + y \cos\alpha; \qquad \alpha = (xx').$$

Soll nun eine Gerade $Ax + By = 0$ die neue x'-Achse werden, so hat sie die Gleichung $y' = 0$, und wir erhalten zunächst

$$\mu y' = Ax + By.$$

Diese Gleichung ist mit (4) in Übereinstimmung zu bringen; es muß also

$$\mu = \sqrt{A^2 + B^2}, \qquad \sin\alpha = \frac{-A}{\sqrt{A^2 + B^2}}, \qquad \cos\alpha = \frac{B}{\sqrt{A^2 + B^2}}$$

sein. Die Gleichungen (4) lauten daher

(5) $$x' = \frac{Bx - Ay}{\sqrt{A^2 + B^2}}, \qquad y' = \frac{Ax + By}{\sqrt{A^2 + B^2}};$$

ihre Auflösungen sind

(5a) $$x = \frac{Bx' + Ay'}{\sqrt{A^2 + B^2}}, \qquad y = \frac{-Ax' + By'}{\sqrt{A^2 + B^2}},$$

2. Die Gleichung der C_2 nehmen wir in der Form

(6) $$a_{11}x^2 + 2a_{12}xy + a_{22}y^2 + 2a_{13}x + 2a_{23}y + a_{33} = 0$$

an; für a_{12}, a_{13}, a_{23} soll im folgenden auch a_{21}, a_{31}, a_{32} geschrieben werden. Wie vorweg bemerkt sei, hängt die Eigenart der durch (6) bestimmten C_2 wesentlich von zwei Determinanten ab, von

(7) $$\Delta = \begin{vmatrix} a_{11} & a_{12} & a_{13} \\ a_{21} & a_{22} & a_{23} \\ a_{31} & a_{32} & a_{33} \end{vmatrix} \quad \text{und} \quad \delta = \begin{vmatrix} a_{11} & a_{12} \\ a_{21} & a_{22} \end{vmatrix} = a_{11}a_{22} - a_{12}^2;$$

Δ heißt die *Diskriminante* der Gleichung; ihr Wert ist

(7a) $$\Delta = 2a_{12}a_{13}a_{23} - (a_{11}a_{23}^2 + a_{22}a_{13}^2) + a_{33}(a_{11}a_{22} - a_{12}^2).$$

Beide Determinanten sind symmetrisch gegen die Diagonale. Daraus ist ersichtlich, daß die Unterdeterminanten, die jeweils den beiden Elementen $a_{12} = a_{21}$, $a_{23} = a_{32}$, $a_{31} = a_{13}$ entsprechen, ebenfalls einander gleich sind. Wir können daher die Unterdeterminanten der neun Elemente a_{ik} der Reihe nach durch

$$A_{11}, A_{12}, A_{13}; \quad A_{21}, A_{22}, A_{23}; \quad A_{31}, A_{32}, A_{33}$$

so bezeichnen, daß wieder $A_{ik} = A_{ki}$ ist. Insbesondere wird

(8)
$$\begin{cases} A_{13} = \begin{vmatrix} a_{21} & a_{22} \\ a_{31} & a_{32} \end{vmatrix} = a_{21}a_{32} - a_{22}a_{31}, \\[2ex] A_{23} = \begin{vmatrix} a_{31} & a_{32} \\ a_{11} & a_{12} \end{vmatrix} = a_{31}a_{12} - a_{32}a_{11}, \\[2ex] A_{33} = \begin{vmatrix} a_{11} & a_{12} \\ a_{21} & a_{22} \end{vmatrix} = a_{11}a_{22} - a_{12}^2 = \delta. \end{cases}$$

Ferner ist

(9)
$$\varDelta = a_{13}A_{13} + a_{23}A_{23} + a_{33}A_{33}.$$

Von Wichtigkeit ist für uns besonders der Fall, daß zugleich

$$\varDelta = 0 \quad \text{und} \quad \delta = 0$$

ist. Wegen $\varDelta = \delta = 0$ folgt dann aus (9)

oder
$$a_{13}(a_{21}a_{32} - a_{22}a_{31}) + a_{23}(a_{31}a_{12} - a_{32}a_{11}) = 0$$

$$2a_{13}a_{21}a_{32} - a_{21}^2 a_{11} - a_{13}^2 a_{22} = 0$$

und durch Multiplikation mit a_{11} wegen $\delta = 0$ hieraus

$$(a_{23}a_{11} - a_{13}a_{12})^2 = 0,$$

ebenso durch Multiplikation mit a_{22}

$$(a_{23}a_{12} - a_{13}a_{22})^2 = 0.$$

Es ergibt sich also in diesem Falle $A_{13} = 0$ und $A_{23} = 0$ und damit

(10)
$$a_{11} : a_{12} : a_{13} = a_{21} : a_{22} : a_{23}.$$

Umgekehrt sind diese Bedingungen *nur* dann erfüllt, wenn $\varDelta = \delta = 0$ ist.

§ 3. Transformation auf Mittelpunkt und Hauptachsen.

Zunächst soll untersucht werden, ob die durch (6) dargestellte Kurvengattung C_2 noch andere geometrische Örter umfaßt als die uns schon bekannten. Die Antwort wird *verneinend* lauten. Um zu diesem Ergebnis zu gelangen, machen wir davon Gebrauch, daß bei Änderung des Koordinatensystems sich die Ordnung der Kurve nicht ändert. Es sollen nun neue Achsen so eingeführt werden, daß die Gleichung (6) eine möglichst einfache Form annimmt. Vorweg sei noch bemerkt, daß sie sich auch folgendermaßen schreiben läßt:

$$(11) \quad \begin{cases} x(a_{11}x + a_{12}y + a_{13}) + y(a_{21}x + a_{22}y + a_{23}) \\ \qquad + (a_{31}x + a_{32}y + a_{33}) = 0 . \end{cases}$$

Die neuen x', y'-Achsen mögen den x, y-Achsen parallel sein; die Transformationsgleichungen seien

$$x = x' + \xi, \quad y = y' + \eta,$$

so daß (ξ, η) der neue Anfangspunkt O' ist. Setzen wir diese Werte in Gleichung (6) ein, so wird sie, nach x' und y' geordnet, die Form

$$(12) \quad a'_{11}x'^2 + 2a'_{12}x'y' + a'_{22}y'^2 + 2a'_{13}x' + 2a'_{23}y' + a'_{33} = 0$$

annehmen; und es ist offenbar

$$(13) \quad a'_{11} = a_{11}, \quad a'_{12} = a_{12}, \quad a'_{22} = a_{22}.$$

Ferner ist

$$(14) \quad \begin{cases} a'_{13} = a_{11}\xi + a_{12}\eta + a_{13}, \\ a'_{23} = a_{12}\xi + a_{22}\eta + a_{23}, \\ a'_{33} = a_{11}\xi^2 + 2a_{12}\xi\eta + a_{22}\eta^2 + 2a_{13}\xi + 2a_{23}\eta + a_{33}. \end{cases}$$

Der Wert a'_{33} stellt die linke Seite von (6) für ξ, η dar und es ist auch

$$(14a) \quad \begin{cases} a'_{33} = \xi(a_{11}\xi + a_{12}\eta + a_{13}) + \eta(a_{12}\xi + a_{22}\eta + a_{23}) \\ \qquad + (a_{13}\xi + a_{23}\eta + a_{33}). \end{cases}$$

Kann nun der Punkt (ξ, η) so gewählt werden, daß $a'_{13} = 0$ und $a'_{23} = 0$ ist, so lautet die Gleichung (12)

$$(15) \quad a_{11}x'^2 + 2a_{12}x'y' + a_{22}y'^2 + a'_{33} = 0 ;$$

ferner ergeben sich für ξ und η aus (14) die Gleichungen

$$(16) \quad \begin{cases} a_{11}\xi + a_{12}\eta + a_{13} = 0, \\ a_{12}\xi + a_{22}\eta + a_{23} = 0; \end{cases}$$

und für a'_{33} erhält man aus (14a) einfacher

$$(16a) \quad a'_{33} = a_{13}\xi + a_{23}\eta + a_{33}.$$

Aus der Form von (15) fließt ein wichtiges Resultat. Wird sie durch die Koordinaten x', y' befriedigt, so auch durch $-x'$, $-y'$; der Anfangspunkt O' ist also ein *Mittelpunkt* der C_2 (S. 18), zu dem die C_2 symmetrisch liegt, jede durch ihn gehende Sehne der C_2 wird in ihm halbiert, wie es z. B. für Ellipse und Hyperbel der Fall ist.

Fassen wir in (16) ξ und η als variabel auf, so stellen diese Gleichungen zwei Geraden dar; für sie gibt es (S. 46) entweder *einen* endlichen oder einen uneigentlichen gemeinsamen Punkt, oder die Geraden sind identisch, und *jeder* ihrer Punkte entspricht einer Lösung (ξ, η) von (16). Verabreden wir, *jede solche gemeinsame Lösung* als *Mittelpunkt* zu bezeichnen, so lassen sich drei Gattungen C_2 unterscheiden; solche mit einem eigentlichen, mit einem uneigentlichen und mit unendlich vielen Mittelpunkten. Alle diese Kurven nach den Werten der Koeffizienten a_{ik} erschöpfend aufzuzählen, ist die Aufgabe, die hier erledigt werden soll.

Wir beginnen mit dem Fall $\delta \gtreqless 0$. Für ihn soll gezeigt werden, daß *jede* durch (15) dargestellte Kurve eine Ellipse, eine Hyperbel oder ein Geradenpaar ist. Zunächst sei bemerkt, daß wegen $\delta \neq 0$ aus (16) folgt

$$(16\mathrm{b}) \quad \xi : \eta : 1 = \begin{vmatrix} a_{12} & a_{13} \\ a_{22} & a_{23} \end{vmatrix} : \begin{vmatrix} a_{13} & a_{11} \\ a_{23} & a_{12} \end{vmatrix} : \begin{vmatrix} a_{11} & a_{12} \\ a_{12} & a_{22} \end{vmatrix} = A_{13} : A_{23} : \delta$$

und daher aus (16a) und (19)

$$(17) \quad \delta a'_{33} = a_{13}A_{13} + a_{23}A_{23} + a_{33}A_{33} = \Delta ; \quad a'_{33} = \Delta : \delta .$$

Wegen $\delta \neq 0$ ist nicht gleichzeitig a_{11}, a_{12} und a_{22} gleich Null. Ist $a_{11} = 0$ und $a_{22} = 0$, also $a_{12} \gtreqless 0$, so stellt (15) eine Hyperbel dar, die (S. 141) die Achsen als Asymptoten besitzt oder für $a'_{33} = 0$, d. h. nach (17) $\Delta = 0$ ein Geradenpaar. Dieser Fall ist damit erledigt.

Sind nicht beide Koeffizienten a_{11} und a_{22} gleich Null, so sei insbesondere a_{11} von Null verschieden (ist es nicht so, so vertauschen wir die Achsen); wir dürfen auch die Festsetzung treffen, daß $a_{11} > 0$ ist[1]. Wir dürfen die Achsen rechtwinklig annehmen, da der Übergang von schiefen zu rechtwinkligen Achsen mit dem Anfangspunkt O' die Form (15) nicht ändert und gehen zu neuen rechtwinkligen X, Y-Achsen durch den Mittelpunkt über. Ist $\sphericalangle (x'X) = \alpha$, so lauten die Transformationsgleichungen

$$x' = X \cos\alpha - Y \sin\alpha , \quad y' = X \sin\alpha + Y \cos\alpha ,$$

und es möge die Gleichung (15) in X, Y die Form

$$(18) \quad a_{11}^0 X^2 + 2a_{12}^0 X Y + a_{22}^0 Y^2 + a'_{33} = 0$$

annehmen. Für die Koeffizienten ergibt sich (vgl. die gleichbedeutenden Formeln S. 55)

$$(19) \quad \begin{cases} 2a_{11}^0 = a_{11} + a_{22} + (a_{11} - a_{22}) \cos 2\alpha + 2a_{12} \sin 2\alpha \\ 2a_{22}^0 = a_{11} + a_{22} - (a_{11} - a_{22}) \cos 2\alpha - 2a_{12} \sin 2\alpha \\ 2a_{12}^0 = (a_{22} - a_{11}) \sin 2\alpha + 2a_{12} \cos 2\alpha \end{cases}$$

und außerdem

$$(20) \quad a_{11}^0 + a_{22}^0 = a_{11} + a_{22} , \quad a_{11}^0 a_{22}^0 - (a_{12}^0)^2 = a_{11}a_{22} - a_{12}^2 .$$

---

[1] Ist $a_{11} < 0$, so wird die Gleichung mit -1 multipliziert.

Wir wählen nun α so, daß $a_{12}^0 = 0$ ist; dann geht (18) in

(21) $$a_{11}^0 X^2 + a_{22}^0 Y^2 + a_{33}' = 0$$

über; die X, Y-Achsen fallen in die *Hauptachsen*, und es bestimmt sich α aus

(22) $$(a_{22} - a_{11}) \sin 2\alpha + 2 a_{12} \cos 2\alpha = 0; \quad \mathrm{tg}\, 2\alpha = \frac{2 a_{12}}{a_{11} - a_{12}}.\,[1]$$

Ferner haben wir jetzt für a_{11}^0 und a_{22}^0 gemäß (20)

(23) $$a_{11}^0 + a_{22}^0 = a_{11} + a_{22}, \quad a_{11}^0 a_{22}^0 = a_{11} a_{22} - a_{12}^2 = \delta,$$

und da $\delta \gtreqless 0$ ist, sind a_{11}^0 und a_{22}^0 von Null verschieden. Sie sind Wurzeln der quadratischen Gleichung

(23 a) $$z^2 - (a_{11} + a_{22})\, z + (a_{11} a_{22} - a_{12}^2) = 0.$$

Bemerkung. Aus (22) ergeben sich (außer im Ausnahmefall, wenn $\mathrm{tg}\, 2\alpha$ unbestimmt wird) zwei Werte für α, die sich um $\pi/2$ unterscheiden; ebenso kann man von den Wurzeln von (23a) eine beliebig als a_{11}^0 oder a_{22}^0 wählen. Ist aber α gewählt, so sind a_{11}^0 und a_{22}^0 durch (19) eindeutig bestimmt, und ebenso ist es umgekehrt. Geometrisch besagt die Wahl von a_{11}^0 und a_{22}^0, welche der beiden Hauptachsen die Rolle der X-Achse, und welche die der Y-Achse übernimmt. Wir werden so verfahren, daß wir die eventuell zu treffende Festsetzung *durch die Wahl von* a_{11}^0 bewirken.

Die weiteren Betrachtungen knüpfen an den Wert von $\varDelta$ an. Den ersten Hauptfall bildet $\varDelta \gtreqless 0$; dann ist auch $a_{33}' = \varDelta : \delta \gtreqless 0$, und (21) kann in die Form

$$m X^2 + n Y^2 - 1 = 0; \quad m = -\frac{a_{11}^0 \delta}{\varDelta}, \quad n = -\frac{a_{22}^0 \delta}{\varDelta}$$

gesetzt werden; die Vorzeichen von m und n hängen also von den Vorzeichen von a_{11}^0, a_{22}^0, δ, $\varDelta$ ab. Wir unterscheiden weiter, ob $\delta > 0$ oder $\delta < 0$ ist.

Ist $\delta = a_{11} a_{22} - a_{12}^2 > 0$, so ist $a_{11} a_{22} > a_{12}^2$, es haben also a_{11} und a_{22} gleiches Vorzeichen, und da oben $a_{11} > 0$ angenommen ist, so folgt auch $a_{22} > 0$. Wegen $a_{11}^0 a_{22}^0 = \delta > 0$ haben auch a_{11}^0 und a_{22}^0 gleiches Vorzeichen, und da $a_{11}^0 + a_{22}^0 = a_{11} + a_{22} > 0$ ist, so ist $a_{11}^0 > 0$, $a_{22}^0 > 0$. Mithin haben m und n das entgegengesetzte Zeichen wie $\delta : \varDelta$. Wir finden so die folgenden zwei Fälle:

$$\delta > 0, \quad \varDelta > 0; \quad m < 0, \quad n < 0, \quad a_{33}' > 0,$$
$$\delta > 0, \quad \varDelta < 0; \quad m > 0, \quad n > 0, \quad a_{33}' < 0.$$

Diesen beiden Fällen entsprechen die Gleichungen

(24) $$\begin{cases} \dfrac{X^2}{a^2} + \dfrac{Y^2}{b^2} + 1 = 0 \quad \text{(imaginäre Ellipse)}, \\[2mm] \dfrac{X^2}{a^2} + \dfrac{Y^2}{b^2} - 1 = 0 \quad \text{(reelle Ellipse)}. \end{cases}$$

---

[1] Für $a_{11} - a_{22} = 0$, $a_{12} = 0$ wird $\mathrm{tg}\, 2\alpha$ unbestimmt, und es stellt, wie wir schon wissen, (15) einen Kreis dar.

Sei zweitens $\delta < 0$, also $a_{11}^0 a_{22}^0 < 0$. Es haben a_{11}^0 und a_{22}^0, also auch m und n entgegengesetztes Zeichen; wir wählen a_{11}^0 so, daß $m > 0$ ist, also $n < 0$, und finden die zwei Fälle

$$\delta < 0, \quad \varDelta > 0; \quad m > 0, \quad n < 0, \quad a_{11}^0 > 0, \quad a_{22}^0 < 0, \quad a_{33}' < 0,$$
$$\delta < 0, \quad \varDelta < 0; \quad m > 0, \quad n < 0, \quad a_{11} < 0, \quad a_{22}^0 > 0, \quad a_{33}' > 0$$

mit den Gleichungen

(25)
$$\begin{cases} \dfrac{X^2}{a^2} - \dfrac{Y^2}{b^2} - 1 = 0 \;\text{(Hyperbel; X-Achse reelle Achse)}, \\[2mm] \dfrac{X^2}{a^2} - \dfrac{Y^2}{b^2} + 1 = 0 \;\text{(Hyperbel; Y-Achse reelle Achse)}. \end{cases}$$

Die Art der Kurve ist daher *durch die Vorzeichen von δ und $\varDelta$ vollständig bestimmt.*

Ist die Diskriminante $\varDelta = 0$, also auch $a_{33}' = 0$, so schließen wir wie vorher, daß im Falle $\delta > 0$ wiederum $a_{11}^0 > 0$, $a_{22}^0 > 0$ ist; im Falle $\delta < 0$ haben a_{11}^0 und a_{22}^0 wiederum verschiedenes Vorzeichen. Wir finden so

(26)
$$\begin{cases} \delta > 0, \quad \varDelta = 0; \quad \dfrac{X^2}{a^2} + \dfrac{Y^2}{b^2} = 0 \;\text{(imaginäres Geradenpaar)}, \\[2mm] \delta < 0, \quad \varDelta = 0; \quad \dfrac{X^2}{a^2} - \dfrac{Y^2}{b^2} = 0 \;\text{(reelles Geradenpaar)}. \end{cases}$$

Hieraus erhellt auch die geometrische Bedeutung von $\delta < 0$ und $\delta > 0$. Die C_2 von Gleichung (18) hat mit g_∞ für $a_{33}' \gtreqless 0$ dieselben Punkte gemein wie für $a_{33}' = 0$; sie sind reell für $\delta < 0$, imaginär für $\delta > 0$.

Beispiele (rechtwinklige Koordinaten). 1. Für die Gleichung

$$x^2 + 2xy - y^2 + 8x + 4y - 8 = 0$$

finden wir $\varDelta = 44$, $\delta = -2$, $a_{33}' = -22$. Für den Mittelpunkt (ξ, η) bestehen die Gleichungen

$$\xi + \eta + 4 = 0, \quad \xi - \eta + 2 = 0; \quad \xi = -3, \; \eta = -1.$$

Die Lage der Hauptachsen ist durch $\operatorname{tg} 2\alpha = 1$, $2\alpha = \pi/4$ oder $2\alpha = 5\pi/4$ bestimmt. Für a_{11}^0 und a_{22}^0 findet sich

$$a_{11}^0 + a_{22}^0 = 0, \quad a_{11}^0 - a_{22}^0 = -2, \quad \text{also} \quad a_{11}^0 = \pm\sqrt{2}, \; a_{22}^0 = \mp\sqrt{2}.$$

Die Kurve ist eine gleichseitige Hyperbel: ihre Gleichung kann in die Form

$$X^2 - Y^2 - 11\sqrt{2} = 0 \quad \text{oder} \quad -X^2 + Y^2 - 11\sqrt{2} = 0$$

gesetzt werden.

Es bleibt hier noch die Lage der reellen Achse zur x-Achse zu bestimmen. Um sie zu klären, müssen wir zu den Gleichungen (19) zurückgehen. Nehmen wir $2\alpha = \pi/4$, also $\cos 2\alpha = \sin 2\alpha = \frac{1}{2}\sqrt{2}$, so finden wir

$$2a_{11}^0 = 2\sqrt{2}, \quad 2a_{22}^0 = -2\sqrt{2},$$

so daß die Gleichung die Form

$$\sqrt{2}\,X^2 - \sqrt{2}\,Y^2 - 22 = 0; \quad X^2 - Y^2 = 11\sqrt{2}$$

annimmt. Die reelle Achse der Hyperbel (die X-Achse) bildet also mit der x-Achse den Winkel von $\pi/8$.

2. Für die Gleichung $14x^2 - 4xy + 11y^2 - 36x + 48y + 6 = 0$ ist $\xi = 1$, $\eta = -2$ der Mittelpunkt. Es ist $\delta = 150$, $\varDelta = -60\delta$, die Hauptachsengleichung lautet $2x^2 + 3y^2 = 12$.

3. Die Gleichung $11x^2 + 84xy - 24y^2 + 22x + 84y - 145 = 0$ geht auf die Hauptachsen transformiert in $3x^2 - 4y^2 = 12$ über.

§ 4. Die Parabel nebst ihren Ausartungen.

Es bleibt noch der Fall

$$\delta = a_{11} a_{22} - a_{12}^2 = 0$$

zu betrachten. Da δ die Diskriminante des die quadratischen Glieder enthaltenden Ausdrucks $a_{11}x^2 + 2a_{12}xy + a_{22}y^2$ ist, so besagt ihr Verschwinden, daß diese Glieder ein vollständiges Quadrat bilden. Wir können dem Ausdruck in diesem Falle die Form $\left(\sqrt{a_{11}}\,x + \sqrt{a_{22}}\,y\right)^2$ geben.

Ist auch noch $\varDelta = 0$, so ist gemäß § 2

$$a_{11} : a_{12} : a_{13} = a_{12} : a_{22} : a_{23} \, ;$$

es gibt daher unendlich viele Lösungen ξ, η der Gleichungen (16) und damit unendlich viele Mittelpunkte. Wir können mit jedem von ihnen die Gleichung der C_2 in die Form (15) überführen und erhalten

$$(27) \qquad \left(\sqrt{a_{11}}\,x' + \sqrt{a_{22}}\,y'\right)^2 + a_{33}' = 0\,.$$

Hier ist aber noch der Wert von a_{33}' zu berechnen, da (17) versagt. Wegen $\varDelta = 0$ haben wir von (16a), also von

$$a_{33}' = a_{13}\xi + a_{23}\eta + a_{33}$$

auszugehen. Wird diese Gleichung der Reihe nach mit a_{11}, a_{12}, a_{22} multipliziert, so folgt mit Rücksicht auf (16)

$$a_{11} a_{33}' = a_{13}(a_{11}\xi + a_{12}\eta) + a_{11} a_{33} = \quad a_{11} a_{33} - a_{13}^2 = A_{22}\,,$$
$$a_{12} a_{33}' = a_{23}(a_{11}\xi + a_{12}\eta) + a_{12} a_{33} = -a_{13} a_{23} + a_{12} a_{33} = A_{12}\,,$$
$$a_{22} a_{33}' = a_{23}(a_{12}\xi + a_{22}\eta) + a_{22} a_{33} = \quad a_{22} a_{33} - a_{23}^2 = A_{11}\,,$$

wo A_{11}, A_{12}, A_{22} die Unterdeterminanten von a_{11}, a_{12}, a_{22} in $\varDelta$ sind. Es wird also

$$(28) \qquad a_{33}' = \frac{A_{22}}{a_{11}} = \frac{A_{12}}{a_{12}} = \frac{A_{11}}{a_{22}}\,.$$

Vor der weiteren Erörterung betrachten wir den Fall, daß $a_{11} = a_{12} = a_{22} = 0$ ist. Wir haben dann nur eine lineare Gleichung zwischen den Koordinaten. Führen wir aber homogene Koordinaten ein, so haben wir auch in diesem Falle eine quadratische Gleichung, nämlich

$$z\left(2a_{13}x + 2a_{23}y + a_{33}z\right) = 0\,.$$

Wir erhalten durch $z = 0$ die unendlich ferne Gerade als einen Bestandteil unserer C_2. Ein anderer Bestandteil ist die Gerade, deren Gleichung durch das Verschwinden der Klammer entsteht. Diese Gerade ist endlich, wenn nicht auch $a_{13} = a_{23} = 0$ ist. Sie ist die unendlich ferne Gerade, wenn $a_{13} = a_{23} = 0$, $a_{33} \neq 0$ ist. Ist auch $a_{33} = 0$, dann befriedigt jeder Punkt der Ebene die Gleichung.

Wenn nun a_{11}, a_{12}, a_{22}, wie wir jetzt voraussetzen, nicht zugleich Null sind, dann gibt mindestens einer der Quotienten (28) einen bestimmten endlichen Wert für a'_{33}. Es sei $a'_{33} < 0$, etwa $= -k^2$; die Gleichung nimmt dann die Form

$$\left(\sqrt{a_{11}}\, x' + \sqrt{a_{22}}\, y' + k\right)\left(\sqrt{a_{11}}\, x' + \sqrt{a_{22}}\, y' - k\right) = 0$$

an. Sie stellt *zwei parallele Gerade* dar; die Mittelpunkte $(\xi\,\eta)$ erfüllen die zugehörige Mittelgerade. Ist $a'_{33} > 0$, so erhalten wir analog zwei *imaginäre* parallele Geraden. Ist endlich $a'_{33} = 0$, so stellt die Gleichung eine *Doppelgerade* dar. Alsdann folgt aus (28) auch

$$A_{11} = 0, \qquad A_{12} = 0, \qquad A_{22} = 0;$$

es sind also *alle* Unterdeterminanten von $\varDelta$ gleich Null, und es ist

(28a) $\qquad a_{11} : a_{12} : a_{13} = a_{12} : a_{22} : a_{23} = a_{13} : a_{23} : a_{33}.$

Man kann in diesem Falle den Übergang von (6) in das Quadrat eines linearen Faktors folgendermaßen direkt ausführen. Gemäß der letzten Gleichung darf man setzen

$$a_{11} = \mu\,\alpha^2, \quad a_{12} = \mu\,\alpha\,\beta, \quad a_{22} = \mu\,\beta^2, \quad a_{13} = \mu\,\alpha\,\gamma, \quad a_{23} = \mu\,\beta\,\gamma, \quad a_{33} = \mu\,\gamma^2,$$

wo μ ein Proportionalitätsfaktor ist, und die Gleichung (6) lautet

$$(\alpha\,x + \beta\,y + \gamma)^2 = 0.$$

Es bleibt noch der Fall zu erörtern, daß $\delta = 0$, aber $\varDelta \gtrless 0$ ist; *ihm entspricht die Parabel.* In der Tat folgt dann gemäß der Schlußbemerkung von § 2, daß es kein endliches Wertepaar (ξ, η) gibt, das (16) befriedigt; der Übergang zu parallelen x'-, y'-Achsen durch einen Mittelpunkt ist also nicht möglich. Wir führen in diesem Falle zuerst die Achsendrehung um O aus und gehen dann zu neuen parallelen Achsen über.

Wegen $\delta = 0$ läßt sich (6), wie wir am Anfang dieses Paragraphen sahen, in

$$\left(\sqrt{a_{11}}\, x + \sqrt{a_{22}}\, y\right)^2 + 2\,a_{13}\,x + 2\,a_{23}\,y + a_{33} = 0$$

überführen. Die neuen Achsen x', y' legen wir nun so, daß die Gerade $\sqrt{a_{11}}\,x + \sqrt{a_{22}}\,y = 0$ die x'-Achse wird, also die Gleichung $y' = 0$ besitzt; wie wir in § 2 zeigten, entsprechen dem die Transformationsgleichungen (wegen $\delta = 0$, kann nicht auch $a_{11} + a_{22} = 0$ sein, weil dann $a_{11} = a_{12} = a_{22} = 0$, also auch $\varDelta = 0$ folgen würde)[1]

$$x' = \frac{\sqrt{a_{22}}\,x - \sqrt{a_{11}}\,y}{\sqrt{a_{11} + a_{22}}}, \qquad y' = \frac{\sqrt{a_{11}}\,x + \sqrt{a_{22}}\,y}{\sqrt{a_{11} + a_{22}}}; \qquad \sin\alpha = \frac{-\sqrt{a_{11}}}{\sqrt{a_{11} + a_{22}}},$$

$$x = \frac{\sqrt{a_{22}}\,x' + \sqrt{a_{11}}\,y'}{\sqrt{a_{11} + a_{22}}}, \qquad y = \frac{-\sqrt{a_{11}}\,x' + \sqrt{a_{22}}\,y'}{\sqrt{a_{11} + a_{22}}}; \qquad \cos\alpha = \frac{\sqrt{a_{22}}}{\sqrt{a_{11} + a_{22}}};$$

---

[1] Wegen der Vorzeichen der Wurzeln vgl. S. 41.

die obige Gleichung verwandelt sich daher in

(29) $$(a_{11} + a_{22}) y'^2 + 2 a'_{13} x' + 2 a'_{23} y' + a_{33} = 0;$$

(29a) $$a'_{13} = \frac{a_{13} \sqrt{a_{22}} - a_{23} \sqrt{a_{11}}}{\sqrt{a_{11} + a_{22}}}, \qquad a'_{23} = \frac{a_{13} \sqrt{a_{11}} + a_{23} \sqrt{a_{22}}}{\sqrt{a_{11} + a_{22}}}.$$

Hier ist notwendig $a'_{13} \gtrless 0$, da aus $a'_{13} = 0$ (wie am Schluß von § 2) $A_{13} = 0$ und $A_{23} = 0$, also auch $\varDelta = 0$ folgen würde.

Nunmehr gehen wir mittels der Gleichungen

$$x' = X + \xi, \qquad y' = Y + \eta$$

zu parallelen Achsen über; wir erhalten die neue Gleichung

$$(a_{11} + a_{22}) Y^2 + 2 a''_{13} X + 2 a''_{23} Y + a''_{33} = 0,$$

und zwar ist

$$a''_{13} = a'_{13}, \qquad a''_{23} = (a_{11} + a_{22}) \eta + a'_{23},$$
$$a''_{33} = (a_{11} + a_{22}) \eta^2 + 2 a'_{13} \xi + 2 a'_{23} \eta + a_{33}.$$

Durch geeignete Wahl von η können wir wegen $a_{11} + a_{22} \neq 0$ zunächst $a''_{23} = 0$ machen; alsdann bewirkt eine geeignete Wahl von ξ, daß auch $a''_{33} = 0$ wird. Dadurch reduziert sich (29) auf die Parabelgleichung, nämlich

(30) $$(a_{11} + a_{22}) Y^2 + 2 a''_{13} X = 0; \qquad a'_{13} = a''_{13} \gtrless 0.$$

Insgesamt ergeben sich so für $\delta = 0$ die Fälle (wenn wir die oben betrachteten Fälle, daß die Gleichung inhomogen geschrieben in eine lineare Gleichung ausartet, weglassen)

$\delta = 0, \quad \varDelta \gtrless 0$; Parabel,

$\delta = 0, \quad \varDelta = 0, \quad a'_{33} < 0$; zwei reelle parallele Geraden,

$\delta = 0, \quad \varDelta = 0, \quad a'_{33} > 0$; zwei imaginäre parallele Geraden,

$\delta = 0, \quad \varDelta = 0, \quad a'_{33} = 0$; eine Doppelgerade.

Die letzten drei Fälle sind auch durch das Verschwinden gewisser Unterdeterminanten gekennzeichnet: für den ersten und zweiten ist $A_{13} = A_{23} = A_{33} = 0$; im letzten Fall verschwinden *alle* Unterdeterminanten, $A_{11} = A_{12} = A_{22} = A_{13} = A_{23} = A_{33} = 0$. Aus der Untersuchung aller möglichen Fälle hier und in § 3 folgt, daß $\varDelta = 0$ die *notwendige und hinreichende Bedingung für ein Geradenpaar darstellt*.

Im Falle $\delta = 0$ hat die C_2 mit g_∞ stets zwei zusammenfallende Punkte gemein, bestimmt durch $\sqrt{a_{11}} x + \sqrt{a_{12}} y = 0$ oder sie enthält g_∞ ganz.

Beispiele. 1. Für die Gleichung

$$x^2 + 2xy + y^2 + 8x + 4y - 8 = 0$$

ist $\delta = 0$, $\varDelta = -4$, sie stellt also eine Parabel dar. Man kann sie direkt in die Form

$$(x + y)^2 + 4(x + y) + 4x - 8 = 0$$

bringen. Die Gleichungen der ersten Transformation lauten

$$\sqrt{2} y' = x + y, \qquad \sqrt{2} x' = x - y; \qquad \sqrt{2} x = x' + y', \qquad \sqrt{2} y = -x' + y',$$

man erhält also zunächst

$$y'^2 + 3\sqrt{2}\,y' + \sqrt{2}\,x' - 4 = 0.$$

Weiter ist $y' = Y - 3\sqrt{2} : 2$, $x' = X + 17 : 2\sqrt{2}$ zu setzen; die Parabelgleichung lautet dann $Y^2 + \sqrt{2}X = 0$. Der Winkel $\alpha = (x\,x')$ ist durch $\cos\alpha = -\sin\alpha = 1 : \sqrt{2}$ $\left(\alpha = 3\,\dfrac{\pi}{4}\right)$ bestimmt.

2. Für die Gleichung $x^2 + 2x - 6 = 0$ ist $a_{11} = a_{13} = 1$, $a_{33} = -6$; $A_{13} = A_{23} = \delta = \varDelta = 0$. Ferner wird $A_{11} = 0$, $A_{12} = 0$, $A_{22} = -7$, also $a'_{33} = -7$. Dies gibt die Gleichung $(x + 1)^2 - 7 = 0$ und somit zwei parallele Geraden; was man auch direkt erhält.

§ 5. Die Invarianten.

Die Größen

$$(31) \qquad a_{11} + a_{22} = J_1 \quad \text{und} \quad a_{11}a_{22} - a_{12}^2 = \delta$$

stellen die einfachsten *Invarianten* der C_2 speziell für Transformationen kartesischer Koordinaten dar. Ihr Verschwinden hat eine einfache geometrische Bedeutung. $J_1 = 0$ bedingt eine gleichseitige Hyperbel und $\delta = 0$ schließt eine eigentliche Mittelpunktskurve aus. Analytisch ist δ die Diskriminante der Glieder zweiter Ordnung; ihr Verschwinden macht diese Glieder zum Quadrat.

Um unsere Betrachtungen auf beliebige Achsensysteme auszudehnen, wollen wir von der quadratischen Form $a_{11}x^2 + 2a_{12}xy + a_{22}y^2$ ausgehen; durch die Transformationsformeln für schiefwinklige Koordinaten gehe sie in $a'_{11}x'^2 + 2a'_{12}x'y' + a'_{12}y'^2$ über. Für jedes Paar entsprechender Punkte (x,y) und (x',y') besteht dann auf Grund dieser Formeln die Gleichung

$$(32) \qquad a_{11}x^2 + 2a_{12}xy + a_{22}y^2 = a'_{11}x'^2 + 2a'_{12}x'y' + a'_{22}y'^2.$$

Nun gibt es noch eine *besondere* quadratische Form, die auf Grund der genannten Formeln ebenfalls in die entsprechende übergeht; es ist die, die den Abstand OP ausdrückt. Ist $\sphericalangle(xy) = \omega$, $\sphericalangle(x'y') = \omega'$, so ist für jedes Paar entsprechender Punkte

$$(32\,\text{a}) \qquad x^2 + y^2 + 2xy\cos\omega = x'^2 + y'^2 + 2x'y'\cos\omega'.$$

Daher ist auch

$$(32\,\text{b}) \quad \left\{ \begin{aligned} &a_{11}x^2 + 2a_{12}xy + a_{22}y^2 + \lambda(x^2 + y^2 + 2xy\cos\omega) \\ &= a'_{11}x'^2 + 2a'_{12}x'y' + a'_{22}y'^2 + \lambda(x'^2 + y'^2 + 2x'y'\cos\omega'), \end{aligned} \right.$$

und zwar für *jedes* λ. Wählt man λ insbesondere so, daß die linke Seite das Quadrat eines linearen Faktors wird, so ist für *denselben* Wert von λ auch die rechte ein solches Quadrat. Die Bedingungen dafür lauten links und rechts

$$\begin{vmatrix} a_{11} + \lambda & a_{12} + \lambda\cos\omega \\ a_{12} + \lambda\cos\omega & a_{22} + \lambda \end{vmatrix} = 0 \quad \text{und} \quad \begin{vmatrix} a'_{11} + \lambda & a'_{12} + \lambda\cos\omega' \\ a'_{12} + \lambda\cos\omega' & a'_{22} + \lambda \end{vmatrix} = 0.$$

Dies sind zwei quadratische Gleichungen in λ, die dieselben Wurzeln besitzen; ihre Koeffizienten sind daher einander proportional, d. h. es ist

$$(33) \qquad \frac{a_{11} a_{22} - a_{12}^2}{\sin^2 \omega} = \frac{a'_{11} a'_{22} - a'^2_{12}}{\sin^2 \omega'^2}$$

und

$$(33\,\text{a}) \qquad \frac{a_{11} + a_{22} - 2 a_{12} \cos \omega}{\sin^2 \omega} = \frac{a'_{11} + a'_{22} - 2 a'_{12} \cos \omega'}{\sin^2 \omega'}.$$

Damit ist die allgemeine Form der invarianten Ausdrücke (31) gewonnen.

Es gibt eine dritte, wichtige Größe von invariantem Charakter für die Transformationen allgemeiner homogener Koordinaten; es ist die *Diskriminante* Δ. Der Beweis wird im Anhang III, § 3 geführt werden. Wir legen als Gleichung der C_2

$$(34) \qquad \begin{cases} f(x) = a_{11} x_1^2 + a_{22} x_2^2 + a_{33} x_3^2 + 2 a_{23} x_2 x_3 + 2 a_{13} x_1 x_3 + 2 a_{12} x_1 x_2 \\ = \sum a_{ik} x_i x_k = 0, \qquad a_{ik} = a_{ki} \end{cases}$$

zugrunde; man hat auch

$$(34\,\text{a}) \qquad \begin{cases} f(x) = (a_{11} x_1 + a_{12} x_2 + a_{13} x_3) x_1 + (a_{21} x_1 + a_{22} x_2 + a_{23} x_3) x_2 \\ \quad + (a_{31} x_1 + a_{32} x_2 + a_{33} x_3) x_3. \end{cases}$$

Werden nun neue Koordinaten x'_i durch die Substitution

$$x_i = \beta_{i1} x'_1 + \beta_{i2} x_2 + \beta_{i3} x'_3$$

eingeführt, so lautet die Invarianzgleichung

$$(35) \qquad \Delta' = |\beta_{ik}|^2 \Delta; \qquad \Delta = |a_{ik}|.$$

Die neue Diskriminante ist also gleich der alten Diskriminante multipliziert mit dem Quadrat der Substitutionsdeterminante, einem Faktor, der nur von der Substitution und nicht von den Koeffizienten der transformierten quadratischen Form abhängt. Von diesem allgemeinen Resultat kommt hier jedoch nur der engere Fall in Betracht, den wir bisher stets ins Auge faßten, nämlich die Transformation zwischen zwei Parallelkoordinatensystemen (x, y) und (x', y') mit demselben Anfangspunkt. Mögen die xy-Achsen wieder rechtwinklig sein, die $x'y'$-Achsen beliebig; dann lauten die Transformationsformeln

$$x = \alpha x' + \beta y', \qquad y = \gamma x' + \delta y',$$

$$\alpha = \cos(x x'), \quad \beta = \cos(x y'), \quad \gamma = \cos(y x'), \quad \delta = \cos(y y').$$

In diesem Fall ergibt sich

$$|\beta_{ik}| = \begin{vmatrix} \alpha & \beta & 0 \\ \gamma & \delta & 0 \\ 0 & 0 & 1 \end{vmatrix} = \alpha \delta - \beta \gamma = \sin(x' y'),$$

und Gleichung (35) wird

$$\Delta' = \sin^2(x' y') \Delta.$$

Nimmt man ein zweites System x'', y'' an, so ist ebenso

$$\varDelta'' = \sin^2(x''y'')\,\varDelta\,,$$

oder aber

(36)
$$\frac{\varDelta'}{\sin^2(x'y')} = \frac{\varDelta''}{\sin^2(x''y'')}\,,$$

in voller Analogie zu den Gleichungen (33) und (33a).

Die große Bedeutung der Invarianten wird aus folgender Anwendung hervorgehen. Wir setzen zunächst

(37)
$$J_1 = \frac{a_{11} + a_{22} - 2\,a_{12}\cos(xy)}{\sin^2(xy)}\,,$$

(37a) $\quad J_2 = \dfrac{1}{\sin^2(xy)}\begin{vmatrix} a_{11} & a_{12} \\ a_{21} & a_{22} \end{vmatrix}, \quad J_3 = \dfrac{1}{\sin^2(xy)}\begin{vmatrix} a_{11} & a_{12} & a_{13} \\ a_{21} & a_{22} & a_{23} \\ a_{31} & a_{32} & a_{33} \end{vmatrix};$

der Index zeigt also den Grad der Invariante in den Koeffizienten an. Für irgend zwei Achsensysteme x', y' und x'', y'' ist dann

$$J_1' = J_1'', \quad J_2' = J_2'', \qquad J_3' = J_3''.$$

Lassen wir diese Achsen mit zwei Paaren konjugierter Durchmesser a', b' und a'', b'' zusammenfallen, so nehmen die beiden ersten Gleichungen die besondere Form

$$\left(\frac{1}{a'^2} \pm \frac{1}{b'^2}\right) : \sin^2(x'y') = \left(\frac{1}{a''^2} \pm \frac{1}{b''^2}\right) : \sin^2(x''y'')\,,$$

$$\frac{1}{a'^2}\cdot\frac{1}{b'^2} : \sin^2(x'y') = \frac{1}{a''^2}\cdot\frac{1}{b''^2} : \sin^2(x''y'')$$

an. Die zweite Gleichung stellt den S. 143 bewiesenen Satz dar, daß die aus zwei konjugierten Durchmessern gebildeten Parallelogramme konstanten Inhalt haben. Weiter folgt durch Division

$$a'^2 \pm b'^2 = a''^2 \pm b''^2\,,$$

und das ist die S. 144 abgeleitete Formel (31).

§ 6. Die projektive Einteilung der C_2.

Für die Einteilung der C_2 bildete in § 3 und § 4 die Frage, ob $\delta = ac - b^2 = 0$ ist oder nicht, den Ausgangspunkt. Im ersten Fall fiel der durch (16) bestimmte Mittelpunkt auf g_∞, im zweiten ins Endliche; es steht also die Gerade g_∞ im Gegensatz zu den eigentlichen Geraden. Darauf beruht auch die Sonderstellung der Parabel; sie besitzt die Gerade g_∞ als Tangente.

Im Kap. VIII lernten wir, daß dieser Gegensatz beim Übergang zu den allgemeinen projektiven Koordinaten schwindet. Diesen Übergang wollen wir jetzt vornehmen. Es schwindet dann sowohl der Gegensatz zwischen Ellipse und Hyperbel einerseits und der Parabel andererseits, wie auch der Gegensatz zwischen Ellipse und Hyperbel selbst. Es bleiben aber die Gegensätze zwischen diesen Kurven einerseits und der imaginären Ellipse, den zerfallenden Kegelschnitten andrerseits. Diese großzügigere Einteilung der C_2 nennt man die *projektive Einteilung* der C_2.

Für diese Einteilung ist die Diskriminante Δ von Bedeutung. Ihr Nullwerden bedeutet, daß die Kurve in ein Geradenpaar oder eine Doppelgerade ausartet. Das hat mit der Sonderstellung der g_∞ nichts zu tun; es bildet auch die Erklärung dafür, daß die Invarianz von Δ für beliebige homogene Koordinatentransformationen Geltung hat; Δ ist eine *projektive* Invariante.

Um zur projektiven Einteilung der C_2 zu gelangen, gehen wir von Gleichung (34) aus, also von

$$a_{11}x_1^2 + a_{22}x_2^2 + a_{33}x_3^2 + 2a_{23}x_2x_3 + 2a_{13}x_1x_3 + 2a_{12}x_1x_2 = 0.$$

Von der linksstehenden quadratischen Form gelten nach dem Anhang III, § 5; 4. die folgenden beiden Sätze: 1. Durch geeignete lineare, homogene, reelle Koordinatentransformation läßt sie sich in eine *Summe von positiven oder negativen Quadraten* überführen, und 2. gilt für sie das *Trägheitsgesetz der quadratischen Formen*. Wird sie in eine Summe von positiven oder negativen Quadraten umgewandelt, so kann deren Zahl drei oder zwei oder eins sein; diese Summen sind wiederum nach dem Vorzeichen der Quadrate zu unterscheiden, daraus folgt, daß — da man jede Gleichung mit -1 multiplizieren kann — nur fünf projektiv zu unterscheidende Kurvengattungen auftreten, charakterisiert durch die Gleichungsformen

$$(38) \quad \begin{cases} 1. \ x_1^2 + x_2^2 + x_3^2 = 0, \quad 2. \ x_1^2 + x_2^2 - x_3^2 = 0, \\ 3. \quad x_1^2 + x_2^2 = 0. \quad 4. \quad x_1^2 - x_2^2 = 0, \quad 5. \ x_1^2 = 0. \end{cases}$$

Dem ersten Fall kann ein reeller Punkt nicht genügen, ihm entspricht die imaginäre C_2; dem zweiten Fall entspricht die eigentliche C_2. Für diese beiden Fälle ist $\Delta \neq 0$, für die folgenden $\Delta = 0$. Die Fälle 3. und 4. gestatten die Zerlegung in zwei imaginäre oder reelle Faktoren

$$(x_1 + ix_2)(x_1 - ix_2) = 0 \quad \text{und} \quad (x_1 + x_2)(x_1 - x_2) = 0,$$

ihnen entspricht das imaginäre und das reelle Geradenpaar; der Fall 5. endlich liefert die stets reelle Doppelgerade. Daß der Gegensatz von reell und imaginär erhalten bleibt, beruht darauf, daß nur reelle Transformationen in Betracht kommen.

§ 7. Das Polarsystem.

Wir gehen von einer nicht zerfallenden C_2 aus; ihre Gleichung setzen wir in die Form (34a), also:

$$(39) \quad \begin{cases} f(x) = x_1(a_{11}x_1 + a_{12}x_2 + a_{13}x_3) + x_2(a_{21}x_1 + a_{22}x_2 + a_{23}x_3) \\ \quad + x_3(a_{31}x_1 + a_{32}x_2 + a_{33}x_3) = 0, \end{cases}$$

und es soll
$$\Delta = |a_{ik}| \gtrless 0$$

sein. Ferner seien (y) und (z) zwei beliebige Punkte, so wird (S. 110)

(40)
$$\varrho x_i = y_i + \lambda z_i$$

alle Punkte der durch (y) und (z) bestimmten Geraden darstellen. Für ihre gemeinsamen Punkte mit der C_2 besteht die Gleichung

$$f(y + \lambda z) = \sum a_{ik}(y_i + \lambda z_i)(y_k + \lambda z_k) = 0;$$

nach λ geordnet möge sie

(41)
$$L\lambda^2 + 2M\lambda + N = 0$$

lauten, und zwar ist, wie die Ausmultiplikation direkt ergibt,

$$L = \sum a_{ik} z_i z_k, \quad M = \sum a_{ik} y_i z_k, \quad N = \sum a_{ik} y_i y_k.$$

Der bilineare Ausdruck M läßt sich ausführlicher in der doppelten Form

(42) $$M = \sum y_i(a_{i1}z_1 + a_{i2}z_2 + a_{i3}z_3) = \sum z_i(a_{i1}y_1 + a_{i2}y_2 + a_{i3}y_3)$$

darstellen, ist also in den y_i und z_i symmetrisch aufgebaut.

Die beiden Wurzeln λ' und λ'' von (41) liefern, in (40) eingesetzt, die Punkte (x') und (x''), die die Gerade mit der C_2 gemein hat. Haben die Punkte (y) und (z) insbesondere eine solche Lage, daß

(43)
$$\lambda' + \lambda'' = 0 \quad \text{oder} \quad M = 0$$

ist, so bilden (x') und (x'') mit (y) und (z) zwei harmonische Punktepaare; jedes Paar von Punkten (y) und (z), das diese Eigenschaft (43) besitzt, soll ein Paar *konjugierter Punkte für die C_2* heißen.

Wir halten nun den einen Punkt, z. B. (y), fest und fragen nach der Gesamtheit der Punkte (z), die zu (y) konjugiert sind. Sie bilden — in variablen z_i — die durch $M = 0$ dargestellte Gerade. Sie heißt *Polare* von (y), und (y) ihr *Pol*. Wir haben das wichtige Resultat: Hält man irgendeinen Punkt (z) dieser Geraden fest, so bilden alle zu ihm konjugierten Punkte — in variablen y_i — ebenfalls eine durch $M = 0$ dargestellte Gerade. Zu diesen Punkten gehört auch der Punkt (y), von dem wir ausgingen, und so folgt:

Von zwei konjugierten Punkten liegt jeder auf der Polare des anderen.

Fällt der Punkt (y) *auf* die Kurve, so ist in (41) $N = 0$; wird also der Punkt (z) wiederum der Bedingung $M = 0$ unterworfen, so liefert die Gleichung (41) für λ die Doppelwurzel $\lambda = 0$; die Verbindungslinie von (y) und (z) hat alsdann mit der Kurve nur den doppelt zählenden Punkt (y) gemein, sie wird zur *Tangente* in (y), d. h.:

Die Polare eines Kurvenpunktes ist seine Tangente.

Man kann das Resultat auch so formulieren: Jeder Punkt (z) einer Tangente der Kurve ist *zu ihrem Berührungspunkte konjugiert*. Die Polare von (z) [als Ort *aller* zu (z) konjugierten Punkte] geht daher *durch die Berührungspunkte der von (z) an die Kurve gelegten Tangenten.*

Die Linienkoordinaten u_i der Polare von (y) erhalten wir aus (42) gemäß Kap. VIII, § 5; sie sind

(44) $$\sigma u_i = a_{i1} y_1 + a_{i2} y_2 + a_{i3} y_3.$$

Wegen $|a_{ik}| \gtrless 0$ lassen sich diese Gleichungen nach den y_i auflösen; sind A_{ik} die Unterdeterminanten der a_{ik}, so ist

(44a) $$\varrho y_k = A_{1k} u_1 + A_{2k} u_2 + A_{3k} u_3.$$

Zu einer Geraden (u) gibt es also genau einen Punkt (y), der ihr Pol ist: *Das Entsprechen von Pol und Polare ist eineindeutig.*

Beispiel. Für einen Kreis $x^2 + y^2 - \varrho^2 = 0$ lautet die Gleichung, die die Polarität liefert, wenn (ξ, η) und (x, y) konjugierte Punkte sind,

$$\xi x + \eta y - \varrho^2 = 0.$$

Sie liefert 1. die Polare zu (ξ, η), 2. die Tangente, wenn (ξ, η) ein Kreispunkt ist, 3. den Satz, daß die Polare auf der Verbindungslinie des Zentrums mit (ξ, η), also der Geraden $\eta x - \xi y = 0$ senkrecht steht.

§ 8. Die involutorischen Beziehungen im Polarsystem.

Die Polarität bedingt eine Reihe *involutorischer Beziehungen.* Sei g eine beliebige Gerade; wählen wir sie als Gerade $x_3 = 0$ des Koordinaten-dreiecks, so geht die Bedingung (43) für die konjugierte Lage zweier Punkte (y), (z) von g in die einfachere Gleichung

$$a_{11} y_1 z_1 + a_{12}(y_1 z_2 + y_2 z_1) + a_{22} y_2 z_2 = 0$$

über. Die y_i und z_i sind zugleich lineare Koordinaten für g selbst (S. 111); demgemäß zeigt die vorstehende bilineare Gleichung, daß die Paare (y), (z) auf g eine Punktinvolution bilden. Dies ergibt sich auch folgendermaßen: Fassen wir g als Verbindungslinie der Punkte (x') und (x'') auf, die sie mit der C_2 gemein hat, so ist jedes auf ihr enthaltene Paar (y), (z) zu (x') und (x'') harmonisch; ihre Gesamtheit bildet also die Involution mit (x') und (x'') als Doppelpunkten. Je nachdem die Gerade g die Kurve in zwei reellen oder zwei imaginären Punkten schneidet, ist die Involution hyperbolisch oder elliptisch. Ist die Gerade eine Tangente, so ist die Involution parabolisch; in der Tat ist ja (S. 160) *jeder* Punkt der Tangente zum Berührungspunkt konjugiert.

Für die weiteren Betrachtungen wird zweckmäßig eine neue Bezeichnung eingeführt; die Polare eines Punktes P soll p heißen. Wir nehmen an, die Kurve sei zeichnerisch gegeben, und wollen zunächst zu P die Polare p und zu p ihren Pol P konstruieren. Dazu dient der Satz von S. 65 über das Auftreten harmonischer

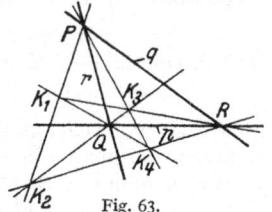

Fig. 63.

Punkte am vollständigen Viereck. Durch P ziehen wir zwei Geraden; ihre Schnittpunkte K_1, K_2, K_3, K_4 mit der C_2 betrachten wir als vier Ecken eines Vierecks und konstruieren dazu, wie es Fig. 63 zeigt, das Diagonaldreieck. Eine Ecke fällt in P, die beiden anderen seien Q und R.

Dann schneidet QR die beiden durch P gezogenen Geraden in Punkten, die zu P konjugiert sind, und ist daher die Polare p; ebenso ist $PR = q$ die Polare von Q und $PQ = r$ die Polare von R. Im Diagonaldreieck PQR sind also je zwei Ecken einander konjugiert, und jede Seite ist die Polare der ihr gegenüberliegenden Ecke (*Polardreieck*). Damit ist bereits zu P die Polare p gefunden. Geht man umgekehrt von der Geraden p aus, so wird man auf ihr einen Punkt Q beliebig annehmen, und nun mit Q als Ausgangspunkt das zugehörige Polardreieck QPR konstruieren, so ist damit auch der Pol P gefunden.

Von den beiden Geraden q und r geht jede durch den Pol der anderen; sie heißen *konjugierte Geraden* für die C_2. Lassen wir den Punkt Q die Gerade p durchlaufen, so dreht sich gleichzeitig q um P; es durchläuft auch R die Gerade p, und es bleibt stets Q, R ein Paar konjugierter Punkte; ebenso auch q, r ein durch P gehendes Paar konjugierter Strahlen. Alle diese Strahlenpaare (q, r) bilden wieder eine Involution von Strahlenpaaren mit P als Scheitel; die von P an die C_2 gezogenen Tangenten sind (S. 160) ihre Doppelstrahlen. Man kann dies so aussprechen, daß die Involution konjugierter Punkte auf p der Schnitt mit der im Büschel um P vorhandenen Involution konjugierter Strahlen ist.

Die so für eine C_2 nachgewiesene Polarität enthält die Sätze über *konjugierte Durchmesser* als Sonderfälle. Fällt der Punkt P in einen Punkt Q_∞, so ist jeder zu ihm konjugierte Punkt Mitte einer durch Q_∞ gehenden Sehne, ihre Gesamtheit somit ein Durchmesser. Die Durchmesser sind also Polaren der Punkte Q_∞; umgekehrt entspricht der Geraden g_∞ als Pol der Kurvenmittelpunkt (bei der Parabel, die von g_∞ berührt wird, fällt ihr Pol in den Berührungspunkt). Bei einer nicht zerfallenden Mittelpunktskurve liegen zwei konjugierte Durchmesser so, daß jeder die Sehnen halbiert, die durch den Pol des anderen gehen; sie sind also auch im Sinn des Polarsystems konjugiert. Die Endpunkte der Paare konjugierter Durchmesser bilden also die auf g_∞ vorhandene Involution der konjugierten Paare (Q_∞, R_∞). Zwei konjugierte Durchmesser und g_∞ bilden ein Polardreieck.

Beispiel. Für den Kreis $x^2 + y^2 - \varrho^2 z^2 = 0$ und für (x, y, z) und (x', y', z') als konjugierte Punkte ist die Polaritätsgleichung

$$x x' + y y' - \varrho^2 z z' = 0; \quad \text{ferner} \quad \sigma u = x, \quad \sigma v = y, \quad \sigma w = -\varrho^2 z.$$

Die Punktinvolution auf g_∞ ist also durch $x x' + y y' = 0$ bestimmt. Die Involution in Linienkoordinaten $u u' + v v' = 0$ bezieht sich auf das Strahlbüschel um O. Je zwei konjugierte Strahlen sind normal zueinander. Die Doppelelemente sind $x^2 + y^2 = 0$ und $u^2 + v^2 = 0$, also die Kreispunkte und die Minimalgeraden.

Für ein *Polardreieck* als *Koordinatendreieck* gestaltet sich die Kurvengleichung besonders einfach. Die Ecken haben dann — in y_i geschrieben — die Koordinatenwerte

$$y_2 = 0, \quad y_3 = 0; \qquad y_3 = 0, \quad y_1 = 0; \qquad y_1 = 0, \quad y_2 = 0;$$

ihre Polaren sind daher nach (42)

$$a_{i1} z_1 + a_{i2} z_2 + a_{i3} z_3 = 0 \qquad (i = 1, 2, 3),$$

andererseits sind sie als Gegenseiten im Koordinatendreieck

$$z_1 = 0, \quad z_2 = 0, \quad z_3 = 0.$$

Durch Vergleich ergibt sich, daß alle a_{ik}, deren Indices i, k voneinander verschieden sind, den Wert Null haben. Somit ist

(45) $$a_{11} x_1^2 + a_{22} x_2^2 + a_{33} x_3^2 = 0$$

die Gleichung der C_2 für ein Polardreieck als Koordinatendreieck. Die Transformation in eine Summe quadratischer Glieder von § 5 *erhält damit ihre geometrische Deutung.*

Zwei konjugierte Durchmesser bilden mit g_∞ ein Polardreieck; dementsprechend war die auf zwei konjugierte Durchmesser bezogene (homogene) Gleichung von Ellipse und Hyperbel

$$A x^2 + B y^2 - z^2 = 0.$$

Auch die Transformation auf die Hauptachsen läßt sich mittels der Polarentheorie leicht behandeln. Zunächst folgt aus Satz 2 von S. 87 *die Existenz der Hauptachsen;* sie bilden das gemeinsame Paar der Durchmesserinvolution und der orthogonalen Involution, das stets reell ist (S. 84). Analytisch ergibt sie sich wie folgt. Wir gehen von der Mittelpunktsgleichung für rechtwinklige Achsen aus; sie sei

(45 a) $$a_{11} x^2 + 2 a_{12} x y + a_{22} y^2 + a_{33} z^2 = 0;$$

für irgend zwei konjugierte Punkte $x_1 : y_1 : z_1$ und $x_2 : y_2 : z_2$ besteht wieder die Gleichung (43); sie lautet hier

$$x_1 (a_{11} x_2 + a_{12} y_2) + y_1 (a_{12} x_2 + a_{22} y_2) + a_{33} z_1 z_2 = 0.$$

Wählen wir die beiden konjugierten Punkte als ein Paar Q_∞, R_∞ von g_∞ und sind α_1, α_2 die Winkel der Richtungen nach Q_∞, R_∞ mit der x-Achse, so ist für $i = 1, 2$

$$x_i : y_i : z_i : = \cos\alpha_i : \sin\alpha_i : 0,$$

und die vorstehende Gleichung geht in

$$\cos\alpha_1 (a_{11} \cos\alpha_2 + a_{12} \sin\alpha_2) + \sin\alpha_1 (a_{12} \cos\alpha_2 + a_{22} \sin\alpha_2) = 0$$

über. Sollen die Punkte Q_∞, R_∞ zugleich auf den Hauptachsen liegen, so muß $\alpha_2 - \alpha_1 = \frac{1}{2} \pi$ sein; also

$$\cos\alpha_1 \cdot \cos\alpha_2 + \sin\alpha_1 \cdot \sin\alpha_2 = 0.$$

Nun sind $\cos\alpha_1$ und $\sin\alpha_1$ nicht zugleich Null; in den beiden letzten Gleichungen sind daher die Faktoren von $\cos\alpha_1$ und $\sin\alpha_1$ einander proportional, für geeignetes λ ist also

$$a_{11} \cos\alpha_2 + a_{12} \sin\alpha_2 = \lambda \cos\alpha_2, \quad a_{21} \cos\alpha_2 + a_{22} \sin\alpha_2 = \lambda \sin\alpha_2.$$

Da $\cos\alpha_2$, $\sin\alpha_2$ nicht gleichzeitig verschwinden, erhalten wir für die zugehörigen Werte λ die Bedingungsgleichung

$$\begin{vmatrix} a_{11} - \lambda & a_{12} \\ a_{21} & a_{22} - \lambda \end{vmatrix} = 0; \quad \lambda^2 - (a_{11} + a_{22})\,\lambda + a_{11}a_{22} - a_{12}^2 = 0.$$

Ihre stets reellen, im allgemeinen voneinander verschiedenen Wurzeln λ_i liefern die zwei Werte α_i; für jeden von ihnen ist mithin

$$(46a) \qquad \begin{cases} a_{11}\cos\alpha_i + a_{12}\sin\alpha_i = \lambda_i\cos\alpha_i, \\ a_{21}\cos\alpha_i + a_{22}\sin\alpha_i = \lambda_i\sin\alpha_i. \end{cases}$$

Die so gefundene Gleichung für λ ist dieselbe, die (S. 151) A_{11} und A_{22} zu Wurzeln hat. Dies ergibt sich auch aus der folgenden Betrachtung, die die Hauptachsengleichung direkt liefert. Wir gehen zunächst zur inhomogenen Gleichung (45a) zurück, also zu

$$a_{11}x^2 + 2a_{12}xy + a_{22}y^2 + a_{33} = 0.$$

Ihre Glieder zweiter Ordnung schreiben wir

$$a_{11}x^2 + 2a_{12}xy + a_{22}y^2 = x(a_{11}x + a_{12}y) + y(a_{21}x + a_{22}y).$$

Nun sind α_1 und α_2 die Winkel der neuen X, Y-Achsen mit der x-Achse, daher lauten die Transformationsgleichungen

$$(46b) \qquad x = X\cos\alpha_1 + Y\cos\alpha_2, \quad y = X\sin\alpha_1 + Y\sin\alpha_2.$$

Mit Benutzung von (46a) ergibt sich aus ihnen

$$a_{11}x + a_{12}y = \lambda_1\cos\alpha_1 X + \lambda_2\cos\alpha_2 Y,$$

$$a_{21}x + a_{22}y = \lambda_1\sin\alpha_1 X + \lambda_2\sin\alpha_2 Y,$$

und hieraus folgt durch Multiplikation mit den Gleichungen (46b) und Addition wegen $\alpha_2 - \alpha_1 = \tfrac{1}{2}\pi$

$$a_{11}x^2 + 2a_{12}xy + a_{22}y^2 = \lambda_1 X^2 + \lambda_2 Y^2.$$

Bemerkung. Im Fall der Parabel ist wegen $a_{11}a_{22} - a_{12}^2 = 0$ die eine der beiden Wurzeln λ_1 und λ_2 Null; wird $\lambda_1 = 0$ gesetzt, so gehen die Glieder zweiter Ordnung in das eine Quadrat $\lambda_2 Y^2$ über; das übrige folgt wie vorher.

§ 9. Dualistisches.

Das Entsprechen zwischen den Punkten und ihren Polaren ist ein *duales Entsprechen*. Es entspricht nämlich

einem Punkt P und einer Geraden q	eine Gerade p und ein Punkt Q,
der vereinigten Lage von P und q	vereinigte Lage von p und Q,
allen Strahlen q durch P	alle Punkte Q auf p

usw. Geht man also von einer Figur aus, die aus Punkten und Geraden besteht und konstruiert zu jedem Punkt die Polare und zu jeder Geraden ihren Pol, so entsteht eine dualistische Figur, die aus Geraden und Punkten ebenso aufgebaut ist wie die Ausgangsfigur aus Punkten und Geraden. Gemäß (44) geht überdies auch

$$\varrho x_i = y_i + \lambda z_i \quad \text{in} \quad \sigma u_i = v_i + \lambda w_i$$

über, also eine Punktreihe in einen zu ihr projektiven Strahlbüschel und umgekehrt. In dieser Weise ist die Dualität von J. V. Poncelet gefunden worden.

Auf höhere Gebilde läßt sich das Entsprechen folgendermaßen ausdehnen: Wir betrachten einen Punktort C_n der n^{ten} Ordnung aus (§ 1), der durch $g_n(y) = 0$ gegeben sei; eine Gerade q enthält n Punkte von ihm. Jedem Punkt P des Ortes entspricht in bezug auf die gegebene C_2 eine Polare p; alle diese Geraden bilden einen Strahlenort, und ebenso wie n Punkte P_i von C_n in eine Gerade q fallen, so werden die n Polaren p_i sämtlich durch den Pol Q von q laufen. Das polare Bild des Punktorts C_n der n^{ten} *Ordnung* ist also ein Strahlenort Γ_n der n^{ten} *Klasse*. Seine Gleichung ergibt sich höchst einfach mittels der Formeln (44), die die Koordinaten u_i der Polare des Punktes (y) liefern. Für die y_i besteht die Gleichung $g_n(y) = 0$. Setzen wir in sie für die y_i ihre Werte (44a) in den u_i ein, so ist diese Gleichung für die Polaren aller Punkte (y) erfüllt, und ist daher bereits die Gleichung $\varphi_n(u) = 0$ des Strahlenorts.

Sei insbesondere die Kurve C_n die Kurve C_2 selbst. Jedem ihrer Punkte entspricht seine Tangente als Polare; die Gleichung $\varphi(u) = 0$ des Strahlenorts stellt also in diesem Falle die Kurve C_2 in Linienkoordinaten dar. Diese Gleichung soll jetzt abgeleitet werden, indem wir zunächst von den Gleichungen (44) ausgehen; sie lauten

$$\sigma u_1 = a_{11} y_1 + a_{12} y_2 + a_{13} y_3$$
$$\sigma u_2 = a_{21} y_1 + a_{22} y_2 + a_{23} y_3$$
$$\sigma u_3 = a_{31} y_1 + a_{32} y_2 + a_{33} y_3 .$$

Außerdem haben wir auszudrücken, daß (y) der C_2 angehört, daß also für die y_i die Gleichung (39) besteht. Wir multiplizieren dazu die drei Gleichungen mit y_1, y_2, y_3 und erhalten

$$u_1 y_1 + u_2 y_2 + u_3 y_3 = 0 ,$$

eine Gleichung, die die vereinigte Lage für den Punkt (y) und die Gerade (u) darstellt (also für den Kurvenpunkt und seine Tangente). Wir haben so vier Gleichungen, die für die y_i erfüllt sein müssen; die Elimination der y_i aus ihnen liefert die gesuchte Beziehung für die u_i, also die *Tangentengleichung* der C_2. Sie hat die Form

$$(47) \qquad \begin{vmatrix} a_{11} & a_{12} & a_{13} & u_1 \\ a_{21} & a_{22} & a_{23} & u_2 \\ a_{31} & a_{32} & a_{33} & u_3 \\ u_1 & u_2 & u_3 & 0 \end{vmatrix} = 0 .$$

Direkter erhalten wir sie durch Multiplikation der Gleichungen (44a) mit $u_k (k = 1, 2, 3)$ und ihre Addition; so folgt

$$(47\,\text{a}) \qquad \sum A_{ik} u_i u_k = 0 \qquad (A_{ik} = A_{ki}) .$$

Eine eigentliche Kurve der zweiten Ordnung ist also zugleich eine Kurve der zweiten Klasse.

Ist die Kurve C_2 auf ein Polardreieck bezogen, hat ihre Gleichung also die Form (45), so lautet ihre Tangentengleichung

$$(47\,\mathrm{b}) \qquad \frac{u_1^2}{a_{11}} + \frac{u_2^2}{a_{22}} + \frac{u_3^2}{a_{33}} = 0.$$

Die Formeln (44) lauten nämlich in diesem Falle

$$\sigma u_1 = a_{11} y_1, \qquad \sigma u_2 = a_{22} y_2, \qquad \sigma u_3 = a_{33} y_3,$$

woraus die Behauptung folgt.

Die vorstehenden Betrachtungen lassen sich dualisieren. Wir gehen dazu von der Gleichung eines nicht zerfallenden Strahlenorts Γ_2 der zweiten Klasse aus; sie laute

$$\varphi(u) = \sum b_{ik} u_i u_k = 0; \qquad b_{ik} = b_{ki}, \, |b_{ik}| \neq 0.$$

Wir werden damit beginnen, einer Geraden $p\,(u_i)$ einen Punkt P mit der Gleichung $0 = \sum b_{ik} u_i v_k$ in Geradenkoordinaten v_k zuzuordnen, und werden so das dualistische Bild der vorstehenden Resultate erhalten. Nur zweierlei sei erwähnt: Die im Strahlenbüschel auftretende involutorische Paarung der Strahlen (v), (w) hat die Gleichung

$$v_1 (b_{11} w_1 + b_{12} w_2) + v_2 (b_{21} w_1 + b_{22} w_2) = 0,$$

und zweitens: Der Strahlenort Γ_2 wird sich zugleich als ein Punktort C_2 erweisen. Dies kommt folgendermaßen zustande: Auf jedem Strahl des Orts Γ_2 muß es einen Punkt geben, der der Tangente dualistisch gegenübersteht und den wir als *Berührungspunkt* des Strahls definieren können, d. h. als einen Punkt, für den die beiden durch ihn ziehenden Strahlen des Orts identisch sind. Die Gesamtheit dieser Berührungspunkte (x) wird dann durch die Gleichung

$$\sum B_{ik} x_i x_k = 0; \qquad B_{ik} = B_{ki}$$

dargestellt sein, wo die B_{ik} die Unterdeterminanten von $|b_{ik}|$ sind. *Damit ist die Identität der nicht zerfallenden Kurven zweiter Ordnung und zweiter Klasse in vollem Umfang erwiesen.*

§ 10. Das ausgeartete Polarsystem.

Wenn die C_2 in ein *Geradenpaar* ausartet — es heiße G_2 —, so daß die Diskriminante $\varDelta = 0$ ist, *so artet auch das Polarsystem aus.* Als Polare eines Punktes (y) definieren wir wiederum die durch (43) für variables z bestimmte Gerade; für ihre Koordinaten u_i gilt also

$$(48) \qquad \begin{cases} \sigma u_1 = a_{11} y_1 + a_{12} y_2 + a_{13} y_3, \\ \sigma u_2 = a_{21} y_1 + a_{22} y_2 + a_{23} y_3, \\ \sigma u_3 = a_{31} y_1 + a_{32} y_2 + a_{33} y_3. \end{cases}$$

Wegen $\varDelta = 0$ bestehen für die Unterdeterminanten A_{ik}, die bei einem Geradenpaar *nicht alle verschwinden*, die Gleichungen

(48a) $\qquad A_{11} : A_{21} : A_{31} = A_{12} : A_{22} : A_{32} = A_{13} : A_{23} : A_{33}$;

und es ist für *jedes i, k*

(48b) $\qquad a_{1i}A_{1k} + a_{2i}A_{2k} + a_{3i}A_{3k} = 0$;

daher folgt aus (48) für jeden Index k

$$A_{1k}u_1 + A_{2k}u_2 + A_{3k}u_3 = 0.$$

Führen wir nun den Punkt (ξ) ein, dessen Koordinaten durch die Verhältnisse (48a) gegeben sind, so ergibt sich für ihn aus der vorstehenden Gleichung

(49) $\qquad \xi_1 u_1 + \xi_2 u_2 + \xi_3 u_3 = 0$,

und wegen (48b) ist zugleich

(49a) $\quad \begin{cases} a_{11}\xi_1 + a_{12}\xi_2 + a_{13}\xi_3 = 0, \qquad a_{21}\xi_1 + a_{22}\xi_2 + a_{23}\xi_3 = 0, \\ a_{31}\xi_1 + a_{32}\xi_2 + a_{33}\xi_3 = 0. \end{cases}$

Hieraus folgt zweierlei: 1. Da (y) ein beliebiger Punkt war, so gilt die Gleichung (49) für *jeden* Punkt (y), die Polaren aller Punkte gehen also durch den Punkt (ξ). 2. Für diesen Punkt werden in (48) alle $u_i = 0$, seine Polare wird daher *unbestimmt* (*singulärer* Punkt). Das Polarsystem artet also in der Weise aus, daß die Polare eines *beliebigen* Punktes durch (ξ) geht, während als Polare von (ξ) *jede* Gerade zu betrachten ist.

Der Punkt (ξ) ist der Schnittpunkt des Geradenpaars. Wegen der Gleichungen (49a) hat für ihn der Ausdruck (39) den Wert Null; (ξ) gehört also dem Geradenpaar an. Ist ferner (x') ein anderer Punkt des G_2, und wird wie S. 160

$$f(\xi + \lambda x') = L\lambda^2 + 2M\lambda + N$$

gesetzt, so ist jetzt 1. $L = 0$ und $N = 0$, weil (ξ) und (x') auf dem G_2 liegen, und 2. $M = 0$, weil die Polare von (x') durch ξ geht. Daher gehört der Punkt $(\xi + \lambda x')$ für *jedes* λ dem G_2 an; die durch ξ und x' bestimmte Gerade ist also ein Teil von ihm. Dies gilt für jeden Punkt (x') jeder der beiden Geraden des G_2, in der Tat ist also (ξ) ihr Schnittpunkt.

Die Polardreiecke ergeben sich hier folgendermaßen:

Je zwei durch (ξ) gehende Geraden, die mit den beiden Geraden des Paares zwei harmonische Strahlenpaare bilden, sind einander konjugiert; jede von zwei solchen Geraden ist die Polare der sämtlichen Punkte der anderen; je zwei Punkte zweier solcher Geraden sind also ebenfalls zueinander konjugiert. Ein Polardreieck wird daher durch den Punkt (ξ) im Verein mit irgend zwei konjugierten Punkten (y) und (z) dargestellt.

Auch der in ein G_2 ausgearteten C_2 entspricht eine Gleichung in Linienkoordinaten. Wie im allgemeinen Fall ist es die Gleichung, der die Polaren aller Punkte des G_2 genügen; zu ihr führt auch derselbe Weg wie dort. Er liefert wiederum die Gleichung (47a). Aber bei dem G_2 befriedigen die A_{ik} die Gleichungen (48a); wir können daher (vgl. S. 154)

$$A_{ii} = \mu \xi_i^2, \qquad A_{ik} = \mu \xi_i \xi_k$$

setzen, und so geht (47a) in diesem Fall in die Gleichung

(50) $$(\xi_1 u_1 + \xi_2 u_2 + \xi_3 u_3)^2 = 0$$

über. Sie stellt den Schnittpunkt des G_2 (doppelt gerechnet) dar.

Wenn die C_2 in eine Doppelgerade ausartet, verschwinden alle Unterdeterminanten A_{ik}. Alsdann bestimmen die Gleichungen (49a) nicht nur einen singulären Punkt (ξ), sondern unendlich viele. Die drei Gleichungen (49a) stellen jetzt (in variablen ξ_i) eine und dieselbe Gerade dar, und zwar die Doppelgerade, und es ist *jeder* ihrer Punkte ein singulärer. Die Gleichung (47) ist jetzt für *jede* Gerade (u) erfüllt; ein besonderer Strahlenort existiert also nicht mehr.

§ 11. Das C_2-Büschel.

Seien

(51) $$f = \sum a_{ik} x_i x_k = 0 \qquad \text{und} \qquad \varphi = \sum b_{ik} x_i x_k = 0$$

die Gleichungen zweier *eigentlicher* C_2. Durch Elimination einer Koordinate aus diesen beiden Gleichungen erhalten wir für das Verhältnis der beiden anderen Koordinaten eine Gleichung 4ten Grades. Es gibt deswegen vier Tripel x_i, die beiden Gleichungen genügen; sie entsprechen den gemeinsamen Punkten der beiden C_2. Wir beschränken uns ausdrücklich auf den einfachen Fall, daß die vier Punkte voneinander verschieden sind. Sie gehören zugleich jedem C_2 des durch die Gleichung

(52) $$f - \lambda \varphi = 0$$

dargestellten *Kurvenbüschels* an (*Grundpunkte* oder *Basispunkte*).

Ist ξ ein von den Grundpunkten verschiedener Punkt, so kann λ eindeutig so bestimmt werden, daß die C_2 durch (ξ) geht. Die Gleichung $f(\xi) - \lambda \varphi(\xi) = 0$ liefert in der Tat stets genau ein λ, ausgenommen, wenn $f(\xi) = 0$ und $\varphi(\xi) = 0$, d. h. (ξ) ein Grundpunkt ist. Den Werten $\lambda = 0$ und $\lambda = \infty$ entsprechen $f = 0$ und $\varphi = 0$ selbst. Durch jeden von den Grundpunkten verschiedenen reellen Punkt der Ebene geht also eine und nur eine Kurve des Büschels mit reellem λ.

Alle C_2 eines Büschels werden (wie beim Kreisbüschel, S. 118) von einer beliebigen Geraden g in *Punktepaaren einer Involution* geschnitten. Wählen wir die Gerade als Seite $x_3 = 0$ des Koordinatendreiecks, so ergibt sich für ihren Schnitt mit dem Büschel

$$a_{11} x_1^2 + 2 a_{12} x_1 x_2 + a_{22} x_2^2 - \lambda (b_{11} x_1^2 + 2 b_{12} x_1 x_2 + b_{22} x_2^2) = 0 \,.$$

Zwischen dem Koeffizienten $a_{11} + \lambda b_{11}$, $2(a_{12} + \lambda b_{12})$, $a_{22} + \lambda b_{22}$ besteht. eine von λ unabhängige homogene lineare Beziehung, also zwischen der Summe und dem Produkt der Wurzeln $x_1 : x_2$ eine lineare Beziehung. Also entsprechen den Wurzelpaaren die Punktpaare einer Involution (s. S. 81); die Doppelpunkte sind die beiden Punkte, die zu den beiden Paaren

$$a_{11} x_1^2 + 2 a_{12} x_1 x_2 + a_{22} x_2^2 = 0 \quad \text{und} \quad b_{11} x_1^2 + 2 b_{12} x_1 x_2 + b_{22} x_2^2 = 0$$

zugleich harmonisch sind.

Die vier Grundpunkte des C_2-Büschels bestimmen ein vollständiges Viereck; je zwei seiner Gegenseiten bilden ein durch die vier Punkte gehendes und daher dem Büschel angehörendes Geradenpaar. Solcher Geradenpaare gibt es also drei. Ferner entspricht dem vollständigen Viereck (S. 64) ein *Diagonaldreieck*; an dieses Dreieck werden sich die weiteren Betrachtungen wesentlich anknüpfen. Wir betrachten zunächst seine Realitätsverhältnisse.

Die vier Schnittpunkte der beiden C_2 sind entweder sämtlich reell oder sämtlich imaginär, oder es sind zwei reell und zwei imaginär. In den beiden ersten Fällen ist das zu ihnen gehörige Diagonaldreieck reell. Im ersten Fall ist das selbstverständlich. Sind aber alle vier Punkte imaginär, so bilden sie zwei konjugiert komplexe Paare, und jede Gerade, die zwei der vier Punkte verbindet, ist entweder reell oder konjugiert komplex zur Verbindungslinie der beiden anderen Punkte. Zwei Gegenseiten des Vierecks haben mithin einen reellen Schnittpunkt, und es gibt drei solche Punkte. Dieser Fall tritt immer ein, wenn in dem C_2-Büschel (für reelles λ) eine nullteilige C_2 existiert; denn dann müssen alle vier Grundpunkte imaginär sein. Den drei Geradenpaaren, die aus je 2 zueinander konjugierten Geraden bestehen, entsprechen in diesem Falle und überhaupt immer, wenn das Diagonaldreieck reell ist, drei reelle Werte von λ in der Darstellung (52) der Kurven des Büschels. Denn die Geradenpaare haben je mindestens einen reellen von den Grundpunkten verschiedenen Punkt. Ist endlich nur ein Paar imaginärer (also konjugiert komplexer) Punkte vorhanden, so gibt es nur ein Geradenpaar, das einen reellen Schnittpunkt liefert, nämlich die Verbindungslinie des reellen Paares und die (reelle) Verbindungslinie des Paares konjugiert komplexer Punkte. Vom Diagonaldreieck ist also nur eine Ecke reell, ebenso (dualistisch) eine Seite.

Ist das Diagonaldreieck reell, so ist es (S. 162) ein Polardreieck für jede C_2 des Büschels, insbesondere auch für $f = 0$ und $\varphi = 0$. Wird es als Koordinatendreieck gewählt, so gehen (§ 8) f und φ in je eine Summe quadratischer Glieder über; es sei

$$(53) \qquad f = a_1 y_1^2 + a_2 y_2^2 + a_3 y_3^2, \qquad \varphi = b_1 y_1^2 + b_2 y_2^2 + b_3 y_3^2.$$

Wir wollen die Aufgabe lösen, diese Transformation durchzuführen. Man kann die Aufgabe noch in der Weise vereinfachen, daß man in (53)

die b_i als Multiplikatoren in die y_i^2 eingehen läßt, so daß sich für φ
die einfachere Form

(53a) $$\varphi = y_1^2 + y_2^2 + y_2^2$$

ergibt. Allerdings können die b_i bei einer reellen Kurve $\varphi = 0$ nicht
sämtlich dasselbe Zeichen haben, so daß die y_i^2 teilweise *negative* Größen
sind. Unsere Festsetzung geschieht auch nur, um gewisse Teile des
Beweises rechnerisch zu vereinfachen. Ist ein y_i^2 negativ, und setzen
wir dafür (nach Ausführung der Rechnungen mit den y_i^2) $- z_i^2$, so sind
die z_i reell, und wir erhalten die Kurve in reeller Weise durch reelle
Koordinaten z_i dargestellt[1].

Um die vorstehende Transformation auszuführen, ist dreierlei zu
leisten: die Ermittlung des gemeinsamen Polardreiecks, die Bestimmung
der Koeffizienten a_i und die Berechnung der Substitutionen, die den
Übergang von den x_i zu den y_i (und z_i) bewirken.

Die drei Geradenpaare des Büschels (52) ergeben sich, wenn wir
seine Diskriminante gleich Null setzen; sie entsprechen also den drei
Wurzeln der Gleichung

(54) $$\Delta(\lambda) = |a_{ik} - \lambda b_{ik}| = 0.$$

Sie seien $\lambda', \lambda'', \lambda'''$; für diese Werte zerfällt also $f - \lambda\varphi$ in zwei lineare
Faktoren. Nun haben wir — in den Koordinaten y_i —

(55) $$f - \lambda\varphi = (a_1 - \lambda) y_1^2 + (a_2 - \lambda) y_2^2 + (a_3 - \lambda) y_3^2 = 0.$$

Soll diese Gleichung für $\lambda', \lambda'', \lambda'''$ ein Geradenpaar darstellen, so kann
die Form $f - \lambda\varphi$ (§ 6) nur aus *zwei* quadratischen Gliedern bestehen;
es muß daher einer der drei Koeffizienten $a_i - \lambda$ für jede der drei
Wurzeln $\lambda', \lambda'', \lambda'''$ den Wert Null haben. Da wir aber nach Voraussetzung vier voneinander verschiedene Grundpunkte des Büschels,
also auch drei voneinander verschiedene Geradenpaare im Büschel
haben, so müssen die drei aus zwei quadratischen Gliedern bestehenden
Formen voneinander verschieden sein. Daraus folgt, daß $\lambda', \lambda'', \lambda'''$
bei unserer Voraussetzung voneinander verschieden sind und mit den
Koeffizienten a_i übereinstimmen. Es ist deswegen

(56) $$f = \lambda' y_1^2 + \lambda'' y_2^2 + \lambda''' y_3^2,$$

während φ durch (53a) gegeben ist. Damit ist die Transformation
bereits geleistet. Das Büschel selbst erhält die Gleichung

(57) $$f - \lambda\varphi = (\lambda' - \lambda) y_1^2 + (\lambda'' - \lambda) y_2^2 + (\lambda''' - \lambda) y_3^2 = 0,$$

und die drei Geradenpaare sind durch

(57a) $$\begin{cases} f - \lambda'\varphi = (\lambda'' - \lambda') \ y_2^2 + (\lambda''' - \lambda') \ y_3^2 = 0 \\ f - \lambda''\varphi = (\lambda' - \lambda'') \ y_1^2 + (\lambda''' - \lambda'') \ y_3^2 = 0 \\ f - \lambda'''\varphi = (\lambda' - \lambda''') y_1^2 + (\lambda'' - \lambda''') y_2^2 = 0 \end{cases}$$

---

[1] Das Beispiel von S. 172 wird dies am besten erläutern.

dargestellt. Für diese Werte λ', λ'', λ''' zerfallen die linken Seiten, die wir immer in den x_i ausgedrückt denken, wie die rechten in je zwei Faktoren. Für die rechte Seite der ersten Gleichung findet man z. B.

$$\left(\sqrt{\lambda'' - \lambda'}\, y_2 + \sqrt{\lambda' - \lambda'''}\, y_3\right)\left(\sqrt{\lambda'' - \lambda'}\, y_2 - \sqrt{\lambda' - \lambda'''}\, y_3\right) = 0;$$

diese Faktoren sind den Faktoren der linken Seite gleichzusetzen. Damit gewinnen wir lineare Gleichungen zwischen den x_i und den y_i, und damit auch die Transformationsformeln zwischen ihnen.

Endlich sind auch die Schnittpunkte der beiden C_2 damit gefunden. Sie entsprechen den Werten y_i, die den Gleichungen

$$f = \lambda' y_1^2 + \lambda'' y_2^2 + \lambda''' y_3^2 = 0, \qquad \varphi = y_1^2 + y_2^2 + y_3^2 = 0$$

zugleich genügen; sie sind also gegeben durch

$$y_1^2 : y_2^2 : y_3^2 = (\lambda'' - \lambda''') : (\lambda''' - \lambda') : (\lambda' - \lambda'').$$

Diesen Gleichungen wird in der Tat durch *vier* verschiedene Tripel y_i genügt.

Falls in dem Büschel eine nullteilige Kurve vorhanden ist, so besteht für die drei Wurzeln λ', λ'', λ''' der schon S. 169 abgeleitete, wichtige Satz, daß sie *sämtlich reell sind*. Wir werden hierfür noch folgenden Beweis geben. Zunächst sind die Wurzeln, da die vier Grundpunkte des Büschels voneinander verschieden sein sollen und es mithin drei Geradenpaare gibt, ebenfalls voneinander verschieden. Für den Beweis der Realität treffen wir die Vereinfachung, die genannte nullteilige Kurve als $\varphi = 0$ zu wählen und das Koordinatendreieck der x_i als ein Polardreieck dieser Kurve $\varphi = 0$ anzunehmen, also die Gleichung $\varphi = 0$ in der Form

$$x_1^2 + x_2^2 + x_3^2 = 0$$

vorauszusetzen. Nun bestehen für den Doppelpunkt (ξ) eines jeden Geradenpaares die Gleichungen (49a); für die drei Geradenpaare $f - \lambda \varphi = 0$ lauten sie, da jetzt alle $b_{ii} = 1$ und für $i \gtrless k$ alle $b_{ik} = 0$ sind,

$$(a_{11} - \lambda)\,\xi_1 + a_{12}\xi_2 \phantom{+ a_{13}\xi_3} + a_{13}\xi_3 = 0$$
$$a_{21}\xi_1 + (a_{22} - \lambda)\,\xi_2 + a_{23}\xi_3 = 0$$
$$a_{31}\xi_1 + a_{32}\xi_2 + (a_{33} - \lambda)\,\xi_3 = 0.$$

Seien nun (ξ'), (ξ''), (ξ''') die Doppelpunkte, die den drei Geradenpaaren, also den Werten λ', λ'', λ''' entsprechen. Für jede dieser Wurzeln bestehen dann die vorstehenden Gleichungen; insbesondere lauten sie für λ' und λ''

$$\lambda'\,\xi_i' = a_{i1}\xi_1' + a_{i2}\xi_2' + a_{i3}\xi_3'$$

und

$$\lambda''\,\xi_i'' = a_{i1}\xi_1'' + a_{i2}\xi_2'' + a_{i3}\xi_3''.$$

Multiplizieren wir die drei ersten mit ξ_1'', ξ_2'', ξ_3'' und addieren sie, ebenso die drei letzten mit ξ_1', ξ_2', ξ_3' und addieren sie ebenfalls, so stimmen die rechts entstehenden Summen [gemäß (42)] überein, und es folgt

$$(\lambda' - \lambda'')(\xi_1'\xi_1'' + \xi_2'\xi_2'' + \xi_3'\xi_3'') = 0.$$

Nun ist $\lambda' - \lambda'' \gtrless 0$, also folgt weiter

(58) $$\xi_1'\xi_1'' + \xi_2'\xi_2'' + \xi_3'\xi_3'' = 0.$$

Hieraus kann die Realität von λ', λ'', λ''' leicht geschlossen werden. Hätte nämlich Gleichung (54) komplexe Wurzeln, so müßten sie konjugiert komplex auftreten; es sei z. B.

$$\lambda' = \mu + \nu i, \quad \lambda'' = \mu - \nu i.$$

Die zugehörigen Werte ξ_i' und ξ_i'' sind dann wegen der Realität der a_{ik} auch konjugiert komplex; es sei insbesondere

$$\xi_i' = \eta_i + i\zeta_i, \quad \xi_i'' = \eta_i - i\zeta_i.$$

Aus (58) folgte dann

$$\eta_1^2 + \zeta_1^2 + \eta_2^2 + \zeta_2^2 + \eta_3^2 + \zeta_3^2 = 0,$$

und dies ist, da alle η_i und ζ_i reell sind, nur für $\eta_i = 0$, $\zeta_i = 0$ erfüllt. Diese Werte sind aber als Koordinatenwerte ausgeschlossen.

Ist das Polardreieck nicht reell, hat es also nur eine reelle Ecke und eine reelle (gegenüberliegende) Seite, so bleiben die analytischen Betrachtungen, die sich an die drei Geradenpaare, das Polardreieck und die drei Wurzeln λ', λ'', λ''' knüpfen, nach wie vor in Geltung — bis auf den Satz über die Realität der Wurzeln. Die Transformation kann im Reellen nicht ausgeführt werden. Es soll auf diesen Fall nicht näher eingegangen werden[1].

Beispiel. Es sei

$$f = 104x^2 - 98y^2 + 64x + 40 = 0, \quad \varphi = 92x^2 + 49y^2 - 8x - 68 = 0.$$

Dann ist

$$\Delta(\lambda) = \begin{vmatrix} 104 - 92\lambda & 0 & 32 + 4\lambda \\ 0 & -49(2 + \lambda) & 0 \\ 32 + 4\lambda & 0 & 40 + 68\lambda \end{vmatrix},$$

und es ergeben sich aus $\Delta(\lambda) = 0$, also aus

$$(2 + \lambda)\{(104 - 92\lambda)(40 + 68\lambda) - (32 + 4\lambda)^2\} = 0$$

die Wurzeln $\lambda' = -2$, $\lambda'' = 1$, $\lambda''' = -\tfrac{1}{2}$. Die Gleichungen der drei Geradenpaare in den y_i lauten daher

$$f - \lambda'\varphi = f + 2\varphi = \quad 3y_2^2 + \tfrac{3}{2}y_3^2 = 0$$
$$f - \lambda''\varphi = f - \varphi = -3y_1^2 - \tfrac{3}{2}y_3^2 = 0$$
$$f - \lambda'''\varphi = f + \tfrac{1}{2}\varphi = -\tfrac{3}{2}y_1^2 + \tfrac{3}{2}y_2^2 = 0.$$

---

[1] Näheres findet man in den Vorlesungen über Geometrie von CLEBSCH, herausgegeben von LINDEMANN, (1876) S. 120ff., in der Einführung in die analytische Geometrie von KOWALEWSKI, (1910) S. 189, in den Vorlesungen aus der analytischen Geometrie der Kegelschnitte von GUNDELFINGER, herausgegeben von DINGELDEY, (1895) S. 129 und in der Analytischen Geometrie der Kegelschnitte von SALMON, herausgegeben von DINGELDEY (1918), Bd. 2, S. 1.

Man ersetze nun, um zu reellen Substitutionen zu gelangen, y_1^2, y_2^2, y_3^2 durch z_1^2, z_2^2, $-z_3^2$, so stellen sich f und φ folgendermaßen dar:

$$f = -2z_1^2 + z_2^2 + \tfrac{1}{2}z_3^2, \quad \varphi = z_1^2 + z_2^2 - z_3^2$$

und die drei Geradenpaare durch

$$3z_2^2 - \tfrac{3}{2}z_3^2 = 0, \quad -3z_1^2 + \tfrac{3}{2}z_3^2 = 0, \quad -\tfrac{3}{2}z_1^2 + \tfrac{3}{2}z_2^2 = 0.$$

Weiter ist (unter Verwendung der ursprünglichen Koordinaten)

$$f + 2\varphi = 288x^2 + 48x - 96 = 3(z_2^2 - \tfrac{1}{2}z_3^2),$$

und so ergibt sich, wenn wir die Ausdrücke in Faktoren spalten,

$$16(2x - 1)(3x + 2) = (z_2 - \sqrt{\tfrac{1}{2}}z_3)(z_2 + \sqrt{\tfrac{1}{2}}z_3);$$

wir können also setzen

$$z_2 - \sqrt{\tfrac{1}{2}}z_3 = \sigma(2x - 1), \quad z_2 + \sqrt{\tfrac{1}{2}}z_3 = \sigma(3x + 2),$$

mithin

$$\varrho z_2 = 5x + 1, \quad \varrho z_3 \sqrt{\tfrac{1}{2}} = x + 3.$$

Um z_1 zu finden, benutzen wir die Gleichung

$$f + \tfrac{1}{2}\varphi = -\tfrac{3}{2}(z_1^2 - z_2^2) \quad \text{oder} \quad 2f + \varphi = 3(z_3^2 - z_1^2).$$

Hieraus erhalten wir

$$2f + \varphi = 3(100x^2 - 49y^2 + 40x + 4) = 3\{(10x + 2)^2 - 49y^2\},$$

und daraus entnimmt man

$$z_2 + z_1 = \sigma(10x + 2 + 7y) \quad z_2 - z_1 = \sigma(10x + 2 - 7y);$$
$$\varrho z_2 = 5x + 1, \quad \varrho z_1 = \tfrac{7}{2}y.$$

Das Polardreieck besteht also aus den Geraden

$$y = 0, \quad 5x + 1 = 0, \quad x + 3 = 0,$$

und die drei Geradenpaare sind

$$(2x + 6)^2 - 49y^2 = 0, \quad (10x + 2)^2 - 49y^2 = 0, \quad (2x - 1)(3x + 2) = 0.$$

Die vorstehende projektive Behandlung des C_2-Büschels betrachtet nur die ausgearteten C_2 als ausgezeichnete Sonderfälle; sie entsprechen dem Nullwert der Invariante $\Delta(\lambda)$. Für die speziellere metrische Auffassung treten auch solche C_2 als ausgezeichnet auf, für die — bei rechtwinkligen Koordinaten — die Invariante $J_1 = 0$ oder $J_2 = 0$ ist (S. 156), also gleichseitige Hyperbeln und Parabeln (oder ihre Ausartungen). Setzen wir die beiden C_2-Gleichungen in die homogene Form

$$f = a_{11}x^2 + 2a_{12}xy + a_{22}y^2 + 2a_{13}xz + 2a_{23}yz + a_{33}z^2 = 0$$

$$\varphi = b_{11}x^2 + 2b_{12}xy + b_{22}y^2 + 2b_{13}xz + 2b_{23}yz + b_{33}z^2 = 0,$$

so erhalten wir

$$(59) \quad \begin{cases} J_1(\lambda) = a_{11} - \lambda b_{11} + a_{22} - \lambda b_{22} \\ J_2(\lambda) = \begin{vmatrix} a_{11} - \lambda b_{11} & a_{12} - \lambda b_{12} \\ a_{21} - \lambda b_{21} & a_{22} - \lambda b_{22} \end{vmatrix}. \end{cases}$$

Nun sind die Gleichungen

$$(59) \qquad J_1(\lambda) = 0 \quad \text{und} \quad J_2(\lambda) = 0$$

in λ vom ersten und zweiten Grad; in einem C_2-Büschel sind daher im allgemeinen *zwei* Parabeln und *eine* gleichseitige Hyperbel vorhanden. Dazu kommen weiter die *drei* Geradenpaare.

Beispiele. 1. Das Kreisbüschel $S - \lambda S' = 0$. Zwei Geradenpaare sind in den Nullkreisen vorhanden; das dritte besteht aus der Potenzlinie und g_∞. Diese beiden Geraden stellen auch die gleichseitige Hyperbel dar, da g_∞ auf jeder endlichen Geraden senkrecht steht (S. 94). Wir finden dieses Paar aber auch als ausgeartete Parabel (da g_∞ auch jeder endlichen Geraden parallel ist).

Die analytische Betrachtung ergibt dies wie folgt: Sei die Zentrale beider Kreise die x-Achse und die Potenzlinie die y-Achse. Die beiden Grundkreise haben dann die Gleichungen

$$x^2 + y^2 - 2\alpha xz + \delta z^2 = 0, \quad x^2 + y^2 - 2\alpha' xz + \delta z^2 = 0,$$

und man findet zunächst

$$\Delta(\lambda) = (1 - \lambda)\{\delta(1 - \lambda)^2 - (\alpha - \lambda\alpha')^2\} = 0.$$

Dem Faktor $1 - \lambda = 0$ entspricht das Geradenpaar $xz = 0$, den beiden anderen Faktoren die Nullkreise.

Ferner wird

$$J_1(\lambda) = 2(1 - \lambda); \quad J_2(\lambda) = (1 - \lambda)^2,$$

die Parabeln werden daher durch das Paar $xz = 0$ (doppelt gerechnet) dargestellt.

2. Ist gleichzeitig $a_{11} + a_{22} = 0$ und $b_{11} + b_{22} = 0$, dann ist die Gleichung $J_1(\lambda) = 0$ für jedes λ erfüllt, alle Kurven des Büschels sind gleichseitige Hyperbeln oder Paare von aufeinander senkrechten Geraden. Daraus folgt: Wenn vier Punkte so liegen, daß zwei Geradenpaare durch die vier Punkte je ein Paar aufeinander senkrechter Geraden darstellen, dann sind auch alle anderen C_2 durch die vier Punkte gleichseitige Hyperbeln oder ein Paar aufeinander senkrechter Geraden, nämlich das dritte Paar von Geraden, das durch die vier Punkte hindurchgeht. Dieser Satz ist eine Verallgemeinerung des Höhenschnittpunktsatzes.

Damit $J_2(\lambda) = 0$ für alle λ erfüllt ist, müssen $f = 0$ und $\varphi = 0$ Parabeln mit parallelen Achsen darstellen.

§ 12. Die Brennpunkte.

Das Problem der *Brennpunkte* führt auf die Betrachtung eines besonderen C_2-Büschels, in dem die beiden C_2 als Tangentengebilde aufgefaßt werden.

Jedem Punkt kommt im Polarsystem gemäß § 8 eine gewisse Strahleninvolution zu. Unter den Strahlenpaaren einer Involution gibt es stets ein orthogonales (S. 87), wenn nicht etwa die Involution aus lauter orthogonalen Paaren besteht, also eine orthogonale ist. Ihre Doppelstrahlen sind dann zwei Minimalgeraden, die nach den Kreispunkten $\mathfrak{J}_\infty$ und J_∞ laufen.

Als Brennpunkte F werden wir solche Punkte des Polarsystems erkennen, für die die Strahleninvolution eine *orthogonale* ist. Die Doppelstrahlen einer solchen Involution sind dann erstens Geraden durch

$\mathfrak{J}_\infty$ und J_∞, außerdem aber (S. 162) Tangenten an die C_2. Jeder Punkt F ist also Schnittpunkt einer Tangente durch $\mathfrak{J}_\infty$ und einer durch J_∞. Nun gehen wiederum von jedem Kreispunkt zwei Tangenten an die C_2, und so gelangen wir zu *vier* Punkten F; jeder ist Schnitt einer Tangente durch $\mathfrak{J}_\infty$ und einer durch J_∞ (Fig. 64).

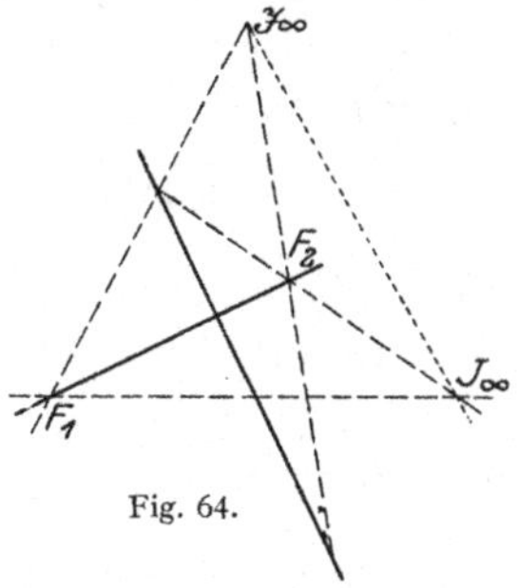

Da hier die C_2 als Tangentenort auftritt, benutzen wir ihre Gleichung in Linienkoordinaten; und da die Kreispunkte hineinspielen, so legen wir homogene rechtwinklige Parallelkoordinaten zugrunde. Wir beschränken uns zunächst auf Ellipse und Hyperbel. Ihre gemeinsame Gleichung sowie die der Kreispunkte lauten

Fig. 64.

$$f = a^2 u^2 \pm b^2 v^2 - w^2 = 0\,, \quad \varphi = u^2 + v^2 = 0\,;$$

die Tangenten (u,v), die wir suchen, sind die gemeinsamen Lösungen dieser beiden Gleichungen, also die gemeinsamen Strahlen, die „Grundstrahlen" der durch

$$(60) \qquad f - \lambda\varphi = a^2 u^2 \pm b^2 v^2 - w^2 - \lambda(u^2 + v^2) = 0$$

dargestellten Kurvenschar[1]. Wir bestimmen sie mittels der drei Punktepaare der Schar, die das dualistische Analogon der drei Geradenpaare von § 11 sind. Wie jede dieser Geraden zwei *gemeinsame Punkte* der einen und der anderen C_2 verbindet, so schneiden jetzt sich in jedem solchen Punkt die Geraden eines der drei Paare *gemeinsamer Tangenten* von $f = 0$ und $\varphi = 0$. Das ist aber gerade die Eigenart der Punkte F; die drei Punktepaare entsprechen also den Lösungen λ der Diskriminantengleichung $\varDelta(\lambda) = 0$ zu (60), und damit sind sie bereits bestimmt.

Die Gleichung $\varDelta(\lambda) = 0$ lautet hier

$$\begin{vmatrix} a^2 - \lambda & 0 & 0 \\ 0 & \pm b^2 - \lambda & 0 \\ 0 & 0 & -1 \end{vmatrix} = 0\,; \quad (a^2 - \lambda)(\pm b^2 - \lambda) = 0\,.$$

Sie liefert die beiden Wurzeln[2] $\lambda' = a^2$, $\lambda'' = \pm b^2$.

Für die Ellipse erhalten wir so die Lösungen

$$(a^2 - b^2)u^2 - w^2 = 0 \quad \text{und} \quad (a^2 - b^2)v^2 + w^2 = 0\,.$$

---

[1] Dualistisch zum Begriff des Kurvenbüschels wird das Wort „Schar" gebraucht, dementsprechend werden die Kurven Kap. X, § 4 (13) als „Schar" konfokaler Ellipsen und Hyperbeln bezeichnet.

[2] Zu diesen Wurzeln kommt noch $\lambda''' = \infty$. Die dieser Wurzel entsprechende Gleichung $f - \lambda\varphi = 0$ lautet $u^2 + v^2 = 0$; sie liefert die Kreispunkte als drittes Punktepaar der Schar.

Für $a > b$ liefert nur die erste zwei reelle Punkte, nämlich

$$\left(u\sqrt{a^2 - b^2} - w\right)\left(u\sqrt{a^2 - b^2} + w\right) = 0\,;$$

es sind die Brennpunkte F_1 und F_2 der x-Achse (Fig. 13a); die beiden anderen Brennpunkte F_1' und F_2' liegen auf der y-Achse, sind aber imaginär[1]. Für die Hyperbel finden wir analog die Punktepaare

$$(a^2 + b^2)u^2 - w^2 = 0 \quad \text{und} \quad (a^2 + b^2)v^2 + w^2 = 0\,;$$

das erste liefert wiederum F_1 und F_2, das zweite zwei imaginäre Brennpunkte auf der y-Achse.

Wie aus S. 130 hervorgeht, sind F_1 und D_1, ebenso F_2, D_2 konjugierte Punkte der auf der Hauptachse vorhandenen Involution. Die Polare von F_1 geht also durch D_1, die von F_2 durch D_2; außerdem gehen sie beide durch den Pol der Hauptachse; man folgert daraus, daß jede Direktrix die Polare eines Brennpunktes ist.

---

[1] Nur die Schnittpunkte konjugiert komplexer Geraden sind reell; in F_1 und F_2 schneiden sich also zwei solche Geraden.

Zwölftes Kapitel

Kollineare und reziproke Verwandtschaft.

§ 1. Die kollineare Beziehung.

Zwischen den Punkten (x) und (x') zweier Ebenen ε und ε' (*ebene Felder*) möge die lineare Substitution *nicht verschwindender* Determinante

(1)
$$\begin{cases} \varrho' x_1' = a_{11} x_1 + a_{12} x_2 + a_{13} x_3 \\ \varrho' x_2' = a_{21} x_1 + a_{22} x_2 + a_{23} x_3; \quad \varDelta = |a_{ik}| \gtrless 0 * \\ \varrho' x_3' = a_{31} x_1 + a_{32} x_2 + a_{33} x_3 \end{cases}$$

bestehen. Sie ordnet jedem Tripel x_i ein Tripel x_i' zu, also jedem Punkt P von ε einen Punkt P' von ε'. Wegen $D \gtrless 0$ lassen sich die Gleichungen (1) nach den x_i auflösen, es entspricht also auch jedem Punkt P' ein Punkt P. Die auflösenden Gleichungen lauten

(1 a) $\quad \varrho x_i = A_{1i} x_1' + A_{2i} x_2' + A_{3i} x_3'; \quad i = 1, 2, 3; \quad \varrho = \dfrac{\varDelta}{\varrho'}.$

Aus dem linearen Charakter der Substitution folgt, daß einer Gleichung ersten Grades in den x_i eine Gleichung ersten Grades in den x_i' entspricht, allen Punkten einer Geraden g von ε also alle Punkte einer Geraden g' von ε', ebenso umgekehrt. Dies soll die Bezeichnung *Kollineation* aussagen. Nicht jede ein-eindeutige Zuordnung der Punkte P, P' ist eine Kollineation. Man kann aber zeigen, daß jede ein-eindeutige Beziehung, die Geraden in Geraden überführt, also eine Kollineation ist, die Form (1) hat. Hat g die Gleichung

(2) $\qquad \sum u_i x_i = u_1 x_1 + u_2 x_2 + u_3 x_3 = 0$

erfüllt, so hat g' die Gleichung

(2 a) $\qquad \sum u_i' x_i' = u_1' x_1' + u_2' x_2' + u_3' x_3' = 0.$

Die vorstehenden Gleichungen stimmen formal mit denen überein, die uns in Kap. VIII, § 5 beschäftigten. Dort entsprachen sie einer Koordinatentransformation, betrafen also verschiedene Koordinaten *desselben* Punktes; hier verbinden sie die Koordinaten *verschiedener* Punkte miteinander. Die analytischen Resultate, die wir dort ableiteten, gelten also auch hier, sie erfahren nur eine andere geometrische Deutung. Es genüge deshalb, die Resultate, auf die es ankommt, anzuführen.

---

* Für $\varDelta = 0$ heißt die Kollineation *ausgeartet*; davon wird abgesehen.

1. Die Formeln, die die u_i und u_i' miteinander verbinden, lauten:

(3)
$$\begin{cases} \sigma' u_1' = A_{11} u_1 + A_{12} u_2 + A_{13} u_3 \\ \sigma' u_2' = A_{21} u_1 + A_{22} u_2 + A_{23} u_3 \\ \sigma' u_3' = A_{31} u_1 + A_{32} u_2 + A_{33} u_3, \end{cases}$$

und analog ergibt sich für die u_i

(3a)
$$\sigma u_i = a_{1i} u_1' + a_{2i} u_2' + a_{3i} u_3'.$$

2. Den Geraden $x_i' = 0$ des Fundamentaldreiecks in ε' entsprechen die Geraden $a_{i1} x_1 + a_{i2} x_2 + a_{i3} x_3 = 0$ von ε; den Geraden $x_i = 0$ von ε die Geraden $A_{1i} x_1' + A_{2i} x_2' + A_{3i} x_3' = 0$ von ε', und analog ist es für die Ecken.

3. *Entsprechende Punktreihen und Büschel beider ebenen Felder sind projektiv.* Die Gleichung eines Büschels $G + \lambda H = 0$ geht nämlich in $G' + \lambda H' = 0$ über, ebenso eine Punktreihe $Q + \lambda R = 0$ in $Q' + \lambda R' = 0$.

4. Bei zwei einander entsprechenden Kurven ist die Punktgleichung von gleichem Grad und ebenso die Tangentengleichung. *Ordnung und Klasse einer Kurve sind also gegenüber kollinearen Transformationen invariant.*

5. Läßt man die Seiten der Fundamentaldreiecke von ε und ε' aus je drei *entsprechenden* Geraden $x_i = 0$ und $x_i' = 0$ bestehen, so erhalten die Gleichungen (1) die einfachere Gestalt

(4)
$$\varrho' x_1' = a_1 x_1, \quad \varrho' x_2' = a_2 x_2, \quad \varrho' x_3' = a_3 x_3.$$

Die Gleichungen (3) lauten analog

(5)
$$\sigma' u_1' = a_2 a_3 u_1, \quad \sigma' u_2' = a_3 a_1 u_2, \quad \sigma' u_3' = a_1 a_2 u_3.$$

6. *Die kollineare Beziehung ist durch vier Paare entsprechender Punkte, von denen keine drei in eine Gerade fallen, eindeutig bestimmt und zu jeder solchen Zuordnung gibt es auch eine Kollineation, die die Punkte der Paare ineinander überführt* (dasselbe gilt für vier Paare von Geraden, von denen keine drei durch einen Punkt gehen).

Sind nämlich P_1, P_2, P_3 und P_1', P_2', P_3' drei dieser Paare, so kann man sie zu Fundamentalpunkten nehmen, und die Gleichungen der Kollineation haben jedenfalls die Form (4). Das vierte Paar sei Q, Q'; seine Koordinaten seien ξ_i, ξ_i'; dann bestehen die Gleichungen

(5)
$$\varrho \xi_1' = a_1 \xi_1, \quad \varrho \xi_2' = a_2 \xi_2, \quad \varrho \xi_3' = a_3 \xi_3,$$

und da Q und Q' nicht in eine Seite des Fundamentaldreiecks fallen, so sind alle ξ_i und ξ_i' von Null verschieden. Daher lassen sich die Verhältnisse der Koeffizienten a_i als endliche von Null verschiedene Werte aus den vorstehenden Gleichungen berechnen, und der Satz ist erwiesen. Auch durch die Zuordnung von drei Paaren entsprechender Punkte P, P' die nicht in einer Gerade liegen, und einem Paar von Gerade, die nicht durch die Punkte P resp. P' gehen, ist die Kollineation eindeutig bestimmt und jede solche Zuordnung liefert eine Kollineation. Dasselbe ist aber nicht mehr der Fall bei der Zuordnung von zwei Paaren entsprechender Punkte und zwei Paaren entsprechender Geraden.

Wählt man die Punkte Q und Q' insbesondere beide als Einheitspunkte, so werden alle $a_i = 1$, und die Gleichungen lauten noch einfacher

(5a)
$$\varrho x_i' = x_i ; \quad \sigma u_i' = u_i .$$

Für die konstruktive Bestimmung beliebig vieler Paare entsprechender Punkte aus den vier gegebenen besitzt man die *Möbiussche Netzkonstruktion*. Sind *1, 2, 3, 4* und *1', 2', 3', 4'* die vier Punktepaare, so entsprechen sich auch die Schnittpunkte der Geradenpaare *(1 2)*, *(3 4)* und *(1' 2')*, *(3' 4')*, ebenso die der beiden anderen, und man kann so durch fortgesetztes Verbinden und Schneiden immer neue Paare entsprechender Punkte erhalten (vgl. Anhang II).

§ 2. Doppelelemente bei vereinigter Lage.

Wenn die Ebenen ε und ε' vereinigt liegen, so ist jeder ihrer Punkte doppelt in Betracht zu ziehen; sowohl als Punkt P von ε wie als Punkt Q' von ε'. Der zu P gehörige Punkt P' wird im allgemeinen von P verschieden sein. Soll aber ein Paar entsprechender Punkte zusammenfallen (Doppelpunkt), so muß — falls die Koordinaten x_i und x_i' auf dasselbe Koordinatendreieck und denselben Einheitspunkt bezogen sind — das Tripel x_i mit x_i' identisch sein. Für solche Tripel $x_i = x_i'$ nehmen die Gleichungen (1) die Form an

(6)
$$\begin{cases} (a_{11} - \varrho) x_1 & + a_{12} x_2 & + a_{13} x_3 = 0 \\ a_{21} x_1 + (a_{22} - \varrho) x_2 & & + a_{23} x_3 = 0 \\ a_{31} x_1 & + a_{32} x_2 + (a_{33} - \varrho) x_3 = 0 , \end{cases}$$

und jede Lösung dieser Gleichungen liefert ein Paar zusammenfallender Punkte $P = P'$. Notwendige und hinreichende Bedingung dafür, daß die Gleichungen (6) eine Lösung haben, ist, daß ϱ der Gleichung genügt

(7)
$$\Delta(\varrho) = \begin{vmatrix} a_{11} - \varrho & a_{12} & a_{13} \\ a_{21} & a_{22} - \varrho & a_{23} \\ a_{31} & a_{32} & a_{33} - \varrho \end{vmatrix} = 0 .$$

Diese Gleichung dritten Grades heißt die zu der kollinearen Beziehung gehörende *charakteristische Gleichung*. Sie hat im allgemeinen drei verschiedene Lösungen ϱ. Sie hat, nach Potenzen von ϱ geordnet, die Form

(7a) $\quad \varrho^3 - \varrho^2 (a_{11} + a_{22} + a_{33}) + \varrho (A_{11} + A_{22} + A_{33}) - \Delta = 0 .$

Da Δ nach Voraussetzung $\neq 0$ ist, ist keine der Wurzeln gleich Null. Zwei voneinander verschiedene Wurzeln ϱ_1 und ϱ_2 entsprechen zwei verschiedenen Tripeln x_i. Denn sonst folgt aus den für ϱ_1 und ϱ_2 gebildeten Gleichungen

$$(\varrho_1 - \varrho_2) x_1 = (\varrho_1 - \varrho_2) x_2 = (\varrho_1 - \varrho_2) x_3 = 0 , \quad \text{also} \quad x_1 = x_2 = x_3 = 0,$$

was ausgeschlossen ist.

Jeder Wurzel ϱ entspricht durch die Gleichungen (6) nur ein Wertetripel x_i, wenn nicht gleichzeitig alle zweireihigen Unterdeterminanten
von $\varDelta(\varrho)$ gleich Null sind. Nun ist aber

$$(7\,\mathrm{b}) \quad \begin{vmatrix} a_{11} - \varrho & a_{12} \\ a_{21} & a_{22} - \varrho \end{vmatrix} + \begin{vmatrix} a_{22} - \varrho & a_{23} \\ a_{32} & a_{33} - \varrho \end{vmatrix} + \begin{vmatrix} a_{11} - \varrho & a_{13} \\ a_{31} & a_{33} - \varrho \end{vmatrix} \equiv$$
$$3\,\varrho^2 - 2\varrho\,(a_{11} + a_{22} + a_{33}) + A_{11} + A_{22} + A_{33}$$

gleich der Ableitung von (7a) nach ϱ. Sind also alle zweireihigen Unterdeterminanten von $\varDelta(\varrho)$ gleich Null, dann ist für diese Werte von ϱ
nicht nur (7a) erfüllt worden, sondern es ist auch die Ableitung von (7a)
nach ϱ gleich Null, also ϱ ist eine *Doppelwurzel* von (7a). Also gehört
zu jeder einfachen Wurzel ϱ auch nur ein Wertetripel x_i. Wir werden
nachher sehen, daß zu einer Doppelwurzel ϱ ein oder unendlich viele
Wertetripel x_i gehören können.

Sonach gibt es im allgemeinen *drei Doppelpunkte* der vereinigten
kollinearen Felder, also ein *Doppelpunktsdreieck*. Jede Seite dieses
Dreiecks entspricht sich gleichfalls selbst, ist also eine *Doppelgerade*,
es gibt also auch drei Doppelgeraden; wie auch daraus hervorgeht, daß
man die vorstehende Betrachtung dualistisch durchführen kann[1].

Sind alle drei Doppelpunkte reell, so sind es auch die Doppelgeraden; es gibt ein reelles Doppeldreieck. Nimmt man es als Koordinatendreieck für beide Ebenen, so haben die Gleichungen der Kollineation
die einfache Form (4)

$$(8) \qquad \varrho\,x_1' = a_{11}\,x_1, \qquad \varrho\,x_2' = a_{22}\,x_2, \qquad \varrho\,x_3' = a_{33}\,x_3.$$

Gibt es ein solches reelles Dreieck nicht, so ist doch eine der drei Wurzeln
reell; es gibt also einen reellen Doppelpunkt und — da wir die gleiche
Betrachtung dualistisch mit den Gleichungen (3a), zu denen dieselbe
charakteristische Gleichung gehört, vornehmen können — auch eine
und nur eine reelle Doppelgerade. Wählen wir den reellen Doppelpunkt als Punkt $(0, 0, 1)$ und die reelle Doppelgerade als $x_3 = 0$, so
erhält durch geeignete Wahl der Geraden $x_1 = 0$ und $x_2 = 0$, eine
Transformation dieser Art die Gestalt

$$(8\,\mathrm{a}) \qquad \begin{cases} \varrho\,x_1' = a_{11}\,x_1 + a_{12}\,x_2 \\ \varrho\,x_2' = -a_{12}\,x_1 + a_{11}\,x_2 \\ \varrho\,x_3' = \phantom{-a_{12}\,x_1 + {}}a_{33}\,x_3. \end{cases}$$

Hat die charakteristische Gleichung eine *Doppelwurzel* (aber keine
dreifache Wurzel), dann sind alle Wurzeln reell. Verschwinden für die
Doppelwurzel nicht alle zweireihigen Unterdeterminanten von $\varDelta(\varrho)$,
dann haben wir für jede der beiden Wurzeln nur einen, und zwar
reellen Doppelpunkt. Möge der Doppelwurzel der Punkt $(1, 0, 0)$,

---

[1] Auf jeder Doppelgeraden gibt es dann nur zwei Doppelpunkte, die beiden
Dreiecksecken; in Übereinstimmung mit § 4 von S. 79.

der einfachen Wurzel der Punkt $(0, 1, 0)$ entsprechen, möge ferner durch die Transformation der Punkt $(0, 0, 1)$ in den Punkt $(1, 1, 1)$ übergehen, dann erhalten wir diese Transformation in der Gestalt

$$(9\,\text{a})\qquad\begin{aligned}\varrho x_1' &= \quad x_1 + x_3\\ \varrho x_2' &= a_{22}x_2 + x_3\,, \quad a_{22} \neq 1\\ \varrho x_3' &= \qquad\quad x_3\,.\end{aligned}$$

Verschwinden aber alle zweireihigen Unterdeterminanten von $\varDelta(\varrho)$ für die Doppelwurzel der charakteristischen Gleichung, dann folgen aus einer Gleichung (6) die beiden anderen. Alle drei Gleichungen können nicht identisch erfüllt sein, sonst müßte $\varrho = a_{11} = a_{22} = a_{33}$ eine dreifache Wurzel der charakteristischen Gleichung sein. Seien also die Koeffizienten der ersten Gleichung (6) nicht alle gleich Null, dann sind alle Punkte der Geraden $(a_{11} - \varrho_1)x_1 + a_{12}x_2 + a_{13}x_3 = 0$ Doppelpunkte, wo ϱ_1 die Doppelwurzel bedeutet. Wählen wir diese Gerade als die Koordinatenachse $x_3 = 0$, dann ist also $a_{11} = \varrho_1$, $a_{12} = 0$, und da die Koeffizienten der anderen Gleichungen denen der ersten proportional sein müssen, auch

$$a_{21} = 0\,, \quad a_{22} = \varrho_1 \quad\text{und}\quad a_{31} = a_{32} = 0\,, \quad a_{33} \neq \varrho_1\,.$$

Wählen wir den zu der einfachen Wurzel gehörenden Punkt als den Punkt $(0, 0, 1)$, dann ist auch $a_{13} = a_{23} = 0$, und wir erhalten die Transformation in der Gestalt

$$(9\,\text{b})\qquad \varrho x_1' = a_{11}x_1\,, \quad \varrho x_2' = a_{11}x_2\,, \quad \varrho x_3' = a_{33}x_3\,, \quad a_{33} \neq a_{11}\,.$$

Diese Kollineation hat bemerkenswerte Eigenschaften: die drei Punkte $(0, 0, 1)$, (x_1, x_2, x_3), (x_1', x_2', x_3') liegen auf einer Geraden, denn es ist die Determinante

$$\begin{vmatrix} 0 & 0 & 1\\ x_1 & x_2 & x_3\\ x_1' & x_2' & x_3' \end{vmatrix} = \begin{vmatrix} 0 & 0 & 1\\ x_1 & x_2 & x_3\\ a_{11}x_1 & a_{11}x_2 & a_{33}x_3 \end{vmatrix} = 0\,.$$

Also: *Die Verbindungslinie zweier entsprechender Punkte geht durch den Doppelpunkt, der der einfachen Wurzel der charakteristischen Gleichung entspricht.* Diesen Doppelpunkt nennt man deswegen *Zentrum der Kollineation.* Alle Geraden durch das Zentrum gehen in sich über, sind also Doppelgeraden. Da jeder Punkt auf $x_3 = 0$ fest bleibt, so *schneiden sich entsprechende Geraden auf* $x_3 = 0$, *der Geraden, die sämtliche Doppelpunkte enthält, die der Doppelwurzel entsprechen.* Diese Gerade nennt man *Achse der Kollineation.* Diese selbst heißt *zentrale Kollineation* oder *Perspektivität.* Der letztere Name hat folgende Bedeutung: Projiziert man eine Ebene ε von zwei verschiedenen Punkten P_1 und P_2 auf eine andere Ebene ε', so besteht zwischen den beiden Bildern eine zentralkollineare Beziehung, bei der der Schnitt der Geraden P_1P_2 mit ε das Zentrum, die Schnittgerade von ε und ε' die Achse ist. Eine Perspektivität ist bestimmt durch das Zentrum, die Achse und ein Paar einander entsprechender Punkte. Ist die Achse die unendlich ferne Gerade, dann erhält in gewöhnlichen Koordinaten die zentrale Kollineation die Gestalt

$$x' = ax, \qquad y' = ay.$$

In diesem Falle haben wir also eine Ähnlichkeitstransformation.

Hat endlich die charakteristische Gleichung eine (notwendig reelle) *dreifache Wurzel*, so muß man drei verschiedene Fälle unterscheiden, je nachdem dieser Wurzel ein Punkt als Doppelpunkt, alle Punkte einer Geraden oder alle Punkte der Ebene als Doppelpunkte entsprechen, d. h. je nachdem sich für diesen Wert von ϱ die Gleichungen (6) auf zwei oder eine Gleichung reduzieren oder alle drei identisch erfüllt sind. Dementsprechend erhalten wir bei geeigneter Wahl des Koordinatensystems die drei Kollineationen

$$
\begin{aligned}
\varrho x_1' &= x_1 + x_2 & \varrho x_1' &= x_1 + x_3 & \varrho x_1' &= x_1 \\
\varrho x_2' &= x_2 + x_3 & \varrho x_2' &= x_2 & \varrho x_3' &= x_2 \\
\varrho x_3' &= x_3, & \varrho x_3' &= x_3, & \varrho x_3' &= x_3.
\end{aligned}
$$

Die zweite Kollineation ist eine Perspektivität, bei der das Zentrum auf der Achse liegt, speziell wenn die Achse die unendlich ferne Gerade ist, eine Parallelverschiebung. Bei der dritten Kollineation geht jeder Punkt in sich über.

Die perspektive Beziehung ist ein Mittel, um sich den Übergang kollinearer Figuren ineinander zu veranschaulichen. Möge der Geraden h'_∞ von ε' in ε die Gerade h (Fluchtlinie) entsprechen; da der Schnittpunkt (hh'_∞) auf der Achse s der Perspektivität liegt, ist $h \parallel s$. Seien nun $A = A'$, $B = B'$ zwei Punkte von s

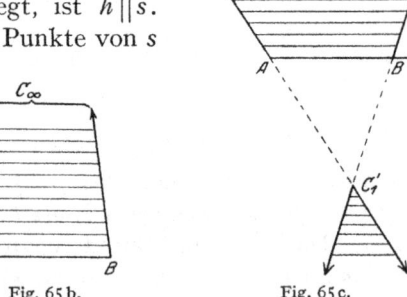

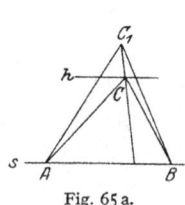

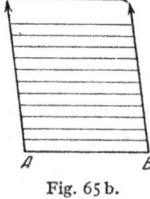

Fig. 65a.   Fig. 65b.   Fig. 65c.

(Fig. 65 a); wir nehmen in ε ein Dreieck ABC in drei verschiedenen Lagen zu h an und zeichnen das entsprechende Dreieck in ε'*. Liegt C zwischen h und s, so ist $A'B'C'$ ein gewöhnliches Dreieck; fällt C auf h, so entspricht ihm ein Punkt C'_∞, es werden $A'C'_\infty$ und $B'C'_\infty$ parallel (Fig. 65b), und wenn C jenseits h in C_1 fällt, so werden $A'C_1'$

---

* Der Deutlichkeit halber sind die Dreiecke gesondert gezeichnet. Fig. 65b und 65c zeigen das Dreieck für den zweiten und dritten der obigen Fälle; der Leser wolle die einheitlichen Figuren selbst zeichnen.

und $B'C_1'$ die Gerade h'_∞ schneiden, also *das Unendliche durchziehen*, und ebenso ist es (Fig. 65 c) für die Dreiecksfläche.

Ersetzt man ABC durch einen Kreis, der die Achse s in P berührt, und läßt man ihn wachsen, bis er h berührt und dann h schneidet, so entspricht ihm zunächst eine Ellipse, die in eine Parabel und dann in eine Hyperbel übergeht. Man kann, wenn der Kreis gezeichnet vorliegt, beliebig viele Punkte dieser Kurven zeichnerisch bestimmen.

Die Kollineation heißt *involutorisch*, wenn je zwei Punkte (x) und (x') sich in beiderlei Sinn entsprechen: ist $(x') = (y)$, so ist auch $(y') = (x)$. Die Verbindungslinie eines jeden solchen Paares entspricht sich alsdann selbst und ist ein Doppelstrahl. Ebenso findet man, daß je zwei einander zugeordnete Geraden sich in beiderlei Sinn entsprechen und ihr Schnittpunkt ein Doppelpunkt ist. Diese besondere Kollineation werden wir als *Sonderfall der perspektiven Lage* erkennen.

Wenn sich nämlich je zwei Punkte (x), (x') involutorisch entsprechen, so stellen die Gleichungen (1) und (1a) *dieselbe* Zuordnung dar, und es müssen ihre Koeffizienten proportional sein; d. h.

(10a) $$A_{ki} = \lambda a_{ik};$$

daraus folgt sofort das gleiche für (3) und (3a) und damit auch das genannte involutorische Entsprechen je zweier Geraden. Nun sind die a_{ik} nur bis auf einen ihnen allen gemeinsamen Faktor bestimmt; wir können ihn so wählen, daß die Determinante $|a_{ik}| = 1$ ist. Dann ist auch $|A_{ik}| = 1$; aus (10a) folgt daher $\lambda^3 = 1$, also $\lambda = 1$; d. h.

(10b) $$A_{ki} = a_{ik}.$$

Man wähle nun irgendein Paar sich entsprechender Geraden als die Seiten $x_1 = 0$, $x_2 = 0$ des Koordinatendreiecks und eine Doppelgerade als $x_3 = 0$; es ist dann auch der Punkt $x_1 = 0$, $x_2 = 0$ ein Doppelpunkt. Die Gleichungen (1) lauten dann

(10c) $$\varrho x_1' = a_{12} x_2, \qquad \varrho x_2' = a_{21} x_1, \qquad \varrho x_3' = a_{33} x_3.$$

Aus ihnen folgen mit Hilfe von (10b) die Gleichungen

$$a_{33} = A_{33} = -a_{12} a_{21}, \qquad a_{12} = A_{21} = -a_{12} a_{33}, \qquad a_{21} = A_{12} = -a_{21} a_{33},$$

und daraus ergibt sich $a_{33} = -1$, $a_{12} a_{21} = 1$. Weiter findet man für $\varDelta(\varrho) = 0$ die Doppelwurzel $\varrho_1 = -1$; für sie nehmen die Gleichungen (6) die einfache Form

$$-x_1 - a_{12} x_2 = 0, \qquad -x_2 - a_{21} x_1 = 0, \qquad (\varrho_1 + 1) x_3 = 0$$

an; die ersten beiden sind identisch und liefern die durch $x_1 + a_{12} x_2 = 0$ oder auch $x_2 + a_{21} x_1 = 0$ dargestellte Doppelgerade. Die dritte Gleichung ist identisch erfüllt. Wir erhalten also in der Tat die perspektive Lage. Der Punkt $x_1 = 0$, $x_2 = 0$ ist ein Punkt der Achse, während sich das Zentrum auf $x_3 = 0$ befindet. Die Gleichungen lauten

(10d) $$\varrho x_1' = a_{12} x_2, \qquad \varrho x_2' = \frac{1}{a_{12}} x_1, \qquad \varrho x_3' = -x_3.$$

Führt man neue Koordinaten

$$y_1 = x_1 - a_{12} x_2, \qquad y_2 = x_3, \qquad y_3 = x_1 + a_{12} x_2$$

ein, so geht (10d) in der Tat in (9b) mit $a_{11} = -a_{33}$ über. Bei dieser Perspektivität bilden auf jeder Doppelgeraden (Geraden durch das Zentrum) die sich involutorisch entsprechenden Punkte (x), (x') eine Involution, (x) und (x') werden harmonisch getrennt durch das Zentrum und den Punkt auf der Achse. Entsprechendes gilt für die Geraden durch einen Punkt auf der Achse.

§ 3. Affine Beziehung.

Wenn in den kollinearen Ebenen ε und ε' die Geraden g_∞ und g'_∞ einander entsprechen, so heißt die kollineare Beziehung *affin* (*Affinität*[1]). Zu ihrer Darstellung benutzt man zweckmäßig homogene *Parallelkoordinaten* x, y, z. Da die Geraden $z = 0$ und $z' = 0$ einander entsprechen, lauten die Formeln (1) einfacher

$$(11) \quad \begin{cases} \varrho x' = a_{11} x + a_{12} y + a_{13} z \\ \varrho y' = a_{21} x + a_{22} y + a_{23} z; \quad a_{33} \gtrless 0, \quad a_{11} a_{22} - a_{12} a_{21} \neq 0 \\ \varrho z' = \qquad\qquad\qquad a_{33} z \end{cases}$$

oder in nichthomogener Schreibweise, wenn wir $a_{ik} : a_{33} = b_{ik}$ setzen,

$$(11\text{a}) \quad x' = b_{11} x + b_{12} y + b_{13}, \quad y' = b_{21} x + b_{22} y + b_{23}; \quad b_{11} b_{22} - b_{12} b_{21} \neq 0.$$

Einem Punkt P_∞ entspricht jetzt ein Punkt P'_∞, einem Parallelogramm also ein Parallelogramm. Entsprechende Punktreihen sind einander ähnlich; die zugehörige Dehnungskonstante (S. 79) ist von der Richtung abhängig. Einer Kurve mit reellen unendlich fernen Punkten kann nur eine Kurve mit ebenso vielen reellen unendlich fernen Punkten affin sein, einer Ellipse also eine Ellipse, einer Hyperbel eine Hyperbel, einer Parabel eine Parabel.

Die einfachste Form der Gleichungen (11) tritt wieder ein, wenn wie in (4) zwei entsprechende Geradenpaare g, h und g', h' als Koordinatenachsen gewählt werden; sie lauten dann einfacher

$$(12) \qquad\qquad x' : y' : z' = a_{11} x : a_{22} y : a_{33} z$$

oder in unhomogener Schreibweise

$$(13) \qquad\qquad x' = \alpha x, \quad y' = \beta y.$$

Es sind dieselben Gleichungen wie die von S. 34; die Übereinstimmung der Definitionen ist damit erwiesen. Es übertragen sich also auch die dort erwähnten Eigenschaften; die Invarianz des Teilungsverhältnisses (insbesondere Mitte bleibt Mitte) und der Satz, daß die Inhalte entsprechender Flächenstücke in konstantem Verhältnis stehen.

---

[1] Es wird sich zeigen, daß diese Definition sich mit der von S. 34 deckt.

Da g_∞ und g'_∞ einander entsprechen, ist nach § 1, 6 eine affine Beziehung von ε und ε' bereits durch *drei* Paare entsprechender Punkte (oder Geraden) bestimmt.

Für $\sphericalangle(xy) = (x'y')$ und $\alpha = \beta$ geht die affine Beziehung in die *Ähnlichkeit* über; ist insbesondere $\alpha = \beta = 1$, in die *Kongruenz*. Bei entgegengesetztem Drehungssinn der beiden Achsenwinkel tritt noch eine *Umlegung* (S. 36) hinzu.

Liegen zwei affine ebene Felder vereinigt, so ist $g_\infty = g'_\infty$ eine Doppelgerade, und es liegt nur eine Ecke des Doppelpunktsdreiecks im Endlichen. Gleichung (7) lautet jetzt

$$(14) \qquad (a_{33} - \varrho)\{(a_{11} - \varrho)(a_{22} - \varrho) - a_{12}a_{21}\} = 0.$$

Die Wurzel $a_{33} - \varrho = 0$ liefert den im Endlichen gelegenen Doppelpunkt $O = O'$ (*Affinitätspol*); die beiden anderen Wurzeln liefern die Doppelpunkte auf g_∞*, denn aus $\varrho \neq a_{33}$ folgt $z = 0$. Sind sie reell, so gibt es zwei reelle Doppelgeraden durch $O = O'$; wählt man sie als Koordinatenachsen, so gehen die Gleichungen (11) wiederum in (12) über.

Wird die Affinität zur Ähnlichkeit oder Kongruenz, so entspricht einem Kreis wiederum ein Kreis; die Doppelpunkte auf g_∞ fallen also in die *Kreispunkte*. Für den noch vorhandenen reellen Doppelpunkt ergibt sich das folgende: Liege er zunächst im Endlichen ($O = O'$). Im Fall der *Kongruenz* muß dann ε durch Drehung um O in ε' übergehen. Für zwei Punkte P' und P gelten daher (für rechtwinklige Achsen) die Gleichungen (25) von S. 36, d. h.

$$(15) \qquad x' = x\cos\alpha - y\sin\alpha, \quad y' = x\sin\alpha + y\cos\alpha.$$

Für *ähnliche* Systeme ist $OP : OP' = \gamma = $ const. Wird (Fig. 66) auf OP' ein Punkt P_1 so bestimmt, daß $OP_1 = OP = \gamma OP'$ ist, so gelten für P und P_1 die vorstehenden Gleichungen, und es folgt

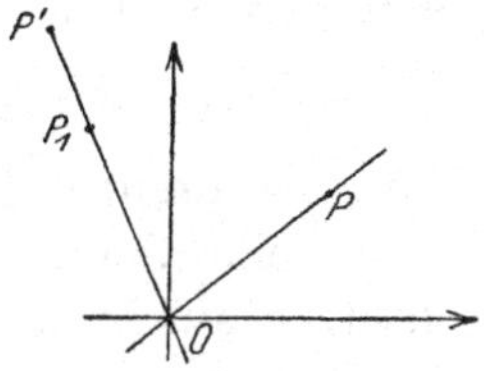

$$(15\,a) \qquad \begin{cases} \gamma x' = x_1 = x\cos\alpha - y\sin\alpha, \\ \gamma y' = y_1 = x\sin\alpha + y\cos\alpha. \end{cases}$$

Für ähnliche Systeme kann der Doppelpunkt, der zu $\varrho = a_{33}$ gehört, nicht im Unendlichen liegen. Seien nämlich g und g' zwei entsprechende Geraden, und es sei (gg') als Punkt von ε ein Punkt O. Ihm entspricht in ε' ein Punkt O' von g'. Durch eine Schiebung um die Strecke $O'O$ gehe ε' in eine Lage ε'' über, und zwar P' in P'', dann ist (S. 34)

$$(16) \qquad x'' = x' + \xi, \quad y'' = y' + \eta.$$

Fig. 66.

---

* Die aus (11) durch Einsetzen von $z = 0$ entstehende Gleichung läßt sich auch so deuten, daß man nur auf die Projektivität g_∞ in Betracht zieht.

Für die Ebenen ε und ε'' ist jetzt O ein Doppelpunkt; es gelten also für P'' und P die Gleichungen (15a), und so wird weiter

(16a) $\gamma x' + \gamma \xi = x \cos\alpha - y \sin\alpha$, $\gamma y' + \gamma \eta = x \sin\alpha + y \cos\alpha$.

Der sich hieraus ergebende Doppelpunkt $(x', y') = (x, y)$ liegt im Endlichen, wenn die Determinante $(\cos\alpha - \gamma)^2 + \sin^2\alpha > 0$ ist, für ähnliche Systeme also *immer* (*Ähnlichkeitspol*), für kongruente Systeme, wenn wir $\gamma = 1$ setzen, immer dann, wenn $\alpha \gtreqless 0$ ist (*Drehungspol*[1]). Für $\alpha = 0$ gehen die Gleichungen (16a) in (16) über, es geht also ε durch Schiebung in ε' über, und der dritte Doppelpunkt fällt ebenfalls auf g_∞. Es tritt ein Sonderfall der perspektiven Lage ein.

Beispiel. Alle Parabeln sind ähnliche Kurven; für alle konfokalen Parabeln ist der Brennpunkt ein Ähnlichkeitspol. Dies folgt unmittelbar aus der Form der Polargleichung (S. 20)

$$r = l : (1 - \cos\varphi).$$

§ 4. Die reziproke Beziehung (Korrelation).

Die reziproke Beziehung zweier ebenen Felder ε und ε' beruht auf der Dualität. Sie ordnet jedem Punkt von ε eine Gerade von ε', jeder Geraden von ε einen Punkt von ε' ein-eindeutig so zu, daß die vereinigte Lage von Punkt und Gerade in die vereinigte Lage von Gerade und Punkt übergeht. Sie kommt analytisch so zustande, daß wir einem Punkt (x) von ε eine Gerade (u') von ε' durch eine lineare Substitution zuweisen, also mittels der Gleichungen

(17) $\sigma' u_i' = a_{i1} x_1 + a_{i2} x_2 + a_{i3} x_3$; $i = 1, 2, 3$. $\varDelta = |a_{ik}| \gtreqless 0$.

Die auflösenden Gleichungen lauten

(17a) $\varrho x_i = A_{1i} u_1' + A_{2i} u_2' + A_{3i} u_3'$.

Da die Bedingung der vereinigten Lage in ε und ε' die Form

$$\sum u_i x_i = 0 \quad \text{und} \quad \sum u_i' x_i' = 0$$

besitzt, so dreht sich (u') in ε' um einen bestimmten Punkt (x'), wenn (x) in ε eine Gerade (u) durchläuft. Denn aus $\sum u_i x_i = 0$ folgt durch Einsetzen aus (17a)

$$u_1' \sum A_{1k} u_k + u_2' \sum A_{2k} u_k + u_3' \sum a_{3k} u_k = 0.$$

Wir erhalten also die Zuordnung der Geraden von ε zu den Punkten von ε' durch die weiteren Formeln

(17b) $\begin{cases} \varrho' x_i' = A_{i1} u_1 + A_{i2} u_2 + A_{i3} u_3, \\ \sigma u_i = a_{1i} x_1' + a_{2i} x_2' + a_{3i} x_3'. \end{cases}$

---

[1] In diesen Fällen ist also nur ein reeller Doppelpunkt und eine reelle Doppelgerade vorhanden.

In diesen Beziehungen kommt wieder die Dualität einschließlich der Invarianz der projektiven Beziehungen zum Ausdruck[1]. Wie in § 1 folgern wir, daß jeder Punktreihe der einen Ebene ein projektiver Büschel der anderen entspricht und umgekehrt, jeder Kurve $n$ter Ordnung der einen eine Kurve $n$ter Klasse der anderen usw. Die reziproke Beziehung kann so hergestellt werden, daß man vier Punkten der einen Ebene, die ein Viereck bilden, vier Geraden der anderen, die ein Vierseit ausmachen, als entsprechend zuweist. Auch läßt sich wieder durch geeignete Wahl der Koordinatendreiecke die Vereinfachung der Formeln erreichen, die den Gleichungen (4) und (4a) analog ist.

Die Gleichungen (17) lassen sich durch die *bilineare Relation*

$$(17c) \qquad \sum a_{ik} x_k y_i' = 0; \qquad |a_{ik}| \gtrless 0$$

ersetzen. In der Tat entsprechen wegen (17c) einem festen Punkt (x) unendlich viele Punkte (y'); sie bilden eine Gerade, deren Linienkoordinaten durch

$$\sigma' u_i' = a_{i1} x_1 + a_{i2} x_2 + a_{i3} x_3$$

gegeben sind, und dies sind unsere Ausgangsgleichungen (17).

Wird eine Ebene ε reziprok auf ε' bezogen und ε' wiederum reziprok auf ε'', so sind ε und ε'' kollinear aufeinander bezogen.

Liegen ε und ε' vereinigt, so kann man nach den Punkten (x) von ε fragen, die auf die ihnen entsprechenden Geraden (u') fallen. Benutzt man in ε, ε' das gleiche Koordinatensystem, so folgt aus (17c), daß

$$(17d) \qquad \sum a_{ik} x_i x_k = a_{11} x_1^2 + (a_{12} + a_{21}) x_1 x_2 + \cdots = 0$$

sein muß, wo jedoch a_{ik} im allgemeinen von a_{ki} verschieden ist. Die Punkte erfüllen also eine C_2. Analog existiert eine Kurve Γ_2 mit der Gleichung $\sum A_{ik} u_i u_k = 0$ als Umhüllungsgebilde der für die Geraden (u_i) von ε, die mit den ihnen entsprechenden Punkten (x') vereinigt liegen, also der Gleichung $u_1 x_1' + u_2 x_2' + u_3 x_3' = 0$ genügen. Zwei analoge Kurven muß es für ε' geben; man erkennt leicht, daß sie identisch mit den vorstehenden sind und daß die Kurve C_2 überdies das reziproke Bild von Γ_2 ist. C_2 und Γ_2 sind nicht ein Paar beliebiger Kegelschnitte, denn von jedem Punkte von C_2 geht eine reelle Tangente an die Γ_2; jede Tangente an der Γ_2 schneidet die C_2 reell. Ohne Schwierigkeit läßt sich nachweisen, daß C_2 und Γ_2 sich in zwei (speziell auch zusammenfallenden) Punkten berühren.

Für $a_{ik} = a_{ki}$ gehen die Gleichungen (17) in die Gleichungen über, die sich S. 161 für die Polarität ergaben; ist also noch ε' mit ε identisch, so *wird die Korrelation zur Polarität*. Alsdann wird die Kurve C_2 mit Γ_2 identisch; sie wird die Grundkurve der Polarität.

---

[1] Die Dualität — unabhängig von ihrer Einführung mittels des Polarsystems (S. 164) — tritt als allgemeines Grundprinzip bei GERGONNE auf. Über den anschließenden Streit zwischen GERGONNE und PONCELET vgl. die vom Verfasser besorgte Ausgabe der Werke von J. PLÜCKER, (1895) Bd. 1, S. 592.

§ 5. Kollineare Transformation von Kurven in sich.

Ein Kreis geht durch Drehung um seinen Mittelpunkt in sich über, eine Parabel kann in sich durch eine involutorische Perspektivität übergeführt werden, wenn man als Zentrum den Schnittpunkt von Achse und Directrix, als Achse die Senkrechte durch F auf die Parabelachse wählt, Ellipse und Hyperbel werden bei gewissen affinen Transformationen in sich übergeführt (S. 143). In Verallgemeinerung hiervon suchen wir projektive Transformationen allgemeiner Art, die eine nicht zerfallende C_2 *in sich* überführen.

Wir beginnen mit einer Zuordnung der Punkte der C_2 aufeinander. Das Koordinatendreieck liege so, daß die C_2 die Gleichung

$$(18) \qquad x_1 x_3 - x_2^2 = 0$$

besitzt; sie wird von den Seiten $x_1 = 0$, $x_3 = 0$ berührt und besitzt $x_2 = 0$ als Berührungssehne. Denn auf $x_1 = 0$ oder $x_3 = 0$ liegt nur der Punkt $x_2 = x_1 = 0$ resp. $x_2 = x_3 = 0$. Man kann die Gleichung (18) durch

$$(19) \qquad x_1 - \lambda x_2 = 0, \quad x_2 - \lambda x_3 = 0$$

ersetzen; die C_2 erscheint so als Erzeugnis (S. 88) zweier projektiver Büschel (h) und (k) mit den Scheiteln $H(x_1 = 0, x_2 = 0)$ und $K(x_2 = 0, x_3 = 0)$. Aus (19) erhält man weiter

$$(19a) \qquad x_1 : x_2 : x_3 = \lambda^2 : \lambda : 1.$$

Es entspricht also jedem Wert des Parameters λ ein (19) und (18) genügendes Tripel x_i, also ein Punkt der C_2; umgekehrt auch gemäß (19) jedem solchen Punkt, d. h. jedem Tripel x_i ein Wert λ. Die C_2 ist daher in gleicher Weise *Träger des arithmetischen Kontinuums* wie die Gerade. Den Werten $\lambda = 0, \infty, 1$ entsprechen insbesondere die Punkte $H(0, 0, 1)$, $K(1, 0, 0)$ und $1, 1, 1$.

Auch der Begriff des Dv läßt sich auf die C_2 übertragen. Sind h_i und k_i vier Paare entsprechender Strahlen, so ist

$$(20) \qquad (h_1 h_2 h_3 h_4) = \frac{(\lambda_1 - \lambda_3)(\lambda_2 - \lambda_4)}{(\lambda_2 - \lambda_3)(\lambda_1 - \lambda_4)} = (k_1 k_2 k_3 k_4).$$

Seien nun (p), (q), (r), (s) die Punkte, in denen sich die vier Strahlenpaare h_i, k_i auf der C_2 schneiden, so soll der gemeinsame Wert der vorstehenden Dv als *Dv der vier C_2-Punkte* bezeichnet werden; wir schreiben

$$(20a) \qquad Dv(pqrs) = (\lambda_1 \lambda_2 \lambda_3 \lambda_4).$$

Das so eingeführte Dv ist also zunächst das Dv von vier Büschelstrahlen; wir können deshalb die über die Dv abgeleiteten projektiven Sätze auch auf die C_2 als Träger ausdehnen. Man setze insbesondere

$$(21) \qquad \lambda' = \frac{\alpha \lambda + \beta}{\gamma \lambda + \delta};$$

durch diese Substitution gehe der zu λ gehörige Büschelstrahl h in einen zu λ' gehörigen Büschelstrahl h' über, ebenso k in k' und der C_2-Punkt $x = (hk)$ in den C_2-Punkt $x' = (h'k')$ (Fig. 67). Die Zuordnung der Strahlen h, h' (und ebenso die der Strahlen k, k') ist dann eine projektive, also $(h_1 h_2 h_3 h_4) = (h'_1 h'_2 h'_3 h'_4)$, und daher auch

$$(pqrs) = (p'q'r's');$$

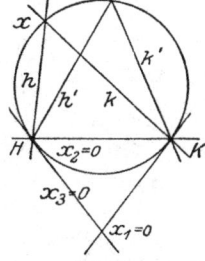

Fig. 67.

die *Invarianz der Dv-Werte* besteht also bei einer Zuordnung der Punkte auf der C_2 gemäß der linearen Beziehung (21) auch für die C_2.

Da (x') dem Parameterwert λ' entspricht, so ist

(22) $\quad x'_1 : x'_2 : x'_3 = \lambda'^2 : \lambda' : 1 = (\alpha\lambda + \beta)^2 : (\alpha\lambda + \beta)(\gamma\lambda + \delta) : (\gamma\lambda + \delta)^2.$

Wird rechts ausmultipliziert und dann $\lambda^2 : \lambda : 1$ durch $x_1 : x_2 : x_3$ ersetzt, so folgt

(23) $\quad \begin{cases} \varrho\, x'_1 = \alpha^2 x_1 + 2\alpha\beta x_2 + \beta^2 x_3 \\ \varrho\, x'_2 = \alpha\gamma x_1 + (\alpha\delta + \beta\gamma) x_2 + \beta\delta x_3 \\ \varrho\, x'_3 = \gamma^2 x_1 + 2\gamma\delta x_2 + \delta^2 x_3. \end{cases}$

Damit sind die (21) entsprechenden Transformationsformeln für die Koordinaten x_i und x'_i der C_2 gewonnen. Sie stellen zugleich eine kollineare Beziehung für die ganze Ebene dar. *Die projektive Transformation der C_2 in sich läßt sich also zu einer kollinearen Abbildung der ganzen Ebene auf sich erweitern.*

Umgekehrt stellt jede Abbildung der Ebene auf sich, die die Form (23) hat, eine solche Transformation der C_2 in sich dar. Denn die vorstehenden Rechnungen lassen sich in der Weise ausführen, daß man, ausgehend von den Gleichungen (23), unter $x_1 : x_2 : x_3$ den Punkt $\lambda^2 : \lambda : 1$ der C_2 versteht; dann liefern diese Gleichungen den Punkt $x'_1 : x'_2 : x'_3 = \lambda'^2 : \lambda' : 1$, der mit λ durch die Relation (21) verbunden ist, und das ist die Behauptung. Unser Schluß beruht auf dem gleichzeitigen Bestehen der beiden Gleichungen

$$x_1 x_3 - x_2^2 = 0 \quad \text{und} \quad x'_1 x'_3 - x'^2_2 = 0$$

auf Grund von (23). Denn aus (23) folgt

$$\varrho^2 (x'_1 x'_3 - x'^2_2) = (x_1 x_3 - x_2^2)(\alpha\delta - \beta\gamma)^2.$$

Fassen wir ε und ε' als *verschiedene* Ebenen auf, so ergibt sich noch eine weitere Folgerung: es entspricht den Gleichungen (23) eine solche kollineare Beziehung von ε und ε', bei der *eine C_2 projektiv in eine gegebene C'_2 übergeht.*

Unsere C_2 ist als das Erzeugnis der beiden projektiven Büschel (h) und (k) von (19) eingeführt worden; wir wollen zeigen, daß ihre beiden

Scheitel durch beliebige Punkte der C_2 ersetzt werden können (Fig. 68).
Sei (y) irgendein Punkt der C_2; er sei Schnitt zweier Strahlen h_μ und k_μ
mit den Gleichungen

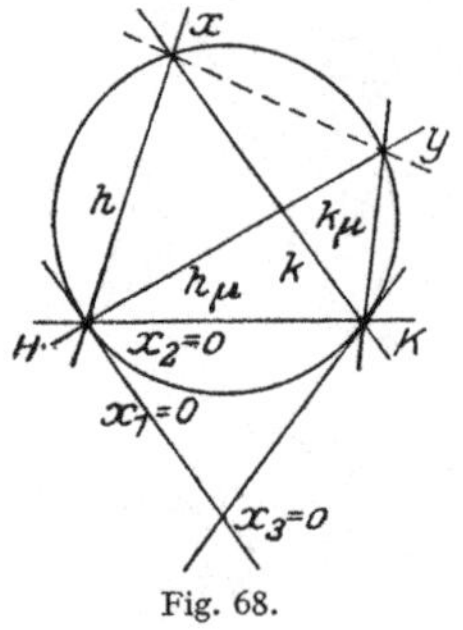

$$x_1 - \mu x_2 = 0, \quad x_2 - \mu x_3 = 0.$$

Jede durch diesen Punkt (y) gehende Gerade hat
eine Gleichung

$$x_1 - \mu x_2 + \nu (x_2 - \mu x_3) = 0.$$

Soll sie auch durch den Punkt (19a) der C_2 gehen,
so muß

$$(\lambda - \mu)(\lambda + \nu) = 0$$

Fig. 68.

sein, und wegen $\lambda - \mu \gtrless 0$ folgert man $\nu = -\lambda$.
Die Verbindungslinie von (y) und (x) hat daher die Gleichung

$$x_1 - \mu x_2 - \lambda (x_2 - \mu x_3) = 0,$$

Diese Gleichung stellt (für variables λ) ein Büschel dar mit dem Punkt (y)
als Scheitel, das zu den beiden Büscheln (19) projektiv ist. Damit ist
die Behauptung erwiesen. *Wird irgendein fester Punkt (y) der C_2 mit
allen C_2-Punkten verbunden, so entsteht ein zu den Büscheln* (19) *projektiver Büschel.* Man sagt kürzer, die C_2 werde von irgend zweien ihrer
Punkte *durch projektive Büschel projiziert.*

Als letzte Folgerung entnehmen wir hieraus den folgenden Satz:
Wenn eine kollineare Beziehung einer Ebene ε auf sich eine nicht zerfallende C_2 in sich überführt, so hat diese Zuordnung die Form (23). Möge
nämlich die Kollineation die fünf Punkte (x), (p), (q), (r), (s) der C_2 in die
fünf ihr ebenfalls angehörenden Punkte (x'), (p'), (q'), (r'), (s') überführen. Gemäß der kollinearen Beziehung gilt dann für die projizierenden Strahlen (in leicht verständlicher Bezeichnung)

$$x(pqrs) = x'(p'q'r's').$$

Nun ist das Dv von vier Punkten einer C_2 durch das Dv der vier
Strahlen bestimmt, durch die sie von *irgendeinem* ihrer Punkte projiziert werden, und so folgt in der Tat

(24) $$Dv(pqrs) = Dv(p'q'r's')$$

und daraus die lineare Beziehung zwischen λ und λ' und daraus (23) als
kollineare Beziehung, die die 5 Punkte (x), (p), (q), (r), (s) in (x'),
(p'), (q'), (r'), (s') überführt, also mit der gegebenen identisch ist.

Die kollineare und reziproke Beziehung lassen sich in gleicher
Weise, wie es S. 103 für Punktreihen und Strahlbüschel geschehen ist,
als Übertragungsmethode verwenden. Als Beispiel genüge der Hinweis
auf den Gedankengang, der STEINER zur projektiven Erzeugung der
C_2 führte. Beim Kreis sind die Strahlenbüschel, die zwei seiner Punkte
mit den übrigen Punkten verbinden (nach dem Peripheriewinkelsatz)

einander gleich, also auch projektiv, und so folgerte er es mittels kollinearer Beziehung auch für die allgemeine C_2.

§ 6. Die Sätze von Pascal und Brianchon.

Nach Kap. XI, § 1 ist eine C_2 durch fünf Punkte, von denen
keine 3 auf einer Geraden liegen, bestimmt. Dies läßt sich auf projektiver Grundlage aus ihrer Erzeugung durch projektive Büschel ableiten. Wählt man nämlich zwei Punkte als die Büschelzentra, so
bestimmen die drei andern Punkte drei Paare entsprechender Strahlen
und damit (S. 78) die projektive Zuordnung.

Da die C_2 durch fünf Punkte bestimmt ist, muß für sechs Punkte
auf ihr eine Beziehung bestehen. Sie bildet einen der wichtigsten geometrischen Sätze (den Satz von PASCAL). Seien (Fig. 69) *1, 2, 3, 4, 5, 6*
die sechs Punkte; wir fassen sie als Ecken eines Sechsecks auf.
Dieses Sechseck hat drei Paare von Gegenseiten

$$(1\,2)\ (4\,5), \qquad (2\,3)\ (5\,6), \qquad (4\,3)\ (6\,1);$$

wir wollen zeigen, daß ihre drei Schnittpunkte *I,*
II, III in *dieselbe Gerade* fallen. Der Pascalsche
Satz von S. 67 entspricht also dem Spezialfall
einer in zwei Gerade zerfallenden C_2.

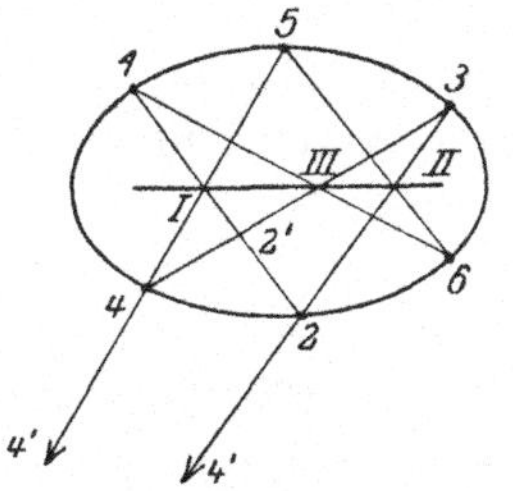

Wir verbinden die Punkte *1* und *5* mit *2, 3,*
4, 6, dann haben diese vier von 1 und 5 ausgehenden Strahlen nach § 5 dasselbe Dv[1]. Sie

Fig. 69.

schneiden daher auch die Geraden *(2 3)* und *(3 4)* in je vier Punkten
von gleichem Dv. Bezeichnen wir den Punkt *(4 5) (2 3)* durch *4′* und
(3 4) (1 2) durch *2′*, so sind es die Punkte

$$2,\ 3,\ 4',\ II \qquad \text{und} \qquad 2',\ 3,\ 4,\ III\,.$$

In den so auf *(2 3)* und *(3 4)* vorhandenen projektiven Punktreihen
entspricht der Punkt *3* sich selbst, sie liegen daher perspektiv (S. 89),
und die Verbindungslinien entsprechender Punkte gehen durch denselben Punkt (das Perspektivitätszentrum). Solche drei Verbindungslinien sind

$$(2\,2') = (2\,1), \qquad (4\,4') = (4\,5), \qquad (II\,III),$$

es liegt also der Schnitt *I* von *(1 2) (4 5)* auf *(II III)*, und das ist der
Satz, d. h.:

In jedem einer C_2 eingeschriebenen Sechseck fallen die Schnittpunkte
der drei Paare gegenüberliegender Seiten in dieselbe Gerade (Satz des
Pascal).

Die vorstehenden Betrachtungen sind insgesamt dualisierbar.
Dies näher auszuführen, ist nicht erforderlich; doch soll der duale

---

[1] Die Fig. 69 enthält nur die Sechseckseiten und die Gerade *I II III*.

Satz selbst ausdrücklich erwähnt werden. Er stammt von BRIANCHON und lautet:

In jedem einer C_2 (genauer Γ_2) umschriebenen Sechsseit gehen die drei Hauptdiagonalen (die Verbindungslinien der Gegenecken) durch einen Punkt.

Ein analytischer Beweis des Pascalschen Satzes ist der folgende (Fig. 70): Seien g, h, k, k_1, h_1, g_1 die sechs aufeinander folgenden Seiten

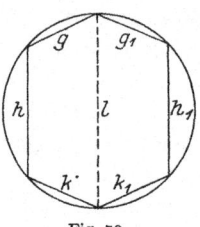

Fig. 70.

des Sechsecks; l sei die Diagonale, die die Punkte $(g g_1)$ und $(k k_1)$ verbindet. Die C_2 ist dann jedem der beiden Vierecke (g, h, k, l), (g_1, h_1, k_1, l) umschrieben; ihre Gleichung läßt sich daher in jede der beiden Formen

$$GK + \lambda HL = 0, \qquad G_1 K_1 + \lambda_1 H_1 L = 0$$

setzen. Die linken Seiten können sich also nur um einen konstanten Faktor unterscheiden. Lassen wir diesen Faktor in die linearen Ausdrücke G und H eingehen, so werden die linken Seiten identisch, d. h. es ist

$$GK + \lambda HL \equiv G_1 K_1 + \lambda_1 H_1 L \qquad \text{oder}$$

$$GK - G_1 K_1 \equiv L(\lambda_1 H_1 - \lambda H).$$

Die rechte Seite, gleich Null gesetzt, stellt ein Geradenpaar dar. Die eine ist l, die zweite geht durch (h, h_1); sie heiße h' [1]. Das Geradenpaar der linken Seite enthält die vier Punkte

$$(g g_1), \qquad (g k_1), \qquad (k g_1), \qquad (k k_1).$$

Von ihnen liegen $(g g_1)$ und $(k k_1)$ auf l. Die beiden anderen liegen *nicht* auf l und müssen daher auf h' liegen; es liegen also

$$(g k_1), \qquad (k g_1), \qquad (h h_1)$$

auf derselben Geraden (nämlich h'), und das ist der Satz [2].

Der Pascalsche Satz gestattet, mittels fünf gegebener C_2-Punkte beliebig viele andere linear zu zeichnen. Sind z. B. *1, 2, 3, 4, 5* in Fig. 69 die gegebenen Punkte, und ist *(1 6)* ein beliebiger, durch *1* gezogener Strahl (der aber nicht durch *2, 3, 4, 5* geht), so sind die Punkte *I* und *III* linear bestimmt, damit auch der Punkt *II* als Schnitt der Geraden *(I III)* und *(2 3)*, und nun auch *6* als Schnitt von *(1 6)* und *(5 II)*.

---

[1] Für Fig. 70 ist h' die Gerade g_∞.

[2] Man kann aus sechs Punkten durch Änderung der Reihenfolge sechzig verschiedene Sechsecke herstellen (von den 6! = 720 Permutationen liefern alle zyklischen wie alle inversen dasselbe Sechseck). Es gibt daher sechzig Pascalsche Geraden zu den sechs Punkten, die mannigfach zu dreien durch je einen Punkt gehen (fünfzehn Steinersche Punkte) usw. Das analoge gilt dualistisch für die Brianchonschen Sechsseite.

Läßt man zwei benachbarte Punkte des Sechsecks zusammen-rücken, so geht die zugehörige Seite in eine C_2-Tangente über, und man erhält einen Satz über fünf C_2-Punkte und die Tangente in einem von ihnen; ebenso gibt es einen Satz über vier Punkte und die Tangenten in zweien[1], über drei Punkte und die Tangenten in ihnen. Dieser letzte Satz lautet: Bei einem der C_2 einbeschriebenen Dreiecke liegen die Schnittpunkte der Seiten mit den Tangenten der Gegenecken auf einer Geraden. Diese Sätze gestatten auch die lineare Konstruktion von C_2-Tangenten.

Alles dies überträgt sich dualistisch auf den Brianchonschen Satz.

§ 7. Ausblicke.

Ein letztes Streben wissenschaftlichen Erkennens ist auf das *Einheitliche* in der Fülle der mannigfachen Gestalten gerichtet. In der Geometrie ist dies Streben in den letzten hundert Jahren von großem Erfolg gekrönt gewesen. *Dualität, projektive* Denkweise und *Übertragungsprinzipien, Dualisierung* und *Homogenisierung* des Koordinatenbegriffs sind seine Marksteine. In V. C. PONCELET, J. D. GERGONNE, A. F. MÖBIUS und J. PLÜCKER haben wir die Lehrmeister zu erblicken, die uns in erster Linie dahin führten. Die Erkenntnis der Dualität als eines den Raum beherrschenden Gesetzes verdanken wir GERGONNE[2]; von PONCELET[3] und MÖBIUS[4] stammt der allgemeine Verwandtschaftsbegriff und die projektive Denkweise, endlich hat PLÜCKER[5] das Verdienst, daß er die Vervollkommnung der analytischen Methode schuf, die den neuen Ideen gerecht wurde. Wir verdanken ihm insbesondere die Einführung der Linienkoordinaten und den Begriff der homogenen Koordinaten. Erst als die Dualität und das Unendliche der analytischen Methode zugänglich geworden waren, hat das projektive Denken die Beherrschung der geometrischen Gebilde und die Gestaltungskraft erlangt, die es heute besitzt.

In älterer Zeit betrachtete man eine jede geometrische Figur nur für sich allein, als eine Art starren Gebildes. Nicht nur Strecke

---

[1] Vgl. das Beispiel 64 des Anhangs.

[2] Seine Artikel erschienen in GERGONNES Ann. de math. Bd. 16, S. 209. 1826 u. Bd. 18, S. 149. 1828. Vgl. auch S. 187, Anm. 1.

[3] Die Hauptleistung Poncelets ist sein Traité des propriétés projectives des figures, 1822; mit ihm war die projektive Denkweise geschaffen. Die in ihm niedergelegten Ideen stammen zum Teil schon aus dem Jahr 1813, aus der Zeit, in der PONCELET Kriegsgefangener in Rußland war. „Cet ouvrage est le résultat des recherches que j'ai entreprises, dès le printemps de 1813, dans les prisons de la Russie", heißt es in der Vorrede.

[4] Vgl. Gesammelte Werke Bd. 1, S. 447. Herausg. von F. Klein. Die Hauptarbeit stammt aus 1829.

[5] Vgl. Plückers Gesammelte mathematische Abhandlungen, besonders S. 124ff., 159ff., 178ff.

und Winkel oder Punkt und Gerade galten als heterogene Objekte, auch Ellipse, Parabel und Hyperbel stellten wesentlich ungleichartige Einzelgebilde dar. Die letzte Auffassung ist längst der Erkenntnis gewichen, daß wir bei projektiver Denkweise alle eigentlichen C_2 als identisch anzusehen haben; angesichts der Dualität haben wir aber auch in Punkt und Gerade gleichwertige Elementargebilde eines und desselben analytischen Operationsfeldes vor uns. Freilich kann es scheinen, als ob die Dualität von Punktreihe und Strahlenbüschel im rein Metrischen versage; eine gewisse duale Analogie für Strecke und Winkel ist uns aber doch vielfach entgegengetreten. Eine tiefere Auffassung, die freilich jenseits dieses Lehrgangs bleiben muß, zeigt auch für sie eine dualistische Analogie. Beide erweisen sich als *verschiedenartige Sonderfälle* eines und desselben Dv-Begriffes, der durch einen und denselben analytischen Ausdruck in Punkt- und Linienkoordinaten gegeben ist (vgl. den Schluß).

Einen letzten erfolgreichen wissenschaftlichen Gedanken bildet der *Invarianzbegriff*, die Einstellung auf solche analytischen Ausdrücke, die sich vom zufällig gewählten Koordinatensystem unabhängig erweisen. In ihnen allen muß ein eigentlich geometrischer Inhalt zum Ausdruck kommen. Beispiele dafür haben wir mannigfach kennengelernt[1]. Wie wir sahen, besitzen aber die Formeln der Koordinatentransformation eine doppelte geometrische Bedeutung. In ihrer allgemeinsten Form stellen sie zugleich kollineare Beziehungen dar (S. 177), in den Formeln (16) von S. 30 haben wir affine (oder auch ähnliche) Beziehungen erkannt (S. 184), in den Formeln (14) von S. 29 Bewegungen. Wir können die Invarianz der analytischen Ausdrücke also auch so deuten, daß die von ihr getroffenen Eigenschaften bei kollinearer, affiner, ähnlicher, kongruenter Transformation geometrischer Figuren ungeändert bleiben. Man spricht insofern von *projektiven, affinen, ähnlichen* und *metrischen Eigenschaften* der geometrischen Gebilde, und ist damit zu einer auf projektiver Grundlage ruhenden inneren Einteilung und Anordnung der geometrischen Tatsachen gelangt[2].

Eine nur metrisch invariante Größe stellt z. B. der Abstand dar; er ändert seinen Wert schon bei ähnlicher Abbildung. Winkel und Orthogonalität sind Begriffe, die der ähnlichen Geometrie angehören, ebenso aber auch die Kreispunkte, da ja bei ähnlicher Abbildung ein Kreis in einen Kreis übergeht. Die affine Geometrie ist (S. 184) durch die Invarianz von g_∞ gekennzeichnet; es sind also Parallelismus, Teilungsverhältnis, Halbierungspunkt Begriffe der affinen Geometrie;

---

[1] Die Invariantentheorie wurde wesentlich von den englischen Mathematikern A. CAYLEY und J. J. SYLVESTER um die Mitte des letzten Jahrhunderts begründet.

[2] Dies verdankt man den Arbeiten von F. KLEIN; vgl. Math. Ann. Bd. 43, S. 63 (Wiederabdruck des sog. Erlanger Programms vom Jahre 1872).

ebenso gehören ihr die Sätze über Mittelpunkt und Durchmesser der C_2 an. Auch besitzen Ellipse, Hyperbel und Parabel in ihr noch ihre Sonderexistenz. Von allgemeinem projektivem Charakter sind das Dv, Ordnung und Klasse einer Kurve, alle reinen Lagenbeziehungen (z. B. drei Gerade durch einen Punkt oder drei Punkte auf einer Geraden) usw.; Ellipse, Parabel und Hyperbel verlieren ihren Sondercharakter und verschmelzen in den einen projektiven Begriff der reellen eigentlichen C_2. Es ist einleuchtend, daß alle projektiv invarianten Eigenschaften es auch in affiner usw. Hinsicht sind, aber nicht umgekehrt; der Abstand besitzt die Invarianz nur für die engste Klasse der betrachteten Transformationen, für die Bewegungen. Da Winkel, Orthogonalität und Kreispunkte für Bewegungen und Ähnlichkeitstransformationen invariant sind, so läßt sich erwarten, daß Winkel und Orthogonalität sich in Beziehungen zu den Kreispunkten darstellen. Das ist in der Tat der Fall; gerade darin kommt unser Einteilungsprinzip praktisch zur Geltung. Die Größe eines Winkels läßt sich darstellen durch das Dv, das von den Winkelstrahlen und den beiden Strahlen zu den Kreispunkten gebildet ist.

Dieser Ausblick auf tiefere Probleme mag hier den Abschluß bilden. Möge er für diese Probleme Verständnis und Interesse erwecken[1].

---

[1] Es sei dafür auf die Vorlesungen von F. KLEIN über nichteuklidische Geometrie, Berlin 1928, verwiesen.

Dreizehntes Kapitel

Räumliche Punktkoordinaten.

Vorbemerkungen.

Räumliche Figuren, deren Punkte so aufeinander bezogen werden können, daß entsprechende Punkte gleichen Abstand haben, sind entweder *kongruent* (deckbar gleich), oder sie verhalten sich wie ein Körper und sein Spiegelbild, wie linke und rechte Hand, Linksschraube und Rechtsschraube. Sie heißen dann *spiegelbildlich (symmetrisch) gleich.* Wird in einer horizontalen Ebene von einem Punkt O aus je eine positive x- und y-Achse gezogen und in O einmal nach oben, einmal nach unten ein Lot errichtet, so sind die beiden aus den drei Halbstrahlen gebildeten Dreikante nur spiegelbildlich gleich. Sie werden als *Rechtssystem* und *Linkssystem* unterschieden. Daumen, Zeigefinger und Mittelfinger der rechten Hand bilden, wenn sie ungefähr senkrecht zueinander gehalten werden, ein Rechtssystem, bei der linken Hand ein Linkssystem. Legt man um O in der xy-Ebene einen Kreis, so erscheint, von dem in O errichteten Lot aus gesehen, die Umlaufsrichtung (xy) bei einem Rechtssystem umgekehrt zur Uhrzeigerdrehung, bei einem Linkssystem wie die Uhrzeigerdrehung[1]; man sagt dann auch, daß jener Umlaufssinn in der x, y-Ebene mit dem Lot ein Rechts- bzw. ein Linkssystem bildet. Die Unterscheidung von Rechtssystem und Linkssystem gilt in derselben Weise für alle von drei Halbstrahlen gebildeten Dreikante.

§ 1. Projektionen von Strecken und Flächen.

Die Projektionssätze von Kap. I, § 5 dehnen wir in der Weise auf den Raum aus, daß wir die projizierenden Strahlen durch projizierende Ebenen ersetzen. Sei s eine gerichtete Gerade, AB eine Strecke. Durch A und B lege man Ebenen parallel einer festen Ebene η; treffen sie die Gerade in A' und B', so heißt $A'B'$ wieder *Parallelprojektion* von AB auf s. Wir schreiben

(1) $$A'B' = \Pi(AB, \eta, s)\,.$$

---

[1] Fig. 72 (S. 199) zeigt ein Rechtssystem, bei Vertauschung der x- und y-Achse ein Linkssystem.

Werden s und η festgehalten, so ergeben sich (unter den gleichen Voraussetzungen wie in Kap. I) die folgenden Sätze:

1. Ist $AB \parallel CD$, so ist

$$\frac{A'B'}{C'D'} = \frac{AB}{CD}; \qquad \frac{A'B'}{AB} = \frac{C'D'}{CD};$$

der konstante Wert des zweiten Quotienten heiße wieder *Projektionskonstante*. Ist er c, so hat man

$$(2) \qquad\qquad A'B' = c \cdot AB.$$

2. Für $\eta \perp s$ (*rechtwinklige* oder *orthogonale* Projektion) ist

$$(2a) \qquad\qquad A'B' = AB \cos(AB, s).{}^{[1]}$$

3. Versteht man unter der Projektion des Streckenzuges $ABC\ldots LM$ wieder die Summe der Projektionen der einzelnen Strecken, so ist

$$(3) \quad \Pi(ABC\ldots LM) = A'B' + B'C' + \cdots + L'M' = A'M' = \Pi(AM);$$

die Projektion des Streckenzuges ist also gleich der Projektion der Strecke, die von seinem Anfangspunkt zum Endpunkt führt.

4. Ist die Projektion insbesondere orthogonal, so gilt

$$(3a) \quad \begin{cases} \Pi(ABC\ldots LM) = AB\cos(AB, s) + BC\cos(BC, s) \\ \qquad\qquad + \cdots + LM\cos(LM, s). \end{cases}$$

5. Bei orthogonaler Projektion von AB sind A' und B' zugleich die Fußpunkte *der von A und B auf s gefällten Lote.*

Die Projektion von Flächenstücken betrachten wir nur für den Fall, daß die Fläche eines ebenen Polygons $\mathfrak{P}$ orthogonal auf eine Ebene ε projiziert wird. Ist $\mathfrak{P}'$ die Projektion, so schreiben wir, analog zu (1),

$$(4) \qquad\qquad \mathfrak{P}' = \Pi(\mathfrak{P}, \varepsilon).$$

Der Bestimmung von $\mathfrak{P}'$ sei folgendes vorausgeschickt: Einer Polygonfläche legen wir gemäß S. 32 einen Umlaufssinn bei; damit wird auch für die Projektion $\mathfrak{P}'$ ein Umlaufssinn gemäß der Aufeinanderfolge der Projektionspunkte bestimmt. Es soll aber auch in der Ebene ε ein *ihr* eigentümlicher Umlaufssinn vorhanden sein; er kann mit dem eben genannten Sinn von $\mathfrak{P}'$ identisch sein oder ihm entgegengesetzt und je nachdem wird P' positiv oder negativ gerechnet. Nun werde auf ε ein Lot n errichtet, das mit dem Umlaufssinn von ε ein Rechtssystem bestimmt; ebenso auf $\mathfrak{P}$ ein Lot p, das mit dem Umlaufssinn von $\mathfrak{P}$ ein Rechtssystem bestimmt. Dann soll, wenn $\varkappa$ die Ebene von $\mathfrak{P}$ ist, unter dem Winkel $(\varepsilon\varkappa)$ der Winkel (np) verstanden werden[2].

---

[1] Der $\cos(AB, s)$ ist, da AB und s gerichtete Geraden sind, eindeutig bestimmt.

[2] Da es sich im folgenden nur um Cosinuswerte des Winkels handelt, kann der Winkel ohne Vorzeichen betrachtet werden. Ohne Festsetzung eines Umlaufssinnes für ε und $\varkappa$ ist durch ε und $\varkappa$ für den Winkel $(\varepsilon, \varkappa)$ nur die Verbindung $\pm(\varepsilon, \varkappa) \pm \pi$ bestimmt.

Bei diesen Festsetzungen gelten die folgenden Sätze: 1. Zerfällt die Polygonfläche $\mathfrak{P}$ in zwei Teilflächen $\mathfrak{P}_1$ und $\mathfrak{P}_2$, so ist

$$(5) \qquad \mathfrak{P}' = \Pi(\mathfrak{P}, \varepsilon) = \Pi(\mathfrak{P}_1, \varepsilon) + \Pi(\mathfrak{P}_2, \varepsilon) = \mathfrak{P}'_1 + \mathfrak{P}'_2;$$

2. die Projektion $\mathfrak{P}'$ hat für alle einander parallelen Ebenen mit gleichem Umlaufssinn den gleichen Wert; 3. es besteht die Gleichung

$$(6) \qquad \mathfrak{P}' = \mathfrak{P}\cos(np) = \mathfrak{P}\cos(\varepsilon\varkappa);$$

durch sie wird, wenn wir $\mathfrak{P}$ eine positive Flächenzahl beilegen, auch ein Vorzeichen für $\mathfrak{P}'$ gemäß seinem Umlaufssinn in der Ebene ε bestimmt.

Nur der Satz 3 bedarf eines näheren Beweises. Sei $\mathfrak{P}$ zunächst (Fig. 71) ein Dreieck $\varDelta = ABC$ mit dem Umlaufssinn $ABCA$, dessen eine Seite AB in ε fällt; CD sei die Höhe, $C'D$ ihre Projektion in ε. Für den doppelten Flächeninhalt ist dann — absolut genommen —

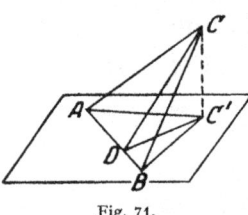

$$2\varDelta = AB \cdot CD,$$
$$2\varDelta' = AB \cdot C'D = AB \cdot CD\cos(C'DC).$$

Fig. 71.

Die Lote n und p können wir im Punkte D errichten. Wenn dann der Umlaufssinn von $\varDelta'$ mit dem Umlaufssinn von ε übereinstimmt, also $\mathfrak{P}' = \varDelta' > 0$ ist, so gehen p und n nach *derselben* Seite von ε (in Fig. 71 beide nach oben); es ist $C'DC = (pn)$, und die obige Formel gibt genau (6) auch dem Vorzeichen nach. Ist aber der Sinn von $\varDelta'$ der entgegengesetzte wie der von ε, also $\mathfrak{P}' = -\varDelta' < 0$, so gehen p und n nach verschiedenen Seiten von ε; es ist $C'DC = (np) \pm \pi$, und die Formel gibt wiederum (6) mit richtigem Vorzeichen.

Sei $\mathfrak{P}$ jetzt ein Dreieck ABC allgemeiner Lage. Durch die Punkte A, B, C lege man je eine zu ε parallele Ebene; die mittlere ε_1 durchsetzt das Dreieck und zerlegt es in zwei Teildreiecke. Für ihre Flächen $\varDelta_1$ und $\varDelta_2$ gelten die Formeln (5) und (6), man hat daher

$$\mathfrak{P}' = \Pi(\varDelta_1, \varepsilon_1) + \Pi(\varDelta_2, \varepsilon_2) = \varDelta_1\cos(p, n) + \varDelta_2\cos(p, n) = \mathfrak{P}\cos(p, n).$$

Damit ist Gleichung (6) auch für *jedes einfache Polygon* richtig; denn jedes solche Polygon läßt sich in Dreiecke spalten, und auf sie läßt sich wieder (5) und (6) anwenden.

§ 2. Parallelkoordinaten.

Wir legen drei durch einen Punkt O (*Anfangspunkt*) gehende Ebenen zugrunde, die eine dreiseitige Ecke bilden (Fig. 72); ihre Schnittlinien sollen x-Achse, y-Achse, z-Achse heißen (*Koordinatenachsen*). Auf jeder Achse sei eine (positive) Richtung festgelegt. Die die Achsen verbindenden Ebenen (*Koordinatenebenen*) heißen xy-Ebene, xz-Ebene, yz-Ebene. Im allgemeinen werden wir uns die xy-Ebene als horizon-

tale Ebene anschaulich vorstellen und das Dreikant der positiven
Achsen als ein *Rechtssystem*, wie es Fig. 72 zeigt; die (xy)-Drehung erscheint also von der positiven z-Achse aus umgekehrt wie der Uhrzeigersinn. Man überzeugt sich leicht, daß dies für die positive x-Achse
und die (yz)-Drehung und die positive y-Achse und die (zx)-Drehung
ebenso ist. Stehen die drei Ebenen (also auch, die Achsen) aufeinander
senkrecht, so heißen die Koordinaten *rechtwinklig*.

Auf den positiven Achsen seien Einheitspunkte in gleicher Entfernung von O angenommen. Legen wir durch einen Punkt P des
Raumes Ebenen parallel zu den Koordinatenebenen, so seien Q, R, S
die auf den Achsen entstehenden Schnittpunkte; den drei Strecken OQ,
OR, OS entsprechen dann drei Zahlen x, y, z.

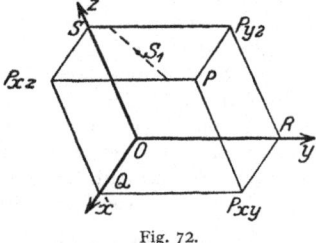

Fig. 72.

$$(7) \quad x = \frac{OQ}{OE_x}, \quad y = \frac{OR}{OE_y}, \quad z = \frac{OS}{OE_z}$$

x, y, z sind dann die *Parallelkoordinaten*
des Punktes P. Jedem Punkt P entspricht
wieder eindeutig ein Zahlentripel. Umgekehrt entspricht jedem Tripel a, b, c auch
ein Punkt P; er ist Schnittpunkt der Ebenen,
die man parallel zu den Koordinatenebenen
durch die Punkte Q, R, S legt, für die $OQ = a \cdot OE_x$, $OR = b \cdot OE_y$,
$OS = c \cdot OE_z$ ist.

Die drei Koordinatenebenen durch O und die ihnen parallelen
Ebenen durch P bilden das Parallelepipedon der Fig. 72. Von ihm
leuchtet ein: 1. Je vier seiner Kanten stellen die x-Koordinate dar, je
vier die y-Koordinate, je vier die z-Koordinate. 2. In jedem von O nach
P führenden dreikantigen Streckenzug ist je eine x-Koordinate, eine
y-Koordinate und eine z-Koordinate enthalten. 3. Die Strecken OQ,
OR, OS sind Parallelprojektionen von OP auf die Achsen, und zwar
so, daß die projizierenden Ebenen den Koordinatenebenen parallel sind.
Ferner gilt auch: 4. Für jeden Punkt S_1 der Parallelepipedfläche durch S
und P hat z denselben Wert c, für jeden Punkt der analogen Ebene durch
Q ist $x = a$, für jeden Punkt der analogen Ebene durch R ist $y = b$.

Analoge Beziehungen sind uns auch in Kap. II entgegengetreten;
hier kommen noch die folgenden hinzu: 5. Dem Punkt P_{xy} der xy-Ebene
auf der Parallelen durch P zur z-Achse kommen in dieser Ebene die
Koordinaten $x = a$, $y = b$ zu; die x- und y-Koordinaten von P *stimmen*
also mit denen von P_{xy} *überein*. Das analoge gilt für den Punkt P_{xz}
der xz-Ebene und den Punkt P_{yz} der yz-Ebene. 6. In der Parallelepipedfläche durch S und P mögen zwei durch S gehende, zur positiven
x- und y-Achse parallele Halbstrahlen eine positive x- und y-Achse
abgeben, so sind $x = a$, $y = b$ die Koordinaten von P auch für diese
Achsen[1]. Analog ist es für die Ebenen durch Q und P und durch R und P.

---

[1] In Fig. 72 sind SP_{xz} und SP_{yz} die beiden Achsen.

Durch die drei Koordinatenebenen zerfällt der Raum in acht *Oktanten*; über und unter jedem Quadranten der x, y-Ebene liegt je einer. Andererseits gibt es acht Punkte, deren Koordinaten dieselben absoluten Werte haben, nur mit verschiedenen Vorzeichen. Nehmen wir a, b, c als positiv an, so sind es die Punkte mit den Vorzeichen

$$+ + + \quad + - + \quad - + + \quad - - +$$
$$+ + - \quad + - - \quad - + - \quad - - -.$$

In jeden Oktanten fällt je einer; je zwei übereinanderstehende Tripel entsprechen einem Punkt über und einem unter der xy-Ebene.

Beispiele. 1. Für den Anfangspunkt ist $x = 0$, $y = 0$, $z = 0$. Für jeden Punkt der xy-Ebene ist $z = 0$, für die Punkte der yz-Ebene ist $x = 0$, für die der xz-Ebene ist $y = 0$. Endlich ist für jeden Punkt der x-Achse $y = 0$ und $z = 0$, für jeden der y-Achse $x = 0$, $z = 0$ und für jeden der z-Achse $x = 0$, $y = 0$.

2. Zwei Punkte (x, y, z) und $(-x, -y, -z)$ liegen *zentrisch symmetrisch* zu O; d. h. ihre Verbindungslinie geht durch O und wird in O halbiert. Zwei Punkte (x, y, z) und $(-x, -y, z)$ liegen zentrisch symmetrisch *zur z-Achse*; ihre Verbindungslinie ist der xy-Ebene parallel, schneidet die z-Achse und wird durch den Schnittpunkt halbiert. Bei rechtwinkligen Achsen liegen zwei Punkte x, y, z und $(x, y, -z)$ symmetrisch *zur xy-Ebene*. Analoges gilt für die übrigen Achsen und Ebenen.

Die ebenen Parallelkoordinaten konnten wir (S. 12) mittels zweier Scharen von Geraden definieren, die den Achsen parallel liefen; sie waren gegeben durch Gleichungen $x = \lambda$ und $y = \mu$, wo λ und μ alle reellen Werte annehmen können. Analog haben wir es hier mit *drei Scharen paralleler Ebenen* zu tun, den Scharen

$$(8) \qquad x = \mathrm{const} = \lambda, \quad y = \mathrm{const} = \mu, \quad z = \mathrm{const} = \nu;$$

jede dieser Scharen erfüllt, wenn λ, μ, ν alle reellen Werte durchlaufen, den ganzen Raum, und durch jeden Punkt des Raumes geht eine Ebene der ersten Schar, eine der zweiten und eine der dritten. Die zu diesen Ebenen gehörenden Werte λ, μ, ν sind die Koordinaten des bezüglichen Punktes.

§ 3. Räumliche Polarkoordinaten.

In einem rechtwinkligen Koordinatensystem (Fig. 73) sei PP' das von P auf die xy-Ebene gefällte Lot; ferner seien $OP' = \varrho$ und

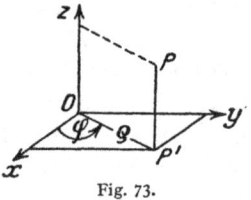

Fig. 73.

$(x, OP') = \varphi$ die Polarkoordinaten von P' in der xy-Ebene. Dann stellen die drei Zahlenwerte ϱ, φ, z ein im allgemeinen durch P bestimmtes Koordinatentripel dar (betr. der Unbestimmtheit von φ vgl. II, § 2). Umgekehrt bestimmt ein solches Tripel eindeutig einen Punkt P; es liefern ϱ und φ zunächst den Punkt P', und dann das Lot $P'P = z$ den Punkt P. Die in Betracht kommenden Zahlenwerte von ϱ, φ, z erfüllen die folgenden Teile des Kontinuums:

$$(9) \qquad 0 \le \varrho < \infty; \quad 0 \le \varphi < 2\pi; \quad -\infty < z < \infty.$$

Die *Flächenscharen*, die den eben betrachteten Ebenenscharen analog sind, müssen den Gleichungen

(10) $$\varrho = \text{const}, \quad \varphi = \text{const}, \quad z = \text{const}$$

entsprechen. Die Größe ϱ können wir auch als Abstand des Punktes P von der z-Achse auffassen, die Flächen $\varrho = \text{const}$ sind daher *Kreiszylinderflächen* um die z-Achse. Der Winkel φ ist auch der Winkel der durch die z-Achse gehenden Ebene $OP'P$ mit der xz-Ebene, die Flächen $\varphi = \text{const}$ sind daher *Halbebenen* durch die z-Achse (den Halbstrahlen der ebenen Koordinatenbestimmung analog); endlich sind $z = \text{const}$ *Parallelebenen* zur xy-Ebene. Je eine Fläche der ersten, zweiten und dritten Schar schneiden sich, wie man leicht erkennt, in je einem Punkt des Raumes (*Zylinderkoordinaten*).

Die Beziehung dieser Koordinaten zu den rechtwinkligen ist durch die Gleichungen

(11) $$x = \varrho \cos\varphi, \quad y = \varrho \sin\varphi$$

gegeben; die z-Koordinaten stimmen überein. Man findet

(12) $$OP^2 = \varrho^2 + z^2 = x^2 + y^2 + z^2.$$

Das eigentliche räumliche System von Polarkoordinaten knüpft an die Bestimmung der Punkte der Erdoberfläche durch ihre geographische Länge und Breite an[1]. Wir betrachten zunächst die Kurvenscharen, die dieser Koordinatenbestimmung auf der Erdkugel oder einem Globus zugrunde liegen. Die eine besteht aus den *Breitenkreisen* als den Kurven konstanter Breite, die andere aus den Kurven konstanter Länge, also den *Meridianen*; genauer den Halbmeridianen, da die geographische Länge von 0 bis 2π läuft. Jeder Punkt der Globuskugel ist Schnitt einer Kurve der einen Schar mit einer der anderen Schar. In dieser Hinsicht können die Kurven auch durch Flächen ersetzt werden. Den Breitenkreis verbinden wir mit dem Kugelzentrum durch Halbstrahlen, und ersetzen ihn so durch einen Rotationskegel (genauer *Halbkegel*), der die Kugel im Breitenkreis durchdringt. Ebenso ersetzen wir den Halbmeridian durch die Ebene (genauer *Halbebene*), die ihn mit der Kugelachse verbindet. Damit ist jeder Punkt P der Kugel als Schnitt von drei Flächen bestimmt. Die eine ist *die Kugel selbst*, die zweite der *Halbkegel*, der aus der Kugel den Breitenkreis ausschneidet, die dritte die *Halbebene*, die nun auf dem Breitenkreis den Punkt P bestimmt. Was aber für die Punkte des Globus gilt, gilt ebenso für jede ihm konzentrische Kugel und jeden auf ihr gelegenen Punkt. Damit ist unsere Koordinatenbestimmung auf jeden Raumpunkt ausgedehnt. Als ihre drei Flächenscharen finden wir 1. die konzentrischen Kugeln, 2. die Halbkegel um die Globusachse und 3. die Halbebenen durch diese Achse. Durch jeden Raumpunkt (mit Ausnahme der Punkte auf der

---

[1] Länge und Breite stellen Koordinaten auf der Kugel dar.

Achse) geht je eine Kugel, je ein Halbkegel und je eine Halbebene. Die Halbebenen bestimmen wir wie die Meridiane durch einen Winkel φ, der von 0 bis 2π geht. Die Halbkegel bestimmen wir durch das Komplement der geographischen Breite (Zenithdistanz); es geht von 0 (am Nordpol N) bis π (am Südpol S) und heiße ϑ. Die erzeugenden Flächenscharen sind alsdann

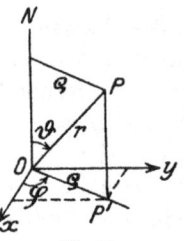

Fig. 74.

$$(13) \quad \begin{cases} r = \text{const}, & \varphi = \text{const}, & \vartheta = \text{const}, \\ 0 \leq r < \infty, & 0 \leq \varphi < 2\pi, & 0 \leq \vartheta \leq \pi. \end{cases}$$

Um die Beziehung zu rechtwinkligen Achsen herzustellen, wählen wir die Globusachse (von S nach N) als z-Achse und die xz-Ebene als Ebene $\varphi = 0$ (Fig. 74). Ist dann P' die Projektion von P in der xy-Ebene und ϱ der Radius des Breitenkreises, so folgt

$$OP' = \varrho = r \sin\vartheta, \qquad P'P = z = r \cos\vartheta.$$

Nun stimmen die xy-Koordinaten von P' mit denen von P überein; es ist also $x = \varrho \cos\varphi$, $y = \varrho \sin\varphi$, und demnach hat man insgesamt

$$(14) \qquad x = r \sin\vartheta \cos\varphi, \qquad y = r \sin\vartheta \sin\varphi, \qquad z = r \cos\vartheta.$$

Für $x = y = 0$ ist $r = 0$ und φ unbestimmt.

§ 4. Homogene Parallelkoordinaten.

Von den Koordinaten x, y, z gelangt man zu *homogenen* Parallelkoordinaten, indem man wie in Kap. VIII, § 1 zunächst vier Zahlen x', y', z', t' durch die Gleichungen

$$(15) \quad \begin{cases} x : y : z : 1 = x' : y' : z' : t' & \text{oder} \\ x' = \varrho x, \quad y' = \varrho y, \quad z' = \varrho z, \quad t' = \varrho; \quad \varrho \neq 0 \end{cases}$$

einführt. Einer Gruppe x', y', z', t' (für $t' \gtrless 0$) entspricht ein Raumpunkt P; jedem Raumpunkt unendlich viele solche Gruppen, die einander proportional sind. Setzt man $t' = 1$, so wird dadurch diejenige Gruppe ausgesondert, die mit x, y, z übereinstimmt.

Die Gleichungen $x' = 0, y' = 0, z' = 0$ stellen die drei Koordinatenebenen $x = 0, y = 0, z = 0$ dar; die Punkte $t' < 0$ sind sämtlich *unendlichfern* (*uneigentlich*). Um aber anzugeben, zu welchem „Bündel" von parallelen Geraden ein bestimmtes Quadrupel x', y', z', 0 gehört, müssen wir die Geraden im Raum analytisch darstellen. Das wird erst in den nächsten beiden Kapiteln geschehen. Aus rein geometrischen Erwägungen kommen wir dazu, alle unendlichfernen Punkte als auf einer Ebene, der *unendlichfernen Ebene* ε_∞[1], liegend anzunehmen. Denn die Verbindungslinie der unendlichfernen Punkte der (einander nicht

---

[1] Die unendlichferne Ebene ε_∞ wurde von J. V. PONCELET in seinem Traité des propriétés projectives des figures (Paris 1822, § 580) eingeführt.

parallelen) Geraden g und g' ist die unendlichferne Gerade, die allen zu g und g' parallelen Ebenen gemeinsam ist. Also sind alle Punkte, die auf der Verbindungslinie zweier unendlichfernen Punkte liegen, unendlichfern. Andererseits schneiden sich aber je zwei unendlichferne Geraden g_∞ und g'_∞; denn sei g_∞ die unendlichferne Gerade von ε, g'_∞ die unendlichferne Gerade von ε', dann sind ε und ε' nicht parallel, falls g_∞ und g'_∞ verschieden sind. Also haben ε und ε' eine endliche Gerade h gemeinsam, deren unendlichferner Punkt g_∞ und g'_∞ gemein ist. Diese beiden Eigenschaften der Menge der unendlichfernen Punkte im Raum charakterisieren sie unter allen anderen geometrischen Gebilden als die Menge der Punkte einer Ebene. Die vier Ebenen $x' = 0$, $y' = 0$, $z' = 0$, $t' = 0$ bilden das Koordinatentetraeder der homogenen Parallelkoordinaten. In ihm ist jede der sechs Kanten Schnittlinie zweier Koordinatenebenen; für die Koordinaten ihrer Punkte haben wir die Gleichungen

$$x' = 0, \quad y' = 0; \quad x' = 0, \quad z' = 0; \quad y' = 0, \quad z' = 0;$$
$$x' = 0, \quad t' = 0; \quad y' = 0, \quad t' = 0; \quad z' = 0, \quad t' = 0.$$

Die letzten drei entsprechen den drei Kanten in ε_∞. Für jede der vier Tetraederecken haben drei Koordinaten den Wert Null; man stellt sie abkürzend durch $0\,0\,0\,1$, $0\,0\,1\,0$, $0\,1\,0\,0$, $1\,0\,0\,0$ dar. Hieraus erkennen wir analog zu den Überlegungen auf S. 94, daß das Wertequadrupel $x' = y' = z' = t' = 0$ auszuschließen ist. Denn diesem Quadrupel entspräche ein Punkt, der den 4 Koordinatenebenen gemeinsam wäre. Aber die drei Koordinatenebenen $x' = 0$, $y' = 0$, $z' = 0$ haben nur einen, im Endlichen gelegenen Punkt gemeinsam, der also nicht auf $t = 0$ liegt

Die (vorläufigen) Bezeichnungen x', y', z', t' sollen im folgenden wiederum durch x, y, z, t ersetzt werden. Der Übergang von den homogenen Koordinaten x, y, z, t zu den unhomogenen geschieht dann einfach so, daß man $t = 1$ setzt.

Vierzehntes Kapitel

Allgemeine Formeln und Sätze
für räumliche Parallelkoordinaten.

§ 1. Formeln für Abstände.

Bei rechtwinkligen Achsen sind die Koordinaten x, y, z eines Punktes P seine orthogonalen Projektionen auf den Achsen. Ist also $OP = r$ und setzt man $(xr) = \alpha$, $(yr) = \beta$, $(zr) = \gamma$ (*Richtungswinkel*), so bestehen die Formeln

(1) $\qquad\qquad x = r\cos\alpha\,, \quad y = r\cos\beta\,, \quad z = r\cos\gamma\,.$

Ferner fanden wir bereits (S. 201) für r die Formel

(2) $\qquad\qquad\qquad r^2 = x^2 + y^2 + z^2\,.$

Die Verbindung beider Formeln ergibt weiter [durch Quadrieren und Addieren von (1), sowie durch Multiplikation mit $\cos\alpha$, $\cos\beta$, $\cos\gamma$]

(3) $\qquad\qquad \cos^2\alpha + \cos^2\beta + \cos^2\gamma = 1\,,$

(4) $\qquad\qquad x\cos\alpha + y\cos\beta + z\cos\gamma = r\,.$

Gleichung (4) ist übrigens auch eine unmittelbare Folge des Projektionssatzes; sie besagt, daß die orthogonale Projektion des Linienzuges x, y, z auf OP gleich OP ist.

Seien $P_1(x_1 y_1 z_1)$ und $P_2(x_2 y_2 z_2)$ zwei Punkte. Wie sie auch liegen, es folgt für die Projektion des Linienzuges $OP_1 P_2$ auf jede Achse

$$\Pi(OP_1) + \Pi(P_1 P_2) = \Pi(OP_2)\,.$$

Für die Projektionen $Q_1 Q_2$, $R_1 R_2$, $S_1 S_2$ auf den Achsen erhalten wir daher wie S. 25

(5) $\qquad Q_1 Q_2 = x_2 - x_1\,, \quad R_1 R_2 = y_2 - y_1\,, \quad S_1 S_2 = z_2 - z_1\,.$

Diese Gleichungen gelten für *beliebige* Achsen.

Sind die Achsen *rechtwinklig*, so werden $x_2 - x_1$, $y_2 - y_1$, $z_2 - z_1$ die orthogonalen Projektionen von $P_1 P_2$. Sind α, β, γ die Richtungswinkel von $P_1 P_2$ mit den Achsen, und wird $P_1 P_2 = r$ gesetzt, so folgt wie oben

(5a) $\quad x_2 - x_1 = r\cos\alpha\,, \quad y_2 - y_1 = r\cos\beta\,, \quad z_2 - z_1 = r\cos\gamma\,;$

durch Quadrieren und Addieren entsteht

(5b) $\qquad\qquad r^2 = (x_2 - x_1)^2 + (y_2 - y_1)^2 + (z_2 - z_1)^2\,.$

Ebenso ergibt sich auch wieder

(5c) $(x_2 - x_1)\cos\alpha + (y_2 - y_1)\cos\beta + (z_2 - z_1)\cos\gamma = r$.

Bei Vertauschung von P_1 und P_2 wechselt die Gerade P_1P_2 die Richtung, und es gehen α, β, γ in $\alpha + \pi$, $\beta + \pi$, $\gamma + \pi$ über; es wechseln also die linken wie die rechten Seiten in (5a) ihr Zeichen.

§ 2. Das Teilungsverhältnis.

Sei $P(\xi, \eta, \zeta)$ der Punkt, der die Strecke P_1P_2 im Verhältnis μ teilt, so daß $P_1P : P_2P = \mu$ ist. Die Achsen seien beliebig. Für die Projektionen von P_1, P_2, P auf den Achsen folgt dann gemäß dem Projektionssatz (S. 197)

(6) $\mu = (P_1P_2P) = \dfrac{P_1P}{P_2P} = \dfrac{x_1 - \xi}{x_2 - \xi} = \dfrac{y_1 - \eta}{y_2 - \eta} = \dfrac{z_1 - \zeta}{z_2 - \zeta}$,

und hieraus ergibt sich wie S. 26

(6a) $\xi = \dfrac{x_1 - \mu x_2}{1 - \mu}$, $\eta = \dfrac{y_1 - \mu y_2}{1 - \mu}$, $\zeta = \dfrac{z_1 - \mu z_2}{1 - \mu}$.

Durchläuft μ alle Werte des Kontinuums, so durchläuft P die Gerade P_1P_2. Für die Mitte M von $P_1P_2(\mu = -1)$ folgt wieder

(6b) $\xi = \dfrac{x_1 + x_2}{2}$, $\eta = \dfrac{y_1 + y_2}{2}$, $\zeta = \dfrac{z_1 + z_2}{2}$.

Für $\mu = 1$ erhalten wir den unendlichfernen Punkt der Geraden, für $\mu = \infty$ den Punkt P_2

(6a) liefert eine Parameterdarstellung der Punkte der Geraden P_1P_2. Gehen wir zu homogenen Koordinaten über, so erhalten wir

(6c) $\varrho\xi = t_2x_1 - t_1x_2$, $\varrho\eta = t_2y_1 - t_1y_2$, $\varrho\zeta = t_2z_1 - t_1z_2$, $\varrho\tau = t_1t_2\,(1-\mu)$.

Damit diese Darstellung auch für den unendlich fernen Punkt, also für $\mu = 1$ gültig ist, müssen wir für diesen

(6d) $\varrho\xi = x_1t_2 - x_2t_1$, $\varrho\eta = t_2y_1 - t_1z_2$, $\varrho\zeta = t_2z_1 - t_1z_2$, $\varrho\tau = 0$

setzen. Damit haben wir dem unendlichfernen Punkt auf P_1P_2 ein Wertequadrupel angeordnet. Aber aus (5a) folgt leicht, daß zwei parallele Geraden P_1P_2 und $P_1'P_2'$ dieselbe Proportion $\xi : \eta : \zeta : \tau$ für ihren unendlichfernen Punkt liefern. Also entspricht durch unsere Zuordnung (6a) jedem unendlichfernen Punkt nur eine Proportion. Nehmen wir speziell den Punkt P_2 im Punkte mit den gewöhnlichen Koordinaten 0, 0, 0 an, so erhalten wir

$$\varrho\xi = x_1t_2,\ \varrho\eta = y_1t_2,\ \varrho\zeta = z_1t_2,\ \varrho\tau = 0.$$

Daraus erkennen wir, daß jeder Proportion $a : b : c : 0$ der unendlichferne Punkt einer Geraden durch den Anfangspunkt der gewöhnlichen Koordinaten und den Punkt mit den gewöhnlichen Koordinaten a, b, c entspricht. Wir haben also: Jeder Proportion $a : b : c : d$ außer $0 : 0 : 0 : 0$

entspricht ein und nur ein endlicher oder unendlichferner Punkt. Für die endlich und unendlichfernen Punkte auf den Verbindungslinien zweier endlichen Punkte gilt die Parameterdarstellung (6c).

Beispiel. Für den Schwerpunkt des Dreiecks $P_1 P_2 P_3$ ergibt sich

$$\xi = \frac{x_1 + x_2 + x_3}{3}, \qquad \eta = \frac{y_1 + y_2 + y_3}{3}, \qquad \zeta = \frac{z_1 + z_2 + z_3}{3},$$

für den Schwerpunkt des Tetraeders $P_0 P_1 P_2 P_3$

$$\xi = \frac{x_0 + x_1 + x_2 + x_3}{4}, \qquad \eta = \frac{y_0 + y_1 + y_2 + y_3}{4}, \qquad \zeta = \frac{z_0 + z_1 + z_2 + z_3}{4}.$$

Die Formeln (6a) gestatten im Raum die folgende Verallgemeinerung: Wir gehen von drei Punkten $P_i(x_i y_i z_i)$ aus, die eine Ebene ε bestimmen, $P(\xi, \eta, \zeta)$ sei ein beliebiger Punkt von ε und $P'(x', y', z')$ der Schnittpunkt von $P_1 P_2$ mit $P_3 P$. Seien ferner die Teilungsverhältnisse

$$(P_1 P_2 P') = \mu \qquad \text{und} \qquad (P' P_3 P) = \mu'.$$

Man hat dann zunächst

$$x' = \frac{x_1 - \mu x_2}{1 - \mu}, \qquad y' = \frac{y_1 - \mu y_2}{1 - \mu}, \qquad z' = \frac{z_1 - \mu z_2}{1 - \mu},$$

$$\xi = \frac{x' - \mu' x_3}{1 - \mu'}, \qquad \eta = \frac{y' - \mu' y_3}{1 - \mu'}, \qquad \zeta = \frac{z' - \mu' z_3}{1 - \mu'}.$$

Hieraus folgt, wenn noch $(1 - \mu)\mu' = \nu$ gesetzt wird,

$$(7) \quad . \quad \xi = \frac{x_1 - \mu x_2 - \nu x_3}{1 - \mu - \nu}, \qquad \eta = \frac{y_1 - \mu y_2 - \nu y_3}{1 - \mu - \nu}, \qquad \zeta = \frac{z_1 - \mu z_2 - \nu z_3}{1 - \mu - \nu}.$$

Die Punkte von ε sind also mittels zweier unabhängiger Parameter μ, ν dargestellt. Dem Punkte P_2 entspricht $\mu = \infty$, dem Punkte P_3 $\nu = \infty$. Ist $\mu + \nu = 1$, so erhalten wir unendlichferne Punkte.

Die Parameter μ, ν stellen Koordinaten von P in ε dar. Man bestimme die Kurvenscharen $\mu = $ const und $\nu = $ const.

§ 3. Formeln für Flächenprojektionen.

Die Achsen seien rechtwinklig; ferner sei $\varDelta$ eine Dreiecksfläche und $\varDelta_{xy}, \varDelta_{zx}, \varDelta_{yz}$ ihre Projektionen in den Koordinatenebenen. Wir setzen für $\varDelta$ eine Umlaufsrichtung und eine Normale n so voraus, daß sie zusammen ein Rechtssystem bestimmen. Die Projektionen werden (vgl. S. 197) positiv oder negativ genommen, je nachdem ihr Sinn mit dem Drehungssinn von der positiven x-Achse zur positiven y-Achse, bzw. von der positiven y-Achse zur positiven z-Achse, resp. von der positiven z-Achse zur positiven x-Achse übereinstimmt oder nicht übereinstimmt. Dann gelten gemäß S. 198 die Formeln

$$(8) \quad \varDelta_{yz} = \varDelta \cos(nx), \qquad \varDelta_{zx} = \varDelta \cos(ny), \qquad \varDelta_{xy} = \varDelta \cos(nz);$$

aus ihnen folgt weiter

$$(8a) \qquad\qquad \varDelta_{yz}^2 + \varDelta_{zx}^2 + \varDelta_{xy}^2 = \varDelta^2.$$

Nehmen wir auf der x,y,z-Achse je einen Punkt A, B, C als Ecke von $\varDelta$ an, so sind $\varDelta_{yz}, \varDelta_{zx}, \varDelta_{xy}$ die Flächen der Dreiecke OBC, OCA, OAB; die Formel (8a) zeigt also, daß im Tetraeder $OABC$ das Quadrat von ABC gleich der Summe der drei Dreiecksquadrate der Seitenflächen ist (*Pythagoreischer Lehrsatz im Raum*).

Ist das Dreieck durch seine Ecken P_1, P_2, P_3 gegeben, so haben ihre Projektionen P'_i in der xy-Ebene dieselben x-y-Koordinaten wie die Punkte P_i; demgemäß finden wir für die Projektion $\varDelta_{xy}$ (S. 33)

$$(9) \qquad 2\varDelta_{xy} = \begin{vmatrix} x_1 & y_1 & 1 \\ x_2 & y_2 & 1 \\ x_3 & y_3 & 1 \end{vmatrix} = 2\varDelta \cos(nz),$$

und es erscheint $\varDelta_{xy}$ mit positivem oder negativem Zeichen, je nachdem der Umlaufssinn von $P'_1 P'_2 P'_3$ mit dem der xy-Ebene übereinstimmt oder nicht. Ebenso hat man

$$(9a) \qquad 2\varDelta_{zx} = \begin{vmatrix} z_1 & x_1 & 1 \\ z_2 & x_2 & 1 \\ z_3 & x_3 & 1 \end{vmatrix}, \quad 2\varDelta_{yz} = \begin{vmatrix} y_1 & z_1 & 1 \\ y_2 & z_2 & 1 \\ y_3 & z_3 & 1 \end{vmatrix}.$$

Die Verbindung dieser Determinantenwerte mit (8a) liefert eine Formel, die $\varDelta^2$ durch die Koordinaten der Ecken ausdrückt.

§ 4. Das Lot von einem Punkt auf eine Ebene.

Das vom Punkt $P(\xi, \eta, \zeta)$ auf eine Ebene ε gefällte Lot bestimmt sich in der gleichen Weise wie in Kap. IV (S. 27). Die Achsen seien beliebig. Ferner sei (Fig. 75) der Halbstrahl n die von O auf ε gefällte Normale, D ihr Schnitt mit ε, $OD = \delta > 0$ und $LP = l$ das von P auf ε gefällte Lot, endlich $OQ = x$, $QP' = y$, $P'P = z$. Die orthogonalen Projektionen der beiden Streckenzüge $OQP'P$ und $ODLP$ auf n sind dann einander gleich. Nun ist $LP \parallel n$, $DL \perp n$, und so folgt

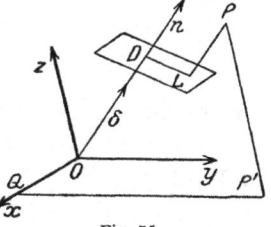

Fig. 75.

$$\xi \cos(nx) + \eta \cos(ny) + \zeta \cos(nz) = \delta + l,$$

also

$$(10) \quad l = \xi \cos(nx) + \eta \cos(ny) + \zeta \cos(nz) - \delta.$$

Dem Lot LP haben wir dabei die gleiche positive Richtung erteilt wie der Normalen n; es ist also positiv, wenn O und P auf verschiedenen Seiten von ε liegen, negativ, wenn sie auf derselben Seite liegen. Für O selbst ($\xi = 0$, $\eta = 0$, $\zeta = 0$) gibt daher (10) einen negativen Wert, nämlich $-\delta$.

Geht die Ebene ε durch den Anfangspunkt, so ist zwar die *Lage* von n bestimmt, aber *nicht* die *Richtung*. Analytisch bedeutet dies, daß $\cos(nx)$, $\cos(ny)$, $\cos(nz)$ nur bis auf das Vorzeichen bestimmt sind. Man kann dann eine der beiden Richtungen von n beliebig als positiv wählen, und damit auch wieder ein Vorzeichen für l. Vgl. die Bemerkung auf S. 41.

§ 5. Die Richtungswinkel der Geraden.

Die Achsen seien rechtwinklig. Sei g eine durch O gehende gerichtete Gerade. Im Interesse der Kürze bezeichnen wir im folgenden die *Kosinus* ihrer Richtungswinkel durch α, β, γ, setzen also

$$\cos(xg) = \alpha, \quad \cos(yg) = \beta, \quad \cos(zg) = \gamma.$$

Für einen Punkt $P(x,y,z)$ von g ist dann gemäß (1)

$$(11) \qquad\qquad x = \alpha r, \quad y = \beta r, \quad z = \gamma r.$$

Eine zweite durch O gehende Gerade g_1 habe die Richtungskosinus $\alpha_1, \beta_1, \gamma_1$; ist $P_1(x_1 y_1 z_1)$ einer ihrer Punkte, so ist analog

$$(11a) \qquad\qquad x_1 = \alpha_1 r_1, \quad y_1 = \beta_1 r_1, \quad z_1 = \gamma_1 r_1.$$

Nun ist im Dreieck OPP_1

$$2 r r_1 \cos(gg_1) = r^2 + r_1^2 - PP_1^2$$
$$= x^2 + y^2 + z^2 + x_1^2 + y_1^2 + z_1^2 - (x_1 - x)^2 - (y_1 - y)^2 - (z_1 - z)^2;$$

daraus folgt mit Rücksicht auf (11) und (11a)

$$(12) \qquad\qquad \cos(gg_1) = \alpha \alpha_1 + \beta \beta_1 + \gamma \gamma_1 \,{}^1.$$

Insbesondere ist also

$$(12a) \qquad\qquad \alpha \alpha_1 + \beta \beta_1 + \gamma \gamma_1 = 0$$

die Bedingung, daß $g \perp g_1$ ist (*Orthogonalitätsbedingung*). Diese Formeln übertragen sich unmittelbar auf beliebige gerichtete Geraden h und h_1; zieht man durch O die Halbstrahlen g und g_1 gleichgerichtet zu h und h_1, so gelten sie für $\sphericalangle(gg_1)$, also auch für $\sphericalangle(hh_1)$.

Man bedarf auch einer Formel für $\sin(gg_1)$. Sie beruht auf der leicht beweisbaren Identität

$$(\alpha^2 + \beta^2 + \gamma^2)(\alpha_1^2 + \beta_1^2 + \gamma_1^2) - (\alpha \alpha_1 + \beta \beta_1 + \gamma \gamma_1)^2$$
$$= (\beta \gamma_1 - \beta_1 \gamma)^2 + (\gamma \alpha_1 - \gamma_1 \alpha)^2 + (\alpha \beta_1 - \alpha_1 \beta)^2,$$

die für *beliebige* Größen α, β, γ, α_1, β_1, γ_1 erfüllt ist. Für die hier benutzten α, β, γ, α_1, β_1, γ_1 hat die linke Seite gemäß den Gleichungen (3) und (12) den Wert $1 - \cos^2(gg_1) = \sin^2(gg_1)$; also folgt

$$(13) \quad \sin^2(gg_1) = (\beta \gamma_1 - \beta_1 \gamma)^2 + (\gamma \alpha_1 - \gamma_1 \alpha)^2 + (\alpha \beta_1 - \alpha_1 \beta)^2 \, {}^*.$$

Hieran schließt sich folgende Aufgabe. Man soll die Richtung α', β', γ' einer Geraden g' bestimmen, die zu g und g_1 orthogonal ist. Für α', β', γ' bestehen dann die Gleichungen

$$\alpha \alpha' + \beta \beta' + \gamma \gamma' = 0, \quad \alpha_1 \alpha' + \beta_1 \beta' + \gamma_1 \gamma' = 0.$$

---

¹ Man erhält die Formel auch durch Projektion des Streckenzuges $OQP'P$ auf die Gerade g_1.

* g und g_1 sind gerichtete Geraden; das Zeichen von (gg_1) bleibt unbestimmt. Die Formel ändert sich nicht, wenn man die Richtung von g oder g_1 umkehrt.

Aus ihnen folgt zunächst

$$\alpha':\beta':\gamma' = \begin{vmatrix} \beta & \gamma \\ \beta_1 & \gamma_1 \end{vmatrix} : \begin{vmatrix} \gamma & \alpha \\ \gamma_1 & \alpha_1 \end{vmatrix} : \begin{vmatrix} \alpha & \beta \\ \alpha_1 & \beta_1 \end{vmatrix} ;$$

die Determinanten verschwinden nicht alle, wenn g und g_1 nicht parallel sind. Man kann also setzen

(14) $\quad \lambda\alpha' = (\beta\gamma_1 - \beta_1\gamma), \quad \lambda\beta' = (\gamma\alpha_1 - \gamma_1\alpha), \quad \lambda\gamma' = (\alpha\beta_1 - \alpha_1\beta)$

und erhält durch Quadrieren und Addieren

(14a) $\qquad\qquad \lambda^2 = \sin^2(gg_1).$

Beispiel. Die Projektion der Strecke $P_1P_2(\alpha,\beta,\gamma)$ auf die Gerade $g(\lambda,\mu,\nu)$ ergibt sich aus den vorstehenden Formeln folgendermaßen: Es ist für $P_1P_2 = r$ (in ausführlicher Schreibweise der Kosinus)

$$x_2 - x_1 = r\cos\alpha, \quad y_2 - y_1 = r\cos\beta, \quad z_2 - z_1 = r\cos\gamma.$$

Andererseits ist

$$\Pi(P_1P_2, g) = r\cos(gr) = r\{\cos\alpha\cos\lambda + \cos\beta\cos\mu + \cos\gamma\cos\nu\},$$

und daher

$$\Pi(P_1P_2, g) = (x_2 - x_1)\cos\lambda + (y_2 - y_1)\cos\mu + (z_2 - z_1)\cos\nu.$$

Die Formel folgt auch unmittelbar aus dem Projektionssatz.

§ 6. Die Transformation der Koordinaten.

Es sollen die Beziehungen gefunden werden, die zwischen den Koordinaten *desselben* Punktes für *mehrere* Koordinatensysteme bestehen. Wie in Kap. IV bilden die Projektionssätze unseren Ausgangspunkt. Seien zunächst x, y, z und X, Y, Z parallele und kongruente Achsensysteme (Dreikante), und es möge der Anfangspunkt M des XYZ-Systems im xyz-System die Koordinaten ξ, η, ζ haben (Fig. 76). Dann sind die projizierenden Ebenen, die die Koordinaten eines Punktes P bestimmen, für beide Systeme einander bezüglich parallel, ebenso die Achsen, auf die projiziert wird. Der Projektionssatz

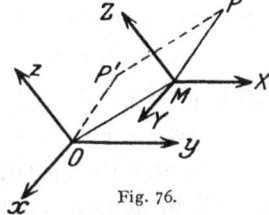

Fig. 76.

(15) $\qquad \Pi(OP) = \Pi(OM) + \Pi(MP)$

liefert daher unmittelbar die Formel

(15a) $\quad x = X + \xi, \quad y = Y + \eta, \quad z = Z + \zeta.$

Wir gehen zu Achsen xyz und $x'y'z'$ mit demselben Anfangspunkt O über. Die xyz-Achsen seien orthogonal, während das $x'y'z'$-System beliebig bleiben soll. Nun ist die Projektion von OP auf jede Gerade s gleich der Projektion eines aus x', y', z' bestehenden Streckenzuges (S. 199); also

(15b) $\qquad\qquad \Pi(OP) = \Pi(x') + \Pi(y') + \Pi(z').$

Dies wenden wir auf die x,y,z-Achsen als Gerade s an und auf orthogonales Projizieren. Die orthogonalen Projektionen von OP auf diesen drei Achsen sind x, y, z; für die rechte Seite haben wir Gleichung (3a) von S. 197 anzuwenden und finden so

(16)
$$\begin{cases} x = x' \cos(xx') + y' \cos(xy') + z' \cos(xz') \\ y = x' \cos(yx') + y' \cos(yy') + z' \cos(yz') \\ z = x' \cos(zx') + y' \cos(zy') + z' \cos(zz'). \end{cases}$$

Für den Sonderfall, daß auch die $x'y'z'$-Achsen orthogonal sind, setzen wir

(17)
$$\begin{cases} \cos(xx') = \alpha, & \cos(xy') = \alpha_1, & \cos(xz') = \alpha_2, \\ \cos(yx') = \beta, & \cos(yy') = \beta_1, & \cos(yz') = \beta_2, \\ \cos(zx') = \gamma, & \cos(zy') = \gamma_1, & \cos(zz') = \gamma_2. \end{cases}$$

Jetzt drücken sich auch x', y', z' durch x, y, z mittels Gleichungen der Form (16) aus; wir erhalten daher insgesamt (Fig. 77)

(18)
$$\begin{cases} x = \alpha x' + \alpha_1 y' + \alpha_2 z' & x' = \alpha x + \beta y + \gamma z \\ y = \beta x' + \beta_1 y' + \beta_2 z' & y' = \alpha_1 x + \beta_1 y + \gamma_1 z \\ z = \gamma x' + \gamma_1 y' + \gamma_2 z' & z' = \alpha_2 x + \beta_2 y + \gamma_2 z. \end{cases}$$

Für die hier auftretenden neun Kosinus besteht eine große Reihe von Relationen[1]. Aus (3) folgt zunächst

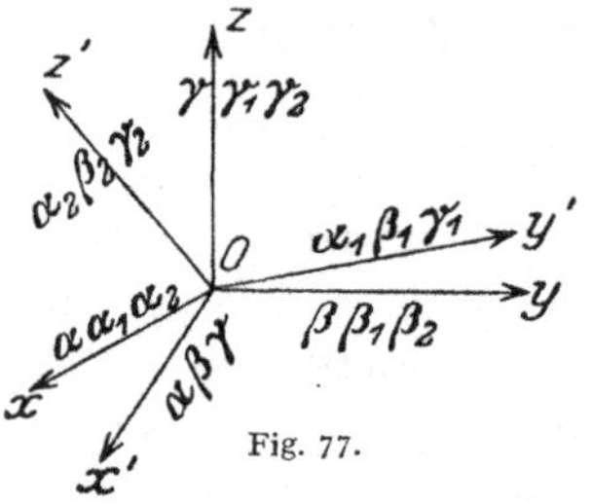

Fig. 77.

(19)
$$\begin{cases} \alpha^2 + \beta^2 + \gamma^2 = 1 & \alpha^2 + \alpha_1^2 + \alpha_2^2 = 1 \\ \alpha_1^2 + \beta_1^2 + \gamma_1^2 = 1 & \beta^2 + \beta_1^2 + \beta_2^2 = 1 \\ \alpha_2^2 + \beta_2^2 + \gamma_2^2 = 1 & \gamma^2 + \gamma_1^2 + \gamma_2^2 = 1. \end{cases}$$

Die Formel (12a), die für $g \perp g_1$ gilt, liefert, wenn wir sie einerseits auf die Richtung von irgend zweien der x', y', z'-Achsen im xyz-System anwenden, und andererseits auf irgend zwei der x, y, z-Achsen in bezug auf das $x'y'z'$-System,

(19a)
$$\begin{cases} \alpha \alpha_1 + \beta \beta_1 + \gamma \gamma_1 = 0 & \alpha\beta + \alpha_1\beta_1 + \alpha_2\beta_2 = 0 \\ \alpha \alpha_2 + \beta \beta_2 + \gamma \gamma_2 = 0 & \text{und} \quad \alpha\gamma + \alpha_1\gamma_1 + \alpha_2\gamma_2 = 0 \\ \alpha_1\alpha_2 + \beta_1\beta_2 + \gamma_1\gamma_2 = 0 & \beta\gamma + \beta_1\gamma_1 + \beta_2\gamma_2 = 0. \end{cases}$$

Die Relationen (19) und (19a) erhält man auch dadurch, daß man in (18) in den Gleichungen, die x', y', z' durch x, y, z ausdrücken, für x, y, z ihre Werte in den x', y', z' einsetzt, ebenso umgekehrt und beide Male linke und rechte Seite vergleicht.

Zu weiteren Gleichungen führen endlich die Gleichungen (14). Wenn wir die y'- und z'-Achse den Geraden g und g_1 entsprechen lassen und die x'-Achse der Geraden g', erhalten wir

$$\lambda\alpha = \beta_1\gamma_2 - \beta_2\gamma_1, \quad \lambda^2 = \sin^2(y'z') = 1; \quad \lambda = \pm 1.$$

---

[1] Man erkennt leicht, daß nur drei von ihnen willkürlich sind; es bestimmen zwei die Lage der x'-Achse und ein weiterer die Lage der y'-Achse. Die z'-Achse ist damit ebenfalls der Lage nach bestimmt.

Insgesamt gibt es neun solche Gleichungen; wir können sie durch zyklische Vertauschung der Indizes und der Kosinus α, β, γ entstehen lassen; so finden wir

$$
(20) \quad \begin{cases}
\lambda \alpha = \beta_1 \gamma_2 - \beta_2 \gamma_1, & \lambda \beta = \gamma_1 \alpha_2 - \gamma_2 \alpha_1, & \lambda \gamma = \alpha_1 \beta_2 - \alpha_2 \beta_1 \\
\lambda \alpha_1 = \beta_2 \gamma - \beta \gamma_2, & \lambda \beta_1 = \gamma_2 \alpha - \gamma \alpha_2, & \lambda \gamma_1 = \alpha_2 \beta - \alpha \beta_2 \\
\lambda \alpha_2 = \beta \gamma_1 - \beta_1 \gamma, & \lambda \beta_2 = \gamma \alpha_1 - \gamma_1 \alpha, & \lambda \gamma_2 = \alpha \beta_1 - \alpha_1 \beta.
\end{cases}
$$

Hier ist nur noch der Wert von λ nicht völlig bestimmt. Es wird sich zeigen, daß x in allen neun Gleichungen denselben Wert hat und daß $\lambda = +1$ ist, wenn die beiden Achsensysteme *kongruent* sind, und $\lambda = -1$, wenn sie *spiegelbildlich gleich* sind.

Dazu wollen wir die letzte Formelgruppe noch auf eine zweite Weise ableiten. Wir gehen von den Gleichungen

$$
\begin{aligned}
\alpha \alpha + \beta \beta + \gamma \gamma &= 1 \\
\alpha_1 \alpha + \beta_1 \beta + \gamma_1 \gamma &= 0; \\
\alpha_2 \alpha + \beta_2 \beta + \gamma_2 \gamma &= 0
\end{aligned}
\qquad
\begin{vmatrix} \alpha & \beta & \gamma \\ \alpha_1 & \beta_1 & \gamma_1 \\ \alpha_2 & \beta_2 & \gamma_2 \end{vmatrix} = \varDelta
$$

aus und leiten aus ihnen Gleichungen für α, β, γ ebenso ab wie bei der Auflösung eines linearen Gleichungssystems (Anhang 27). Für α erhält man so

$$
\varDelta \alpha = \begin{vmatrix} 1 & \beta & \gamma \\ 0 & \beta_1 & \gamma_1 \\ 0 & \beta_2 & \gamma_2 \end{vmatrix} = \beta_1 \gamma_2 - \beta_2 \gamma_1,
$$

also

$$
(21) \qquad \lambda = \varDelta = \pm 1.
$$

Nun ist offenbar $\varDelta$ eine stetige Funktion der neun Kosinus $\alpha_i, \beta_i, \gamma_i$, ändern diese sich stetig, so ändert sich auch $\varDelta$ stetig. Bei einer stetigen Änderung der $\alpha_i, \beta_i, \gamma_i$ kann daher $\varDelta$ niemals von $+1$ zu -1 springen und behält also entweder stets den Wert $+1$ oder aber den Wert -1. Nun bewege man das $x'y'z'$-System so, daß allmählich die positive z'-Achse in die positive z-Achse fällt, und drehe es dann um die z-Achse, bis die positive x'-Achse in die positive x-Achse fällt. Dann wird die positive y'-Achse entweder auch in die positive y-Achse fallen (kongruente Systeme) oder in die negative y-Achse (spiegelbildlich gleiche Systeme). In beiden Fällen hat $\varDelta$ für die Anfangslage und Endlage der Achsen denselben Wert. Für die Endlage ist aber

$$
\varDelta = \begin{vmatrix} 1 & 0 & 0 \\ 0 & 1 & 0 \\ 0 & 0 & 1 \end{vmatrix} = +1 \quad \text{oder} \quad \varDelta = \begin{vmatrix} 1 & 0 & 0 \\ 0 & -1 & 0 \\ 0 & 0 & 1 \end{vmatrix} = -1,
$$

und damit ist die obige Behauptung erwiesen.

Sind beide Achsensysteme schiefwinklig, mit gemeinsamem Anfangspunkt, so darf immer noch die Gleichung (15 b) unseren Ausgangspunkt bilden. Für den Wert der rechtsstehenden Projektionen kommt aber jetzt nicht (3a) von S. 197 in Betracht, sondern (2). Werden die Projektionskonstanten für x', y', z' in bezug auf die x-Achse durch a, b, c bezeichnet, in bezug auf die y-Achse durch a_1, b_1, c_1 und in bezug auf die z-Achse durch a_2, b_2, c_2, so folgt daher

$$(22) \qquad \begin{cases} x = a\,x' + b\,y' + c\,z' \\ y = a_1 x' + b_1 y' + c_1 z' \\ z = a_2 x' + b_2 y' + c_2 z'. \end{cases}$$

Mittels analoger Formeln drücken sich x', y', z' durch x, y, z aus.

Haben wir es endlich mit zwei beliebigen Systemen x, y, z um O und x', y', z' um O' zu tun, so schieben wir wie in Kap. IV (S. 31) ein X, Y, Z-System ein, das zum x, y, z-System parallel ist und dessen Anfangspunkt in O' fällt, und finden, für d, d_1, d_2 als Koordinaten von O', durch Verbindung von (15a) und (22)

$$(23) \qquad \begin{cases} x = a\,x' + b\,y' + c\,z' + d \\ y = a_1 x' + b_1 y' + c_1 z' + d_1 \\ z = a_2 x' + b_2 y' + c_2 z' + d_2. \end{cases}$$

Die Transformation erfolgt also durch eine lineare Substitution.

Man kann zu den Gleichungen (19) und (19a) auch in der Weise gelangen, daß man von der geometrischen *Invarianz* der Entfernung für *orthogonale Transformationen*, also von

$$(24) \qquad OP^2 = x^2 + y^2 + z^2 = x'^2 + y'^2 + z'^2$$

ausgeht; hieraus fließen mittels der Formeln (18) die genannten Gleichungen. Für den Übergang zu einem schiefwinkligen $x'y'z'$-System ergibt sich aus (16) gemäß (3) und (12)

$$(24a) \qquad OP^2 = x'^2 + y'^2 + z'^2 + 2y'z'\cos(y'z') + 2z'x'\cos(z'x') + 2x'y'\cos(x'y').$$

Daraus kann die *Invarianz* der rechten Seite von (24a) für *alle Transformationen* (22) geschlossen werden. Beim Übergang vom xyz-System zu einem zweiten beliebigen $x''y''z''$-System mittels der Gleichungen (16) folgt für OP^2 eine zu (24a) analoge Gleichung; der Ausdruck auf der rechten Seite von (24a) ist also invariant.

Die vorstehenden Transformationsformeln lassen sich auch so deuten, daß sie sich auf *verschiedene* Punkte für dieselben (oder auch verschiedene) Achsen beziehen. Die Formeln (15a) entsprechen einer *Schiebung* um die Strecke OM. Wir gehen davon aus, daß sie den analytischen Ausdruck der Gleichung (15) bilden. Vervollständigen wir in Fig. 76 das Dreieck OMP zum Parallelogramm $OMPP'$, so ist (15) mit

$$(25) \qquad \Pi(OP) = \Pi(OP') + \Pi(P'P); \qquad P'P = OM$$

gleichwertig. Diese Gleichung läßt sich so deuten, daß *der Punkt P aus P' mittels der Schiebung um die ihrer Größe und Richtung nach be-*

stimmte Strecke $P'P = OM$ hervorgeht. Durch Projektion von (25) auf die Achsen folgt also

(25 a) $x = x' + \xi,   y = y' + \eta,   z = z' + \zeta,$

wo ξ, η, ζ die Projektionen von $P'P$ (die *Komponenten* der Schiebung) sind, und sich alle Koordinaten auf die durch O gehenden Achsen beziehen, und das ist die Behauptung.

Die Gleichungen (18) wollen wir als Formeln für eine Bewegung um O als festen Punkt deuten; wir betrachten insbesondere die rechtsstehenden, die x', y', z' durch x, y, z ausdrücken. Das Dreikant (T) der x, y, z-Achsen und das Dreikant (T') der x', y', z'-Achsen nehmen wir als *kongruent* an. Es läßt sich also das Dreikant T mit T' durch eine geeignete Bewegung — sie heiße $\mathfrak{L}$ — zur Deckung bringen. Sei nun P' ein mit dem Dreikant T' fest verbundener Punkt, und P der homologe Punkt für T, so wird P durch die Bewegung $\mathfrak{L}$ nach P' gelangen. Nun können wir in den genannten Gleichungen (18) x', y', z' als Koordinaten von P' für T' ansehen; es sind dann x, y, z in ihnen die Koordinaten *desselben* Punktes P' für T. Da aber P und P' homologe Punkte für T und T' sind, so stimmen die Koordinaten von P' für T' mit denen von P für T überein; wir dürfen also unter x', y', z' auch die Koordinaten von P für T verstehen. Die betrachteten Formeln lassen sich also so deuten, daß sie sich auf die xyz-Achsen beziehen, und daß (xyz) aus $(x'y'z')$ durch dieselbe Bewegung hervorgeht, die T in T' überführt, also $(x'y'z')$ aus (xyz) durch die umgekehrte Bewegung; und zwar ist die Lage von T' gegen T durch die neun Kosinus α_i, β_i, γ_i bestimmt.

Fünfzehntes Kapitel

Ebene und Gerade in Punktkoordinaten.

§ 1. Die Gleichungsformen der Ebene.

Für das von einem Punkt $P(\xi, \eta, \zeta)$ auf eine Ebene ε gefällte Lot fanden wir (S. 207)

$$l = \xi \cos(nx) + \eta \cos(ny) + \zeta \cos(nz) - \delta;$$

n ist die von O auf ε gefällte Normale und $\delta = OD$ ihre Länge[1]. Für die Punkte der Ebene selbst hat dies Lot die Länge Null, und so stellt

(1) $$x \cos(nx) + y \cos(nx) + z \cos(ny) - \delta = 0$$

die Gleichung einer Ebene dar. Die Achsen können beliebig sein (*Hessesche Normalform*).

Seien a, b, c die (endlichen) Stücke, die die Ebene auf den Achsen abschneidet. Dann ist δ die orthogonale Projektion von a, b, c auf n, also

$$\delta = a \cos(nx) = b \cos(ny) = c \cos(nz),$$

und die Gleichung (1) verwandelt sich, falls $\delta \neq 0$ und falls ε keiner Achse parallel ist, in

(2) $$\frac{x}{a} + \frac{y}{b} + \frac{z}{c} - 1 = 0.$$

Wir werden daraus folgern, daß jede Gleichung

(3) $$Ax + By + Cz + D = 0,$$

wenn A, B, C nicht sämtlich Null sind, eine Ebene darstellt (*allgemeine Gleichung*). Sind zunächst alle Koeffizienten von Null verschieden, so haben a, b, c die Werte

$$a = -\frac{D}{A}, \qquad b = -\frac{D}{B}, \qquad c = -\frac{D}{C}.$$

Sei zweitens $D = 0$; dann geht die Gleichung (3) durch eine beliebige Schiebung in die Gleichung von derselben Form

$$Ax + By + Cz + D' = 0$$

über, wo $D' \neq 0$ ist. Da also durch Schiebung aus den Punkten, deren Koordinaten (3) befriedigen, Punkte einer Ebene werden, stellt auch die ursprüngliche Gleichung eine Ebene dar.

---

[1] Von dem Fall $\delta = 0$ wird zunächst abgesehen; vgl. Kap. V, § 2.

Ist $C = 0$, $A \gtrless 0$, $B \gtrless 0$, lautet also die Gleichung

(3 a) $$A x + B y + D = 0,$$

so kann man folgendermaßen schließen: In der xy-Ebene gibt es eine durch (3 a) dargestellte Gerade g'. Zieht man durch einen Punkt P' von ihr eine Parallele p zur z-Achse, und ist P ein Punkt von p, so genügen auch seine Koordinaten der Gleichung (3 a). Alle diese Parallelen bilden eine *zur z-Achse parallele* Ebene durch g'; sie ist die Ebene (3 a). Analog ist es, wenn $B = 0$, $A \gtrless 0$, $C \gtrless 0$ oder $A = 0$, $B \gtrless 0$, $C \gtrless 0$ ist; die Ebene ist dann der y-Achse oder x-Achse parallel. Sind zwei der Koeffizienten A, B, C gleich Null, so hat (3) eine der Formen (8) von S. 200; die Ebene (3) ist also einer Koordinaten*ebene* parallel.

Nach Übergang zu homogenen Koordinaten x, y, z, t tritt an die Stelle von (3) die Gleichung

$$A x + B y + C z + D t = 0.$$

Jetzt liefert auch der Fall $A = 0$, $B = 0$, $C = 0$ ein geometrisches Gebilde, nämlich die Ebene $t = 0$, also ε_∞.

Um die allgemeine Gleichung einer im Endlichen gelegenen Ebene in die Normalform überzuführen, befolgen wir die Methode von S. 41. Die Achsen seien *rechtwinklig*; ferner sei $(xn) = \alpha$, $(yn) = \beta$, $(zn) = \gamma$, so daß (1) die Form

$$x \cos \alpha + y \cos \beta + z \cos \gamma - \delta = 0$$

annimmt. Wir multiplizieren (3) mit λ und bestimmen λ so, daß

(4) $$\lambda A = \cos \alpha, \quad \lambda B = \cos \beta, \quad \lambda C = \cos \gamma, \quad \lambda D = -\delta$$

wird; dies bedingt $\lambda^2 (A^2 + B^2 + C^2) = 1$, also

(4a) $$\begin{cases} \cos \alpha = \dfrac{A}{\sqrt{A^2 + B^2 + C^2}}, \quad \cos \beta = \dfrac{B}{\sqrt{A^2 + B^2 + C^2}}, \quad \cos \gamma = \dfrac{C}{\sqrt{A^2 + B^2 + C^2}}, \\[2mm] \qquad\qquad \delta = -\dfrac{D}{\sqrt{A^2 + B^2 + C^2}}. \end{cases}$$

Ist $D > 0$, so ist das Wurzelzeichen so zu wählen, daß $\delta > 0$ ausfällt; es hat also das entgegengesetzte Zeichen wie D, und es ist

(5) $$\frac{A x + B y + C z + D}{\sqrt{A^2 + B^2 + C^2}} = 0$$

die Normalgleichung der Ebene (3). Für den Fall $D = 0$ bleibt das Vorzeichen der Wurzel unbestimmt.

Die Gleichung einer Ebene, die durch drei Punkte $P_i(x_i y_i z_i)$ ($i = 1, 2, 3$) bestimmt ist, gewinnen wir nach der mehrfach benutzten Methode. Die Ebene wird für gewisse Werte A, B, C, D durch (3) dargestellt (bei beliebigen Achsen), nämlich für solche, die die Gleichungen

(6) $$A x_i + B y_i + C z_i + D = 0; \quad i = 1, 2, 3$$

erfüllen. Die Verhältnisse $A : B : C : D$ müssen also diesen drei Gleichungen und der Gleichung (3) genügen; die Determinante der vier

Gleichungen ist also Null — was die gesuchte Ebenengleichung liefert. Man kann die vier Gleichungen auch auf drei reduzieren, indem man die letzte Gleichung (6) von den vorhergehenden und von (3) subtrahiert. Dies liefert

$$(6a) \qquad \begin{cases} A(x\ -x_3) + B(y\ -y_3) + C(z\ -z_3) = 0, \\ A(x_1 - x_3) + B(y_1 - y_3) + C(z_1 - z_3) = 0, \\ A(x_2 - x_3) + B(y_2 - y_3) + C(z_2 - z_3) = 0, \end{cases}$$

und so ergibt die erste und zweite Betrachtung für die Gleichung der Ebene die beiden Formen

$$(7) \quad \begin{vmatrix} x & y & z & 1 \\ x_1 & y_1 & z_1 & 1 \\ x_2 & y_2 & z_2 & 1 \\ x_3 & y_3 & z_3 & 1 \end{vmatrix} = 0 \quad \text{oder} \quad \begin{vmatrix} x - x_3 & y - y_3 & z - z_3 \\ x_1 - x_3 & y_1 - y_3 & z_1 - z_3 \\ x_2 - x_3 & y_2 - y_3 & z_2 - z_3 \end{vmatrix} = 0.$$

Ersetzt man hier x, y, z durch x_0, y_0, z_0, so ergibt sich die Bedingung, daß *vier Punkte* P_0, P_1, P_2, P_3 *in einer Ebene liegen.*

Es gibt noch eine letzte wichtige Darstellung der Ebene; sie ist in den Formeln (7) von S. 206 enthalten und stellt x, y, z durch *zwei unabhängige Parameter* dar. Sie lautet

$$(8) \quad x = \frac{x_1 - \mu x_2 - \nu x_3}{1 - \mu - \nu}, \qquad y = \frac{y_1 - \mu y_2 - \nu y_3}{1 - \mu - \nu}, \qquad z = \frac{z_1 - \mu z_2 - \nu z_3}{1 - \mu - \nu}.$$

Daraus folgt, daß die drei Gleichungen

$$(8a) \quad x = \frac{a_1 + a_2 u + a_3 v}{d_1 + d_2 u + d_3 v}, \qquad y = \frac{b_1 + b_2 u + b_3 v}{d_1 + d_2 u + d_3 v}, \qquad z = \frac{c_1 + c_2 u + c_3 v}{d_1 + d_2 u + d_3 v}$$

für $d_i \neq 0$ ebenfalls eine Ebene bestimmen. Setzt man nämlich

$$\frac{a_i}{d_1} = x_i, \qquad \frac{b_i}{d_1} = y_i, \qquad \frac{c_i}{d_1} = z_i, \qquad \frac{d_2}{d_1} u = -\mu, \qquad \frac{d_3}{d_1} v = -\nu,$$

so gehen die Gleichungen (8a) in (8) über, falls die Formeln drei Punkte (x_i, y_i, z_i) liefern, die nicht auf einer Geraden liegen.

Die Parameter u und v sind zu μ und ν proportional, woraus ihre Bedeutung erhellt.

Gehen wir wieder zu homogenen Koordinaten über, so können wir (8a) in der Form schreiben

$$\varrho x = a_1 + a_2 u + a_3 v, \quad \varrho y = b_1 + b_2 u + b_3 v,$$

$$\varrho z = c_1 + c_2 u + c_3 v, \quad \varrho t = d_1 + d_2 u + d_3 v$$

und daraus folgt

$$\begin{vmatrix} x & a_1 & a_2 & a_3 \\ y & b_1 & b_2 & b_3 \\ z & c_1 & c_2 & c_3 \\ t & d_1 & d_2 & d_3 \end{vmatrix} = 0;$$

diese Gleichung stellt immer dann eine Ebene dar, wenn nicht die Koeffizienten von x, y, z und t, d. h. die dreireihigen Unterdeterminanten aus den letzten drei Kolonnen sämtlich verschwinden.

§ 2. Der Tetraederinhalt.

Der Inhalt V des Tetraeders, das der Punkt O mit drei Punkten P_1, P_2, P_3 bestimmt, läßt sich mit Hilfe der Ebenengleichung (7) ableiten. Die Achsen seien rechtwinklig. Wir formen die Gleichung folgendermaßen um: Wir entwickeln die vierreihige Determinante von (7) nach den Elementen der ersten Zeile. Die gemäß dieser Formel auftretenden Unterdeterminanten von x, y, z sind uns S. 206 bereits begegnet; sie haben die Werte $2\varDelta_{yz}$, $-2\varDelta_{zx}$, $2\varDelta_{xy}$. Mithin erhalten wir, wenn wir noch die Unterdeterminante von 1 mit $\varDelta_{xyz}$ bezeichnen,

$$2(x\varDelta_{yz} + y\varDelta_{zx} + z\varDelta_{xy}) - \varDelta_{xyz} = 0,$$

und hieraus folgt gemäß (8) von S. 206 weiter

$$2\varDelta\{x\cos(nx) + y\cos(ny) + z\cos(nz)\} - \varDelta_{xyz} = 0.$$

Diese Gleichung vergleichen wir mit der Normalgleichung unserer Ebene, also mit

$$x\cos(nx) + y\cos(ny) + z\cos(nz) - \delta = 0$$

und erhalten

$$2\varDelta\delta = \varDelta_{xyz}.$$

Nun stellt aber $\varDelta\delta$ — absolut genommen — das Dreifache des Tetraederinhalts V dar, und so ergibt sich

(9)
$$6V = \begin{vmatrix} x_1 & y_1 & z_1 \\ x_2 & y_2 & z_2 \\ x_3 & y_3 & z_3 \end{vmatrix}.$$

Dem Inhalt können wir wiederum ein Vorzeichen beilegen, abhängig von der Umlaufsrichtung $P_1P_2P_3$, und bestimmt durch das Vorzeichen der Determinante von (9). Wie es bei der Fläche des ebenen Dreiecks (S. 34) der Fall war, ändert sich dieses bei zyklischer Vertauschung der drei Punkte nicht, bei den anderen Vertauschungen geht es in seinen entgegengesetzten Wert über. In dem speziellen Fall, daß die Punkte P_1, P_2, P_3 die Koordinaten 1, 0, 0; 0, 1, 0; 0, 0, 1 haben, also in die Einheitspunkte der Achsen fallen, erhalten wir

$$\begin{vmatrix} 1 & 0 & 0 \\ 0 & 1 & 0 \\ 0 & 0 & 1 \end{vmatrix} = 1 > 0.$$

In diesem Fall bildet die Umlaufsrichtung $P_1P_2P_3$ mit der Normalen n von O nach der Ebene ein Rechtssystem, und ebenso ist es für die drei Halbstrahlen OP_1, OP_2, OP_3. Die Determinante muß daher für alle Tetraeder positiv sein, für die OP_1, OP_2, OP_3 ein solches Rechtssystem darstellen; denn zwei solche Tetraeder können durch stetige Umformung so ineinander übergeführt werden, daß der Inhalt niemals Null wird; er behält daher sein Vorzeichen.

Den Inhalt eines durch vier Punkte P_0, P_1, P_2, P_3 bestimmten Tetraeders finden wir nach derselben Methode, die in Kap. IV angewandt wurde (S. 33). Wir legen durch P_0 neue Achsen x', y', z' parallel zu x, y, z, so daß

$$x' = x - x_0, \quad y' = y - y_0, \quad z' = z - z_0$$

ist. Der Tetraederinhalt ergibt sich, wenn man zunächst in der Determinante (9) die x_i, y_i, z_i durch x_i', y_i', z_i' ersetzt. Die so gebildete Determinante geht auf Grund der vorstehenden Gleichungen in die zweite Determinante von (7) über, die wieder der ersten gleich ist. Man findet demnach

$$(10) \qquad 6V = \begin{vmatrix} x_1 - x_0 & y_1 - y_0 & z_1 - z_0 \\ x_2 - x_0 & y_2 - y_0 & z_2 - z_0 \\ x_3 - x_0 & y_3 - y_0 & z_3 - z_0 \end{vmatrix} = \begin{vmatrix} x_0 & y_0 & z_0 & 1 \\ x_1 & y_1 & z_1 & 1 \\ x_2 & y_2 & z_2 & 1 \\ x_3 & y_3 & z_3 & 1 \end{vmatrix} .$$

Je nachdem die Halbstrahlen P_0P_1, P_0P_2, P_0P_3 ein Rechtssystem oder Linkssystem bilden, ist V positiv oder negativ.

Zum Inhalt für *beliebige* Achsen x', y', z' gelangen wir mittels der Transformationsgleichungen (16) von S. 210. Setzen wir die in (16) enthaltenen Werte in (9) ein, so finden wir auf Grund des Multiplikationstheorems der Determinanten (Anhang III, § 3, 4) unmittelbar für den Tetraeder $OP_1P_2P_3$

$$(11) \qquad 6V = \begin{vmatrix} \cos(xx') & \cos(xy') & \cos(xz') \\ \cos(yx') & \cos(yy') & \cos(yz') \\ \cos(zx') & \cos(zy') & \cos(zz') \end{vmatrix} \cdot \begin{vmatrix} x_1' & y_1' & z_1' \\ x_2' & y_2' & z_2' \\ x_3' & y_3' & z_3' \end{vmatrix} ;$$

für das Tetraeder $P_0P_1P_2P_3$ ergeben sich also die mit der Kosinusdeterminante multiplizierten Ausdrücke (10).

Der Tetraederinhalt ist eine geometrische Größe; sein Ausdruck muß daher die *Invarianteneigenschaft* besitzen. Das zeigt Gleichung (11) unmittelbar; die Determinante (9) ist durch die Transformation (16) in der Tat in sich übergegangen, multipliziert mit der Substitutionsdeterminante. Für rechtwinklige Transformation hat diese den Wert 1 und verschwindet daher aus der Formel. Für diesen folgt dann weiter die Invarianz auch für die erste in (10) enthaltene Determinante und damit auch für die zweite.

Eine Anwendung des vorstehenden ist die folgende: Analog zu Kap. IV betrachten wir die Gleichungen

$$(12) \qquad x' = \alpha x, \quad y' = \beta y, \quad z' = \gamma z;$$

sie können sich auf dasselbe oder auch auf verschiedene Achsensysteme beziehen. Sie ordnen jedem Punkt $P(x, y, z)$ einen Punkt $P'(x', y', z')$ zu; die so vermittelte Beziehung heißt wieder *affin*. Wir erkennen wiederum: 1. Erfüllen die Punkte P eine Ebene ε, so erfüllen die Punkte P' eine Ebene ε'; einer Geraden g als Schnitt von ε und ε_1 entspricht also eine Gerade g' als Schnitt von ε' und ε_1'. 2. Das Teilungsverhältnis $(P_1 P_2 P)$ ändert bei affiner Abbildung seinen Wert nicht; der Mitte einer Strecke $P_1 P_2$ entspricht wieder die Mitte von $P_1' P_2'$. 3. Jedem uneigentlichen Punkt P_∞ entspricht ein uneigentlicher Punkt P'_∞; parallelen Ebenen ε und ε_1 entsprechen also wieder parallele Ebenen ε' und ε_1', ebenso parallelen Geraden g und h parallele Geraden g' und h'; einem Parallelepiped also wieder ein Parallelepiped. 4. Endlich überträgt sich auch der Satz 2 von S. 34. Zunächst folgt für Tetraeder mit O und O' als Ecken

$$(13) \qquad \begin{vmatrix} x_1' & y_1' & z_1' \\ x_2' & y_2' & z_2' \\ x_3' & y_3' & z_3' \end{vmatrix} = \alpha \beta \gamma \begin{vmatrix} x_1 & y_1 & z_1 \\ x_2 & y_2 & z_2 \\ x_3 & y_3 & z_3 \end{vmatrix},$$

d. h. $V' = \alpha \beta \gamma V$; und dasselbe folgt ebenso für die Determinanten von (10).

§ 3. Die Gerade.

Gleichungen einer Geraden sind in den Formeln (6) und (6a) von S. 205 bereits vorhanden. Für variables ξ, η, ζ geben sie die durch zwei Punkte P_1 und P_2 bestimmte Gerade. Aus (6) erhalten wir für sie die Doppelgleichung

$$(14) \qquad \frac{x_1 - x}{x_2 - x} = \frac{y_1 - y}{y_2 - y} = \frac{z_1 - z}{z_2 - z} \, (= \mu);$$

sie drückt die Grundeigenschaft der Geraden aus, daß das Teilungsverhältnis $(P_1 P_2 P)$ bei Parallelprojektion auf eine Achse seinen Wert behält. Diese Eigenschaft besteht auch für $(P P_2 P_1)$ und seine Projektionen; so stellt auch die Doppelgleichung

$$(14a) \qquad \frac{x - x_1}{x_2 - x_1} = \frac{y - y_1}{y_2 - y_1} = \frac{z - z_1}{z_2 - z_1}$$

die Gerade durch P_1 und P_2 dar[1].

Aus (6a) von S. 205 folgen als Geradengleichungen

$$(15) \qquad x = \frac{x_1 - \mu x_2}{1 - \mu}, \qquad y = \frac{y_1 - \mu y_2}{1 - \mu}, \qquad z = \frac{z_1 - \mu z_2}{1 - \mu};$$

in ihnen erscheinen x, y, z durch den Parameter μ ausgedrückt. Man folgert daraus, daß auch die Gleichungen

$$(15a) \qquad x = \frac{a_1 + a_2 u}{d_1 + d_2 u}, \qquad y = \frac{b_1 + b_2 u}{d_1 + d_2 u}, \qquad z = \frac{c_1 + c_2 u}{d_1 + d_2 u}$$

---

[1] Wie S. 38 wird davon abgesehen, daß einer der Nenner in (14) oder (14a) Null ist.

für $d \neq 0$ eine Gerade darstellen. Setzt man nämlich

$$\frac{a_i}{d_1} = x_i, \qquad \frac{b_i}{d_1} = y_i, \qquad \frac{c_i}{d_1} = z_i, \qquad \frac{d_2}{d_1} u = - \mu,$$

so wandeln sich diese Gleichungen in die Gleichungen (15) um, falls die Formeln zwei voneinander verschiedene Punkte $(x_i, y_i, z_i,)$ liefern.

Eine wichtige Parameterdarstellung für rechtwinklige Achsen ist folgende: Sei die Gerade durch einen ihrer Punkte $M(\xi, \eta, \zeta)$ und ihre Richtung α, β, γ gegeben. Wird der Abstand $MP = s$ als Parameter gewählt, so folgt aus (5a) von S. 204

$$(16) \qquad x = \xi + s \cos\alpha, \qquad y = \eta + s \cos\beta, \qquad z = \zeta + s \cos\gamma.$$

Ähnliche Formeln ergeben sich bei schiefwinkligen Achsen, wenn wir gemäß dem Projektionssatz die Projektionskonstanten l, m, n für die Achsen einführen (Richtungskonstanten). Es ist dann

$$(16a) \qquad x = \xi + l s, \qquad y = \eta + m s, \qquad z = \zeta + n s. \text{ [1]}$$

Durch Elimination von s erhalten wir hieraus die Doppelgleichungen

$$(17) \qquad \frac{x - \xi}{\cos\alpha} = \frac{y - \eta}{\cos\beta} = \frac{z - \gamma}{\cos\gamma} \quad \text{und} \quad \frac{x - \xi}{l} = \frac{y - \eta}{m} = \frac{z - \zeta}{n}$$

und folgern, daß auch die Gleichungen

$$(17a) \qquad \frac{x - \xi}{A} = \frac{y - \eta}{B} = \frac{z - \zeta}{C}$$

eine Gerade darstellen, die durch (ξ, η, ζ) geht. Für schiefwinklige Achsen gibt $A : B : C$ das Verhältnis $l : m : n$; für rechtwinklige das Verhältnis der drei Kosinus, woraus

$$(17b) \cos\alpha = \frac{A}{\sqrt{A^2 + B^2 + C^2}}, \quad \cos\beta = \frac{B}{\sqrt{A^2 + B^2 + C^2}}, \quad \cos\gamma = \frac{C}{\sqrt{A^2 + B^2 + C^2}}$$

folgt. Das Zeichen der Wurzel bleibt unbestimmt entsprechend beiden möglichen Richtungssinnen.

Wir gehen nochmals zu den Doppelgleichungen (14) und (14a) zurück. Jede von ihnen läßt sich in drei einfache Gleichungen auflösen; eine solche ist z. B.

$$(18) \qquad \frac{x_1 - x}{x_2 - x} = \frac{y_1 - y}{y_2 - y} \quad \text{oder} \quad \frac{x - x_1}{x_2 - x_1} = \frac{y - y_1}{y_2 - y_1}.$$

Diese Gleichungen stellen die *Parallelprojektion von g in der xy-Ebene* dar. Sie sind nämlich (wie 3a) zugleich Gleichungen einer Ebene, die der z-Achse parallel ist. Ihr genügen außerdem die Punkte von g; die Ebene enthält also g und schneidet die xy-Ebene in der genannten Projektion. Analoges gilt für die Projektionen in der xz- und yz-Ebene[2]. Die Gerade ist gemeinsamer Schnitt der drei projizierenden Ebenen.

---

[1] Diese Gleichungen entsprechen zugleich den Gleichungen (15a) für $d_2 = 0$.

[2] In der Sprache der darstellenden Geometrie stellen diese Gleichungen Grundriß, Aufriß und Seitenriß von g dar.

Durch zwei von ihnen ist sie bereits bestimmt; man wählt dazu vielfach die Projektionen in der xz- und yz-Ebene mit den Gleichungen

$$(19) \qquad x = lz + a, \quad y = mz + b,$$

woraus für die dritte Projektion in der xy-Ebene

$$mx - ly = ma - lb$$

folgt. Sie lassen sich (für $l \gtrless 0$, $m \gtrless 0$) in die Form

$$(19\,\text{a}) \qquad \frac{x-a}{l} = \frac{y-b}{m} = \frac{z}{1}$$

setzen, die einen Sonderfall von (17a) bildet. Die Gerade ist hier mittels ihres Punktes $(a, b, 0)$, ihrer *Spur* in der xy-Ebene und der Richtungskonstanten zweier Projektionen dargestellt.

Eine Gerade kann auch als *Schnitt von zwei Ebenen* bestimmt sein. Seien (in homogenen Koordinaten)

$$(20) \quad Ax + By + Cz + Dt = 0 \quad \text{und} \quad A'x + B'y + C'z + D't = 0$$

deren Gleichungen. Durch Elimination von x, y, z, t ergibt sich

$$(21) \quad \begin{cases} (BA' - AB')y + (CA' - AC')z + (DA' - AD')t = 0, \\ (CB' - BC')z + (AB' - BA')x + (DB' - BD')t = 0, \\ (AC' - CA')x + (BC' - CB')y + (DC' - CD')t = 0, \\ (AD' - DA')x + (BD' - DB')y + (CD' - DC')z = 0. \end{cases}$$

Die drei ersten Gleichungen entsprechen wieder den Ebenen, die die Gerade auf die yz-, zx-, xy-Ebene projizieren; sie gehen durch die unendlich fernen Punkte X_∞, Y_∞, Z_∞ der drei Achsen. Die letzte Gleichung entspricht einer Ebene, die durch die Gerade g und O geht, also die Gerade von O aus projiziert. Jede dieser Ebenen verbindet also g mit einer Ecke des Koordinatentetraeders für die homogenen Koordinaten.

Die Gleichungen (21) sind für *alle* x, y, z, t erfüllt, falls

$$A : B : C : D = A' : B' : C' : D'$$

ist; jede Gerade einer jeden Koordinatenebene kann dann als Projektion der gemeinsamen Punkte beider Ebenen aufgefaßt werden. In der Tat erfüllt in diesem Falle jedes Wertequadrupel, das die eine der beiden Gleichungen (20) erfüllt, auch die andere: die beiden Ebenen sind identisch. Besteht aber diese Proportion nicht, dann sind die Ebenen sicher nicht identisch. Denn ist etwa $A : B \neq A' : B'$, dann liegt ein Punkt der ersten Ebene $(x, y, 0, 0)$, falls x und y beide $\neq 0$ sind, nicht auf der zweiten Ebene.

Die Richtungskonstanten der durch (20) gegebenen Geraden g bestimmen sich folgendermaßen. Sie sind dieselben wie für die Schnittlinie der zu (20) parallelen Ebenen

$$Ax + By + Cz = 0 \quad \text{und} \quad A'x + B'y + C'z = 0.$$

In diesem Fall ist $D = 0$, $D' = 0$; es lassen sich deshalb die ersten drei Gleichungen (21) als eine einzige Doppelgleichung schreiben, nämlich

$$(22) \qquad \frac{x}{BC' - B'C} = \frac{y}{CA' - C'A} = \frac{z}{AB' - A'B}.$$

Sie stellt die Parallele zu g durch den Anfangspunkt dar, und es folgt für ihre Richtungskonstanten

$$(22\,\text{a}) \qquad l : m : n = (BC' - B'C) : (CA' - C'A) : (AB' - A'B).$$

Seien endlich

$$\frac{x - x_1}{l} = \frac{y - y_1}{m} = \frac{z - z_1}{n} \quad \text{und} \quad \frac{x - x'}{l'} = \frac{y - y'}{m'} = \frac{z - z'}{n'}$$

die Gleichungen zweier Geraden, so sind sie parallel für

$$(23) \qquad l : m : n = l' : m' : n'.$$

Der Winkel, den sie bilden, wird — für rechtwinklige Achsen — durch

$$\cos(g\,g') = \frac{l\,l' + m\,m' + n\,n'}{\sqrt{l^2 + m^2 + n^2}\,\sqrt{l'^2 + m'^2 + n'^2}}$$

dargestellt; die Orthogonalitätsbedingung ist daher

$$(24) \qquad l\,l' + m\,m' + n\,n' = 0.$$

Beispiele. 1. Den Schnittpunkt der Ebene $A x + B y + C z + D = 0$ mit der Geraden zu finden, die durch

$$x - \xi = l t, \quad y - \eta = m t, \quad z - \zeta = n t$$

gegeben ist. Der gesuchte Punkt entspricht dem Wert t, der auch die Gleichung der Ebene befriedigt, für den also

$$t(A l + B m + C n) = A \xi + B \eta + C \zeta + D$$

ist. Für $A l + B m + C n = 0$ ist $g \parallel \varepsilon$. Ist außerdem auch $A\xi + B\eta + C\zeta + D = 0$, so ist die Gerade ganz in ε enthalten.

Die Orthogonalität soll nur für rechtwinklige Achsen erörtert werden. Aus $g \perp \varepsilon$ folgt g parallel zur Normalen auf ε, und daher lautet die Bedingung

$$l : m : n = \cos\alpha : \cos\beta : \cos\gamma = A : B : C.$$

Eine Gerade durch den Punkt (a,b,c), die auf der Ebene ε senkrecht steht, hat daher (für rechtwinklige Achsen) die Gleichung

$$\frac{x - a}{A} = \frac{y - b}{B} = \frac{z - c}{C}.$$

2. Eine Gerade sei durch einen Punkt $M(a,b,c)$ und ihre Winkel (α, β, γ) gegeben. Von einem Punkt $P(\xi, \eta, \zeta)$ werde ein Lot PL auf sie gefällt. Man soll $\sphericalangle LMP = \varphi$ sowie die Länge von LP und ML finden. Sind α', β', γ' die Richtungswinkel von $MP(=r)$, so ist

$$\cos\alpha' = \frac{\xi - a}{r}, \quad \cos\beta' = \frac{\eta - b}{r}, \quad \cos\gamma' = \frac{\zeta - c}{r},$$

und daher folgt zunächst

$$\cos\varphi = \frac{\xi - a}{r}\cos\alpha + \frac{\eta - b}{r}\cos\beta + \frac{\zeta - c}{r}\cos\gamma.$$

Weiter ist
$$ML = r\cos\varphi = (\xi - a)\cos\alpha + (\eta - b)\cos\beta + (\zeta - c)\cos\gamma\,;$$
endlich kann LP aus der Gleichung $LP = r\sin\varphi$ oder aus $LP^2 = MP^2 - ML^2$ ermittelt werden. Mittels ML ergeben sich auch die Koordinaten von L, und aus L und P die Richtungswinkel von LP.

Seien g und g_1 zwei Geraden mit den Gleichungen

(25) $\quad \begin{cases} x = a + s\cos\alpha, & y = b + s\cos\beta, & z = c + s\cos\gamma, \\ x_1 = a_1 + s_1\cos\alpha_1, & y_1 = b_1 + s_1\cos\beta_1, & z_1 = c_1 + s_1\cos\gamma_1. \end{cases}$

Sind sie windschief zueinander, so gibt es eine Gerade h, die g und g_1 senkrecht schneidet. Für ihre Winkel λ, μ, ν bestehen die Gleichungen (14) von S. 209. Wir wollen die Länge l des gemeinsamen Lotes berechnen. Mögen (xyz) und $(x_1y_1z_1)$ die Punkte sein, in denen h die Geraden g und g_1 schneidet, so haben wir zunächst

$$x_1 - x = l\cos\lambda \qquad y_1 - y = l\cos\mu, \qquad z_1 - z = l\cos\nu,$$

und gemäß (25)

(25 a) $\quad \begin{cases} l\cos\lambda = a_1 - a + s\cos\alpha - s_1\cos\alpha_1 \\ l\cos\mu = b_1 - b + s\cos\beta - s_1\cos\beta_1 \\ l\cos\nu = c_1 - c + s\cos\gamma - s_1\cos\gamma_1. \end{cases}$

Diese Gleichungen lassen sich als drei Gleichungen für l, s und s_1 als Unbekannte auffassen; aus ihnen lassen sich also l, s, s_1 entnehmen und damit gemäß (25) die Fußpunkte des gemeinsamen Lotes von g und g_1. Für l erhält man auch direkt durch Multiplikation der Gleichungen (25 a) mit $\cos\lambda$, $\cos\mu$, $\cos\nu$ und mit Rücksicht auf die Gleichungen (12a) von Kap. XIV

(25 b) $\qquad l = (a_1 - a)\cos\lambda + (b_1 - b)\cos\mu + (c_1 - c)\cos\nu\,.$

Setzt man hier für $\cos\lambda$, $\cos\mu$, $\cos\nu$ gemäß (14), Kap. XIV, ihre Werte, so ergibt sich

(25 c) $\qquad l\sin(gg_1) = \begin{vmatrix} a_1 - a & \cos\alpha & \cos\alpha_1 \\ b_1 - b & \cos\beta & \cos\beta_1 \\ c_1 - c & \cos\gamma & \cos\gamma_1 \end{vmatrix}.$

Das Vorzeichen des Sinus bleibt unbestimmt. Ist $l = 0$, so *schneiden sich* die Geraden; die Bedingung dafür ist also *das Verschwinden der Determinante von* (25 c). Die Determinante ist ebenfalls Null, wenn $\sin(gg_1)$ Null ist, also die Geraden parallel sind, d. h. einen Punkt auf der unendlich fernen Ebene gemeinsam haben.

Beispiel. Sind die Gleichungen der beiden Geraden
$$x = lz + p, \qquad y = mz + q\,, \qquad x_1 = l_1z_1 + p_1\,, \qquad y_1 = m_1z_1 + q_1\,,$$
so wird man zweckmäßig die Spuren in der x,y-Ebene benutzen, also $a = p$, $b = q$, $a_1 = p_1$, $b_1 = q_1$, $c = c_1 = 0$. Die Kosinus berechnen sich aus $\cos\alpha : \cos\beta : \cos\gamma = l : m : 1, \ldots$ Man bestimme analog, indem man die Spuren in der yz-Ebene benutzt, den kürzesten Abstand für die Geraden
$$15x + 20y = 32, \qquad 74x - 8z = 44;\qquad 15x + 20y = 18, \qquad 25x + 15z = -7\,.$$

§ 4. Mehrere Ebenen.

Zwei Ebenen ε und ε' haben (nach § 3) entweder eine Gerade gemein, oder sie sind identisch. Sind

$$(26) \quad A x + B y + C z + D t = 0, \quad A'x + B'y + C'z + D't = 0$$

ihre (homogen geschriebenen) Gleichungen[1], so ergab sich (S. 221)

$$(26\,\mathrm{a}) \qquad\qquad A : B : C : D = A' : B' : C' : D'$$

als Bedingung für ihre *Identität.* Sind sie nicht identisch und liegt die gemeinsame Gerade in ε_∞, dann sind sie *parallel,* und für jeden gemeinsamen Punkt ist $t = 0$. Für $t = 0$ müssen also die Gleichungen (26) dieselben Werte x, y, z liefern; woraus

$$(26\,\mathrm{b}) \qquad\qquad A : B : C = A' : B' : C'$$

folgt. Umgekehrt: falls (26 b) erfüllt ist, sind die Ebenen parallel. Für die Bestimmung des Winkels zweier nicht paralleler Ebenen nehmen wir rechtwinklige Achsen an. Wir definieren $\sphericalangle(\varepsilon\varepsilon') = \sphericalangle(nn')$[2]; dann folgt aus (12) (S. 208) und aus (4a) (S. 215)

$$(27) \qquad \cos(\varepsilon\varepsilon') = \frac{A A' + B B' + C C'}{\sqrt{A^2 + B^2 + C^2}\,\sqrt{A'^2 + B'^2 + C'^2}}.$$

Als Bedingung der Orthogonalität ergibt sich also

$$(27\,\mathrm{a}) \qquad\qquad A A' + B B' + C C' = 0.$$

Beispiele. 1. Die Gleichung einer Ebene, die zu $A x + B y + C z + D t = 0$ parallel ist und einen Punkt (a,b,c) enthält, lautet

$$A (x - a) + B (y - b) + C (z - c) = 0.$$

2. Man soll die Bedingung finden, daß die Schnittgerade $(\varepsilon\varepsilon')$ zur xy-Ebene parallel ist. Dann sind die Ebenen, die diese Gerade mit X_∞ und Y_∞ verbinden, identisch, die beiden ersten Gleichungen (21) stellen also dieselbe Ebene dar, und es folgt $A : B = A' : B'$.

3. Die Gleichung einer Ebene ε_1, die durch (a,b,c) geht und zu ε und ε' senkrecht ist, hat jedenfalls die Form

$$A_1(x - a) + B_1(y - b) + C_1(z - c) = 0,$$

und es ist

$$A A_1 + B B_1 + C C_1 = 0, \quad A'A_1 + B'B_1 + C'C_1 = 0.$$

Die Elimination von A_1, B_1, C_1 aus diesen drei Gleichungen ergibt in Determinantenform die gesuchte Gleichung.

Für die weiteren Betrachtungen setzen wir die Gleichungen einer Ebene abkürzend in die Form

$$N(x, y, z) = N = 0 \quad \text{oder} \quad E(x, y, z, t) = E = 0,$$

---

[1] Es ist im folgenden zweckmäßig, die Gleichungen bald unhomogen, bald homogen zu benutzen.

[2] n und n' sind wie immer die von O ausgehenden Normalen; die in (27) auftretenden Wurzeln sind danach zu bestimmen.

und zwar soll

$$(28) \quad \begin{cases} N(x, y, z) = x\cos(nx) + y\cos(ny) + z\cos(nz) - \delta, \\ E(x, y, z, t) = Ax + By + Cz + Dt \end{cases}$$

sein. Gemäß S. 215 ist, wenn $N = 0$ und $E = 0$ *dieselbe* Ebene ε darstellen,

$$(28\,\mathrm{a}) \qquad N(x, y, z) = \frac{E(x, y, z, 1)}{\sqrt{A^2 + B^2 + C^2}};$$

außerdem bedeutet (S. 207)

$$(28\,\mathrm{b}) \qquad N(\xi, \eta, \zeta) = \frac{E(\xi, \eta, \zeta, 1)}{\sqrt{A^2 + B^2 + C^2}} = l$$

für jeden Punkt (ξ, η, ζ) das von ihm auf ε gefällte Lot l.

Seien nun

$$E = Ax + By + Cz + Dt = 0, \qquad E' = A'x + B'y + C'z + D't = 0$$

zwei *verschiedene* Ebenen ε und ε', so geht jede Ebene

$$(29) \qquad\qquad E + \lambda E' = 0$$

durch die Schnittlinie $(\varepsilon\varepsilon')$ hindurch. Wie in Kap. V zeigt man, daß jede von ε und ε' *verschiedene* Ebene durch diese Schnittlinie für geeignetes endliches $\lambda \gtrless 0$ durch (29) dargestellt wird; die Ebenen ε und ε' entsprechen in dem S. 45 genannten Sinn den Werten $\lambda = 0$ und $\lambda = \infty$. Die Gesamtheit dieser Ebenen bildet einen *Ebenen-büschel* [1].

Wir suchen zunächst die Bedingung, daß drei *verschiedene* Ebenen ε, ε', ε'' demselben Büschel angehören. Sie ist in dem folgenden (zu dem Satz S. 50 analogen) Satz enthalten: *Die drei Ebenen gehen dann und nur dann durch eine und dieselbe Gerade, wenn es drei von Null verschiedene Zahlen* λ, λ', λ'' *gibt, so daß identisch ist*

$$(30) \qquad\qquad \lambda E + \lambda' E' + \lambda'' E'' \equiv 0.$$

Besteht nämlich die vorstehende Identität, so ist auch

$$\lambda E + \lambda' E' \equiv - \lambda'' E'';$$

linke Seite und rechte Seite, gleich Null gesetzt, stellen daher dieselbe Ebene dar. Gemäß der Darstellung durch die rechte Seite ist sie ε'', gemäß der Darstellung durch die linke Seite geht sie durch den Schnitt von ε und ε', und das ist die Behauptung. Geht umgekehrt die Ebene ε'' durch $(\varepsilon\varepsilon')$, so kann sie sowohl durch

$$E'' = 0 \qquad \text{wie durch} \qquad E + \lambda' E' = 0 \qquad (\lambda' \gtrless 0)$$

dargestellt werden. Die linken Seiten beider Gleichungen müssen durch Multiplikation mit einer Konstanten ineinander übergehen; ist $-\lambda''$ diese Konstante, so hat man

$$-\lambda'' E'' \equiv E + \lambda' E'; \qquad E + \lambda' E' + \lambda'' E'' \equiv 0.$$

---

[1] Hier wie im folgenden kann $(\varepsilon\varepsilon')$ auch in ε_∞ liegen.

Gehören die drei Ebenen nicht einem Büschel an, so bestimmen sie ein Dreikant und besitzen *einen* gemeinsamen Punkt. Seine Koordinaten ergeben sich durch Auflösung der Gleichungen $E = 0$, $E' = 0$, $E'' = 0$. Der Punkt fällt ins Unendliche, wenn die aus den A, B, C, A', B', C', A'', B'', C'' gebildete Determinante *verschwindet*. Denn dann gehören die zu den gegebenen Ebenen parallelen Ebenen durch den Anfangspunkt:

$$A x + B y + C z = 0$$

$$A'x + B'y + C'z = 0$$

$$A''x + B''y + C''z = 0$$

zu einem Büschel. Nach Voraussetzung gibt es nämlich eine von $(0, 0, 0)$ verschiedene Lösung (x, y, z) für alle drei Gleichungen. Also gibt es außer $(0, 0, 0)$ noch andere diesen drei Ebenen gemeinsame Punkte. Diese drei Ebenen haben also eine Gerade g_0 gemeinsam. Also schneiden sich die gegebenen Ebenen in Geraden, die zu g_0 parallel sind. Sie haben also den unendlich fernen Punkt auf g_0 gemeinsam.

Falls die drei Ebenen einem Büschel nicht angehören, überträgt sich auch die in Kap. V, S. 51 bewiesene Formel (26); jede andere Ebene ε_1 durch den Punkt $(\varepsilon, \varepsilon', \varepsilon'')$ läßt sich mittels geeigneter, nicht verschwindender Zahlen μ, μ', μ'' durch

(30a) $$E_1 \equiv \mu E + \mu'E' + \mu''E''$$

darstellen. Denn die drei Gleichungen

$$\mu A + \mu'A' + \mu''A'' = A_1,$$

$$\mu B + \mu'B' + \mu''B'' = B_1,$$

$$\mu C + \mu'C' + \mu''C'' = C_1$$

haben, da nach Voraussetzung die Determinante der Koeffizienten $\neq 0$ ist, ein Lösungssystem μ, μ', μ''. Der Koeffizient D_1 in dem Ausdruck E_1 ist aber durch A_1, B_1, C_1 gegeben, weil $E_1 = 0$ durch den gemeinsamen Punkt von $E = 0$, $E' = 0$ und $E'' = 0$ gehen soll.

Die vorstehende Schlußweise läßt sich auf vier Ebenen ausdehnen; es genüge, die Resultate auszusprechen.

1. Sind $E = 0$, $E' = 0$, $E'' = 0$ drei verschiedene Ebenen, die nicht durch dieselbe Gerade gehen, so ist

(31) $$E + \lambda'E' + \lambda''E'' = 0$$

eine Ebene durch den Punkt, der den drei Ebenen gemeinsam ist. (Das ist die Umkehrung von dem eben vorher gewonnenen Resultat.) Alle diese Ebenen bilden ein *Ebenenbündel*.

2. Sind $E = 0, E' = 0, E'' = 0, E''' = 0$ vier verschiedene Ebenen, von denen keine drei durch dieselbe Gerade gehen, so haben sie dann

und nur dann einen Punkt gemein, wenn es vier nicht verschwindende Zahlen λ, λ', λ'', λ''' gibt, so daß identisch ist

(31a) $$\lambda E + \lambda' E' + \lambda'' E'' + \lambda''' E''' \equiv 0.$$

3. Sind $E = 0, E' = 0, E'' = 0, E''' = 0$ vier Ebenen, die ein Tetraeder bilden, so kann die Gleichung jeder anderen Ebene ε_1 durch

(31b) $$E_1 \equiv \mu E + \mu' E' + \mu'' E'' + \mu''' E'''$$

dargestellt werden.

Bemerkung. Beispiele bildet man sich am besten so, daß man Ebenen einfacher Lage benutzt. Hat man es mit vorgegebenen Gleichungen zu tun, so hat man in den Gleichungen (30) und (31a) die Koeffizienten von x, y, z, t gleich Null zu setzen und zu prüfen, ob man die λ daraus dem Satz entsprechend bestimmen kann.

Seien jetzt $\varepsilon_1, \varepsilon_2, \varepsilon_3$ drei Ebenen, über deren Lage zueinander nichts bekannt ist; dann bestehen folgende vier Möglichkeiten: 1. alle drei Ebenen sind identisch; 2. zwei sind identisch, die dritte von den beiden anderen verschieden; 3. keine zwei Ebenen identisch, und es gibt für alle drei eine gemeinsame Gerade; 4. die Ebenen sind verschieden und haben nur einen gemeinsamen Punkt. Es sollen die analytischen Bedingungen für das Eintreten dieser Fälle abgeleitet werden. Ob die gemeinsamen Punkte oder Geraden im Endlichen oder Unendlichen liegen, bleibe außer Betracht.

Die Gleichungen der Ebenen und die ihnen zugehörige Matrix $\mathfrak{M}$, die dafür entscheidend ist, seien

(32) $$\begin{cases} E_1 \equiv A_1 x + B_1 y + C_1 z + D_1 t = 0 \\ E_2 \equiv A_2 x + B_2 y + C_2 z + D_2 t = 0; \\ E_3 \equiv A_3 x + B_3 y + C_3 z + D_3 t = 0 \end{cases} \quad \mathfrak{M} = \begin{Vmatrix} A_1 & B_1 & C_1 & D_1 \\ A_2 & B_2 & C_2 & D_2 \\ A_3 & B_3 & C_3 & D_3 \end{Vmatrix}.$$

1. Ist $\varepsilon_1 \equiv \varepsilon_2 \equiv \varepsilon_3$, so ist für jede zwei Indices 1, 2, 3

$$A_i : B_i : C_i : D_i = A_k : B_k : C_k : D_k,$$

es sind also *alle zweireihigen* Unterdeterminanten von $\mathfrak{M}$ gleich Null. 2. Sei $\varepsilon_2 \equiv \varepsilon_3$; es sind dann in $\mathfrak{M}$ die mit der zweiten und dritten Zeile gebildeten Unterdeterminanten, also nur die *eines Zeilenpaares*, sämtlich gleich Null. 3. Im dritten Fall gilt der oben (S. 225) bewiesene Satz. Es besteht daher eine Gleichung

$$\lambda_1 E_1 + \lambda_2 E_2 + \lambda_3 E_3 \equiv 0,$$

und für die Koeffizienten der linken Seite folgt

$$\lambda_1 A_1 + \lambda_2 A_2 + \lambda_3 A_3 = 0, \qquad \lambda_1 B_1 + \lambda_2 B_2 + \lambda_3 B_3 = 0,$$
$$\lambda_1 C_1 + \lambda_2 C_2 + \lambda_3 C_3 = 0, \qquad \lambda_1 D_1 + \lambda_2 D_2 + \lambda_3 D_3 = 0.$$

Je drei dieser Gleichungen sind homogen und linear für die von Null verschiedenen λ_i, und daher sind *alle dreigliedrigen* Determinanten von $\mathfrak{M}$ gleich Null. 4. Im vierten Fall endlich werden die Gleichungen (32)

15*

durch genau *eine* Proportion $x:y:z:t$ befriedigt, bei der x, y, z, t nicht sämtlich Null sind, es können also *nicht alle dreireihigen* Determinanten von $\mathfrak{M}$ verschwinden. Da jeder der obigen vier Fälle die anderen sämtlich ausschließt, so folgt zugleich, daß auch für die Matrix $\mathfrak{M}$ andere Unterfälle nicht in Betracht zu ziehen sind[1].

　　Bemerkung. Es kann sehr wohl nur eine einzige Unterdeterminante dritter Ordnung von Null verschieden sein. Für die Gleichungen

$$A_1 x + B_1 y + D_1 t = 0\,, \qquad A_2 x + B_2 y + D_2 t = 0\,, \qquad A_3 x + B_3 y + D_3 t = 0$$

ist es der Fall. Ebenso leicht bildet man Ebenen, für die nur je eine zweireihige Unterdeterminante jeder Zeile von Null verschieden ist. Vgl. auch die Bemerkung auf S. 44.

　　Beispiel. Die drei Ebenen

$$5x + 9y - z - t = 0\,, \qquad x + 3y + 5z - 2t = 0\,, \qquad 2x + 3y - 3z = 0$$

haben *einen* gemeinsamen Punkt in ε_∞; gegeben durch $x:y:z:t = 24:-13:3:0$. Ersetzt man in der ersten Gleichung $-t$ durch $2\,t$, so besitzen die Ebenen eine gemeinsame Gerade; die Lösungen erhalten die Form

$$x = 8z - 2t\,, \qquad 3y = 4t - 13z\,.$$

　　Wir gehen endlich zu vier Ebenen ε_1, ε_2, ε_3, ε_4 über; die Gleichungen seien

(33)　　　$E_i = A_i x + B_i y + C_i z + D_i t = 0\,;\quad i = 1, 2, 3, 4\,.$

An der Stelle von $\mathfrak{M}$ spielt hier die Matrix der 16 Koeffizienten der A_i, B_i, C_i, D_i die entscheidende Rolle. Die möglichen Fälle ergeben sich folgendermaßen: 1. Alle vier Ebenen identisch; 2. drei identisch; sei $\varepsilon_2 \equiv \varepsilon_3 \equiv \varepsilon_4$; 3. zwei identische Paare; sei $\varepsilon_1 \equiv \varepsilon_2$, $\varepsilon_3 \equiv \varepsilon_4$; 4. nur ein Paar identisch; sei $\varepsilon_2 \equiv \varepsilon_4$*. In allen übrigen Fällen sind alle vier Ebenen *verschieden.* Es gibt dann noch vier Möglichkeiten: 5. Alle vier Ebenen durch eine Gerade; 6. drei Ebenen durch eine Gerade; es seien ε_1, ε_2, ε_3; 7. keine drei Ebenen durch eine Gerade, aber alle vier durch einen Punkt; 8. kein gemeinsamer Punkt; die Ebenen bilden ein Tetraeder.

　　Die analytischen Bedingungen können zumeist durch wiederholte Anwendung der vorstehenden Sätze für drei Ebenen abgeleitet werden; sie sollen nur in den vier letzten Fällen ausdrücklich genannt werden. Wichtig ist, daß in den ersten vier Fällen stets $\varDelta = 0$ ist. Im Fall 5. sind (dem obigen Fall 3. für drei Ebenen entsprechend) *alle dreireihigen*

---

　　[1] Gemäß Anhang III, § 3, 5 hat im Fall 1 die Matrix den *Rang* 1, in den Fällen 2 und 3 den *Rang* 2, im Fall 4 den *Rang* 3; man kann Fall 2 als Unterfall von 3 betrachten. In diesen beiden Fällen gibt es nur eine lineare Beziehung zwischen den E_i, im Falle 2 ist einer der Koeffizienten in dieser Beziehung gleich Null. Im Fall 1 spricht man von ∞^2, in den Fällen 2 und 3 von ∞^1 gemeinsamen Punkten der 3 Ebenen.

　　* Für ε_1, ε_2, ε_3 sind dann wieder die Unterfälle möglich, daß sie eine Gerade oder einen Punkt gemein haben; für die weitere obige Betrachtung ist dies jedoch belanglos.

Unterdeterminanten von $\varDelta$ gleich Null; im Fall 6. nur die aus den ersten drei Zeilen gebildeten, die also *den Elementen einer Zeile* (der vierten) entsprechen. In diesen beiden Fällen ist auch wieder $\varDelta = 0$. Im Fall 7. besteht eine Gleichung

$$\lambda_1 E_1 + \lambda_2 E_2 + \lambda_3 E_3 + \lambda_4 E_4 \equiv 0 \; ;$$

wir folgern auch aus ihr das Verschwinden von $\varDelta$, aber für *keine Elementenzeile* A_i, B_i, C_i, D_i verschwinden die Unterdeterminanten sämtlich. $\varDelta = 0$ ist die notwendige und hinreichende Bedingung dafür, daß es mindestens ein Zahlenquadrupel x, y, z, t gibt, das die vier Gleichungen $E_i = 0$ befriedigt, also die Bedingung dafür, daß es mindestens einen Punkt gibt, der auf sämtlichen Ebenen liegt. $\varDelta \gtrless 0$ ist also die notwendige und hinreichende Bedingung dafür, daß die vier Ebenen ein Tetraeder bilden, dessen Ecken, Kanten oder Flächen übrigens auch in ε_∞ fallen können (Fall 8.).

Beispiele. 1. Seien $N = 0$ und $N' = 0$ die Gleichungen zweier Ebenen ε und ε' und (ξ, η, ζ) ein Punkt einer ihrer Halbierungsebenen. Für ihn folgt dann aus (28b)

$$N(\xi, \eta, \zeta) = \pm N'(\xi, \eta, \zeta) \; ;$$

das positive Zeichen gilt, wenn P in demselben Winkelraum liegt wie der Anfangspunkt, wofern dieser weder in ε noch in ε' liegt. Die Halbierungsebenen haben daher die Gleichungen $N - N' = 0$ und $N + N' = 0$.

2. Seien $N_1 = 0$, $N_2 = 0$, $N_3 = 0$ drei Ebenen, die eine körperliche Ecke bilden, so entsprechen ihnen sechs Halbierungsebenen der Kantenwinkel und ihrer Außenwinkel. Ihre Gleichungen sind

$$N_1 \pm N_2 = 0, \quad N_1 \pm N_3 = 0, \quad N_2 \pm N_3 = 0 .$$

Es gehen dann je drei dieser Halbierungsebenen durch dieselbe Gerade, z. B.

$$N_1 - N_2 = 0, \quad N_2 - N_3 = 0, \quad N_3 - N_1 = 0$$

oder

$$N_1 - N_2 = 0, \quad N_2 + N_3 = 0, \quad N_3 + N_1 = 0$$

usw.

3. Seien $N_1 = 0$, $N_2 = 0$, $N_3 = 0$, $N_4 = 0$ vier Ebenen eines Tetraeders; man leite die Sätze über die Halbierungsebenen der Flächenwinkel und ihrer Außenwinkel ab.

Sechzehntes Kapitel

Die räumliche Dualität.

§ 1. Ebenenkoordinaten.

Auch die Koordinaten der Ebene ε führen wir zunächst als inhomogene Koordinaten ein und gehen dann erst zur homogenen Darstellung über.

Wir betrachten eine Ebene ε

$$(1) \qquad A x + B y + C z + D = 0 \, ,$$

die nicht durch den Anfangspunkt geht (also $D \neq 0$). Dann seien die Koordinaten von ε durch

$$(2) \qquad u : v : w : 1 = A : B : C : D$$

bestimmt. Sind $u, v, w \neq 0$, so bedeuten sie geometrisch die negativen reziproken Werte der Strecken, die ε auf den Achsen abschneidet. Dies gilt für beliebige Achsen. Durch (2) geht die Gleichung (1) von ε in

$$(3) \qquad u x + v y + w z + 1 = 0$$

über. Die so erhaltene Gleichung gilt der Ableitung nach für *feste* u, v, w, nämlich die Koordinaten von ε, und *variable* x, y, z, nämlich für jeden Punkt von ε; sie stellt also die Bedingung dar, daß ein Punkt (x, y, z) und eine gegebene Ebene (u, v, w) *vereinigt liegen* (*Bedingung der vereinigten Lage*). Geht man von der Ebenengleichung

$$A x + B y + C z + D = 0$$

aus, so sind die Koordinaten der Ebene (für $D \gtrless 0$) durch

$$(3) \qquad u : v : w : 1 = A : B : C : D$$

bestimmt.

Seien u, v, w und u', v', w' die Koordinaten zweier Ebenen ε und ε'. Gemäß den Formeln (26 b), (27) und (27 a) von S. 224 sind die Ebenen *parallel*, wenn

$$u' : v' : w' = u : v : w$$

ist; *Orthogonalität* besteht bei rechtwinkligen Achsen für

$$u u' + v v' + w w' = 0 \, .$$

Allgemein ist ihr Winkel durch

$$\cos(\varepsilon\varepsilon') = \frac{uu' + vv' + ww'}{\sqrt{u^2 + v^2 + w^2}\sqrt{u'^2 + v'^2 + w'^2}}$$

gegeben. Endlich erhalten wir für das von einem Punkt (ξ, η, ζ) auf die Ebene (u, v, w) gefällte Lot gemäß S. 225 (für rechtwinklige Achsen)

$$(4) \qquad l = \frac{u\xi + v\eta + w\zeta + 1}{\sqrt{u^2 + v^2 + w^2}}.$$

In Gleichung (3) wollen wir jetzt den x, y, z bestimmte Werte beilegen und u, v, w variabel werden lassen. Dann wird (3) durch unendlich viele Tripel u, v, w befriedigt und die durch sie bestimmten Ebenen liegen sämtlich mit x, y, z vereinigt; wir nennen Gleichung (3) *insofern die Gleichung des Punktes x, y, z in Ebenenkoordinaten* (oder auch Gleichung *des Ebenenbündels*). Die allgemeine Gleichung ersten Grades in Ebenenkoordinaten,

$$\mathfrak{A}u + \mathfrak{B}v + \mathfrak{C}w + \mathfrak{D} = 0$$

(wo $\mathfrak{D} \gtrless 0$ ist), ist daher ebenfalls die Gleichung eines Punktes, und zwar des Punktes (x, y, z) mit den Koordinaten

$$x : y : z : 1 = \mathfrak{A} : \mathfrak{B} : \mathfrak{C} : \mathfrak{D}.$$

Für weitere Betrachtungen führen wir *homogene* Ebenenkoordinaten ein. Es geschieht (in vorläufiger Bezeichnung) mittels der Gleichungen

$$(5) \qquad u : v : w : 1 = u' : v' : w' : s'$$

oder

$$(5\,\mathrm{a}) \qquad u' = \varrho A, \quad v' = \varrho B, \quad w' = \varrho C, \quad s' = \varrho D.$$

Jedes Quadrupel u', v', w', s' von vier nicht sämtlich verschwindenden Zahlen stellt eine Ebene dar, proportionale Quadrupel dieselbe Ebene. Wie in Kap. VIII, § 2 erfahren die Fälle, von denen wir zunächst absahen, nämlich die durch $D = 0$ charakterisierten Ebenen durch den Anfangspunkt, durch sie ihre Berücksichtigung. Führt man gleichzeitig homogene Punktkoordinaten x, y, z, t ein, so lautet die Bedingung (3) der vereinigten Lage

$$(3\,\mathrm{a}) \qquad u'x + v'y + w'z + s't = 0.$$

Der Ebene ε_∞ kommen die Koordinatenwerte $u' = 0$, $v' = 0$, $w' = 0$ zu entsprechend $A = B = C = 0$. Jede einzelne der Gleichungen $u' = 0$, $v' = 0$, $w' = 0$ stellt eine der Ecken $X_\infty, Y_\infty, Z_\infty$ des homogenen Koordinatentetraeders dar. Die Gleichung $s' = 0$ stellt den Koordinatenanfangspunkt dar. Die vier Ebenen des homogenen Koordinatentetraeders haben daher die Koordinaten

$$1000, \quad 0100, \quad 0010, \quad 0001,$$

Für jede der sechs Kanten des Koordinatentetraeders sind zwei Koordinaten gleich Null.

In der Folge verwenden wir als homogene Ebenenkoordinaten einfacher wiederum u, v, w, s; für $s = 1$ gehen sie in die unhomogenen über. In homogenen Punkt- und Ebenenkoordinaten lautet dann die Bedingung (3a) der vereinigten Lage

(6) $$ux + vy + wz + st = 0.$$

Beispiele. 1. Jeder Gleichung $Au + Bv + Cw = 0$ entspricht ein Punkt P_∞ von ε_∞. 2. Wie alle Punkte, für die $x : y : z =$ const ist, auf einer durch O gehenden Geraden liegen, so gehen alle Ebenen, für die $u : v : w =$ const ist, durch eine in ε_∞ enthaltene Gerade.

§ 2. Duale Sätze für Punkte und Ebenen.

In der Gleichartigkeit der analytischen Formeln, die das Vorstehende für Punkte und Ebenen aufweist, kommt die *räumliche Dualität* zum Ausdruck. Punkt und Ebene stehen einander als gleichwertige Elementargebilde im Raum gegenüber; der *Punkt*geometrie, die die Lagen und Beziehungen von Punkten zueinander ins Auge faßt, entspricht eine *Ebenen*geometrie, die in analoger Weise die Lagen und Beziehungen von Ebenen betrachtet. Die *Gerade* entspricht *sich selbst*; sie erscheint einerseits als Verbindungslinie zweier Punkte (als *Strahl*), andererseits als Schnittlinie zweier Ebenen (als *Achse*).

Die analytischen Entwicklungen der Punktgeometrie (in x, y, z, t), die der Dualisierung fähig sind, führen unmittelbar zu analogen Ergebnissen (in u, v, w, s) der Ebenengeometrie; die analytischen Beziehungen sind davon unabhängig, ob wir die Variablen durch x, y, z, t oder durch u, v, w, s bezeichnen. Die folgenden Beispiele werden Inhalt und Tragweite dieses Dualitätsprinzips erkennen lassen.

Die Gleichung

$$Ax + By + Cz + Dt = 0$$

stellt eine Ebene dar; ihre Ebenenkoordinaten sind

$$u : v : w : s = A : B : C : D.$$

Den Gleichungen zweier verschiedenen Ebenen

$$Ax + By + Cz + Dt = 0$$
$$A'x + B'y + C'z + D't = 0$$

genügen ∞^1 Punkte[1], die auf beiden Ebenen liegen; sie bilden ihre Schnittlinie.

Die Gleichung

$$Au + Bv + Cw + Ds = 0$$

stellt einen Punkt dar; seine Punktkoordinaten sind

$$x : y : z : t = A : B : C : D.$$

Den Gleichungen zweier verschiedenen Punkte

$$Au + Bv + Cw + Ds = 0$$
$$A'u + B'v + C'w + D's = 0$$

genügen ∞^1 Ebenen[1], die durch beide Punkte gehen; sie bestimmen ihre Verbindungslinie.

---

[1] Für die Zeichen ∞^1, ∞^2 ... vgl. S. 228, Anm. 1.

Setzen wir abkürzend (analog zu S. 224)

(7) $Au + Bv + Cw + Ds = Q(u, v, w, s) = Q$,

so folgt weiter:

Alle Ebenen $E + \lambda'E' = 0$ bilden, wenn keine Identität $E + \mu'E' \equiv 0$ besteht, einen Ebenenbüschel von ∞^1 Ebenen; jede von ihnen geht durch den Schnitt von $E = 0$ und $E' = 0$.

Alle Ebenen $E + \lambda'E' + \lambda''E'' = 0$ bilden, wenn keine Identität $E + \mu'E' + \mu''E'' \equiv 0$ besteht, ein *Bündel* von ∞^2 Ebenen[1], die sämtlich durch den Schnitt von $E = 0$, $E' = 0$, $E'' = 0$ gehen.

Die Bedingung, daß vier Punkte $P_i(x_i, y_i, z_i, t_i)$ derselben Ebene angehören, ist das Verschwinden der aus den x_i, y_i, z_i, t_i gebildeten Determinante.

Drei verschiedene Ebenen $E = 0, E' = 0, E'' = 0$ gehen dann und nur dann durch dieselbe Gerade, wenn für drei endliche, von Null verschiedene Zahlen $\lambda, \lambda', \lambda''$ die Identität $\lambda E + \lambda'E' + \lambda''E'' \equiv 0$ besteht usw.

Alle Punkte $Q + \lambda'Q' = 0$ bilden, wenn keine Identität $Q + \mu'Q' \equiv 0$ besteht, eine Punktreihe von ∞^1 Punkten; jeder von ihnen liegt auf der Verbindungslinie von $Q = 0, Q' = 0$.

Alle Punkte $Q + \lambda'Q' + \lambda''Q'' = 0$ bilden, wenn keine Identität $Q + \mu'Q' + \mu''Q'' \equiv 0$ besteht, ein *Feld* von ∞^2 Punkten[1], die sämtlich in der Ebene durch $Q = 0$, $Q' = 0$, $Q'' = 0$ liegen.

Die Bedingung, daß vier Ebenen (u_i, v_i, w_i, s_i) durch denselben Punkt gehen, ist das Verschwinden der aus den u_i, v_i, w_i, s_i gebildeten Determinante.

Drei verschiedene Punkte $Q = 0, Q' = 0, Q'' = 0$ liegen dann und nur dann auf derselben Geraden, wenn für drei endliche, von Null verschiedene Zahlen $\lambda, \lambda', \lambda''$ die Identität $\lambda Q + \lambda'Q' + \lambda''Q'' \equiv 0$ besteht usw.

Weitere Betrachtungen, die Inhalt und Tragweite des Dualitätsprinzips erhellen sollen, seien die folgenden:

Der Gesamtheit aller Punkte und Geraden eines ebenen Feldes entsprechen die sämtlichen Ebenen und Strahlen durch einen Punkt, das Ebenen- und Strahlenbündel. Einem ebenen n-Eck entspricht eine aus n Ebenen des Bündels bestimmte n-flächige Ecke (n-Flach), einem ebenen n-Seit eine von n Strahlen des Bündels gebildete n-kantige Ecke (n-Kant). Einer ebenen Kurve als Punktort entspricht eine Kegelfläche als Ort ihrer Tangentialebenen, einer ebenen Kurve als Tangentengebilde eine Kegelfläche als Ort ihrer Strahlen. Endlich beachte man, daß der speziellen Dualität des ebenen Feldes (der ebenen Dualität) eine Dualität im Bündel entspricht: Ebene und Strahl stehen im Bündel einander gegenüber wie Punkt und Gerade in der Ebene (Bündeldualität).

---

[1] Für die Zeichen ∞^1, ∞^2... vgl. S. 228, Anm. 1.

Auch die in der Ebene vorhandene kollineare Verwandtschaft (und Reziprozität) überträgt sich durch Dualität auf das Bündel. Eine kollineare Verwandtschaft zweier Bündel ist daher bestimmt, wenn man vier Ebenen oder vier Strahlen allgemeiner Lage des einen Bündels vier analoge Ebenen oder Strahlen des anderen als entsprechende zuweist. Für zwei kollineare Bündel, die denselben Scheitelpunkt haben, gibt es im allgemeinen drei Doppelebenen und drei Doppelstrahlen, die ein Dreikant bilden; entsprechende Ebenenbüschel oder Strahlenbüschel zweier kollinearen Bündel sind projektiv usw.

In der allgemeinen räumlichen Dualität stehen sich die wie die regelmäßigen Körper zusammengesetzten Polyeder als duale Gebilde gegenüber; das Tetraeder ist sich selbst dual. Das Oktaeder, aus $8 f$, $6 e$, $12 k$* bestehend, entspricht dem Hexaeder mit $6 f$, $8 e$, $12 k$; das Ikosaeder mit $20 f$, $12 e$, $30 k$ dem Dodekaeder, das $12 f$, $20 e$, $30 k$ besitzt.

Die einfachste Reziprozität eines Bündels ist die, bei der jeder Ebene ε ein auf ihr senkrechter Strahl e entspricht. In den Formeln der sphärischen Trigonometrie, in denen sich die aus zwei Punkten gebildeten Kreisbogen und die von zwei Hauptkreisen gebildeten Winkel entsprechen, tritt sozusagen der Schnitt dieser Reziprozität mit der Kugel in die Erscheinung.

§ 3. Projektive Beziehungen.

Sind ε_1, ε_2, ε und ε' vier Ebenen eines Büschels und seien für ε_1 und ε_2 bestimmte Seiten als positiv angenommen (vgl. Kap. V, § 2 und § 4), so soll der Quotient

$$(8) \qquad \frac{\sin(\varepsilon_1\varepsilon)}{\sin(\varepsilon_2\varepsilon)} = (\varepsilon_1\varepsilon_2\varepsilon)$$

als das *Teilungsverhältnis* der drei Ebenen eingeführt werden, und

$$(8a) \qquad \frac{\sin(\varepsilon_1\varepsilon)}{\sin(\varepsilon_2\varepsilon)} : \frac{\sin(\varepsilon_1\varepsilon')}{\sin(\varepsilon_2\varepsilon')} = (\varepsilon_1\varepsilon_2\varepsilon\varepsilon')$$

als das *Dv der vier Ebenen* ε_1, ε_2, ε, ε'. Das Dv ist unabhängig von der Wahl der positiven Seite von ε_1 und ε_2. Statt der Winkel der Ebenen können wir die gleichen Winkel der Geraden einführen, die durch den Schnitt der Ebenen mit einer zur Achse des Büschels senkrechten Ebene entstehen. Die positive Seite der Ebene entspricht dann der positiven Seite der Schnittgeraden. Damit können wir alle Dv-Sätze von Kap. VI auf die Dv von Ebenenbüscheln übertragen; ebenso auch die Definition der projektiven Beziehung. Punktreihen, Strahlbüschel und Ebenenbüschel erscheinen so als gleichwertige *Elementargebilde*, die sich einheitlich, nämlich auf Grund der *Invarianz der Dv-Werte*, einander projektiv zuordnen lassen.

Seien nun

$$(9) \qquad E_1 = 0, \qquad E_2 = 0, \qquad E_1 + \lambda E_2 = 0$$

---

* f, e, k bedeutet Flächen, Ecken, Kanten.

die Gleichungen der Ebenen ε_1, ε_2, ε, so gilt für die Lote l_1 und l_2, die man vom Punkt (x, y, z) der Ebene ε auf ε_1 und ε_2 fällen kann (S. 225),

$$l_1 : l_2 = \frac{E_1(x, y, z, 1)}{\sqrt{A_1^2 + B_1^2 + C_1^2}} : \frac{E_2(x, y, z, 1)}{\sqrt{A_2^2 + B_2^2 + C_2^2}};$$

für λ folgt daher

$$\lambda = -\frac{E_1(x, y, z, 1)}{E_2(x, y, z, 1)} = -\frac{l_1}{l_2} \frac{\sqrt{A_1^2 + B_1^2 + C_1^2}}{\sqrt{A_2^2 + B_2^2 + C_2^2}}.$$

Außerdem ist aber $l_1 : l_2 = \sin(\varepsilon_1 \varepsilon) : \sin(\varepsilon_2 \varepsilon)$, und so ergibt sich schließlich

(9a) $$\lambda = -\frac{\sqrt{A_1^2 + B_1^2 + C_1^2}}{\sqrt{A_2^2 + B_2^2 + C_2^2}} \cdot \frac{\sin(\varepsilon_1 \varepsilon)}{\sin(\varepsilon_2 \varepsilon)};$$

es ist also λ *dem Teilungsverhältnis* $(\varepsilon_1 \varepsilon_2 \varepsilon)$ *proportional.* Sind die Gleichungen von ε_1 und ε_2 in der Normalform $N_1 = 0$ und $N_2 = 0$ gegeben, so ist $-\lambda$ direkt gleich dem Teilungsverhältnis.

Um das dualistische Resultat abzuleiten, befolgen wir die in Kap. VI, § 4 (S. 62) gewählte Methode; wir haben sie nur auf die dritte Koordinate z auszudehnen und finden: Sind

(10) $$Q_1 = 0, \quad Q_2 = 0, \quad Q_1 + \lambda Q_2 = 0$$

die Gleichungen von drei Punkten P_1, P_2, P derselben Punktreihe, so ist λ *dem Teilungsverhältnis* $(P_1 P_2 P)$ *proportional.* Nunmehr lassen sich, in Verallgemeinerung der Resultate von Kap. VII, § 6, folgende Sätze aussprechen:

Die vier Ebenen	Die vier Punkte
$E = 0$, $\quad E' = 0$, $\quad E + \lambda E' = 0$, $\quad\quad E + \mu E' = 0$	$Q = 0$, $\quad Q' = 0$, $\quad Q + \lambda Q' = 0$, $\quad\quad Q + \mu Q' = 0$
sind vier Ebenen eines Büschels vom Dv $\lambda : \mu$; insbesondere sind	sind vier Punkte einer Punktreihe vom Dv $\lambda : \mu$; insbesondere sind
$E = 0$, $\quad E' = 0$, $\quad E - \lambda E' = 0$, $\quad\quad E + \lambda E' = 0$	$Q = 0$, $\quad Q' = 0$, $\quad Q - \lambda Q' = 0$, $\quad\quad Q + \lambda Q' = 0$
vier harmonische Ebenen.	vier harmonische Punkte.
Das Dv der vier Ebenen	Das Dv der vier Punkte
$E + \lambda_i E' = 0 \quad (i = 1, 2, 3, 4)$	$Q + \lambda_i Q' = 0 \quad (i = 1, 2, 3, 4)$
hat den Wert	hat den Wert
$(\varepsilon_1 \varepsilon_2 \varepsilon_3 \varepsilon_4) = \dfrac{(\lambda_1 - \lambda_3)(\lambda_2 - \lambda_4)}{(\lambda_2 - \lambda_3)(\lambda_1 - \lambda_4)}$,	$(P_1 P_2 P_3 P_4) = \dfrac{(\lambda_1 - \lambda_3)(\lambda_2 - \lambda_4)}{(\lambda_2 - \lambda_3)(\lambda_1 - \lambda_4)}$,
ist also gleich dem Dv der entsprechenden Parameterwerte.	ist also gleich dem Dv der entsprechenden Parameterwerte.

Zwei Ebenenbüschel	Zwei Punktreihen
$E + \lambda E' = 0, \quad F + \mu F' = 0$	$Q + \lambda Q' = 0, \quad R + \mu R' = 0$
sind projektiv, wenn für λ und μ die Relation	sind projektiv, wenn für λ und μ die Relation
$\alpha \lambda \mu + \beta \lambda + \gamma \mu + \delta = 0$	$\alpha \lambda \mu + \beta \lambda + \gamma \mu + \delta = 0$
besteht (einfachster Fall $\lambda = \mu$).	besteht (einfachster Fall $\lambda = \mu$).

Ebenso lassen sich auch die Begriffe und Sätze über involutorische Beziehungen, über Doppelelemente usw. auf die Ebenenbüschel ausdehnen; für zwei projektive Büschel, die dieselbe Gerade g als Achse haben, gibt es also im allgemeinen zwei sich selbst entsprechende Ebenen usw.

Endlich seien folgende Formeln angeführt, die sich auf die Koordinaten von Punkten einer Punktreihe oder Ebenen eines Büschels beziehen und die unmittelbaren Verallgemeinerungen der Formeln von S. 96 sind. Die Punkte einer Geraden $P_1 P_2$ haben die Koordinaten

$$x : y : z : t = (x_1 - \mu' x_2) : (y_1 - \mu' y_2) : (z_1 - \mu' z_2) : (t_1 - \mu' t_2),$$

und für die Ebenen eines Büschels $(\varepsilon_1 \varepsilon_2)$ ist

$$u : v : w : s = (u_1 - \mu' u_2) : (v_1 - \mu' v_2) : (w_1 - \mu' w_2) : (s_1 - \mu' s_2);$$

in beiden Fällen ist μ' dem bezüglichen Teilungsverhältnis proportional.

Ebenenbüschel und Strahlenbüschel stehen auch in einfacher *metrischer* Beziehung zueinander, die wir schon vorher erwähnt haben. Wird ein Ebenenbüschel durch eine zu seiner Achse senkrechte Ebene geschnitten, so bilden die Schnittlinien einen Strahlenbüschel. Bezeichnen wir für sie ε_1, ε_2, ε durch e_1, e_2, e, so ist $\sphericalangle (\varepsilon_1 \varepsilon) = (e_1 e)$ und $\sphericalangle (\varepsilon_2 \varepsilon) = (e_2 e)$; wir folgern daraus, daß alle besonderen metrischen Arten von projektiven und involutorischen Beziehungen, die bei den Strahlenbüscheln auftreten, in derselben Form auch bei den Ebenenbüscheln vorhanden sind und sich unter Verwendung von Normalgleichungen in derselben Art darstellen lassen wie bei den Strahlenbüscheln. Insbesondere gilt dies von den Sätzen von S. 87 über orthogonale Eigenschaften.

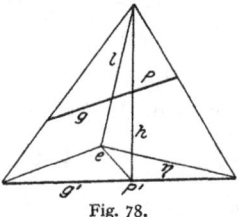
Fig. 78.

Wird ein Ebenenbüschel durch eine Gerade g in einer Punktreihe geschnitten, so gilt für sie und den Ebenenbüschel die Gleichheit der Dv-Werte; ebenso für den Ebenenbüschel und einen durch eine beliebige Ebene ausgeschnittenen Strahlbüschel. Wir haben darin die *räumliche Verallgemeinerung* des Satzes des PAPPUS zu erblicken und wollen sie mit der ebenen Form des Satzes (S. 72) ableiten. Sei (Fig. 78) S der Ebenenbüschel und l seine Achse[1]. Durch die Gerade g legen wir eine

---

[1] In Fig. 78 ist die Ebene $(gh) = \gamma$ und $(lh) = \varepsilon$.

Ebene γ; sie schneide die Ebene ε_i des Büschels S im Strahl h_i. Die Ebene γ enthält dann die Punkte $P_i = (g\,\varepsilon_i)$ und die Strahlen $h_i = (\gamma\,\varepsilon_i)$, und es liegt P_i auf h_i; nach dem angezogenen Satz des PAPPUS ist daher

$$(P_1 P_2 P_3 P_4) = (h_1 h_2 h_3 h_4).$$

Weiter schneiden wir den Büschel S durch eine zur Achse l und folglich auch auf ε_i senkrechte Ebene η; sie schneide ε_i in e_i und die Ebene γ in $g' = (\gamma\,\eta)$. In der Ebene γ liegen dann die beiden Geraden g und g', sowie auch h. Setzen wir noch $P_i' = (g'\,h_i)$, so folgt wieder

$$(P_1 P_2 P_3 P_4) = (P_1' P_2' P_3' P_4'),$$

andererseits ist

$$(P_1' P_2' P_3' P_4') = (e_1 e_2 e_3 e_4) = (\varepsilon_1 \varepsilon_2 \varepsilon_3 \varepsilon_4);$$

insgesamt folgt demnach

$$(h_1 h_2 h_3 h_4) = (P_1 P_2 P_3 P_4) = (\varepsilon_1 \varepsilon_2 \varepsilon_3 \varepsilon_4).$$

Damit ist die Behauptung erwiesen. *In allen Punktreihen, die durch eine Gerade g, und in allen Strahlenbüscheln, die durch eine Ebene γ aus dem Ebenenbüschel ausgeschnitten werden, haben die Quadrupel entsprechender Elemente das gleich Dv.* Die besondere Lage der drei Elementargebilde (ε, g, P), die hier vorliegt, heißt für je zwei (analog zu S. 89) eine *perspektive* Lage.

Ein analytischer Beweis kann für die Punktreihe folgendermaßen geführt werden. Sei

$$E + \lambda E' \equiv (A + \lambda A')\,x + (B + \lambda B')\,y + (C + \lambda C')\,z + (D + \lambda D')\,t = 0$$

die Gleichung einer Ebene des Büschels, ferner

$$(\mathfrak{A} + \mu\mathfrak{A}')\,u + (\mathfrak{B} + \mu\mathfrak{B}')\,v + (\mathfrak{C} + \mu\mathfrak{C}')\,w + (\mathfrak{D} + \mu\mathfrak{D}')\,s = 0$$

die Gleichung eines Punktes auf der Geraden g, so folgt aus der Bedingung der vereinigten Lage von Punkt und Ebene, daß zwischen λ und μ die bilincare Beziehung

$$(A + \lambda A')\,(\mathfrak{A} + \mu\mathfrak{A}') + (B + \lambda B')\,(\mathfrak{B} + \mu\mathfrak{B}')$$
$$+ (C + \lambda C')\,(\mathfrak{C} + \mu\mathfrak{C}') + (D + \lambda D')\,(\mathfrak{D} + \mu\mathfrak{D}') = 0$$

besteht. Also ist das Dv $(\lambda_1 \lambda_2 \lambda_3 \lambda_4)$ gleich dem Dv $(\mu_1 \mu_2 \mu_3 \mu_3)$ was bewiesen werden sollte.

§ 4. Allgemeine homogene Koordinaten.

Allgemeine räumliche homogene Koordinaten für Punkt und Ebene lassen sich in der gleichen Weise einführen wie im ebenen Gebiet; es darf wieder im wesentlichen genügen, die Formeln und Sätze zu nennen. Wir gehen von vier Ebenen ε_i eines Tetraeders aus; ihre Gleichungen seien

(11) $$a_i x + b_i y + c_i z + d_i = 0; \quad i = 1, 2, 3, 4.$$

Sind p_i die Lote von einem Punkt $P(x,y,z)$ auf diese Ebenen, und setzen wir (S. 105)

$$(12) \qquad \varrho x_i = \varkappa_i p_i = \varkappa_i \frac{a_i x + b_i y + c_i z + d_i}{\sqrt{a_i^2 + b_i^2 + c_i^2}},$$

mit $\varkappa_i$ als beliebiger nicht verschwindender Konstante, so sind die x_i *homogene Punktkoordinaten* (*Tetraederkoordinaten*) von P. Wir wählen a_i, b_i, c_i, d_i, so daß $\varkappa_i = \sqrt{a_i^2 + b_i^2 + c_i^2}$ wird, dann wird

$$(12a) \qquad \varrho x_i = a_i x + b_i y + c_i z + d_i,$$

und durch Auflösung folgt [analog zu (31a) von S. 106]

$$(13) \qquad x = \frac{\sum A_i x_i}{\sum D_i x_i}, \qquad y = \frac{\sum B_i x_i}{\sum D_i x_i}, \qquad z = \frac{\sum C_i x_i}{\sum D_i x_i},$$

wo die A_i, B_i, C_i, D_i die Unterdeterminanten der a_i, b_i, c_i, d_i sind. Die Gleichung $\sum D_i x_i = 0$ ist die Gleichung von ε_∞.

Analog führt man für eine Ebene $\varepsilon(u,v,w)$ homogene Ebenenkoordinaten mittels der Lote q_i ein, die man von den Ecken des Koordinatentetraeders auf die Ebene ε fällt. Zunächst sind als gemeinsame Lösung von je 3 Gleichungen (11)

$$x_i : y_i : z_i : 1 = A_i : B_i : C_i : D_i$$

die Koordinaten der Tetraederecken. Man setze nun (S. 106)

$$(14) \qquad \sigma u_i = \mu_i q_i = \mu_i \frac{A_i u + B_i v + C_i w + D_i}{D_i \sqrt{u^2 + v^2 + w^2}},$$

und für $\mu_i = D_i$ wird, wenn man $\sqrt{u^2 + v^2 + w^2}$ in σ eingehen läßt,

$$(14a) \qquad \sigma u_i = A_i u + B_i v + C_i w + D_i;$$

als Auflösung ergibt sich

$$(15) \qquad u = \frac{\sum a_i u_i}{\sum d_i u_i}, \qquad v = \frac{\sum b_i u_i}{\sum d_i u_i}, \qquad w = \frac{\sum c_i u_i}{\sum d_i u_i}.$$

Durch unsere Festsetzung über $\varkappa_i$ und μ_i sind sie voneinander abhängig geworden. Damit erreichen wir, daß die Bedingung der vereinigten Lage von S. 231 in

$$(16) \qquad \sum u_i x_i = u_1 x_1 + u_2 x_2 + u_3 x_3 + u_4 x_4 = 0$$

übergeht. Der Beweis für die Behauptung wird genau so wie in der Ebene (VIII, § 6) geführt.

Von den zahlreichen hieraus fließenden Folgerungen seien insbesondere die folgenden hervorgehoben:

1. Alle Punkte der Verbindungslinie zweier Punkte (y) und (z) sind durch

$$(17) \qquad \varrho x_i = y_i + \lambda z_i$$

dargestellt, wo λ dem Teilungsverhältnis $(y z x)$ proportional ist.

Alle Ebenen durch die Schnittlinie zweier Ebenen (v) und (w) sind durch

$$(17a) \qquad \sigma u_i = v_i + \lambda w_i$$

dargestellt, wo λ dem Teilungsverhältnis $(v w u)$ proportional ist.

2. Jede Koordinatentransformation stellt sich durch eine lineare Substitution mit nicht verschwindender Determinante dar. Für $(\overline{y_i})$ und (v_i) als neue Koordinaten hat sie (mit A_{ik} als Unterdeterminante von a_{ik}) die Form

$$(18) \qquad \begin{cases} \varrho\, y_i = a_{i1}x_1 + a_{i2}x_2 + a_{i3}x_3 + a_{i4}x_4 \\ \sigma v_k = A_{k1}u_1 + A_{k2}u_2 + A_{k3}u_3 + A_{k4}u_4; \end{cases}$$

die auflösenden Gleichungen sind

$$(18\,\mathrm{a}) \qquad \begin{cases} \varrho'x_i = A_{1i}y_1 + A_{2i}y_2 + A_{3i}y_3 + A_{4i}y_i \\ \sigma'u_k = a_{1k}v_1 + a_{2k}v_2 + a_{3k}v_3 + a_{4k}v_4. \end{cases}$$

3. Wir übertragen das S. 110 unter 5. abgeleitete Resultat; doch mag es genügen, es für eine Ebene $x_4 = 0$ auszusprechen. Die räumlichen Koordinatenwerte $x_i (i = 1, 2, 3)$, die den Punkten von $x_4 = 0$ zukommen, stellen zugleich *ebene* homogene Punktkoordinaten für diese Ebene dar. Das Koordinatendreieck bilden die drei Geraden, in denen $x_4 = 0$ von den Ebenen $x_1 = 0$, $x_2 = 0$, $x_3 = 0$ geschnitten wird, und den Einheitspunkt schneidet der Strahl $x_1 : x_2 : x_3 = 1 : 1 : 1$ aus. Dies gilt ebenso für jede beliebige Ebene des Raumes, die mit den Ebenen $x_1 = 0$, $x_2 = 0$, $x_3 = 0$ ein Tetraeder bestimmt.

Durch Dualisierung erhalten wir: Im Ebenenbündel mit dem Scheitel $u_4 = 0$ stellen $u_1 : u_2 : u_3$ homogene Koordinaten für die Bündelebenen dar, so daß $u_1 = 0$, $u_2 = 0$, $u_3 = 0$ die Grundstrahlen der Koordinatenbestimmung sind und $u_1 : u_2 : u_3 = 1 : 1 : 1$ den Einheitsstrahl liefern. Damit sind wir zu einer Koordinatenbestimmung für die Ebenen dieses und so auch jedes Bündels gelangt.

4. Eine Koordinatenbestimmung für die Strahlen des Bündels ergibt sich von hier aus folgendermaßen: Gemäß § 2 ist im Bündel eine Bündeldualität vorhanden, die das Analogon der ebenen Dualität des ebenen Feldes bildet. Im ebenen Feld kann man von den Punktkoordinaten x_i mittels der Gleichungen $\sum u_i x_i = 0$ zu den Linienkoordinaten u_i übergehen; ebenso kann man im Bündel mittels der analogen Gleichung von den Ebenenkoordinaten zu den Strahlenkoordinaten übergehen. Damit ist das Prinzip der dualen Koordinatenbestimmung für den Bündel grundsätzlich dargelegt; was hier genügen mag.

5. Hierzu kommen folgende im Raum neu auftretende Betrachtungen: Wir gehen von der Ebene

$$(19) \qquad\qquad E_1 \equiv E + \lambda'E' + \lambda''E''$$

aus; die Ebenen ε, ε', ε'' sollen eine Ecke bilden, und ε_1 eine von ihnen verschiedene Ebene durch $(\varepsilon\varepsilon'\varepsilon'')$ sein. Für die Koordinaten v_i von ε_1 folgt dann

$$(19\,\mathrm{a}) \qquad\qquad \sigma v_i = u_i + \lambda'u_i' + \lambda''u_i'';$$

es wird also jede solche Ebene ε_1 mittels zweier Parameter λ', λ'' durch die u_i, u_i', u_i'' dargestellt. Analog ist zu folgern, daß ein Punkt y der durch drei Punkte (x), (x'), (x'') bestimmten Ebene sich in der Form

$$(19\text{b}) \qquad \varrho y_i = x_i + \lambda' x_i' + \lambda'' x_i''$$

darstellt[1]. Man kann auch wieder λ', λ'' als Koordinaten der Ebene (v) oder des Punktes (y) ansehen.

§ 5. Punktörter und Ebenenörter.

Einer Gleichung in Punktkoordinaten steht dualistisch eine Gleichung in Ebenenkoordinaten gegenüber; die einfachsten Fälle stellen die Gleichungen ersten Grades

$$(20) \qquad \sum a_i x_i = 0 \quad \text{und} \quad \sum a_i u_i = 0$$

dar; der ersten genügen ∞^2 Punkte einer Ebene, der zweiten ∞^2 Ebenen durch einen Punkt. Aus der Formel (4) von S. 231 kann man die (inhomogene) Gleichung entnehmen, der alle Tangentenebenen einer Kugel genügen. Jede hat vom Zentrum (α, β, γ) den Abstand ϱ; man erhält daher in

$$(21) \qquad \varrho^2 (u^2 + v^2 + w^2) - (u\alpha + v\beta + w\gamma + 1)^2 = 0$$

die gesuchte Gleichung.

Alle Punkte, die einer homogenen Gleichung n^{ten} Grades in den x_i genügen, bilden einen Punktort (Fläche F_n) der n^{ten} *Ordnung*. Stellen wir eine Gerade gemäß (17) durch

$$\varrho x_i = y_i + \lambda z_i$$

dar, so ergibt sich für ihre gemeinsamen Punkte mit der F_n eine Gleichung n^{ter} Ordnung in λ. Der F_n steht die Gesamtheit der einer Gleichung n^{ter} Ordnung in u_i genügenden Ebenen dualistisch gegenüber; sie bilden einen Ebenenort Φ_n, der als Fläche n^{ter} *Klasse* bezeichnet wird. Wie eine Gerade als Punktreihe mit der F_n n Punkte gemein hat, so gibt es in dem durch

$$\sigma u_i = v_i + \lambda w_i$$

dargestellten Ebenenbüschel n durch eine Gleichung n^{ten} Grades in λ bestimmte Ebenen, die zugleich Ebenen der Φ_n sind. Man kann auch wieder beweisen, daß eine Φ_n im allgemeinen von den Tangentialebenen eines Punktorts gebildet wird.

Einfachste Punkt- und Ebenenörter dieser Art werden durch projektive Büschel und Punktreihen erzeugt. Wir gelangen damit zu folgender räumlichen Verallgemeinerung der Sätze von S. 88.

---

[1] Darin sind die Verallgemeinerungen der Formeln (8) von S. 216 enthalten.

Seien

$$(22) \quad E + \lambda F_1 = 0, \; E' + \lambda F_1' = 0$$

zwei projektive Ebenenbüschel. Für die Schnittlinie zweier entsprechender Ebenen besteht die Gleichung

$$(23) \quad EF_1' - E'F_1 = 0;$$

sie besteht ebenso für den Schnitt von je zwei solchen Ebenen. Ihr genügen also ∞^1 Geraden; sie bilden die durch (23) dargestellte Fläche. Sie ist in den Koordinaten vom zweiten Grade, also eine F_2 der zweiten Ordnung, d. h.:

Zwei projektive Ebenenbüschel erzeugen in den Schnittlinien entsprechender Ebenen ∞^1 Geraden, die als Punktort eine F_2 bilden.

Seien

$$(22a) \quad Q + \lambda R = 0, \; Q' + \lambda R' = 0$$

zwei projektive Punktreihen. Für die Verbindungslinie zweier entsprechender Punkte besteht die Gleichung

$$(23a) \quad QR' - Q'R = 0;$$

sie besteht ebenso für die Verbindungslinie je zweier solcher Punkte. Ihr genügen also ∞^1 Geraden; sie bilden die durch (23a) dargestellte Fläche. Sie ist in den Koordinaten vom zweiten Grade, also eine Φ_2 der zweiten Klasse, d. h.:

Zwei projektive Punktreihen erzeugen in den Verbindungslinien entsprechender Punkte ∞^1 Geraden, die als Ebenenort eine Φ_2 bilden[1].

Falls die Achsen der beiden Ebenenbüschel, bzw. die Träger der beiden Punktreihen zueinander windschief sind, gibt es in beiden Fällen noch eine zweite Geradenschar, deren Punkte bzw. Ebenen denselben Ort liefern; es genüge, sie für das Erzeugnis der Büschel abzuleiten[2]. Geht man von den projektiven Büscheln

$$(24) \quad E + \mu E' = 0, \quad F + \mu F' = 0$$

aus, so bilden auch sie durch die Schnittlinien entsprechender Ebenen einen Punktort, und zwar ebenfalls den durch (23) dargestellten. Die beiden Geradenscharen, zu denen wir so gelangen, sind aber *verschieden*. Bezeichnen wir die Geraden der ersten Schar durch h, die der zweiten durch k, so wird sich zeigen: 1. *Eine Gerade h und eine Gerade k schneiden sich*; 2. *zwei Geraden derselben Schar liegen windschief zueinander.*

Seien h und k zwei Geraden, die den Werten λ und μ entsprechen; sie sind Schnittlinien der Ebenen

$$E + \lambda F = 0, \quad E' + \lambda F' = 0 \quad \text{und}$$

$$E + \mu E' = 0, \quad F + \mu F' = 0.$$

Sollen h und k sich in P schneiden, so müssen diese vier Ebenen durch P hindurchgehen; es muß also die Identität (31a) von Satz 2 von S. 227

---

[1] Wie beim Punktort jeder Punkt einer der ∞^1 Geraden der F_2 angehört, so geht jede Ebene durch eine der ∞^1 Geraden.

[2] Vgl. Fig. 79, S. 255.

bestehen. Sind α, β, γ, δ die in ihr auftretenden Multiplikatoren, so müssen für sie, da zwischen E, E', F, F' nach Voraussetzung keine Identität besteht, die folgenden Gleichungen erfüllt sein:

$$\alpha + \gamma = 0, \quad \beta\lambda + \delta\mu = 0, \quad \lambda\alpha + \delta = 0, \quad \beta + \mu\gamma = 0,$$

und dem genügen in der Tat die Werte

$$\alpha = 1, \quad \gamma = -1, \quad \beta = \mu, \quad \delta = -\lambda.$$

Also schneiden sich h und k. Sollen dagegen zwei Geraden h und h' sich schneiden, so bedeutet dies, wenn wieder α, β, γ, δ die bezüglichen Multiplikatoren sind, das Bestehen der Gleichungen

$$\alpha + \gamma = 0, \quad \beta + \delta = 0, \quad \lambda\alpha + \gamma\lambda' = 0, \quad \beta\lambda + \delta\lambda' = 0.$$

Diesen Gleichungen kann durch nicht verschwindende α, β, γ, δ nur für $\lambda = \lambda'$ genügt werden. Dann sind aber h und h' identisch, und das gleiche folgt für die Geraden k. Damit ist auch Satz 2 bewiesen.

Die beiden projektiven Ebenenbüschel schneiden nach § 3 auf einer Ebene zwei projektive Geradenbüschel aus, die nach VII, 7 eine reelle C_2 erzeugen. Wir haben also das Resultat: jede Ebene schneidet die F_2, die durch Gleichung (23) dargestellt wird, in einer reellen (evtl. zerfallenden) C_2.

Durch drei zu einander windschiefe Geraden h_1, h_2, h_3 ist die F_2 gegeben. Denn durch jeden Punkt von h_1 geht nur eine Gerade, die h_2 und h_3 schneidet. Andererseits liegen irgendwelche drei zueinander windschiefe Geraden h_1, h_2, h_3 auf einer F_2 mit der Gleichung (23). Denn sind k und k' zwei Geraden, die h_1, h_2, h_3 schneiden, dann entsteht eine projektive Beziehung der Ebenenbüschel durch k und k', wenn man den drei Ebenen (k, h_i) die drei Ebenen (k', h_i) zuordnet. Entsprechende Ebenen der beiden Büschel schneiden sich in Geraden, die auf einer F_2 mit der Gleichung (23) liegen. Auf dieser F_2 liegen nach Konstruktion auch die h_i. Dualisieren wir dies Ergebnis, so ergibt sich, da windschiefen resp. sich schneidenden Geraden wieder windschiefe resp. sich schneidende Geraden dual entsprechen, daß die F_2 und Φ_2, als Geradenörter betrachtet, identisch sind.

Schneiden sich die Achsen der beiden projektiven Ebenenbüschel in P, so gehen auch alle Geraden h durch diesen Schnittpunkt. In diesem Falle gehen die vier Ebenen $E = 0$, $E' = 0$, $F = 0$, $F' = 0$ durch denselben Punkt P. Daher schneiden sich auch die Achsen der beiden anderen erzeugenden Büschel, und es werden die Geraden h mit den Geraden k identisch. Die F_2 ist in diesem Falle ein Kegel, der aus der Verbindungsgeraden von P mit dem Punkte einer C_2 entsteht. Man zeige dies analytisch, indem man von einer Gleichung $aE + bF + a'E' + b'F' \equiv 0$ ausgeht und auf Grund davon α, β, γ, δ durch a, b, a', b' ausdrückt. Wie lauten die dualistischen Sätze?

§ 6. Die kollineare und reziproke Beziehung im Raum.

Je zwei Punkte (x) und (x') zweier Raumgebilde $\Re$ und $\Re'$ mögen durch dieselbe lineare Substitution

$$(25) \quad \begin{cases} \varrho x'_1 = a_{11}x_1 + a_{12}x_2 + a_{13}x_3 + a_{14}x_4 \\ \varrho x'_2 = a_{21}x_1 + a_{22}x_2 + a_{23}x_3 + a_{24}x_4 \\ \varrho x'_3 = a_{31}x_1 + a_{32}x_2 + a_{33}x_3 + a_{34}x_4 \\ \varrho x'_4 = a_{41}x_1 + a_{42}x_2 + a_{43}x_3 + a_{44}x_4 \end{cases} \quad \varDelta = |a_{ik}| \gtrless 0$$

miteinander verbunden sein. Die Auflösung ergibt

$$(25\,a) \qquad \varrho' x_i = A_{1i}x'_1 + A_{2i}x'_2 + A_{3i}x'_3 + A_{4i}x'_4.$$

Die Punkte P und P' der Raumgebilde sind also eineindeutig und linear einander zugeordnet. Es darf wiederum genügen, die wichtigsten, den Sätzen von Kap. XII entsprechenden Verallgemeinerungen hier anzuführen.

1. Da die lineare Substitution den Grad einer Gleichung invariant läßt, so entspricht jeder Ebene ε von $\Re$ eine Ebene ε' von $\Re'$, jeder Geraden von $\Re$ also eine Gerade von $\Re'$; die Raumgebilde heißen deshalb wieder *kollinear aufeinander bezogen*. Geht die Gleichung

$$(26) \qquad \sum u_i x_i = 0 \quad \text{in} \quad \sum u'_i x'_i = 0$$

über, so besteht zwischen den entsprechenden u_i und u'_i die zu (25) *kontragrediente* Substitution, nämlich

$$(27) \quad \begin{cases} \sigma' u_i = a_{1i}u'_1 + a_{2i}u'_2 + a_{3i}u'_3 + a_{4i}u'_4 \\ \sigma u'_i = A_{i1}u_1 + A_{i2}u_2 + A_{i3}u_3 + A_{i4}u_4. \end{cases}$$

Wählt man insbesondere die Ecken und Flächen der beiden Koordinatentetraeder als entsprechende Punkte und Ebenen, so lauten die Gleichungen (25) und (27) einfacher

$$(28) \qquad \varrho' x'_i = a_i x_i, \qquad \sigma' u_i = a_i u'_i.$$

Die Raumgebilde $\Re$ und $\Re'$ werden wir übrigens durch den ganzen Raum hindurch ausgedehnt denken; jede Stelle des Raumes ist dann doppelt zu zählen, sowohl als Punkt (x) von $\Re$, wie als Punkt (x') von $\Re'$.

2. Jedem Ebenenbüschel von $\Re$ entspricht ein projektiver Büschel von $\Re'$, jeder Punktreihe und jedem Strahlenbüschel eine projektive Punktreihe und ein projektiver Strahlenbüschel; jedem Ebenenbündel ein kollineares, ebenso jedem ebenen Feld ein kollineares Feld. Alles dies beruht auf dem linearen Charakter der Substitution. Für Ebenenbüschel und Punktreihen folgt es auch daraus, daß die Gleichungen $E + \lambda F = 0$ oder $Q + \lambda R = 0$ mit variablem λ in Gleichungen derselben Form übergehen. Die Gleichungen für die kollineare Beziehung der Felder $x_4 = 0$ und $x'_4 = 0$ werden direkt durch die Gleichungen (28)

geliefert; die in ihnen verbleibenden x_1, x_2, x_3, x_1', x_2', x_3' stellen wiederum homogene Dreieckskoordinaten für die beiden ebenen Felder dar, und zwar in dem in § 4 genannten Sinne. Ebenso ist es mit der projektiven Zuordnung zweier Bündel. Auch übertragen sich alle die Seiten über homogene Koordinaten, die wir in Kap. VIII, § 6 ausgesprochen haben.

3. Die kollineare Beziehung von $\mathfrak{R}$ und $\mathfrak{R}'$ ist durch fünf Paare entsprechender Punkte (oder Ebenen) allgemeiner Lage bestimmt; vier davon kann man zu Koordinatenebenen machen; das fünfte Paar läßt sich benutzen, um die Koeffizienten a_i in (28) und damit die kollineare Beziehung zu bestimmen. Mittels der Möbiusschen Netzkonstruktion (vgl. S. 179) lassen sich aus den fünf Punktepaaren beliebig viele neue Paare konstruktiv herstellen.

4. Zwei kollineare Räume $\mathfrak{R}$ und $\mathfrak{R}'$ als unendlich ausgedehnte Gebilde befinden sich stets in vereinigter Lage in unserem, als dreidimensional angenommenen Raum. Es gibt im allgemeinen vier Punkte (x) und vier Ebenen (u), die mit ihren entsprechenden zusammenfallen (*Doppelpunkte* und *Doppelebenen*). Denn beziehen wir die Punkte (x) und (x') auf dasselbe Tetraeder und denselben Einheitspunkt, so bestehen für die Koordinaten x_i der Doppelpunkte die Gleichungen

$$(29)\quad\begin{cases}(a_{11}-\varrho)x_1 + a_{12}x_2 + a_{13}x_3 + a_{14}x_4 = 0\\ a_{21}x_1 + (a_{22}-\varrho)x_2 + a_{23}x_3 + a_{24}x_4 = 0\\ a_{31}x_1 + a_{32}x_2 + (a_{33}-\varrho)x_3 + a_{34}x_4 = 0\\ a_{41}x_1 + a_{42}x_2 + a_{43}x_3 + (a_{44}-\varrho)x_4 = 0.\end{cases}$$

Das Nullsetzen ihrer Determinante $\Delta(\varrho)$ liefert im allgemeinen vier verschiedene Wurzeln ϱ und damit die vier Doppelpunkte. Sie bilden das *Doppelpunktstetraeder*; jede seiner Ebenen ist eine *Doppelebene*, jede Kante eine *Doppelgerade*[1].

Von den Wurzeln von $\Delta(\varrho)=0$ sind, falls sie sämtlich verschieden sind, entweder alle vier reell, oder nur zwei, oder keine. Die Doppelpunkte und Doppelebenen können also sämtlich imaginär sein; dagegen gibt es stets ein Paar reeller Doppelgeraden. Dies folgt daraus, daß die Verbindungslinie zweier konjugiert komplexer Punkte reell ist, was für den Raum ähnlich bewiesen wird wie das analoge Resultat für die Ebene.

5. Von den vielen Sonderlagen, die für kollineare Räume auftreten können, sollen die folgenden etwas näher erörtert werden, freilich nur in der Weise, daß wir ihre Eigenschaften durch Verallgemeinerung aus den Sätzen über ebene kollineare Felder gewinnen[2].

---

[1] In jeder Doppelebene gibt es, dem Satz von S. 180 entsprechend, drei Doppelpunkte, durch jede Doppelgerade zwei Doppelebenen usw.

[2] Die Fülle der Sonderfälle geht aus der verschiedenen Zahl der Wurzeln von $\Delta(\varrho)=0$ sowie daraus hervor, daß man die Gleichungen (29) als Gleichungen von Ebenen auffassen kann und vier Ebenen mannigfache Lage zu einander besitzen können.

Zwei kollineare Räume können *perspektive* (*zentrisch kollineare*) *Lage* besitzen. Ein Punkt S (*Perspektivitäts-* oder *Kollineationszentrum*) ist in der Weise Doppelpunkt, daß jede durch ihn gehende Gerade (und Ebene) Doppelgerade (und Doppelebene) ist; dazu kommt eine Doppelebene σ (*Perspektivitäts-* oder *Kollineationsebene*) von der Art, daß jeder Punkt und jede Gerade in ihr ein Doppelelement ist; je zwei entsprechende Ebenen (oder Strahlen) schneiden sich also in einer Geraden (oder einem Punkt) von σ.

Werden der Punkt S und die Ebene σ beliebig angenommen und außerdem auf einer durch S gehenden Geraden ein Paar entsprechender Punkte (x), (x'), so ist dadurch die perspektive Kollineation bestimmt.

Die analytischen Betrachtungen, auf denen diese Schlüsse ruhen, ergeben sich durch unmittelbare Verallgemeinerungen von S. 181. Es gibt eine Wurzel $\varrho = a$ von $\varDelta(\varrho) = 0$, die sämtliche Doppelpunkte in σ liefert; sie ist eine *dreifache* Wurzel, und die von ihr verschiedene einfache Wurzel $\varrho = b$ liefert den Punkt S; alle daran in Kap. XII geknüpften Schlüsse übertragen sich sinngemäß auf den Raum. Wählt man σ als $x_4 = 0$, S als $x_1 = x_2 = x_3 = 0$, so hat die zentrale Kollineation die Form

(28a) $$\varrho x_i' = a x_i; \quad i = 1, 2, 3; \quad \varrho x_4' = b x_4.$$

Die Gleichung $\varDelta(\varrho) = 0$ lautet jetzt:

$$(a - \varrho)^3 (b - \varrho) = 0.$$

In der Tat erhalten wir aus (28a), wenn wir $\varrho = a$ und $x_k' = x_k$ setzen, $x_4 = 0$, und x_1, x_2, x_3 bleiben beliebig. Setzen wir dagegen $\varrho = b$ und $x_k' = x_k$, dann folgt $x_1 = x_2 = x_3 = \dfrac{b}{a}$, und x_4 ist beliebig.

Ist die Doppelebene die unendlichferne Ebene, so wird die zentrale Kollineation zur Ähnlichkeitstransfomation.

Im allgemeinen entspricht der Ebene η_∞' von $\mathfrak{R}'$ in $\mathfrak{R}$ eine endliche Ebene η (*Fluchtebene*), von der man, wie S. 182 beweist, daß sie zu σ parallel ist. Darauf beruht die Reliefdarstellung in der bildenden Kunst. Sie benutzt die Fläche, auf der sich das Relief erhebt, als Ebene σ und eine vom Beschauer aus meist jenseits der Ebene σ liegende Parallelebene zu σ als Fluchtebene η. In der Parallelschicht zwischen σ und η muß also das Bild des ganzen abzubildenden Raumteiles enthalten sein. Naturgemäß erlaubt sich der bildende Künstler die durch seine Sonderzwecke bedingten Abweichungen. Man kann die perspektive Lage von $\mathfrak{R}$ und $\mathfrak{R}'$ wieder benutzen, um den allmählichen Übergang eines Tetraeders $\mathfrak{T}$ in ein Tetraeder $\mathfrak{T}'$ zu veranschaulichen, das bis zu η_∞' reicht oder auch η_∞' durchdringt; wenn insbesondere $\mathfrak{T}$ die Fluchtebene η durchdringt, so geht das kollineare Bild in ein die η_∞' durchziehendes $\mathfrak{T}'$ über.

Wenn je zwei Punkte (x), (x') sich in beiderlei Sinne entsprechen, wenn also $(x')'$ wieder der Punkt (x) ist, heißt die Kollineation *involutorisch*. Die Verbindungslinie jedes solchen Paares (x), (x') ist wieder eine Doppelgerade; analog entsprechen sich auch je zwei Ebenen (u) und (u') involutorisch, und ihre Schnittlinie ist ebenfalls eine Doppelgerade.

Es gibt zwei solche involutorische Kollineationen. Die vorstehende zentrale Kollineation wird involutorisch, wenn jedes Punktepaar (x), (x') zu S und σ harmonisch liegt; ist es bei einem der Fall, so bei jedem. Die Beziehung ist dann das kollineare Abbild der Symmetrie gegen eine Ebene; die Ebene der Symmetrie liefert die Perspektivitätsebene σ, und das Perspektivitätszentrum ist der unendlich ferne Punkt der Lote auf der Symmetrieebene. Es gibt noch eine zweite einfache Symmetrie, deren kollineare Verallgemeinerung einen involutorischen Sonderfall liefert; es ist die Symmetrie *gegen eine Gerade*. Wir erhalten sie, wenn wir je zwei entsprechende Punkte P, P' so annehmen, daß ihre Verbindungslinie die Symmetrieachse s senkrecht schneidet und von ihr halbiert wird. Außer s haben wir dann in ε_∞ noch eine zu s senkrechte Doppelgerade. Das allgemeine kollineare Abbild dieser Symmetrie heißt *axiale* involutorische Kollineation.

Um die Involutionen analytisch abzuleiten, unterscheiden wir zwei Fälle, je nachdem die Verbindungslinien PP' und QQ' zweier geeigneter Punkte P und Q mit den ihnen entsprechenden P' und Q' sich nicht schneiden oder die Verbindungslinien PP' und QQ' sich stets schneiden.

Im ersten Falle nehmen wir P, P', Q und Q' als die Ecken des Koordinatentetraeders an und erhalten so die Transformation in der Form

$$\varrho x_1' = a_{12} x_2, \quad \varrho x_2' = a_{21} x_1, \quad \varrho x_3' = a_{34} x_4, \quad \varrho x_4' = a_{43} x_3.$$

Da aber die Transformation involutorisch sein soll, so muß $a_{12} a_{21} = a_{34} a_{43}$ sein, etwa gleich μ. Wir erhalten entsprechend die Gleichung

$$\varDelta(\varrho) = \varrho^4 - 2\varrho^2 \mu + \mu^2 = 0,$$

also eine Gleichung mit zwei Doppelwurzeln $\varrho = \pm \sqrt{\mu}$. Die Doppelpunkte sind dann gegeben durch die Gleichungen

$$\pm \sqrt{\mu}\, x_1 = a_{12} x_2, \quad \pm \sqrt{\mu}\, x_3 = a_{34} x_4$$

oder durch die mit ihnen gleichwertigen Gleichungen

$$\pm \sqrt{\mu}\, x_2 = a_{21} x_1, \quad \pm \sqrt{\mu}\, x_4 = a_{43} x_3.$$

Die Doppelpunkte erfüllen also ein Paar von reellen oder konjugiert imaginären Geraden, die Achsen, die übrigens keinen Punkt gemeinsam haben. Denn den Gleichungen mit $+\sqrt{\mu}$ und $-\sqrt{\mu}$ gleichzeitig genügt nur das Wertequadrupel $x_i = 0$.

Unter diesen Fall fällt insbesondere auch die axiale Symmetrie. Durch geeignete Wahl des Koordinatensystems läßt sich eine jede solche Transformation entweder auf die Form

$$\varrho x_1' = -x_1, \quad \varrho x_2' = x_2, \quad \varrho x_3' = -x_3, \quad \varrho x_4' = x_4$$

oder auf die Form

$$\varrho x_1' = -x_2, \quad \varrho x_2' = x_1, \quad \varrho x_3' = -x_4, \quad \varrho x_4' = x_3$$

bringen.

Im zweiten Falle mögen sich PP' und QQ' etwa in S schneiden. Da die Geraden PP' und QQ' in sich übergehen, so geht auch S in sich über. Sei R ein Punkt, der nicht in der Ebene (P, P', Q, Q', S) liegt und der nicht in sich selbst übergeht. Dann muß nach Voraussetzung RR' sowohl PP' wie QQ' schneiden, also auch durch S gehen. Die Transformation liefert auf den drei Geraden SP, SQ, SR Involutionen, deren einer Doppelpunkt jedesmal S ist, der zweite möge S_P, S_Q resp. S_R sein. Diese Punkte sind ebenfalls Doppelpunkte der Transformation. Wir wollen S, S_P, S_Q, S_R als Ecken des Koordinatentetraeders wählen und erhalten die Transformation in der Form

$$\varrho x_1' = -x_1, \quad \varrho x_2' = x_2, \quad \varrho x_3' = x_3, \quad \varrho x_4' = x_4.$$

Dem entspricht die Gleichung

$$\Delta(\varrho) = (\varrho - 1)^3 (\varrho + 1) = 0,$$

und als Doppelpunkte für die dreifache Wurzel $\varrho = 1$ erhält man alle Punkte der Ebene $x_1 = 0$, für die einfache Wurzel $\varrho = -1$ den Punkt S oder $x_2 = x_3 = x_4 = 0$. Nehmen wir $x_4 = 0$ als ε_∞, so erhalten wir, wenn wir für x_1/x_4, x_2/x_4, x_3/x_4 die gewöhnlichen kartesischen Koordinaten anführen, die Symmetrie in bezug auf die (y, z)-Ebene

$$x' = -x, \quad y' = y, \quad z' = z.$$

6. Die kollineare Beziehung ist eine *affine*, wenn die Ebenen ε_∞ und ε_∞' einander entsprechen; von den Gleichungen (25) lautet die letzte jetzt $\varrho x_4' = a_{44} x_4$. Ihr analytischer Ausdruck in nicht homogenen Koordinaten hat die Form

$$(30) \quad \begin{cases} x' = a_{11} x + a_{12} y + a_{13} z + a_{14}, \\ y' = a_{21} x + a_{22} y + a_{23} z + a_{24}, \\ z' = a_{31} x + a_{32} y + a_{33} z + a_{34}. \end{cases}$$

Da ε_∞ und ε_∞' entsprechende kollineare Ebenen in vereinigter Lage sind, so fallen drei Doppelpunkte in sie hinein. Die Gleichung, die die Doppelelemente bestimmt, erhält den Faktor $(a_{44} - \varrho)$; er liefert den stets reellen *Affinitätspol*. Die drei anderen Wurzeln entsprechen den drei Doppelpunkten in ε_∞.

Da jedem P_∞ von $\Re$ ein P_∞' von $\Re'$ entspricht, so behält wiederum bei affiner Abbildung das Teilungsverhältnis seinen Wert; Mitte

bleibt Mitte, parallele Ebenen und Geraden bleiben parallel, ein Parallelepiped also ein Parallelepiped. Auch *das Volumenverhältnis ist invariant*, was ebenso bewiesen wird wie die Invarianz des Flächen-
verhältnisses für die Ebene.

7. Die Ausdehnung der *reziproken* Beziehung (*Korrelation*) von der
Ebene auf den Raum führt zu den Formeln

$$(31) \qquad \begin{cases} \varrho' u'_i = a_{i1} x_1 + a_{i2} x_2 + a_{i3} x_3 + a_{i4} x_4 \,, \\ \varrho \, x_i = A_{1i} u'_1 + A_{2i} u'_2 + A_{3i} u'_3 + A_{4i} u'_4 \end{cases}$$

und ihren Auflösungen; dabei ist $\sum u_i x_i = \tau \sum u'_i x'_i$. Man kann sie
wiederum (S. 187) durch die bilineare Gleichung

$$(31\,a) \qquad \sum a_{ik} x_i y_k = 0$$

darstellen. Punkt und Ebene sind die einander entsprechenden Elementargebilde. Jeder Punktreihe der einen entspricht ein zu ihr projektiver Ebenenbüschel der anderen, jedem Feld ein kollineares Bündel
usw. Unsere Gleichungen liefern zugleich die *analytische Begründung
der allgemeinen räumlichen Dualität*[1]. In jedem Raum gibt es im allgemeinen eine F_2 mit der Gleichung

$$(32) \qquad \sum a_{ik} x_i x_k = 0 \,,$$

deren Punkte in die ihnen entsprechenden Ebenen fallen, und eine Φ_2
von dualer Bedeutung. Für $a_{ik} = a_{ki}$ wird die Korrelation involutorisch; wir werden ihr alsbald (s. S. 278) als Polarität für eine F_2 begegnen. Die F_2 und Φ_2 werden identisch und liefern die Fläche, die
die Polarität bestimmt.

Einen sehr eigenartigen Sonderfall liefert die Beziehung $a_{ik} + a_{ki} = 0$,
$a_{ii} = 0$ (*Nullsystem*). Aus den ersten vier Zeilen von (32) folgert man
unmittelbar die Gleichung

$$x_1 u'_1 + x_2 u'_2 + x_3 u'_3 + x_4 u'_4 = 0 \,;$$

es liegt also *jeder* Punkt (x) mit der ihm entsprechenden Ebene (u')
vereinigt; die Gleichung (32b) ist für jedes Wertesystem x_i erfüllt, die
entsprechende F_2 erfüllt sozusagen den gesamten Raum. Die bilineare
Gleichung (32a) lautet jetzt

$$(33) \qquad \begin{cases} a_{12}(x_1 y_2 - x_2 y_1) + a_{13}(x_1 y_3 - x_3 y_1) + a_{14}(x_1 y_4 - x_4 y_1) \\ + a_{34}(x_3 y_4 - x_4 y_3) + a_{42}(x_4 y_2 - x_2 y_4) + a_{23}(x_2 y_3 - x_3 y_2) = 0. \end{cases}$$

Vertauschen wir in diesen Gleichungen x_i und y_i, so ändert die linke Seite
nur das Vorzeichen. Dadurch zeigt sich, daß, wie beim Polarsystem,
jedem Punkt dieselbe Ebene zugeordnet ist, ob man nun den Punkt

---

[1] Für die nähere Darstellung der Dualität vgl. S. 235.

zu $\mathfrak{R}$ oder zu $\mathfrak{R}'$ rechnet; diese Ebene heißt *Nullebene* des Punktes und der Punkt ihr *Nullpunkt*[1].

Die für eine allgemeine Korrelation vorhandenen projektiven Eigenschaften kommen auch dem Nullsystem zu. Sind E und E_1 zwei Punkte, so entspricht ihrer Verbindungslinie die Schnittlinie $(\varepsilon\varepsilon_1)$ (*konjugierte* Geraden) und der Punktreihe auf EE_1 der ihr projektive Ebenenbüschel durch $(\varepsilon\varepsilon_1)$. Jeder Geraden durch E ist also eine Gerade von ε konjugiert, jeder Ebene durch E entspricht ein Punkt von ε als Nullpunkt. Anders ausgedrückt: Dem Bündel aller Ebenen und Strahlen durch einen Punkt E entsprechen die Punkte und Strahlen der Nullebene ε von E.

Das Nullsystem besitzt wichtige metrische Eigenschaften; wir gehen daher zu rechtwinkligen homogenen Koordinaten über und ersetzen x_i durch x, y, z, t und y_i durch x', y', z', t'. So erhalten wir statt (33)

$$(33\,\mathrm{a}) \quad \left\{ \begin{array}{l} a_{12}(xy' - x'y) + a_{13}(xz' - x'z) + a_{23}(yz' - y'z) \\ + a_{14}(xt' - x't) + a_{24}(yt' - y't) + a_{34}(zt' - z't) = 0\,. \end{array} \right.$$

Sei nun E_∞ der Nullpunkt von ε_∞. Allen Geraden durch E_∞ entsprechen, wie wir soeben sahen, alle Geraden in ε_∞. Die Geraden durch E_∞ sind sämtlich der durch E_∞ bestimmten Richtung h parallel. Zu dieser Richtung gibt es in ε_∞ eine auf ihr orthogonale Gerade l, nämlich die Schnittlinie der zu h senkrechten Ebenen. Dieser Geraden l von ε_∞ entspricht wieder ein bestimmter, durch E_∞ gehender Strahl. Ihn wollen wir zur z-Achse wählen; es wird dann l die unendlichferne Gerade der xy-Ebene, und es sind l und die z-Achse konjugierte Geraden. Setzen wir also in (33 a) $x = 0$, $y = 0$, so muß diese Gleichung durch $z' = 0$, $t' = 0$ befriedigt werden; dies liefert

$$a_{13} = a_{14} = a_{23} = a_{24} = 0\,,$$

und als Gleichung des Nullsystems erscheint (für $t = t' = 1$)

$$(34) \qquad a_{12}(xy' - x'y) + a_{34}(z - z') = 0\,.$$

Hieraus ergeben sich zwei einfache invariante Eigenschaften ·des Nullsystems. Die Gleichungen

$$z = z_1 + \zeta\,, \qquad z' = z_1' + \zeta$$

stellen (S. 213) eine Schiebung längs der z-Achse um die Strecke ζ dar; sie führen (34) in sich über, und so folgt, daß das Nullsystem durch diese Schiebung in sich übergeht. Gelangt also bei der Schiebung ein

---

[1] Für die Ebene gibt es einen analogen Fall nicht; es wird $\varDelta = 0$, wenn $a_{ii} = 0$ und $a_{ik} = -a_{ik}$ ist. Dasselbe tritt für alle $2\,n + 1$-reihigen Determinanten ein; vgl. Anhang III, § 6, 2b. (Das Nullsystem ist von Wichtigkeit für die Zusammensetzung von Kräften im Raum.)

Punkt E nach E_1, so gelangt auch die Nullebene ε von E in die Lage der Nullebene ε_1 von E_1. In demselben Sinn führt auch die durch

$$x = x_1 \cos\alpha - y_1 \sin\alpha\,, \qquad y = x_1 \sin\alpha + y_1 \cos\alpha$$

dargestellte Drehung um die z-Achse die Gleichung (34) und damit auch das Nullsystem in sich über.

Sei $(x,0,0)$ ein Punkt der x-Achse, so folgt für seine Nullebene

$$a_{12}\,x\,y' - a_{34}\,z' = 0\;; \qquad \text{also} \qquad \frac{z'}{y'} = \frac{a_{12}}{a_{34}}\,x\,,$$

die Nullebene geht also durch die x-Achse, und für ihre Neigung φ gegen die xy-Ebene folgt

$$\operatorname{tg}\varphi = \frac{a_{12}}{a_{34}}\,x = k\,x\,.$$

Mit Hilfe dieses Resultates kann man weiter folgern: 1. Die Nullebene eines Punktes E enthält das von E auf die z-Achse gefällte Lot EZ. 2. Die Neigung φ der Nullebene gegen die xy-Ebene ist gegeben durch $\operatorname{tg}\varphi = k\cdot EZ$; dies folgt unmittelbar daraus, daß der Punkt $(x,0,0)$ durch die Schiebung längs der Achse und Drehung um die Achse in alle Punkte im Abstand EZ von der z-Achse übergeführt werden kann.

Siebzehntes Kapitel

Die Flächen der zweiten Ordnung.

§ 1. Gestaltliches.

Um das Verständnis der allgemeinen Theorie der Flächen zweiter Ordnung (F_2) zu erleichtern, sollen die einfacheren gestaltlichen Eigenschaften der wichtigsten Flächentypen vorangestellt werden.

1. Sei (α, β, γ) der Mittelpunkt einer *Kugel*, ϱ ihr Radius und $P(x, y, z)$ ein Punkt von ihr, so ist gemäß (5 b) von S. 204

$$(1) \qquad (x - \alpha)^2 + (y - \beta)^2 + (z - y)^2 - \varrho^2 = 0.$$

Umgekehrt liegt jeder Punkt, dessen Koordinate die Gleichung (1) befriedigen, auf dieser Kugel. Dies ist also die *Gleichung der Kugel*. Fällt der Mittelpunkt in den Anfangspunkt, so lautet sie

$$(1\,a) \qquad x^2 + y^2 + z^2 - \varrho^2 = 0.$$

Für $\varrho = 0$ reduziert sich (1) auf die Gleichung

$$(x - \alpha)^2 + (y - \beta)^2 + (z - \gamma)^2 = 0.$$

Ihr genügt nur der eine reelle Punkt $x = \alpha$, $y = \beta$, $z = \gamma$ (*Nullkugel*).
Man kann Gleichung (1) in

$$(2) \qquad \begin{cases} x^2 + y^2 + z^2 - 2\alpha x - 2\beta y - 2\gamma z + \delta = 0, \\ \delta = \alpha^2 + \beta^2 + \gamma^2 - \varrho^2 \end{cases}$$

überführen. Es stellt also auch

$$(3) \qquad A(x^2 + y^2 + z^2) + 2Bx + 2Cy + 2Dz + E = 0$$

(für $A \gtrless 0$) eine Kugel dar; denn ihr Mittelpunkt ist gegeben durch

$$\alpha = -\frac{B}{A}, \qquad \beta = -\frac{C}{A}, \qquad \gamma = -\frac{D}{A},$$

während sich ϱ durch

$$\varrho^2 = \alpha^2 + \beta^2 + \gamma^2 - \delta = \frac{B^2 + C^2 + D^2 - AE}{A^2}$$

bestimmt. Für $B^2 + C^2 + D^2 < AE$ ist die Kugel imaginär, ihr Mittelpunkt bleibt jedoch reell; für $B^2 + C^2 + D^2 - AE = 0$ ergibt sich die Nullkugel.

Für $A = 0$ artet die Fläche (3) in eine Ebene aus; genauer in ein *Ebenenpaar*, dessen eine Ebene die Ebene ε_∞ ist. In homogener Schreibweise lautet nämlich die Gleichung (3)

(3a) $A(x^2 + y^2 + z^2) + 2Bxt + 2Cyt + 2Dzt + Et^2 = 0$,

dem Fall $A = 0$ entspricht also das Ebenenpaar

$$t\{2Bx + 2Cy + 2Dz + Et\} = 0.$$

Alle Kugeln schneiden die Ebene ε_∞ in demselben (imaginären) Punktgebilde (Kugelkreis). Denn für die Kugelpunkte von ε_∞ ist $t = 0$, also wegen (3a) auch (da wir $A \gtrless 0$ annehmen)

(4) $x^2 + y^2 + z^2 = 0$;

die Kugelpunkte der Ebene ε_∞ stellen also zugleich ihren Schnitt mit dem durch (4) dargestellten Gebilde dar. Dieses Ergebnis ist von den Konstanten der Kugel unabhängig und gilt daher für *jede* Kugel. Damit ist die Behauptung erwiesen. Auf $t = 0$ sind x, y, z nicht gleichzeitig Null. Andere reelle Koordinatenwerte x, y, z befriedigen aber Gleichung (4) nicht. Der Kugelkreis besteht also aus lauter imaginären Punkten. Der Kugelkreis gehört auch den ausgearteten Kugeln an, da diese die ganze Ebene ε_∞ enthalten.

Der Punktort der Gleichung (4) *besteht aus lauter Minimalgeraden.* Die Ebene $z = 0$ enthält von ihm die durch

$$x^2 + y^2 = (x + iy)(x - iy) = 0$$

dargestellten Minimalgeraden. Das gleiche muß aber für jede Ebene durch O gelten. Geometrisch folgt es aus der Symmetrie der Kugel für alle durch O gehenden Ebenen; analytisch ergibt es sich folgendermaßen: Ist ε eine durch O gehende Ebene, so kann man sie zur Ebene $z' = 0$ neuer orthogonaler Achsen durch O machen; dabei geht (4) in $x'^2 + y'^2 + z'^2 = 0$ über, und damit ist der Beweis erbracht. Es stellt also (4) einen aus allen Minimalgeraden durch O bestehenden *imaginären Kegel* dar (*absoluter Kegel*).

Der Kugelkreis ist zugleich der Ort *aller* auf ε_∞ liegenden (imaginären) Kreispunkte. Ist nämlich ε eine *beliebige* Ebene, so sind die in ihr liegenden Kreispunkte dieselben, die auch einer Ebene $\varepsilon' \parallel \varepsilon$ durch O angehören, und deren Kreispunkte gehören dem Kugelkreis an.

Wie die Ebene, läßt sich auch die Kugel mittels *zweier unabhängiger Parameter* darstellen. In den Gleichungen (14) von S. 202 ist eine solche (nicht rationale) Darstellung bereits enthalten.

2. Eine in x, y, z homogene Gleichung zweiten Grades

(5) $a_{11}x^2 + a_{22}y^2 + a_{33}z^2 + 2a_{23}yz + 2a_{13}zx + 2a_{12}xy = 0$

stellt einen *Kegel* dar, dessen Scheitel in O fällt. Dies ergibt sich wie folgt: Für die Punkte einer durch O gehenden Geraden g ist

$$x : y : z = l : m : n,$$

wo l, m, n feste nicht zugleich verschwindende Zahlen sind. Soll nun ein Punkt von g der Fläche (5) angehören, so muß

$$a_{11} l^2 + a_{22} m^2 + a_{33} n^2 + 2 a_{23} mn + 2 a_{13} ln + 2 a_{12} lm = 0$$

sein. Ist aber diese Gleichung erfüllt, so ist (5) für jeden Punkt von g erfüllt. Die Gerade g hat also mit der F_2 entweder nur den Punkt O gemein, oder sie liegt ganz auf ihm. Die F_2 ist also eine *Kegelfläche*.

Der Beweisgrund dieser Schlüsse besteht in dem *homogenen* Charakter der Gleichung (5). Sie bleiben für *jede* in x, y, z homogene Gleichung, von welchem Grad sie auch sei, in Kraft; jede solche Gleichung stellt daher eine Kegelfläche mit O als Scheitel dar.

Eine in $x - \xi$, $y - \eta$, $z - \zeta$ homogene Gleichung stellt einen Kegel durch (ξ, η, ζ) dar, wie am einfachsten durch Parallelverschiebung des Koordinatensystems zum Punkt (ξ, η, ζ) folgt.

3. Weiter betrachten wir eine Gleichung

(6) $$a_{11} x^2 + 2 a_{12} xy + a_{22} y^2 + 2 a_{13} x + 2 a_{23} y + a_{33} = 0,$$

die z nicht enthält. Die ihr genügenden Punkte der xy-Ebene bilden eine Kurve C_2. Zieht man durch einen Punkt $P'(x,y)$ dieser Kurve eine Parallele p zur z-Achse, so hat jeder Punkt von p dieselben x,y-Koordinaten wie P', und da z in (6) nicht vorkommt, gehört auch jeder Punkt P der Parallelen p der Fläche an. Die Fläche ist eine Zylinderfläche mit der C_2 als *Basiskurve*, deren Erzeugenden zur z-Achse parallel sind. Das analoge gilt für Gleichungen, die x oder y nicht enthalten.

Diese Schlüsse sind einer weiten Verallgemeinerung fähig. Wir schließen auf dieselbe Weise, daß eine Gleichung $\varphi(x,y) = 0$ eine zur z-Achse parallele Zylinderfläche darstellt, die die xy-Ebene in der Basiskurve $\varphi(x,y) = 0$ schneidet; ebenso sind $\psi(x,z) = 0$, $\chi(y,z) = 0$ Zylinderflächen, die der y-Achse und der x-Achse parallel laufen.

Führt man in die Gleichung (6) homogene rechtwinklige Koordinaten ein, dann geht sie über in

(6a) $$a_{11} x^2 + 2 a_{12} xy + a_{22} y^2 + 2 a_{13} xt + 2 a_{23} yt + a_{33} t^2 = 0,$$

also in eine Gleichung von der Form (5), nur daß t an der Stelle von z steht. Es stellt also (6) oder (6a) einen Kegel dar, dessen Spitze der unendlich ferne Punkt der z-Achse ($x = y = t = 0$) ist.

4. Es gibt drei reelle Flächen F_2, die den Mittelpunktskurven (Ellipse und Hyperbel) analog sind (*eigentliche Mittelpunktsflächen*); sie haben die Gleichung

(7) $$A x^2 + B y^2 + C z^2 = 1.$$

Für die Konstanten A, B, C können vier Vorzeichenkombinationen eintreten, nämlich

$$+ + +, \quad + + -, \quad + - -, \quad - - - .$$

Die den drei ersten Fällen entsprechenden Gleichungen schreiben wir

(8) $\dfrac{x^2}{a^2} + \dfrac{y^2}{b^2} + \dfrac{z^2}{c^2} = 1$ (*Ellipsoid,* $\mathfrak{E}_2$) ,

(8a) $\dfrac{x^2}{a^2} + \dfrac{y^2}{b^2} - \dfrac{z^2}{c^2} = 1$ (*einschaliges Hyperboloid,* $\mathfrak{H}_2$) ,

(8b) $\dfrac{x^2}{a^2} - \dfrac{y^2}{b^2} - \dfrac{z^2}{c^2} = 1$ (*zweischaliges Hyperboloid,* $\mathfrak{H}_2'$) ;

der letzten Kombination entspricht keine reelle Fläche (*nullteilige* F_2).

Zunächst bilden wir uns eine Vorstellung von der *Gestalt* der Flächen. Ohne weiteres ergibt sich aus der Gleichungsform (7): 1. Jede Koordinatenebene ist eine Symmetrieebene (**Hauptschnitt**). 2. Der Anfangspunkt ist ein Symmetriezentrum (S. 200); jede durch ihn gehende Sehne (Durchmesser) wird in ihm halbiert. Er ist also ein *Mittelpunkt* der Fläche.

Weiter betrachten wir die den Koordinatenebenen parallelen Schnitte mit den Ebenen $x = \alpha$, $y = \beta$, $z = \gamma$. Die Punkte, die die Ebene $z = \gamma$ aus der Fläche (7) ausschneidet, genügen der Gleichung

$$A x^2 + B y^2 = 1 - C \gamma^2 .$$

Gemäß S. 199 können wir sie als Gleichung der Schnittkurve betrachten, bezogen auf die Geraden als x- und y-Achse, in denen die Ebene $z = \gamma$ die xz- und yz-Ebene schneidet. Dasselbe gilt für die Schnittkurven in den Ebenen $x = \alpha$ und $y = \beta$.

Dies wenden wir auf die einzelnen Flächen an. Für das $\mathfrak{E}_2$ haben die Schnittkurven der Ebenen $z = \gamma$ die Gleichung

$$\frac{x^2}{a^2} + \frac{y^2}{b^2} = 1 - \frac{\gamma^2}{c^2} ;$$

sie sind reell nur für die Werte $\gamma^2 \leq c^2$. Für $\gamma = 0$ haben wir eine *Ellipse* E_2 mit den Halbachsen a und b; für beliebiges γ sind die Halbachsen der E_2 gegeben durch

$$a_1^2 = a^2\Big(1 - \frac{\gamma^2}{c^2}\Big) \leq a^2 , \qquad b_1^2 = b^2\Big(1 - \frac{\gamma^2}{c^2}\Big) \leq b^2 ;$$

die Halbachsen nehmen also mit wachsendem γ^2 beständig ab, und zwar so, daß $a_1 : b_1 = a : b$ ist. Alle Schnittellipsen sind daher *einander ähnlich*. Für $\gamma = \pm c$ ist die E_2 auf einen Punkt zusammengeschrumpft. Das analoge gilt für die anderen beiden Ebenenscharen; das Ellipsoid ist also eine ganz im Endlichen enthaltene Fläche, eingeschlossen in das Parallelepiped der Ebenen $x = \pm a$, $y = \pm b$, $z = \pm c$.

Das $\mathfrak{E}_2$ ist ein *affines Abbild der Kugel.* Durch

(9) $x = a x'$, $y = b y'$, $z = c z'$

geht es aus der Kugel $x'^2 + y'^2 + z'^2 = 1$ hervor. Mittels der Gleichungen (14) von S. 202 ergibt sich daraus die folgende Parameterdarstellung des $\mathfrak{E}_2$

(9a) $x = a \cos\varphi \cos\vartheta$, $y = b \sin\varphi \cos\vartheta$, $z = c \sin\vartheta$.

Das einschalige Hyperboloid $\mathfrak{H}_2$ wird von den Koordinatenebenen in den Kurven

$$\frac{x^2}{a^2} + \frac{y^2}{b^2} = 1 , \qquad \frac{x^2}{a^2} - \frac{z^2}{c^2} = 1 , \qquad \frac{y^2}{b^2} - \frac{z^2}{c^2} = 1$$

geschnitten; die erste ist eine E_2 (*Kehlellipse*); jede der beiden anderen ist eine H_2 mit der z-Achse als imaginärer Achse. Die Ebenen $z = \gamma$ schneiden sämtlich in den reellen Ellipsen

$$\frac{x^2}{a^2} + \frac{y^2}{b^2} = 1 + \frac{\gamma^2}{c^2} ;$$

ihre Halbachsen, die sich aus

$$a_1^2 = a^2\left(1 + \frac{\gamma^2}{c^2}\right), \qquad b_1^2 = b^2\left(1 + \frac{\gamma^2}{c^2}\right)$$

ergeben, wachsen mit γ^2; für die Kehlellipse haben sie die kleinsten Werte (a und b). Alle diese E_2 sind wieder einander ähnlich. Die Ebenen $x = \alpha$ schneiden in den Hyperbeln

$$\frac{y^2}{b^2} - \frac{z^2}{c^2} = 1 - \frac{\alpha^2}{a^2}.$$

Für $\alpha^2 < a^2$ fällt die reelle Achse in die y-Achse wie für die H_2 in der yz-Ebene ($\alpha = 0$); für $\alpha^2 > a^2$ fällt sie dagegen in die z-Achse, was Fig. 79 ersichtlich macht[1]. Für die Ebene $x = a$ artet die H_2 in das Geradenpaar

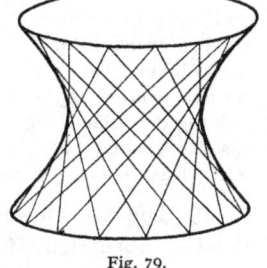

Fig. 79.

$$\frac{y^2}{b^2} - \frac{z^2}{c^2} = \left(\frac{y}{b} - \frac{z}{c}\right)\left(\frac{y}{b} + \frac{z}{c}\right) = 0$$

aus. Die Asymptoten aller H_2 sind diesen beiden Geraden parallel; die H_2 der Teilscharen $\alpha^2 \gtrless a^2$ liegen zu ihnen wie *konjugierte* Hyperbeln. Alle H_2 einer jeden Schar sind einander ähnlich. Analog ist es für die Schnittkurven in den Ebenen $y = \beta$; für $\beta = b$ zerfällt sie wieder in zwei Geraden.

Das so gestaltete $\mathfrak{H}_2$ ist eine sich ins Unendliche erstreckende, zusammenhängende Fläche, was die Bezeichnung *einschalig* ausdrücken soll.

Durch Vertauschung von x mit z und a mit c erhält die Gleichung (8b) die Form

(9b)
$$-\frac{x^2}{a^2} - \frac{y^2}{b^2} + \frac{z^2}{c^2} = 1 .$$

Die Koordinatenebenen schneiden es in den Kurven

$$-\frac{x^2}{a^2} - \frac{y^2}{b^2} = 1 , \qquad -\frac{x^2}{a^2} + \frac{z^2}{c^2} = 1 , \qquad -\frac{y^2}{b^2} + \frac{z^2}{c^2} = 1 ;$$

die erste ist eine nullteilige Kurve, die beiden anderen sind Hyperbeln, deren reelle Achse die z-Achse ist. Die xy-Ebene *schneidet also das* $\mathfrak{H}_2'$

---

[1] Für die in der Figur enthaltenen Geraden vgl. S. 241.

nicht reell; es zerfällt, wie das folgende genauer zeigt, in zwei getrennte Stücke, was die Bezeichnung *zweischalig* zum Ausdruck bringt.

Die Ebenen $z = \gamma$ schneiden in den Kurven

$$\frac{x^2}{a^2} + \frac{y^2}{b^2} = \frac{\gamma^2}{c^2} - 1 \, ,$$

sie sind reelle E_2 für $\gamma^2 \geq c^2$, es wird

$$a_1^2 = a^2\left(\frac{\gamma^2}{c^2} - 1\right), \quad b_1^2 = b^2\left(\frac{\gamma^2}{c^2} - 1\right),$$

die Halbachsen der E_2 wachsen also mit γ^2. Die Ebenen $\gamma = \pm c$ enthalten nur den einen, auf der z-Achse liegenden Punkt. Die Ebenen $x = \alpha$ und $y = \beta$ schneiden wieder in Hyperbeln; ihre Gleichungen sind

$$\frac{z^2}{c^2} - \frac{y^2}{b^2} = 1 + \frac{\alpha^2}{a^2} \, , \quad \frac{z^2}{c^2} - \frac{x^2}{a^2} = 1 + \frac{\beta^2}{b^2} \, ,$$

sie haben sämtlich die z-Achse ihrer Ebene als reelle Achse. Alle Kurven einer jeden Schar sind ähnliche Kurven.

Für $a = b$ gehen die Schnittellipsen in den Ebenen $z = \gamma$ bei allen drei Flächen in Kreise über. Die Flächen sind *Rotationsflächen*[1], man kann sie durch Rotation einer E_2 oder H_2 um die z-Achse entstanden denken, deren Gleichungen in der xz-Ebene

$$\frac{x^2}{a^2} + \frac{z^2}{c^2} = 1 \, , \quad \frac{x^2}{a^2} - \frac{z^2}{c^2} = 1 \, , \quad \frac{z^2}{c^2} - \frac{x^2}{a^2} = 1$$

sind. Das Rotations-$\mathfrak{E}_2$ entsteht durch Rotation der E_2, das Rotations-$\mathfrak{H}_2$ und -$\mathfrak{H}_2'$ durch Rotation der H_2; ist die z-Achse die imaginäre Achse wie bei der ersten H_2-Gleichung, so entsteht das $\mathfrak{H}_2$, und wenn die z-Achse die reelle Achse ist wie bei der zweiten H_2-Gleichung, das $\mathfrak{H}_2'$. Daraus kann man eine anschauliche Vorstellung der Flächen gewinnen, wenn man beachtet, daß die allgemeine Fläche aus der gleichartigen Rotationsfläche durch eine affine Transformation hervorgeht. Das gleiche gilt für das im folgenden zu betrachtende Paraboloid $\mathfrak{P}_e$.

5. Die Gleichungen (8a) und (8b) des $\mathfrak{H}_2$ und $\mathfrak{H}_2'$ stehen in der gleichen formalen Beziehung zueinander wie die Gleichungen zweier konjugierter H_2 (S. 141). Zwei solche H_2 besitzen ein gemeinsames Asymptotenpaar; analog besitzen das $\mathfrak{H}_2$ der Gleichung (8a) und das $\mathfrak{H}_2'$ der Gleichung (9b) einen gemeinsamen *Asymptotenkegel*, dargestellt durch

(10)
$$\frac{x^2}{a^2} + \frac{y^2}{b^2} - \frac{z^2}{c^2} = 0 \, .$$

Denn gemäß 2. enthält der durch (10) dargestellte Kegel jede Gerade g mit den Gleichungen

$$x = r\cos\lambda \, , \quad y = r\cos\mu \, , \quad z = r\cos\nu \, ,$$

falls die Bedingung

(10a)
$$\frac{\cos^2\lambda}{a^2} + \frac{\cos^2\mu}{b^2} - \frac{\cos^2\nu}{c^2} = 0$$

---

[1] Eine analytische Darstellung der allgemeinen Rotationsflächen enthalten die Beispiele 108 und 109 von § 5 des Anhangs.

erfüllt ist. Schreiben wir die Gleichungen des $\mathfrak{H}_2$ und $\mathfrak{H}_2'$ homogen, so lauten sie gemeinsam

$$\frac{x^2}{a^2} + \frac{y^2}{b^2} - \frac{z^2}{c^2} \pm t^2 = 0 .$$

Für ihren Schnitt mit der Ebene $t = 0$ besteht also ebenfalls die Gleichung (10); Kegel, $\mathfrak{H}_2$ und $\mathfrak{H}_2'$ schneiden also die Ebene ε_∞ in derselben Kurve. Schreiben wir auch die Gleichung von g homogen, indem wir noch r/s statt r einführen, nämlich

$$x : y : z : t = r\cos\lambda : r\cos\mu : r\cos\nu : s ,$$

so erhalten wir die Schnittpunkte von g und $\mathfrak{H}_2$ oder $\mathfrak{H}_2'$ durch die Beziehung zwischen r und s

$$r^2 \left(\frac{\cos^2\lambda}{a^2} + \frac{\cos^2\mu}{b^2} - \frac{\cos^2\nu}{c^2} \right) \pm s^2 = 0 .$$

Da aber der Faktor von r^2 verschwindet, hat diese Gleichung die Doppelwurzel $s = 0$; es fallen also beide Schnittpunkte in die Ebene $t = 0$. Daher ist g eine Tangente beider Hyperboloide in ihrem unendlichfernen Punkt. Wegen dieser Eigenschaft ist in der Tat (10) der *Asymptotenkegel beider Flächen.*

Ersetzt man auf der rechten Seite von (7) die 1 durch 0, so stellt (7) einen Kegel dar. Von den im Beginn von 4. genannten vier Vorzeichenkombinationen liefern dann je zwei denselben Kegel ($+ + +$ und $- - -$, ebenso $+ + -$ und $- - +$). Es entsteht so also nur *ein reeller Kegel* zweiter Ordnung.

6. Die formale Verallgemeinerung der Parabelgleichung führt auf die beiden Gleichungen

$$(11) \quad \begin{cases} \dfrac{x^2}{p} + \dfrac{y^2}{q} = 2z \quad \text{(\textit{elliptisches Paraboloid} $\mathfrak{P}_e$)} \\[2mm] \dfrac{x^2}{p} - \dfrac{y^2}{q} = 2z \quad \text{(\textit{hyperbolisches Paraboloid} $\mathfrak{P}_h$)} \end{cases} \qquad \begin{aligned} p &> 0 \\ q &> 0 \end{aligned}$$

Die xz-Ebene und die yz-Ebene sind Symmetrieebenen beider Flächen, die xy-Ebene ist es nicht.

Das Paraboloid $\mathfrak{P}_e$ wird von den Ebenen $z = \gamma$ in den Kurven

$$\frac{x^2}{p} + \frac{y^2}{q} = 2\gamma \quad \text{oder} \quad \frac{x^2}{2\gamma p} + \frac{y^2}{2\gamma q} = 1$$

geschnitten, für $\gamma > 0$ also in reellen E_2, für $\gamma < 0$ in imaginären. Es liegt also ganz oberhalb der xy-Ebene. Die Ebene $z = 0$ enthält nur den Anfangspunkt. Die Halbachsen der E_2 wachsen mit γ unbegrenzt; alle E_2 sind wieder ähnliche Kurven. Die Ebenen $x = \alpha$ und $y = \beta$ schneiden in Parabeln; die positive z-Achse gibt für alle die positive Achsenrichtung.

Das Paraboloid $\mathfrak{P}_h$ wird von den Ebenen $z = \gamma$ in den Kurven

$$\frac{x^2}{p} - \frac{y^2}{q} = 2\gamma \quad \text{oder} \quad \frac{x^2}{2p\gamma} - \frac{y^2}{2q\gamma} = 1$$

geschnitten, also in lauter Hyperbeln; für $z = 0$ zerfällt die H_2 in die beiden Geraden

(12)
$$\frac{x}{\sqrt{p}} - \frac{y}{\sqrt{q}} = 0 \quad \text{und} \quad \frac{x}{\sqrt{p}} + \frac{y}{\sqrt{q}} = 0;$$

die Asymptoten aller Hyperbeln laufen diesem Geradenpaar parallel. Für $\gamma > 0$ ist die x-Achse die reelle Achse, für $\gamma < 0$ ist es die y-Achse; die H_2 oberhalb und unterhalb der xy-Ebene liegen also zu ihren Asymptoten wie konjugierte H_2. Dies bewirkt, daß das $\mathfrak{P}_h$ die Gestalt eines Sattels besitzt (Fig. 80). Jede der beiden H_2-Scharen besteht aus ähnlichen H_2. Die Ebenen $x = \alpha$ und $y = \beta$ schneiden aus dem $\mathfrak{P}_h$ lauter

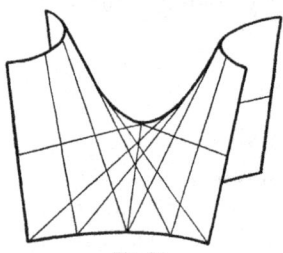

Fig. 80.

Parabeln aus; ihre positive Achse ist in der einen Schar wie die positive z-Achse gerichtet, in der anderen wie die negative[1].

Für den Schnitt des $\mathfrak{P}_e$ und $\mathfrak{P}_h$ mit ε_∞ bestehen die Gleichungen

$$\frac{x^2}{p} + \frac{y^2}{q} = 0 \quad \text{und} \quad \frac{x^2}{p} - \frac{y^2}{q} = 0.$$

Beim $\mathfrak{P}_e$ zerfällt der Schnitt in zwei imaginäre Geraden mit reellem Schnittpunkt Z_∞, beim $\mathfrak{P}_h$ in zwei reelle, ebenfalls durch Z_∞; sie werden aus dem $\mathfrak{P}_h$ durch zwei Ebenen ausgeschnitten, denen die Gleichungen (12) zukommen. Jede dieser Ebenen enthält daher *zwei* Geraden des $\mathfrak{P}_h$, eine in der xy-Ebene liegende und eine unendlichferne.

§ 2. Kreise und Geraden auf den F_2.

Folgender Hilfssatz sei vorausgeschickt. Alle eigentlichen C_2, die durch

$$a_{11}x^2 + 2a_{12}xy + a_{22}y^2 + 2a_{13}x + 2a_{23}y + a_{33} = 0$$

bei *festem Verhältnis* $a_{11} : a_{12} : a_{22}$ dargestellt werden, sind *ähnliche* Kurven[2]. Ist zunächst $a_{11}a_{22} - a_{12}^2 = 0$, so sind die C_2 Parabeln, und *alle* Parabeln sind ähnliche Kurven. Ist $a_{11}a_{22} - a_{12}^2 \gtrless 0$, so sind die C_2 Mittelpunktskurven. Ihre Gleichung geht durch Transformation auf den Mittelpunkt in $a_{11}x'^2 + 2a_{12}x'y' + a_{22}y'^2 + a_{33}' = 0$ über und die Ähnlichkeitstransformation $x' = \alpha X$, $y' = \alpha Y$ führt die Schar in sich selbst über.

Hieraus werden wir folgern, daß eine F_2 von allen parallelen Ebenen in ähnlichen Kurven geschnitten wird. Es geschieht am einfachsten, indem wir uns die F_2 durch eine allgemeine Gleichung zweiten Grades dargestellt denken; die Achsen seien so gewählt, daß eine Ebene der betrachteten Schar die Ebene $z = 0$ sei. Jede Ebene der Schar hat

---

[1] Vgl. S. 137.

[2] Zwei konjugierte H_2 gelten hier als ähnlich; übrigens wird der Satz nur für Kreise benutzt.

dann die Gleichung $z = \gamma$; setzt man dies in die Flächengleichung ein, so entsteht eine Gleichung in x und y, die sich auf die Schnittkurve bezieht, und zwar für die S. 199 genannten x', y'-Achsen. Durch die Substitution $z = \gamma$ ändern sich die Koeffizienten von x^2, $2xy$, y^2 nicht, alle diese Gleichungen stimmen also in den Koeffizienten a_{11}, a_{12}, a_{22} überein und beziehen sich auf parallele Achsen; somit ist die Behauptung erwiesen.

Wird daher eine F_2 von *irgendeiner* Ebene in einem Kreis geschnitten, so auch von *jeder parallelen Ebene*. Gibt es eine solche Ebene insbesondere für eine Mittelpunktsfläche der Gleichung (7), so gibt es auch eine Ebene durch den Mittelpunkt der F_2, die die F_2 in einem Kreis schneidet, dessen Mittelpunkt der Mittelpunkt der F_2 ist. Diese Ebene fällt im allgemeinen nicht in eine Koordinatenebene; und da die Koordinatenebenen Symmetrieebenen der Fläche sind, so gibt es im allgemeinen noch eine zweite Ebene durch O, die ebenfalls in einem Kreise schneidet, und zwar vom gleichen Radius und mit demselben Mittelpunkt. Dieser Kreis entsteht aus dem ersten durch Spiegelung an der Symmetrieebene. Bei dieser Spiegelung geht jede Kugel um den Mittelpunkt in sich über. Folglich gibt es zu jedem Kreisschnitt mit O als Mittelpunkt einen zweiten Kreisschnitt mit demselben Mittelpunkt, der mit ihm zusammen auf einer Kugel um O liegt. Es handelt sich also nur darum, den Radius ϱ einer solchen Kugel zu ermitteln. Sei

$$(13) \qquad x^2 + y^2 + z^2 = \varrho^2$$

diese Kugel. Jede lineare Kombination der linken Seite von (7) und (13) verschwindet auch auf dem Schnitt der Kugel mit der F_2. Verschwindet andererseits für bestimmte (x, y, z) die linke Seite von (13) und eine lineare Kombination von (7) und (13), dann verschwindet auch für diese Werte die linke Seite von (7). Können wir aus (7) und (13) für einen bestimmten Wert ϱ durch lineare Kombination eine Gleichung ableiten, die zwei Ebenen darstellt, so werden die Kreisschnittebenen gefunden sein; denn der Schnitt der beiden Ebenen mit einer Kugel besteht aus zwei Kreisen und ist außerdem auch ihr Schnitt mit der F_2.

Werde $A < B < C$ angenommen. Durch Multiplikation von (13) mit B und Subtraktion von (7) folgt

$$(A - B)x^2 + (C - B)z^2 = 1 - B\varrho^2,$$

und für $B\varrho^2 = 1$ erhalten wir

$$(14) \qquad (B - A)x^2 - (C - B)z^2 = 0.$$

Wegen $A < B < C$ ist dies in der Tat ein Paar reeller Ebenen. Liegt B nicht zwischen A und C, dann ist das Ebenenpaar nicht reell, also folgt:

Für jede Mittelpunktfläche gibt es zwei (reelle) Scharen paralleler Ebenen, die sie in Kreisen schneiden; die durch den Mittelpunkt gehenden Ebenen enthalten die zum mittleren Koeffizienten gehörende Achse.

17*

Die Gleichungen

(14a) $x\sqrt{B-A} + z\sqrt{C-B} - \lambda = 0,\ x\sqrt{B-A} - z\sqrt{C-B} - \lambda = 0$

stellen die beiden Ebenenscharen dar.

Nehmen wir beim $\mathfrak{E}_2\, a > b > c$, so ist die y-Achse die Achse des mittleren Koeffizienten, dasselbe gilt für das $\mathfrak{H}_2$, wenn $a > b$ ist. Es trifft aber auch für das $\mathfrak{H}_2'$ (9b) zu, wenn $a > b$ ist; denn dann ist $-a^2 < -b^2 < c^2$. Bei dieser Fläche haben freilich die durch O gehenden Ebenen keine reellen Kreise mit ihr gemein, und es ist auch die oben benutzte Kugel nicht reell, wohl aber das Ebenenpaar, in dem also zwei imaginäre Kreisschnitte liegen.

Aus den beiden Hyperboloiden und ihrem Asymptotenkegel werden die Kreisschnitte durch *dieselben* Ebenen ausgeschnitten; dies folgt unmittelbar aus dem anfangs bewiesenen Hilfssatz.

Von den Zylinderflächen kann nur die Fläche mit elliptischer Basiskurve Kreisschnittebenen besitzen; ihre Lage läßt sich durch eine einfache geometrische Betrachtung (durch Drehung der Ebene der Ellipse, die durch eine zu den Erzeugenden senkrechte Ebene ausgeschnitten wird, um die große Achse der Ellipse) leicht erkennen.

Auch die Werte $A\varrho^2 = 1$ und $C\varrho^2 = 1$ führen, wie bemerkt, zu Kreisschnittebenen, aber zu imaginären; es gibt also, wenn diese mitgerechnet werden, sechs solcher Scharen. Bei den Paraboloiden reduzieren sie sich auf vier.

Auch das Paraboloid $\mathfrak{P}_e$ besitzt Kreisschnittebenen. Da der Anfangspunkt kein Mittelpunkt ist, benutzen wir, um ihre Lage zu erkennen, eine andere Hilfskugel. Ihr Mittelpunkt sei ein Punkt $z = \gamma$ der z-Achse, und der Anfangspunkt O soll ihr angehören. Ihre Gleichung ist dann

(15) $x^2 + y^2 + z^2 = 2\gamma z$.

Die Gleichung beider Paraboloide nehmen wir in der Form

(15a) $A x^2 + B y^2 = 2z$

an mit $A > B$. Aus ihr und (15) folgt [durch Multiplikation von (15a) mit γ und Subtraktion]

$$x^2(A\gamma - 1) + y^2(B\gamma - 1) - z^2 = 0.$$

Diese Gleichung muß wieder ein reelles Ebenenpaar darstellen. Dies kann für das $\mathfrak{P}_e$ in der Tat eintreten, und zwar für $B\gamma = 1$; die vorstehende Gleichung geht dadurch in

(16) $x^2(A - B) - B z^2 = 0$

über, und wegen $A > B > 0$ stellt sie ein reelles Ebenenpaar dar. Seine beiden Ebenen gehen durch die y-Achse (die zum kleineren Koeffizienten gehörende Achse).

Für das $\mathfrak{P}_h$ ist $B < 0$; es führt deshalb, wie man leicht bestätigt, weder $A\gamma - 1 = 0$ noch $B\gamma - 1 = 0$ zu einem reellen Ebenenpaar. Doch aber werden wir auch auf ihm reelle, aber uneigentliche Kreisschnitte nachweisen.

Das Paraboloid $\mathfrak{P}_h$ und das Hyperboloid $\mathfrak{H}_2$ bilden nämlich Beispiele zu den Flächen, die wir S. 241 als Erzeugnisse projektiver Büschel (oder Punktreihen) einführten. Das $\mathfrak{H}_2$ läßt die Darstellung

(17)
$$\left(\frac{x}{a} + \frac{z}{c}\right)\left(\frac{x}{a} - \frac{z}{c}\right) = \left(1 + \frac{y}{b}\right)\left(1 - \frac{y}{b}\right)$$

zu; wählt man als lineare Funktionen E, F, E', F' von S. 241

$$E = \frac{x}{a} + \frac{z}{c}, \quad E' = 1 + \frac{y}{b} \quad F = 1 - \frac{y}{b}, \quad F' = \frac{x}{a} - \frac{z}{c},$$

so geht (17) in der Tat in $EF' - E'F = 0$ über. Auf dem $\mathfrak{H}_2$ liegen also zwei Geradenscharen (h) und (k) von der Art, daß *jede Gerade h jede Gerade k schneidet* (Fig. 79, S. 255). Von diesen beiden Scharen werden wir zeigen, daß sie *den Geraden des Asymptotenkegels parallel laufen*. Dessen Geraden lassen sich nämlich in ähnlicher Weise als Erzeugnisse projektiver Büschel darstellen wie die des $\mathfrak{H}_2$; solche zwei Büschel sind

(18)
$$\frac{x}{a} + \frac{z}{c} - \lambda\frac{y}{b} = 0 \quad \text{und} \quad \lambda\left(\frac{x}{a} - \frac{z}{c}\right) + \frac{y}{b} = 0;$$

durch Elimination von λ folgt aus ihnen die Kegelgleichung. Die Ebenen dieser Büschel sind für jedes λ den Büschelebenen des $\mathfrak{H}_2$, nämlich

(18a)
$$\frac{x}{a} + \frac{z}{c} - \lambda\left(1 + \frac{y}{b}\right) = 0 \quad \text{und} \quad \lambda\left(\frac{x}{a} - \frac{z}{c}\right) + \left(1 + \frac{y}{b}\right) = 0,$$

parallel; also sind es auch die entsprechenden Schnittgeraden. Das gleiche gilt für die zweite Geradenschar des $\mathfrak{H}_2$. Hieraus ziehen wir zwei Folgerungen: 1. Es gibt zu jeder Geraden h des $\mathfrak{H}_2$ eine ihr parallele Gerade k und umgekehrt. 2. Zieht man durch einen Punkt S alle Geraden, die den Geraden (h) oder (k) parallel laufen, so bilden sie einen zum Asymptotenkegel *kongruenten* Kegel (*Richtungskegel*).

Beim Paraboloid $\mathfrak{P}_h$ werden die erzeugenden Büschel in der Bezeichnung von S. 257 durch

(19)
$$\frac{x}{\sqrt{p}} - \frac{y}{\sqrt{q}} + \lambda = 0, \quad \lambda\left(\frac{x}{\sqrt{p}} + \frac{y}{\sqrt{q}}\right) + 2z = 0$$

und

(19a)
$$\left(\frac{x}{\sqrt{p}} + \frac{y}{\sqrt{q}}\right) + \mu = 0, \quad \mu\left(\frac{x}{\sqrt{p}} - \frac{y}{\sqrt{q}}\right) + 2z = 0$$

dargestellt. In diesem Fall sind alle Geraden h und alle Geraden k *je einer Ebene parallel*. Für beide Scharen besteht nämlich das erste der beiden erzeugenden Büschel aus parallelen Ebenen; jede Gerade h liegt in einer Ebene des ersten Büschels und jede Gerade k in einer des zweiten; alle diese Geraden sind daher je einer der beiden Ebenen

(19b)
$$\frac{x}{\sqrt{p}} - \frac{y}{\sqrt{q}} = 0 \quad \text{und} \quad \frac{x}{\sqrt{p}} + \frac{y}{\sqrt{q}} = 0$$

parallel (*Richtungsebenen*). Es sind die Ebenen, die aus dem $\mathfrak{P}_h$ die Geraden (12) der xy-Ebene ausschneiden, und deren jede, wie wir in

§ 1 sahen, zwei Geraden des $\mathfrak{P}_h$ enthält, eine endliche und eine unendlichferne. Zwei solche Geraden stellen aber einen ausgearteten Kreis dar, und daher kann man diese Ebenen und die ihnen parallelen Scharen auch als *Kreisschnittebenen* auffassen.

Der Richtungskegel des $\mathfrak{H}_2$ ist beim $\mathfrak{P}_h$ in das Paar der Richtungsebenen ausgeartet. Zieht man durch einen Punkt S alle Geraden, die den Geraden (h) oder (k) parallel sind, so müssen sie in je eine Ebene fallen, und zwar in eine Ebene, die der einen und der anderen Ebene (19b) parallel ist.

Die Überführung der Gleichung (7) in die Form (17) ist auch für das $\mathfrak{C}_2$ und das $\mathfrak{H}_2'$ möglich; jedoch nur so, daß E, F, E', F' imaginäre Form erhalten. Man sagt deshalb, daß auf ihnen zwei imaginäre Geradenscharen enthalten sind. Auch für die Kugel ist es der Fall; der zugehörige Richtungskegel ist der durch (4) dargestellte absolute Kegel, und die beiden Scharen (h) und (k) bestehen aus lauter Minimalgeraden.

§ 3. Einige Eigenschaften der allgemeinen Gleichung zweiten Grades.

Die allgemeine Gleichung zweiten Grades werden wir sowohl für allgemeine Tetraederkoordinaten wie für Parallelkoordinaten (homogene und unhomogene) in Betracht ziehen. In der ersten Form laute sie

$$(20) \qquad F(x) = \sum a_{ik} x_i x_k = 0; \qquad a_{ik} = a_{ki}, \qquad i, k = 1, 2, 3, 4.$$

Sie stellt (§ 1) eine Fläche F_2 der zweiten Ordnung dar. Wir setzen abkürzend $\qquad f_i(x) = a_{i1} x_1 + a_{i2} x_2 + a_{i3} x_3 + a_{i4} x_4,$

dann läßt sich (20) in

$$(20a) \qquad F(x) = x_1 f_1(x) + x_2 f_2(x) + x_3 f_3(x) + x_4 f_4(x)$$

umwandeln. Die weitere Untersuchung wird der von Kap. XI wesentlich parallel laufen; Ergebnisse, die sich durch unmittelbare Verallgemeinerung aus ihr ergeben, bedürfen deshalb keines näheren Beweises.

1. Da in Gleichung (20) zehn Koeffizienten auftreten, ist eine F_2 durch neun Punkte allgemeiner Lage bestimmt. Ihre Gleichung ergibt sich (S. 146) durch Nullsetzen einer 10-reihigen Determinante.

2. Jede Ebene enthält eine der F_2 angehörige C_2. Für die Ebenen $x_i = 0$ ist das evident; und da man jede Ebene durch Übergang zu neuen Koordinaten x_i' zu einer Ebene $x_i' = 0$ machen kann, so folgt es allgemein.

3. Wird $F(x)$ mittels neuer reeller Koordinaten y_i in ein Aggregat von Quadraten übergeführt (Anhang III, § 5, 4), so kann deren Zahl (ihr *Rang*) 4, 3, 2, 1 sein. Für den Rang 4 sind die so entstehenden Gleichungen

$$(21) \quad y_1^2 + y_2^2 + y_3^2 + y_4^2 = 0, \quad y_1^2 + y_2^2 + y_3^2 - y_4^2 = 0, \quad y_1^2 + y_2^2 - y_3^2 - y_4^2 = 0$$

mit den *Signaturen* 4, 2, 0; für den Rang 3 sind sie

(21a) $$y_1^2 + y_2^2 + y_3^2 = 0, \qquad y_1^2 + y_2^2 - y_3^2 = 0$$

mit der Signatur 3 und 1; für den Rang 2 und 1 hat man

(21b) $$y_1^2 + y_2^2 = 0, \qquad y_1^2 - y_2^2 = 0 \quad \text{und} \quad y_1^2 = 0.$$

Darin ist zugleich die Einteilung aller F_2 vom *projektiven* Gesichtspunkte aus geleistet. Rang und Signatur sind allgemeine projektive Invarianten; die Invarianz der Signatur werden wir sofort als gleichwertig mit der Invarianz der Realitätsverhältnisse erkennen. Die Beziehung zur ε_∞ ist *keine* projektive Invariante.

4. Die Gleichungen (21) stellen die eigentlichen F_2 dar; die erste die nullteilige F_2 ohne reelle Punkte; die zweite die F_2 mit reellen Punkten, aber ohne reelle Geraden; die dritte die F_2 mit reellen Punkten und reellen Geraden. Sie läßt sich in die Form

$$(y_1 + y_3)(y_1 - y_3) = (y_4 + y_2)(y_4 - y_2)$$

setzen, die die erzeugenden Ebenenbüschel (S. 241) erkennen läßt. Damit ist die Bedeutung der Signatur für die Realitätsverhältnisse gekennzeichnet. Ein $\mathfrak{E}_2$ und ein $\mathfrak{H}_2'$ können reell kollinear aufeinander abgebildet werden, aber nicht ein $\mathfrak{E}_2$ oder $\mathfrak{H}_2'$ auf ein $\mathfrak{H}_2$. Denn das $\mathfrak{H}_2$ hat reelle Geraden, und das $\mathfrak{E}_2$ und $\mathfrak{H}_2'$ nur imaginäre.

Man kann die S. 245 genannte perspektive Beziehung benutzen, um sich den Übergang der Kugel in ein $\mathfrak{E}_2$, ein $\mathfrak{P}_e$ und ein $\mathfrak{H}_2'$ zu veranschaulichen. Ruht die Kugel auf der Ebene σ so, daß sie sich zwischen σ und der Fluchtebene η befindet, so ist ihr kollineares Abbild ein $\mathfrak{E}_2$. Wächst die Kugel, so wird das Bild in ein $\mathfrak{P}_e$ übergehen, wenn die Kugel die Fluchtebene berührt; durchdringt sie die Fluchtebene, so ist das Bild ein $\mathfrak{H}_2'$.

Die Gleichungen (21a) sind (S. 252) Kegelflächen, die erste mit imaginären, die zweite mit reellen Erzeugenden; ob der (stets reelle) Scheitel im Endlichen oder Unendlichen liegt (Kegel oder Zylinder), ist hier belanglos. Die Gleichungen (21b) stellen ein Ebenenpaar (reell oder imaginär) und eine Doppelebene dar. Die gemeinsame Gerade des Ebenenpaares ist stets reell, ebenso die Doppelebene.

5. Wir gehen nunmehr zur affinen und metrischen Auffassung über, ersetzen also die x_i durch die Parallelkoordinaten x, y, z, t, die wir nach Umständen homogen oder unhomogen verwenden[1]. Wir lassen uns zunächst wieder von dem analytischen Gesichtspunkt leiten, die Form der Flächengleichung *möglichst zu vereinfachen*. Ausdrücklich werde festgesetzt, daß die Koeffizienten der Glieder zweiter Ordnung in x, y, z *nicht sämtlich verschwinden*. Ferner sei

(22) $$\varphi(x, y, z) = a_{11}x^2 + a_{22}y^2 + a_{33}z^2 + 2a_{23}yz + 2a_{13}xz + 2a_{12}xy$$

die aus diesen Gliedern zweiter Ordnung bestehende Form. Die Gleichung $\varphi = 0$ stellt den Schnitt der Ebene $t = 0$ mit der F_2 dar; ge-

---

[1] Weil es sich vielfach um Fragen handelt, für die ε_∞ nicht in Betracht kommt.

mäß S. 239 können x, y, z direkt als ebene homogene Koordinaten der Punkte P_∞ betrachtet werden, in denen die F_2 die ε_∞ schneidet. Über die projektive Einteilung dieser C_2 entscheidet gemäß Kap. XI die Diskriminante δ von φ *. Man sagt, daß dem Fall $\delta \gtrless 0$ eine F_2 mit *eigentlicher* unendlichferner C_2 entspricht, dem Fall $\delta = 0$ eine F_2 mit *zerfallender* (ausgearteter) unendlichferner C_2.

6. Werde die Gleichung der F_2 zunächst inhomogen angenommen. Mittels der Gleichungen

$$(23) \qquad x = x' + \xi, \qquad y = y' + \eta, \qquad z = z' + \zeta$$

gehen wir zu parallelen Achsen durch einen Punkt (ξ, η, ζ) über; aus F gehe dadurch die quadratische Form F' hervor. Die Koeffizienten der Form φ bleiben dabei unverändert; für die übrigen Koeffizienten $a'_{i\,4}$ ergibt sich

$$(23\,a) \quad \begin{cases} a'_{14} = a_{11}\xi + a_{12}\eta + a_{13}\zeta + a_{14} = f_1(\xi, \eta, \zeta) \\ a'_{24} = a_{21}\xi + a_{22}\eta + a_{23}\zeta + a_{24} = f_2(\xi, \eta, \zeta) \\ a'_{34} = a_{31}\xi + a_{32}\eta + a_{33}\zeta + a_{34} = f_3(\xi, \eta, \zeta), \\ a'_{44} = F(\xi, \eta, \zeta) = \xi f_1 + \eta f_2 + \zeta f_3 + f_4 ; \end{cases}$$

die letzte Gleichung unter Benutzung von (20a).

7. Es handelt sich nun darum, Werte ξ, η, ζ zu bestimmen, für die

$$(24) \qquad a'_{14} = a'_{24} = a'_{34} = 0$$

ist. Gibt es endliche Lösungen ξ, η, ζ von (24), so geht die F_2-Gleichung durch (23) (inhomogen) in

$$a_{11}x'^2 + a_{22}y'^2 + a_{33}z'^2 + 2a_{23}y'z' + 2a_{13}z'x' + 2a_{12}x'y' + a'_{44} = 0$$

über. Gehört dieser F_2 ein Punkt (x', y', z') an, so auch $(-x', -y', -z')$; der neue Anfangspunkt ist daher ein *Mittelpunkt*, woraus die geometrische Bedeutung unserer Transformation erhellt. Wir wollen aber jetzt die Gleichungen (23a) in die homogene Form

$$a'_{i4} = a_{i1}\xi + a_{i2}\eta + a_{i3}\zeta + a_{i4}\tau$$

setzen und wollen im folgenden *jede* Lösung ξ, η, ζ, τ von (24) als Mittelpunkt bezeichnen; es kann also der Mittelpunkt auch in die Ebene ε_∞ fallen. Allerdings kann er dann zur inhomogenen Mittelpunktstransformation (23) *nicht* benutzt werden.

8. Die Gleichungen (24) und die zugehörige Matrix $\mathfrak{M}$ sind dann in ausführlicher Darstellung

$$(24\,a) \begin{cases} a_{11}\xi + a_{12}\eta + a_{13}\zeta + a_{14}\tau = 0 \\ a_{21}\xi + a_{22}\eta + a_{23}\zeta + a_{24}\tau = 0; \\ a_{31}\xi + a_{32}\eta + a_{33}\zeta + a_{34}\tau = 0 \end{cases} \mathfrak{M} = \begin{Vmatrix} a_{11} & a_{12} & a_{13} & a_{14} \\ a_{21} & a_{22} & a_{23} & a_{24} \\ a_{31} & a_{32} & a_{33} & a_{34} \end{Vmatrix}.$$

Zugleich reduziert sich der Wert von a'_{44} wegen $f_1 = 0$, $f_2 = 0$, $f_3 = 0$ auf

$$(24\,b) \qquad a'_{44} = a_{41}\xi + a_{42}\eta + a_{43}\zeta + a_{44}\tau.$$

* Eine andere Einteilung kommt für die C_2 in ε_∞ nicht in Betracht.

Wir stellen uns nun die Aufgabe, *alle* Lösungen der Gleichungen (24a) zu finden. Dazu werden wir ξ, η, ζ, τ als variabel ansehen; die Gleichungen (24a) stellen dann drei Ebenen dar, und deren gemeinsame Punkte stehen in Frage. Diese Aufgabe haben wir in Kap. XV, S. 227 eingehend behandelt; das Verschwinden der Unterdeterminanten von $\mathfrak{M}$ ist dafür maßgebend. Im allgemeinen haben die Ebenen (24a) *einen* eigentlichen oder uneigentlichen Punkt gemein; wir betrachten aber zunächst die Sonderfälle, in denen sie demselben Büschel angehören oder gar identisch sind. Die F_2 artet in diesen Fällen aus. Wir erhalten unendlich viele Mittelpunkte; es kann vorkommen, daß sie sämtlich in ε_∞ liegen, also zur Transformation (23) nicht benutzbar sind. Es wird sich aber zeigen, daß dies für den hier vorliegenden Zweck der Aufstellung aller bezüglichen Flächentypen ohne Belang ist; es wird also nicht weiter darauf eingegangen werden.

§ 4. Die F_2 mit unendlich vielen Mittelpunkten.

Die Ebenengleichungen (24a) seien in abgekürzter Form

$$E_1 = 0, \quad E_2 = 0, \quad E_3 = 0.$$

Wir beginnen mit dem Fall, daß alle drei Ebenen ($\varepsilon_1, \varepsilon_2, \varepsilon_3$) identisch sind; für jeden Index k ist also

(25) $$a_{2k} = \varrho\, a_{1k}, \quad a_{3k} = \varrho\,\sigma\, a_{1k}.$$

Alle zweireihigen Unterdeterminanten von $\mathfrak{M}$ *verschwinden*; ebenso ist das Umgekehrte der Fall. Die drei Gleichungen (24a) sind einer einzigen Gleichung äquivalent; jedes ihnen genügende Wertsystem ξ, η, ζ, τ ist ein Mittelpunkt, und alle diese Mittelpunkte erfüllen eine Ebene. Die Matrix $\mathfrak{M}$ ist vom *Rang* 1. Den Gleichungen (25) läßt sich (wegen $a_{ik} = a_{ki}$) durch (S. 154)

$$a_{ii} = \mu\,\alpha_i^2, \quad a_{ik} = \mu\,\alpha_i\alpha_k; \quad i = 1, 2, 3, \quad k = 1, 2, 3, 4$$

genügen. Dadurch geht F in

(26) $$\mu(\alpha_1 x + \alpha_2 y + \alpha_3 z + \alpha_4 t)^2 + a'_{44} t^2 = 0; \quad a'_{44} = a_{44} - \mu\,\alpha_4^2$$

über, also in die Gleichung eines *Paares paralleler Ebenen*. Gemäß den Festsetzungen im Beginn von § 3 über die a_{ik} können $\alpha_1, \alpha_2, \alpha_3$ nicht sämtlich Null sein; die Ebenen liegen also beide im Endlichen. Hat man auch noch $a'_{44} = 0$, also $a_{44} = \mu\,\alpha_4^2$, so haben wir es mit einer *Doppelebene* zu tun. Dann ist auch

(27) $$a_{41} : a_{42} : a_{43} : a_{44} = a_{11} : a_{12} : a_{13} : a_{14},$$

es ist also auch noch die Ebene

$$E_4 = a_{41}\xi + a_{42}\eta + a_{43}\zeta + a_{44}\tau = 0$$

mit $\varepsilon_1, \varepsilon_2, \varepsilon_3$ identisch, und alle vier mit

$$\alpha_1\xi + \alpha_2\eta + \alpha_3\zeta + \alpha_4\tau = 0.$$

Gehören die drei Ebenen (24a) demselben Büschel an, so können zunächst zwei von ihnen identisch sein. Sei insbesondere $\varepsilon_2 = \varepsilon_3$, dann sind in $\mathfrak{M}$ die Unterdeterminanten A_{11}, A_{12}, A_{13}, A_{14} sämtlich Null, also alle A_{ik} für $i = 1$, aber nicht alle A_{ik} für $i = 2$ oder $i = 3$. Die drei Gleichungen (24a) sind durch

$$(28) \quad \begin{cases} a_{11}\xi + a_{12}\eta + a_{13}\zeta + a_{14}\tau = 0 \\ a_{21}\xi + a_{22}\eta + a_{23}\zeta + a_{24}\tau = 0 \end{cases}$$

ersetzbar; ihre Matrix $\mathfrak{M}$ ist vom *Rang 2*. Jedes ihnen genügende Wertsystem ξ, η, ζ, τ stellt einen Mittelpunkt dar; die Mittelpunkte erfüllen eine Gerade. Ist

$$E_3 \equiv \mu E_2$$

die zwischen ε_2 und ε_3 bestehende Gleichung, so findet sich

$$(29) \quad a_{31} = \mu a_{21}, \quad a_{32} = \mu a_{22}, \quad a_{33} = \mu a_{23} = \mu^2 a_{22}, \quad a_{34} = \mu a_{24}.$$

Dadurch geht F (inhomogen) in

$$(29a) \quad a_{11}x^2 + 2a_{12}x(y+\mu z) + a_{22}(y+\mu z)^2 + 2a_{14}x + 2a_{24}(y+\mu z) + a_{44} = 0$$

über. Führen wir jetzt mittels der Gleichungen

$$(30) \quad x = x', \quad y + \mu z = y', \quad z = z',$$

d. i. durch eine Affinität, neue Achsen durch O ein, so verwandelt sich die gefundene Gleichung in

$$(30a) \quad F' = a_{11}x'^2 + 2a_{12}x'y' + a_{22}y'^2 + 2a_{14}x' + 2a_{24}y' + a_{44} = 0.$$

Dies ist gemäß S. 253 eine *zylindrische Fläche*, deren Erzeugende der z'-Achse parallel sind. Also ist auch die ursprüngliche F_2 eine Zylinderfläche. Ihre Basiskurve in der $x'y'$-Ebene ist eine durch (30a) gegebene C_2. Die C_2 ist durch eine allgemeine Gleichung zweiten Grades bestimmt und kann an sich jede in Kap. XI aufgeführte Kurvenart sein. Dafür kommen die dort aufgeführten Kriterien in Betracht, worauf nicht näher eingegangen werden soll. Bemerkt sei nur, daß zwei sich schneidenden Geraden als Basiskurve ein Ebenenpaar als F_2 entspricht, und daß der Fall der Doppelgeraden und eines Paares paralleler Geraden nicht eintritt, falls *nur* $\varepsilon_2 = \varepsilon_3$ ist, aber nicht $\varepsilon_1 = \varepsilon_2 = \varepsilon_3$. Im Fall des parabolischen Zylinders gehört die ganze Mittelpunktsgerade der ε_∞ an. Übrigens kann man die einzelnen Fälle auch noch durch das von ε_∞ aus der F_2 ausgeschnittene Gebilde kennzeichnen. Es ist durch

$$a_{11}x'^2 + 2a_{12}x'y' + a_{22}y'^2 = 0$$

bestimmt und liefert für hyperbolischen Zylinder und Ebenenpaar zwei reelle Geraden, für elliptischen und imaginären Zylinder zwei imaginäre Geraden, für den parabolischen Zylinder die eben erwähnte Mittelpunktsgerade als Doppelgerade.

Außer der Gestalt der F_2 interessiert noch ihre Lage zu den Achsen oder, was dasselbe ist, die Lage der x', y', z'-Achsen. Sie sind durch die Gleichungen

$$y + \mu z = 0, \quad z = 0; \quad x = 0, \quad z = 0; \quad x = 0, \quad y + \mu z = 0$$

bestimmt. Die x'-Achse und y'-Achse ist also mit der x- und y-Achse identisch; die z'-Achse ist der Durchschnitt der yz-Ebene mit $y + \mu z = 0$, ist also von der z-Achse verschieden. Daher ist die $x'y'$-Ebene mit der xy-Ebene identisch (Fig. 81).

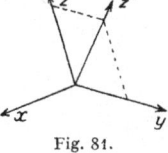

Fig. 81.

Wir betrachten jetzt den Fall, daß $E_3 \equiv 0$ ist, d. h. alle Koeffizienten a_{3i} Null sind und den Fall, daß $E_2 \equiv E_3 \equiv 0$ ist, d. h. alle a_{2i} und a_{3i} Null sind. Im ersten Fall haben wir einen Zylinder mit zur z-Achse parallelen Erzeugenden, im zweiten Falle ein Paar von zur y-z-Ebene parallelen Ebenen. Ist $E_1 \equiv E_2 \equiv E_3 \equiv 0$, so haben wir die doppelt zu zählende ε_∞.

Sind endlich ε_1, ε_2, ε_3 drei voneinander verschiedene Ebenen eines Büschels, so gibt es (S. 225) zwei Zahlen $\lambda \gtrless 0$ und $\mu \gtrless 0$, so daß

$$E_3 \equiv \lambda E_1 + \mu E_2$$

ist. In $\mathfrak{M}$ verschwinden *alle dreireihigen Determinanten*, während die zweireihigen Unterdeterminanten für keine Horizontale sämtlich Null sind. Die drei Gleichungen (24a) sind wiederum durch (28) ersetzbar, und wie im zweiten Fall stellt jedes ihnen genügende Wertsystem einen Mittelpunkt dar; die Matrix $\mathfrak{M}$ ist wiederum vom *Rang* 2[1]. Man hat jetzt

(31) $\begin{cases} a_{31} = \lambda a_{11} + \mu a_{12}, \quad a_{32} = \lambda a_{12} + \mu a_{22}, \quad a_{34} = \lambda a_{14} + \mu a_{24}, \\ a_{33} = \lambda a_{13} + \mu a_{23} = \lambda^2 a_{11} + 2 a_{12} \lambda \mu + a_{22} \mu^2. \end{cases}$

Für F ergibt sich daher

$$F = a_{11}(x + \lambda z)^2 + 2 a_{12}(x + \lambda z)(y + \mu z) + a_{22}(y + \mu z)^2$$
$$+ 2 a_{14}(x + \lambda z) + 2 a_{24}(y + \mu z) + a_{44} = 0.$$

Die neuen x', y', z'-Achsen führen wir mittels der Gleichungen

$$x + \lambda z = x', \quad y + \mu z = y', \quad z = z'$$

ein, dadurch ergibt sich weiter

(31a) $\quad F = a_{11} x_1'^2 + 2 a_{12} x' y' + a_{22} y'^2 + 2 a_{14} x' + 2 a_{24} y' + a_{44} = 0;$

die Gleichung stellt wieder eine *Zylinderfläche* dar, deren Erzeugenden zur z'-Achse parallel sind. Ihre Basiskurve in der $x'y'$-Ebene ist wie vorher eine allgemeine C_2, die jedem in Kap. XI gefundenen Einzelfall entsprechen kann. Alle oben für (30a) angestellten Betrachtungen übertragen sich auf sie.

---

[1] Analytisch erscheint also der vorige Fall als Unterfall dieses Falles (vgl. S. 228, Anm. 1).

Die neuen Achsen sind durch die Gleichungen

$$y + \mu z = 0, \quad z = 0; \quad x + \lambda z = 0, \quad z = 0; \quad x + \lambda z = 0, \quad y + \mu z = 0$$

gegeben. Die x'- und y'-Achse ist wieder mit der x- und y-Achse identisch; die z'-Achse ist von der z-Achse verschieden, fällt aber diesmal nicht in eine Koordinatenebene (Fig. 82).

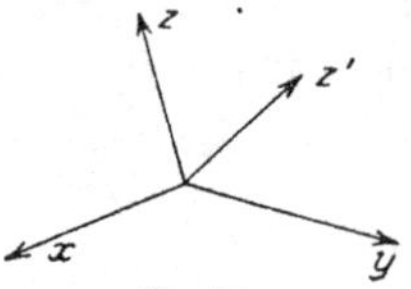

Fig. 82.

Beispiel. Für die Gleichung

$$x^2 + y^2 + 4z^2 + 4yz + 4zx + 2xy + 8x + 4y - 8 = 0$$

findet man an Hand ihrer Matrix die Identität

$$E_3 \equiv -2E_1 + 4E_2$$

also $\lambda = -2$, $\mu = 4$. Demgemäß wandelt sich die Gleichung in

$$(x - 2z)^2 + 2(x - 2z)(y + 4z) + (y + 4z)^2 + 8(x - 2z) + 4(y + 4z) - 8 = 0.$$

Setzt man $x - 2z = x'$, $y + 4z = y'$, so ergibt sich

$$x'^2 + 2x'y' + y'^2 + 8x' + 4y' - 8 = 0.$$

Das ist die Parabelgleichung des Beispiels 1 von S. 155. Die F_2 ist also ein parabolischer Zylinder, die Richtung seiner Geraden ist durch

$$x - 2z = 0, \quad y + 4z = 0$$

gegeben.

§ 5. Die F_2 mit einem einzigen Mittelpunkt.

Wenn die Gleichungen (24a) nur *ein* Lösungssystem liefern, so ist zu scheiden, ob ihm ein endlicher Punkt entspricht ($\tau \gtrless 0$) oder ein unendlichferner ($\tau = 0$). Die Matrix $\mathfrak{M}$ hat jetzt den Rang 3. Analog zu Kap. XI spielen die beiden Diskriminanten von F_2 und φ, also

$$(32) \quad \varDelta = |a_{ik}| \, (i, k = 1, 2, 3, 4) \quad \text{und} \quad \delta = |a_{ik}| \, (i, k = 1, 2, 3)$$

eine entscheidende Rolle. Übrigens ist in sämtlichen in § 4 behandelten Fällen $\varDelta = 0$.

Sei nun zunächst $\delta \gtrless 0$, dann liefern die Gleichungen (24a) beim Übergang zu inhomogenen Koordinaten x, y, z ein *endliches* Tripel ξ, η, ζ

$$(33) \quad \delta\xi = A_{14}, \quad \delta\eta = A_{24}, \quad \delta\zeta = A_{34}; \quad a'_{44} = \frac{\varDelta}{\delta} = \frac{\varDelta}{A_{44}}$$

und die *Mittelpunktstransformation läßt sich ausführen.* Die F_2-Gleichung wird also, (wenn wir x, y, z statt x', y', z' schreiben)

$$(34) \quad F(x,y,z) = a_{11}x^2 + a_{22}y^2 + a_{33}z^2 + 2a_{23}yz + 2a_{13}zx + 2a_{12}xy + a'_{44} = 0.$$

Wir unterscheiden nun $a'_{44} = 0$ und $a'_{44} \gtrless 0$; oder, was gemäß (33) dasselbe ist, $\varDelta = 0$ und $\varDelta \gtrless 0$. Für $\varDelta = 0$ stellt (34) (S. 252) eine Kegelfläche mit dem Anfangspunkt als Mittelpunkt dar; für $\varDelta \gtrless 0$ werden wir in ihr die Gleichung einer der Mittelpunktsflächen von § 1 erkennen.

Wir setzen die Achsen von nun an *rechtwinklig* voraus. Durch einen Punkt (x_0, y_0, z_0) legen wir die Gerade g mit den Gleichungen

$$x = x_0 + s\cos\alpha, \quad y = y_0 + s\cos\beta, \quad z = z_0 + s\cos\gamma.$$

Ihre Schnittpunkte mit der F_2 entsprechen den Wurzeln s_1 und s_2 der aus (34) entstehenden quadratischen Gleichung

$$L s^2 + 2 M s + N = 0,$$

und zwar ist

$$(35) \quad \begin{cases} M = x_0(a_{11}\cos\alpha + a_{12}\cos\beta + a_{13}\cos\gamma) + y_0(a_{21}\cos\alpha + a_{22}\cos\beta + a_{23}\cos\gamma) \\ \quad + z_0(a_{31}\cos\alpha + a_{32}\cos\beta + a_{33}\cos\gamma). \end{cases}$$

Ist insbesondere $M = 0$, also $s_1 + s_2 = 0$, so ist (x_0, y_0, z_0) die Mitte der auf g durch die Fläche bestimmten Sehne. Verschieben wir g parallel zu sich, d. h. machen wir die Größen x_0, y_0, z_0 variabel, so bleiben in M die Koeffizienten von x_0, y_0, z_0 unverändert; es liefert also

$$(35\,\mathrm{a}) \qquad\qquad M\,(x_0, y_0, z_0) = 0$$

den Ort der Mitten (x_0, y_0, z_0) paralleler Sehnen der Richtung (α, β, γ). Er ist eine Ebene durch den Anfangspunkt. *Die Mitten aller parallelen Sehnen erfüllen also eine Ebene ε durch den Flächenmittelpunkt (Durchmesserebene)*; sie heißt *konjugiert* zur Richtung (α, β, γ). Für die Richtungswinkel λ, μ, ν ihrer Normale n folgt aus (35)

$$(35\,\mathrm{b}) \quad \begin{cases} \varrho\cos\lambda = a_{11}\cos\alpha + a_{12}\cos\beta + a_{13}\cos\gamma \\ \varrho\cos\mu = a_{21}\cos\alpha + a_{22}\cos\beta + a_{23}\cos\gamma \\ \varrho\cos\nu = a_{31}\cos\alpha + a_{32}\cos\beta + a_{33}\cos\gamma. \end{cases}$$

Unter allen diesen Sehnen gibt es eine ausgezeichnete, nämlich den durch O gehenden *Durchmesser*; er heißt der zur Durchmesserebene ε konjugierte Durchmesser d.

Sei nun $g_1(\alpha_1, \beta_1, \gamma_1)$ eine zu ε parallele Gerade, so ist $g_1 \perp n$, also

$$\cos\alpha_1\cos\lambda + \cos\beta_1\cos\mu + \cos\gamma_1\cos\nu = 0;$$

hieraus folgt auf Grund von (35 b)

$$(a_{11}\cos\alpha + a_{12}\cos\beta + a_{13}\cos\gamma)\cos\alpha_1 + (a_{21}\cos\alpha + a_{22}\cos\beta + a_{23}\cos\gamma)\cos\beta_1$$
$$+ (a_{31}\cos\alpha + a_{32}\cos\beta + a_{33}\cos\gamma)\cos\gamma_1 = 0.$$

Diese Gleichung ist, wie die Umordnung nach α, β, γ zeigt, in α, β, γ und α_1, β_1, γ_1 symmetrisch; die Beziehung von g zu g_1 ist daher dieselbe wie die Beziehung von g_1 zu g. *Wie g_1 zur Durchmesserebene ε parallel liegt, die zur Richtung von g konjugiert ist, so liegt g der Durchmesserebene ε_1 parallel, die zur Richtung von g_1 konjugiert ist.* Wir wollen jetzt g und g_1 insbesondere selbst als Durchmesser d und d_1 annehmen, so daß also d_1 in der Ebene ε selbst enthalten ist. Wie dann auch d_1 in ε liegen mag, immer geht ε_1 durch d; d ist also gemeinsamer Schnitt der zu allen möglichen in ε gelegenen d_1 konjugierten Durchmesserebenen ε_1.

Hieraus kann die Existenz von sogenannten *Tripeln konjugierter Durchmesser* geschlossen werden. Wir wählen wieder den Durchmesser d beliebig, den Durchmesser d_1 in ε, und wählen endlich die Gerade $(\varepsilon\varepsilon_1)$

als den dritten Durchmesser d_2. Die ihm konjugierte Ebene ε_2 muß dann die Ebene $(d d_1)$ sein; da nämlich d_2 in ε liegt, geht ε_2 durch d, und da d_2 auch in ε_1 liegt, geht ε_2 auch durch d_1, und das ist die Behauptung. *Jeder der drei Durchmesser ist also konjugiert zur Ebene der beiden anderen.* Für drei solche Durchmesser als (im allgemeinen schiefwinklige) Koordinatenachsen X, Y, Z nimmt die F_2-Gleichung die einfache Form

$$(35\,\text{c}) \qquad AX^2 + BY^2 + CZ^2 + a'_{44} = 0$$

an; denn in dieser und nur in dieser Form ist jede Koordinatenebene eine konjugierte Durchmesserebene zu den der dritten Achse parallelen Sehnen.

Wir fragen nun, wieviel Durchmesser es gibt, die auf den zu ihnen konjugierten Ebenen senkrecht stehen, wie es offenbar die Hauptachsen unserer F_2 tun. Für jeden solchen Durchmesser müssen die Winkel α, β, γ mit λ, μ, ν übereinstimmen; es bestehen also die Gleichungen

$$(36) \qquad \begin{cases} \varrho \cos\alpha = a_{11} \cos\alpha + a_{12} \cos\beta + a_{13} \cos\gamma \\ \varrho \cos\beta = a_{21} \cos\alpha + a_{22} \cos\beta + a_{23} \cos\gamma \\ \varrho \cos\gamma = a_{31} \cos\alpha + a_{32} \cos\beta + a_{33} \cos\gamma , \end{cases}$$

und daraus folgt wieder, da $\cos\alpha$, $\cos\beta$, $\cos\gamma$ nicht zugleich null sind,

$$(36\text{a}) \qquad \begin{vmatrix} a_{11}-\varrho & a_{12} & a_{13} \\ a_{21} & a_{22}-\varrho & a_{23} \\ a_{31} & a_{32} & a_{33}-\varrho \end{vmatrix} = \varDelta(\varrho) = 0;$$

wir erhalten also für ϱ die Gleichung

$$(36\text{b}) \qquad \delta - \varrho(A_{11} + A_{22} + A_{33}) + \varrho^2(a_{11} + a_{22} + a_{33}) - \varrho^3 = 0,$$

wo $\delta = |\,a_{ik}\,|$ die Diskriminante der Form φ von (22) ist, und die A_{ii} die Unterdeterminanten der a_{ii} für δ sind. Zu jeder Wurzel ϱ liefern die Gleichungen (36) mindestens ein Lösungssystem α, β, γ.

Die so gewonnenen Gleichungen sind uns schon mehrfach begegnet, einmal wie hier mit der Bedingung $a_{ik} = a_{ki}$ (S. 170), einmal ohne sie (S. 179). Im ersten Fall ergab sich, daß alle ihre Wurzeln reell sind. Wir zeigen es hier ebenso wie dort: Sind $\varrho' \gtreqless \varrho''$ zwei ihrer Wurzeln und α', β', γ', α'', β'', γ'' zugehörige Winkel, so gelten für ϱ', α', β', γ' und ϱ'', α'', β'', γ'' die Gleichungen (36). Multiplizieren wir die ϱ'-Gleichungen mit $\cos\alpha''$, $\cos\beta''$, $\cos\gamma''$ und addieren sie, und die ϱ''-Gleichungen analog mit $\cos\alpha'$, $\cos\beta'$, $\cos\gamma'$, so ergibt sich rechts beidemal dasselbe, und so folgt

$$(37) \qquad (\varrho' - \varrho'')(\cos\alpha' \cos\alpha'' + \cos\beta' \cos\beta'' + \cos\gamma' \cos\gamma'') = 0 .$$

Hieraus wird genau wie S. 171 die Realität gefolgert. Weiter schließen wir aus (37), daß jede zu ϱ' gehörige Achse auf jeder zu ϱ'' gehörigen *senkrecht* steht.

Seien nun für eine Wurzel ϱ die Unterdeterminanten $\varDelta_{ik}$ von $\varDelta(\varrho)$ nicht sämtlich Null, so liefern die Gleichungen (36) *eine* Lösung $\cos\alpha$, $\cos\beta$, $\cos\gamma$; man hat dann

$$\cos\alpha : \cos\beta : \cos\gamma = \varDelta_{i1} : \varDelta_{i2} : \varDelta_{i3} \quad (i = 1, 2, 3),$$

und daraus schließt man (wegen $\varDelta_{ik} = \varDelta_{ki}$) wie S. 154, daß man

(38) $\quad \begin{cases} \sigma \cdot \cos^2\alpha = \varDelta_{11}, & \sigma\cos^2\beta = \varDelta_{22}, & \sigma\cos^2\gamma = \varDelta_{33}, \\ \sigma\cos\beta\cos\gamma = \varDelta_{23}, & \sigma\cos\gamma\cos\alpha = \varDelta_{13}, & \sigma\cos\alpha\cos\beta = \varDelta_{12} \end{cases}$

setzen kann; aus den drei ersten Gleichungen folgt weiter

(38a) $\qquad\qquad \sigma = \varDelta_{11} + \varDelta_{22} + \varDelta_{33}.$

Wir sehen daraus noch, daß $\varDelta_{11} + \varDelta_{22} + \varDelta_{33} \gtreqless 0$ ist, wenn zu ϱ nur eine Lösung $\cos\alpha$, $\cos\beta$, $\cos\gamma$ gehört; aus $\sigma = 0$ würde allgemein $\varDelta_{ik} = 0$ folgen.

Das weitere ergibt sich wie S. 180. Die drei Gleichungen (36) geben nur dann zu einem Wert ϱ mehrere Lösungen, wenn sie *derselben* linearen Gleichung in $\cos\alpha$, $\cos\beta$, $\cos\gamma$ äquivalent sind und daher alle ihre Unterdeterminanten $\varDelta_{ik}$ für dieses ϱ verschwinden. Dann ist ϱ gemäß S. 180 eine Doppelwurzel von (36b). Wir erhalten wie S. 154 für die Glieder von $\varDelta(\varrho)$ die Darstellung

(39) $\qquad\qquad a_{ii} - \tau = \varkappa_i^2, \qquad a_{ik} = \varkappa_i\varkappa_k.$

Übrigens folgt hier, d. h. für $a_{ik} = a_{ki}$ umgekehrt aus der Existenz einer Doppelwurzel das Verschwinden aller $\varDelta_{ik}$*. Wenn nämlich zu zwei Wurzeln ϱ' und ϱ'' nur je eine Richtung $(\alpha\beta\gamma)$ gehört, so sind diese zueinander senkrechten Richtungen auch zueinander konjugiert und bedingen daher in der Schnittlinie der beiden zu ihnen konjugierten Ebenen eine dritte Richtung, die mit ihnen ein konjugiertes Tripel bildet; außerdem muß sie auch zu beiden senkrecht sein. Wenn also jedes ϱ nur eine Richtung bestimmt, kann eine Doppelwurzel nicht existieren.

Seien nun zunächst drei einfache Wurzeln ϱ, ϱ', ϱ'' vorhanden. Wir wählen die ihnen entsprechenden aufeinander senkrechten Richtungen als Achsen neuer Koordinaten X, Y, Z. Für sie und x, y, z bestehen dann, wenn im Interesse der Kürze jetzt $\alpha, \beta, \gamma, \ldots$, wie S. 210 die *Kosinus* der Winkel sind, die Gleichungen

(40) $\quad \begin{cases} X = \alpha x + \beta y + \gamma z & x = \alpha X + \alpha' Y + \alpha'' Z \\ Y = \alpha' x + \beta' y + \gamma' z & y = \beta X + \beta' Y + \beta'' Z \\ Z = \alpha'' x + \beta'' y + \gamma'' z, & z = \gamma X + \gamma' Y + \gamma'' Z. \end{cases}$

Aus den rechtsstehenden Gleichungen folgert man leicht gemäß (36)

(41) $\quad \begin{cases} a_{11}x + a_{12}y + a_{13}z = \alpha X\varrho + \alpha' Y\varrho' + \alpha'' Z\varrho'' \\ a_{21}x + a_{22}y + a_{23}z = \beta X\varrho + \beta' Y\varrho' + \beta'' Z\varrho'' \\ a_{31}x + a_{32}y + a_{33}z = \gamma X\varrho + \gamma' Y\varrho' + \gamma'' Z\varrho'', \end{cases}$

---

* Für $a_{ik} \neq a_{ki}$ ist es gemäß S. 181 im allgemeinen nicht der Fall.

und wenn dies mit x, y, z multipliziert und dann addiert wird, so ergibt sich links die Form $\varphi(x, y, z)$ von (22), und gemäß (40) wird

$$(42) \qquad F(x, y, z) = \varrho X^2 + \varrho' Y^2 + \varrho'' Z^2 + a'_{44}.$$

Die neuen Koeffizienten sind die drei Wurzeln von (36b). Die Wurzeln sind also den Halbachsenquadraten der Fläche umgekehrt proportional[1]. Die transformierte Form kann daher *ohne Berechnung der Substitutionskoeffizienten* angegeben werden; darin besteht der rechnerische Wert unserer Betrachtung.

Im Fall, daß eine Doppelwurzel τ existiert, kann man direkt die Werte (39) in (34) einsetzen und findet als F_2-Gleichung

$$(43) \qquad F(x, y, z) = \tau(x^2 + y^2 + z^2) + (\varkappa_1 x + \varkappa_2 y + \varkappa_3 z)^2 + a'_{44} = 0;$$

die Richtung, die der Wurzel $\varrho \gtrless \tau$ entspricht, steht auf jeder Richtung, die τ entspricht, senkrecht. Alle diese Richtungen erfüllen also eine Ebene; es muß die Ebene

$$\varkappa_1 x + \varkappa_2 y + \varkappa_3 z = 0$$

sein. Wir führen nämlich neue Koordinaten X, Y, Z so ein, daß

$$\varkappa_1 x + \varkappa_2 y + \varkappa_3 z = \sqrt{\varkappa_1^2 + \varkappa_2^2 + \varkappa_3^2} \cdot Z$$

ist. Andererseits ist

$$x^2 + y^2 + z^2 = X^2 + Y^2 + Z^2.$$

Dann erhält man

$$F = \tau(X^2 + Y^2 + Z^2) + (\varkappa_1^2 + \varkappa_2^2 + \varkappa_3^2) Z^2 + a'_{44} = 0.$$

Nun folgt aber aus (36b) $\varrho + 2\tau = a_{11} + a_{22} + a_{33}$, und es ergibt sich aus (39) weiter

$$\varkappa_1^2 + \varkappa_2^2 + \varkappa_3^2 + \tau = a_{11} + a_{22} + a_{33} - 2\tau = \varrho.$$

Die F_2-Gleichung geht daher in

$$(44) \qquad \tau(X^2 + Y^2) + \varrho Z^2 + a'_{44} = 0$$

über, also in die Gleichung einer *Rotationsfläche* mit der Z-Achse als Rotationsachse.

Die vorstehende Betrachtung verliert für $\varkappa_1^2 + \varkappa_2^2 + \varkappa_3^2 = 0$, also $\varkappa_1 = 0$, $\varkappa_2 = 0$, $\varkappa_3 = 0$ ihren Sinn. Dann folgt aber direkt aus (39)

$$a_{11} = a_{22} = a_{33} = \tau, \qquad a_{ik} = 0, \qquad \varrho = \tau,$$

und als F_2-Gleichung erscheint

$$(45) \qquad \tau(x^2 + y^2 + z^2) + a'_{44} = 0,$$

also die Gleichung der Kugel. Die Wurzel τ ist jetzt eine dreifache Wurzel von (36b) und umgekehrt haben wir im Falle einer dreifachen Wurzel eine Kugel.

---

[1] Sie heißen auch *Eigenwerte* der quadratischen Form.

Von hier aus gelangen wir, indem wir die Vorzeichen von ϱ, ϱ', ϱ'' und von a'_{44} in Betracht ziehen, zu den in § 2 betrachteten Mittelpunktsflächen zurück; z. B. entspricht der Fall, daß ϱ, ϱ', ϱ'' und $\frac{\delta}{\varDelta}$ (oder a'_{44}) dasselbe Vorzeichen haben, einer imaginären (nullteiligen) Fläche. Ersetzen wir nämlich a'_{44} durch seinen Wert $\varDelta : \delta$, so erhält die Gleichung (42) die Form

$$\frac{\varrho\,\delta}{\varDelta} X^2 + \frac{\varrho'\delta}{\varDelta} Y^2 + \frac{\varrho''\delta}{\varDelta} Z^2 + 1 = 0 ,$$

die je nach den Vorzeichen von ϱ, ϱ', ϱ'', $\varDelta$ und δ die nullteilige F_2 und die drei Flächen $\mathfrak{C}_2$, $\mathfrak{H}_2$, $\mathfrak{H}'_2$ von S. 254 liefert.

Bei der Umformung selbst spielte der Wert von a'_{44} keine Rolle, sie gilt also auch für $a'_{44} = 0$. Dann ist die F_2 gemäß § 1 ein Kegel. Dem Fall dreier ungleicher Wurzeln ϱ, ϱ', ϱ'' entspricht der allgemeine (reelle oder imaginäre) Kegel, dem Fall der Doppelwurzel ein Rotationskegel, dem Fall der dreifachen Wurzel der absolute Kegel von S. 252.

Wie beim $\mathfrak{H}_2$ und $\mathfrak{H}'_2$ gibt es für jede Mittelpunktsfläche einen Kegel, der aus ε_∞ dieselbe Kurve ausschneidet wie die Fläche selbst, der aber bei den anderen Flächentypen imaginär ist. Kegel und Kurve werden durch $\varphi(x,y,z) = 0$ dargestellt; die Kurve in ε_∞ dadurch, daß wir x, y, z als homogene Koordinaten für ε_∞ deuten. Die Kurve ist für die Mittelpunktsflächen eine eigentliche C_2, die sowohl nullteilig wie reell sein kann. Weitere Unterschiede treten nicht auf, da es in der ε_∞ keine reellen ausgezeichneten Elemente gibt, während in jeder anderen Ebene die unendlich ferne Gerade ausgezeichnet ist.

Beispiel. Die Gleichung $2xy + 2xz + 2yz + 2x + 2y + 2z + 1 = 0$ liefert die Werte $\xi = \eta = \zeta = -\frac{1}{2}$ als Mittelpunktskoordinaten, und für ϱ, ϱ', ϱ'' besteht die Gleichung $\varrho^3 - \varrho^2 - 3\varrho - 1 = 0$. Die in ε_∞ liegende C_2 ist $xy + xz + yz = 0$; sie hat die gleiche Lage zum Koordinatendreieck von ε_∞ und damit zu den x, y, z-Achsen wie der im Anhang VII, Beispiel 57 behandelte C_2.

Die Methode, die in Kap. X die Tangente der E_2, H_2 und P_2 lieferte, führt zur *Tangentialebene* unserer zentrischen Flächen $\mathfrak{C}_2$, $\mathfrak{H}_2$, $\mathfrak{H}'_2$. Seien die Flächen auf *irgendein* System konjugierter Durchmesser bezogen und

$$(46) \qquad A x^2 + B y^2 + C z^2 - 1 = 0$$

ihre Gleichung; ferner sei

$$x = \frac{\xi_1 - \mu\,\xi_2}{1 - \mu} , \qquad y = \frac{\eta_1 - \mu\,\eta_2}{1 - \mu} , \qquad z = \frac{\zeta_1 - \mu\,\zeta_2}{1 - \mu}$$

eine durch $P_1(\xi_1, \eta_1, \zeta_1)$ und $P_2(\xi_2, \eta_2, \zeta_2)$ gehende Gerade. Die Werte μ_1 und μ_2, die ihren Schnittpunkten mit der F_2 entsprechen, seien Wurzeln von

$$(46\,\mathrm{a}) \qquad L \mu^2 - 2 M \mu + N = 0 ;$$

es ist dann

$$L = A\xi_2^2 + B\eta_2^2 + C\zeta_2^2 - 1 , \qquad N = A\xi_1^2 + B\eta_1^2 + C\zeta_1^2 - 1 ,$$
$$M = A\xi_1\xi_2 + B\eta_1\eta_2 + C\zeta_1\zeta_2 - 1 .$$

Wir lassen P_1 auf die F_2 fallen, so daß also $N = 0$ ist, und bestimmen wiederum (ξ_2, η_2, ζ_2) so, daß $\mu = 0$ eine Doppelwurzel wird; als Bedingungsgleichung erhalten wir $M = 0$, in variablen x, y, z also

(46b) $$A\xi_1 x + B\eta_1 y + C\zeta_1 z - 1 = 0.$$

Dies ist die Gleichung einer Ebene, und wir folgern so, daß alle die F_2 in (ξ_1, η_1, ζ_1) berührenden Geraden eine Ebene bilden (*Tangentialebene*). Diese Ebene braucht keineswegs *nur* den Punkt (ξ_1, η_1, ζ_1) von der F_2 zu enthalten. Wenn nämlich in der Gleichung (46a) auch $L = 0$ ist, wird sie für *jeden* Wert μ befriedigt, und es gehört daher die ganze Gerade $P_1 P_2$ der F_2 an. Das kann nur bei den geradlinigen $\mathfrak{H}_2$ reell eintreten; man erkennt auch umgekehrt, daß jede der beiden durch einen Punkt P_1 des $\mathfrak{H}_2$ gehenden Geraden in der Tangentialebene enthalten ist. Ist nämlich (ξ_2, η_2, ζ_2) einer ihrer Punkte, so muß Gleichung (46a) für jeden Wert μ befriedigt sein; alle ihre Koeffizienten verschwinden, und es muß auch $M = 0$ sein. Die Tangentialebene *durchsetzt* das $\mathfrak{H}_2$; das $\mathfrak{H}_2$ und seine Tangentialebene haben also an *jeder* Stelle eine ähnliche Lage zueinander wie ein sattelförmiger Sitz an seiner tiefsten Stelle und die horizontale Ebene durch diesen Punkt[1].

Mittels der Gleichung der Tangentialebene beweisen wir, daß es unter den Kreisschnittebenen (§ 2) auch solche gibt, für die der Kreis ein Nullkreis wird, also die Ebene eine Tangentialebene. Die Kreisschnittebenen der eigentlichen Mittelpunktflächen waren (S. 260)

$$x\sqrt{B-A} - z\sqrt{C-B} - \lambda = 0 \quad \text{und} \quad x\sqrt{B-A} + z\sqrt{C-B} - \lambda = 0.$$

Soll eine von ihnen Tangentialebene in einem Punkt (ξ, η, ζ) sein, so muß zunächst $\eta = 0$ sein, außerdem bestehen für ξ und ζ die Gleichungen (46) und (46b), also

$$Ax\xi + Cz\zeta - 1 = 0, \qquad A\xi^2 + C\zeta^2 - 1 = 0.$$

Die beiden in x und z linearen Gleichungen sollen dieselbe Ebene darstellen wie $Ax\xi + Cz\zeta - 1 = 0$, also folgt

$$A\xi : C\zeta : 1 = \sqrt{B-A} : \pm\sqrt{C-B} : \lambda,$$

und wenn man dies mit $A\xi^2 + C\zeta^2 - 1 = 0$ kombiniert, so ergibt sich

$$\lambda^2 = \frac{B(C-A)}{AC}, \qquad A\xi^2 = \frac{B-A}{C-A} \cdot \frac{C}{B}, \qquad C\zeta^2 = \frac{C-B}{C-A} \cdot \frac{A}{B}.$$

Für das $\mathfrak{E}_2$ ergeben sich daraus vier reelle Punkte $(\xi, 0, \zeta)$, die also in der xz-Ebene liegen. Sie heißen *Nabelpunkte* (oder auch *Kreispunkte*). Für das $\mathfrak{H}_2$ ergeben sich keine solchen reellen Punkte; dem

---

[1] Da (S. 262) jede Ebene mit der F_2 eine C_2 gemein hat, ist dies auch für die Tangentialebene der Fall; die C_2 besteht entweder aus zwei reellen Geraden, wie beim $\mathfrak{H}_2$, oder zwei imaginären, wie beim $\mathfrak{E}_2$, oder einer Doppelgeraden, wie beim Kegel oder Zylinder.

Umstand entsprechend, daß jede Tangentialebene das $\mathfrak{H}_2$ in zwei Geraden durchdringt. Für das $\mathfrak{H}_2'$ erhalten wir wiederum vier reelle Nabelpunkte in der xz-Ebene.

Ähnlich zeigt man, daß das $\mathfrak{P}_e$ zwei reelle Nabelpunkte, und zwar ebenfalls in der xz-Ebene, besitzt.

Beispiele (für rechtwinklige Achsen). 1. Für das vom Anfangspunkt auf die Tangentialebene gefällte Lot δ ist

$$\delta^2(A^2\xi_1^2 + B^2\eta_1^2 + C^2\zeta_1^2) = 1.$$

2. Das in (ξ_1, η_1, ζ_1) auf der Fläche errichtete Lot heißt *Normale* der Fläche; ihre Gleichungen sind

$$\frac{x - \xi_1}{A\xi_1} = \frac{y - \eta_1}{B\eta_1} = \frac{z - \zeta_1}{C\zeta_1}.$$

3. Sind α, β, γ die Richtungswinkel der Normale, so ergibt sich, wie S. 134

$$\delta^2 = \frac{\cos^2\alpha}{A} + \frac{\cos^2\beta}{B} + \frac{\cos^2\gamma}{C}.$$

Daraus folgert man, daß die Summe der Quadrate dieser Lote für drei zueinander senkrechte Tangentialebenen konstant ist, also

$$\delta^2 + \delta'^2 + \delta''^2 = \frac{1}{A} + \frac{1}{B} + \frac{1}{C};$$

die Schnittpunkte von je drei zueinander senkrechten Tangentialebenen erfüllen also eine Kugelfläche, deren Mittelpunkt der Mittelpunkt der F_2 ist.

Nachdem wir im vorstehenden ausführlich alle für $\delta \gtrless 0$ auftretenden Fälle von Flächen zweiter Ordnung untersucht haben, bleibt schließlich noch der Fall $\delta = 0$, d. i. die Fläche mit unendlich fernem Mittelpunkt, zu behandeln; die drei Ebenen $\varepsilon_1, \varepsilon_2, \varepsilon_3$ von § 4 haben also einen in ε_∞ fallenden Punkt gemein, und die Gleichungen (33) versagen. Wir werden finden, daß diesem Falle die beiden Paraboloide entsprechen. Vorher soll noch gezeigt werden, daß dann stets $\varDelta \gtrless 0$ ist. Dazu ziehen wir auch die Ebene ε_4 mit der Gleichung

$$E_4 = a_{41}\xi + a_{42}\eta + a_{43}\zeta + a_{44}\tau = 0$$

in Betracht; die Determinante aller vier Ebenengleichungen ist also $\varDelta$. $\varepsilon_1, \varepsilon_2, \varepsilon_3$ haben nach unserer Voraussetzung einen und nur einen Punkt auf ε_∞, d. h. $\tau = 0$, gemeinsam. Denn sonst würden sie ein Büschel bilden, ein Fall, der bereits im § 4 behandelt wurde. Durch diesen Punkt würde auch ε_4 gehen, falls $\varDelta = 0$ sein würde. Dann müßte aber ein Wertetripel ξ, η, ζ die vier Gleichungen $a_{i1}\xi_1 + a_{i2}\eta + a_{i3}\zeta = 0$ erfüllen. Also wäre $A_{14} = A_{24} = A_{34} = A_{44} = 0$. Wegen $a_{ik} = a_{ki}$ folgt aber hieraus $A_{41} = A_{42} = A_{43} = A_{44} = 0$ im Widerspruch zu der Annahme, daß $\varepsilon_1, \varepsilon_2, \cdot \varepsilon_3$ kein Büschel bilden. Es kann also nur der Fall $\varDelta \gtrless 0$ vorliegen.

Nunmehr gehen wir zur Transformation der F_2-Gleichung über. Wie in Kap. XI, § 4 führen wir jetzt zuerst neue Achsen x', y', z' durch O so ein, daß die homogene Funktion $\varphi(x,y,z)$ von (22) in eine Summe

18*

quadratischer Glieder übergeht. Wir behaupten, daß ihre Zahl (der Rang von φ) nicht gleich drei sein kann. Wäre der Rang drei, so möge φ die Form

$$a'_{11}x'^2 + a'_{22}y'^2 + a'_{33}z'^2 ; \qquad a'_{11} \gtrless 0, \qquad a'_{22} \gtrless 0, \qquad a'_{33} \gtrless 0$$

annehmen. Wir fassen nun $\varphi(x,y,z) = 0$ als Gleichung zwischen homogenen Koordinaten in der Ebene auf, dann stellt diese Gleichung wegen $\delta = 0$ ein Geradenpaar dar (s. S. 155). Da die transformierte Gleichung $\varphi = 0$ auch ein Geradenpaar darstellt, muß auch das für diese Funktion gebildete $\delta = 0$ sein. Das δ für die transformierte Funktion ist aber $a'_{11}a'_{22}a'_{33}$. Also muß einer der drei Faktoren gleich Null sein.

Um das Resultat der Transformation auf die durch O gehenden neuen $x'y'z'$-Achsen zu erhalten, können wir den vorher benutzten Weg einschlagen, der an den Ort paralleler Sehnen anknüpft. Die Gleichung (35) $M = 0$ ändert sich zwar für die allgemeine in x, y, z geschriebene F_2-Gleichung, in der lineare Glieder in x, y und z vorkommen, aber doch nur so, daß in ihr außer den ungeändert bleibenden Gliedern in x_0, y_0, z_0 noch ein von x_0, y_0, z_0 freies Glied auftritt; die zugehörige Ebene geht also nicht mehr durch O. Dagegen bleiben die Gleichungen (35b) *ungeändert,* und ebenso alle Schlüsse, die wir an sie knüpften. Es lassen sich also die zu den Sehnen normalen Durchmesserebenen ebenso bestimmen wie vorher, nur wissen wir jetzt von vornherein, daß $\varrho = 0$ eine der Wurzeln von $\varDelta(\varrho) = 0$ ist. Auch können wir die Transformationsgleichungen (40) wieder in derselben Weise behandeln wie oben. Liegt also der allgemeine Fall $\varrho' \gtrless \varrho'' \gtrless 0$ vor, so erhalten wir als transformierte F_2-Gleichung

$$(47) \qquad \varrho' X^2 + \varrho'' Y^2 + 2a'_{14}X + 2a'_{24}Y + 2a'_{34}Z + a_{44} = 0,$$

und zwar ist

$$(47\,\mathrm{a}) \qquad \begin{cases} a'_{14} = a_{14}\cos\alpha + a_{24}\cos\beta + a_{34}\cos\gamma \\ a'_{24} = a_{14}\cos\alpha' + a_{24}\cos\beta' + a_{34}\cos\gamma' \\ a'_{34} = a_{14}\cos\alpha'' + a_{24}\cos\beta'' + a_{34}\cos\gamma'', \end{cases}$$

und es ist notwendig $a'_{34} \gtrless 0$, da F_2 sonst eine zylindrische Fläche wäre, also eine Fläche mit unendlich viele Mittelpunkten, was nach Voraussetzung ausgeschlossen ist. Nunmehr verschieben wir die Achsen parallel zu sich, und zwar sollen in den Gleichungen

$$(48) \qquad X = X' + \xi, \qquad Y = Y' + \eta, \qquad Z = Z' + \zeta$$

ξ, η, ζ so bestimmt werden, daß die Koeffizienten von X' und Y' und ebenso das absolute Glied verschwinden. Dies liefert die Bedingungsgleichungen

$$(48\,\mathrm{a}) \qquad \begin{cases} \varrho'\xi + a'_{14} = 0, \qquad \varrho''\eta + a'_{24} = 0, \\ \varrho'\xi^2 + \varrho''\eta^2 + 2(a'_{14}\xi + a'_{24}\eta + a'_{34}\zeta) + a_{44} = 0 \end{cases}$$

und wegen $\varrho' \lessgtr 0$, $\varrho'' \gtrless 0$, $a'_{34} \gtrless 0$ lassen sich ξ, η, ζ aus ihnen in endlicher Form entnehmen. Der sich so ergebenden Gleichung

$$(48\,\text{b}) \qquad \varrho' X^2 + \varrho'' Y^2 + 2a'_{34} Z = 0$$

entsprechen in der Tat die beiden Paraboloide.

Ist $\varrho' = \varrho''$, so verfahren wir, da alle oben benutzten Schlüsse von den Werten von ϱ unabhängig sind, wie vorher; hier folgt insbesondere $\varkappa_1^2 + \varkappa_2^2 + \varkappa_3^2 + \tau = \varrho = 0$; und so erhält die F_2-Gleichung zunächst die Form

$$\tau(X^2 + Y^2) + 2a'_{14} X + 2a'_{24} Y + 2a'_{34} Z + a_{44} = 0,$$

die analog wie vorher schließlich in

$$(48\,\text{c}) \qquad \tau(X^2 + Y^2) + 2a'_{34} Z = 0$$

übergeht. Sie stellt ein Rotations-$\mathfrak{P}_e$ dar[1].

Wir haben also in dem Falle $\delta = 0$ außer den in § 4 behandelten Fällen nur die beiden Paraboloide.

In der Ebene ε_∞ schneiden die Paraboloide je ein Geradenpaar durch Z_∞ aus, wie auch bereits S. 258 erwähnt ist; es ist reell oder imaginär, je nachdem ϱ' und ϱ'' ungleiches oder gleiches Vorzeichen besitzen.

Beispiel. Die zu transformierende Gleichung sei

$$x^2 + y^2 + 4z^2 - 14xy - 28xz + 4yz + 4z + 12 = 0.$$

Sie liefert ein $\mathfrak{P}_h$ mit der Gleichung $3X^2 - 4Y^2 = 2Z$.

Auch den Paraboloiden kommt in jedem Punkt (ξ_1, η_1, ζ_1) eine Tangentialebene zu; nach der S. 273 benutzten Methode finden wir, wenn wir die Gleichung des $\mathfrak{P}_e$ und $\mathfrak{P}_h$ gemeinsam

$$(49) \qquad A x^2 + B y^2 - 2z = 0$$

schreiben, für M den Ausdruck

$$M = A \xi_1 \xi_2 + B \eta_1 \eta_2 - (\zeta_1 + \zeta_2),$$

und die Gleichung der Tangentialebene ist also

$$(49\,\text{a}) \qquad A \xi_1 x + B \eta_1 y - (\zeta_1 + z) = 0.$$

Weiter folgert man wiederum, wie S. 274, daß die Tangentialebene des $\mathfrak{P}_h$ in jedem Punkt $(\xi_1 \eta_1 \zeta_1)$ die beiden durch ihn gehenden Geraden des $\mathfrak{P}_h$ enthält. Wie das $\mathfrak{H}_2$, wird also auch das $\mathfrak{P}_h$ von der Tangentialebene *durchsetzt*. Der Übergang zu homogenen Koordinaten zeigt, daß die Ebene ε_∞ für beide Paraboloide als Tangentialebene im Punkt Z_∞ anzusehen ist.

Es ergibt sich noch aus den Betrachtungen dieses und des vorhergehenden Paragraphen *als notwendige und hinreichende Bedingung dafür, daß die F_2 in einen Kegel, einen Zylinder, ein Ebenenpaar oder eine Doppelebene ausartet, das Verschwinden der Diskriminante Δ.*

---

[1] $\varrho = 0$ kann keine Doppelwurzel sein, denn sonst wäre die F_2 wieder ein Zylinder.

§ 6. Das Polarsystem.

Wir gehen von einer nicht ausgearteten F_2 mit der Gleichung

(50) $$F(x) = \sum a_{ik} x_i x_k = 0, \qquad \Delta = |a_{ik}| \gtrless 0$$

aus und von einer Geraden g, die durch

(50a) $$\varrho x_i = y_i + \lambda z_i$$

gegeben sei. Für den Schnitt der F_2 mit g besteht die Gleichung

(51) $$F(y + \lambda z) = \sum a_{ik}(y_i + \lambda z_i)(y_k + \lambda z_k) = 0;$$

nach Potenzen von λ geordnet sei sie

(51a) $$L\lambda^2 + 2M\lambda + N = 0,$$

und es ist

$$L = \sum a_{ik} z_i z_k, \qquad N = \sum a_{ik} y_i y_k, \qquad 2M = \sum a_{ik}(y_i z_k + y_k z_i).$$

Der bilineare Ausdruck $2M$ läßt sich ausführlicher in der Form

(52) $$\sum y_i(a_{i1} z_1 + a_{i2} z_2 + a_{i3} z_3 + a_{i4} z_4) = \sum z_i(a_{i1} y_1 + a_{i2} y_2 + a_{i3} y_3 + a_{i4} y_4)$$

darstellen; er ist aus den y_i und z_i *symmetrisch* aufgebaut.

Genügen die Wurzeln λ' und λ'' von (51a), die mit (50a) die Schnittpunkte (x') und (x'') bestimmen, der Gleichung

(52a) $$\lambda' + \lambda'' = 0, \qquad \text{also} \qquad M = 0,$$

so bilden sie mit (y) und (z) zwei harmonische Paare; (y) und (z) sollen wieder *konjugierte Punkte* für die F_2 heißen. Damit ist die analytische Grundlage für die Theorie des *Polarsystems* analog zu Kap. XI, § 7 gewonnen; es darf im wesentlichen genügen, die dort abgeleiteten Resultate sinngemäß auf den Raum zu verallgemeinern. Nur das für den Raum neu Auftretende soll ausführlicher erörtert werden.

1. Alle Punkte (z), die zu einem festen Punkt (y) konjugiert sind, erfüllen eine Ebene, die *Polarebene* von (y). Sie ist der Ort der vierten harmonischen Punkte zu (x'), (x''), (y). Liegt (z) in der Polarebene von (y), so liegt auch (y) in der Polarebene von (z); diese involutorische Beziehung folgt aus dem symmetrischen Charakter der Gleichung $M = 0$. Die Ebenenkoordinaten der Polarebene von (y) sind

(53) $$\sigma u_i = a_{i1} y_1 + a_{i2} y_2 + a_{i3} y_3 + a_{i4} y_4;$$

durch Auflösung folgt

(53a) $$\varrho y_k = A_{1k} u_1 + A_{2k} u_2 + A_{3k} u_3 + A_{4k} u_4.$$

Das Entsprechen zwischen den (y) und den (u) ist also eineindeutig; jeder Ebene (u) entspricht ein Punkt (y), ihr *Pol*.

2. Fällt (y) auf die F_2, so ist auch $N = 0$, die Gleichung (51a) hat die Doppelwurzel $\lambda = 0$, und daraus folgt, daß die Gerade (yz) für jeden in der Ebene $M = 0$ gelegenen Punkt (z) zwei in (y) zusammenfallende

Punkte mit der F_2 gemein hat. Sie ist eine *Tangente* der F_2, und die Gleichung $M = 0$ als Ort dieser Tangenten heißt die *Tangentialebene* von (y)[1]. *Die Polarebene eines Punktes der F_2 ist also seine Tangentialebene.* In diesem Fall ist der Punkt (y) zu allen Punkten (z) seiner Tangentialebene konjugiert. Wie S. 160 folgert man hieraus, daß die Polarebene jedes solchen Punktes (z) auch den Punkt (y) enthält, daß also der Polarebene von (z) die Berührungspunkte *aller* von (z) an die F_2 gehenden Tangenten angehören. Sie bilden somit eine ebene Kurve, und da jede Ebene mit der F_2 eine C_2 gemein hat, insbesondere eine C_2; d. h., *die Berührungspunkte der von (z) an die F_2 gezogenen Tangenten erfüllen eine ebene C_2.* Der Ort aller dieser Tangenten ergibt sich, wenn man die Bedingung sucht, daß die Wurzeln λ' und λ'' von (51a) einander gleich sind; sie lautet

$$LN - M^2 = 0.$$

Sie liefert für den Ort der Tangenten (bei festem z und variablem y) einen Kegel zweiten Grades. Sein Schnitt mit der Polarebene von (z) enthält die Berührungspunkte der sämtlichen Tangenten, ist also die soeben betrachtete C_2.

3. Gemäß 1. sind zwei Punkte (y) und (z) *konjugiert*, wenn jeder in der Polarebene des anderen liegt; analog sollen zwei Ebenen *konjugiert* heißen, wenn jede durch den Pol der anderen geht. Denken wir uns eine Gerade g als Verbindungslinie von (y') und (y'') gegeben und stellen ihre Punkte (y) durch

$$(54) \qquad \varrho y_i = y_i' + \lambda y_i''$$

dar, so sind die zugehörigen Polarebenen (u) gemäß (53) durch

$$(54a) \qquad \sigma u_i = u_i' + \lambda u_i''$$

dargestellt; sie bilden also einen durch die Achse $(u'u'') = h$ gehenden, zur Punktreihe $(y'y'')$ projektiven Ebenenbüschel. Die Geraden g und h heißen *konjugierte Polaren* für die F_2; enthält die eine einen Punkt (y), so liegt die andere in der Polarebene (u) von (y) und umgekehrt. Die involutorische Beziehung des Polarsystems überträgt sich auch auf diese Geraden; h ist zugleich Ort der Pole der durch g laufenden Ebenen. Jeder Geraden g durch einen Punkt P ist die Ebene ε durch P zugeordnet, die die Polare zu g enthält, g geht durch den Pol von ε. g und ε heißen konjugiert in bezug auf P.

4. Wir wollen wieder zu einfacheren Bezeichnungen übergehen; die Polarebene von P sei π. Ist dann Q ein Punkt von π, so geht seine Polarebene $\varkappa$ durch P; ist R ein Punkt auf $(\varkappa\pi)$, so geht seine Polarebene ϱ durch P und Q; und ist endlich S der Punkt $(\varkappa\pi\varrho)$, so geht die Polarebene σ durch P, Q, R. Die vier Punkte P, Q, R, S bilden also ein Tetraeder, dessen Ebenen die Polarebenen der gegenüberliegenden

---

[1] Ist auch $L = 0$, so gehört die ganze Gerade (yz) der F_2 an.

Ecken sind (*Polartetraeder*). Jede durch P gehende Kante ist zu der Ebene der beiden anderen Kanten durch P konjugiert in bezug auf P.

5. Jedem Punkt P_∞ entspricht eine *Durchmesserebene* als Polarebene; der zu P_∞ zugeordnete vierte harmonische Punkt fällt in die Mitte von (x'), (x''). Damit erscheinen die in § 5 abgeleiteten Sätze als Sonderfälle der Polarität. Der Polarebene ε_∞ entspricht als Pol der *Mittelpunkt* der F_2; bei den Paraboloiden fällt er in den Punkt Z_∞ von ε_∞, in Übereinstimmung damit, daß sich ε_∞ als Tangentialebene für sie ergab (S. 277). Sind ein Durchmesser und eine Durchmesserebene im Sinne von S. 269 zueinander konjugiert, dann sind sie auch im Polarsystem zueinander konjugiert in bezug auf den Mittelpunkt; man schließt daher, daß alle Durchmesserebenen des $\mathfrak{P}_e$ und $\mathfrak{P}_h$ durch Z_∞ gehen, also der Hauptachse der Paraboloide parallel sind. Drei konjugierte Durchmesser einer Mittelpunktsfläche bilden mit ε_∞ ein Polartetraeder.

6. Für ein Polartetraeder als Koordinatentetraeder nimmt die F_2-Gleichung die einfache Form

$$(55) \qquad a_1 x_1^2 + a_2 x_2^2 + a_3 x_3^2 + a_4 x_4^2 = 0$$

an; darin ist zugleich die geometrische Bedeutung der Transformation auf eine Summe von Quadraten enthalten. Die Gleichungen (46) der Mittelpunktsflächen benutzen ein Polartetraeder aus drei konjugierten Durchmessern und ε_∞.

7. Die Polaritätsbeziehung zwischen den Punkten und Ebenen und den durch sie geformten Gebilden liefert räumlich duale Figuren. Einer aus Punkten, Geraden, Ebenen aufgebauten Figur entspricht polar die aus Ebenen, Geraden und Punkten analog aufgebaute Polarfigur. Einem Punktort F_n der *n^{ten} Ordnung* entspricht ein Ebenenort Φ_n der *n^{ten} Klasse*. Sein Aufbau aus den ihm angehörenden Ebenen erhellt aus folgendem: Wie die in einer einzelnen Ebene ε liegenden ∞^1 Punkte von F_n eine Punktkurve C_n der n^{ten} Ordnung bilden, so gibt es durch den Pol E von ε (als Polarebenen dieser Punkte) ∞^1 Ebenen von Φ_n, die eine Kegelfläche Γ_n der n^{ten} Klasse als Tangentialebenen umhüllen. Ist $F_n(x) = 0$ die Gleichung der F_n, so ergibt sich durch Einsetzen der Werte (53a) die Gleichung $\Phi_n(u) = 0$ von Φ_n. Wählt man statt der F_n die F_2 selbst, die die Grundfläche der Polarität ist, so erhält man die Gleichung der F_2 in Ebenenkoordinaten. Wie S. 165 ergibt sich dafür die zur dortigen Gleichung (47) analoge Determinantengleichung oder

$$(56) \qquad \sum A_{ik} u_i u_k = 0 \qquad (A_{ik} = A_{ki}),$$

wo die A_{ik} diesmal die bezüglichen dreireihigen Unterdeterminanten sind.

8. Artet die F_2 aus, so artet auch das Polarsystem aus. Es geschehe zunächst so, daß $\varDelta = 0$ ist, aber nicht alle $A_{ik} = 0$ sind. Als

Polarebene von (y) definieren wir wieder die durch $M = 0$ für variables z bestimmte Ebene; ihre Koordinaten u_i sind also wiederum

(57) $\qquad \sigma u_i = a_{i1} y_1 + a_{i2} y_2 + a_{i3} y_3 + a_{i4} y_4 \qquad (i = 1, 2, 3, 4)$.

Da $\Delta = 0$ ist, während die A_{ik} nicht sämtlich verschwinden, hat man

$$A_{1i} : A_{2i} : A_{3i} : A_{4i} = A_{1k} : A_{2k} : A_{3k} : A_{4k},$$

und es ist für jedes Indicespaar i, k

(57a) $\qquad a_{1i} A_{1k} + a_{2i} A_{2k} + a_{3i} A_{3k} + a_{4i} A_{4k} = 0$.

Aus (57) folgt mithin für jeden Index k

$$A_{1k} u_1 + A_{2k} u_2 + A_{3k} u_3 + A_{4k} u_4 = 0.$$

Ist daher (ξ) der durch $A_{1k} : A_{2k} : A_{3k} : A_{4k}$ gegebene Punkt, so folgt für ihn

(57b) $\qquad \xi_1 u_1 + \xi_2 u_2 + \xi_3 u_3 + \xi_4 u_4 = 0$,

und wegen (57a) ist weiter

$$\sum a_{i1} \xi_i = 0, \quad \sum a_{i2} \xi_i = 0, \quad \sum a_{i3} \xi_i = 0, \quad \sum a_{i4} \xi_i = 0.$$

Wie S. 167 ergibt sich hieraus, daß die Polarebene *jedes* Punktes (y) durch (ξ) geht (ξ heißt auch *singulärer* Punkt), während als Polarebene von (ξ) *jede* Ebene zu betrachten ist. Ist ferner x' irgendein von (ξ) verschiedener Punkt der F_2, so folgert man, wie dort, daß $F(\xi_i + \lambda x_i') = 0$ ist für jedes λ und daher die Gerade $(\xi x')$ ganz der F_2 angehört. Die F_2 ist demnach eine Kegelfläche mit (ξ) als Mittelpunkt[1].

Ein Polartetraeder wird durch (ξ) und irgendein Tripel konjugierter Punkte (oder dreier durch (ξ) gehender konjugierter Geraden) gebildet. Jedes Paar konjugierter Geraden g, h durch (ξ) bildet mit den Strahlen, in denen seine Ebene den Kegel schneidet, zwei zueinander harmonische Paare. Für die Gleichung der F_2 in Ebenenkoordinaten folgt wie S. 168

(58) $\qquad (\xi_1 u_1 + \xi_2 u_2 + \xi_3 u_3 + \xi_4 u_4)^2 = 0$;

sie stellt den Scheitel des Kegels doppelt zählend dar.

Verschwinden auch alle Unterdeterminanten A_{ik} (aber nicht alle der zweiten Ordnung), so daß (S. 263) die F_2 in ein Ebenenpaar ausartet, so geht die Polarebene jedes Punktes (y) durch die Schnittlinie beider Ebenen (*singuläre* Gerade); das Ebenenpaar, die Polarebene und die Ebene durch (y) bilden vier harmonische Ebenen durch die singuläre Gerade. Für die letzten beiden Ebenen ist jeder Punkt der einen Ebene ein Pol der anderen. Eine beliebige Ebene (u) hat unendlich viele Pole, nämlich alle Punkte der singulären Geraden.

Dem ebenen Feld als Ort seiner Punkte und Geraden entspricht dualistisch der Bündel als Ort seiner Ebenen und Strahlen; der Polarität des ebenen Feldes

---

[1] Da wir hier allgemeine x_i-Koordinaten benutzen, kann (ξ) auch auf ε_∞ fallen, also F_2 eine zylindrische Fläche sein.

für eine C_2 entspricht im Bündel die Polarität seiner Strahlen und Ebenen für einen Kegel der zweiten Ordnung. Betrachten wir z. B. für räumliche Koordinaten x_i den Bündel mit der Ecke (000) des Koordinatentetraeders, die also der Ebene $x_4 = 0$ gegenüberliegt. Jeder seiner Strahlen h ist durch ein Tripel $x_1 : x_2 : x_3$ bestimmt; die einfachste Art, diese Koordinaten geometrisch zu deuten, ist die, daß man $x_1 : x_2 : x_3$ als Punktkoordinaten in der Ebene $x_4 = 0$ betrachtet, und zwar für den Punkt, in dem $x_4 = 0$ vom Strahl h geschnitten wird. Dann haben wir es mit homogenen Koordinaten x_i in dieser Ebene zu tun und können auf sie die Betrachtungen von Kap. XI anwenden. In dieser Weise kann man die (ausgeartete) Polarität für den Kegel ebenfalls betrachten.

Es handele sich z. B. um die Polarität für den absoluten Kegel $x^2 + y^2 + z^2 = 0$. Die Gleichungen (53) haben die einfache Form $\sigma u = x$, $\sigma v = y$, $\sigma w = z$, und die bilineare Relation $M = 0$ lautet für zwei konjugierte Richtungen $x' : y' : z'$ und $x'' : y'' : z''$

$$x'x'' + y'y'' + z'z'' = 0.$$

Sie ist zugleich die Polarität für den Kugelkreis. Für die den beiden Richtungen entsprechenden Winkel α', β', γ' und α'', β'', γ'' ist also

$$\cos\alpha'\cos\alpha'' + \cos\beta'\cos\beta'' + \cos\gamma'\cos\gamma'' = 0.$$

Hieraus ergibt sich beiläufig: Orthogonale Geraden g', g'' durch O sind konjugiert zum absoluten Kegel und zum Kugelkreis in ε_∞. Dasselbe gilt für irgend zwei orthogonale Geraden, ebenso für $g \perp \varepsilon$ und für $\varepsilon' \perp \varepsilon''$.

§ 7. Einige kollineare Transformationen der F_2 in sich.

Zunächst sei bemerkt, daß man die ersten Sätze von Kap. X, § 7 auf eine Mittelpunktsfläche übertragen kann. Daraus folgt wieder, daß das durch drei konjugierte Durchmesser bestimmte Tetraeder für alle solchen Tripel einen konstanten Inhalt besitzt.

Eingehender soll die folgende kollineare Transformation der *geradlinigen* Flächen in sich behandelt werden. Wir gehen von den Gleichungen

$$x_1 = 0, \quad x_2 = 0, \quad x_3 = 0, \quad x_4 = 0$$

des Koordinatentetraeders aus und wählen

(59) $$x_1 x_4 - x_2 x_3 = 0$$

als Gleichung der F_2. Sie ist (S. 241) auf doppelte Weise Erzeugnis von zwei projektiven Büscheln, nämlich von

(59a) $$\begin{cases} \lambda x_1 - x_2 = 0, \quad \lambda x_3 - x_4 = 0 \quad \text{und} \\ \mu x_1 - x_3 = 0, \quad \mu x_2 - x_4 = 0. \end{cases}$$

Hieraus folgt weiter

(59b) $$x_1 : x_2 : x_3 : x_4 = 1 : \lambda : \mu : \lambda\mu.$$

Die Parameter λ und μ begründen daher eine Koordinatenbestimmung auf der F_2; die Punkte (x) der F_2 und die Parameterpaare λ, μ entsprechen sich eineindeutig. Weiter ist klar, daß $\lambda = \text{const}$ und $\mu = \text{const}$ je eine Gerade der einen und der anderen Schar darstellt. Wir können also von den λ-Geraden und den μ-Geraden sprechen, und die genannte

Koordinatenbestimmung kommt darauf hinaus, jeden Punkt der F_2 mittels der Gleichungen (59b) als Schnitt der durch ihn gehenden λ- und μ-Geraden aufzufassen.

Wir unterwerfen nun λ und μ den linearen Substitutionen

$$(60) \quad \lambda = \frac{\alpha\,\lambda' + \beta}{\gamma\,\lambda' + \delta}, \quad \mu = \frac{\alpha'\,\mu' + \beta'}{\gamma'\,\mu' + \delta'}, \quad (\alpha\,\delta - \beta\gamma \neq 0, \ \alpha'\delta' - \beta'\gamma' \neq 0),$$

so werden λ', μ' ebenfalls Parameter einer Koordinatenbestimmung auf der F_2 darstellen. *Diese Transformation führt die F_2 kollinear in sich über.* Ist nämlich (x') der zu λ', μ' gehörige Punkt, so daß

$$x_1' : x_2' : x_3' : x_4' = 1 : \lambda' : \mu' : \lambda'\mu'$$

ist, so ergibt sich aus (59b) und (60) durch Einsetzen dieser x_i' für λ' und μ'

$$(60\,\mathrm{a}) \quad \begin{cases} \varrho\,x_1 = \sigma(\gamma\,\lambda' + \delta)(\gamma'\,\mu' + \delta') = \delta\delta'x_1' + \gamma\delta'x_2' + \delta\gamma'x_3' + \gamma\gamma'x_4' \\ \varrho\,x_2 = \sigma(\alpha\,\lambda' + \beta)(\gamma'\,\mu' + \delta') = \beta\delta'x_1' + \alpha\delta'x_2' + \beta\gamma'x_3' + \alpha\gamma'x_4' \\ \varrho\,x_3 = \sigma(\gamma\,\lambda' + \delta)(\alpha'\,\mu' + \beta') = \delta\beta'x_1' + \gamma\beta'x_2' + \delta\alpha'x_3' + \gamma\alpha'x_4' \\ \varrho\,x_4 = \sigma(\alpha\,\lambda' + \beta)(\alpha'\,\mu' + \beta') = \beta\beta'x_1' + \alpha\beta'x_2' + \beta\alpha'x_3' + \alpha\alpha'x_4' \end{cases}$$

Dies ist eine kollineare Transformation des Raumes, deren Determinante nicht verschwindet, weil sie, wie leicht nachzurechnen, gleich $(\alpha\,\delta - \beta\gamma)^2 (\alpha'\delta' - \beta'\gamma')^2$ ist. An dieser Kollineation hat die F_2 in der Weise teil, daß die *λ-Geraden in sich* und auch die *μ-Geraden in sich* übergehen. Augenscheinlich kann man aber auch bewirken, daß die λ-Geraden in die μ-Geraden und die μ-Geraden in die λ-Geraden übergehen. Dies leisten die linearen Substitutionen

$$(61) \quad \mu = \frac{\alpha\,\lambda' + \beta}{\gamma\,\lambda' + \delta}, \quad \lambda = \frac{\alpha'\,\mu' + \beta'}{\gamma'\,\mu' + \delta'},$$

was in der nämlichen Weise gezeigt wird.

Auf dieser Grundlage ist von PLÜCKER eine analytische Geometrie auf den F_2 begründet worden; die Bestimmung eines Punktes durch je zwei Gleichungen $\lambda = \mathrm{const}$, $\mu = \mathrm{const}$ bildet den Ausgangspunkt. Ersetzt man λ durch $\lambda_1 : \lambda_2$ und μ durch $\mu_1 : \mu_2$, so hat man

$$x_1 : x_2 : x_3 : x_4 = \lambda_2\mu_2 : \lambda_1\mu_2 : \lambda_2\mu_1 : \lambda_1\mu_1,$$

und erhält in einer Gleichung $f(\lambda_1, \lambda_2; \mu_1, \mu_2) = 0$, die für λ_1 und λ_2 und ebenso für μ_1 und μ_2 homogen ist, eine auf der F_2 verlaufende Kurve; der Grad in den λ_i und in den μ_i bestimmt, wie oft jede λ-Gerade und jede μ-Gerade von der Kurve geschnitten wird.

Beispiele und Aufgaben.

(Zu Kap. II, III, IV.) 1. Sind $P_i(x_i y_i)$ vier Punkte, so ist

$$\xi = \frac{x_1 + x_2 + x_3 + x_4}{4}, \qquad \eta = \frac{y_1 + y_2 + y_3 + y_4}{4}$$

gemeinsamer Schnittpunkt von sieben Geraden. Welche sind es?

2. Für n Punkte P_i treten $2^{n-1} - 1$ Geraden auf, die sich sämtlich in dem analogen Punkt (ξ, η) schneiden.

3. Welche drei Transversalen des Dreiecks $P_1 P_2 P_3$ schneiden sich in

$$\xi = \frac{m_1 x_1 + m_2 x_2 + m_3 x_3}{m_1 + m_2 + m_3}, \qquad \eta = \frac{m_1 y_1 + m_2 y_2 + m_3 y_3}{m_1 + m_2 + m_3}?$$

4. Von den Gleichungen (16) (S. 30) ausgehend, soll man die Werte, die a, b, c, d für rechtwinklige Achsen besitzen, nach der Methode von Kap. XIV, § 6 ableiten, also auf Grund von $x^2 + y^2 = x'^2 + y'^2$. Man erhält der Reihe nach

$$a^2 + c^2 = b^2 + d^2 = 1, \qquad ab + cd = 0, \qquad ad - bc = \pm 1.$$

Wird insbesondere $ad - bc = +1$ gesetzt, so folgt analog

$$a^2 + b^2 = c^2 + d^2 = 1, \qquad ac + bd = 0.$$

Daraus folgt $a = d = \cos(xx')$, $-b = c = \sin(xx')$.

5. Für schiefwinklige Achsen folgert man ähnlich

$$a^2 + c^2 + 2ac \cos(xy) = b^2 + d^2 + 2bd \cos(xy) = 1,$$
$$\cos(x'y') = ab + cd + (ad + bc) \cos(xy).$$

6. Es ist der Ort der Spitzen aller Dreiecke über die Grundlinie AB zu bestimmen für

a) $\operatorname{ctg} A + \operatorname{ctg} B = m$,   b) $\operatorname{tg} A + \operatorname{tg} B = m$,   c) $\operatorname{tg} A \cdot \operatorname{tg} B = m$,   d) $A + B = m$.

Man wähle AB als x-Achse und das Mittellot als y-Achse. Für a) ergibt sich eine Parallele zur x-Achse, für b) eine Parabel, für c) eine Ellipse, für d) ein Kreis.

7. Dieselbe Aufgabe für

$$\operatorname{ctg} A - \operatorname{ctg} B = m, \qquad \operatorname{tg} A - \operatorname{tg} B = m, \qquad \operatorname{tg} A : \operatorname{tg} B = m, \qquad A - B = m.$$

Man erhält für a) eine Gerade durch O, für c) eine Parallele zur y-Achse, für b) und d) eine Hyperbel.

8. Durch den Punkt (ξ, η) ziehe man Geraden und durch ihre Schnittpunkte mit den Achsen Parallelen zu den Achsen. Die Schnittpunkte dieser Parallelen bilden eine Hyperbel mit der Gleichung

$$\eta x + \xi y = xy.$$

9. Die Achsen seien rechtwinklig. Eine Gerade AB der Länge l bewege sich so, daß der Punkt A auf der x-Achse und der Punkt B auf der y-Achse bleibt. Jeder andere Punkt P der Geraden beschreibt eine Ellipse mit den Achsen $AP = b$ und $BP = a$. Hierauf beruht die mechanische Zeichnung der Ellipse mittels des „Ellipsographen".

10. Der Ort der Punkte P, für die das Produkt der Entfernungen $F_1 P \cdot F_2 P$ konstant $(= m^2)$ ist, hat für $F_1 F_2 = 2c$ die Gleichung (in rechtwinkligen Koordinaten)

$$(x^2 + y^2)^2 - 2c^2(x^2 - y^2) + c^4 - m^4 = 0 .$$

Für $m = c$ geht die Kurve durch O; sie heißt *Lemniskate* und hat die Form einer liegenden 8 und die Gleichung

$$(x^2 + y^2)^2 - 2c^2(x^2 - y^2) = 0 .$$

In Polarkoordinaten lautet sie

$$r^2 = 2c^2 \cos 2\varphi .$$

11. Durch einen Punkt O eines Kreises mit dem Mittelpunkt C und dem Radius a ziehe man eine Sehne OK und trage auf ihr von K aus nach beiden Seiten ein Stück $KP_1 = P_2 K = l$ ab, wo l eine Konstante ist. Die Polargleichung der Punkte P_1 und P_2 für O als Anfangspunkt und OC als Polarachse lautet dann

$$r = 2a \cos \varphi + l ,$$

die Kurve heißt eine *Pascalsche Schnecke*.

Für den besonderen Fall $l = 2a$ ist die Gleichung

$$r = 2a(1 + \cos \varphi) ,$$

die Kurve heißt *Kardioide*; sie hat eine herzförmige Gestalt.

12. Sei P ein fester Punkt eines Kreises vom Radius a. Dieser liege so, daß er die x-Achse in O berührt und P in O fällt. Rollt der Kreis auf der x-Achse, so beschreibt P eine Kurve, die *Zykloide* heißt. Wenn für irgendeine Kreislage P_1 die Lage von P und O' der momentane Berührungspunkt ist, so mißt der zum Bogen $P_1 O'$ gehörige Zentriwinkel ω den abgelaufenen Teil der Peripherie; er soll den variablen Parameter darstellen. Sind (x, y) die Koordinaten von P_1, so sind

$$x = a\omega - a \sin \omega , \qquad y = a - a \cos \omega$$

die Kurvengleichungen. Die Kurve geht, da ω alle Werte zwischen $-\infty$ und $+\infty$ annehmen kann, nach links und rechts ins Unendliche; sie besteht aus lauter kongruenten Teilen.

13. Man kann die Gerade durch einen festen Kreis ersetzen, auf dem der bewegliche Kreis $(\varrho = a)$ von außen oder innen abrollt (*Epizykloide* und *Hypozykloide*). Man stelle deren Gleichungen auf.

(Zu Kap. V, VI.) 14. Die Gleichung einer Geraden g sei gegeben; man soll den Punkt $P'(\xi', \eta')$ finden, der Spiegelbild eines Punktes P für g ist. Da $PP' \perp g$ ist und von g halbiert wird, hat man zwei Gleichungen für ξ' und η'.

15. Der Übergang von $Ax + By + C = 0$ in die Normalgleichung läßt sich für schiefwinklige Achsen $[\sphericalangle (x, y) = \omega]$ folgendermaßen ausführen. Die Normalgleichung sei wieder

$$x \cos(nx) + y \cos(ny) - \delta = 0 ,$$

weiter bestehen für den Multiplikator λ zwei zu (9b) von S. 41 analoge Gleichungen. Man projiziere ODQ auf die x-Achse und y-Achse und erhält

$$x + y \cos \omega - \delta \cos(xn) = 0 , \qquad x \cos \omega + y - \delta \cos(yn) = 0 .$$

Die Determinante der drei vorstehenden Gleichungen muß verschwinden; dies liefert den gesuchten Wert von λ, und zwar

$$\lambda^2 = \frac{\sin^2 \omega}{A^2 + B^2 - 2AB \cos \omega} .$$

Die Zeichenbestimmung der auftretenden Wurzel kann wie S. 41 geschehen.

16. Eine Gerade AB schneide die Achsen so, daß $OA + OB = a + b = $ const ist. Der Ort der Punkte P, die die Strecke AB im festen Verhältnis μ teilen, hat die Gleichung $(1 - \mu)(x + y) = a + b$.

17. In ein Dreieck ABC sei ein Rechteck $A'B'A''B''$ eingeschrieben; $A''B''$ falle in AB. Der Ort der Mittelpunkte M dieser Rechtsecke ist zu finden. Man wähle AB als x-Achse, die Höhe als y-Achse, und es sei $OC = h$, $OA = p$, $OB = q$. *Man führe zunächst variable Hilfsgrößen ein*; die Koordinaten von A'' seien ξ', η', die von B'' seien ξ'', η'' (für $\eta' = \eta''$), endlich x, y die von M. Man hat dann die Gleichungen

$$\frac{\xi'}{p} + \frac{\eta'}{h} = 1 , \qquad \frac{\xi''}{q} + \frac{\eta''}{h} = 1 , \qquad 2x = \xi' + \xi'' , \qquad 2y = \eta' = \eta'';$$

aus ihnen ergibt sich die Gleichung des Orts in der Form

$$\frac{2x}{p+q} + \frac{2y}{h} = 1 .$$

Er enthält die Mitte der Höhe und die Mitte der Grundlinie (Rechtecke der Höhe Null und der Grundlinie Null).

18. Durch einen Punkt (ξ, η) ziehe man zwei Geraden g und g', die auf den Achsen die Abschnitte a, b und a', b' bestimmen. Gesucht ist der Ort der Schnittpunkte der Geraden, deren Achsenabschnitte a, b' und a', b sind. Für ihn hat man zunächst

$$\frac{x}{a} + \frac{y}{b'} = 1 \quad \text{und} \quad \frac{x}{a'} + \frac{y}{b} = 1 .$$

Zugleich ist

$$\frac{\xi}{a} + \frac{\eta}{b} = 1 \quad \text{und} \quad \frac{\xi}{a'} + \frac{\eta}{b'} = 1 .$$

Aus diesen beiden Gleichungspaaren erhält man

$$x \left(\frac{1}{a} - \frac{1}{a'} \right) + y \left(\frac{1}{b'} - \frac{1}{b} \right) = 0 \quad \text{und} \quad \xi \left(\frac{1}{a} - \frac{1}{a'} \right) + \eta \left(\frac{1}{b} - \frac{1}{b'} \right) = 0 ,$$

woraus sich nach Anhang (4a) $x\eta + y\xi = 0$ als der gesuchte Ort ergibt.

19. Eine Gerade g ist so zu bestimmen, daß die von gewissen Punkten P_i auf sie gefällten Lote l_i, mit gewissen Konstanten m_i multipliziert, die Summe Null ergeben. Ist $x\cos\alpha + y\sin\alpha - \delta = 0$ die Gleichung von g, so wird

$$m_i l_i = m_i (x_i \cos\alpha + y_i \sin\alpha - \delta) ,$$

und man erhält aus $\sum m_i l_i = 0$ die Gleichung

$$x \cos\alpha \sum m_i x_i + y \sin\alpha \sum m_i y_i - \delta \sum m_i = 0$$

oder, mit Benutzung der Gleichung von g,

$$\cos\alpha \left\{ x \sum m_i - \sum m_i x_i \right\} + \sin\alpha \left\{ y \sum m_i - \sum m_i y_i \right\} = 0 .$$

Die Gerade geht durch den Schnitt von

$$x \sum m_i - \sum m_i x_i = 0 , \qquad y \sum m_i - \sum m_i y_i = 0 ,$$

also durch den Punkt $x = \sum m_i x_i : \sum m_i$, $y = \sum m_i y_i : \sum m_i$. (Er stimmt mit dem Schwerpunkt der Punkte P_i überein, wenn man jedem die Maße m_i beilegt.)

20. Den Punkt zu finden, in dem eine Gerade g die Verbindungslinie zweier Punkte P', P'' schneidet. Jeder Punkt dieser Verbindungslinie wird durch

$$x = \frac{x' - \mu x''}{1 - \mu} , \qquad y = \frac{y' - \mu y''}{1 - \mu}$$

dargestellt; soll er auch einer Gleichung $Ax + By + C = 0$ genügen. so ergibt sich für den gesuchten Wert μ

$$\mu = (Ax' + By' + C) : (Ax'' + By'' + C) .$$

Eine Anwendung dieser Formel ist folgende: Die Gerade schneide die Seiten eines Dreiecks $P'P''P'''$ in Q_1, Q_2, Q_3; die zugehörigen Teilungsverhältnisse seien

$$\mu_1 = (P''P'''Q_1), \qquad \mu_2 = (P'''P'Q_2), \qquad \mu_3 = (P'P''Q_3).$$

dann ist (Satz des MENELAOS) $\mu_1\mu_2\mu_3 = 1$ oder

$$Q_1P'' \cdot Q_2P''' \cdot Q_3P' = Q_1P''' \cdot Q_2P' \cdot Q_3P''.$$

Wie lautet der durch Dualisierung entstehende Satz (Satz des CEVA)? Man kann diese Gleichung auf ein ebenes Polygon übertragen.

21. Die parallele Lage zweier Geraden g und g_1 ist eine affin invariante Eigenschaft, die orthogonale eine metrisch invariante. Man beweise, daß die Bedingungen (S. 42)

$$AB_1 - BA_1 = 0 \qquad \text{und} \qquad AA_1 + BB_1 = 0$$

beim Übergang zu neuen Achsen diese Invarianz besitzen; die erste also für die Formeln (17) von S. 31, die zweite für (14) von S. 29.

22. Man übertrage die Betrachtungen von S. 52 auf

$$N_1 \pm N_2 \pm N_3 \pm N_4 = 0.$$

23. Man erörtere (im Anschluß an Kap. V, § 4) die Bedeutung der Gleichungen

$$\lambda'G' \pm \lambda''G'' = 0, \qquad \lambda''G'' \pm \lambda G = 0, \qquad \lambda G \pm \lambda'G' = 0$$

für $G = 0$, $G' = 0$, $G'' = 0$ als die Geraden eines Dreiecks, ebenso von

$$\lambda G \pm \lambda'G' \pm \lambda''G'' = 0$$

und dualisiere diese Resultate.

24. Im Anschluß an den S. 66 enthaltenen Beweis des Desarguesschen Satzes ist von PLÜCKER folgender Satz ausgesprochen worden[1]: Außer den drei in eine Gerade fallenden Schnittpunkten zweier perspektivischer Dreiecke erhält man noch weitere sechs Schnittpunkte ihrer Seiten. Verbindet man je zwei dieser sechs Punkte durch gerade Linien, so erhält man 45 neue Schnittpunkte, von denen (die drei erstgenannten mitgerechnet) 60mal drei in gerader Linie liegen. Ein derartiges Tripel bilden z. B. die Punkte $A = 0$, $C - B' = 0$; $B = 0$, $A - C' = 0$; $C = 0$, $B - A' = 0$; die Gerade ,die sie enthält, ist $A + B + C - U = 0$ [2].

(Zu Kap. VII, VIII.) 25. Sind (a,b) und (c,d) zwei harmonische Strahlenpaare und m, n die Halbierungslinien von (a,b) und (c,d), so ist

$$\cos(ab) \cos(cd) = \cos 2(mn).$$

26. Man zeige, daß die Gleichung $\alpha xx' + \beta x + \gamma x' + \delta = 0$ in der Weise für unendlich viele Wertepaare x_1, x_2 und x_1', x_2' besteht, daß $x_2 - x_1 = x_2' - x_1'$ ist. In zwei projektiven Punktreihen gibt es also unendlich viele Paare gleicher Strecken. Man zeige das gleiche dualistisch.

27. Man zeige, daß eine reelle projektive Beziehung zweier Strahlenbüschel so hergestellt werden kann, daß den Minimalgeraden des einen zwei gegebene konjugiert komplexe Strahlen des anderen entsprechen. Als Koordinate im Büschel wählt man zweckmäßig $\operatorname{tg} \varphi$.

28. Eine Drehung um O ist, da die Kreispunkte fest bleiben, eine Projektivität, deren Doppelstrahlen die Minimalgeraden sind; eine Projektivität im Strahlenbüschel mit konjugiert komplexen Doppelstrahlen läßt sich also (nach 27) auf eine Dehnung projektiv abbilden.

29. Entspreche für eine Drehung um O dem Strahl a der Strahl a' und dem Strahl a' der Strahl a'' [so daß $\sphericalangle(aa') = (a'a'')$ ist]. Konstruiert man a_1 so, daß

---

[1] Gesammelte mathematische Abhandlungen 1895, S. 161.

[2] Für die Bezeichnungen vgl. S. 66.

(aa'') und $(a'a_1)$ zwei harmonische Paare bilden, so bilden die Paare $(a'a_1)$ eine orthogonale Involution, also eine Involution, die dieselben Doppelstrahlen hat wie die Drehung (S. 87). Man übertrage den Satz auf eine Projektivität im Strahlenbüschel.

30. Auf einer Geraden g nehme man zunächst eine Ähnlichkeit an, gegeben durch $\alpha x' = \beta x$, und weise den zu (29) dualen Satz für sie nach; man zeige also, daß die Paare $(A_1 A')$ eine Involution bilden, die dieselben Doppelelemente hat wie die Ähnlichkeit. Durch Übertragung ergibt sich der Satz dann auch für jede Projektivität mit *reellen* Doppelelementen.

31. Seien A, B, C drei Punkte einer Geraden, weiter A', B', C' drei solche Punkte, daß

$$(CBAA') = -1, \quad (ACBB') = -1, \quad (BACC') = -1$$

ist; es ist also A', B', C' zu dem Tripel A, B, C in drei verschiedenen Anordnungen harmonisch. Man folgert daraus $(ACBB') = (ABCC')$ usw.; hieraus läßt sich zunächst weiter ableiten, daß (B, C) und (B', C') zwei Paare einer Involution mit A und A' als Doppelpunkten sind. Es ist also auch

$$(C'B'A'A) = -1, \quad (A'C'B'B) = -1, \quad (B'A'C'C) = -1.$$

Die Paare A, B, C und A', B', C' stehen somit in wechselseitiger Beziehung zueinander. Daraus ist endlich (geometrisch) abzuleiten, daß (AA'), (BB'), (CC') drei Paare *derselben* Involution sind.

32. In einer Projektivität auf der Geraden g — sie heiße $\mathfrak{P}$ — möge dem Punkt A der Punkt A' entsprechen; wir sagen kurz, die Punktreihe (A) sei projektiv zur Punktreihe (A'), und es werde (A) durch $\mathfrak{P}$ in (A') übergeführt. Weiter entspreche in $\mathfrak{P}$ dem Punkt A' der Punkt A'', dem A'' wieder A''' usw., dann sind außer der Punktreihe (A') auch die Punktreihen (A'') ebenso (A''') zur Punktreihe (A) projektiv; man bezeichnet diese projektiven Beziehungen durch $\mathfrak{P}^2$, $\mathfrak{P}^3 \ldots$; durch $\mathfrak{P}^2$ geht also A in A'' über; durch $\mathfrak{P}^3$ A in A''' usw. Dann kann es kommen, daß für ein gewisses n der Punkt $A^{(n)}$ auf A fällt; es führt also $\mathfrak{P}^n$ jeden Punkt *in sich* über. Die Projektivität $\mathfrak{P}$ heißt dann *zyklisch*, und man schreibt $\mathfrak{P}^n = 1$ (*Identität*). Für $n = 2$ hat man den Fall der Involution. Wir betrachten im folgenden den Fall $n = 3$, also $\mathfrak{P}^3 = 1$. Bezeichnen wir A, A', A'' jetzt durch A, B, C, so folgt, daß die Projektivität $\mathfrak{P}$ das Punkttripel

$$ABC \text{ in } BCA, \quad BCA \text{ in } CAB, \quad CAB \text{ in } ABC$$

übergehen läßt. Sind M und N die Doppelpunkte von $\mathfrak{P}$, so ist also

$$(MABC) = (MBCA) = (MCAB) \quad \text{oder} \quad \text{(S. 71)}$$

$$\lambda = \frac{1}{1-\lambda} = \frac{\lambda-1}{\lambda}, \quad \text{also} \quad \lambda^2 - \lambda + 1 = 0;$$

und analog folgt für N

$$\frac{1}{\lambda} = 1 - \lambda = \frac{\lambda}{\lambda-1}, \quad \text{also wiederum} \quad \lambda^2 - \lambda + 1 = 0.$$

Die beiden $Dv(MABC)$ und $(NABC)$ sind also gleich einer dritten Wurzel aus -1; M und N bilden daher mit A, B, C je eine *äquianharmonische* Punktgruppe.

33. Die vorstehende zyklische Projektivität kann (nach 28) so auf den Strahlbüschel abgebildet werden, daß den Doppelelementen M und N die Minimalgeraden entsprechen, also die Projektivität in eine Drehung übergeht. Die einfache Figur, die sich so ergibt, besteht aus den drei Diagonalen a, b, c eines regulären Sechsecks; die Projektivität ist eine Drehung um $120°$. Man zeige, daß in dieser Abbildung sowohl (31) wie (32) realisiert ist; die dem Beispiel (31) entsprechenden Strahlen a', b', c' sind die Halbierungslinien der Winkel (ab), (bc), (ca).

34. Analytisch läßt sich das vorstehende mittels der beiden Formen

$$x_1^3 - x_2^3 = (x_1 - x_2)(x_1 - \varepsilon x_2)(x_1 - \varepsilon^2 x_2) = 0,$$

$$y_1^3 + y_2^3 = (y_1 + y_2)(y_1 + \varepsilon y_2)(y_1 + \varepsilon^2 y_2) = 0$$

darlegen für ε als dritte Einheitswurzel. Man zeige, daß die Wurzeln (x'), (x''), (x''') und (y'), (y''), (y''') dieselbe geometrische Beziehung zueinander haben wie A, B, C und A', B', C', und daß die in (31) betrachtete Involution dieselbe ist wie die von (32), im Strahlenbüschel also die orthogonale.

Man kann die vorstehenden Gleichungen noch so transformieren, daß ihre Wurzeln sämtlich reell werden. Dazu dient die Transformation

$$\varrho x_1 = \xi + i\eta, \qquad \varrho x_2 = \xi - i\eta;$$

sie führt die gegebenen Gleichungen in

$$\eta(3\xi^2 - \eta^2) = 0 \quad \text{und} \quad \xi(\xi^2 - 3\eta^2) = 0$$

über. Die Wurzeln entsprechen derjenigen Lage des Sechsecks, bei der eine Diagonale in die x-Achse fällt.

35. Ist $\mathfrak{P}$ eine zyklische Projektivität, für die $\mathfrak{P}^n = 1$ ist, so ist das $Dv(MNAA')$ für M und N als Doppelpunkte eine n^{te} Einheitswurzel; die Projektivität läßt sich auf die Drehung eines Strahlenbüschels um den Winkel $2\pi/n$ abbilden.

36. Da die Doppelelemente vereinigter Punktreihen Wurzeln einer quadratischen Gleichung sind, lassen sie sich mit Zirkel und Lineal konstruieren[1]; darauf läßt sich die konstruktive Lösung vieler geometrischer Aufgaben zurückführen.

Man gehe von gewissen Geraden $g, g_1, g_2\ldots$ und gewissen Punkten $S, S_1, S_2\ldots$ aus. Durch einen Punkt A auf g ziehe man den Strahl $a = (AS)$, er schneide g_1 in A_1, durch A_1 ziehe man $a_1 = (A_1S_1)$ usw.... Durchläuft dann A die Gerade g, so beschreibt a den Büschel um S, A_1 die Punktreihe g_1, a_1 den Büschel um S_1 usw., und nach dem Satz des Pappus sind je zwei solche Gebilde projektiv; man schreibt dafür

$$g(A) \barwedge S(a) \barwedge g_1(A_1) \barwedge S_1(a_1)\ldots$$

Entsteht so auf g_n der Punkt A_n, ist wieder $a_n = (A_n S_n)$ und A' Schnitt von a_n und g, so ist auch $g(A) \barwedge g(A')$. In den Doppelpunkten von $g(A)$ und $g(A)'$ fällt A mit A' zusammen. Auf diese Weise kann man z. B. folgende Aufgaben lösen: 1. Gegeben zwei n-Ecke p_n und q_n; ein n-Eck zu konstruieren, das p_n eingeschrieben und q_n umschrieben ist. 2. Ein n-Eck p_n so zu zeichnen, daß es q_n eingeschrieben und zugleich umgeschrieben ist. 3. Ein n-Eck p_n zu zeichnen, das *sich selbst* ein- und umgeschrieben ist. Für $n \geqq 9$ ist dies reell möglich.

37. Das Koordinatendreieck der Koordinaten x_i (S. 105) zerlegt die Ebene in sieben Gebiete, von denen je zwei durch das Unendliche zusammenhängen. Man nehme den Ausgangspunkt O innerhalb des Dreiecks an und bestimme die den sieben Gebieten zugehörigen Vorzeichenkombinationen der x_i. Das analoge ist für den Raum und die in ihm vorhandenen 15 Raumteile auszuführen.

38. Bestimmt man in Fig. 45 (S. 110) den Punkt E_i' so, daß (G_i, G_k) und (E_i, E_i') zwei harmonische Paare sind, so liegen die drei Punkte E_i', E_k', E' auf einer Geraden (*Harmonikale* von E für das Dreieck). Man beachte, daß E ein beliebiger Punkt der Ebene sein kann, der nicht auf dem Dreiecksumfang liegt. Der dualistisch zu bestimmende Punkt heißt *harmonischer Pol* von e für das Dreieck.

39. Seien $GH = 0$, $G'H' = 0$, $G''H'' = 0$ drei Geradenpaare; sie bilden dann und nur dann die drei Paare von Gegenseiten eines vollständigen Vierecks, wenn für $\lambda \gtrless 0$, $\lambda' \gtrless 0$, $\lambda'' \gtrless 0$ eine Relation $\lambda GH + \lambda'G'H' + \lambda''G''H'' \equiv 0$ besteht.

---

[1] Ein einziger gezeichnet vorliegender Kreis genügt sogar nach Steiner; vgl. Werke, herausgegeben von Weierstrasz: Bd. 1, S. 461. 1881.

40. Sind für ein vollständiges Viereck $G = 0$, $H = 0$, $K = 0$ die Gleichungen der Seiten des Diagonaldreiecks, so haben die drei Geradenpaare die Gleichungen

$$H \pm \lambda K = 0, \quad K \pm \mu G = 0, \quad G \pm \nu H = 0,$$

und es ist $\lambda \mu \nu = 1$. Diese drei Geradenpaare werden von jeder Geraden in drei Punktepaaren einer Involution geschnitten. Ein Beweis folgt aus dem allgemeineren Satz von S. 168 über das C_2-Büschel.

(Zu Kap. IX, X.) 41. Ein rechter Winkel bewege sich so, daß der eine Schenkel durch einen festen Punkt geht, und von beiden Schenkeln auf den Achsen gleiche Stücke abgeschnitten werden. Der Scheitel beschreibt einen Kreis.

42. Seien $N_1 = 0$, $N_2 = 0$, $N_3 = 0$ die Seiten eines Dreiecks. Für welche Dreiecksformen stellen (für rechtwinklige Achsen)

$$N_1 N_2 = N_3^2 \quad \text{und} \quad N_1^2 + N_2^2 = N_3^2$$

einen Kreis dar, und welche Sätze sind hierin enthalten?

43. Seien $S = 0$, $S' = 0$ zwei sich schneidende Kreise, P ein Punkt von $S = 0$, p das Lot von P auf die gemeinsame Sehne und t die Länge der Tangente von P an $S' = 0$. Dann ist $t^2 = 2 a p$.

44. Sei $S - \lambda S' = 0$ ein Büschel mit reellen Grundpunkten. Sie sind harmonisch zu jedem Punktepaar, in dem ein zum Büschel orthogonaler Kreis die Potenzlinie trifft.

45. Die Gleichungen zweier Kreise K und K' in Linienkoordinaten seien

$$\varrho^2(u^2 + v^2) - (u \alpha + v \beta + 1)^2 = 0, \quad \varrho'^2(u^2 + v^2) - (u \alpha' + v \beta' + 1)^2 = 0.$$

Für ihre gemeinsamen Tangenten gilt

$$\varrho'(\alpha u + \beta v + 1) = \pm \varrho(\alpha' u + \beta' v + 1).$$

Auf Grund dieser Gleichung zeige man, daß die Zentrale beider Kreise von den Schnittpunkten zweier Tangentenpaare im Verhältnis der Radien geteilt wird (Ähnlichkeitspunkte).

46. Alle Kreise, die sowohl einen Kreis K wie einen Kreis K_1 unter demselben Winkel schneiden, schneiden auch jeden Kreis des durch K und K_1 bestimmten Büschels unter festem Winkel, und einen davon insbesondere orthogonal.

47. Für zwei konjugierte Halbmesser a', b' einer E_2 oder H_2 ist

$$a'^2 = \pm b^2 - e^2 x^2, \quad \pm b'^2 = a^2 + e^2 x^2.$$

48. Das Produkt $r_1 r_2$ der Brennstrahlen des Punktes P ist gleich b'^2, wo b' der zu OP konjugierte Halbmesser ist.

49. Das Produkt der von den Brennpunkten auf eine Tangente der E_2 oder H_2 gefällten Lote ist $\pm b^2$; das Lot von O auf die Tangente ist $ab : b'$, wo b' dieselbe Bedeutung hat wie vorstehend.

50. Das Produkt der von einem H_2-Punkt auf die Asymptoten gefällten Lote ist konstant; das vom Brennpunkt auf eine Asymptote gefällte Lot ist gleich b.

51. Die Kreise, die durch die Scheitel A_1 und A_2 der E_2 und H_2 gehen, und deren Mittelpunkte auf der x-Achse im Abstand $\alpha = \pm e^2 : a$ von O liegen, haben in A_1 und A_2 vier zusammenfallende Punkte mit der E_2 und H_2 gemein. Für die Scheitel B_1 und B_2 der E_2 gibt es zwei analoge Kreise mit den Mittelpunkten $\beta = \mp e^2 : b$ (*Scheitelkrümmungskreise*). Sie schmiegen sich eng an die E_2 an. Zeichnet man sie, so kann man die E_2 mit den Achsen a und b in guter Annäherung mit der Hand herstellen.

52. Die Parabel $y^2 = 2 p x$ und der Kreis $x^2 + y^2 - 2 \alpha x - 2 \beta y = 0$ schneiden sich in O orthogonal; sie haben außerdem noch einen reellen gemeinsamen Punkt. Wie sind α und β zu wählen, damit sich für diesen Schnittpunkt die Gleichung $y^3 - 4 a y - 8 b = 0$ ergibt, bei gegebenem a und b? Dies liefert eine Auflösung der vorstehenden Gleichung dritten Grades mit Hilfe des Kreises,

wenn die Parabel gezeichnet vorliegt; eine angenäherte, wenn von der Parabel eine größere Reihe von Punkten vorhanden ist. Ähnlich kann man auch eine Gleichung vierten Grades· behandeln.

(Zu Kap. XI, XII.) 53. Für welche Lagen der Geraden $N_1 = 0$, $N_2 = 0$, $N_3 = 0$, $N_4 = 0$ stellen (bei rechtwinkligen Achsen)

$$N_1 N_2 = N_3^2, \qquad N_1^2 + N_2^2 = N_3^2 + N_4^2$$

eine gleichseitige H_2 dar, und welche Sätze folgen daraus?

54. Man transformiere $5\,x^2 + 4\,xy + y^2 - 5\,x - 2\,x - 19 = 0$ und $3\,x^2 + 4\,xy + y^2 - 3\,x - 2\,y + 21 = 0$ auf die Hauptachsen.

55. In der Gleichung $x^2 + 2\,bxy + y^2 - 4\,x - 4\,y + 1 = 0$ die Konstante b so zu bestimmen, daß die Gleichung 1. ein Geradenpaar, 2. eine P_2, 3. eine gleichseitige H_2 darstellt.

56. Hat eine C_2 die Gleichung

$$a_1 x_2 x_3 + a_2 x_3 x_1 + a_3 x_1 x_2 = 0,$$

so geht sie durch die Ecken des Koordinatendreiecks, ist ihm also umschrieben; die Tangenten in seinen Ecken sind $a_i x_k + a_k x_i = 0$. Die Gerade

$$\frac{x_1}{a_1} + \frac{x_2}{a_2} + \frac{x_3}{a_3} = 0$$

enthält die Schnittpunkte der Dreiecksseiten mit den Tangenten in den gegenüberliegenden Ecken. Man zeige, daß darin ein Sonderfall des Pascalschen Satzes enthalten ist. Welche Geraden sind durch $a_i x_k - a_k x_i = 0$ gegeben, und welcher Schnittpunktssatz gilt für sie?

57. Die Formeln (19a) von S. 188 führen auf die Vermutung, daß auch die Gleichungen

$$\varrho\, x_i = a_{i1} \lambda^2 + a_{i2} \lambda + a_{i3}$$

eine C_2 darstellen; dies ist zu beweisen. Sonderfälle ergeben sich, wenn man in die Gleichungen (21) und (23) von S. 22 für φ den Parameter $\operatorname{tg} \tfrac{1}{2}\,\varphi = t$ einführt. Für den Kreis findet man so

$$\varrho\, x = a\,(1 - t^2), \qquad \varrho\, y = 2\,a\,t, \qquad \varrho\, z = 1 + t^2.$$

58. Die Gleichung aller C_2 aufzustellen, die die (rechtwinkligen) Achsen in $x = a$, $y = b$ berühren, und für das so gebildete Büschel die Geraden, die P_2 und die gleichseitigen H_2 zu bestimmen.

59. Die Gleichung $x_1 x_2 - \lambda x_3 x_4 = 0$ bildet ein Büschel von C_2. Zwei Geradenpaare entsprechen den Werten 0 und ∞ von λ; wann gehört das dritte zum Wert $\lambda = -1$?

60. Es seien $f = 0$ und $\varphi = 0$ zwei P_2; wann stellt $f - \lambda \varphi = 0$ lauter P_2 dar?

61. Der Ort der Polaren eines Punktes P für alle C_2 eines Büschels $f - \lambda\,\varphi = 0$ ist ein Strahlenbüschel um den Punkt P'; diese Strahlenbüschel sind für alle Punkte zueinander projektiv. Das analoge gilt dualistisch. P und P' sind für alle C_2 des Büschels konjugierte Punkte.

62. Man bestimme das gemeinsame Polardreieck für einen Kreis $x^2 + y^2 - a^2 = 0$ und eine gleichseitige Hyperbel $xy - k^2 = 0$. Wie spezialisiert sich das Resultat im Fall der Berührung beider C_2? Ebenso behandele man die Kreise $x^2 + y^2 - z^2 = 0$ und $x^2 + y^2 - 2\,\alpha x z = 0$ und untersuche die Abhängigkeit der Realität vom Wert von α.

63. Sind (x), (y), (z) drei Punkte eines Dreiecks, so mögen (x'), (y'), (z') die Ecken des Dreiecks sein, das von den Polaren der drei Eckpunkte gebildet wird. *Beide Dreiecke liegen perspektiv*; die Geraden (xx'), (yy'), (zz') gehen durch einen Punkt. Schreibt man die Gleichung $M = 0$ von S. 160 für zwei konjugierte Punkte ausführlicher $M(yz) = 0$, so ist z. B.

$$M(yx') = 0, \qquad M(zx') = 0,$$

und daraus folgt, daß die Gerade $(x x')$ in variablen Koordinaten ξ_i

$$M(\xi y) M(x z) - M(\xi z) M(x y) = 0$$

lautet. Damit ist der Satz im wesentlichen bewiesen.

64. Man kann das Sechseck des Pascalschen Satzes auf zwei Arten in *dasselbe* Viereck mit den Tangenten in zwei Gegenecken übergehen lassen. Der so sich ergebende Gesamtsatz lautet, daß die Schnittpunkte der beiden Paare von Gegenseiten und der beiden Tangentenpaare in *dieselbe* Gerade fallen. Man zeige, daß der vorstehende Satz mit seinem dualistischen identisch wird, wenn man noch zu dem vollständigen Viereck der vier C_2-Punkte übergeht.

65. Man leite die Sätze von Kap. VI, § 5 durch kollineare Übertragung aus den metrischen Eigenschaften des Quadrats ab, indem man dem Quadrat das Vierseit oder Viereck kollinear zuordnet.

66. Man zeige, daß die kollineare Zuordnung auch durch drei Punktepaare und ein Geradenpaar (ebenso dual) bestimmt ist, aber nicht durch zwei Punktepaare und zwei Geradenpaare.

67. Welche Gleichungen bestehen für u, v und u', v' bei affinen Transformationen? Man leite damit die Gleichung der E_2 in u, v aus der Kreisgleichung ab.

68. Man leite alle Lagen ab, die es für zwei vereinigte spiegelbildlich gleiche Ebenen gilt (alle Arten von *Umlegungen*); man unterscheide sie, je nachdem ein Doppelpunkt im Endlichen vorhanden ist oder nicht, und bestimme das bezügliche Doppelpunktsdreieck (oder seine Ausartung). (Die Kreispunkte vertauschen sich gegenseitig.)

69. Was sind die allgemeinsten ähnlichen, affinen oder projektiven Bilder einer Schiebung, Drehung, Spiegelung einer Ebene?

(Zu Kap. XIII, XIV, XV.) 70. Ein Würfel um O habe die acht Ecken ± 1, ± 1, ± 1; eine seiner Diagonalen verbindet den Punkt $1, 1, 1$ mit $(-1, -1, -1)$. Durch geeignete Drehung um sie geht die x-Achse in die y-Achse, die y-Achse in die z-Achse, diese in die x-Achse über. Man zeige, daß $P(x, y, z)$ dadurch in einen Punkt $(x_1 y_1 z_1)$ übergeht, für den *der Größe nach*

$$x_1 = z, \qquad y_1 = x, \qquad z_1 = y$$

ist. Sagt man kurz, $(x y z)$ gehe in $(z x y)$ über, so entsteht aus $(z x y)$ durch Wiederholung dieser Drehung der Punkt $(y z x)$, durch nochmalige Drehung wieder $(x y z)$.

71. Ein Würfel geht durch 24 Drehungen in sich über (je drei um die acht Diagonalen); man stelle alle dadurch aus einem Punkt $(x y z)$ entstehenden Punkte auf (also außer denen des Beispiels 70 noch 21 andere).

72. Man leite die Kosinusrelationen von S. 210 in der Weise ab, daß man in die rechts stehenden Gleichungen (18) die Werte für x, y, z aus den linken Gleichungen einsetzt.

73. Man zeige, daß die Determinante der neuen Kosinus (S. 210), wenn man in ihr die Diagonalglieder α, β_1, γ_2 durch $\alpha - 1$, $\beta_1 - 1$, $\gamma_2 - 1$ ersetzt, den Wert Null erhält.

74. Auf Grund davon folgt, daß den Transformationsgleichungen (18) durch Werte $x = x'$, $y = y'$, $z = z'$ genügt wird; es ist für sie

$$x : y : z = (\gamma_1 - \beta_2) : (\alpha_2 - \gamma) : (\beta - \alpha_1).$$

Alle Punkte dieser Art bilden also eine Gerade. Sie hat für das xyz-System und das $x'y'z'$-System dieselben Koordinaten; durch Drehung um sie kann also das eine System in das andere übergeführt werden.

75. Man übertrage Aufgabe 1 und 2 auf den Raum; ferner bestimme man den Punkt

$$\xi = \frac{l_1 x_1 + l_2 x_2 + l_3 x_3}{l_1 + l_2 + l_3}, \qquad \eta = \frac{l_1 y_1 + l_2 y_2 + l_3 y_3}{l_1 + l_2 + l_3}, \qquad \zeta = \frac{l_1 z_1 + l_2 z_2 + l_3 z_3}{l_1 + l_2 + l_3}$$

und löse dieselbe Aufgabe für vier Punkte $(x_i y_i z_i)$.

76. Eine Koordinatentransformation ist so vorzunehmen, daß die Ebene $x + y + z = 0$ die neue Ebene $z' = 0$ ist. Die drei Kosinus für die z'-Achse sind damit bestimmt. Da noch eine Achse in der $x'y'$-Ebene beliebig ist, wähle man ihre Schnittlinie mit der xy-Ebene als neue x'-Achse, so daß $\cos(x'z) = 0$ ist. Die weiteren Kosinus sind zu ermitteln.

77. (Rechtwinklige Achsen.) Seien $P_i(x_i y_i z_i)$ die vier Ecken eines Tetraeders. Man zeige, daß aus der Orthogonalität zweier Paare von Gegenkanten des Tetraeders die Orthogonalität des dritten Paares folgt.

78. Man beweise, daß das sechsfache Volumen eines Tetraeders gleich dem Produkt aus den Längen zweier gegenüberliegender Kanten, ihrem kürzesten Abstand und dem Sinus des von ihnen gebildeten Winkels ist (rechtwinklige Achsen).

79. (Rechtwinklige Achsen.) Die Koordinaten des Punktes P' zu finden, der Spiegelbild von $P(\xi, \eta, \zeta)$ für eine Ebene $x \cos\alpha + y\cos\beta + z\cos\gamma - \delta = 0$ ist.

80. Zwei durch (ξ, η, ζ) gehende Geraden haben die Gleichungen

$$\frac{x - \xi}{l} = \frac{y - \eta}{m} = \frac{z - \zeta}{n} \quad \text{und} \quad \frac{x - \xi}{l'} = \frac{y - \eta}{m'} = \frac{z - \zeta}{n'};$$

die Gleichung ihrer Verbindungsebene ist aufzustellen.

81. Die Gleichungen der Geraden durch P zu finden, die zwei Gerade g_1 und g_2 schneidet.

82. Im Ebenenbüschel $E + \lambda E' = 0$ eine Ebene so zu bestimmen, daß sie von den Achsen ein Tetraeder von gegebenem Inhalt abschneidet (rechtwinklige Achsen).

83. Man beweise die metrische Invarianz für die Orthogonalitätsbedingung (27a), die affine für die Parallelitätsbedingung (26b) und die projektive für die Lagenbedingung $\Delta \gtrless 0$ (S. 229) von Kap. XV.

(Zu Kap. XVI.) 84. Man leite die Transformationsformeln für u, v, w für Parallelkoordinaten ab, insbesondere bei Erhaltung des Anfangspunktes.

85. Man dualisiere die Betrachtungen über drei und vier Ebenen von S. 224 ff.

86. Seien $Q_1 = 0$, $Q_2 = 0$, $Q_2 = 0$ drei Punkte, die ein Dreieck bilden, so stellen

$$\lambda_2 Q_2 - \lambda_3 Q_3 = 0, \quad \lambda_3 Q_3 - \lambda_1 Q_1 = 0, \quad \lambda_1 Q_1 - \lambda_2 Q_2 = 0$$

drei Punkte dar, die aus den Seiten durch dieselbe Ebene ausgeschnitten werden. Man übertrage die Betrachtungen von S. 52 auf die Gleichung

$$\lambda_1 Q_1 \pm \lambda_2 Q_2 \pm \lambda_3 Q_3 = 0.$$

87. Man dualisiere das Vorstehende auf drei Ebenen, die eine Ecke bilden, und auf die Gleichung $\lambda_1 E_1 \pm \lambda_2 E_2 \pm \lambda_3 E_3 = 0$.

88. Sind $Q_1 = 0$, $Q_2 = 0$, $Q_3 = 0$, $Q_4 = 0$ vier Punkte eines Tetraeders, so ist zu zeigen, daß die sechs Punkte $\lambda_i Q_i - \lambda_k Q_k = 0$ durch dieselbe Ebene auf den sechs Tetraederkanten ausgeschnitten werden. Ebenso dualistisch.

89. Man deute (analog zum Beispiel 23) die Gleichung $\sum \lambda_i Q_i = 0$ für vier Punkte Q_i und die dualistische Gleichung $\sum \lambda_i E_i = 0$.

90. Haben die erzeugenden Büschel von S. 241 die Gleichungen $E + \lambda F = 0$, $E' + \lambda F = 0$, so lautet die Gleichung des erzeugten Geradenorts $(E - E')F = 0$. Man übertrage hierauf die Betrachtung von S. 89; in welcher Art perspektiver Lage befinden sich die beiden Büschel? Man dualisiere das Vorstehende.

91. Wie hat man die Gleichungen (27) von S. 243 zu deuten, damit sie eine kollineare Beziehung zweier Bündel darstellen, und welche ist es? Gibt es für die Bündelgeometrie die Begriffe der Ähnlichkeit und Affinität?

92. Für zwei spiegelbildlich gleiche Bündel stelle man (rechtwinklige Achsen) die Gleichungen für vereinigte Lage auf und bestimme die Doppelstrahlen und Doppelebenen für alle möglichen Fälle mittels $\Delta(\varrho) = 0$.

93. Das Beispiel 75 zeigt, daß es für zwei vereinigte kongruente Bündel stets einen reellen Doppelstrahl gibt; was trifft ein, wenn es mehr als einen gibt?

94. Für zwei kongruente Räume $\Re$ und $\Re'$ folgert man analog wie vorstehend, daß es im allgemeinen in $\varepsilon_\infty = \varepsilon'_\infty$ einen Doppelpunkt $P_\infty = P'_\infty$ gibt; daraus folgt die Existenz einer Doppelgeraden $\mu = u'$ durch diesen Doppelpunkt. Durch Drehung um u und Gleitung längs u, also auch durch *Schraubung* um u, geht $\Re$ in $\Re'$ über. Was tritt ein, wenn in ε_∞ mehr als ein Doppelpunkt vorhanden ist? Man bestimme auf gleiche Art die Doppelelemente für spiegelbildlich gleiche Räume.

(Zu Kap. XVII.) 95. Es ist zu zeigen, daß der Ausdruck $S(\xi, \eta, \zeta) = (\xi - \alpha)^2 + (\eta - \beta)^2 + (\zeta - \gamma)^2 - \varrho^2$ für jeden Punkt $P(\xi, \eta, \zeta)$, analog zum Kreis, die Potenz $PA \cdot PB$ von P für die Kugel $S = 0$ bedeutet.

96. Man übertrage die Sätze von Kap. IX, §§ 3, 4, 5 auf die Kugel; für zwei Kugeln gibt es eine Ebene der Punkte gleicher Potenz, für drei eine Gerade, für vier einen Punkt; jeder solche Punkt ist Zentrum einer Kugel, die alle bezüglichen Kugeln orthogonal schneidet. [Der Schnittwinkel wird ebenso definiert wie für zwei Kreise (S. 119)]. Auch die Sätze über orthogonale Kreisbüschel lassen sich auf Kugelbüschel und Kugelbündel ausdehnen; ein Kugelbündel enthält alle durch $S + \lambda S' + \mu S'' = 0$ dargestellten Kugeln.

97. Man dualisiere (für Parallelkoordinaten) den Satz 3 von S. 253. Wie also einer Gleichung in x, y, z, die z nicht enthält, unendlich viele Geraden einer zylindrischen Fläche (als Punktort) genügen, so genügen auch einer Gleichung in u, v, w, die w nicht enthält. ∞^1 Geraden und die sämtlichen durch jede Gerade gehenden Ebenen. Was bilden die ∞^1 Geraden?

98. Durch welche Gleichung in Ebenenkoordinaten sind die Tangentialebenen der zylindrischen Fläche $A x^2 + B y^2 - 1 = 0$ bestimmt?

99. Seien $N_1 = 0$, $N_2 = 0$, $N_3 = 0$ die Normalgleichungen von drei Ebenen; wann stellt die Gleichung

$$N_1^2 + N_2^2 + N_3^2 = \text{const}$$

eine Kugel dar?

100. Der Ort aller Punkte, die von zwei windschiefen Geraden gleichen Abstand haben, ist ein $\mathfrak{P}_h$, für das $p = q$ ist (gleichseitig hyperbolisches $\mathfrak{P}_h$).

101. Der Ort der Punkte, die von zwei windschiefen Geraden gleiches Abstandsverhältnis besitzen, ist ein $\mathfrak{H}_2$, dessen Kreisschnitte auf je einer Erzeugenden senkrecht stehen. Für seine Konstanten ist $1/a^2 + 1/b^2 = 1/c^2$ (orthogonales $\mathfrak{H}_2$).

102. Eine Gerade bewegt sich so, daß drei ihrer Punkte auf je einer der drei (rechtwinkligen) Koordinatenebenen bleiben; alle Lagen eines beliebigen Punktes P von ihr erfüllen dann ein $\mathfrak{E}_2$.

103. Für drei zueinander senkrechte Halbmesser ϱ, ϱ', ϱ'' des E_2 besteht die Gleichung

$$\frac{1}{\varrho^2} + \frac{1}{\varrho'^2} + \frac{1}{\varrho''^2} = \frac{1}{a^2} + \frac{1}{b^2} + \frac{1}{c^2}.$$

104. Die zentrische Fläche $A x^2 + B y^2 + C z^2 = 1$ wird durch eine Ebene geschnitten, die durch eine Hauptachse geht; man bestimme die Hauptachsen der Schnittkurve.

105. Die Gleichungen einer Kugel und eines auf die Hauptachsen bezogenen $\mathfrak{E}_2$ seien

$$\xi^2 + \eta^2 + \zeta^2 = 1, \qquad \frac{x^2}{a^2} + \frac{y^2}{b^2} + \frac{z^2}{c^2} = 1.$$

Man kann das $\mathfrak{E}_2$ auf die Kugel affin abbilden durch

$$x = a\xi, \qquad y = b\eta, \qquad z = c\zeta.$$

Drei zueinander senkrechten Halbmessern der Kugel entspricht ein Tripel konjugierter Halbmesser a', b', c' des $\mathfrak{E}_2$. Nun seien $(\xi_i \eta_i \zeta_i)$ die drei Halbmesserendpunkte der Kugel, so ist

$$\xi_1^2 + \eta_1^2 + \zeta_1^2 = 1, \qquad \xi_2^2 + \eta_2^2 + \zeta_2^2 = 1, \qquad \xi_3^2 + \eta_3^2 + \zeta_3^2 = 1.$$

Hieraus soll mit Hilfe der Kosinusrelationen die Gleichung

$$a'^2 + b'^2 + c'^2 = a^2 + b^2 + c^2$$

abgeleitet werden.

106. Wenn eine Gerade sich so bewegt, daß sie beständig drei windschiefe Geraden g, h, k schneidet, erzeugt sie nach S. 242 ein $\mathfrak{H}_2$. Man leite seine Gleichung ab und wähle das Koordinatensystem folgendermaßen. Durch jede der drei Geraden kann man Ebenen legen, die den anderen beiden parallel sind; diese sechs Ebenen bilden ein Parallelepiped, und es gibt zwei Ecken von ihm, durch die keine der drei Geraden g, h, k hindurchgeht. Man nehme die Mitte des Parallelepipeds als Punkt O und nehme die Achsen den drei Kanten in einer der beiden eben genannten Ecken gleichgerichtet. Die Gleichungen von g, h, k sind dann $y = b$, $z = -c$; $z = c$, $x = -a$, $x = a$, $y = -b$, und die Gleichung des $\mathfrak{H}_2$ wird $ayz + bzx + cxy + abc = 0$.

107. (*Rotationsflächen.*) Die Achsen seien rechtwinklig; in einer Ebene durch die z-Achse denke man sich durch O eine zur z-Achse senkrechte s-Achse und eine Kurve $s = \varphi(z)$; für jeden Punkt $P(s, z)$ dieser Kurve ist also s der Abstand von der z-Achse, und daher $s^2 = x^2 + y^2$. Rotiert diese Kurve um die z-Achse, so beschreibt jeder Punkt $P(s, z)$ einen Kreis um die z-Achse, bei der sich die Koordinaten z und s der Größe nach nicht ändern. Für alle so aus P entstehenden Punkte ist daher

$$s^2 = \varphi^2(z), \quad \text{also} \quad x^2 + y^2 = \varphi^2(z),$$

und dies ist die Gleichung der Rotationsfläche.

Man behandle folgende Beispiele: 1. Den Rotationskegel, den eine durch O gehende Gerade erzeugt; 2. die F_2, die durch Rotation einer E_2, P_2, H_2 um ihre Achsen entstehen; 3. die *Ringfläche*, die durch Rotation eines Kreises um eine in seiner Ebene liegende ihn nicht schneidende Gerade (z-Achse) entsteht. Für ϱ als Kreisradius und α als x-Koordinate seines Mittelpunktes ist ihre Gleichung

$$(x^2 + y^2 + z^2 - \varrho^2)^2 - 4\alpha^2(x^2 + y^2) = 0.$$

108. Die allgemeine F_2-Gleichung in rechtwinkligen Koordinaten stellt eine Rotationsfläche für

$$\frac{a_{11}a_{23} - a_{12}a_{13}}{a_{23}} = \frac{a_{22}a_{31} - a_{23}a_{21}}{a_{31}} = \frac{a_{33}a_{12} - a_{31}a_{32}}{a_{12}}$$

dar; wann ist $a_{23}yz + a_{31}zx + a_{12}xy + 2a_{14}x + 2a_{24}y + 2a_{34}z + a_{44} = 0$ eine Rotationsfläche?

109. Man zeige, daß der durch $ayz + bzx + cxy = 0$ (für rechtwinklige Achsen) dargestellte Kegel unendlich viele Tripel zueinander senkrechter Kanten besitzt. Was folgt daraus für ein $\mathfrak{H}_2$ mit der Gleichung $ayz + bzx + cxy + d = 0$?

110. Die Basis eines Kreiszylinders habe die Gleichungen

$$x = a\cos\varphi, \quad y = a\sin\varphi; \quad x^2 + y^2 = a^2.$$

Auf ihm bewege sich ein Punkt so, daß seine Steigung längs der z-Achse der Drehung um die z-Achse, also zum Winkel φ proportional wächst. Entspricht dem Wert $\varphi = 0$ der Wert $z = 0$, so ist $z = \lambda\varphi$. Die Kurve heißt *Schraubenlinie*; sie schneidet die Erzeugenden des Zylinders unter konstantem Winkel. Das Stück h, um das z wächst, wenn φ um 2π zunimmt, heißt *Ganghöhe*; es ist also $h = 2\pi\lambda$. Demgemäß sind

$$x = a\cos\varphi, \quad y = a\sin\varphi, \quad z = \frac{h}{2\pi}\varphi$$

die Gleichungen der Schraubenlinie.

111. Wird der Zylindermantel in eine Ebene ausgebreitet, so bleiben die Erzeugenden parallel, und es geht der ersten Schraubengang (d. h. das Stück $0 \leq \varphi \leq 2\pi$) in eine Gerade über, die alle Erzeugenden wiederum unter dem

Winkel φ schneidet. Sie ist Diagonale eines Rechtecks von der Grundlinie $2a\pi$ (Basiskreis) und der Höhe h (Ganghöhe); es ist also

$$\operatorname{tg}\varphi = \frac{h}{2a\pi} = \frac{\lambda}{a}.$$

Unter diesem Winkel schneidet also die Schraubenlinie in jedem Punkt P des Zylinders die durch ihn gehende Erzeugende; wir wollen die Zylindertangente in P, die ebenfalls die Erzeugende unter dem Winkel φ schneidet, die *Tangente der Schraubenlinie* nennen. Man folgert daraus folgenden Satz für die Nullebene eines Punktes E (S. 250): Sie steht senkrecht auf der Tangente der Schraubenlinie durch E, die auf dem Zylinder um die z-Achse liegt und die Ganghöhe $h = 2\lambda\pi$ besitzt. Die Ganghöhe ist also für alle in Betracht kommenden Punkte E, also für alle Schraubenlinien, dieselbe.

112. Wird in den letzten Gleichungen a als variabler Parameter u gewonnen, so daß

$$x = u\cos\varphi, \qquad y = u\sin\varphi, \qquad z = \frac{h}{2\pi}\varphi = \frac{h}{2\pi}\operatorname{arctg}\frac{y}{x}$$

wird, so ergibt sich ein Punktort, dem die sämtlichen ∞^1 Schraubenlinien angehören, die den Werten $0 \leq u < \infty$ entsprechen; alle haben dieselbe Ganghöhe. Der Ort ist eine geradlinige Fläche. Wie die letzte Gleichung zeigt, ergibt sich für ihren Schnitt mit einer Ebene $z = \zeta$

$$\frac{y}{x} = \operatorname{tg}\frac{2\pi}{h}\zeta = \operatorname{tg}\varphi;$$

sie schneidet also aus der Fläche eine die z-Achse senkrecht kreuzende Gerade heraus. Diese Geraden bilden die Fläche. Sie entsteht, wenn eine der xy-Ebene parallele Gerade längs der z-Achse gleitet und sich zugleich proportional zu dieser Gleitung um die z-Achse dreht (da ζ proportional zu φ wächst). Die Fläche heißt *Schraubenfläche*.

113. Seien *1, 2, 3, 4* vier Punkte. Die Geraden $(1\,2) = g$, $(2\,3) = h$, $(3\,4) = k$ wähle man als drei Kanten des Koordinatentetraeders; ihre Gleichungen seien $x_1 = 0$, $x_2 = 0$; $x_2 = 0$, $x_3 = 0$; $x_3 = 0$, $x_4 = 0$. Die drei projektiven Ebenenbüschel

$$x_1 - \lambda x_2 = 0, \qquad x_2 - \lambda x_3 = 0, \qquad x_3 - \lambda x_4 = 0$$

erzeugen in den Schnittpunkten von je drei entsprechenden Ebenen einen Punktort. Er hat die Gleichungen

$$x_1 : x_2 : x_3 : x_4 = 1 : \lambda : \lambda^2 : \lambda^3,$$

und ist der Schnitt der beiden $\mathfrak{H}_2$ $x_1 x_3 - x_2^2 = 0$ und $x_2 x_4 - x_3^2 = 0$, die beide die Gerade $(2\,3)$ gemein haben. In einer beliebigen Ebene ε liegen drei Punkte von ihm (nämlich drei gemeinsame Punkte der beiden C_2, in denen die beiden $\mathfrak{H}_2$ von ε geschnitten werden); der vierte fällt in die Gerade $(2\,3)$ (*Raumkurve dritter Ordnung*). Man folgert weiter, daß auch durch die Gleichungen

$$\varrho x_i = a_i + b_i\lambda + c_i\lambda^2 + d_i\lambda^3$$

eine solche Raumkurve dargestellt wird.

114. Die Gleichungen eines $\mathfrak{E}_2$ und einer durch seinen Mittelpunkt O gehenden Ebene ε seien

$$\frac{x^2}{a^2} + \frac{y^2}{b^2} + \frac{z^2}{c^2} = 1\,(a > b > c) \quad \text{und} \quad Ax + By + Cz = 0;$$

ferner seien a' und b' die Halbachsen der durch ε aus $\mathfrak{E}$ ausgeschnittenen E_2. Dann gilt die Beziehung

$$a \geq a' \geq b \geq b' \geq c.$$

Geometrisch ist dies leicht einzusehen. Bei allgemeiner Lage hat die Ebene ε mit jeder Koordinatenebene eine Gerade gemein; die E_2 enthält daher von jedem der drei Hauptschnitte zwei Punkte. Ist P ein solcher Punkt in der xy-Ebene, so ist $a \geq OP \geq b$, und ebenso folgt für einen analogen Punkt P der yz-Ebene $b \geq OP' \geq c$; und daraus ist der Satz bereits zu folgern.

Ein schärferer algebraischer Beweis ist der folgende. Sei P zunächst irgendein Punkt der E_2 und $OP = r$, so ist $r^2 = x^2 + y^2 + z^2$, wo zugleich x, y, z den obigen Gleichungen des $\mathfrak{E}_2$ und von ε genügen. Für den Vektor r in der xy-Ebene folgt insbesondere

$$z = 0, \quad r^2 = x^2 + y^2, \quad \frac{x^2}{a^2} + \frac{y^2}{b^2} = 1, \quad \text{also}$$

$$\frac{r^2}{b^2} = \frac{x^2}{b^2} + \frac{y^2}{b^2} \geq \frac{x^2}{a^2} + \frac{y^2}{b^2} = 1; \quad r^2 \geq b^2.$$

Dies gilt für jede Lage von ε. Das *Maximum* von r^2 für alle diese Ebenen ist also sicher *nicht kleiner* als b^2 (für die yz-Ebene ist es gleich b^2). Für den Vektor r in der yz-Ebene ist analog

$$x = 0, \quad r^2 = y^2 + z^2, \quad \frac{y^2}{b^2} + \frac{z^2}{c^2} = 1,$$

woraus ebenso $r^2 \leq b^2$ gefolgert wird. Das *Minimum* von r^2 für alle Ebenen ε ist also *nicht größer* als b^2 (für die xy-Ebene ist es gleich b^2.

Setzt man $x = a\xi$, $y = b\eta$, $z = c\zeta$, so ergibt sich

$$\xi^2 + \eta^2 + \zeta^2 = 1, \quad r^2 = a^2\xi^2 + b^2\eta^2 + c^2\zeta^2,$$

und die vorstehenden Maximum-Minimum-Resultate gelten in dem Sinn, daß sie sich auf die Werte der quadratischen Form $a^2\xi^2 + b^2\eta^2 + c^2\zeta^2$ beziehen, während zugleich $\xi^2 + \eta^2 + \zeta^2 = 1$ ist. Man wird (mittels Transformation auf die Hauptachsen) leicht beweisen, daß sie analog für jede quadratische Form zon x, y, z gelten, die einer zentrischen Fläche entspricht.

Anhang.

I. Übersicht.

Im folgenden soll zunächst der Inhalt der analytischen Geometrie in systematischer Ordnung, nicht etwa nach seiner historischen Entwicklung dargestellt werden. Wie schon in den ersten Worten dieses Buches gesagt, besteht die Aufgabe der analytischen Geometrie darin, geometrische Erscheinungen durch algebraische Methoden zu behandeln. Nur soweit die geometrischen Erscheinungen einer rein algebraischen Betrachtung zugänglich sind, kommen sie in der analytischen Geometrie vor. Die Grenze wird überall da gebildet, wo zur Definition der geometrischen Erscheinung unbegrenzt viele Dinge, etwa Punkte, nötig sind, wie z. B. beim Begriff des Inhalts krummlinig begrenzter Gebilde, bei der Messung der Länge von Kurvenbögen, also vor allem da, wo der analytische Begriff des Integrals eingeführt werden muß. Das Wort „analytische Geometrie" ist deswegen schlecht gewählt, weil es das Mißverständnis leicht macht, es würde hier die Behandlung geometrischer Probleme mit Hilfe der Analysis gelehrt, zu der ja als wichtigster Begriff der des Integrals gehört. Der Name „algebraische Geometrie" wäre besser[1].

Wir wollen die einfachsten geometrischen Gebilde aufzählen: einzelne Punkte, Punktepaare, Punktetripel usw., eine Gerade, Geradenpaare, Geradentripel usw., eine Ebene, eine Anzahl Ebenen, alle Punkte einer Geraden, alle Geraden einer Ebene, alle Ebenen durch eine Gerade, alle Geraden, die zwei zueinander windschiefe Geraden schneiden usw., der Kreis und seine Projektion von einem Punkt auf eine Ebene, d. h. der allgemeine Kegelschnitt, Kegel, Zylinder, die Kugel, die Rotationsflächen zweiten Grades, die geradlinigen Flächen zweiten Grades als Ort der Punkte auf den Geraden, die drei feste Geraden schneiden, alle Kreise einer Ebene durch zwei Punkte, alle Kegelschnitte durch vier Punkte, alle Kugeln durch drei Punkte usw., eine Tangente an einen Kegelschnitt, eine Tangentialebene an eine Fläche zweiten Grades, alle Tangenten an einen Kegelschnitt, alle Tangentialebenen an eine Kugel usw.

Alle diese Gebilde werden mit Hilfe eines *Koordinatensystems* beschrieben durch lineare oder quadratische Beziehungen zwischen zwei,

---

[1] Über die Entstehung der Bezeichnung s. S. 391.

drei oder vier Veränderlichen. Es ist also nötig, diesen Teil der Algebra, die sogenannte *lineare Algebra*, zu entwickeln, um die einfachsten geometrischen Erscheinungen behandeln zu können.

Eine zweite Reihe geometrischer Erscheinungen von ganz ursprünglichem Charakter sind die geometrischen Transformationen: z. B. durch die Projektion von einem Punkt einer Ebene ε werden die Punkte einer Geraden in ε auf die Punkte einer anderen Geraden in ε bezogen (Perspektive), durch eine Reihenfolge solcher Projektionen von verschiedenen Punkten werden die Punkte einer Geraden auf die Punkte einer anderen Geraden auf derselben Ebene oder einer anderen Ebene, die Punkte einer Ebene auf die Punkte einer anderen Ebene bezogen, oder es werden die Punkte einer Geraden oder einer Ebene aufeinander bezogen (allgemeine projektive Verwandtschaft). Eine spezielle Art von solchen projektiven Verwandtschaften sind die Bewegungen, die dadurch charakterisiert sind, daß bei ihnen die Entfernung je zweier Punkte unverändert bleibt. Alle diese Beziehungen drücken sich algebraisch durch lineare Transformationen aus, deren Theorie den wichtigsten Teil der linearen Algebra bildet.

Durch die algebraischen Beziehungen selbst wird man dazu geführt, nicht ursprünglich anschauliche geometrische Gebilde ins Auge zu fassen, so z. B. alle Gebilde, die durch quadratische Beziehungen zwischen den Koordinaten dargestellt werden, wodurch die geometrische Welt um die allgemeine Fläche zweiten Grades bereichert wird. Aber auch Gebilde höheren als zweiten Grades reizen zur Betrachtung. So entsteht die Theorie der allgemeinen algebraischen Kurven und algebraischen Flächen, die Theorie höherer Verwandtschaften, z. B. der quadratischen Transformationen, deren Behandlung eine weiterentwickelte Algebra benötigt. Zunächst ist dabei die Einführung komplexer Zahlen nicht zu umgehen, und es entsteht die Notwendigkeit, zu den komplexen Zahlen, Zahlenpaaren usw. entsprechende Punkte auf der Geraden, in der Ebene und im Raume einzuführen. Anschaulich geht das gut nur für die Gerade dadurch, daß man die Gesamtheit reeller und komplexer Punkte auf eine Kugelfläche abbildet. Aber die komplexen Punkte einer Ebene müssen durch ein vierdimensionales Gebilde, die komplexen Punkte des Raumes durch ein sechsdimensionales Gebilde dargestellt werden. Eine geometrische Darstellung gelingt noch für das vierdimensionale Gebilde, etwa durch die Gesamtheit aller Geraden, die eine Kugelfläche schneiden. Aber hier ist die Darstellung schon abstrakt, das unmittelbare geometrische Interesse schwach.

Die weiterentwickelte Algebra wiederum verlangt funktionentheoretische Überlegungen, der Begriff des Integrals ist vielleicht vermeidbar, aber zur Klärung und Vereinfachung außerordentlich wichtig. Der Rahmen der gewöhnlichen analytischen Geometrie wird gesprengt.

In der analytischen Geometrie werden meistens auch einzelne nichtalgebraische Kurven behandelt, obwohl ihre Definition nicht rein
algebraisch möglich ist. Um z. B. die Spiralen (s. S. 21) zu definieren,
ist es nötig, Winkelmaß und Längenmaß miteinander in Verbindung zu
bringen oder, was dasselbe ist, die „Länge" des Kreisbogens zu definieren. Dies kommt auch dadurch zum Ausdruck, daß die Spiralen durch
transzendente, d. h. nichtalgebraische Gleichungen zwischen gewöhnlichen Koordinaten dargestellt werden. Die Spiralen werden hier behandelt, weil sie einfache Beispiele für den allgemeinen Koordinatenbegriff liefern. Dagegen werden kinematische Kurven, etwa die Zykloide,
nicht behandelt, ebensowenig die Roll- oder Schraubbewegungen.

Nachdem wir nun den Umfang der geometrischen Erscheinungen
angegeben haben, die in der analytischen Geometrie durch algebraische
Gebilde dargestellt werden, wollen wir uns eine Übersicht verschaffen
über die Leistung dieser algebraischen Darstellung für die Beherrschung
der geometrischen Erscheinungen. Wir denken zunächst an die Bestimmung der geometrischen Gebilde durch „Stücke", d. h. durch einzelne
charakteristische Zahlen oder andere geometrische Gebilde, also z. B.:
die Bestimmung der Kegelschnitte durch die Achsen oder ein Paar
konjugierter Durchmesser oder durch fünf Punkte, die Bestimmung
eines Punktepaares durch den Schnitt eines Kegelschnittes und einer
Geraden, eines Geradenpaares durch die Tangenten von einem Punkt
an einen Kegelschnitt, die Bestimmung einer Bewegung durch Schie-
bungs- und Drehungsgrößen oder durch zugeordnete Punkte und Geraden. Untrennbar damit verbunden ist die Aufgabe, aus der algebraischen Darstellung die charakteristischen Stücke der geometrischen Gebilde zu bestimmen, also etwa aus einer quadratischen Gleichung zwischen
den Koordinaten die Achsen des durch die Gleichung dargestellten Kegelschnittes resp. der Fläche zweiten Grades. Da bei geometrischen Gebilden die Darstellung nur ein Hilfsmittel ist, kommt es uns gerade auf
die Eigenschaften der geometrischen Gebilde an, die unabhängig von
der Darstellung sind, d. h. wir müssen die „Invarianten" aufstellen, die
allen algebraischen Darstellungen desselben Gebildes gemeinsam sind.
Zu solchen Invarianten kommen wir z. B., wenn wir die Darstellung
eines Kegelschnittes in einem beliebigen rechtwinkligen Koordinatensystem untersuchen oder wenn wir die projektiven Transformationen
in einem beliebigen projektiven Koordinatensystem darstellen.

Hieran schließt sich auf Grund der Anordnung im Gebiet der Invarianten die Anordnung der geometrischen Gebilde. Wir erhalten eine
Übersicht über die verschiedenen Typen von Kurven, Flächen und
Transformationen. Was wir unter einem Typus zusammenfassen,
hängt von den speziellen Gesichtspunkten ab: Wir fassen vielleicht einmal alle nicht zerfallenen Kegelschnitte als einen Typus auf, ein ander-
mal nur die reellen, ein drittes Mal unterscheiden wir Ellipse, Hyperbel

und Parabel, ein viertes Mal nehmen wir aus den Ellipsen noch speziell die Kreise heraus, aus den Hyperbeln die gleichseitigen Hyperbeln. Die Anordnung geschieht aber in der analytischen Geometrie in der Wechselwirkung von algebraischer Darstellung und geometrischer Betrachtung.

Die Veränderung der Darstellung eines festen Gebildes kann auch aufgefaßt werden als Veränderung des Gebildes bei festem Bezugssystem. Jeder Veränderung des Koordinatensystems entspricht eine Transformation des Raumes. Die Invarianten können deswegen auch aufgefaßt werden als Stücke der Gebilde, die bei gewissen Transformationen derselben unverändert bleiben[1]. Die Gesamtheit von Transformationen, die ein solches Stück unverändert lassen, haben eine besondere Eigenschaft. Läßt eine Transformation T ein Stück unverändert, dann auch die umgekehrte T^{-1}; läßt eine Transformation T_1 ein Stück unverändert und ebenso die Transformation T_2, dann auch die Transformation, die dadurch entsteht, daß man erst T_1 und dann T_2 anwendet. Hieraus folgt, daß die Gesamtheit von Transformationen, die ein Stück unverändert lassen, eine *Gruppe* bilden. Zu jeder Gruppe gehören andererseits auch bestimmte Invarianten der betrachteten Gebilde. So kann man auch von den Transformationsgruppen ausgehend die Untersuchung der geometrischen Gebilde anordnen. Solche Gruppen sind z. B.: die Gruppe aller projektiven Transformationen der Ebene, sie läßt nur die Eigenschaft des Zerfallens resp. des Nichtzerfallens eines Kegelschnittes invariant. Ferner die Gruppe der reellen Affinitäten, bei der die unendlich ferne Gerade in sich übergeht; bei ihr bleibt das Verhältnis der Kegelschnitte zum Unendlichfernen invariant, Ellipse, Parabel, Hyperbel gehören zu verschiedenen Typen. Weiter die Gruppe der Ähnlichkeitstransformation, bei der die imaginären Kreispunkte in sich übergehen, die Kreise in Kreise, die gleichseitigen Hyperbeln in gleichseitige Hyperbeln. Ferner die Gruppe der Bewegungen, bei der der Abstand zweier Punkte invariant bleibt. Endlich die Gruppe der Kreisverwandtschaften, bei der der Winkel erhalten bleibt usw.

Außerhalb dieser Problemreihe sind zu allen Zeiten „Eigenschaften" der geometrischen Gebilde, geometrische oder algebraische, entdeckt und abgeleitet worden. Aber zu einem Abschluß kommt diese Entdeckertätigkeit doch erst, wenn diese Eigenschaften systematisch eingeordnet sind; ein solches Einordnungsprinzip liefert die obige Problemreihe: Bestimmung, Aufstellung der Invarianten, Anordnung in Typen.

Wir werden im folgenden die *lineare Algebra* systematisch entwickeln und überall die Verbindung mit der Geometrie und ihren Problemen zeigen. Aber vorher wollen wir erörtern, wie es überhaupt möglich ist, von der Geometrie zur Algebra zu kommen, welche geometrischen Eigenschaften die Darstellung der geometrischen Erscheinungen durch al-

---

[1] Hier haben wir eine Art Relativitätsprinzip in der gewöhnlichen Geometrie.

gebraische Gebilde herbeiführen können, d. h. wir werden die *Grundlegung der analytischen Geometrie* behandeln.

Damit sind aber die Aufgaben dieses Anhanges noch nicht erschöpft. Die ersten beiden Teile (II. und III.) enthalten gleichsam eine „dogmatische" Darstellung unserer Disziplin. Die Art und Weise, wie die Mathematiker sich heute diesen Teil ihrer Wissenschaft systematisch aufbauen, was sie von der Grundlegung fordern, was sie für die wichtigsten Elemente des Baues selbst halten, das wird hier auseinandergesetzt. Es ist notwendigerweise sehr subjektiv und zeitbedingt. Der Leser kann mehr verlangen. Und so fügen wir noch drei weitere Teile hinzu. In dem ersten von ihnen (IV.) wird die *Geschichte* der analytischen Geometrie kurz behandelt, hier betrachten wir also die Stellung der Mathematiker vergangener Zeit zu dem Problem unserer Wissenschaft, wir versuchen, einzusehen, auf welchen Wegen die heutigen Mathematiker zu ihren Ideen gekommen sind.

In einem weiteren Teil (V.) wollen wir versuchen, gleichsam einen Blick hinter die Kulissen zu werfen. Wir wollen ganz einfache Fälle der handwerklichen Tätigkeit eines Geometers beobachten, wir sehen, welche *heuristische* Methoden angewandt werden, um den Weg zum Ziel abzustecken, bevor er wirklich im einzelnen verfolgt wird.

Im letzten Teil endlich (VI.) zeigen wir, daß die Abgeschlossenheit des Lehrgebäudes nur scheinbar ist, daß es noch weite Gebiete der Geometrie gibt, deren algebraisch-analytische Darstellung bisher keineswegs gelungen ist.

So versuchen wir durch Betrachtung der Vergangenheit, Gegenwart und Zukunft die dogmatische Starre des Vorgetragenen zu lösen.

II. Grundlegung der analytischen Geometrie.

Im folgenden wollen wir keine Grundlegung der Geometrie geben, kein System von Postulaten etwa, aus dem dann auch die algebraische Darstellung der geometrischen Gebilde gefolgert werden kann[1]. Wir wollen vielmehr nur den Prozeß der Verbindung von Zahlen und geometrischen Dingen möglichst genau verfolgen und besonders darauf achten, wie aus der anfänglich einfachen Verbindung der beiden Vorstellungen tiefwirkende Folgen für beide Teile entstehen. So entsteht aus der Verbindung der beiden nach und nach die Erweiterung der Zahlenwelt zu der Welt der reellen Zahlen, die Vervollkommnung der geometrischen Welt zum Kontinuum, so wächst die Zahlenwelt durch die Verknüpfung ihrer Elemente, die sie ursprünglich von der Geometrie her empfangen hat, über die anschaubare Welt der Geometrie heraus.

---

[1] Für die Grundlegung der Geometrie siehe vor allem HILBERT, Grundlagen d. G. 7. Aufl. Leipzig 1930; ferner PASCH-DEHN, G. d. G. 2. Aufl. Berlin 1926; HESSENBERG-SCHWAN, G. d. G. Berlin 1930.

1. Ganze positive (natürliche) Zahlen — Skala auf der Halbgeraden. — Einführung der Null. Die einfachsten Eigenschaften der natürlichen (ganzen, positiven) Zahlen einerseits, die einfachsten Eigenschaften der Streckenabtragung andererseits setzen wir als gegeben voraus. Wie betrachten nur die Verbindung des Zählens und Abtragens.

Auf einer Halbgeraden tragen wir vom Anfangspunkt O aus gleiche Strecken OA_1, A_1A_2, A_2A_3, ... ab. Wir bezeichnen OA_n mit s_n und ordnen dieser Strecke die Zahl (Anzahl) n zu. Der Addition der Zahlen n und m soll die Verlängerung der Strecke s_n um die Strecke s_m entsprechen; wir schreiben auch

$$s_n + s_m = s_{n+m}$$

und es ist

$$s_{n+m} = s_{m+n}.$$

Der Kommutativität der Addition zweier natürlicher Zahlen entspricht die Kommutativität der Verschiebung: ob man erst die Gerade um die Strecke s_n, dann um die Strecke s_m, beidemal in derselben Richtung, vorschiebt, oder erst um s_n, dann um s_m in derselben Richtung, ist für das Endresultat gleichgültig.

Entsprechend führen wir die Multiplikation einer Strecke mit einer natürlichen Zahl ein, indem wir setzen

$$s_m + s_m + \cdots s_m\,(l\,\text{mal}) \equiv l s_m = s_{ml} = s_{lm},$$

und es ist

$$l s_m = m s_l.$$

Ferner erhalten wir

$$l(s_n + s_m) = l s_{n+m} = s_{l(n+m)} = s_{ln+lm} = s_{ln} + s_{lm} = l s_n + l s_m.$$

Hier haben wir das distributive Gesetz für die natürlichen Zahlen benutzt. Wir können auch das distributive Gesetz für Strecken voraussetzen und erhalten daraus das distributive Gesetz für die natürlichen Zahlen.

Man kann das distributive Gesetz auch rein lineargeometrisch deuten: Die *Gruppe* der Schiebungen wird durch die Multiplikation mit einer ganzen Zahl *isomorph* auf sich abgebildet. (Unter einer isomorphen Abbildung einer Gruppe verstehen wir eine solche, bei der dem aus zwei Elementen zusammengesetzten Element das aus den Bildern dieser Elemente zusammengesetzte Element entspricht.) Damit haben wir das distributive Gesetz gleich allgemein für die Multiplikation der Summe irgendwelcher Strecken mit einer natürlichen Zahl ausgesprochen:

$$n(s + s') = ns + ns'.$$

Wir werden die erste Erweiterung des Bereiches der natürlichen Zahlen (Anzahlen) vornehmen durch die Einführung der Null mit Zeichen 0, indem wir dem Punkte O die Zahl 0 zuordnen. Das führt uns auch dazu, eine Nullstrecke s_0 einzuführen, eine ausgeartete Strecke, bei der die beiden Begrenzungspunkte zusammenfallen. Wir haben dann

$$0 + m = m + 0 = m \quad \text{und} \quad s_0 + s_m = s_m$$
$$0m = 0 \quad 0s_m = s_0.$$

2. Positive rationale Strecken und positive rationale Zahlen. Wir definieren eine *rationale* Strecke $OA_{n/m} = s_{n/m}$ durch die Beziehung

$$mOA_{n/m} = ms_{n/m} = s_n.$$

$s_{n/m}$ ist also eine Strecke, die mit m multipliziert der Strecke s_n gleich wird. $s_{n/m}$ ist hierdurch eindeutig definiert. Denn gäbe es noch eine zweite solche Strecke s' und wäre etwa s' größer als $s_{n/m}$, dann wäre auch ms' größer als $ms_{n/m}$, also größer als s_n, gegen die Voraussetzung. Bei diesem Schlusse benutzen wir das Postulat „Größeres zu Größerem addiert gibt Größeres".

Es folgt
$$lms_{n/m} = ls_n = s_{ln}.$$

Nach unserer Definition ist aber

$$lms_{ln/lm} = s_{ln}.$$

Daraus folgt wegen der eben bewiesenen Eindeutigkeit

$$s_{n/m} = s_{ln/lm}.$$

Es ist nun
$$m_1 s_{n_1/m_1} = s_{n_1}, \qquad m_2 s_{n_2/m_2} = s_{n_2},$$

also nach dem distributiven Gesetze für Strecken:

$$m_1 m_2 (s_{n_1/m_1} + s_{n_2/m_2}) = m_2 s_{n_1} + m_1 s_{n_2} = s_{n_1 m_2} + s_{n_2 m_1} = s_{n_1 m_2 + n_2 m_1},$$

andererseits ist auch

$$m_1 m_2 s_{\frac{n_1 m_2 + n_2 m_1}{m_1 m_2}} = s_{n_1 m_2 + n_2 m_1},$$

also ist

$$s_{n_1/m_1} + s_{n_2/m_2} = s_{\frac{n_1 m_2 + n_2 m_1}{m_1 m_2}}.$$

Wir ordnen jetzt der Strecke $s_{n/m}$ das Symbol n/m zu, das wir auch als *rationale Zahl* oder *Bruch* mit dem Zähler n und dem Nenner m bezeichnen. Da zwei gleichen Strecken stets gleiche Zahlen entsprechen sollen, so ist nach dem oben Abgeleiteten:

$$\frac{n}{m} = \frac{ln}{lm}$$

zu setzen. Wir haben hiermit die *rationalen Zahlen geometrisch* eingeführt. Man kann auch die rationalen Zahlen als *Zahlenpaare* definieren, wobei dann zwei Zahlenpaare (n, m) und (ln, lm) als gleich anzusehen sind. Diese Einführung können wir etwa so begründen, daß wir durch die Beziehung
$$mx = n$$

eine „ideale" Zahl x neu einführen. Es ist aber mißlich, daß diese „idealen" Zahlen gar keine anschauliche Bedeutung haben. Denn wenn wir dann Rechnungsregeln für sie einführen, sind wir, jedenfalls zunächst, nicht sicher, daß diese Rechnungsregeln nicht zu Widersprüchen führen.

Aus unserer Zuordnung folgt sofort

$$m\frac{n}{m} = n$$

$$\frac{n_1}{m_1} + \frac{m}{m_2} = \frac{n_1 m_2 + n_2 m_1}{m_1 m_2}.$$

Wir haben bisher die Strecken miteinander nur durch Addition verknüpft (die Multiplikation mit einer natürlichen Zahl wurde durch fortgesetzte Addition erklärt). Jetzt wollen wir zur eigentlichen Multiplikation übergehen, indem wir Strecken einander mit Hilfe von rationalen Zahlen zuordnen. Für diese Zuordnung benutzen wir das Zeichen $\times$ und definieren eine neue Strecke

durch die Beziehung:

$$s_a \times \frac{n}{m} = \frac{n}{m} \times s_a$$

$$m\left(\frac{n}{m} \times s_a\right) = m\left(s_a \times \frac{n}{m}\right) = n s_a.$$

Hierdurch ist die neue Strecke aus demselben Grunde wie bei den früheren Schlüssen am Anfang dieser Nummer *eindeutig* definiert. Wir erkennen, daß

(1)
$$n \times s_a = n s_a$$

ist, daß also, falls die rationale Zahl n/m eine ganze Zahl ist, die durch das $\times$-Zeichen ausgedrückte Multiplikation der Strecke die n-fache Addition bedeutet. Es folgt ferner:

$$m\left(\frac{n}{m} \times s_{n_1/m_1}\right) = n s_{n_1/m_1},$$

$$m m_1\left(\frac{n}{m} \times s_{n_1/m_1}\right) = s_{n n_1},$$

also nach unserer früheren Definition

(2)
$$\frac{n}{m} \times s_{n_1/m_2} = s_{n n_1/m m_1} = \frac{n_1}{m_1} \times s_{n/m}.$$

Ferner ist

$$m\left(\frac{n}{m} \times s_a\right) = n s_a$$

$$m\left(\frac{n}{m} \times s_b\right) = n s_b;$$

also

$$m\left(\frac{n}{m} \times s_a + \frac{n}{m} \times s_b\right) = n(s_a + s_b);$$

aber da auch

$$m\left(\frac{n}{m} \times (s_a + s_b)\right) = n(s_a + s_b)$$

ist, so folgt

(3)
$$\frac{n}{m} \times (s_a + s_b) = \frac{n}{m} \times s_a + \frac{n}{m} \times s_b.$$

Ferner ist:

$$m_1 \left(\frac{n_1}{m_1} \times s_a \right) = n_1 s_a$$

$$m_2 \left(\frac{n_2}{m_2} \times s_a \right) = n_2 s_a ,$$

also

$$m_1 m_2 \left(\frac{n_1}{m_1} \times s_a + \frac{n_2}{m_2} \times s_a \right) = (n_1 m_2 + n_2 m_1) s_a ;$$

andererseits ist nach dem oben Bewiesenen

$$\frac{n_1}{m_1} + \frac{n_2}{m_2} = \frac{n_1 m_2 + n_2 m_1}{m_1 m_2} ,$$

also auch

$$m_1 m_2 \left(\left(\frac{n_1}{m_1} + \frac{n_2}{m_2} \right) \times s_a \right) = (n_1 m_2 + n_2 m_1) s_a ;$$

daher ist endlich

(4) $$\frac{n_1}{m_1} \times s_a + \frac{n_2}{m_2} \times s_a = \left(\frac{n_1}{m_1} + \frac{n_2}{m_2} \right) \times s_a .$$

Es gilt also das distributive Gesetz sowohl, wenn wir eine Summe von rationalen Zahlen mit einer Strecke multiplizieren, als auch, wenn wir eine rationale Zahl mit einer Summe von Strecken multiplizieren.

Indem wir dieser Multiplikation einer rationalen Zahl r mit einer Strecke $s_{r'}$ wieder die Multiplikation der rationalen Zahl r mit der rationalen Zahl r' zuordnen, erkennen wir aus (2), daß die Multiplikation zweier rationaler Zahlen wieder eine rationale Zahl ergibt und daß diese Multiplikation kommutativ ist. Aus (3) oder (4) erkennen wir, daß die Multiplikation auch mit der vorher eingeführten Addition zusammen das distributive Gesetz befriedigt.

Statt die Addition als Verknüpfung zweier rationaler Zahlen oder Strecken, die Multiplikation als Verknüpfung zweier rationaler Zahlen oder einer rationalen Zahl mit einer Strecke zu betrachten, können wir auch die zweite Zahl oder Strecke uns veränderlich denken und die Addition von einer oder Multiplikation mit einer rationalen Zahl als *Operationen* betrachten, denen die geometrischen *Transformationen* der *Schiebung* um eine Strecke s_r resp. die *Dehnung* von O aus auf das r-fache zugeordnet sind. Bei der Schiebung von O in A_r geht ein Punkt $A_{r'}$ in den Punkt $A_{r'+r}$ über. Bei der Dehnung bleibt O an seiner Stelle, ein Punkt $A_{r'}$ geht in den Punkt $A_{r'r}$, speziell der Punkt A_1 in den Punkt A_r über.

Der Punkt A_r entsteht aus dem Punkte O durch Schiebung um die Strecke s_r in der Richtung OA_1, der Punkt $A_{r_1+r_2}$ entsteht aus O dadurch, daß in der Richtung OA_1 zuerst um die Strecke s_{r_1}, dann um die Strecke s_{r_2} geschoben wird, oder auch dadurch, daß in dieser Richtung um die Strecke $s_{r_1+r_2}$ geschoben wird. Der Punkt $A_{r_1+r_2+r_3}$ entsteht aus O durch sukzessive Schiebung um s_{r_1}, s_{r_2}, s_{r_3} oder dadurch, daß zuerst um $s_{r_1+r_2}$, dann um s_{r_3} geschoben wird, oder auch dadurch, daß zuerst um s_{r_1}, dann um $s_{r_2+r_3}$ geschoben wird. Das heißt: bei der Zusammensetzung der Schiebungen gilt das *assoziative Gesetz*. Dieses gilt für die Zusammensetzung irgendwelcher Transformationen (vgl. Anhang III, § 1), also auch für die Zusammensetzung der Dehnungen von O aus. Aus der Gültigkeit des assoziativen Gesetzes für die beiden geometrischen Transformationen folgern wir die Gültigkeit des assoziativen Gesetzes für die Addition und Multiplikation positiver rationaler Zahlen.

3. Negative rationale Zahlen. Auf der Verlängerung von OA_1 über O hinaus tragen wir die gleichen Strecken OA_{-1}, $A_{-1}A_{-2}$, $A_{-2}A_{-3}$ usw. gleich OA_1 ab und konstruieren wie unter 2. die zu dieser Skala gehörende rationale Strecke, die wir mit OA_{-r} bezeichnen, wobei $OA_{-r} = OA_r = s_r$ ist. OA_{-r} bezeichnen wir mit s_{-r}. Die Addition von s_{-r} erklären wir als Schiebung, bei der der Punkt O in A_{-r} oder A_r in O übergeht. Es ist also die zu der Schiebung um s_r reziproke Operation und es ist

$$s_{r'} + s_r + s_{-r} = s_{r'},$$
$$s_r + s_{-r} = s_0.$$

Statt $s_{r'} + s_{-r}$ schreiben wir auch $s_{r'} - s_r$ und nennen die Addition von s_{-r} auch *Subtraktion* von s_r.

Unter der Subtraktion von s_{-r} verstehen wir die Addition von s_r, allgemein unter der Addition einer Strecke OA_q, wo das Symbol q sowohl r wie $-r$ bedeuten kann, die Schiebung, bei der O nach A_q kommt.

Der Strecke s_{-r} lassen wir jetzt die *negative rationale Zahl* $-r$ entsprechen; $s_{r'} + s_{-r}$ entspricht dann $r' + (-r)$ oder $r' - r$. Dabei ist $r' - r$ selbst wieder eine positive oder negative rationale Zahl oder Null, je nachdem $s_{r'}$ größer, kleiner oder gleich der Strecke s_{-r} ist. In dem Gesamtbereich der positiven und negativen rationalen Zahlen (einschließlich der Null) sowie im Gesamtbereich der nach beiden Seiten *gerichteten* Strecken gelten die Gesetze der Addition (Existenz der Summe, Umkehrbarkeit, Kommutativität, Assoziativität).

Während die Addition und Subtraktion der positiven und negativen rationalen Zahlen unmittelbar durch die Schiebung $O \to A_q$ resp. $A_q \to O$ definiert werden konnte, müssen wir für die Multiplikation mit negativen Zahlen den Bereich der geometrischen Operationen etwas erweitern, und zwar wesentlich durch die Operation der *Klappung um O*, bei der A_r mit A_{-r} vertauscht wird. Wir ordnen dieser geometrischen Operation die Multiplikation mit -1 zu. In der Tat geht bei dieser Operation O in sich und A_1 in A_{-1} über, was den Verhältnissen bei der Multiplikation mit positiven rationalen Zahlen am Schluß von 2. entspricht.

Wir haben
$$-r = -1 \times r, \quad r = -1 \times (-r).$$

Die Multiplikation mit $-r$ wird zugeordnet der Klappung um O mit darauffolgender Dehnung auf das r-fache. Entsprechend den Verhältnissen bei positiven rationalen Zahlen geht hierbei O in O, A_1 in A_{-r} über.

Man kann leicht so wie unter 2. zeigen, daß auch im erweiterten Bereich der gerichteten Strecken sowie der mit Vorzeichen versehenen rationalen Zahlen alle Rechenregeln gelten. Wir können mit rationalen, positiven und negativen Zahlen rechnen und dabei die entsprechenden Prozesse auf der Geraden ausführen. Wegen (1) und (2) in 2. können wir, wie üblich, das Zeichen $\times$ in Zukunft weglassen.

4. Das rationale ebene und räumliche Netz. Wir gehen nun in die Ebene: Wir nehmen zwei sich in O schneidende Geraden an, die x-Achse und die y-Achse, auf jeder eine Einheitsstrecke OX_1 resp. OY_1, und mit ihnen erzeugen wir, wie unter 1., 2., 3. die Punkte X_r resp. Y_q, wo r und q beliebige positive oder negative rationale Zahlen oder Null sein können. Jeder rationalen positiven oder negativen Zahl entspricht je ein Punkt auf der x-Achse und auf der y-Achse. Die Parallelen durch X_r zur y-Achse und durch Y_q zur x-Achse schneiden sich in einem Punkte, den wir mit $P_{r,q}$ bezeichnen; r und q heißen die Koordinaten des Punktes $P_{r,q}$. Durch diese Konstruktion erhalten wir ein *rationales ebenes Netz*. Jedem Paar von rationalen Zahlen (mit Reihenfolge) entspricht ein Punkt des Netzes. Man könnte nun auch den Punkten $P_{r,q}$ neue „Zahlen" zuordnen und erhielte durch Parallelverschiebung resp. Drehstreckung (das ist eine Verallgemeinerung der Kombination von Klappung und Dehnung auf der Geraden) Addition und Multiplikation der neuen Zahlen, die man rationale komplexe Zahlen nennt. Ohne Schwierigkeit könnte man, auf Grund einfacher geometrischer Sätze, zeigen, daß diese neuen Zahlen wieder alle Rechenregeln befriedigen. Aber nicht die so entstehenden Verknüpfungen der Zahlenpaare (r, q) wollen wir hier betrachten, sondern die Eigenschaften, die sie zeigen, falls die ihnen entsprechenden Punkte auf gewissen geometrischen Gebilden, z. B. auf Geraden, liegen.

Wir benutzen hierbei den Satz aus der elementaren Geometrie, daß bei Parallelprojektion die Mitte einer Strecke als Mitte erhalten bleibt. Dieser Satz folgt durch Anwendung der *Sätze über Parallelverschiebung* in der Ebene, die wir etwa folgendermaßen als *Postulate* formulieren[1]:

Bei Verschiebung längs einer Geraden g gehen alle Strecken in gleiche Strecken, zwei zueinander parallele Geraden wieder in zueinander parallele Geraden über, speziell geht eine Parallele zu g in sich über, die Schiebung längs g ist gleichzeitig eine Schiebung längs jeder zu ihr parallelen Geraden.

Wir setzen zum Beweis des genannten Satzes voraus (s. Fig. 83): A, M, B liegen auf g, A', M', B' auf h; $AM = MB$, AA' parallel MM' parallel BB'. Dann ziehen wir durch A' und M' die Parallelen zu g,

---

[1] Man bemerke, daß es nicht nötig ist, die allgemeinen Bewegungspostulate heranzuziehen.

die MM' in C bzw. BB' in D schneiden. Wegen unserer Postulate ist $AM = A'C$, $MB = M'D$ und wegen unserer Voraussetzung $A'C = M'D$.

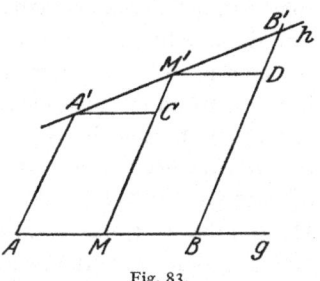

Bei der Schiebung $A' \to M'$ auf h geht folglich C in D über und also auch die Gerade MCM' in die Gerade BDB', also endlich M' in B'. Also ist, wie bewiesen werden sollte, $A'M' = M'B'$.

Ziehen wir jetzt durch X_1 (s. Fig. 84) die Parallele zur y-Achse, die die Gerade g durch O und $P_{r,q}$ in G_q trifft und ordnen für die Gerade g dem Punkt G_q die Zahl q zu, so ist entsprechend dem Konstruktions-

Fig. 83.

modus für die Zuordnung von rationalen Zahlen zu Punkten einer Geraden, sowie wegen der Gültigkeit des eben bewiesenen Satzes über die Projektion der Mitte, dem Punkte $P_{r,q}$ die Zahl rq zugeordnet. Wir können ihn auch mit G_{rq} bezeichnen.

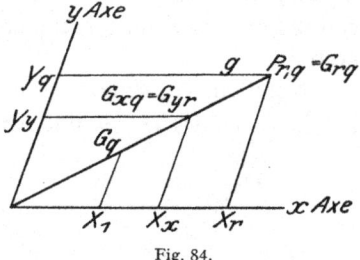

Ist X_x irgendein rationaler Punkt auf der x-Achse, so schneidet die Parallele zur y-Achse durch X_x g in dem Punkte G_{xq}. Da die Parallele zur x-Achse durch Y_q g in G_q trifft, so trifft die Parallele durch Y_y g in G_{ry}. Gehören x und y zu demselben Punkt auf g, so folgt also:

(5) $qx = ry$.

Fig. 84.

Zusammenfassend haben wir also: Die Gerade durch O und einen Netzpunkt wird von den Parallelen zur y-Achse durch irgendeinen rationalen Punkt der x-Achse, ebenso von den Parallelen zur x-Achse durch irgendeinen rationalen Punkt der y-Achse in Netzpunkten geschnitten, d. i. in Punkten mit rationalen Koordinaten. Alle auf der Geraden $OP_{r,q}$ liegenden rationalen Punkte, die so konstruiert sind, daß $P_{r,q}$ einer rationalen Zahl zugeordnet wird, sind Netzpunkte. Die Gerade $OP_{r,q}$ wird deswegen als Netzgerade bezeichnet. Die Koordinaten der auf ihr liegenden Netzpunkte genügen der Beziehung (5). Da zu jedem rationalen x durch diese Beziehung zueinander ein rationales y bestimmt ist, liegt auch umgekehrt jeder Punkt mit Koordinaten, die dieser Beziehung genügen, auf der Geraden $OP_{r,q}$. (5) heißt deshalb die *Gleichung* der Geraden $OP_{r,q}$.

Durch Parallelverschiebung folgt hieraus, daß die Verbindungslinie irgend zweier Netzpunkte wieder, im obigen Sinne, eine Netzgerade ist, und daß die Koordinaten der auf ihr liegenden Netzpunkte einer linearen Gleichung genügen. Umgekehrt stellt jede lineare Gleichung zwischen den Koordinaten mit rationalen Koeffizienten eine Netzgerade dar, sofern nicht die Koeffizienten von x und y in dieser Gleichung beide

Null sind. Da wir mit den rationalen Zahlen in gewöhnlicher Weise rechnen können, folgt weiter durch Betrachtung zweier solcher Gleichungen so wie in der gewöhnlichen analytischen Geometrie, daß zwei Netzgeraden sich in einem Netzpunkte schneiden oder parallel sind. Durch jeden Netzpunkt geht zu jeder Netzgeraden immer eine parallele Netzgerade. Zur Abrundung unserer geometrischen Aussage führen wir noch den unendlich fernen Punkt auf jeder Netzgeraden, den sie mit allen ihr parallelen Geraden gemein haben soll, und die unendlich ferne Gerade ein, die wir zu den Netzpunkten resp. Netzgeraden mit hinzunehmen wollen. Dann gilt: je zwei Netzpunkte liegen auf einer Netzgeraden, je zwei Netzgeraden schneiden sich in einem Netzpunkt. *Durch „Verbinden" und „Schneiden" kommen wir nicht aus dem Netz heraus.* Das Netz ist in bezug auf diese Operationen vollständig.

Nehmen wir irgend vier Netzpunkte, von denen keine drei in einer Geraden liegen (allgemeines Punktquadrupel), so ergibt eine einfache Überlegung, daß man durch wiederholtes Verbinden und Schneiden von diesen vier Punkten aus nach und nach zu allen Punkten des Netzes kommt.

Nehmen wir zunächst an, die vier Punkte seien die Punkte $(0, 0)$, $(1, 0)$, $(0, 1)$, $(1, 1)$ (s. Fig. 85). Dann erhalten wir durch Verbinden und Schneiden die unendlich fernen Punkte der x-Achse und der y-Achse und die unendlich ferne Gerade, ferner die Gerade $(0, 1)$ $(1, 0)$ und als Parallele dazu die Gerade $(1, 1)$ $(2, 0)$ $(0, 2)$ und weiter, wie aus der

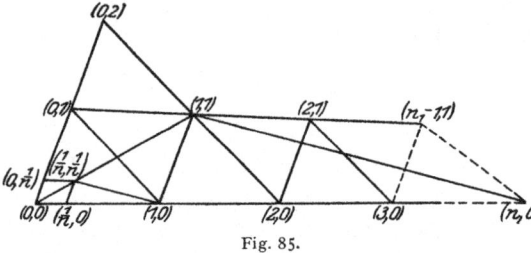

Fig. 85.

Fig. 85 leicht zu entnehmen, die Punkte $(2, 1)$, $(3, 0)$, ..., $(n-1, 1)$, $(n, 0)$. Die Parallele durch $(1, 0)$ zu $(1, 1)$ $(n, 0)$ schneidet $(0, 0)$ $(1, 1)$ in $(1/n, 1/n)$ und von diesem Punkte aus erhalten wir durch Parallelen zu den Achsen $(1/n, 0)$ und $(0, 1/n)$. Gehen wir von dem Viereck $(0, 0)$, $(1/n, 0)$, $(0, 1/n)$, $(1/n, 1/n)$ aus, so erhalten wir alle Netzpunkte $(m_1/n, m_2/n)$. Wir erhalten also durch Verbinden und Schneiden aus den ursprünglichen vier Punkten alle Netzpunkte. Nun kann aber durch eine geeignete *lineare Transformation* (Kollineation)

$$x' = \frac{a_1 x + b_1 y + c_1}{a_3 x + b_3 y + c_3}$$
$$y' = \frac{a_2 x + b_2 y + c_2}{a_3 x + b_3 y + c_3}$$

$(a_i, b_i, c_i$ rationale Zahlen$)$

unser spezielles Punktequadrupel in ein beliebiges übergeführt werden, wobei von letzterem nur vorausgesetzt wird, daß nicht drei Punkte in einer Geraden liegen. Bei dieser Transformation gehen die Netzpunkte und Netzgeraden wieder in Netzpunkte und Netzgeraden über. Also kommt man auch von dem allgemeinen Punktquadrupel ausgehend durch Verbinden und Schneiden zu allen Netzpunkten.

Daraus folgt, daß irgendeine eineindeutige Abbildung der Netzpunkte und Netzgeraden auf sich, die ein allgemeines Punktquadrupel in Ruhe läßt, alle Netzpunkte in Ruhe lassen muß. Gehen andererseits bei einer solchen Abbildung die Punkte $P_1 P_2 P_3 P_4$ in die Punkte $P_1' P_2' P_3' P_4'$ über (P_i, P_k, P_l, sowie P_i', P_k', P_l' nicht auf einer Geraden), so ergibt diese Abbildung zusammen mit der linearen Transformation, die P_i' wieder in P_i überführt, Ruhe. Also ist die *Abbildung identisch* mit der *linearen Transformation* $P_i \rightarrow P_i'$.

Wir können jetzt die projektive Geometrie in dem Netz algebraisch entwickeln, wir können das Netz zu einem räumlichen Netz erweitern und auch hier die projektive Geometrie entwickeln. Wir können Kegelschnitte durch projektive Zuordnung definieren, weiter Flächen zweiter Ordnung und endlich auch beliebige algebraische Kurven und Flächen definieren und deren Eigenschaften ableiten. Aber die Anschauung ist nicht befriedigt und die Welt der rationalen Zahlen ist für algebraische Aussagen zu eng, selbst wenn man noch die komplexen rationalen Zahlen mit hinzunehmen würde:

a) Betrachten wir die lineare Transformation auf einer Geraden

$$x' = \frac{x+2}{x+1}!$$

Wenn x, stets größer werdend, die rationalen Zahlen von 0 bis 2 durchläuft, durchläuft x', stets kleiner werdend, die rationalen Zahlen von 2 bis $\frac{4}{3}$. Die Anschauung verlangt, daß die x-Punkte (Zahlen) und die x'-Punkte (Zahlen) sich begegnen, daß es einen Punkt zwischen 2 und $\frac{4}{3}$ gibt, für den

$$x = \frac{x+2}{x+1}$$

ist. Einen solchen *rationalen* Punkt gibt es aber nicht. Denn aus dieser Gleichung folgt

$$x^2 = 2,$$

eine Beziehung, die für kein rationales x befriedigt ist, wie aus den einfachsten Eigenschaften der ganzen Zahlen folgt.

b) Die algebraische Darstellung der Bewegungen ist innerhalb des Netzes nicht so möglich, daß sie uns selbstverständlich erscheinende Forderungen erfüllt. Denn die Bewegungen führen Geraden wieder in Geraden über, also lassen sich alle Bewegungen des Netzes in sich nach Obigem durch lineare Transformationen mit rationalen Koeffizienten darstellen. Da sie speziell parallele Geraden wieder in

parallele Geraden überführen, d. h. die unendlich ferne Gerade in sich
übergeht, so müssen diese linearen Transformationen die Form

$$x' = a_1 x + b_1 y + c_1$$
$$y' = a_2 x + b_2 y + c_2$$

haben. Betrachten wir nun speziell eine Bewegung, die den Punkt $(0, 0)$
in Ruhe läßt, dann muß $c_1 = c_2 = 0$ sein. Nun sind die Transformationen
von ganz verschiedenem Charakter, je nachdem die Determinante
$\varDelta = a_1 b_2 - a_2 b_1 > 0$, < 0 oder $= 0$ ist. Ist $\varDelta = 0$, dann werden alle
Geraden durch den Nullpunkt einer einzigen Geraden zugeordnet.
Ist $\varDelta < 0$, dann wird der durch die Aufeinanderfolge von je drei
Halbgeraden durch den Nullpunkt bestimmte Umlaufssinn durch die
Transformation umgekehrt. Also kann eine *Drehung* um $(0, 0)$ nur
dargestellt werden in der Form

$$\begin{aligned} x' &= a_1 x + b_1 y \\ y' &= a_2 x + b_2 y \end{aligned} \quad \text{mit} \quad a_1 b_2 - a_2 b_1 > 0.$$

Es gibt eine Drehung, die nach zweimaliger Ausführung jeden
Punkt in sich überführt (Drehung um einen gestreckten Winkel). Man
rechnet leicht unter Berücksichtigung von $\varDelta > 0$ aus, daß diese, falls
sie das Netz in sich überführt, nur durch die Gleichungen

$$x' = -x, \quad y' = -y$$

dargestellt wird. Es gibt ferner Drehungen, die nach viermaliger Ausführung jeden Punkt in sich überführen (wie die Drehung um einen
rechten Winkel). Diese werden bei geeigneter Wahl des Koordinatensystems, falls sie das Netz in sich überführen, nur dargestellt durch

$$x' = +y, \quad y' = -x$$

oder durch

$$x' = -y, \quad y' = x.$$

Es gibt aber auch Drehungen, die erst nach achtmaliger Ausführung
alle Punkte in sich überführen (Drehung eines Quadrates um seinen
Mittelpunkt, so daß eine Diagonale einer Seite des ursprünglichen
Quadrates parallel wird). Nach zweimaliger Ausführung dieser Drehung
haben wir eine Drehung um einen rechten Winkel. Daraus folgt, daß
in diesem Falle, wenn die Drehung eine Netztransformation ist,

$$a_1^2 + a_2 b_1 = 0 = b_2^2 + b_1 a_2$$
$$a_1 b_1 + b_1 b_2 = \pm 1$$
$$a_1 a_2 + a_2 b_2 = \mp 1$$

sein muß. Aus dem ersten Gleichungspaar folgt $a_1 = \pm b_2$. Da aber
aus $a_1 = -b_2$ und einer Gleichung der ersten Zeile $\varDelta = 0$ folgen würde,
muß $a_1 = b_2$ sein. Dann folgt aus dem zweiten Gleichungspaar

$$2 a_1 b_1 = \pm 1, \quad 2 a_1 a_2 = \mp 1,$$

also
$$4a_1^2 b_1 a_2 = -1$$
und aus einer der ersten beiden Gleichungen

also
$$4a_1' = 1,$$
$$a_1^2 = \pm\tfrac{1}{2};$$

also müßte das Quadrat einer rationalen Zahl entweder negativ oder ebenso wie unter b) gleich 2 sein, was unmöglich ist. Es gibt also in unserem rationalen Netz keine Transformation, die der Drehung eines Quadrats um den Winkel zwischen Diagonale und Seitenrichtung entspricht. Nehmen wir als Ecken des Quadrates die Punkte (0, 0), (1, 0), (0, 1) und (1, 1), dann können wir das Resultat auch so aussprechen: es gibt keine Netztransformation, deren achte Potenz die Ruhe ist, und die die x-Achse in die Gerade $x = y$ überführt. Eine solche Transformation liefert aber die Drehung der x-Achse in die Gerade $x = y$. Man wird kaum die Anschauung mit der Vorstellung befriedigen können, daß eine solche Drehung nur annähernd existiert.

Wir werden also schon durch geometrische Betrachtung gezwungen, das rationale Netz zu erweitern, und zwar tun wir dies gleich in der stärksten Weise, indem wir das Postulat einführen: *jede Einteilung der endlichen (zu einer Einheitsstrecke gehörenden) rationalen Punkte auf einer Geraden in zwei Klassen $\{P_i\}$ und $\{Q_i\}$ von der Art, daß keine der Klassen leer ist, daß kein Q_i zwischen zwei P_i und kein P_i zwischen zwei Q_i liegt, wird durch einen (rationalen oder nichtrationalen) Punkt S erzeugt, so daß S alle P_i von allen Q_i trennt (Dedekindsches Postulat). Es gibt keinen anderen Punkt, der diese Teilung erzeugt (Euklidisches Postulat). Diesen Punkten S entsprechen*, falls sie nicht rational sind, *neue Zahlen*: jede Teilung der rationalen Zahlen in zwei Klassen $\{p_i\}$ und $\{q_i\}$, von der Art, daß keine Klasse leer ist und jedes p_i kleiner als jedes q_k ist, wird durch eine und nur durch eine rationale oder nichtrationale Zahl s erzeugt, so daß $p_i \leqq s \leqq q_k$ ist. Die geometrische Anschauung liefert also hier eine Erweiterung des Zahlenreiches.

Nun ist es leicht, die Begründung der analytischen Geometrie zu Ende zu führen. Zunächst folgt, daß jeder (endliche) Punkt P auf einer Geraden eine solche Teilung der zu irgendeiner Einheitsstrecke gehörenden rationalen Punkte der Geraden erzeugt. Denn das wäre nur dann nicht der Fall, wenn es keine rationalen Punkte gäbe, die durch P voneinander getrennt würden, wenn also eine der beiden Klassen leer wäre. *Das ist aber unmöglich, wenn es zu jeder Strecke OP und gegebenen Einheitsstrecke $OA_1 = s_1$ eine Zahl n gibt, so daß OP kleiner ist als $n s_1$ (Eudoxos-Archimedisches Postulat). Dieses Postulat ist aber eine Folge des Euklidischen Postulats.* Zum Beweise nehmen wir an, daß P nicht zwischen A_{-1} und A_1 liegt, weil sonst unsere Behauptung schon erfüllt ist und konstruieren in der üblichen Weise zu P in bezug auf A_1 und

A_{-1} den vierten harmonischen Punkt P' (s. Fig. 86). Dabei können
wir noch die Punkte E und F als Punkte eines rationalen Netzes wählen,
in dem O, A, A_{-1} die Koordinaten $(0, 0)$, $(1, 0)$, $(-1, 0)$ haben. Dann ist
P' von O verschieden. Denn sonst müßte, wie wir aus der Geometrie
im rationalen Netz wissen, GF parallel zu $A_{-1}OA_1$ sein, d. h. P wäre
kein endlicher eigentlicher Punkt, denn parallele Geraden schneiden
sich ja nicht. Es ist also P' von O verschieden, und es liegen nach
unserem Postulat rationale Punkte zwischen O und P', weil sonst P'
und O dieselbe Klasseneinteilung der rationalen Punkte erzeugen würden.

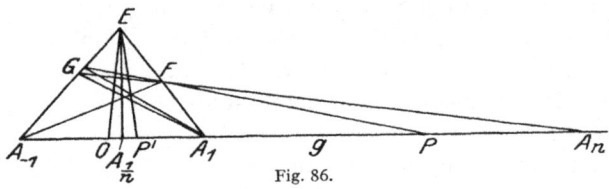

Fig. 86.

Es möge etwa P' zwischen O und A_1 liegen, dann liegt zwischen P'
und O auch ein Punkt $A_{1/n}$, zu dem der vierte harmonische Punkt in
bezug auf A_1 und A_{-1} Punkt A_n ist. Benutzen wir zu der Konstruktion
von A_n wieder E und F, so erkennen wir, daß P zwischen A_n und
A_1 liegt. Damit ist das Archimedische Postulat bewiesen. Es liegen
also auf beiden Seiten von P rationale Punkte.

Die Beschränkung auf die Punkte eines rationalen Netzes hätte
unserer Anschauung Gewalt angetan. Die Anschauung zwingt uns
dazu, die Existenz von Punkten zu fordern, die keinen rationalen Zahlen
oder Zahlenpaaren entsprechen. Durch das unsere Anschauungskraft
weit übersteigende Euklid-Dedekindsche Postulat ist das Reich der
Punkte in der Ebene und das Reich der Zahlen (oder Zahlenpaare)
bis zum äußersten ausgedehnt. Beide Reiche fallen in dieser Ausdehnung
vollständig zusammen.

Wie in den Grundlagen der Analysis gezeigt wird, und wie wir
hier nicht weiter auszuführen brauchen, gelten für diese allgemeinen
Zahlen auf Grund ihrer Definition dieselben Rechnungsregeln wie für
die rationalen Zahlen. Wir benutzen diese Erweiterung des Zahlenreiches vor allem dazu, um zu erkennen, daß ein Polynom in x mit beliebigen Koeffizienten, das für $x = a$ negativ und für $x = b$ positiv ist,
zwischen a und b mindestens für einen Wert von x Null ist. Wenden
wir dieses Resultat z. B. auf das Polynom $x^2 - 2$ an, so sehen wir,
daß zwischen $x = \frac{4}{3}$ und $x = 2$ tatsächlich ein Wert für x vorhanden
ist, für den $x^2 = 2$ ist.

Zur Anwendung für die analytische Geometrie führen wir zunächst
das *Streckenverhältnis* s_a/s_b ein. Dieses Verhältnis soll gleich der positiven
Zahl sein, die der Strecke s_a zugeordnet ist, falls die Strecke s_b, ihr
gleichgerichtet, als Einheitsstrecke angenommen wird. Aus unserer

Definition der allgemeinen Zahl folgt sofort, daß s_a/s_b dann und nur dann gleich s_a'/s_b' ist, wenn für irgendein Paar von ganzen Zahlen n und m aus

$$n s_a \gtreqqless m s_b$$

folgt, daß

$$n s_a' \gtreqqless m s_b'$$

ist, d. h., wenn s_a die gleiche Einteilung der rationalen Punkte auf der Geraden mit der Einheitsstrecke s_b hervorruft, wie s_a' auf der Geraden mit der Einheitsstrecke s_b'.

Nun leiten wir sofort die Erweiterung des oben für rationale Streckenverhältnisse abgeleiteten Proportionalsatzes ab. Denn durch die Parallelen zu der Verbindungslinie der Endpunkte der Einheitsstrecke s_b auf der einen Geraden und der Einheitsstrecke s_b' auf der anderen Geraden wird jedem in bezug auf s_b rationalen Punkt A_r auf der einen Geraden der in bezug auf s_b' rationale Punkt A_r' auf der anderen Geraden zugeordnet. Da die Verbindungslinien der Endpunkte von s_a und s_a' auch dieser Verbindungslinie parallel sind, so erzeugen diese Endpunkte dieselbe Einteilung der rationalen Punkte auf den beiden Geraden. Also ist

$$\frac{s_a}{s_b} = \frac{s_a'}{s_b'}.$$

Ebenso wie oben leiten wir nun ab, daß die Koordinaten der Punkte auf einer Geraden einer linearen Gleichung genügen und daß eine lineare Gleichung zwischen den Koordinaten durch die Punkte auf einer Geraden erfüllt wird.

Aus dem Proportionalsatz folgt mit Hilfe der *Beweglichkeit der Figuren*, daß in Dreiecken mit gleichen Winkeln die entsprechenden Seiten gleiche Verhältnisse bilden, und hieraus folgt weiter der *Lehrsatz des Pythagoras*, mit Hilfe der Zerlegung des rechtwinkligen Dreiecks durch die Höhe auf die Hypotenuse. Mit diesem Satz erhalten wir sofort den Ausdruck für das Quadrat des Abstandes zweier Punkte durch die Koordinaten dieser Punkte, und zwar in besonders einfacher Form, falls ein gewöhnliches rechtwinkliges Koordinatensystem zugrunde gelegt wird. Die Ausdehnung auf den Raum ist ohne weitere Schwierigkeit möglich.

Die Begründung der analytischen Geometrie ist damit zu einem gewissen Abschluß gebracht. Jedem Punkt des Raumes ist eineindeutig ein Zahlentripel zugeordnet, eine einfache algebraische Beziehung entscheidet über die Gleichheit oder Ungleichheit zweier Strecken. Alle geometrischen Beziehungen lassen sich aber auf Punktvergleichung und Streckenvergleichung zurückführen. Wir sehen das an folgenden Beispielen: die Ebene ist der geometrische Ort aller Punkte, die von zwei Punkten gleichen Abstand haben. Die Gerade ist der Ort aller Punkte einer Ebene, die von zwei Punkten der Ebene gleichen Abstand

haben. Wir sind von der Anordnung der Punkte auf einer Geraden
bei der Grundlegung ausgegangen und können jetzt durch die Koordinatendarstellung die Anordnung der Punkte auf einer beliebigen Geraden durch algebraische Beziehungen ausdrücken. Prinzipiell ist aber
zu bemerken, daß die Anordnung der Punkte auf einer Geraden allein
auch mit Hilfe des Begriffes des Abstandes möglich ist, etwa durch
die Feststellung, daß ein Punkt Q auf der Strecke $P_1 P_2$ dann und nur
dann liegt, wenn die Abstände QP_1 und QP_2 beide kleiner sind als der
Abstand $P_1 P_2$. — Ziehen wir durch die Ecke A eines Dreiecks ABC eine
Gerade, die BC in D trifft, dann ist jeder Punkt der Strecke AD ein
innerer Punkt des Dreiecks ABC. Damit ist auch die Anordnung der
Punkte einer Ebene in bezug auf ein Dreieck oder in bezug auf eine beliebige konvexe Kurve festgelegt. Endlich sind die Bewegungen dadurch charakterisiert, daß sie längentreue Abbildungen der Ebene resp.
des Raumes auf sich sind. Um den rein algebraischen Charakter dieser
Abbildungen reiner zum Ausdruck zu bringen, schreiben wir ihre Darstellung wie folgt ohne Benutzung der trigonometrischen Funktionen

$$x' = \frac{a^2 - b^2}{a^2 + b^2} x + \frac{2ab}{a^2 + b^2} y,$$

$$y' = -\frac{2ab}{a^2 + b^2} x + \frac{a^2 + b^2}{a^2 + b^2} y.$$

Diese Formeln stehen im engsten Zusammenhang 1. mit der uralten
Darstellung der Zahl 1 als Summe der Quadrate von zwei rationalen
Zahlen, 2. mit der besonders in der Integralrechnung wichtigen Darstellung der Kreiskoordinaten durch rationale Funktionen eines Parameters, 3. mit den Additionstheorien der trigonometrischen Funktionen
und 4. mit den für die Funktionentheorie grundlegenden Differential-
gleichungen der konformen Abbildung.

Die in den Formeln vermiedenen trigonometrischen Funktionen
benutzen den Begriff der Bogenlänge des Kreises, der ebenso wie der
allgemeine Integralbegriff nicht in den Rahmen der gewöhnlichen,
(algebraischen) analytischen Geometrie gehört. Dagegen ist der Begriff
der Tangente, des Krümmungskreises, überhaupt die Theorie der Berührung zweier Kurven durchaus algebraisch darstellbar; die Tangente
an eine Kurve läßt sich einfach so definieren: eine Gerade g berührt
eine Kurve in einem Punkt P, wenn in der allgemeinen Gleichung für
die Schnittpunkte S von Geraden durch P mit der Kurve C für die
spezielle Wahl der Geraden g die Lösung $S = P$ eine mehrfache Wurzel
darstellt. Ganz analog ist die Definition für den Krümmungskreis und
andere mehrfach berührende Kurven. Wie man sieht, ist diese Definition
ohne Grenzprozeß gegeben, sie stammt im wesentlichen von Fermat.
Wie in der Algebra gelehrt wird, erfolgt die Feststellung einer Doppelwurzel mit Hilfe des rationalen „Euklidischen Algorithmus". Mit Hilfe
der Krümmung der Kurven, in denen die Ebenen durch einen Punkt P

einer Fläche F diese Fläche schneiden, charakterisiert man die Krümmung von F im Punkte P. Die Untersuchung der Krümmung einer Fläche gehört also prinzipiell auch noch zur algebraischen Geometrie. Sie wird aber in dem gewöhnlichen Lehrgang der analytischen Geometrie nicht behandelt, weil hier die Methoden der Differentialrechnung von größter Bedeutung sind.

Jetzt wollen wir unser geometrisches Reich ein letztes Mal erweitern, um für die Anwendung der Algebra völlige Freiheit zu haben. Wir führen die komplexen Punkte ein. Unsere Aussagen verlieren dadurch an Einfachheit. Denn unter den Punkten einer Geraden verstehen wir „anschaulich" die Gesamtheit ihrer *reellen* Punkte. Zwar ist unsere Anschauung nicht wirklich imstande, den etwas ungeheuerlichen Begriff des linearen Kontinuums — der Gesamtheit aller reellen Zahlen — zu fassen. Aber die visuelle Anschauung geht von dem System der Punkte mit ganzzahligen Koordinaten aus, die sich nur im Unendlichen etwas im Nebel verlieren, interpoliert leicht dazwischen die rationalen Punkte, jedenfalls die mit niedrigem Nenner, und „denkt" sich dazwischen alle Punkte, d. h. sieht eine leicht struktuierte, „granulierte" Strecke. Aber diese reelle Gerade hat anschaulich nichts zu tun mit einem zweidimensionalen reellen Träger aller komplexen Zahlen, etwa der gewöhnlichen Gaußschen komplexen Ebene. Wollen wir dann weiter die komplexen Punkte der Ebene zur Anschauung bringen, so müssen wir versuchen, vierdimensionale Gebilde im drei- oder zweidimensionalen Raum durch Gebilde zu repräsentieren, die natürlich mit der Ebene selbst gar keine Ähnlichkeit mehr haben können. Einzelne komplexe Punkte werden gerne durch kleine Kreise, einzelne komplexe Geraden durch punktierte Geraden in den sonst nur reelle Elemente enthaltenden Figuren gezeichnet, um ihr unreales Wesen anzudeuten.

Durch die Betrachtung komplexer Elemente können aber viele durchaus reelle Verhältnisse erst einfach und systematisch dargestellt werden. Schon die bei der Multiplikation mit negativen Zahlen etwas abrupt eingeführte Klappung und Dehnung wird im Komplexen natürlich eingebettet in das System der Drehstreckungen. Das wichtigste Beispiel ist die Erkenntnis von der Bedeutung des Paares der imaginären Kreispunkte und des imaginären Kugelkreises für die Metrik.

III. Lineare Algebra in organischer Verbindung mit der Geometrie.

§ 1. Gruppen von Transformationen.

Obwohl der Gruppenbegriff in unseren Auseinandersetzungen nicht die erste Rolle spielt, ist er zur Vereinfachung vielfach wichtig.

1. *Definition:* Wird einem n-Tupel von Zahlen $(x_1, x_2, \ldots, x_n)$ (d. i. geometrisch einem Punkt des n-dimensionalen Raumes oder

irgendeinem anderen Gebilde, das durch n Stücke bestimmt ist) ein anderes n-Tupel $(x'_1, x'_2, \ldots, x'_n)$ (d. i. geometrisch wieder ein Punkt oder ein anderes Gebilde) *eindeutig* zugeordnet durch die Beziehung

$$x'_i = t_i(x_1 \ldots x_n) \equiv t_i(x_k), \quad (i = 1, \ldots n)$$

wo die t_i eindeutige Funktionen der Argumente sind, so nennen wir diese Zuordnung eine *Transformation*. Im folgenden kommen fast ausschließlich nur solche Transformationen vor, in denen die t_i lineare, ganze oder gebrochene Ausdrücke in den x_k sind. Die n-Tupeln (x_k) können alle n-Tupel von reellen und imaginären oder nur von allen reellen Zahlen bedeuten oder sind gewissen anderen Beschränkungen unterworfen.

Eine Gesamtheit von Transformationen von n-Tupeln, denen in bezug auf x und x' gleiche Beschränkungen auferlegt sind, bildet eine *Gruppe*, wenn folgende Bedingungen erfüllt sind: 1. gehören

$$x'_i = t_i(x_k) \quad \text{und} \quad x'_i = u_i x_k)$$

zu der Gesamtheit, dann gehört auch die aus ihnen *zusammengesetzte* Transformation $\quad x'_i = t_i(u_1(x_k) \ldots u_n(x_k)) = t_i(u_k(x_l))$

zu der Gesamtheit; 2. mit jeder Transformation

$$x'_i = t_i(x_k)$$

gehört eine zweite, zu ihr *reziproke* Transformation

$$x'_i = \bar{t}_i(x_k)$$

zu der Gesamtheit von der Art, daß für jedes in Betracht kommende n-Tupel (x)

$$x_i = \bar{t}_i(t_k(x_l))$$

ist.

Wir bezeichnen die Transformation

$$x'_i = t_i(x_k)$$

mit dem Symbol T, die Transformation

$$x'_i = u_i(x_k)$$

mit dem Symbol U, die zusammengesetzte Transformation

$$x'_i = t_i(u_k(x_l))$$

mit dem Symbol TU. Die Transformation TU entsteht, indem man zunächst die Transformation U auf x_i anwendet, dann auf die neuen Zahlen die Transformation T anwendet. Die zu der Transformation T reziproke Transformation bezeichnen wir mit T^{-1}, endlich die „Ruhe"

$$x'_i = x_i$$

mit E. Nach unserer Definition haben wir

$$T^{-1}T = E,$$

ferner

$$TE = ET = T.$$

Wegen dieser Beziehung nennen wir E die Einheitstransformation oder auch das Einheitselement der Gruppe. Aus unserer Voraussetzung folgt also, daß in jeder Gruppe das Einheitselement vorhanden ist. Ferner folgt aus dem Vorhandensein der reziproken Transformation auch, daß jede Transformation unserer Gruppe *eineindeutig* ist. Denn gehörte zu den beiden verschiedenen n-Tupeln (Punkten) P_1 und P_2 vermöge T *ein* Punkt P', dann könnte dieser durch T^{-1} wegen der vorausgesetzten Eindeutigkeit aller Transformationen höchstens in einen der Punkte P_1 oder P_2 übergehen. Es wäre also für eins der beiden n-Tupel sicher *nicht* die Beziehung

$$x_i = \bar{t}_i\left(t_k(x_l)\right)$$

erfüllt. Nun folgt sofort, daß auch

$$T T^{-1} = E$$

ist.

Bei der Verknüpfung von mehr als 2 Symbolen müssen wir zunächst von dem Klammersymbol Gebrauch machen und unterscheiden zwischen

und
$$S_1 = (T_3 T_2) T_1$$
$$S_2 = T_3 (T_2 T_1).$$

Es bedeutet also S_1 diejenige Transformation, die entsteht, wenn man zuerst die Transformation T_1 ausübt, dann die Transformation

$$U_2 = T_3 T_2.$$

S_2 dagegen bedeutet die Transformation, die entsteht, wenn man erst die Transformation

$$U_1 = T_2 T_1$$

anwendet und dann die Transformation T_3. Aus der Definition der Transformation folgt unmittelbar, daß die Unterscheidung überflüssig ist: für *Zusammensetzung* von Transformationen gilt ohne weiteres das *assoziative Gesetz*; dagegen gilt im allgemeinen nicht das kommutative Gesetz (s. Beispiel 1). Gruppen bezeichnen wir mit den Buchstaben G oder Γ usw.; die einzelnen zur Gruppe gehörenden Transformationen nennen wir *Elemente* der Gruppe. Wir bezeichnen mit T^2, T^3, T^4 usw. die Transformation TT, TTT, $TTTT$ usw.

Beispiele. 1. Beispiel für die Zusammensetzung von Transformationen.

$$T_1: x_1' = x_1^2 + x_2^2 \qquad T_2: x_1' = x_1 + x_2$$
$$\qquad x_2' = x_1 \qquad\qquad\qquad x_2' = x_1^2 + x_2^2.$$

$$T_1^2: x_1' = x_1^4 + 2x_1^2 x_2^2 + x_2^4 + x_1^2$$
$$\qquad x_2' = x_1^2 + x_2^2$$

$$T_1 T_2: x_1' = x_1^4 + 2x_2^2 x_1^2 + x_2^4 + x_1^2 + 2x_1 x_2 + x_2^2$$
$$\qquad x_2' = x_1 + x_2.$$

$$T_2 T_1: x_1' = x_1^2 + x_2^2 + x_1$$
$$\qquad x_2' = x_1^4 + 2x_2^2 x_1^2 + x_2^4 + x_1^2.$$

2. Beispiel für eine Gruppe von Transformationen. Die Transformationen $T : x' = x^r$, wo r eine beliebige positive oder negative rationale Zahl $\neq 0$ ist, bilden eine Gruppe für den Bereich der positiven endlichen Zahlen x. T^{-1} ist die Transformation

$$x' = x^{\frac{1}{r}}.$$

Hier ist $T_1 T_2 = T_2 T_1$.

3. Die linearen Transformationen

$$x' = \frac{\alpha x + \beta}{\gamma x + \delta}, \qquad \alpha \delta - \beta \gamma \neq 0$$

bilden eine Gruppe für den Bereich aller endlichen Zahlen zusammen mit der uneigentlichen Zahl unendlich.

2. Zwei Gruppen sind *isomorph* miteinander, wenn der Transformation T_i der einen Gruppe eine bestimmte Transformation T_i' der anderen Gruppe so zugeordnet werden kann, daß dabei der Transformation $T_i T_k$ die Transformation $T_i' T_k'$ entspricht. Die Zuordnung selbst nennen wir eine isomorphe Abbildung der ersten Gruppe auf die zweite. Wir betrachten den speziellen Fall, daß die Zuordnung ein-eindeutig ist, daß also jeder T_i' *ein* T_i entspricht. Dann nennen wir die Gruppen *einstufig isomorph* oder von demselben Typus. Z. B. ist die Gruppe 2. der obigen Beispiele einstufig isomorph mit der Gruppe der Dehnungen

$$x' = r x , \qquad (r \text{ rationale Zahl} \neq 0)$$

für den Bereich aller endlichen (oder auch bloß aller rationalen) Zahlen.

Von besonderer Wichtigkeit sind die einstufig isomorphen Abbildungen einer Gruppe auf sich. Auch abgesehen von der trivialen Abbildung $T_i = T_i$ existieren solche Abbildungen stets, mit Ausnahme von den allereinfachsten Fällen. Bei der *Gruppe der Schiebungen* $x' = x + r$ ist eine solche Abbildung gegeben durch die Zuordnung

$$T : x' = x + r , \qquad T' : x' = x + \varrho r ,$$

wo ϱ eine feste Zahl $\neq 0$ ist. In der Tat entspricht dabei

$$T_2 T_1 : \quad x' = x + r_1 + r_2$$

der Transformation

$$x' = x + \varrho (r_1 + r_2) = x + \varrho r_1 + \varrho r_2 ,$$

das ist $T_2' T_1'$. Es ist hier also

$$(T_2 T_1)' = T_2' T_1' ,$$

womit die Bedingung für eine isomorphe Abbildung erfüllt ist. *Allgemein* findet man für Gruppen, in denen *nicht* $T_2 T_1 = T_1 T_2$ ist, dadurch eine nicht triviale einstufig isomorphe Abbildung der Gruppen auf sich, daß man T *die Transformation* $U^{-1} T U$ *zuordnet*, wo U eine feste, auch zur Gruppe gehörende Transformation ist. In der Tat ist

$$T_2' T_1' = U^{-1} T_2 U U^{-1} T_1 U = U^{-1} T_2 T_1 U = (T_2 T_1)'.$$

$U^{-1}TU$ heißt *die mit U transformierte Transformation T*. Diese zunächst etwas unbequem scheinende Beziehungsweise rechtfertigt sich folgendermaßen: Sei T die Transformation

$$x'_i = t_i(x_k),$$

U die Transformation

$$x'_i = u_i(x_k),$$

U^{-1} die Transformation

$$x'_i = \bar{u}_i(x_k),$$

dann folgt aus

$$u_i(x'_i) = t_i(u_k(x_l))$$

die Beziehung

$$x'_i = \bar{u}_i(t_k(u_l(x_m))),$$

d. i. in der letzten Beziehung geht $(x'_1 \ldots x'_n)$ aus $(x_1 \ldots x_n)$ durch die Transformation $U^{-1}TU$ hervor. Übt man also auf x_i und x'_i dieselbe Transformation U aus, dann ist die neue Beziehung zwischen x_i und x'_i durch die Transformation $U^{-1}TU$ gegeben, daher heißt diese letzte Transformation die durch U transformierte T. Wir können geometrisch die Transformation mit U auch so erzeugen, daß wir das Koordinatensystem durch U abändern und in dem abgeänderten Koordinatensystem die Transformation T darstellen.

Sind die Elemente der Gruppe G_1 sämtlich Elemente der Gruppe G, dann heißt G_1 *Untergruppe von G*. Durch Transformation mit dem Element U aus G wird G_1 einstufig isomorph auf eine andere Untergruppe von G oder auf sich selbst abgebildet. Geht G_1 bei der Transformation ihrer Elemente mit irgendeinem Element von G stets in sich über, dann heißt G_1 *invariante Untergruppe von G*.

Beispiele. Alle Transformationen U

$$x' = ax + b, \quad a \neq 0$$

bilden eine Gruppe, in der die Transformationen T

$$x' = x + c$$

eine Untergruppe bilden. Die zu

$$x' = ax + b$$

reziproke Transformation ist

$$x' = \frac{x}{a} - \frac{b}{a}.$$

Wir bilden $U^{-1}TU$: nacheinander wird x transformiert in

$$ax + b, \quad ax + b + c, \quad \frac{ax + b + c}{a} - \frac{b}{a} = x + \frac{c}{a}.$$

Dasselbe Resultat erhalten wir, indem wir bei der Transformation T x und x' durch $ax + b$ resp. $ax' + b$ ersetzen. Die mit U transformierte Transformation T ist also

$$x' = x + \frac{c}{a}.$$

Also bilden alle Transformationen T eine invariante Untergruppe in der Gruppe aller Transformationen U. Eine andere Untergruppe dieser Gruppe wird gebildet durch die Transformation S

$$x' = c x.$$

Wir bilden wieder $U^{-1}SU$ und erhalten aus

$$a x' + b = c (a x + b),$$

$$x' = c x + \frac{c b - b}{a}.$$

Die Untergruppe S ist also keine invariante Untergruppe.

Falls je *zwei Elemente* T_1 und T_2 einer Gruppe *vertauschbar* sind, d. i. falls stets

$$T_1 T_2 = T_2 T_1 \quad \text{oder} \quad T_1^{-1} T_2 T_1 = T_2 \quad \text{und} \quad T_2^{-1} T_1 T_2 = T_1$$

ist, dann nennt man die Gruppe *Abelsch*. Sowohl die Gruppe der Transformationen

$$x' = x + c$$

wie die der Transformationen

$$x' = c x$$

bilden je eine Abelsche Gruppe, jedoch nicht die Gesamtheit der Transformationen

$$x' = a x + b.$$

3. Eine invariante Untergruppe einer Gruppe von Transformationen gibt Anlaß zu einer merkwürdigen und wichtigen neuen Gruppenbildung. Es seien die Elemente der Untergruppe durch T, T_i, . . ., $\bar{T}$ usw. bezeichnet, die Elemente der ganzen Gruppe mit U, U_i, U_i' usw. Dann wollen wir zwei Elemente U_1 und U_2 als *äquivalent in bezug auf die Untergruppe der T* bezeichnen, falls

$$U_2 = T U_1$$

ist. Nach Voraussetzung ist

$$U_1^{-1} T U_1 = \bar{T}, \qquad T = U_1 \bar{T} U_1^{-1}.$$

Also ist auch

$$U_2 = U_1 \bar{T} U_1^{-1} U_1 = U_1 \bar{T}.$$

Alle Elemente T sind mit dem Einheitselement E äquivalent. Es ist ferner, wenn

$$U_2 = U_1 T$$

$$U_2' = U_1' T'$$

ist,

$$U_2 U_2' = U_1 T U_1' T' = U_1 U_1' U_1'^{-1} T U_1' T'.$$

Es ist aber nach Voraussetzung

$$U_1'^{-1} T U_1' = \bar{\bar{T}},$$

also

$$U_2 U_2' = U_1 U_1' \bar{\bar{T}} T' = U_1 U_1' T''.$$

Sind also U_1 und U_1' resp. mit U_2 und U_1' äquivalent, dann sind auch die zusammengesetzten Transformationen $U_1 U_2'$ und $U_2 U_2'$ äquivalent.

Die Systeme einander äquivalenter Transformationen bilden eine Gruppe von Systemen von Transformationen, wenn die Verknüpfung der Systeme einfach durch Zusammensetzung einer Transformation des einen Systems mit irgendeiner Transformation des anderen Systems und Bildung des zu der entstehenden Transformation gehörigen neuen Systems erfolgt. Das Einheitselement dieser Gruppe wird gebildet durch alle Transformationen T der invarianten Untergruppe. Diese Gruppe heißt die zu der invarianten Untergruppe gehörige *Faktorgruppe*.

Beispiele. $\quad U: x' = ax + b, \quad T: x' = x + b$.

U_1 und U_2 sind äquivalent in bezug auf die Gruppe der T, falls $a_1 = a_2$ ist. Geometrisch: alle Dehnungen mit derselben Dehnungsgröße a von einem beliebigen Punkt aus sind äquivalent in bezug auf die Untergruppe der Schiebungen. Die Faktorgruppe ist isomorph mit der Gruppe der Dehnungen vom Nullpunkt aus.

4. Man kann Transformationen noch auf eine andere Weise mit einander verknüpfen als durch Zusammensetzung.

Es sei T

und U

$$x_i' = t_i(x_k)$$

$$x_i' = u_i(x_k),$$

dann bilden wir daraus die Transformation $S = T \otimes U$ durch die Beziehung:

$$x_i' = f_i(t_1(x_1, \ldots x_n), \ldots t_n(x_1, \ldots x_n); \ u_1(x_1, \ldots x_n); \ \ldots u_n(x_1, \ldots x_n))$$
$$= f_i(t_k(x_l), \ u_k(x_l)).$$

Hierbei sind die f_i *feste Funktionen*, im Gegensatz zu den t_k und u_k, die im allgemeinen für jede Transformation verschieden sind. Die neue Gruppenbildung unterscheidet sich ganz wesentlich von der früheren. Zunächst müssen wir das Einheitselement E definieren durch die Eigenschaft

$$E \otimes T = T \otimes E = T.$$

E wird im allgemeinen durchaus nicht die Transformation

$$x_i' = x_i$$

sein. Man wird im allgemeinen wohl verlangen, daß es nur ein solches Element E gibt. Ferner müssen wir, um rechnen zu können, fordern, daß es zu jedem T ein U gibt, so daß

$$T \otimes U = E$$

wird, und man wird im allgemeinen verlangen, daß dieses U auch die Beziehung

$$U \otimes T = E$$

befriedigt. Die Transformationen brauchen dazu im allgemeinen *nicht* eineindeutig, d. i. umkehrbar zu sein. Endlich müssen wir, weil diese Verknüpfung keiner Zusammensetzung von Transformationen entspricht, das assoziative Gesetz ausdrücklich als erfüllt nachweisen oder wenigstens die Umwandlung von $T \otimes (U \otimes S)$ in $(T \otimes U) \otimes S$ kennen. Wenn das assoziative Gesetz und auch die oben ausgesprochenen Voraussetzungen über E erfüllt sind, nennen wir die Gesamtheit der Transformationen, aus der man durch die Verknüpfung $\otimes$ nicht herauskommt, eine *Gruppe von Transformationen mit* $\otimes$ oder genauer mit f_i *als Verknüpfung.*

Die geometrische Bedeutung der Verknüpfung ist folgende: geht bei der Transformation T der Punkt P in P' über, bei der Transformation U der Punkt P' in P'', dann geht bei der Transformation $T \otimes U$ P in P''' über, wo P''' durch eine eindeutige Konstruktion aus P' und P'' gewonnen wird.

Eine merkwürdige Beziehung besteht zwischen der Verknüpfung durch Zusammensetzung und der Verknüpfung $\otimes$. Es sei

$$T: x_i' = t_i(x_k) \qquad U: x_i' = u_i(x_k) \qquad S: x_i' = s_i(x_k).$$

Dann ist

$$(T \otimes U) S: x_i' = f_i(t_k(s_l(x_m)), u_k(s_l(x_m))).$$

Die Transformationen

$$x_i' = t_i(s_k(x_l)) \quad \text{resp.} \quad x_i' = u_i(s_k(x_l))$$

sind aber TS resp. US. Also ist

$$(T \otimes U) S = TS \otimes US.$$

Zwischen Verknüpfung durch Zusammensetzung und der Verknüpfung $\otimes$ besteht das erste distributive Gesetz.

Das Bestehen des ersten distributiven Gesetzes können wir auch so ausdrücken: *Die Zusammensetzung TS einer beliebig festen Transformation S mit allen Transformationen T bildet die Gruppe mit der Verknüpfung $\otimes$ isomorph auf sich ab.*

Das zweite distributive Gesetz gilt nur dann, wenn auch die Zusammensetzung ST, wo S feste Transformation ist, eine isomorphe Abbildung der Gruppe mit der Verknüpfung $\otimes$ bewirkt.

Beispiele.

(1)
$$T: x' = a_1 x + b_1,$$
$$U: x' = a_2 x + b_2,$$
$$T \otimes U: x' = (a_1 x + b_1) + (a_2 x + b_2).$$

Die Transformationen T für beliebige a_1 und b_1 bilden bei dieser Verknüpfung eine Gruppe. In der Tat: das Einheitselement E ist die Transformation $x' = 0$, also eine nicht umkehrbare Transformation.

Die zu T reziproke Transformation ist

$$x' = -a_1 x - b_1.$$

Das assoziative Gesetz ist erfüllt. Sei ferner S:

$$x' = a_3 x + b_3,$$

dann ist

$$S(T \otimes U) \cdot x' = a_3(a_1 + a_2) x + a_3(b_1 + b_2) + b_3,$$
$$ST \otimes SU: x' = a_3(a_1 + a_2) x + a_3(b_1 + b_2) + b_3.$$

Das zweite distributive Gesetz ist also *nicht* befriedigt. Dagegen bestätigt man leicht die Gültigkeit des ersten distributiven Gesetzes.

(2) $T: x' = a_1 x$, $T \otimes U: x' = a_1 x + 2 a_2 x$,

$U: x' = a_2 x$,

$S: x' = a_3 x$.

Nun ist $S \otimes (T \otimes U)$ verschieden von $(S \otimes T) \otimes U$. Das assoziative Gesetz gilt also nicht. Es gibt ferner keine Transformation E, so daß

$$E \otimes T = T$$

ist, unabhängig von T, wohl aber ein E (nämlich $x = 0$), für das

$$T \otimes E = T$$

ist.

(3) $T: x' = g_1(x)$, $T \otimes U: x' = g_1(x) + g_1(x) g_2(x) + g_2(x)$,

$U: x' = g_2(x)$.

wo die $g_i(x)$ Polynome in x bedeuten sollen. Dann ist $x' = 0$ das Einheitselement E. Auch das assoziative Gesetz ist erfüllt. Dagegen gibt es im allgemeinen zu T kein Element U. so daß $T \otimes U$ das Einheitselement wird. Das wird erst der Fall sein, wenn man $g_i(x)$ als allgemeine rationale Funktion deutet.

§ 2. Lineare Transformationen und quadratische Matrizen.

1. Wir betrachten die allgemeinste lineare homogene Transformation:

$$T: \quad \begin{matrix} x_1' = l_1(x_1, x_2, \ldots x_n) \equiv \sum_{k=1}^{k=n} a_{1k} x_k \\ \vdots \qquad \vdots \qquad \vdots \\ x_n' = l_n(x_1, x_2, \ldots x_n) \equiv \sum_{k=1}^{k=n} a_{nk} x_k. \end{matrix}$$

Sie ist eindeutig definiert durch das Koeffizientensystem a_{ik}, das wir uns entsprechend der Transformationsformel in einer quadratischen Figur angeordnet denken, in der die erste Reihe die Koeffizienten von l_1, die zweite Reihe die Koeffizienten von l_2 usw. enthält, die erste Kolonne die Koeffizienten von x_1 usw., die n^{te} Kolonne die Koeffizienten von x_n. Dieses Schema, das

$$\begin{pmatrix} a_{11} a_{12} \cdots a_{1n} \\ a_{21} a_{22} \cdots a_{2n} \\ \vdots \; \vdots \qquad \vdots \\ a_{n1} a_{n2} \cdots a_{nn} \end{pmatrix} \quad \text{oder} \quad \begin{Vmatrix} a_{11} a_{12} \cdots a_{1n} \\ a_{21} a_{22} \cdots a_{2n} \\ \vdots \; \vdots \qquad \vdots \\ a_{n1} a_{n2} \cdots a_{nn} \end{Vmatrix}$$

geschrieben wird, nennen wir (quadratische) *Matrix* und bezeichnen es mit großen deutschen Buchstaben, etwa $\mathfrak{T}$.

2. Wir wollen die Matrix der aus zwei linearen Transformationen T und U zusammengesetzten Transformation aufstellen. Die Matrix von T sei $\mathfrak{T}$ mit den Koeffizienten a_{ik}, die Matrix von U sei $\mathfrak{U}$ mit

den Koeffizienten b_{ik}, die Matrix von $TU = S$ sei $\mathfrak{S}$ mit den Koeffi-

zienten c_{ik}. Es geht x_i durch T über in $\sum\limits_{k=1}^{k=n} a_{ik}x_k$, also durch TU über in

$$\sum_{k=1}^{k=n} a_{ik}\sum_{l=1}^{l=n} b_{kl}x_l = \sum_{l=1}^{l=n} c_{il}x_l.$$

Also ist
$$c_{il} = \sum_{k=1}^{k=n} a_{ik}b_{kl};$$

das Glied der Matrix $\mathfrak{S}$, das in der i^{ten} Reihe und l^{ten} Kolonne steht, wird dadurch erhalten, daß man die i^{te} Reihe von $\mathfrak{T}$ mit der l^{ten} Kolonne von $\mathfrak{U}$ gliedweise, nämlich das erste Glied mit dem ersten, das zweite mit dem zweiten usw. multipliziert und die so entstandenen Größen addiert. Wir nennen die Matrix $\mathfrak{S}$ das Produkt der Matrizen $\mathfrak{T}$ und $\mathfrak{U}$ und schreiben
$$\mathfrak{S} = \mathfrak{T}\mathfrak{U}.$$

Da für die Zusammensetzung der Transformationen ganz allgemein das assoziative Gesetz gilt, da ferner die Matrizen und linearen homogenen Transformationen eineindeutig einander zugeordnet sind (Nr. 1), so *gilt auch für die Multiplikation der Matrizen das assoziative Gesetz.*

3. Die der Einheitstransformation $E : x' = x$ entsprechende Matrix $(a_{ii} = 1, \ a_{ik} = 0$ für $i \neq k)$, nennen wir die Einheitsmatrix $\mathfrak{E}$. *Die Gesamtheit der umkehrbaren linearen homogenen Transformationen bildet eine Transformationsgruppe.* Das Kriterium für die Umkehrbarkeit werden wir im nächsten Paragraphen kennenlernen. Jedenfalls gibt es von E verschiedene umkehrbare lineare Transformationen, z. B.
$$x_i' = d_i x_i, \qquad d_i \neq 0.$$

Die geometrische Bedeutung unserer Gruppe ist leicht zu erkennen. Für $n = 2$ ist sie z. B. die Gesamtheit aller ebenen Affinitäten — d. i. projektiver Transformationen, die die unendlich ferne Gerade in sich überführen — mit dem Punkt $(0, 0)$ als Fixpunkt. Für allgemeines n hat man nur an die Stelle der unendlich fernen Geraden das unendlich ferne (lineare) Gebilde von $n - 1$ Dimensionen zu setzen.

4. Wir können leicht eine invariante Untergruppe unserer Gruppe angeben, nämlich die *Ähnlichkeitstransformationen* mit dem Anfangspunkt als Fixpunkt
$$A : \ x_i' = \sigma x_i, \qquad \sigma \neq 0.$$

In der Tat, ersetzen wir in der allgemeinen Formel der linearen Transformation T die abhängigen und unabhängigen Variabeln durch die mit σ multiplizierten Werte, so ergibt sich nach Division durch σ wieder die ursprüngliche Transformation T. Es ist also
$$A^{-1}TA = T$$
oder
$$A = T^{-1}AT.$$

Durch Transformation mit der allgemeinen Transformation T geht also A in sich selbst über, also auch die Gruppe der A in sich. Also bilden die A *eine invariante Untergruppe.* Ist $\mathfrak{A}$ die zu A gehörende Matrix, so wollen wir die Matrix $\mathfrak{A}\mathfrak{T} = \mathfrak{T}\mathfrak{A}$ kurz mit $\sigma\mathfrak{T}$ bezeichnen. $\sigma\mathfrak{T}$ entsteht aus $\mathfrak{T}$, indem jeder Koeffizient von $\mathfrak{T}$ mit σ multipliziert wird. $\mathfrak{A}$ ist gleich $\sigma\mathfrak{E}$.

Wir wollen jetzt die zu dieser invarianten Untergruppe gehörende *Faktorgruppe* darstellen. Ein System von äquivalenten Transformationen bilden alle Transformationen

$$x_i' = \sum \sigma a_{ik} x_k$$

mit beliebigem σ, oder wenn wir $1/\sigma$ mit ϱ bezeichnen

$$\varrho x_i' = \sum a_{ik} x_k,$$

wo ϱ eine beliebige, von Null verschiedene Zahl bedeutet. Alle diese Transformationen mit beliebigen ϱ und festen a_{ik} bilden *ein* Element der Faktorgruppe. Diese Beziehungen haben nun eine sehr einfache und naheliegende Bedeutung: durch sie werden nicht die x_i' selbst durch die x_i erhalten, sondern die Verhältnisse der x_i' aus den Verhältnissen der x_i. Denn durch Elimination von ϱ entstehen ja aus ihnen die Proportionen

$$x_i' : x_l' = \sum a_{ik} x_k : \sum a_{lk} x_k.$$

Alle Punkte mit gleichen Koordinatenverhältnissen liegen auf einer Geraden durch den Anfangspunkt O, und so wird durch diese Beziehung die Gesamtheit der Geraden durch O auf sich (projektiv) abgebildet. Diese Beziehung stellt auch die allgemeinste solche projektive Abbildung dar:

Die Gruppe der projektiven Transformationen der Geraden durch O ist eine Faktorgruppe der Gruppe der Affinitäten mit O als Fixpunkt.

Die Gruppe der projektiven Transformationen der Geraden durch O im n-dimensionalen Raum erzeugt aber durch Projektion (z B. durch Schnitt mit einem nicht durch O gehenden $n-1$-dimensionalen Raum) die Gruppe der projektiven Transformation des R_{n-1}. Wir können deswegen unsere Aussage auch so formulieren: *Die Gruppe der projektiven Transformationen des R_{n-1} ist isomorph mit der Faktorgruppe der Affinitäten des R_n mit O als Fixpunkt, wenn als invariante Untergruppe die Gruppe der Ähnlichkeitstransformationen mit O als Fixpunkt genommen wird.*

5. Wir können die linearen Transformationen noch auf eine andere Weise verknüpfen. Sei wieder

$$T: \quad x_i' = l_i(x_k) \equiv \sum a_{ik} x_k, \qquad U: \quad x_i' = l_i'(x_k) \equiv \sum b_{ik} x_k,$$

dann bilden wir aus T und U die Transformation

$$V: \quad x_i' = l_i(x_k) + l_i'(x_k) = \sum (a_{ik} + b_{ik}) x_k.$$

Diese Verknüpfung ist von der Form der in § 1, 4 dargestellten. Sie hat eine sehr einfache geometrische Bedeutung: Geht P durch T in

P', durch U in P'' über, dann geht P durch V in P''' über, wo der Punkt P''' aus OP' und OP'' durch Parallelogrammkonstruktion erhalten wird. Wir schreiben

$$V = T + U = U + T$$

und entsprechend für die Matrizen

$$\mathfrak{V} = \mathfrak{T} + \mathfrak{U} = \mathfrak{U} + \mathfrak{T} .$$

Die (Affinitäten) *linearen Transformationen bilden bei dieser Verknüpfung* (der Addition) *eine Gruppe, wenn wir alle Transformationen, auch die nicht umkehrbaren, zu der Gesamtheit hinzunehmen.* Die Transformation $x_i' = 0$ ist für diese Verknüpfung die Einheit. Die Verknüpfung von T mit

$$\overline{T} \colon x_i' = \sum - a_{ik} x_k$$

liefert die Einheit.

Wenn wir T und U *zusammensetzen* mit einer festen umkehrbaren linearen homogenen Transformation S, so geht T in ST, U in SU über. Nun geht aber ein Parallelogramm bei jeder Transformation S wieder in ein Parallelogramm über, das zu S eine Affinität ist. Folglich geht bei der Transformation S auch das Parallelogramm, das die Addition von T und U liefert, über in das Parallelogramm, das die Addition von ST und SU liefert. Bei der Zusammensetzung mit S geht also einerseits $T + U$ über in $S(T + U)$, andererseits in $ST + SU$. Diese Tatsache können wir so aussprechen: *Durch die Zusammensetzung mit irgendeiner umkehrbaren Transformation wird die Gruppe der Transformation mit der Addition als Verknüpfung isomorph auf sich abgebildet; für die Verknüpfung durch Addition und die Verknüpfung durch Zusammensetzung gelten die beiden distributiven Gesetze.* (Das eine der beiden distributiven Gesetze gilt stets, s. § 1, 4.)

Für den *Matrizenkalkül* liefert dieser Satz die Regeln

$$(\mathfrak{T} + \mathfrak{U})\mathfrak{S} = \mathfrak{T}\mathfrak{S} + \mathfrak{U}\mathfrak{S}$$

$$\mathfrak{S}(\mathfrak{T} + \mathfrak{U}) = \mathfrak{S}\mathfrak{T} + \mathfrak{S}\mathfrak{U} .$$

Diese beiden Regeln lassen sich auch ganz einfach mit Hilfe der Formeln der Zusammensetzung direkt ableiten.

§ 3. Lineare Gleichungen, lineare Formen, Determinanten.

Wir haben jetzt die Frage zu beantworten, wann eine lineare Transformation umkehrbar ist. Das kommt aber darauf hinaus, zu entscheiden, wann das *System von n linearen Gleichungen*

$$x_i' = \sum_{k=1}^{n} a_{ik} x_k$$

die Größen x_i durch die Größen x_i' bestimmt, wann diese Gleichungen auflösbar sind. Durch Probieren für $n = 1$, 2 und 3 erkennt man leicht, daß diese Gleichungen immer dann lösbar sind, wenn ein gewisser Ausdruck in den a_{ik}, die *Determinante der* a_{ik}, von Null verschieden ist. Wir wollen zunächst diesen Ausdruck definieren und seine einfachsten Eigenschaften zusammenstellen. Diese Eigenschaften sind ohne weiteres nacheinander aus der Definition abzuleiten, so daß wir uns im wesentlichen mit einer aneinander reihenden Aufzählung begnügen können.

1. Definition: Unter der Determinante der Matrix $\mathfrak{T}$, in Zeichen $|\mathfrak{T}|$ oder $|a_{ik}|$ oder ausführlicher

$$\varDelta \equiv \begin{vmatrix} a_{11} & a_{12} & \ldots & a_{1n} \\ a_{21} & a_{22} & \ldots & a_{2n} \\ \vdots & \vdots & & \vdots \\ a_{n1} & a_{n2} & \ldots & a_{nn} \end{vmatrix}$$

verstehen wir
$$\sum \pm a_{1s_1} a_{2s_2} \ldots a_{ns_n},$$

die Summe erstreckt über alle möglichen Anordnungen $s_1, s_2, \ldots, s_n$ der n Zahlen $1, 2 \ldots n$; dabei soll das positive oder negative Vorzeichen für das einzelne Glied genommen werden, je nachdem die Anordnung $s_1, s_2, \ldots, s_n$ aus der natürlichen $1, 2, \ldots, n$ durch eine gerade oder ungerade Anzahl von Vertauschungen von je 2 Zahlen hervorgeht.

Bemerkung. Daß eine Anordnung $s_1, s_2, \ldots, s_n$ nicht durch eine gerade und gleichzeitig durch eine ungerade Anzahl von Vertauschungen von zwei Zahlen (Symbolen) aus der ursprünglichen entstehen kann, ist leicht einzusehen. Denn betrachte man bei einer Anordnung die Anzahl der „falschen" Stellungen, d. i. die Anzahl der Male, bei denen eine größere Zahl vor einer kleineren steht; die Anzahl ist bei der ursprünglichen Anordnung gleich Null und wird bei einer Vertauschung von zwei Zahlen stets um eine ungerade Anzahl geändert.

Die Determinante ist ein in jeder der Größen a_{ik} linearer Ausdruck.

2. a) Zu jeder Anordnung $s_1 \ldots s_n$ gibt es eine *reziproke*, nämlich die, bei der an der s_i^{ten} Stelle die Zahl i steht. Wenn eine Anordnung durch eine gerade Anzahl von Vertauschungen aus der ursprünglichen entsteht, dann auch die reziproke, und umgekehrt. Daraus folgt, daß der Wert der Determinante unverändert bleibt, wenn man das Schema der Determinante an der Hauptdiagonale — das ist die Linie der Glieder a_{ii} — spiegelt, d. h. die Reihen und Kolonnen miteinander vertauscht.

b) Vertauscht man zwei Reihen in dem Schema der Determinante, so bedeutet das, daß man als die anfängliche Reihenfolge eine andere als die ursprüngliche Reihenfolge der Indices annimmt, und zwar eine solche, die aus der ursprünglichen durch Vertauschung zweier Indices entsteht. Daraus folgt, daß durch diese Operation die Determinante mit -1 multipliziert wird. Aus a) folgt, daß auch durch die Vertauschung zweier Kolonnen die Determinante mit -1 multipliziert wird. Endlich folgt, daß, wenn zwei Reihen oder zwei Kolonnen gleich sind, die Determinante den Wert Null hat.

3. a) Wir wollen den Faktor von a_{11} in der Determinante $|a_{ik}|$ berechnen. Aus der Definition folgt, daß dieser Faktor $\sum \pm a_{2s_2} \ldots a_{ns_n}$

ist, wo die Summe erstreckt ist über alle Anordnungen $s_2 \ldots s_n$ der $n-1$
Ziffern $2 \ldots n$ und wo für das Vorzeichen die analoge Regel gilt wie
oben bei der Definition von $| a_{ik} |$ und den Anordnungen der n Ziffern
$1 \ldots n$. Der Faktor ist also die $n-1$ reihige Determinante

$$\left| a_{ik} \right| \quad \begin{matrix} i = 2, \ldots, n \\ k = 2, \ldots, n \,, \end{matrix}$$

die aus der ursprünglichen dadurch entsteht, daß die erste Reihe und
die erste Kolonne weggelassen werden. Durch Vertauschung der ersten
Kolonne mit der zweiten erhalten wir den Faktor von a_{12} als

$$\sum \mp a_{2 s_1} a_{3 s_3} \ldots a_{n s_n} = - \left| a_{ik} \right| \quad \begin{matrix} i = 2, 3 \ldots, n \\ k = 1, 3 \ldots, n \end{matrix}.$$

Der Faktor ist gleich der mit -1 multiplizierten $n-1$ reihigen Determinante, die aus der ursprünglichen entsteht, wenn die erste Reihe und
die zweite Kolonne weggelassen werden. Wir erhalten durch Fortsetzung
die Beziehung

$$\Delta \equiv | a_{ik} | = \sum_{k=1 \ldots n} a_{1k} \Delta_{1k} \,,$$

wo Δ_{1k} die *Unterdeterminante* des Gliedes a_{1k} heißt und gleich ist
der mit $(-1)^{k-1}$ multiplizierten $n-1$ reihigen Determinante, die aus
Δ durch Weglassung der ersten Reihe und der k^{ten} Kolonne entsteht. Mit
Hilfe von 2. a) und b) folgt hieraus, daß auch

$$\Delta = \sum_{k=1 \ldots n} a_{ik} \Delta_{ik} = \sum_{i=1 \ldots n} a_{ik} \Delta_{ik}$$

ist, wo Δ_{ik} die mit $(-1)^{k+i}$ multiplizierte $n-1$ reihige Determinante
ist, deren Matrix aus der von Δ durch Weglassung der i^{ten} Reihe und
k^{ten} Kolonne entsteht (*Entwicklungssatz*).

Hieraus und aus dem Satz am Ende von 2. b) folgt sofort, daß

$$0 = \sum_{i=1}^{i=n} a_{il} \Delta_{ik} \quad (l \neq k) \quad \text{und} \quad 0 = \sum_{k=1}^{k=n} a_{lk} \Delta_{ik} \quad (l \neq i)$$

ist, sowie ferner, daß eine Determinante unverändert bleibt, wenn man
eine Reihe (oder eine Kolonne) gliedweise mit derselben Zahl multipliziert zu einer anderen Reihe (oder einer anderen Kolonne) addiert. Diese
Eigenschaft ist besonders wichtig für die Ausrechnung der Determinante.

　　b) Verallgemeinerter Entwicklungssatz. Der Faktor von
$a_{11} a_{22}$ ist in $| a_{ik} |$

$$\left| a_{ik} \right| \quad \begin{matrix} i = 3 \ldots n \\ k = 3 \ldots n. \end{matrix}$$

Dieselbe $n-2$ reihige Determinante ist auch der Faktor von $-a_{12} a_{21}$.
Es tritt also in $| a_{ik} |$ die zweireihige Determinante $a_{11} a_{22} - a_{12} a_{21}$ auf
mit einer $n-2$ reihigen Determinante als Faktor, die aus $| a_{ik} |$ durch
Weglassung der ersten beiden Reihen und der ersten beiden Kolonnen
entsteht. Vermittelst des Vertauschungssatzes 2. b) können wir dies
Resultat auf alle ähnlichen zweireihigen Determinanten ausdehnen,
die aus zwei Kolonnen der ersten beiden Reihen bestehen. Wir erhalten

so die Determinante als Summe von Produkten je einer 2reihigen Determinante, gebildet aus 2 Kolonnen der ersten beiden Reihen und einer n — 2reihigen Determinante, gebildet aus den übrigen $n - 2$ Kolonnen der 3ten bis n^{ten} Reihe. Jedes dieser Produkte muß mit einem Vorzeichen versehen werden, das sich aus dem Vertauschungssatz ergibt. Ebenso können wir auch die Determinante darstellen als Summe von Produkten aller zweireihigen Determinanten, die aus irgendeinem Paar von Reihen zu bilden sind, mit den zugehörigen n — 2reihigen Determinanten aus den übrigen $n - 2$ Reihen, oder als Summe von Produkten aller dreireihigen Determinanten aus drei Reihen mit den zugehörigen n — 3reihigen Determinanten der übrigen $n - 3$ Reihen usw. Denn aus dem Glied $a_{11} \ldots a_{mm} a_{m+1\,m+1} \ldots a_{nn}$ entsteht durch Vertauschung der ersten m-Kolonnen untereinander nach der Definition der Determinante der Ausdruck

$$\begin{vmatrix} a_{11} & a_{12} & \cdots & a_{1m} \\ \vdots & \vdots & & \vdots \\ a_{m1} & a_{m2} & \cdots & a_{mm} \end{vmatrix} a_{m+1\,m+1} \cdots a_{nn}.$$

Vertauschen wir ferner die $m + 1^{\text{ten}}$ bis n^{ten} Kolonnen für sich untereinander, dann entsteht hieraus der Ausdruck

$$\begin{vmatrix} a_{11} & a_{12} & \cdots & a_{1m} \\ \vdots & \vdots & & \vdots \\ a_{m1} & a_{m2} & \cdots & a_{mm} \end{vmatrix} \begin{vmatrix} a_{m+1\,m+1} & a_{m+1\,m+2} & \cdots & a_{m+1\,n} \\ \vdots & \vdots & & \vdots \\ a_{n\,m+1} & a_{n\,m+1} & \cdots & a_{nn} \end{vmatrix}$$

Bei einer beliebigen Kolonnenumordnung gehen die ersten m Kolonnen in einen anderen Komplex von m Kolonnen über, die in bestimmter Weise angeordnet sind. Alle Umwandlungen, die die ersten m Kolonnen in einen bestimmten Komplex von m Kolonnen überführen, ergeben Glieder, deren Summe das mit richtigem Vorzeichen versehene Produkt einer $m$reihigen Determinante aus den ersten m Reihen und einer n — $m$reihigen Determinante aus den übrigen Reihen ist. Damit ist unsere Behauptung erwiesen.

Aus diesem Satz folgt als wichtige Anwendung, daß die Determinante

$$\Delta \equiv \begin{vmatrix} a_{11} & \cdots & a_{1m} & 0 & 0 & \cdots & 0 \\ \vdots & & \vdots & & \vdots & & \vdots \\ a_{m1} & \cdots & a_{mm} & 0 & 0 & \cdots & 0 \\ a_{m+11} & \cdots & a_{m+1\,m} & a_{m+1\,m+1} & \cdots & a_{m+1\,n} \\ \vdots & & \vdots & & \vdots & & \vdots \\ a_{n1} & \cdots & a_{nm} & a_{n\,m+1} & \cdots & a_{nn} \end{vmatrix}$$

$$= \begin{vmatrix} a_{11} & a_{12} & \cdots & a_{1m} \\ \vdots & \vdots & & \vdots \\ a_{m1} & a_{m2} & \cdots & a_{mn} \end{vmatrix} \begin{vmatrix} a_{m+1\,m+1} & \cdots & a_{m+1\,n} \\ \vdots & & \vdots \\ a_{n\,m+1} & \cdots & a_{nn} \end{vmatrix}$$

ist. Denn von den m-reihigen Determinanten der ersten m Reihen von $\varDelta$ ist nur die aus den ersten m Kolonnen gebildete von Null verschieden.

4. a) Multiplizieren wir die Beziehung

$$x_i' = \sum_{k=1\ldots n} a_{ik} x_k$$

mit $\varDelta_{i1}$ und addieren die Gleichungen für $i = 1, \ldots n$, dann erhalten wir

$$\sum_{i=1}^{i=n} x_i' \varDelta_{i1} = \varDelta x_1$$

und daraus, falls $\varDelta \neq 0$ ist

$$x_1 = \frac{\sum\limits_{i=1}^{i=n} x_i' \varDelta_{i1}}{\varDelta},$$

ebenso

$$x_k = \frac{\sum\limits_{i=1}^{i=n} x_i' \varDelta_{ik}}{\varDelta} = \frac{\begin{vmatrix} a_{11} & \ldots & a_{1\,k-1} & x_1' & a_{1\,k+1} & \ldots & a_{1n} \\ \vdots & & \vdots & \vdots & \vdots & & \vdots \\ a_{n1} & \ldots & a_{n\,k-1} & x_n' & a_{n\,k+1} & \ldots & a_{nn} \end{vmatrix}}{\varDelta}.$$

Also: *Falls* $|\mathfrak{T}| \equiv \varDelta \neq 0$ *ist, ist die Transformation*

$$T : x_i' = \sum a_{ik} x_k$$

umkehrbar, existiert eine zu T reziproke Transformation. Denn die Transformation

$$\overline{T} : x_i' = \frac{\sum\limits_{k=1}^{k=n} x_k \varDelta_{ki}}{\varDelta}$$

ergibt mit T zusammengesetzt die Transformation E

$$x_i' = x_i.$$

In der Tat, zu jedem System $(x_1 \ldots x_n)$ gehört vermöge T eindeutig ein System $(x_1' \ldots x_n')$ und, wenn man diese Werte an die Stelle der unabhängigen Variabeln x_n in $\overline{T}$ einsetzt, ergibt sich für die abhängigen Variabeln wieder $(x_1 \ldots x_n)$. Denn wir haben ja gezeigt, daß, wenn $(x_1' \ldots x_n')$ durch T aus $(x_1 \ldots x_n)$ folgt, daß dann $(x_1 \ldots x_n)$ durch $\overline{T}$ aus $(x_1' \ldots x_n')$ hervorgehen. Es ist also $\overline{T}T = \mathfrak{E}$. Ferner ist die Transformation $T\overline{T}$ gegeben durch

$$x_i' = \frac{\sum\limits_{k=1}^{k=n} a_{ik} \sum\limits_{l=1}^{l=n} x_l \varDelta_{lk}}{\varDelta} = \frac{\sum\limits_{l=1}^{l=n} x_l \sum\limits_{k=1}^{k=n} a_{ik} \varDelta_{lk}}{\varDelta} = x_i,$$

denn die Koeffizienten von x_l für $l \neq i$ sind gleich Null, für $l = i$ gleich $\varDelta$. Also ist auch $T\overline{T} = E$, $\overline{T}$ ist auch eine eineindeutige Transformation und die zu T reziproke Transformation.

b) Wir haben $\varDelta \neq 0$ als hinreichende Bedingung für die Umkehrbarkeit nachgewiesen. Wir zeigen jetzt auch die Notwendigkeit dieser Bedingung. Ist $\varDelta = 0$, aber sind nicht alle $\varDelta_{ik} = 0$, so sei etwa $\varDelta_{11} \neq 0$

(durch Vertauschung der Variabeln x_i' untereinander und der x_i untereinander, was die Umkehrbarkeit nicht beeinflußt, können wir ein beliebiges Glied der Matrix zum ersten Glied der ersten Reihe machen). Dann erhalten wir durch Multiplikation der Gleichungen

$$T: \quad x_i' = \sum_{k=1}^{k=n} a_{ik} x_k$$

mit $\varDelta_{i1}$ und Summierung über i

$$\sum_{i=1}^{n} x_i' \varDelta_{i1} = \varDelta x_1 = 0,$$

eine lineare Beziehung zwischen den x_i', die nicht identisch in den x_i' erfüllt ist, da mindestens der Koeffizient $\varDelta_{11}$ von x_1' ungleich Null ist, die aber für alle aus beliebigen Werten x_k entstehenden x_i' gelten muß. Also gibt es nicht zu jedem Wertesystem $(x_1' \ldots x_n')$ ein Wertesystem $(x_1 \ldots x_n)$, so daß T ausgeübt auf die x_k das System (x_i') ergibt. Die Transformation T ist *nicht* umkehrbar.

Sind aber *alle* $\varDelta_{ik} = 0$, dann betrachten wir nur die ersten $n - 1$ Beziehungen und die Determinante

$$\varDelta_{nn} = \left| \; a_{ik} \; \right| \begin{array}{l} i = 1 \ldots n - 1 \\ k = 1 \ldots n - 1 \end{array}.$$

Die $n - 2$ reihigen Unterdeterminanten von $\varDelta_{nn}$ bezeichnen wir mit $\varDelta_{nn,\,ik}$. Ist eine von diesen, etwa $\varDelta_{nn,\,11}$ von Null verschieden, dann ergibt sich wieder durch Multiplikation der Gleichungen

$$x_i' = \sum_{k=1}^{n} a_{ik} x_k \quad i = 1 \ldots n - 1$$

mit $\varDelta_{nn,\,si}$ und Summierung über i von 1 bis $n - 1$ eine nicht identisch erfüllte lineare Beziehung zwischen den x_i' $(i = 1 \ldots n - 1)$. So können wir fortfahren, bis wir eine nicht identisch erfüllte lineare Beziehung zwischen irgendwelchen unter den x_i' erhalten. Im äußersten Fall sind alle a_{ik} — die einreihigen Unterdeterminanten — gleich Null. Dann sind alle $x_i' = 0$ und T ist gewiß nicht umkehrbar. Wir werden später übrigens sehen, daß es für den Fall, daß alle $n - 1$ reihigen Unterdeterminanten verschwinden, zwei Beziehungen zwischen den x_i' gibt, von denen keine aus der andern folgt, ebenso daß es im Falle, daß alle $n - 2$ reihigen Unterdeterminanten verschwinden, drei solche Beziehungen zwischen den x_i' gibt usw. Die Existenz einer nicht identisch erfüllten Beziehung genügt für die Erkenntnis, daß die *Bedingung* $|\mathfrak{T}| = \varDelta \neq 0$ *auch notwendig für die Umkehrbarkeit von* T ist.

c) Wenn T und U umkehrbar sind, dann ist auch TU umkehrbar. Denn TU zusammengesetzt mit $U^{-1} T^{-1}$ ergibt E. Daraus folgt, daß $|\mathfrak{T}\mathfrak{U}|$ nur dann Null sein kann, wenn entweder $|\mathfrak{T}|$ oder $|\mathfrak{U}|$ gleich Null ist. Diese Bemerkung führt uns darauf, einen Zusammenhang zwischen

$|\mathfrak{T}\mathfrak{U}|$ und $|\mathfrak{T}|\cdot|\mathfrak{U}|$ zu suchen. Und in der Tat ergibt sich ohne Schwierigkeit, daß

$$|\mathfrak{T}\mathfrak{U}| = |\mathfrak{T}||\mathfrak{U}|$$

ist: *Die Determinante des Produktes zweier n-reihigen Matrizen ist gleich dem Produkt der Determinanten der Faktoren. (Produktsatz für Determinanten.)*

Zum Beweis verwandeln wir nach 3. b) $|\mathfrak{T}||\mathfrak{U}|$ in eine $2n$reihige Determinante:

$$|a_{ik}||b_{ik}| = \begin{vmatrix} a_{11} & \cdots & a_{1n} & 0 & \cdots & 0 \\ \vdots & & \vdots & \vdots & & \vdots \\ a_{n1} & \cdots & a_{nn} & 0 & \cdots & 0 \\ -1 & 0 \cdots & 0 & b_{11} & \cdots & b_{1n} \\ 0 & -1 \cdots & 0 & & & \\ \vdots & \vdots & & \vdots & \vdots & \vdots \\ 0 & 0 \cdots & -1 & b_{n1} & \cdots & b_{nn} \end{vmatrix}.$$

Mit Hilfe des Satzes über Kolonnenaddition, 3. a) schaffen wir nun durch Addition der mit b_{ik} multiplizierten i^{ten} Kolonne zur $n+i^{\text{ten}}$ sämtliche Glieder b_{ik} im rechten unteren Teilquadrat weg und erhalten so

$$|a_{ik}||b_{ik}| = \begin{vmatrix} a_{11} & a_{12} & \cdots & a_{1n} & \sum_{k=1}^{k=n} a_{1k}b_{k1} & \sum_{k=1}^{k=n} a_{1k}b_{k2} & \cdots & \sum_{k=1}^{k=n} a_{1k}b_{kn} \\ \vdots & \vdots & & \vdots & & & & \vdots \\ a_{n1} & a_{n2} & \cdots & a_{nn} & \sum_{k=1}^{k=n} a_{nk}b_{k1} & \sum_{k=1}^{k=n} a_{nk}b_{k2} & \cdots & \sum_{k=1}^{k=n} a_{nk}b_{kn} \\ -1 & 0 \cdots & & 0 & 0 & 0 & \cdots & 0 \\ 0 & -1 \cdots & & 0 & 0 & 0 & \cdots & 0 \\ \vdots & \vdots & & \vdots & \vdots & \vdots & & \vdots \\ 0 & 0 \cdots & & -1 & 0 & 0 & \cdots & 0 \end{vmatrix}.$$

Diese Determinante ist aber wieder nach 3. b) gleich

$$\left| \sum_{k=1}^{k=n} a_{ik}b_{kl} \right| = |c_{il}|$$

und (c_{il}) ist nach § 2 die Matrix des Produktes $\mathfrak{T}\mathfrak{U}$. Damit haben wir unsere Behauptung bewiesen, daß $|\mathfrak{T}||\mathfrak{U}|$ gleich $|\mathfrak{T}\mathfrak{U}|$ ist.

Als Anwendung dieses außerordentlich wichtigen Satzes wollen wir folgende, für später wichtige Formel ableiten $(m \leqq n)$:

$$\begin{vmatrix} \varDelta_{11} & \varDelta_{12} & \cdots & \varDelta_{1m} \\ \varDelta_{21} & \varDelta_{22} & \cdots & \varDelta_{2m} \\ \vdots & \vdots & & \vdots \\ \varDelta_{m1} & \varDelta_{m2} & \cdots & \varDelta_{mm} \end{vmatrix} = \varDelta^{m-1} \begin{vmatrix} a_{m+1\,m+1} & \cdots & a_{m+1\,n} \\ \vdots & & \vdots \\ a_{n\,m+1} & \cdots & a_{nn} \end{vmatrix}.$$

Zum Beweise schreiben wir nach 3. b) die m-reihige Determinante als n-reihig, multiplizieren links und rechts mit $\varDelta$, die wir aber links an der Hauptdiagonale gespiegelt als $|a_{ki}|$ schreiben. Die linke Seite ist dann:

$$
\begin{vmatrix}
\varDelta_{11} & \cdots & \varDelta_{1m} & \varDelta_{1\,m+1} & \cdots & \varDelta_{1n} \\
\vdots & & & & & \\
\varDelta_{m1} & \cdots & \varDelta_{mm} & \varDelta_{m\,m+1} & \cdots & \varDelta_{mn} \\
0 & \cdots & 0 & 1 & \cdots & 0 \\
\vdots & & \vdots & \vdots & \cdots & \vdots \\
0 & \cdots & 0 & 0 & \cdots & 1
\end{vmatrix}
\begin{vmatrix}
a_{11} & \cdots & a_{n1} \\
\vdots & & \vdots \\
a_{1n} & \cdots & a_{nn}
\end{vmatrix},
$$

Nach dem Multiplikationssatz ist dann mit Berücksichtigung der Formeln von 3. a):

$$
\begin{vmatrix}
\varDelta & \cdots & 0 & 0 & \cdots & 0 \\
\vdots & & \vdots & \vdots & & \vdots \\
0 & \cdots & \varDelta & 0 & \cdots & 0 \\
a_{1\,m+1} & \cdots & a_{m\,m+1} & a_{m+1\,m+1} & \cdots & a_{n\,m+1} \\
\vdots & & \vdots & \vdots & & \vdots \\
a_{1n} & \cdots & a_{mn} & a_{m+1\,n} & \cdots & a_{nn}
\end{vmatrix}
= \varDelta^m
\begin{vmatrix}
a_{m+1\,m+1} & \cdots & a_{m+1\,n} \\
\vdots & & \vdots \\
a_{n\,m+1} & \cdots & a_{nn}
\end{vmatrix}.
$$

indem wir die $n-m$-reihige Determinante an ihrer Hauptdiagonale gespiegelt haben. Damit ist die Formel bewiesen. Speziell ist für $m = n$

$$
\varDelta^{n-1} = |\varDelta_{ik}|, \qquad \begin{matrix} i = 1 \ldots n \\ k = 1 \ldots n \end{matrix}.
$$

Dieses Resultat hätten wir auch direkter aus dem Früheren ableiten können. Denn die Matrix, die zu T^{-1} gehört, ist gleich

$$
\left(\frac{\varDelta_{ki}}{\varDelta} \right).
$$

Es ist aber nach dem Entwicklungssatz

$$
\left| \frac{\varDelta_{ik}}{\varDelta} \right| = \frac{|\varDelta_{ik}|}{\varDelta^n}.
$$

Andererseits ist das Produkt der zu T^{-1} gehörenden Matrix mit $\mathfrak{T}$ gleich $\mathfrak{E}$ und $|\mathfrak{E}|$ ist gleich 1. Also ist nach dem Multiplikationssatz

$$
1 = \left| \frac{\varDelta_{ik}}{\varDelta} \right| \varDelta = \frac{|\varDelta_{ik}|}{\varDelta^n} \varDelta,
$$

woraus wieder

$$
|\varDelta_{ik}| = \varDelta^{n-1}
$$

folgt.

4. a) Die geometrische Bedeutung der Bedingung $\varDelta \neq 0$ für die Umkehrbarkeit einer linearen Transformation ist folgende: Durch

$$
x_i' = \sum a_{ik} x_k
$$

geht der Einheitspunkt E_i auf der x_i-Achse in den Punkt mit den Koordinaten $(a_{i1}, \ldots, a_{in})$ über. Das Verschwinden von $\varDelta$ bedeutet, daß die n Punkte E_i' mit dem Anfangspunkt zusammen in einem $n - 1$ dimensionalen *linearen* Raum liegen. Unsere Überlegungen zeigen, daß, wenn das der Fall ist, alle Punkte $(x_1', \ldots, x_i' \ldots x_n')$, auf die der n-dimensionale Raum $(x_1 \ldots x_i \ldots x_n)$ abgebildet wird, auf einem $n - 1$ dimensionalen *linearen* Raum liegen, dessen Gleichung wir oben abgeleitet haben. $\varDelta$ selbst ist gleich dem Inhalt des Parallelepipeds, das durch die Kanten $OE_1', \ldots OE_n'$ bestimmt ist.

5. a) *Lösbarkeit von linearen Gleichungen.* Durch das Vorhergehende haben wir bereits hinreichende Bedingungen für die Lösbarkeit eines Gleichungssystems von der Form

$$L: \quad b_i = l_i(x_1 \ldots x_n) \equiv \sum_{k=1}^{n} a_{ik} x_k$$

gefunden. Diese Gleichungen sind stets lösbar und haben auch nur eine Lösung, wenn $\varDelta = |a_{ik}| \neq 0$ ist. Es ergibt sich als Lösung

$$x_k = \frac{\sum_{i=1}^{i=n} b_i \varDelta_{ik}}{\varDelta} .$$

Ist dagegen $\varDelta = 0$, aber nicht alle $\varDelta_{ik} = 0$, so sei etwa $\varDelta_{11} \neq 0$. Dann haben wir die Identität

$$\sum_{i=1}^{i=n} \varDelta_{i1} \sum_{k=1}^{k=n} a_{ik} x_{1k} \equiv \sum_{i}^{i=n} \varDelta_{i1} l_i(x_1 \ldots x_n) \equiv 0 .$$

Dies zeigt, daß die rechten Seiten von L, d. h. die *linearen Formen*

$$l_i \equiv \sum_{k=1}^{k=n} a_{ik} x_k$$

voneinander abhängig sind. Denn es besteht eine nichttriviale lineare Beziehung zwischen den l_i, d. h. eine Beziehung, in der nicht alle Koeffizienten der l_i gleich Null sind. Aus der Annahme, daß $\varDelta_{11} \neq 0$ ist, folgt, daß für die Werte von $x_1 \ldots x_n$, für die

$$l_2 = l_3 = \ldots = l_n = 0$$

ist, auch $l_1 = 0$ ist. Ferner folgt, daß die Gleichungen L nur dann lösbar sind, wenn

$$\sum \varDelta_{i1} b_i = 0$$

ist, wenn also eine bestimmte Gleichung zwischen den linken Seiten, den gegebenen Konstanten b_i, erfüllt ist. Ist diese Gleichung aber befriedigt, dann befriedigt jedes Wertesystem $x_1 \ldots x_n$, das die 2te bis n^{te} Gleichung befriedigt, auch die erste. Denn addieren wir die 2te bis n^{te} Gleichung, so erhalten wir

$$\sum_{i=2}^{i=n} \varDelta_{i1} b_i = \sum_{i=2}^{i=n} \varDelta_{i1} l_i$$

und daraus

$$-\varDelta_{11} b_1 = -\varDelta_{11} l_1 ,$$

also in unserem Falle $(\varDelta_{11} \neq 0)$

$$b_1 = l_1,$$

wie behauptet. Die 2te bis n^{te} Gleichung ist aber in unserem Falle sicher durch unendlich viele verschiedene Wertesysteme von x_1 bis x_n befriedigt. Denn nehmen wir für x_1 einen beliebigen Wert an, so erhalten wir ein System von $n-1$ Gleichungen für die $n-1$ Unbekannten $x_2 \ldots x_n$, deren Matrix

$$\begin{pmatrix} a_{22} \cdots a_{2n} \\ \vdots \quad\ \vdots \\ a_{n2} \cdots a_{nn} \end{pmatrix}$$

ist. Die Determinante dieser Matrix ist aber gleich $\varDelta_{11} \neq 0$. Zu jedem Wert von x_1 können wir also ein und nur ein zugehöriges Wertesystem von $x_2 \ldots x_n$ finden, so daß die 2te bis n^{te}, also auch die 1te Gleichung befriedigt ist. Wir haben also das Resultat: *Ist $\varDelta = 0$ und mindestens eine der $n-1$ reihigen Unterdeterminanten $\varDelta_{ik} \neq 0$, dann sind die Gleichungen nur lösbar, falls eine bestimmte lineare Beziehung zwischen den b_i erfüllt ist. Wenn das der Fall ist, reduziert sich das System der n Gleichungen auf $n-1$ der Gleichungen, und zwar, falls $\varDelta_{ik} \neq 0$ ist, auf das durch Weglassen der i^{ten} Gleichung entstehende System. Zu jedem willkürlich vorgegebenen x_k erhalten wir eindeutig ein Lösungssystem $x_1 \ldots x_n$ der n Gleichungen.*

Die Untersuchung des Falles, daß auch alle $\varDelta_{ik} = 0$ sind, aber nicht alle $n-2$ reihigen Unterdeterminanten der Koeffizientenmatrix, bereitet keine Schwierigkeit. Wir wollen eine solche $n-2$ reihige Unterdeterminante durch die Indizes der weggelassenen Reihen und Kolonnen bezeichnen, es bezeichnet also $\varDelta_{ik,\,lm}$ die Determinante derjenigen $n-2$ reihigen Matrix, die aus der ursprünglichen, durch Weglassen der i^{ten} und l^{ten} Reihe, sowie der k^{ten} und m^{ten} Kolonne entsteht. Sei etwa $\varDelta_{11,\,22} \neq 0$, dann ist nach unserer Voraussetzung

$$\sum_{i=2\ldots n} \varDelta_{11,\,i2}\, l_i \equiv 0$$

und ebenso

$$\sum_{i=1,\,3\ldots n} \varDelta_{i1,\,22}\, l_i \equiv 0.$$

Dann bestehen also zwei voneinander unabhängige lineare Beziehungen zwischen den l_i. Denn aus der ersten folgt, wenn $l_3 = l_4 = \cdots = l_n = 0$ ist, $l_2 = 0$. Aus der zweiten folgt mit derselben Voraussetzung $l_1 = 0$. Aber in der ersten kommt l_1, in der zweiten l_2 überhaupt nicht vor. Also kann aus der einen Gleichung die andere nicht abgeleitet werden. *Die Gleichungen sind nur dann lösbar, wenn*

$$\sum_{i=2\ldots n} \varDelta_{11,\,i2}\, b_i = 0 \quad \text{und} \quad \sum_{i=1,\,3\ldots n} \varDelta_{i1,\,22}\, b_i = 0$$

ist, wenn also zwei Beziehungen zwischen den b_i erfüllt sind. Sind diese aber erfüllt, dann ergibt sich genau so wie oben, daß das Gleichungssystem sich auf die dritte bis n^{te} Gleichung reduziert, d. h., daß jedes Wertesystem $x_1 \ldots x_n$, das die dritte bis n^{te} Gleichung befriedigt, auch die erste und zweite Gleichung befriedigt. Entsprechend wie oben erhalten wir *zu zwei willkürlich vorgegebenen Werten für x_1 und x_2 ein und nur ein die Gleichungen befriedigendes Wertesystem $x_3 \ldots x_n$*.

Die Verallgemeinerung dieser Resultate auf die Fälle, wo auch die $n-2$ reihigen Unterdeterminanten sämtlich verschwinden, bietet nicht die geringsten Schwierigkeiten. Um das allgemeine Resultat zu formulieren, führen wir folgende Bezeichnung ein: eine Matrix hat den *Rang r*, falls alle $r+1$ reihigen Unterdeterminanten verschwinden, aber nicht alle r-reihigen. Wir haben dann folgende Formulierung: Hat die Koeffizientenmatrix eines Systems von n linearen Formen l_i mit n Variabeln x_i den Rang r, dann gibt es $n-r$ voneinander unabhängige lineare Beziehungen zwischen den l_i; r geeignete von den l_i können beliebige Werte erhalten, die Werte der anderen $n-r$ sind durch die Werte dieser Formen bestimmt. Aus diesem Satz ergibt sich sofort die Entscheidung über die Lösbarkeit eines Systems von n-Gleichungen zwischen $x_1 \ldots x_n$. Hat die Koeffizientenmatrix des Systems L den Rang r, dann sind die Gleichungen nur dann lösbar, wenn $n-r$ bestimmte Beziehungen zwischen den b_i erfüllt sind. In diesem Falle reduzieren sich die n Gleichungen auf r Gleichungen, die zu $n-r$ willkürlich vorgegebenen Werte für $n-r$ geeignete der Unbekannten $x_1 \ldots x_n$ ein und nur ein Wertesystem für die übrigen r Unbekannten liefern. Durch diese Werte für $x_1 \ldots x_n$ sind dann alle n Gleichungen befriedigt.

Den nur scheinbar allgemeineren Fall, daß wir m Gleichungen zwischen n Unbekannten haben, wo $n \neq m$ ist, führen wir sofort auf den Fall $n = m$ zurück, indem wir für den Fall, daß $n > m$ ist, $n + m$ Gleichungen hinzufügen, in denen sämtliche Koeffizienten links und rechts Null sind, und indem wir für den Fall, daß $m > n$ ist, $m - n$ Unbekannte hinzufügen, deren Koeffizienten in sämtlichen Gleichungen Null sind. In beiden Fällen werden durch die Ergänzungen die Lösbarkeitsmöglichkeiten der ursprünglichen Gleichungen zwischen den ursprünglichen Unbekannten nicht geändert.

b) *Homogene lineare Gleichungen.* Eine besonders wichtige Rolle spielen die Gleichungssysteme, in denen die b_i sämtlich Null sind, die *homogenen* Gleichungen. Aus a) folgt: *aus n homogenen Gleichungen zwischen n Unbekannten mit nicht verschwindender Koeffizientendeterminante Δ folgt das Verschwinden sämtlicher Unbekannten.* Da die linken Seiten der homogenen Gleichungen gleich Null sind, so befriedigen sie jedes System von linearen (homogenen) Beziehungen zwischen ihnen. Es folgt daher weiter aus a), daß es, wenn $\Delta = 0$ ist, nicht sämtlich verschwindende Werte für $x_1 \ldots x_n$ gibt, die sämtliche Gleichungen befriedigen, und zwar können, falls der Rang von Δ gleich r ist, $n-r$ geeigneten Unbekannten willkürliche Werte zugeordnet werden.

c) Geometrisches Beispiel: die unhomogenen Gleichungen zwischen den drei kartesischen Koordinaten im dreidimensionalen Raume stellen drei Ebenen dar. Ist der Rang der Determinante Δ gleich 3, d. h. ist $\Delta \neq 0$, dann haben diese drei Ebenen einen und nur einen Punkt gemeinsam. Hat Δ den Rang 2, dann sind entweder die drei Schnittgeraden der drei Ebenen einander parallel, die Ebenen haben also keinen (endlichen) Punkt gemeinsam, oder die 3 Schnittgeraden fallen zusammen, die Ebenen haben alle Punkte auf einer Geraden gemeinsam. Ist der Rang 1, dann sind entweder die drei Ebenen einander parallel, oder zwei fallen zusammen und sind der dritten parallel — in diesen beiden Fällen haben die drei Ebenen keinen Punkt gemeinsam — oder sie fallen alle drei zusammen, haben also die Punkte einer Ebene gemeinsam. Ist der Rang gleich Null, d. h. sind sämtliche Koeffizienten der Unbekannten in den drei Gleichungen gleich Null, dann sind entweder nicht alle linken Seiten (alle b_i) gleich Null, dann gibt es kein Wertetripel, das die drei Gleichungen befriedigt, oder alle b_i sind Null, dann befriedigt jedes Wertetripel die drei Gleichungen.

6. a) Jetzt können wir leicht die *Bestimmung einer linearen umkehrbaren Transformation durch die Zuordnung von Punkten* ableiten. Durch die Transformation:

$$x_i' = \sum_{k=1}^{k=n} \xi_{ik} x_k$$

geht das n-Tupel von Punkten $(E_1, \ldots, E_n)$

$$(1,0 \ldots 0), \quad (0,1, \ldots 0), \ldots (0,0 \ldots, 1)$$

in das Punkt-n-Tupel

$$(\xi_{11}, \xi_{21} \ldots, \xi_{n1}), \quad (\xi_{12}, \xi_{22} \ldots, \xi_{n2}), \ldots (\xi_{1n}, \xi_{2n} \ldots, \xi_{nn})$$

über. Wir können das zweite n-Tupel beliebig vorschreiben, nur muß, *falls die Transformation umkehrbar* sein soll,

$$|\xi_{ik}| \neq 0$$

sein. Das Verschwinden dieser Determinante hat zur Folge, daß die n Gleichungen

$$\sum_{i=1}^{i=n} a_i \xi_{ik} = 0,$$

durch ein nicht identisch verschwindendes System von Größen a_i befriedigt werden können. Das hat die geometrische Bedeutung, daß die n Punkte $(\xi_{1k}, \xi_{2k}, \ldots, \xi_{n,k})$ mit dem Anfangspunkt O zusammen in einem $n - 1$ dimensionalen linearen Raum liegen. Man sagt kürzer, daß die n Geraden von O nach $(\xi_{1k}, \ldots, \xi_{nk})$ voneinander linear abhängig sind. Es folgt jetzt leicht, daß man *zwei n-Tupel von Punkten durch eine umkehrbare Transformation ineinander überführen kann, falls jedes von diesen n-Tupeln zusammen mit O ein System von n linear unabhängigen Geraden bildet.* Denn zunächst führt man durch die Transformation

T_1^{-1} das eine n-Tupel in $(E_1, \ldots, E_n)$ über, dann durch T_2 das n-Tupel $(E_1, \ldots, E_n)$ in das zweite n-Tupel. Da T_1^{-1} und T_2 beide umkehrbar sind, ist auch $T_2 T_1^{-1}$ umkehrbar. Ferner ist durch die Zuordnung der n-Tupel die Transformation eindeutig bestimmt. Denn führt T das erste n-Tupel in das zweite über, dann führt $T_2^{-1} T T_1$ das n-Tupel $(E_1, \ldots, E_n)$ in sich über. Ist also $T_2^{-1} T T_1$ dargestellt durch

$$x_i' = \sum_{k=1}^{k=n} a_{ik} x_k,$$

dann folgt durch Einsetzen von $x_l = x_l' = 1$, $x_i' = x_i = 0$ für $i \neq l$, daß $a_{kk} = 1$, $a_{ik} = 0$ ist für $i \neq k$. Also ist

$$T_2^{-1} T T_1 = E,$$

woraus durch vordere Multiplikation mit T_2 und hintere mit T_1^{-1} folgt:

$$T = T_2 T_1^{-1},$$

was behauptet war.

b) Wir leiten ebenso die Bestimmung der homogenen linearen Transformation

$$T: \quad \varrho x_i' = \sum \xi_{ik} x_k$$

ab. Diese Transformation können wir entweder ansehen als projektive Abbildung der Geraden durch den Anfangspunkt in R_n auf sich selbst, oder als die projektive Abbildung der Punkte des R_{n-1} auf sich. Im ersten Fall bestimmen die Verhältnisse der x_k eine Gerade durch O, im zweiten Falle den Punkt in R_{n-1}. Wir wollen die zweite Deutung benutzen. Durch T gehen die Punkte $(E_1, \ldots, E_n, E)$ mit den Koordinatenverhältnissen

$$1:0:\ldots:0, \quad 0:1:0:\ldots:0, \ldots, 0:0:\ldots:1, \quad 1:1:\ldots:1,$$

über in die Punkte mit den Koordinatenverhältnissen

$$\xi_{11}:\xi_{21}\ldots:\xi_{n1}, \quad \xi_{12}:\xi_{22}:\ldots:\xi_{n2}, \ldots, \quad \xi_{1n}:\xi_{2n}:\ldots:\xi_{nn},$$

$$\sum_{k=1}^{k=n} \xi_{1k} : \sum_{k=1}^{k=n} \xi_{2k} : \ldots : \sum_{k=1}^{k=n} \xi_{nk}.$$

Sollen die Punkte mit den gegebenen Koordinatenverhältnissen

$$\eta_{11}:\eta_{21}\ldots:\eta_{n1}, \ldots \eta_{12}:\eta_{22}:\ldots:\eta_{n2}, \ldots \eta_{1n}:\eta_{2n}:\ldots:\eta_{nn},$$

$$\eta_{1n+1}:\eta_{2n+1}\ldots\eta_{nn+1}$$

sein, so muß sein

$$\varrho_1 \eta_{l1} = \xi_{l1}$$
$$\varrho_2 \eta_{l2} = \xi_{l2}$$
$$\vdots \qquad \vdots$$
$$\varrho_n \eta_{ln} = \xi_{ln}$$
$$\varrho_{n+1} \eta_{ln+1} = \sum_{k=1}^{k=n} \xi_{lk} = \sum_{k=1}^{k=n} \varrho_k \eta_{lk},$$

wo $\varrho_1, \varrho_2, \ldots, \varrho_{n+1}$ alle von Null verschieden sein müssen. Aus der letzten Reihe folgt:

$$\varrho_1 : \varrho_2 : \ldots : \varrho_{n+1} = \varDelta_{n+1\,1} : \varDelta_{n+1\,2} \ldots \varDelta_{n+1\,n},$$

wo $\varDelta_{n+1\,k}$ die $n$reihige Unterdeterminante bedeutet, die zu dem k^{ten} Glied der ersten Reihe der Determinante

$$\begin{vmatrix} 0 & 0 & \cdots & 0 \\ \eta_{11} & \eta_{12} & \cdots & -\eta_{1\,n+1} \\ \vdots & \vdots & & \vdots \\ \eta_{n1} & \eta_{n2} & \cdots & -\eta_{n\,n+1} \end{vmatrix}$$

gehört. Eine Transformation kann also nur dann die $n + 1$ Punkte $E_1 \ldots E_n$ und E_{n+1} in die gegebenen $n + 1$ Punkte überführen, falls die $n + 1$ Determinanten $\varDelta_{n+1\,k} \neq 0$ sind. Aus der Ungleichung $\varDelta_{n+1\,n} \neq 0$ folgt, daß die Transformation dann auch immer umkehrbar ist. Nun können wir dieselben Schlüsse anwenden wie unter a) und erhalten das Resultat: *Zwei $n + 1$-Tupel von Punkten des R_{n-1} können immer dann durch eine homogene lineare (projektive) Transformation ineinander übergeführt werden, falls in jedem der $n + 1$-Tupel je n Punkte voneinander linear unabhängig sind, d. h., nicht in einem R_{n-2} liegen. Die Koeffizienten der Transformation sind bis auf den Proportionalitätsfaktor durch die Zuordnung eindeutig bestimmt.*

§ 4. Invarianten der linearen Transformationen.

1. Wir wollen jetzt Ordnung in die Gesamtheit von linearen Transformationen bringen, indem wir ihre Invarianten aufsuchen, d. h. solche von den Konstanten der Transformation abhängige Ausdrücke, die sich bei Änderung des Koordinatensystems nicht ändern. Wird das Koordinatensystem durch die Transformation S mit der Matrix $\mathfrak{S}$ abgeändert [§ 1, 2.], dann geht die Transformation T mit der Matrix $\mathfrak{T}$ in die Transformation $S^{-1}TS$ mit der Matrix $\mathfrak{S}^{-1}\mathfrak{T}\mathfrak{S}$ über. Wir haben selbstverständlich $|\mathfrak{S}| \neq 0$ vorausgesetzt, denn sonst stellt S keine eigentliche Koordinatentransformation dar. Es ist nach dem Multiplikationssatz für Determinanten

$$|\mathfrak{S}^{-1}\mathfrak{T}\mathfrak{S}| = |\mathfrak{S}^{-1}|\,|\mathfrak{T}|\,|\mathfrak{S}| = |\mathfrak{T}|\,|\mathfrak{S}^{-1}\mathfrak{S}| = |\mathfrak{T}|\,|\mathfrak{E}| = |\mathfrak{T}|.$$

Also ist die *Determinante der Matrix der Transformation eine Invariante.*

Ist $|\mathfrak{T}| = 0$ und zwar $\mathfrak{T}$ vom Rang r, dann ist, wie leicht zu sehen, auch der Rang von $\mathfrak{S}^{-1}\mathfrak{T}\mathfrak{S}$ gleich r, denn die Lösbarkeitsverhältnisse der der Matrix $\mathfrak{T}$ entsprechenden homogenen Gleichungen können durch Transformation der Koordinatensystems nicht geändert werden: *Der Rang der Transformationsmatrix ist eine Invariante.*

2. In Zukunft wollen wir uns nur mit Transformationen T beschäftigen, für die $|\mathfrak{T}| \neq 0$ ist. Durch folgende geometrische Betrach-

tungen kommen wir zu Invarianten einer solchen Transformation: Wie
wir in § 2 sahen, ist

$$T: x_i' = \sum_{k=1}^{k=n} a_{ik} x_k$$

eine Affinität mit dem Anfangspunkt O als Fixpunkt, gleichzeitig erhalten wir durch T eine projektive Transformation der Geraden durch O
in der Gesamtheit der Beziehungen

$$T_\lambda: \lambda x_i' = \sum_{k=1}^{k=n} a_{ik} x_k,$$

die übrigens ein Element einer zur Gruppe der Affinitäten gehörenden
Faktorgruppe ist (§ 4). Einige von diesen Geraden (reelle oder imaginäre) werden bei T unverändert bleiben. In der Tat: setzen wir in T

$$x_i' = \lambda x_i,$$

oder in T_λ

$$x_i' = x_i,$$

dann erhalten wir n homogene Gleichungen für die x_i, deren Determinante

$$\Lambda \equiv \begin{vmatrix} a_{11} - \lambda & a_{12} & \cdots & a_{1n} \\ a_{21} & a_{11} - \lambda & \cdots & a_{2n} \\ \vdots & \vdots & & \vdots \\ a_{n1} & a_{n2} & \cdots & a_{nn} - \lambda \end{vmatrix}$$

ist. Λ ist ein Polynom n^{ten} Grades in λ. *Benutzen wir den Fundamentalsatz der Algebra*, so erkennen wir, daß Λ für gewisse (reelle oder imaginäre) Werte von λ verschwindet. Für jeden solchen Wert, etwa λ_1, gibt
es nach § 3, 5. b) mindestens eine Lösung

$$x_1 : x_2 : \ldots : x_n = \xi_1 : \xi_2 : \ldots : \xi_n$$

der n Gleichungen

$$\lambda_1 x_i = \sum_{k=1}^{k=n} a_{ik} x_k,$$

bei der nicht alle ξ_i Null sind, also eine Fixgerade für T, weil

$$x_1' : x_2' : \ldots : x_n' = x_1 : x_2 : \ldots : x_n; \quad x_i' = \lambda_1 x_i$$

ist, oder für T_λ mit $\lambda = \lambda_1$ eine Gerade, auf der alle Punkte fest sind,
weil hier

$$x_i' = x_i$$

gesetzt ist. T erzeugt auf der Fixgeraden eine projektive Transformation, bei der der Nullpunkt und der unendliche Punkt fest bleiben, d. i.
eine Ähnlichkeitstransformation mit λ als Dehnungsgröße. Nun führen
wir die Transformation von T durch S ein. Den Fixgeraden von T
entsprechen die Fixgeraden von $S^{-1}TS$ (die Gleichungen dieser Geraden
nennt man *Kovarianten* von T). Die durch T auf einer Fixgeraden er-

zeugte Ähnlichkeitstransformation wird projektiv abgebildet auf die Ähnlichkeitstransformation, die $S^{-1}TS$ auf der entsprechenden Fixgeraden erzeugt (s. Fig. 87). Da bei dieser projektiven Abbildung Nullpunkt und unendlich ferner Punkt erhalten bleiben, wird die Abbildung durch eine Parallelprojektion erzeugt. Die Dehnungsgröße auf der Fixgeraden für T ist gleich der Dehnungsgröße für die Fixgerade bei $S^{-1}TS$. *Die Dehnungsgröße, d. i. die zu der Fixgerade gehörende Wurzel von $\Lambda = 0$, ist eine Invariante.* Die Wurzeln von $\Lambda = 0$ sind also Invarianten.

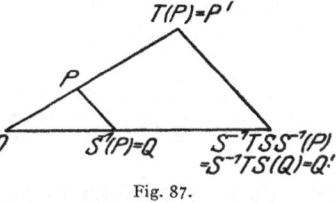

Fig. 87.

Wir können nun auch direkt, ohne Benutzung des Fundamentalsatzes der Algebra, schließen, daß das Polynom Λ in λ bei der Transformation unverändert bleibt. In der Tat, es ist

$$\Lambda = |\mathfrak{T} - \lambda\mathfrak{E}| = |\mathfrak{S}^{-1}||\mathfrak{T} - \lambda\mathfrak{E}||\mathfrak{S}|,$$

das ist nach dem distributiven Gesetz für den Matrizenkalkül

$$= |\mathfrak{S}^{-1}\mathfrak{T}\mathfrak{S} - \lambda\mathfrak{S}^{-1}\mathfrak{E}\mathfrak{S}| = |\mathfrak{S}^{-1}\mathfrak{T}\mathfrak{S} - \lambda\mathfrak{E}|,$$

d. h. also Λ gebildet für $\mathfrak{T}$ ist gleich Λ gebildet für $\mathfrak{S}^{-1}\mathfrak{T}\mathfrak{S}$, das Polynom hat also für jedes λ ein durch die Transformation S nicht verändertes Wert. Dann muß aber der Faktor jeder Potenz von λ in Λ durch die Transformation ungeändert bleiben. Denn sei etwa

$$\Lambda \equiv a_0\lambda^n + a_1\lambda^{n-1} + \cdots + a_n,$$

so ist, wie aus der Definition von Λ ohne weiteres hervorgeht, $a_0 = (-1)^n$ $a_n = \Delta$. Δ haben wir oben schon als Invariante erkannt. Durch S möge Λ in

$$\Lambda' \equiv a_0'\lambda^n + a_1'\lambda^{n-1} + \cdots + a_n'$$

übergehen, wo, wie bewiesen,

$$\Lambda = \Lambda'$$

für jedes λ ist. Ferner ist $a_0 = a_0' = (-1)^n$, $a_n' = a_n = \Delta$. Wir bilden

$$\Lambda - \Lambda' = (a_1 - a_1')\lambda^{n-1} + \cdots + (a_{n-1} - a_{n-1}')\lambda = 0.$$

Diese Gleichung ist für jedes λ erfüllt. Daraus folgt, daß $a_i = a_i'$ ist. Der Beweis hierfür wird leicht etwa in folgender Weise ohne Benutzung des Fundamentalsatzes der Algebra geführt: Setzen wir der Reihe nach $\lambda = 1, 2, \ldots, n - 1$, so erhalten wir für die $n - 1$-Differenzen $a_i - a_i'$ $n - 1$ homogene Gleichungen mit der Determinante

$$\begin{vmatrix} 1 & 1 & \cdots & 1 \\ 2 & 2^2 & \cdots & 2^{n-1} \\ \vdots & & & \\ n-1 & (n-1)^2 & \cdots & (n-1)^{n-1} \end{vmatrix} = n-1!\, n-2!\, \ldots\, 2!\, 1!$$

wie man leicht durch Umformung vermittels Kolonnenaddition erkennt. Die Determinante der $n-1$ homogenen Gleichungen ist also $\neq 0$. Sämtliche Koeffizientendifferenzen $(a_i - a'_i)$ sind also Null, also sind *sämtliche Koeffizienten in dem Polynom n^{ten} Grades in λ Invarianten.* Die Koeffizienten sind leicht zu berechnen. Es ist

$$a_n = \varDelta, \; a_{n-1} = -\sum_{i=1\ldots n} \varDelta_{ii}, \; a_{n-2} = \sum_{\substack{i=1\ldots n \\ k=1\ldots n}}{}' \varDelta_{ii,kk}, \; \ldots$$

$$\ldots a_1 = (-1)^{n-1} \sum_{i=1\ldots n} a_{ii}, \; a_0 = (-1)^n.$$

Alle diese Ausdrücke in den a_{ik} bleiben also bei der Transformation durch S unverändert. Wir nennen $\varDelta$ das zu T gehörende *charakteristische Polynom*, $\varDelta = 0$ die zu T gehörende *charakteristische Gleichung*.

Jetzt betrachten wir noch die *Invarianten von homogenen linearen Transformationen* bei Transformation durch eine homogene Transformation. Alle Matrizen $\sigma \mathfrak{T}$ ($\sigma \neq 0$) gehören zu derselben homogenen Transformation. Es ist wieder $|\, \sigma \mathfrak{T} - \lambda \mathfrak{E}\,| = |\, \sigma \mathfrak{S}^{-1} \mathfrak{T} \mathfrak{S} - \lambda \mathfrak{E}\,|$. Also das charakteristische Polynom für dasselbe σ bleibt invariant. Aber die Koeffizienten a_i sind nur bis auf den Faktor σ^i bestimmt, da die Koeffizienten a_{ik} von $\mathfrak{T}$ den Faktor σ aufnehmen können. *Also sind in diesem Falle nicht die a_i selbst, sondern Quotienten von der Art a_i^k / a_k^i* invariant, speziell die $n-1$-Größen a_i^n / a_n^i; a_n ist immer $\neq 0$, weil $a_n = \sigma^n \,|\, \mathfrak{T}\,|$ ist.

3. a) Unsere nächste Aufgabe ist, zu untersuchen, *inwieweit dies gefundene System von Invarianten vollständig ist,* d.h., zu untersuchen, ob zwei lineare Transformationen, für die dieses System von Invarianten dasselbe ist, ineinander transformierbar sind. Es wird sich zeigen, daß „im allgemeinen" das System der Invarianten vollständig ist, daß aber in Ausnahmefällen die Gleichheit dieser Invarianten nicht ausreicht, um zwei Transformationen ineinander zu transformieren. Es ist naheliegend, zu diesem Nachweis die gegebene Transformation T durch Transformation mit einer geeigneten Transformation S auf eine *Normalform* zu bringen. Dieses Ziel können wir auf verschiedenen Wegen erreichen, zunächst versuchen wir einen Weg, der rein geometrisch ist und nicht die Gültigkeit des Fundamentalsatzes der Algebra voraussetzt.

Wir benutzen dazu den Satz über die Bestimmung einer linearen Transformation durch Zuordnung von Punkten, den wir in § 2, 6. abgeleitet haben. Sei P ein beliebiger Punkt, $P', P'' \ldots P^{(n-1)}$ seien die Punkte, in die P durch T, $TT \equiv T^2$, $TTT \equiv T^3 \ldots$, T^{n-1} übergeht. Dann gibt es nach § 2, 6. a) eine umkehrbare Transformation S so, daß durch S das n-Tupel $E_1 \equiv (1, 0, \ldots 0), E_2 \equiv (0\,1, \ldots 0) \ldots E_n \equiv (0, 0, \ldots 1)$ in $P, P', \ldots P^{(n-1)}$ übergeht, *falls $O, P, P', \ldots P^{(n-1)}$ voneinander linear unabhängig sind.* Dann geht durch $S^{-1} T S$ der Punkt E_1 in E_2, E_2 in

$E_3 \ldots E_{n-1}$ in E_n über. Es möge endlich E_n durch $S^{-1}TS$ in den Punkt $(c_1, c_2 \ldots c_n)$ übergehen. Dann hat $S^{-1}TS$, also eine Transformierte von T, die Matrix

$$\mathfrak{T}' \equiv \begin{pmatrix} 0 & 0 & \ldots & c_1 \\ 1 & 0 & \ldots & c_2 \\ 0 & 1 & \ldots & c_3 \\ \vdots & \vdots & \vdots & \vdots \\ 0 & 0 & \ldots 1 & c_n \end{pmatrix}.$$

Es ist ferner

$$\Lambda' \equiv |\mathfrak{T}' - \lambda\mathfrak{E}| = \begin{vmatrix} -\lambda & 0 & 0 & \ldots & c_1 \\ 1 & -\lambda & 0 & \ldots & c_2 \\ 0 & 1 & -\lambda & \ldots & c_3 \\ \vdots & \vdots & \vdots & \vdots \\ 0 & 0 & 0 & \ldots 1 & c_n - \lambda \end{vmatrix} =$$

$$= (-1)^{n-1}(c_1 + c_2\lambda + \cdots + c_n\lambda^{n-1}) + (-1)^n\lambda^n.$$

Nun sind aber die Koeffizienten a_i von λ^i in Λ (dem zu $\mathfrak{T}$ gehörenden charakteristischen Polynom) unsere Invarianten, also gleich den Koeffizienten von λ^i in Λ'. Also ist

$$c_i = (-1)^{n-1}a_i.$$

Also ist $\mathfrak{T}'$ vollständig durch unsere Invarianten bestimmt. Zwei Transformationen T_1 und T_2, die dieselben Invarianten a_i haben, liefern durch Transformation mit geeigneten S_1 resp. S_2 dieselbe Transformation T'. Also sind sie auch ineinander transformierbar. Denn aus

$$S_1^{-1}T_1S_1 = S_2^{-1}T_2S_2$$

folgt

$$T_2 = S_2S_1^{-1}T_1S_1S_2^{-1} = (S_1S_2^{-1})^{-1}T_1(S_1S_2^{-1}).$$

T_2 entsteht aus T_1 durch Transformation mit $S_1S_2^{-1}$. T' können wir als *rationale Normalform* einer allgemeinen Transformation T bezeichnen. *Im allgemeinen, d. i., wenn zwischen $P, P', \ldots P^{(n-1)}$ keine lineare Beziehung besteht, ist das System der Invarianten vollständig.*

Analog können wir auch die homogenen linearen Transformationen behandeln. Es möge durch

$$T : \varrho x_i' = \sum_{k=1}^{k=n} a_{ik}x_k$$

ein beliebiger Punkt P in P', P' in $P'' \ldots P^{(n-1)}$ in $P^{(n)}$ übergehen, und es seien unter diesen $n + 1$ Punkten je n voneinander linear unabhängig. Dann können wir nach § 3, 6. b) eine homogene Transformation S so finden, daß durch S das $(n + 1)$ Tupel $E_1 = (1, 0, \ldots 0), \ldots,$

$E_n = (0, 0, \ldots, 1)$, $E = (1, 1, \ldots, 1)$ in $P, P' \ldots P^{(n-1)}$, $P^{(n)}$ übergeht. Dann hat die Matrix von $S^{-1}TS = T'$ die Form

$$\mathfrak{T}' \equiv \begin{pmatrix} 0 & 0 & \ldots & & d \\ d_1 & 0 & \ldots & & d \\ 0 & d_2 & \ldots & & d \\ \vdots & \vdots & & \vdots & \vdots \\ 0 & 0 & \ldots & d_{n-1} & d \end{pmatrix},$$

also

$$\varLambda' \equiv |\mathfrak{T}' - \lambda \mathfrak{E}| = \begin{pmatrix} -\lambda & 0 & \ldots & & d \\ d_1 & -\lambda & \ldots & & d \\ 0 & d_2 & \ldots & & d \\ \vdots & \vdots & & \vdots & \vdots \\ 0 & 0 & \ldots & d_{n-1} & d - \lambda \end{pmatrix}$$

$$= (-1)^{n-1}(d d_1 d_2 \ldots d_{n-1} + d d_1 \ldots d_{n-2}\lambda + \cdots + d\lambda^{n-1}) + (-1)^n \lambda^n.$$

Zunächst ist das von λ freie Glied bis auf einen von Null verschiedenen Proportionalitätsfaktor gleich $|\mathfrak{T}|$, also ist

$$d d_1 d_2 \ldots d_{n-1} \neq 0.$$

Also sind bei unsern Voraussetzungen alle d_i sowie $d \neq 0$.

Dann sind nach dem oben Bewiesenen die folgenden $n - 1$ Verhältnisse von Potenzen der Koeffizient in der charakteristischen Gleichung invariant

$$\frac{d d_1 d_2 \ldots d_{n-1}}{d^n}, \quad \frac{d d_1 \ldots d_{n-2}}{d^{n-1}}, \ldots, \quad \frac{d d_1}{d^2},$$

also durch Division auch

$$\frac{d}{d_{n-1}}, \quad \frac{d}{d_{n-2}} \ldots \frac{d}{d_1}.$$

Durch $n - 1$ der von uns aufgestellten Invarianten sind also in diesem Falle die Verhältnisse der Glieder der Matrix $\mathfrak{T}'$ bestimmt. Also ist auch die homogene Transformation T' durch die $n - 1$ Invarianten vollständig bestimmt. Wir haben für T eindeutig eine Normalform T' erhalten. Daraus folgt wieder, daß unter diesen Voraussetzungen, also im allgemeinen Falle zwei homogene Transformationen mit gleichen Invarianten ineinander übergeführt werden können.

Es besteht aber ein großer Unterschied in der Lösung unserer Aufgabe für den inhomogenen und den homogenen Fall. Im ersten Fall haben wir eine *Normalform, die Transformationen für jedes Wertesystem der n Invarianten liefert*, gefunden. Im *zweiten Fall* ist durch unsere Voraussetzung über die lineare Unabhängigkeit von je n Punkten unter den Punkten $P, P', \ldots, P^{(n)}$ das *Wertesystem der Invarianten eingeschränkt*. Wir haben gesehen, daß bei dieser Voraussetzung keiner der Koeffizienten in der charakteristischen Gleichung verschwindet. Im ersten Falle gehören zu gewissen Wertesystemen von Invarianten mehrere nicht ineinander transformierbare Transformationen, wie wir am folgenden einfachsten Beispiel sehen:

Die beiden Transformationen

$$x_1' = r x_1 + x_2 \qquad x_1' = r x_1,$$
$$\text{und}$$
$$x_2' = r x_2 \qquad x_1' = r x_2,$$

haben die Matrizen

$$\begin{pmatrix} r & 1 \\ 0 & r \end{pmatrix} \quad \text{bzw.} \quad \begin{pmatrix} r & 0 \\ 0 & r \end{pmatrix}$$

und entsprechend die charakteristischen Polynome $| \mathfrak{T} - \lambda \mathfrak{E} |$

$$\begin{vmatrix} r - \lambda & 1 \\ 0 & r - \lambda \end{vmatrix} = \lambda^2 - 2 r \lambda + r^2$$

und

$$\begin{vmatrix} r - \lambda & 0 \\ 0 & r - \lambda \end{vmatrix} = \lambda^2 - 2 r \lambda + r^2.$$

Die charakteristischen Polynome stimmen also überein. Aber bei der ersten Transformation sind O, P und P', der durch T aus P hervorgehende Punkt, nur auf der Geraden $x_2 = 0$ voneinander linear abhängig, bei der zweiten sind O, P und P' stets voneinander linear abhängig (d. h. sie liegen auf einer Geraden). Die erste Transformation hat nur die Fixgerade $x_2 = 0$, bei der zweiten sind alle Geraden durch O Fixgeraden. Die beiden Transformationen können nicht ineinander transformiert werden.

b) Man kann nun durch feinere Untersuchung auch die Ausnahmefälle in ähnlicher, rein geometrischer Weise behandeln[1]. Wir schlagen aber zur Erreichung des Zieles jetzt einen kürzeren Weg ein, indem wir wieder den Fundamentalsatz der Algebra benutzen. Die Untersuchung verliert freilich dadurch an Schönheit, schon dadurch, daß mit den Wurzeln der charakteristischen Gleichung imaginäre Zahlen in unsere Darstellung kommen können, selbst wenn wir von Matrizen mit lauter reellen Gliedern ausgehen. Dazu kommt, daß der Fundamentalsatz der Algebra die Analysis, d. h. Grenzprozesse zur Grundlage hat. Aber für diesen Verlust entschädigt der Gewinn an Kürze und Übersichtlichkeit.

Da die charakteristische Gleichung mindestens eine Wurzel hat, so gibt es jedenfalls mindestens eine Fixgerade für die Transformationen T. Wir können durch eine reelle oder imaginäre Transformation von T eine bestimmte solche Fixgerade in die Gerade $x_1 = 0$ überführen.

---

[1] Vgl. die Literaturangaben in Pascals Repertorium Bd. I, S. 113.

Dadurch bekommt die erste Kolonne der Transformierten $\bar{\mathfrak{T}}$ von $\mathfrak{T}$ die Form

$$a'_{11}$$
$$0$$
$$0$$
$$\vdots$$
$$0$$

In der neuen Transformation $\bar{T}$ sind jetzt die $x'_i (i > 1)$ allein durch die $x_h (h > 1)$ ausgedrückt durch eine Transformation, die wir etwa T_1 nennen. Diese hat wieder eine Fixgerade, und durch eine neue Transformation, die durch Zufügung von $x'_1 = x_1$ gleichzeitig auch eine Transformation von $\bar{T}$ ist, erreichen wir, daß die Fixgerade die Gerade $x_2 = 0$ wird. Die neue Transformierte $\bar{\bar{\mathfrak{T}}}$ hat dann als erste und zweite Kolonne:

$$a'_{11} \quad a'_{12}$$
$$0 \quad a'_{22}$$
$$0 \quad 0$$
$$\vdots \quad \vdots$$
$$0 \quad 0$$

So fahren wir fort und erreichen schließlich durch $n - 1$ Transformationen, daß $\mathfrak{T}$ übergeht in

$$\mathfrak{T}' \equiv \begin{pmatrix} a'_{11} & a'_{12} & a'_{13} & \dots & a'_{1n} \\ 0 & a'_{22} & a'_{23} & \dots & a'_{2n} \\ 0 & 0 & a'_{33} & \dots & a'_{3n} \\ \vdots & \vdots & \vdots & & \vdots \\ 0 & 0 & 0 & \dots & a'_n \end{pmatrix}.$$

Die Größen $a'_{11}, a'_{22} \dots a'_{nn}$ sind, abgesehen von ihrer Reihenfolge, durch die charakteristische Gleichung bestimmt. Denn es ist:

$$|\mathfrak{T}' - \lambda \mathfrak{E}| = \begin{vmatrix} a'_{11} - \lambda & a'_{12} & & \dots & a'_{1n} \\ 0 & a'_{22} - \lambda & & \dots & a'_{2n} \\ 0 & 0 & a'_{33} - \lambda & \dots & a'_{3n} \\ \vdots & \vdots & \vdots & & \vdots \\ 0 & 0 & 0 & \dots & a'_{nn} - \lambda \end{vmatrix} =$$

$$= (a'_{11} - \lambda) (a'_{22} - \lambda) (a'_{33} - \lambda) \dots (a'_{nn} - \lambda).$$

Die a'_{ii} sind also die Wurzeln der charakteristischen Gleichung, die für $\mathfrak{T}$ und $\mathfrak{T}'$ die gleiche ist. Aber wir haben noch keine Normalform, weil wir noch alle die Glieder $a'_{ik} (i \neq k)$ über der Hauptdiagonale haben. Wir müssen deswegen unsere Matrix $\mathfrak{T}'$ weiter vereinfachen. Das charakteristische Polynom Λ_1 für T_1 — das ist die oben durch Abspaltung von x_1 eingeführte Transformation — ist gleich dem charakteristischen

Polynom Λ von T, dividiert durch $a'_{11} - \lambda$. $\Lambda_1 = 0$ hat also als Wurzeln alle Wurzeln von $\Lambda = 0$ mit Ausnahme von a'_{11}. Kommt nun der Wert a'_{11} mehrfach als Wurzeln von $\Lambda = 0$ vor, so benutzen wir ihn auch zur Bestimmung der Fixgeraden von T_1, die wir in $x_2 = 0$ überführen. Ebenso verfahren wir nach Abspaltung von x_2 und erreichen auf diese Weise bis zum Schluß fortfahrend, daß falls gleiche Wurzeln in der charakteristischen Gleichung vorkommen, sie jeweils alle hintereinander in der Hauptdiagonale von $\mathfrak{T}'$ auftreten.

Sei nun etwa $a'_{11} = a'_{22} = \cdots a'_{i-1, i-1} = \lambda_1$, aber $a'_{ii} \neq \lambda_1$ und also $a'_{kk} \neq \lambda_1$ für $k > i$. Dann können wir die Koeffizienten von x_k für $k \geqq i$ in der ersten Zeile zum Verschwinden bringen. Wir erhalten eine Transformation von T', wenn wir auf beiden Seiten der Beziehungen statt x_i resp. x'_i dieselbe lineare Verbindung der x_i resp. x'_i einsetzen. Für unseren Zweck setzen wir

$$x_1 + \varrho\, x_i \text{ statt } x_1,$$
$$x'_1 + \varrho\, x'_i \text{ statt } x'_1;$$

x_k und x'_k $(k > 1)$ lassen wir ungeändert. Wir erhalten dann

$$x'_1 + \varrho\, x'_i = a'_{11}(x_1 + \varrho\, x_i) + a'_{12}x_2 + \cdots + a'_{1i}x_i + \cdots$$

Die übrigen Reihen ändern sich nicht. Setzen wir $\varrho\, x'_i$ aus der i^{ten} Reihe ein, so erhalten wir

$$x'_1 = a'_{11}x_1 + a'_{12}x_2 + \cdots + (a'_{1i} + \varrho\, a'_{11} - \varrho\, a'_{ii})x_i + \cdots$$

Die Koeffizienten der Glieder $x_k(k < i)$ bleiben also unverändert. ϱ setzen wir gleich

$$\frac{a'_{1i}}{a'_{ii} - a'_{11}},$$

was wegen $a'_{ii} \neq a'_{11}$ möglich ist. Dadurch verschwindet der Koeffizient von x_i. Ebenso können wir der Reihe nach die Koeffizienten von $x_{i+1} \ldots x_n$ zum Verschwinden bringen. Die gleiche Operation führen wir bei der 2ten, 3ten bis $i - 1^{\text{ten}}$ Reihe aus; dabei ändern sich die folgenden Reihen nicht. Dann lassen wir auf dieselbe Weise die Koeffizienten von $x_l, \ldots x_n$ in der i^{ten} Reihe verschwinden, falls $a'_{ll} \neq a'_{ii}$ ist usw. Nach Beendigung dieser Operationen erhält die Transformation folgende Gestalt:

$$
\begin{aligned}
x'_1 &= \lambda_1 x_1 + a_{12}x_2 + \cdots + a_{1\,i-1}x_{i-1} \\
x'_2 &= \qquad\quad \lambda_1 x_2 + \cdots + a_{2\,i-1}x_{i-1} \\
&\ \ \vdots \qquad\qquad\qquad\qquad \vdots \\
x'_{i-1} &= \qquad\qquad\qquad\quad \lambda_1 x_{i-1} \\
x'_i &= \qquad\qquad\qquad\qquad\quad \lambda_2 x_i + \cdots + a_{i\,l-1}x_{l-1} \\
&\ \ \vdots \qquad\qquad\qquad\qquad\qquad\qquad \vdots \\
x'_{l-1} &= \qquad\qquad\qquad\qquad\qquad\qquad\quad \lambda_2 x_{l-1} \\
&\ \ \vdots \qquad\qquad\qquad\qquad\qquad\qquad\qquad\qquad \vdots,
\end{aligned}
$$

wo die λ_i die Wurzeln der (für alle aus T durch Transformation hervorgehende Transformationen gleichen) charakteristischen Gleichung $\varLambda = 0$ sind. Falls alle λ_i von einander verschieden sind, haben wir also die Form:

$$x'_i = \lambda_i x_i$$

und diese Form ist, abgesehen von der Reihenfolge der x_i, eindeutig durch T gegeben. In diesem Falle haben wir also die Normalform erreicht und sprechen das Resultat aus: *Falls die charakteristische Gleichung von T lauter voneinander verschiedene Wurzeln hat, ist T_1 dann und nur dann in T transformierbar, falls T_1 dieselbe charakteristische Gleichung hat.*

c) Hat $\varLambda = 0$ mehrfache Wurzeln, so zerfallen die Variabeln in Teile, jeder dieser Teile wird für sich transformiert, und die charakteristische Gleichung jedes dieser Teile hat lauter gleiche Wurzeln. Mit *einer solchen Teiltransformation* brauchen wir uns im folgenden nur zu beschäftigen; die Wurzel ihrer charakteristischen Gleichung heiße λ. Wir wollen untersuchen, welche invariante Eigenschaften sie etwa neben der Größe der Glieder in der Hauptdiagonale hat. Dazu müssen wir jetzt versuchen, durch Transformation die Willkür bei den Koeffizienten über der Hauptdiagonale fortzuschaffen. Wir beweisen folgenden Satz: *Durch Transformation läßt sich die Matrix so umwandeln, daß alle Glieder außerhalb der Hauptdiagonale und der ersten Nebendiagonale über der Hauptdiagonale gleich Null sind, die Glieder in der Nebendiagonale Null oder 1.*

Wir betrachten den einfachsten Fall, den mit zwei Variabeln.

$$x'_1 = \lambda x_1 + a_{12} x_2$$
$$x'_2 = \qquad \lambda x_2.$$

Ist $a_{12} \neq 0$, dann ersetzen wir x_2 durch x_2/a_{12}, ebenso x'_2 durch x'_2/a_{12}, x_1 und x'_1 lassen wir ungeändert. Dadurch erhalten wir die transformierte Transformation in einer unserem Satz entsprechenden Normalform

$$x'_1 = \lambda x_2 + x_2$$
$$x'_2 = \qquad \lambda x_2.$$

Ist $a_{12} = 0$, so haben wir bereits eine Normalform von der im Satz geforderten Gestalt.

Wir behandeln jetzt den allgemeinen Fall und nehmen an, unsere Matrix hätte von der *untersten* n^{ten} Zeile angefangen bis zur r^{ten} einschließlich schon die geforderte Gestalt. Die $r - 1^{\text{te}}$ Zeile selbst habe noch nicht die geforderte Gestalt. Wir nehmen zunächst an, daß von der $r - 1^{\text{ten}}$ Zeile abwärts in der Nebendiagonale keine Nullen stehen. Wir unterscheiden zwei Fälle:

1. In der $r - 1^{\text{ten}}$ Zeile steht in der Nebendiagonale eine Null, d. h. der Koeffizient von x_r in dieser Zeile sei Null, ebenso seien auch

die Koeffizienten von $x_{r+1} \ldots x_{\mu-1}$ Null, aber der Koeffizient von x_μ ungleich Null. Dann lautet die Transformation von der $r-1^{\text{ten}}$ Zeile an

$$x'_{r-1} = \lambda x_{r-1} + a x_\mu + b x_{\mu+1} + \cdots, \qquad a \neq 0, \qquad \mu \geqq r+1,$$
$$x'_r = \lambda x_r + x_{r+1},$$
$$\cdots \cdots \cdots \cdots \cdots$$
$$\cdots \cdots \cdots \cdots \cdots$$
$$x'_{n-1} = \lambda x_{n-1} + x_n,$$
$$x'_n = \lambda x_n.$$

Wir setzen jetzt $x_{r-1} + a x_{\mu-1}$ an Stelle von x_{r-1}, ebenso $x'_{r-1} + a x'_{\mu+1}$ an Stelle von x'_{r-1} und lassen die anderen Variabeln ungeändert. Dann geht, wie sich mit Berücksichtigung der Beziehung

$$x'_{\mu-1} = \lambda x_{\mu-1} + x_\mu$$

sofort ergibt, die erste der obigen Zeilen über in

$$x'_{r-1} = \lambda x_{r-1} + b x_{\mu+1} + c x_{\mu+2} \ldots,$$

die anderen Zeilen bleiben ungeändert. Ebenso können wir $b, c, \ldots$ fortschaffen, bis wir für die n^{te} bis $r-1^{\text{te}}$ Zeile die Normalform hergestellt haben.

2. Das Glied in der Nebendiagonale für die $r-1^{\text{te}}$ Zeile sei $\neq 0$. Die entsprechende Zeile der Transformation lautet dann etwa:

$$x'_{r-1} = \lambda x_{r-1} + a x_r + b x_{r+1} + \cdots, \qquad a \neq 0.$$

Wir setzen dann

$$\frac{x_r - b x_{r+1} - \cdots}{a} \qquad \text{resp.} \qquad \frac{x'_r - b x'_{r+1} - \cdots}{a}$$

an die Stelle von x_r resp. x'_r. Die übrigen Variabeln lassen wir ungeändert. Die transformierte Transformation ist dann:

$$x'_{r-1} = \lambda x_{r-1} + x_r$$
$$\frac{x'_r - b x'_{r+1} - \cdots}{a} = \lambda \frac{x_r - b x_{r+1} - \cdots}{a} + x_{r+1}$$
$$x'_{r+1} = \lambda x_{r+1} + x_{r+2}$$
$$\vdots$$

und daraus:

$$\frac{x'_r - b(\lambda x_{r+1} + x_{r+2}) - c(\lambda x_{r+2} + x_{r+3}) \ldots}{a} = \frac{\lambda(x_r - b x_{r+1} - c x_{r+2} \ldots)}{a} + x_{r+1},$$

also

$$x'_r = \lambda x_r + a x_{r+1} + b x_{r+2} + \cdots$$

Wir haben also denselben Fall wie am Anfang, nur eine Zeile tiefer. Operieren wir aber jetzt mit der r^{ten} Zeile wie vorher mit der $r-1^{\text{ten}}$, so wird durch diese Operation die $r-1^{\text{te}}$ Zeile nicht geändert, weil in ihr x_{r+1} nicht vorkommt. Wir können also jetzt unsere Operation immer weiter fortsetzen, ohne die bereits vorhergehenden, in Normalform gebrachten Zeilen zu ändern, bis wir für diesen Fall die Gesamtheit der Zeilen von der $r - 1^{\text{ten}}$ bis zur n^{ten} in die Normalform gebracht haben.

Wir haben noch den Fall zu betrachten, daß auf der r^{ten} bis n^{ten} Zeile an einigen Stellen der Nebendiagonale Nullen stehen. Dann zerfallen die Zeilen in so viel Teile, als solche Nullen da sind. Wir ordnen nun in bezug auf die $r - 1^{\text{te}}$ Zeile diese Teile so an, daß zu oberst diejenigen Teile kommen, in bezug auf die die $r - 1^{\text{te}}$ Zeile die obige Annahme 1. befriedigt. Wir können dann durch die dort angegebene Umformung die Koeffizienten in der $r - 1^{\text{ten}}$ Zeile für sämtliche Variabeln der zuletzt genannten Teile zu Null machen und alsdann durch Variabelnvertauschung die $r - 1^{\text{te}}$ Zeile unter alle diese Teile bringen. Dann formen wir die Matrix der übrigen Teile so um, daß ein Teil mit der höchsten Reihenzahl, etwa r_1, zuerst kommt. Wenden wir jetzt die Methode 2 an, so ist nach r_1 Schritten die Normalform der Matrix erreicht. Denn haben wir zunächst, bei geeigneter Bezeichnung der Variabeln, die Transformation

$$x_0' = \lambda x_0 + a_1 x_1 + \cdots a_{r_1} x_{r_1} + a_{r_1+1} x_{r_1+1} + \cdots a_{r_1+r_2} x_{r_1+r_2} + \cdots$$

$$x_1' = \lambda x_1 + x_2$$

$$\cdots \cdots \cdots \cdots \cdots \cdots \cdots$$

$$\cdots \cdots \cdots \cdots \cdots \cdots \cdots$$

$$x_{r_1-1}' = \lambda x_{r_1-1} + x_{r_1+2}$$

$$x_{r_1}' = \lambda x_{r_1}$$

$$x_{r_1+1}' = \lambda x_{r_1+1} + x_{r_1+2}$$

$$\cdots \cdots \cdots \cdots \cdots \cdots \cdots,$$

so haben wir nach einmaliger Anwendung der Methode 2 die ersten beiden Reihen in der Form:

$$x_0' = \lambda x_0 + x_1,$$

$$x_1' = \lambda x_1 + a_1 x_2 + \cdots a_{r_1-1} x_{r_1-1} + a_{r_1+1} x_{r_1+1} + \cdots a_{r_1+r_2-1} x_{r_1+r_2-1} + \cdots.$$

Die Koeffizienten von x_{r_1}, $x_{r_1+r_2} \ldots$ sind Null, weil in den Reihen für x_{r_1}', $x_{r_1+r_2}' \ldots$ die Glieder in der Nebendiagonale Null sind. Bei jedem weiteren Schritt verlieren wir einen weiteren der Koeffizienten $a_1 \ldots a_{r_1}$ sowie einen weiteren der Koeffizienten $a_{r_1+1} \ldots a_{r_1+r_2}$ usw. Nach r_1 Schritten haben wir alle Koeffizienten $a_1 \ldots a_{r_1}$ verloren, aber auch alle Koeffizienten $a_{r_1+1} \ldots a_{r_1+r_2}$, $a_{r_1+r_2+1} \ldots a_{r_1+r_2+r_3}$ usw., weil nach Voraussetzung $r_1 \geqq r_i$ ist. Also haben wir nach r_1 Schritten die Normalform erreicht.

Wir können also stets, wenn von der untersten Zeile angefangen bis zur r^{ter} Zeile die Normalform vorliegt, auch die nächsthöhere Zeile in die Normalform überführen. Damit ist unser Satz vollständig bewiesen.

d) Wir müssen jetzt die *Invarianz dieser Normalform* nachweisen. Wir brauchen uns nur mit Transformationen zu beschäftigen, bei denen die Wurzeln λ_i alle gleich sind. Zunächst zeigen wir, daß die

Anzahl der Glieder in der Hauptdiagonale der Matrix, *hinter denen keine 1 steht, invariant ist.* Die Fixgeraden der Transformation

$$x_1' = \lambda x_1 + x_2$$
$$x_1' = \qquad \lambda x_2 + x_3$$
$$\vdots$$
$$x_{r_1}' = \qquad\qquad \lambda x_{r_1}$$
$$x_{r_1+1}' = \qquad\qquad\qquad \lambda x_{r_1+1} + x_{r_1+2}$$
$$\vdots$$
$$x_{r_1+r_2}' = \qquad\qquad\qquad\qquad \lambda x_{r_1+r_2}$$
$$\vdots$$

genügen den Gleichungen

$$\lambda x_1 = \lambda x_1 + x_2$$
$$\lambda x_2 = \qquad \lambda x_2 + x_3$$
$$\vdots$$
$$\lambda x_{r_1} = \qquad\qquad \lambda x_{r_1}$$
$$\lambda x_{r_1+1} = \qquad\qquad\qquad \lambda x_{r_1+1}' + x_{r_1+2}$$
$$\vdots$$
$$\lambda x_{r_1+r_2} = \qquad\qquad\qquad\qquad \lambda x_{r_1+r_2}.$$

Von diesen Gleichungen sind genau so viel identisch erfüllt, als es Glieder der Diagonale gibt, hinter denen keine 1 steht, und die übrigen Gleichungen sind offenbar voneinander linear unabhängig. Bezeichnen wir jene Anzahl mit μ, so erfüllen die Fixgeraden also eine μ-dimensionale lineare Mannigfaltigkeit. Die Dimension dieses *Trägers der Fixgeraden* kann durch Transformation nicht geändert werden. Es ist also, wie behauptet, μ eine Invariante.

e) Es ist
$$r_1 + r_2 + \cdots r_\mu = n.$$

Die Reihenfolge der Zahlen r_i spielt keine Rolle, denn durch Vertauschung von Variabeln können wir eine beliebige Reihenfolge erhalten. Es fragt sich aber, inwieweit den verschiedenen Zerlegungen von n in eine feste Anzahl μ von Teilen ineinander nicht transformierbare Transformationen entsprechen. Für $n = 1, 2, 3$ gibt es für feste μ keine verschiedenen Zerlegungen. Der einfachste in Betracht kommende Fall ist $n = 4$, $\mu = 2$, dem die beiden Zerlegungen $n = 2 + 2$ und $n = 3 + 1$ entsprechen. Diesen entsprechen die Transformationen:

$$
\begin{aligned}
x_1' &= \lambda x_1 + x_2 \\
x_2' &= \qquad \lambda x_2 \\
x_3' &= \qquad \lambda x_3 + x_4 \\
x_4' &= \qquad\qquad \lambda x_4
\end{aligned}
\qquad \text{und} \qquad
\begin{aligned}
x_1' &= \lambda x_1 + x_2 \\
x_1' &= \qquad \lambda x_2 + x_3 \\
x_3' &= \qquad\qquad \lambda x_3 \\
x_4' &= \qquad\qquad \lambda x_4.
\end{aligned}
$$

Im ersten Falle sind alle Geraden Fixgeraden, die die Gleichungen $x_2 = x_4 = 0$ erfüllen, im zweiten Falle diejenigen, die die Gleichungen $x_2 = x_3 = 0$ erfüllen. Jetzt betrachten wir die R_3, die bei der Transformation in sich übergehen, also die Fixräume. Aus

soll folgen

$$\alpha_1 x_1 + \alpha_2 x_2 + \alpha_3 x_3 + \alpha_4 x_4 = 0$$
$$\alpha_1 x_1' + \alpha_2 x_2' + \alpha_3 x_3' + \alpha_4 x_4' = 0.$$

Die linke Seite dieser Gleichung ist aber nach den Transformationsformeln im ersten Falle gleich

$$\lambda \alpha_1 x_1 + (\alpha_1 + \lambda \alpha_2) x_2 + \alpha_3 \lambda x_3 + (\alpha_3 + \lambda \alpha_4) x_4$$

im zweiten Falle gleich

$$\lambda \alpha_1 x_1 + (\alpha_1 + \lambda \alpha_2) x_2 + (\alpha_2 + \lambda \alpha_3) x_3 + \lambda \alpha_4 x_4.$$

Also muß für einen Fixraum im ersten Falle $\alpha_1 = \alpha_3 = 0$ sein, im zweiten Falle $\alpha_1 = \alpha_2 = 0$. Im ersten Falle sind alle Räume

$$\alpha_2 x_2 + \alpha_4 x_4 = 0$$

fix, im zweiten Falle alle Räume

$$\alpha_3 x_3 + \alpha_4 x_4 = 0.$$

Im ersten Falle ist also der Träger der Fixgeraden, die Ebene $x_2 = x_4 = 0$, gleichzeitig der Träger der Fixräume. Im zweiten Falle ist der Träger der Fixgeraden $x_2 = x_3 = 0$ verschieden von dem Träger der Fixräume $x_3 = x_4 = 0$. *Die beiden Transformationen sind also nicht ineinander transformierbar.* Denn die Träger der Fixelemente sind Kovarianten, sie gehen bei der Transformation ineinander über, also auch der Schnitt der Träger für die Fixelemente verschiedener Dimensionen. Dieser Schnitt ist aber im ersten Falle eine Ebene (der Träger selbst), im zweiten Falle eine Gerade.

Für $n > 4$ ist aber diese Untersuchung zu roh. Wir kommen zum Ziel, wenn wir *die Transformationen in $n - 1$ Variabeln* betrachten, die *auf den Fixräumen von $n - 1$ Dimensionen* durch die gegebene Transformation T erzeugt werden, gerade so, wie wir zu den Invarianten λ_i gekommen sind, indem wir die auf den Fixgeraden von T erzeugten Transformationen betrachtet haben. Wir wollen zunächst den Fall $\mu = 2$ betrachten. Es sei dementsprechend T gegeben in der Form

$$T: \begin{aligned} x_1' &= \lambda x_1 + x_2 \\ x_2' &= \qquad \lambda x_2 + x_3 \\ &\;\;\vdots \qquad\qquad\qquad \ddots \\ x_{r_1}' &= \qquad\qquad\qquad\quad \lambda x_{r_1} \\ x_{r_1+1}' &= \qquad\qquad\qquad\quad \lambda x_{r_1+1} + x_{r_1+2} \\ &\;\;\vdots \qquad\qquad\qquad\qquad\qquad\qquad \ddots \\ x_n' &= \qquad\qquad\qquad\qquad\qquad\qquad \lambda x_{n,\, n = r_1 + r_2}. \end{aligned}$$

Dann sind alle R_{n-1} mit der Gleichung

$$\alpha x_{r_1} + \beta x_n = 0$$

und auch nur diese fix. Auf diesen R_{n-1}

$$x_{r_1} = 0$$

erhalten wir, wie wir durch Einsetzen in T sofort sehen, eine Transformation in $n-1$ Variabeln mit der Invariante λ und der Zerlegung

$$n - 1 = (r_1 - 1) + r_2.$$

Für den R_{n-1}

$$x_n = 0$$

ergibt sich eine Transformation mit der Zerlegung

$$n - 1 = r_1 + (r_2 - 1).$$

Wir betrachten jetzt einen allgemeinen Fixraum mit $\alpha\beta \neq 0$. Durch Einsetzen von $x_{r_1} = -\dfrac{\beta}{\alpha} x_n$ erhalten wir jetzt für den Fixraum die Transformation

$$
\begin{aligned}
x_1' \;&= \lambda x_1 + x_2 \\
&\;\vdots \\
x_{r_1-1}' \;&= \qquad \lambda x_{r_1-1} - \frac{\beta}{\alpha} x_n \\
x_{r_1+1}' \;&= \qquad \lambda x_{r_1+1} + x_{r_1+2} \\
&\;\vdots \\
x_n' \;&= \qquad\qquad \lambda x_{n,\, n=r_1+r_2}.
\end{aligned}
$$

Wir transformieren jetzt diese Transformation entsprechend c) 1. und c) 2. auf die Normalform und erhalten, wenn $r_1 \geqq r_2$ die Zerlegung

$$n - 1 = r_1 + (r_2 - 1).$$

Wir haben also zusammenfassend das Resultat: *auf einen Fixraum wird eine Transformation mit der Zerlegung $(r_1 - 1, r_2)$ erzeugt, auf allen anderen ∞^1 Fixräumen eine Transformation mit der Zerlegung $(r_1, r_2 - 1)$.* Wenn wir annehmen, die Invarianz der Zerlegungszahlen sei im Falle von nur 2 Teilen für $n-1$ Variabeln bereits bewiesen, so folgt diese Invarianz auch für n Variabeln. Denn die Transformation von T liefert auch eine Transformation der Fixraumtransformation. Sollten also T und T' ineinander transformierbar sein, so müssen die Zahlenpaare $(r_1, r_2 - 1)$ und $(r_1', r_2' - 1)$ übereinstimmen, wo $r_1 > r_2 - 1$ und $r_1' > r_2' - 1$ ist. Daraus folgt also $r_1 = r_1'$ und $r_2 = r_2'$. *Damit haben wir die Invarianz der Zerlegungszahlen für die Zerlegung in zwei Teile allgemein bewiesen.*

23*

Ebenso erhalten wir ohne jede Schwierigkeit für die Zerlegung von n in 3 Teile das Resultat: Es sei $n = r_1 + r_2 + r_3$ mit $r_1 \geqq r_2 \geqq r_3$ die Zerlegung der gegebenen Transformation, dann haben wir auf den fixen R_{n-1} die drei Zerlegungsarten

$$
\begin{array}{ccc}
r_1 - 1\,, & r_2 & r_3 \\[4pt]
r_1 & r_2 - 1 & r_3 \\[4pt]
r_1 & r_2 & r_3 - 1\,,
\end{array}
$$

von denen die erste in einem fixen R_{n-1}, die zweite in ∞^1 fixen R_{n-1}, die dritte in den ∞^2 übrigen fixen R_{n-1} gilt. Entsprechende Resultate gelten für die Zerlegung in beliebig viele Teile. Damit ist unser Invarianzsatz allgemein bewiesen.

f) Um die Resultate über die Invarianten der allgemeinen umkehrbaren linearen Transformation zusammenzufassen, zerlegen wir das charakteristische Polynom $\varLambda$ so, daß die Zerlegungszahlen für jede mehrfache Wurzel gleich in Erscheinung treten. Wir schreiben

$$
\begin{aligned}
\varLambda = {} & (\lambda - \lambda_1)^{r_{11}} (\lambda - \lambda_1)^{r_{12}} \ldots (\lambda - \lambda_1)^{r_{1\mu_1}} \\
& (\lambda - \lambda_2)^{r_{21}} (\lambda - \lambda_2)^{r_{22}} \ldots (\lambda - \lambda_2)^{r_{2\mu_2}}
\end{aligned}
$$

$$
\cdots\cdots\cdots\cdots\cdots\cdots\cdots\cdots\cdots\cdots\cdots
$$

und bezeichnen den Faktor $(\lambda - \lambda_i)^{r_{ik}}$ als *Elementarteiler von* $\varLambda$ oder direkt als Elementarteiler von T.

Dann haben wir das außerordentlich einfache, schöne Resultat: *Zwei umkehrbare lineare Transformationen T_1 und T_2 sind dann und nur dann ineinander transformierbar, wenn sie das gleiche System von Elementarteilern besitzen.*

Für homogene Transformation ändert sich dieses Resultat nur insoweit, daß die Elementarteiler übereinstimmen müssen bis auf einen festen Proportionalitätsfaktor der λ_i.

Man kann das Kriterium dafür, daß T_1 und T_2 ineinander transformierbar sind, in bemerkenswerter Weise so umformen, daß die Zahlen r_{ik} sich durch den wichtigsten algebraischen Prozeß, nämlich durch die Bestimmung des größten gemeinschaftlichen Faktors von Polynomen ergeben, während sie bei uns durch die speziell unserem Problem angepaßte Umformung der Matrix auf die Normalform gefunden werden.

Zunächst ergibt sich ohne weiteres, daß der Rang r_i von $\mathfrak{T} - \lambda_i \mathfrak{E}$ gleich der Zahl $n - \mu_i$ ist. Denn μ_i ist, wie wir oben sahen, die Dimension des Trägers der Fixgeraden. Andererseits werden die Fixgeraden, falls der Rang r_i ist, durch r_i unabhängige Gleichungen zwischen den Variabeln bestimmt. Der Träger der Fixgeraden ist also von der Dimension $n - r_i$. Also ist $n - r_i = \mu_i$ oder r_i wie behauptet gleich

$n - \mu_i$. Ist aber der Rang gleich $n - \mu_i$, so haben sämtliche $n - \mu_i + 1$-reihigen Unterdeterminanten der Determinante

$$\varLambda \equiv |\mathfrak{T} - \lambda\,\mathfrak{E}|,$$

aber nicht alle $n - \mu_i$ reihigen Unterdeterminanten den Faktor $\lambda - \lambda_i$ gemeinsam.

Weiterhin aber erhalten wir verschiedene Fälle je nach der Potenz von $\lambda - \lambda_i$, die die $n - \mu_i + 1$ reihigen, die $n - \mu_i + 2$ reihigen bis zu den $n - 1$ reihigen Unterdeterminanten gemeinsam haben. Es sei z. B.

$$\varLambda \equiv (\lambda - \lambda_1)^4$$

und $\mu = 2$, d. h. alle 3 reihigen Unterdeterminanten haben den Faktor $\lambda - \lambda_1$, aber nicht alle 2 reihigen. Dann haben im Falle, daß $r_1 = r_2 = 2$ ist, alle 3 reihigen Unterdeterminanten den Faktor $(\lambda - \lambda_1)^2$ gemeinsam, im Falle $r_1 = 3$, $r_2 = 1$ nur den Faktor $\lambda - \lambda_1$. Das ist für die Darstellung von T in Normalform ganz leicht direkt einzusehen. Aber man zeigt auch leicht, daß diese Eigenschaft unabhängig von der Darstellung ist, also eine Invariante. Denn wenn alle 3 reihigen Unterdeterminanten den Faktor $(\lambda - \lambda_1)^2$ gemeinsam haben, dann hat auf allen R_3 durch O die durch T erzeugte Transformation eine charakteristische Gleichung mit Doppelwurzel λ_1. Gibt es aber eine 3 reihige Unterdeterminante, die nur den Faktor $\lambda - \lambda_1$ hat, so gibt es sicher solche R_3 durch O, für die die charakteristische Gleichung der durch T erzeugten Transformation λ_1 nur als einfache Wurzel hat.

Es sei jetzt für allgemeines n λ_1 eine T_1 fache Wurzel von $\varLambda = 0$, dann hat $\varLambda$ den Faktor $(\lambda - \lambda_1)^\tau$, es mögen die $n - 1$ reihigen Unterdeterminanten·von $\varLambda$ den Faktor $(\lambda - \lambda_1)^{\tau_1}$, die $n - 2$ reihigen den Faktor $(\lambda - \lambda_1)^{\tau_2}$, endlich die $n - \mu_1 + 1$ reihigen den Faktor $(\lambda - \lambda_1)^{\tau_{\mu_1+1}}$ gemeinsam haben. Dann ist stets $\tau_k < \tau_{k-1} < \tau$, $\tau - \tau_1$ gleich r_{11}, $\tau_1 - \tau_2$ gleich $r_{12} \ldots \tau_{\mu_1+1}$ gleich $r_{1\mu_1}$. Aus der Darstellung in der Normalform sind diese Beziehungen leicht abzuleiten. Um die Behauptung für die allgemeine Darstellung zu beweisen, haben wir nur die τ_i als Invariante nachzuweisen. Das wird durch analoge geometrische Betrachtungen wie für den Fall $n = 4$ geleistet.

Durch diese Umformung ist die Entscheidung der Transformierbarkeit von T_1 in T_2 auf die Bestimmung der größten gemeinschaftlichen Faktoren von Polynomen zurückgeführt, ein Problem, das in der Algebra mit Hilfe des Euklidischen Algorithmus erledigt wird. An die Stelle dieses Prozesses trat bei uns die Umwandlung der Matrix in die Normalform.

Nur die Fälle der Probleme, bei denen $n \leq 4$ ist, haben für die gewöhnliche projektive Geometrie Bedeutung. Aber wir konnten uns nicht auf diese Fälle beschränken. Denn erst bei höherem n treten alle Eigentümlichkeiten unseres Problems klar hervor. Die Überwindung von Schwierigkeiten wird durch tiefere Einsicht belohnt.

§ 5. Korrelationen, bilineare Formen, orthogonale Matrizen, symmetrische Matrizen, Polarsysteme, quadratische Formen.

1. Der homogenen Transformation

$$T : \varrho\, x_i' = \sum_{k=1}^{k=n} a_{ik}\, x_k$$

können wir noch eine andere geometrische Bedeutung unterlegen. Durch T wird jeder Geraden durch den Anfangspunkt O mit dem Koordinatenverhältnis $\xi_1 : \xi_2 : \ldots : \xi_n$ ein R_{n-1} mit der Gleichung

$$\sum_{i=1}^{i=n} x_i \sum_{k=1}^{k=n} a_{ik}\, \xi_k = 0$$

zugeordnet oder, was projektiv dasselbe ist, jedem Punkte $(\xi_1, \xi_2, \ldots \xi_n)$ des projektiven R_{n-1} ein R_{n-2} mit der obigen Gleichung. Eine solche Zuordnung von Gebilden der niedrigsten Dimension im Träger (also hier Geraden resp. Punkten) zu Gebilden der höchsten Dimension (hier R_{n-1} resp. R_{n-2}) nennt man *Korrelation*. Man bezeichnet die Koeffizienten von x_i in der obigen Gleichung als Koordinaten u_i des R_{n-1} resp. R_{n-2}. Die Verhältnisse der u_i bestimmen den R_{n-1} resp. R_{n-2}, ebenso wie die Verhältnisse der x_i die Gerade durch O oder den Punkt im $n-1$-dimensionalen Raum bestimmen. Wir schreiben die Korrelation in der Form

$$K : \varrho\, u_i' = \sum_{k=1}^{k=n} a_{ik}\, x_k\,.$$

Unsere erste Aufgabe ist die, uns eine Übersicht über die verschiedenen Korrelationen zu verschaffen. Wir beschränken uns, wenn nicht anders angegeben, auf Korrelationen mit $|a_{ik}| \neq 0$. Es ist sofort klar, daß wir die Korrelation K erhalten, indem wir zunächst auf die x_i die Transformation T ausüben, dann die spezielle Korrelation

$$K_0 : \varrho\, u_i' = x_i'$$

hinzufügen. Diese Korrelation hat eine besonders einfache Bedeutung, wenn wir die x_i als gewöhnliche rechtwinklige Koordinaten des R_n ansehen. Denn dann geben die Verhältnisse $u_1 : u_2 \ldots : u_n$ die Verhältnisse der Koordinaten auf der zu dem R_{n-1} senkrechten Geraden an. Durch K_0 wird also *jeder Geraden durch O ein zu ihr senkrechter R_{n-1}* zugeordnet. Wir nennen K_0 die *absolute Korrelation*.

Die Wirkung einer Transformation auf eine Korrelation ist eine ganz andere wie die Wirkung einer Transformation auf eine andere Transformation. Wir betrachten die Korrelation zwischen x_i' und u_i'

$$K : \varrho\, u_i' = \sum_{k=1}^{n} a_{ik}\, x_k'$$

und wollen die Korrelation K' finden, die entsteht, wenn wir die projektive Transformation

$$U : \varrho\, x_i' = \sum_{k=1}^{n} b_{ik} x_k$$

ausführen. Aus dem R_{n-1}

$$0 = \sum_{i=1}^{i=n} u_i' x_i'$$

wird durch Einsetzen des Ausdruckes für die x_i' in den x_k

$$0 = \sum_{i=1}^{i=n} u_i' \sum_{k=1}^{k=n} b_{ik} x_k = \sum_{i=1}^{i=} \left(\sum_{k=1}^{k=n} b_{ik} u_i' \right) x_k .$$

Der neue R_{n-1} hat also die Koordinatenverhältnisse

$$u_1 : u_2 : \ldots : u_n = \sum_{i=1}^{i=n} b_{i1} u_i' : \sum_{i=1}^{i=n} b_{i2} u_i' : \ldots : \sum_{i=1}^{i=n} b_{in} u_i'$$

oder

$$U^* : \varrho\, u_k = \sum_{i=1}^{i=n} b_{ik} u_i' .$$

Die Matrix von U^*, die die gestrichenen Variabeln in die ungestrichenen überführt, entsteht aus der Matrix von U durch Spiegelung an der Hauptdiagonale. Die zu gespiegelten Matrizen gehörenden Transformationen resp. gespiegelte Matrizen wollen wir allgemein mit einem Stern bezeichnen. Es folgt dann der Ausdruck von u_i' durch die u_k in der Form[1]

$$(U^*)^{-1} : \varrho\, u_i' = \sum_{k=1}^{k=n} B_{ik} u_i .$$

Jetzt setzen wir u_i' und x_k' links und rechts in K ein und erhalten

$$K' : \varrho\, u_i = \sum_{k=1}^{k=n} a_{ik}' x_k ,$$

wo die Matrix

$$(a_{ik}') \equiv \mathfrak{K}' = \mathfrak{U}^* \mathfrak{K} \mathfrak{U}$$

ist. *An die Stelle der reziproken Matrix bei Transformation gewöhnlicher Transformationen tritt also bei Transformation von Korrelationen die gespiegelte Matrix.*

2. Während es eine Transformation, nämlich die identische Transformation oder Ruhetransformation gibt, die bei jeder Transformation in sich übergeht, gibt es keine solche Korrelation. Speziell ergibt sich

$$\mathfrak{U}^* \mathfrak{K}_0 \mathfrak{U} = \mathfrak{U}^* \varrho\, \mathfrak{E}\, \mathfrak{U} = \varrho\, \mathfrak{U}^* \mathfrak{U} .$$

Also geht die absolute Korrelation mit der Matrix $\varrho\, \mathfrak{E}$ nur durch diejenigen Transformationen in sich über, für die die Gleichung besteht

$$\mathfrak{U}^* \mathfrak{U} = \sigma\, \mathfrak{E} .$$

---

[1] Die Proportionalitätsfaktoren ϱ in den verschiedenen Beziehungen sind nur gebraucht, um die Schreibweise in Verhältnissen zu vermeiden. Sie haben für die verschiedenen Beziehungen nicht denselben Wert.

Nach der oben gegebenen geometrischen Erklärung haben diese Transformationen die Eigenschaft, daß sie, auf ein gewöhnliches rechtwinkliges Koordinatensystem bezogen, das Aufeinandersenkrechtstehen von Geraden und R_{n-2} durch O erhalten. Diese Transformationen sind deswegen, wie wir später noch zeigen werden, *für* $\sigma = 1$ *Drehungen um* O, eventuell verbunden mit Spiegelung (für $\sigma \neq 1$ Drehungen mit hinzugefügter Ähnlichkeitstransformation). Wir nennen $\mathfrak{U}$, falls die obige Beziehung für $\sigma = 1$ erfüllt ist, eine *orthogonale Matrix*.

Unter den Korrelationen gibt es eine besonders wichtige Gattung. Wir betrachten sie hier am besten im R_{n-1}, wo das Verhältnis $x_1 : x_2 : \ldots : x_n$ einen Punkt bestimmt. Durch K ist jedem Punkt ein R_{n-2} und, weil $\mathfrak{K}$ als umkehrbar angenommen ist, auch jedem R_{n-2} ein Punkt zugeordnet. Allen R_{n-2} durch einen Punkt entsprechen Punkte, die auf einem R_{n-2} liegen. In der Tat, die Koordinaten u_i aller R_{n-2} durch $P \equiv (\xi_1 : \xi_2 \ldots : \xi_n)$ genügen der Gleichung

$$P: \quad \sum_{i=1}^{i=n} u_i \xi_i = 0 \, .$$

Daraus folgt für die den u_i entsprechenden x_k die Beziehung

$$\mathfrak{L}: \quad \sum_{i=1}^{i=n} \xi_i \sum_{k=1}^{k=n} a_{ik} x_k = 0 \, .$$

Zu P gehört aber vermöge K der R_{n-2} mit der Gleichung

$$\mathfrak{L}': \quad \sum_{i=1}^{i=n} x_i \sum_{k=1}^{k=n} a_{ik} \xi_k = 0 \, .$$

$\mathfrak{L}'$ ist also dann und nur dann identisch mit $\mathfrak{L}$, wenn $a_{ik} = a_{ki}$ ist. Denn setzen wir etwa $\xi_1 = 1$, $\xi_1 = 0$ für $i \neq 1$, so folgt

$$\mathfrak{L}: \quad a_{11} x_1 + x_{12} x_2 + \ldots + a_{1n} x_n = 0$$
$$\mathfrak{L}': \quad a_{11} x_1 + a_{21} x_2 + \ldots + a_{n1} x_n = 0 \, .$$

Damit diese beiden denselben R_{n-2} darstellen, muß $a_{1k} = a_{k1}$ sein. Ebenso folgt unsere Behauptung für die anderen Reihen und Kolonnen. Wenn $a_{ik} = a_{ki}$ ist, so ist die Matrix symmetrisch in bezug auf die Hauptdiagonale; man nennt sie deswegen kurz eine *symmetrische Matrix*. Wenn eine Matrix symmetrisch ist, so ist auch die zu ihr reziproke symmetrisch. Daraus folgt, daß, wenn die zu K gehörende Matrix symmetrisch ist, auch alle R_{n-2}, die zu Punkten auf $\mathfrak{L}$ wegen K gehören, durch einen Punkt P gehen, der zu $\mathfrak{L}$ wegen K gehört. Man nennt P den *Pol* zu $\mathfrak{L}$ oder $\mathfrak{L}$ die *Polare* zu P. Wir können dann die Verknüpfungen so formulieren: alle Polaren zu Punkten auf $\mathfrak{L}$ gehen durch den Pol P von $\mathfrak{L}$, alle Pole zu den R_{n-2} durch P liegen auf den Polaren $\mathfrak{L}$ zu P. Eine Korrelation mit symmetrischer Matrix nennt man *Polarsystem*. Die zu K_0 gehörende Matrix ist symmetrisch. Das zu K_0 gehörende Polarsystem heißt das *absolute Polarsystem*.

3. Durch eine projektive Transformation geht ein Polarsystem wieder in ein Polarsystem über, wie aus der geometrischen Charakterisierung des Polarsystems sofort hervorgeht. Wir zeigen, daß *durch Transformation je zwei Polarsysteme ineinander übergeführt werden können.* Dazu betrachten wir die Punkte, die auf ihrer Polaren liegen. Für diese muß die Gleichung befriedigt sein:

$$Q \equiv \sum_{i,k=1}^{n} a_{ik}\,\xi_i\,\xi_k = 0\,, \qquad a_{ik} = a_{ki}\,.$$

Die linke Seite Q, die durch das Polarsystem nur bis auf einen Faktor bestimmt ist, heißt *quadratische Form der Variabeln* ξ_i. Zu jeder symmetrischen Matrix gibt es also eine quadratische Form Q, und zu *jeder quadratischen Form* mit nicht verschwindender Determinante $|a_{ik}|$ gibt es ein *Polarsystem.* Wegen der geometrischen Bedeutung der quadratischen Form Q für das Polarsystem ist Q ein *Kovariante* des Polarsystems, d. h., wenn man eine Transformation des Polarsystems vornimmt, so ist das transformierte Q eine zu dem transformierten Polarsystem gehörende quadratische Form. Dies ist auch leicht durch Rechnung zu bestätigen. Wenn wir $\sum_{k=1}^{n} b_{ik}\,\xi_i$ statt ξ_k einsetzen, erhalten wir eine quadratische Form, deren (symmetrische) Matrix die Form

$$\mathfrak{U}^{*}\,\mathfrak{Q}\,\mathfrak{U}$$

hat, wo $\mathfrak{Q}$ die zu Q gehörende Matrix ist, $\mathfrak{U}$ die Matrix (b_{ik}). Wir zeigen nun, daß man durch eine Transformation

$$Q \equiv \sum a_{ik} x_i x_k\,, \qquad a_{ik} = a_{ki}$$

auf eine Normalform bringen kann, die für alle Q mit $|a_{ik}| \neq 0$ die gleiche ist. Entweder ist ein $a_{ii} \neq 0$, etwa $a_{11} \neq 0$, oder wir können, da ja nicht alle $a_{ik} = 0$ sein können, etwa $a_{12} \neq 0$ annehmen. Dann setzen wir $x_1 + x_2$ statt x_2, lassen die übrigen Variabeln unverändert und erhalten in der transformierten Form x_1^2 mit $2a_{12}$ multipliziert. Wir können also stets $a_{11} \neq 0$ annehmen und schreiben Q in der Form

$$a_{11}\left(x_1 + \frac{a_{12}}{a_{11}} x_2 + \cdots + \frac{a_{1n}}{a_{11}} x_n\right)^2 + Q_1\,.$$

Q_1 ist dann eine quadratische Form, in der das x_1 nicht mehr vorkommt. Wir setzen nun x_1 statt

$$x_1 + \frac{a_{12}}{a_{11}} x_2 + \cdots + \frac{a_{1n}}{a_{11}} x_n$$

und erhalten die transformierte Form

$$a_{11} x_1^2 + Q_1\,.$$

Falls alle Koeffizienten in Q_1 Null sind, hat die Matrix der transformierten Form den Rang 1. Da aber durch Multiplikation mit umkehrbaren Matrizen der Rang nicht verändert wird, müßte auch die Matrix der ursprünglichen Form den Rang 1 gehabt haben, gegen unsere Voraussetzung (falls nicht $n = 1$), weil der Rang von $\mathfrak{Q}$ gleich n sein sollte. Wir können also für $n > 1$ mit unserem Prozeß fortfahren und erhalten nach höchstens $n - 1$ Fortsetzungen die quadratische Form in der Form

$$a_1 x_1^2 + a_2 x_2^2 + \cdots + a_n x_n^2.$$

Bis hierher waren alle Transformationen rational. Jetzt setzen wir x_i an die Stelle von $\sqrt{a_{ii}} x_i$ und erhalten durch diese im allgemeinen irrationale und nicht reelle Transformation die transformierte Form

$$x_1^2 + x_2^2 + \cdots + x_n^2.$$

Also sind alle Formen mit nicht verschwindender Determinante in dieselbe Form, nämlich in die Summe von n Quadraten, transformierbar. Also sind auch, wie behauptet, alle Polarsysteme ineinander transformierbar.

Hat die Matrix der quadratischen Form einen von n verschiedenen Rang, etwa r, so kann dieser *Rang* durch keine Transformation verändert werden, er ist eine *Invariante*. Andererseits ist eine quadratische Form mit dem Rang r, wie aus dem Obigen folgt, überführbar in die Summe von r Quadraten. Also sind *alle quadratischen Formen mit gleichem Rang stets ineinander transformierbar.*

4. *Reelle Transformationen reeller quadratischer Formen.* Im Gegensatz zu dem Resultat des vorigen Absatzes lassen sich irgend zwei reelle quadratische Formen gleichen Ranges nicht durch eine reelle Transformation ineinander überführen. Z. B. ist die quadratische Form $Q_1 \equiv \sum x_i^2$, die nur dann für reelle Werte der x_i Null wird, wenn alle x_i Null sind, nicht reell in $Q_2 \equiv x_1^2 - x_2^2 + \sum_{i>2} x_i^2$ überführbar. Denn in dem zu Q_1 gehörenden Polarsystem liegt kein reeller Punkt auf seiner Polaren (bei der Darstellung des zugehörigen Polarsystems in rechtwinkligen Koordinaten des R_n: keine reelle Gerade liegt in dem zu ihr senkrechten R_{n-1}), in dem zu Q_2 gehörigen Polarsystem liegt z. B. der Punkt $\xi_1 = \xi_2$, $\xi_i = 0$ $(i > 2)$ auf seiner Polaren

$$\xi_1 x_1 - \xi_2 x_2 + \sum_{i=3}^{i=n} \xi_i x_i = 0.$$

Jede quadratische Form Q können wir, wie wir oben sahen, durch eine in den Koeffizienten von Q rationale Transformation auf die Form

$$\sum_{i=1}^{i=n} a_i x_i^2$$

bringen. Durch die reelle Transformation

$$x_i' = \sqrt{\pm a_i}\, x_i,$$

wo das Vorzeichen in der Wurzel so gewählt wird, daß der Radikand positiv ist, und nur solche Variablen x_i transformiert werden, für die $a_i \neq 0$ ist, geht Q über in die Form

$$Q^0 = \sum \pm x_i^2 \,.$$

Wir beweisen nun, daß zwei reelle quadratische Formen Q_1 und Q_2 nur dann ineinander durch reelle Transformation übergeführt werden können, wenn die Anzahl π der Quadrate mit positiven Vorzeichen und die Anzahl ν der Quadrate mit negativem Vorzeichen in Q_1^0 und Q_2^0 übereinstimmen. ν und π sind also Invarianten gegen reelle Transformationen (*Trägheitsgesetz der quadratischen Formen*). ν_i und π_i seien die Zahlen für Q_i^0. Zunächst ist $\nu_1 + \pi_1 = \nu_2 + \pi_2$, denn $\nu + \pi$ ist gleich dem Rang der zu Q gehörenden Matrix, der bei keiner Transformation geändert wird.

Es sei nun etwa $\pi \geqq \nu$ und $\pi + \nu = n$, dann liegen $\nu - 1$ dimensionale reelle lineare Gebilde auf $Q = 0$, aber keine solche Gebilde von mehr als $\nu - 1$ Dimensionen. Z. B. auf der Fläche im R_3

$$Q_1 \equiv x_1^2 + x_2^2 + x_3^2 - x_4^2 = 0$$

liegen keine reellen Geraden, weil auf der Ebene $x_4 = 0$ kein reeller Punkt von $Q_1 = 0$ liegt, aber eine reelle Ebene mit jeder reellen Geraden einen reellen Punkt gemeinsam hat. Dagegen liegen auf der Fläche

$$Q_2 \equiv x_1^2 + x_2^2 - x_3^2 - x_4^2 = 0$$

gerade Linien (z. Beispiel: $x_1 = x_3$, $x_2 = x_4$). Also kann Q_1 durch keine reelle Transformation in Q_2 übergeführt werden. Der Beweis für den allgemeinen Fall ist nur eine leichte Verallgemeinerung dieser Betrachtung. Es sei also zunächst $\pi \geqq \nu$, $\pi = \nu + \pi'$, dann schreiben wir Q^0 in der Form

$$x_1^2 + x_2^2 + \cdots + x_{\pi'}^2 + (x_{\pi'+1}^2 - x_{\pi+1}^2) + \cdots + (x_\pi^2 - x_n^2) \,,$$

dann liegt auf $Q^0 = 0$ (und folglich auch auf $Q = 0$) das $\nu - 1$ dimensionale reelle Gebilde

$$x_1 = x_2 = \cdots = x_{\pi'} = 0 \,,$$

$$x_{\pi'+1} = x_{\pi+1} \,, \qquad x_{\pi'+2} = x_{\pi+2} \,, \cdots, \qquad x_\pi = x_n \,.$$

Es liegt aber kein ν dimensionales reelles lineares Gebilde auf $Q = 0$, etwa
$$L_r: \quad l_1(x_1) = l_2(x_i) = \cdots = l_{\pi-1}(x_i) = 0;$$
denn das Gebilde

$$L: \quad x_{\pi+1} = x_{\pi+2} = \cdots = x_n = 0$$

hat keinen reellen Punkt mit $Q = 0$ gemeinsam, dagegen sicher mit L_ν, da L_ν und L im ganzen nur $n - 1$ homogene Gleichungen für die n Variabeln x_1 bis x_n liefern.

Ist $\pi < \nu$, so liegt auf $Q = 0$ ein $\pi - 1$ dimensionales reelles lineares Gebilde und kein reelles lineares Gebilde von mehr Dimensionen. Nun gehen, wenn Q in Q' transformiert wird, die reellen Gebilde auf $Q = 0$ wieder in die reellen Gebilde auf $Q' = 0$ über. Wenn also Q_1 in Q_2 transformierbar sein soll, so müssen zunächst die Paare der Zahlen (π_i, ν_i) übereinstimmen, denn die nicht größere von den beiden Zahlen gibt, um 1 vermindert, die Maximaldimension eines auf Q_i liegenden linearen Gebildes an. Es kann aber auch nicht, wenn $\pi_i \neq \nu_i$ ist, $\pi_1 = \nu_2$, $\pi_2 = \nu_1$ sein, falls Q_1 in Q_2 reell transformiert sein soll. Denn nehmen wir etwa an, daß $\pi > \nu$ sei und die beiden Formen

$$Q_1^0 \equiv x_1^2 + x_2^2 + \cdots + x_\pi^2 - x_{\pi+1}^2 - \cdots - x_n^2$$

und

$$Q_2^0 \equiv y_1^2 + y_2^2 + \cdots + y_\nu^2 - y_{\nu+1}^2 - \cdots - y_n^2$$

durch Wahl eines passenden linearen Ausdruckes für y_i in den x_k ineinander übergeführt werden könnten, dann würde aus den $2\nu < n$ linearen Gleichungen

$$x_{\pi+1} = x_{\pi+2} = \cdots = x_n = y_1 = y_2 = \cdots = y_\nu = 0,$$

die sicher ein von Null verschiedenes Lösungssystem x_i haben, gegen die Annahme der Überführung von Q_2 in Q_1 folgen, daß für ein solches Lösungssystem $Q_1^0 > 0$ und $Q_2 < 0$ ist.

Ist $\pi + \nu < n$ und etwa ν die kleinere von den beiden Zahlen, dann haben wir als höchste Dimensionszahl eines reellen linearen Gebildes auf $Q = 0$ die Zahl $n - \pi - 1$. Im übrigen ändert sich nichts in unseren Betrachtungen. Damit ist das Trägheitsgesetz vollständig bewiesen.

5. Wir können der in den Koeffizienten von Q stets rationalen Transformation auf die Form

$$Q^{00} \equiv \sum_{i=1}^{n} a_i x_i^2,$$

mit dem zugehörigen Polarsystem

$$\varrho u_i = a_i x_i$$

noch eine geometrische Bedeutung geben. Wir nehmen $n = 4$ an, weil für alle Werte von n die gleichen Verhältnisse vorliegen. Wir betrachten im R_3 mit den homogenen Koordinaten $x_1, \ldots x_4$ das Koordinatentetraeder mit den Ecken

$$E_i: \quad x_i = 1, \quad x_k = 0 \quad \text{für} \quad k \neq i.$$

Dann ist die Polare zu E_i in bezug auf Q die Ebene

$$\varepsilon_i: \quad x_i = 0,$$

d. h., die Ebene, die der Ecke E_i des Tetraeders gegenüberliegt. Das Koordinatentetraeder ist für die Fläche $Q^{00} = 0$ ein *Polartetraeder*, wenn wir diesen Namen einem solchen Tetraeder geben, bei dem jede Ecke Pol zu der gegenüberliegenden Seite ist. Umgekehrt, falls das Koordinatentetraeder Polartetraeder zu $Q = 0$ ist, hat Q die obige Gestalt Q^{00}. *Alle Flächen $Q^{00} = 0$ haben also ein gemeinsames Polartetra-eder,* speziell hat dieses auch die Fläche mit der Einheitsmatrix, nämlich

$$\sum x_i^2 = 0 \,.$$

Q^{00} geht in sich über bei der linearen Transformation

$$x_i' = - x_i \quad x_k' = x_k \quad \text{für} \quad k \neq i \,.$$

Diese lineare Transformation ist eine kollineare Spiegelung an der Ebene ε_i mit dem Zentrum E_i. Schneidet PE_i die Ebene ε_i in P_{ε_i}, dann geht folglich P über in einen Punkt P' von der Art, daß $PP'E_iP_{\varepsilon_i}$ ein harmonisches Quadrupel bildet. Liegt P auf $Q = 0$, so muß auch P' auf $Q = 0$ liegen. Wir können jedes Paar von Pol und Polare als Ecke und die gegenüberliegende Seitenfläche eines Polartetraeders wählen und dieses in das Koordinatentetraeder durch projektive Trans-formation überführen. Dadurch gelangen wir zu der bekannten De-finition der Polare zu P in bezug auf Q als des Ortes der Punkte, die P harmonisch von den auf Strahlen durch P liegenden Punktepaaren von $Q = 0$ Punkten auf $Q = 0$ trennen.

§ 6. Transformation von quadratischen Formen in sich, Drehungen, gemeinsame Polartetraeder, Hauptachsenproblem.

1. Nachdem wir die Bedingungen dafür aufgestellt haben, daß zwei quadratische Formen durch eine allgemeine oder speziell durch eine reelle Transformation ineinander übergeführt werden können, fragen wir jetzt nach den Bedingungen dafür, daß *zwei Paare von quadratischen Formen* ineinander transformiert werden können. Diese Frage führt uns zu den für die analytische Geometrie wichtigsten Erörterungen. Seien etwa (Q_1, Q_2) auf ihre Transformierbarkeit in (Q_1', Q_2') hin zu unter-suchen, so ist zunächst notwendig für diese Umwandlung, daß etwa Q_1 und Q_1' gleichen Rang haben und, wenn wir reelle Formen und reelle Transformationen betrachten, auch gleiche Zahlen π haben. Wir können deswegen annehmen, wir hätten bereits etwa Q_1 in Q_1' übergeführt, wobei Q_2 in Q_2'' übergehen möge. Wir müssen jetzt *alle Transformationen von Q_1' in sich* untersuchen und zusehen, ob durch eine solche Transformation Q_2'' in Q_2' übergeführt werden kann.

Transformationen einer quadratischen Form in sich sind wir schon im § 5 begegnet, einmal in den kollinearen Spiegelungen, die in bezug auf jeden Punkt und seine Polare die Form in sich überführen, anderer-seits in den Drehungen, die das absolute Polarsystem in sich überführen. Denn gleichbedeutend mit unserer Frage ist ja die Frage nach den Transformationen, die die Matrix des zugehörigen Polarsystems in sich überführen. Wir wollen uns zunächst mit den Drehungen beschäftigen, d. h. mit orthogonalen Transformationen, die durch die Beziehung

$$D^*D = \mathfrak{E}$$

für ihre Matrizen gekennzeichnet sind. Wegen dieser Beziehung geht die Form $\sum x_i^2$ (deren Matrix $\mathfrak{E}$ ist) in sich über, d. h. die Entfernung entsprechender Punkte von 0 bleibt dieselbe. Wir wollen zunächst nachweisen, daß die so charakterisierten Transformationen bei Zugrundelegung eines gewöhnlichen rechtwinkligen Koordinatensystems wirklich Drehungen um den Anfangspunkt darstellen. Wir sahen schon in § 4, daß die orthogonalen Transformationen in kartesischen Koordinaten das Aufeinandersenkrechtstehen von Geraden und R_{n-1} durch den Anfangspunkt 0 unverändert lassen. Daraus folgt, daß zwei aufeinander senkrechte Gerade g_1 und g_2 wieder in zwei aufeinander senkrechte Gerade g_1' und g_2' übergeführt werden. Denn betrachten wir den R_{n-1} durch 0, der auf g_1 senkrecht steht, so enthält er g_2, also enthält der aus ihm entstehende R_{n-1}' g_2' und steht senkrecht auf g_1'. Also steht auch g_2' auf g_1' senkrecht. Wegen des affinen Charakters unserer Transformationen folgt jetzt, daß zwei beliebigen, aufeinander senkrechten Geraden wieder zwei aufeinander senkrechte Geraden entsprechen.

Aus der Erhaltung der Entfernung von 0 und der Erhaltung der rechten Winkel folgern wir leicht, daß der Abstand je zweier Punkte unverändert bleibt, daß also unsere Transformation eine Bewegung (mit oder ohne Umlegung) darstellt. Geht nämlich (P_1, P_2) in (P_1', P_2') über, dann fälle man von 0 aus in der Ebene OP_1P_2 auf P_1P_2, sowie in der Ebene $OP_1'P_2'$ auf $P_1'P_2'$ Lote mit den Fußpunkten F und F'. OF und OF' gehen ineinander über und sind folglich gleich, folglich sind die Dreiecke OFP_1 und OFP_1' kongruent, also FP_1 gleich FP_1'. Ebenso folgt, daß FP_2 gleich FP_2' ist. Folglich ist P_1P_2 gleich $P_1'P_2'$, da F zu P_1P_2 ebenso liegt wie F' zu $P_1'P_2'$. Wir haben also den Satz: jede Transformation, deren Matrix $\mathfrak{D}$ der Beziehung

$$\mathfrak{D}^*\mathfrak{D} = \mathfrak{E}$$

genügt, stellt eine Drehung (mit oder ohne Umlegung) um 0 dar.

2. a) Aus $\mathfrak{D}^*\mathfrak{D} = \mathfrak{E}$ folgt, daß $|\mathfrak{D}^*| \, |\mathfrak{D}|$ gleich 1 ist, also $|\mathfrak{D}|^2$ gleich 1, also

$$|\mathfrak{D}| = \pm 1\,.$$

Ferner ist definitionsgemäß die Erfüllung der $n + \dfrac{n(n-1)}{2}$ Gleichungen

$$\Omega: \quad \sum_{k=1}^{n} a_{ik}^2 = 1\,, \qquad \sum_{k=1}^{n} a_{ki}a_{kl} = 0\,, \qquad i \neq l$$

notwendige und hinreichende Bedingung dafür ist, daß (a_{ik}) eine orthogonale Matrix ist. Diese Gleichungen sind voneinander unabhängig, wir haben $n + \dfrac{n(n-1)}{2}$ Gleichungen zwischen den n^2 Koeffizienten a_{ik}: Wir werden nämlich *die allgemeine orthogonale Matrix darstellen, indem wir die a_{ik} durch* $n^2 - \left(n + \dfrac{n(n-1)}{2}\right) = \dfrac{n(n-1)}{2}$ *willkürliche Parameter rational ausdrücken.*

Wir betrachten zunächst den Fall $n = 2$. Wir setzen

$$a_{11} = \frac{\lambda^2 - 1}{\lambda^2 + 1}, \qquad a_{12} = \frac{2\lambda}{\lambda^2 + 1}, \qquad a_{21} = -\frac{2\lambda}{\lambda^2 + 1}, \qquad a_{22} = \frac{\lambda^2 - 1}{\lambda^2 + 1}.$$

Diese Lösung der Gleichungen Ω stellt im wesentlichen die seit uralten Zeiten bekannte Lösung der Aufgabe dar, alle Paare von rationalen Zahlen (die sog. pythagoreischen Zahlen) zu finden, deren Quadratsumme gleich 1 ist. Wir wollen untersuchen, inwieweit damit alle orthogonalen Transformationen für $n = 2$ gefaßt sind. Bei einer solchen Transformation gibt es, falls sie von der Ruhe und von der Spiegelung an der x_1-Achse (der Geraden $x_2 = 0$) verschieden ist, eine von der der x_1-Achse verschiedene Gerade, die in die Gerade $x_2 = 0$ übergeht, d. h. einen Punkt $\xi_1, \xi_2 (\xi_2 \neq 0)$, der in den Punkt $(a, 0)$ übergeht. Daraus folgen die Gleichungen

$$a_{11}\xi_1 + a_{12}\xi_2 = a$$
$$a_{21}\xi_1 + a_{22}\xi_2 = 0,$$

also

$$(\lambda^2 - 1)\xi_1 + 2\lambda\xi_2 = a(\lambda^2 + 1)$$
$$-2\lambda\xi_1 + (\lambda^2 - 1)\xi_2 = 0.$$

Aus der letzten quadratischen Gleichung für λ folgt

$$\lambda = \frac{\xi_1 \pm \sqrt{\xi_1^2 + \xi_2^2}}{\xi_2}.$$

Aus der ersten Gleichung ergibt sich dann durch Einsetzen der Werte für λ

$$a = \sqrt{\xi_1^2 + \xi_2^2}.$$

Wir erhalten zwei Werte für λ entsprechend der Drehung, die die Gerade $O, (\xi_1, \xi_2)$ in die positive und in die negative x_1-Halbachse überführt. Den beiden Werten von λ entsprechen die beiden Werte $+\sqrt{\xi_1^2 + \xi_2^2}$ und $-\sqrt{\xi_1^2 + \xi_2^2}$ für a. Da durch diese Transformation je nach der Lage von λ in den vier Intervallen $-\infty, -1; -1, 0; 0, 1; 1, +\infty$, die positive x_1-Achse in eine Halbgerade des 1ten, 2ten, 3ten, 4ten Quadranten und gleichzeitig die positive x_2-Achse in eine Halbgerade des 2ten, 3ten, 4ten, 1ten Quadranten übergeführt wird, ist die Transformation eine eigentliche Drehung, die durch die Überführung von (ξ_1, ξ_2) in einen Punkt der positiven oder negativen x_1-Halbachse bestimmt ist. Aber es kann, ohne diese Überführung zu ändern, noch eine Klappung an der x_1-Achse hinzugefügt werden. Wir haben dann *alle* Bewegungen oder auch alle linearen Transformationen, die die Form $x_1^2 + x_2^2$ in sich überführen, in den Transformationen

$$x_1' = \frac{\lambda^2 - 1}{\lambda^1 + 1} x_1 + \frac{2\lambda}{\lambda^2 + 1} x_2$$
$$x_2' = \pm\left(\frac{-2\lambda}{\lambda^1 + 1} x_1 + \frac{\lambda^1 - 1}{\lambda^1 + 1} x_2\right).$$

Die Drehungstransformationen ohne Klappung haben die Determinante $+1$, die mit Klappung die Determinante -1. Der Ruhe bzw. der Spiegelung an der x_1-Achse entspricht der Wert $\lambda = \infty$.

Nun können wir leicht durch eine geometrische Überlegung die orthogonalen Transformationen für $3, 4 \ldots n$ Variablen ableiten. Wir führen diese Überlegungen für den Fall $n = 3$ durch, denn für höheres n kommt nichts Neues hinzu: Der Punkt (ξ_1, ξ_2, ξ_3) möge in den Punkt $\left(+\sqrt{\xi_1^2 + \xi_2^2 + \xi_3^2}, 0, 0\right)$ übergeführt werden, dann betrachten wir zuerst die Transformation D_1

$$x_1' = x_1,$$

$$x_2' = \frac{\lambda_1^2 - 1}{\lambda_1^2 + 1} x_2 + \frac{2\lambda_1}{\lambda_1^2 + 1} x_3,$$

$$x_3' = \frac{-2\lambda_1}{\lambda_1^2 + 1} x_2 + \frac{\lambda_1^2 - 1}{\lambda_1^2 + 1} x_3,$$

also eine Drehung der (x_2, x_3)-Ebene um die x_1-Achse und bestimmen λ_1 so, daß $\xi_3' = 0$ wird. Diese Drehung setzt man mit einer Drehung D_2 in der (x_1, x_2)-Ebene mit dem Parameter λ_2 zusammen und bestimme λ_2 so, daß bei der Drehung der Punkt $(\xi_1', \xi_2', 0)$ in den Punkt

$$\left(+\sqrt{\xi_1^2 + \xi_2^2 + \xi_3^2}, 0, 0\right)$$

übergeht. Nachdem so durch zwei Drehungen D_1 und D_2 der Punkt (ξ_1, ξ_2, ξ_3) in den vorgeschriebenen Punkt übergeführt ist, besteht für die gegebene Bewegung B die Beziehung

$$D_2 D_1 B^{-1} = D_3^{-1} \quad \text{oder} \quad B = D_3 D_2 D_1,$$

wo D_3^{-1}, also auch D_3 eine Drehung um die x_1-Achse mit oder ohne Spiegelung an einer Ebene durch die x_1-Achse, etwa der (x_1, x_2)-Ebene ist. Bei D_3 geht irgendein Punkt $(0, \xi_{21}, \xi_{31})$ der (x_2, x_3)-Ebene in einen Punkt der positiven x_2-Achse über. Dadurch bestimmt sich der Parameter λ_3 der Drehung D_3. Die allgemeine Drehung um O mit oder ohne Spiegelung oder die allgemeinste orthogonale Transformation ist also zusammengesetzt aus 3 ebenen Drehungen oder aus 3 Transformationen, in deren Matrizen je eine Reihe und eine Kolonne, abgesehen vom Glied in der Hauptdiagonale, aus Nullen besteht.

Ebenso ist im Falle eines allgemeinen n die allgemeinste orthogonale Transformation gegeben durch Zusammensetzung von $\dfrac{n(n-1)}{2}$ orthogonalen Transformationen, die sich je nur auf 2 Variable beziehen, nämlich etwa

$$(x_n, x_{n-1}), \ (x_{n-1}, x_{n-2}) \ldots (x_2, x_1),$$

$$(x_n, x_{n-1}) \ldots (x_3, x_2),$$

$$\cdot$$
$$\cdot$$
$$\cdot$$

$$(x_n, x_{n-1}).$$

Bei Drehungen ohne Spiegelung haben sämtliche Transformationen die Determinante 1, bei Drehung mit Spiegelung alle mit Ausnahme etwa der letzten die Determinante 1, die letzte die Determinante -1. Bei Drehungen ohne Spiegelung ist die Determinante der ganzen Transformation also gleich $+1$, mit Spiegelung gleich -1. Für die Parameter $\lambda_1, \lambda_2, \lambda_3$ ist auch der Wert ∞ zugelassen.

b) Wir können orthogonale Matrizen noch auf eine andere sehr schöne Weise finden. Dazu führen wir den Begriff der *schiefsymmetrischen Matrix* ein. Mit diesem Namen bezeichnen wir eine Matrix $\mathfrak{S}$ dann, wenn

$$\mathfrak{S} + \mathfrak{S}^* = 0$$

ist, oder ausführlicher, wenn $a_{ik} + a_{ki} = 0$ und insbesondere $a_{ii} = 0$ ist. Es ist

$$|\mathfrak{S}| = (-1)^n |\mathfrak{S}^*|,$$

also für ungerades n

$$|\mathfrak{S}| = -|\mathfrak{S}^*|.$$

Da aber andererseits, wie für jede Matrix, so auch für $\mathfrak{S}$

$$|\mathfrak{S}| = |\mathfrak{S}^*|,$$

so ist für ungerades n

$$|\mathfrak{S}| = 0.$$

Hieraus folgt weiter, daß $|\mathfrak{S}|$ für gerades n das Quadrat eines Polynoms aus dem Koeffizienten ist. Denn für $n = 2$ ist diese Behauptung richtig, nämlich $|\mathfrak{S}| = a_{12}^2$. Wir nehmen also die Behauptung als für $n - 2$ bewiesen an, dann ist für $n = 2m$ nach § 2

$$\varDelta_{11} \varDelta_{22} - \varDelta_{12} \varDelta_{21} = \varDelta \varDelta_{11,22},$$

wo $\varDelta_{11}, \varDelta_{22}, \varDelta_{12}, \varDelta_{21}, \varDelta_{11,22}$ $n-1$reihige resp. $n-2$reihige Unterdeterminanten von $|\mathfrak{S}| = \varDelta$ sind, die aus $\varDelta$ entstehen, wenn die Reihen und Kolonnen weggelassen werden, die den Indizes entsprechen. Es ist $\varDelta_{11} = \varDelta_{22} = 0$, weil sie schiefsymmetrische Determinanten mit ungerader Reihenzahl sind. Ferner ist $\varDelta_{12} = -\varDelta_{21}$. Also ist

$$\varDelta = \frac{\varDelta_{12}^2}{\varDelta_{11,22}},$$

also das Quadrat einer rationalen Funktion der Koeffizienten, denn nach unserer Voraussetzung ist $\varDelta_{11,22}$ ein Quadrat als schiefsymmetrische Determinante der Ordnung $2m - 2$. Nun ist aber $\varDelta$ eine *ganze* rationale Funktion in den Koeffizienten, folglich muß $\varDelta_{12}$ mit $\sqrt{\varDelta_{11,22}}$ einen Faktor gemeinsam haben, folglich $\varDelta_{12}^2$ mit $\varDelta_{11,22}$ ein Quadrat. Kürzen wir durch diesen Faktor und setzen dies Verfahren fort, solange noch ein Polynom im Nenner steht, so erhalten wir schließlich $\varDelta$ als Quadrat eines Polynoms, wie behauptet.

Aus diesen Betrachtungen folgt, daß $|\mathfrak{S} + \lambda \mathfrak{E}|$ ein Polynom in λ ist, das für gerades n nur gerade Potenzen, für ungerades n nur ungerade Potenzen von λ enthält. Denn der Koeffizient von λ^k in $|\mathfrak{S} + \lambda\mathfrak{E}|$ ist eine Summe von schiefsymmetrischen Determinanten der Ordnung $n - k$. Die Koeffizienten der Potenzen von λ sind sämtlich nicht negativ, falls die Koeffizienten von $\mathfrak{S}$ reell sind. Es wird nun behauptet, daß

$$(\lambda\mathfrak{E} - \mathfrak{S})(\lambda\mathfrak{E} + \mathfrak{S})^{-1}$$

eine orthogonale Matrix ist. Dieser Ausdruck hat nur dann Sinn, wenn $|\lambda\mathfrak{E} + \mathfrak{S}| \neq 0$ ist, wenn also $\lambda\mathfrak{E} + \mathfrak{S}$ eine umkehrbare Matrix ist. Unsere Behauptung ist gleichbedeutend mit dem Bestehen der Relation

$$(\lambda\mathfrak{E} - \mathfrak{S})(\lambda\mathfrak{E} + \mathfrak{S})^{-1}\{(\lambda\mathfrak{E} - \mathfrak{S})(\lambda\mathfrak{E} + \mathfrak{S})^{-1}\}^* = \mathfrak{E}.$$

Nun ist zunächst ganz allgemein

$$(\mathfrak{A} + \mathfrak{B})^* = \mathfrak{A}^* + \mathfrak{B}^*$$

und ferner

$$(\mathfrak{A}\mathfrak{B})^* = \mathfrak{B}^*\mathfrak{A}^*,$$

denn c_{ik}, das k^{te} Glied der i^{ten} Reihe der Matrix links sowie rechts entsteht aus der Multiplikation der k^{ten} Reihe von $\mathfrak{A}$ mit der i^{ten} Kolonne von $\mathfrak{B}$. Die obige Relation ist also gleichbedeutend mit

$$(\lambda\mathfrak{E} - \mathfrak{S})(\lambda\mathfrak{E} + \mathfrak{S})^{-1}((\lambda\mathfrak{E} + \mathfrak{S})^{-1})^*(\lambda\mathfrak{E} - \mathfrak{S})^* = \mathfrak{E}.$$

Ferner ist allgemein

$$(\mathfrak{A}^*)^{-1} = (\mathfrak{A}^{-1})^*,$$

denn aus

$$\mathfrak{A}\mathfrak{A}^{-1} = \mathfrak{E}$$

folgt nach Obigem

$$(\mathfrak{A}^{-1})^*\mathfrak{A}^* = \mathfrak{E},$$

also

$$(\mathfrak{A}^{-1})^* = (\mathfrak{A}^*)^{-1}.$$

Wegen dieser Beziehung ist jetzt die behauptete Relation gleichbedeutend mit

$$\mathfrak{E} = (\lambda\mathfrak{E} - \mathfrak{S})(\lambda\mathfrak{E} + \mathfrak{S})^{-1}((\lambda\mathfrak{E} + \mathfrak{S})^*)^{-1}(\lambda\mathfrak{E} - \mathfrak{S})^*$$

$$= (\lambda\mathfrak{E} - \mathfrak{S})(\lambda\mathfrak{E} + \mathfrak{S})^{-1}(\lambda\mathfrak{E} - \mathfrak{S})^{-1}(\lambda\mathfrak{E} + \mathfrak{S}).$$

Endlich ist allgemein, falls $\mathfrak{A}$ und $\mathfrak{B}$ vertauschbar sind, auch

$$(\lambda_1\mathfrak{A} + \mu_1\mathfrak{B})(\lambda_2\mathfrak{A} + \mu_2\mathfrak{B})^{-1} = (\lambda_2\mathfrak{A} + \mu_2\mathfrak{B})^{-1}(\lambda_1\mathfrak{A} + \mu_1\mathfrak{B})$$

oder auch

$$(\lambda_1\mathfrak{A} + \mu_1\mathfrak{B})(\lambda_2\mathfrak{A} + \mu_2\mathfrak{B}) = (\lambda_2\mathfrak{A} + \mu_2\mathfrak{B})(\lambda_1\mathfrak{A} + \mu_1\mathfrak{B}),$$

denn durch Ausrechnung nach dem distributiven Gesetz ergibt die linke wie die rechte Seite dasselbe Matrizenpolynom. Nun folgt, weil $\mathfrak{E}$ mit $\mathfrak{S}$ vertauschbar ist, durch Vertauschen von $\lambda\mathfrak{E} - \mathfrak{S}$ mit $(\lambda\mathfrak{E} + \mathfrak{S})^{-1}$ die Richtigkeit der obigen Relation und damit auch die Orthogonalität der Matrix $(\lambda\mathfrak{E} - \mathfrak{S})(\lambda\mathfrak{E} + \mathfrak{S})^{-1}$. Die Anzahl der voneinander unabhängigen Parameter in der so konstruierten Matrix ist dieselbe wie in der allgemeinen orthogonalen Matrix, nämlich $\dfrac{n(n-1)}{2}$; es sind nämlich die $\dfrac{n(n-1)}{2}$ Koeffizienten $a_{ik}(i > k)$ von $\mathfrak{S}$, sowie λ, aber in dem Quotienten der Matrizen kommen nur die Verhältnisse der Koeffizienten in Betracht. Wir haben also in der Tat $\dfrac{n(n-1)}{2}$ Parameter für die orthogonale Matrix. Diese Parameter sind voneinander unabhängig, denn wie wir gleich sehen werden, gehören zu verschiedenen $\mathfrak{S}$ notwendig verschiedene orthogonale Matrizen. Jedoch sind in dieser Form nicht alle orthogonalen Matrizen darstellbar. Zunächst ist

$$|(\lambda\mathfrak{E} - \mathfrak{S})(\lambda\mathfrak{E} + \mathfrak{S})^{-1}| = (|\lambda\mathfrak{E} - \mathfrak{S}|)(|\lambda\mathfrak{E} + \mathfrak{S}|)^{-1}$$
$$= |(\lambda\mathfrak{E} + \mathfrak{S})^{*}|(|\lambda\mathfrak{E} + \mathfrak{S}|)^{-1} = |\lambda\mathfrak{E} + \mathfrak{S}|(|\lambda\mathfrak{E} + \mathfrak{S}|)^{-1} = 1.$$

Also nur die Drehungen ohne Spiegelung können in dieser Form dargestellt werden. Aber auch diese nicht sämtlich, denn aus

folgt
$$(\lambda\mathfrak{E} - \mathfrak{S})(\lambda\mathfrak{E} + \mathfrak{S})^{-1} = \mathfrak{D}$$
$$\lambda\mathfrak{E} - \mathfrak{S} = \mathfrak{D}(\lambda\mathfrak{E} + \mathfrak{S})$$

und durch Ausrechnung

$$\mathfrak{S} = \lambda(\mathfrak{E} + \mathfrak{D})^{-1}(\mathfrak{E} - \mathfrak{D}).$$

Es existiert also zu einem $\mathfrak{D}$ ein $\mathfrak{S}$, falls $\mathfrak{E} + \mathfrak{D}$ eine umkehrbare Matrix ist, d. h. $|\mathfrak{E} + \mathfrak{D}| \neq 0$. $|\mathfrak{E} + \mathfrak{D}|$ kann aber auch Null sein, wenn $|\mathfrak{D}| = 1$ ist, z. B. für

$$\mathfrak{D} \equiv \begin{pmatrix} -1 & 0 \\ 0 & -1 \end{pmatrix}.$$

Diese Ausnahmefälle entsprechen, wie wir hier nicht näher ausführen, dem Falle $\lambda = 0$.

Als Beispiel behandeln wir den Fall $n = 3$:

$$\begin{pmatrix} \lambda & c & b \\ -c & \lambda & a \\ -b & -a & \lambda \end{pmatrix}\begin{pmatrix} \lambda & -c & -b \\ c & \lambda & -a \\ b & a & \lambda \end{pmatrix}^{-1}$$

$$= \frac{1}{\lambda^3 + \lambda(a^2 + b^2 + c^2)}\begin{pmatrix} \lambda & c & b \\ -c & \lambda & a \\ -b & -a & \lambda \end{pmatrix}\begin{pmatrix} \lambda^2 + a^2 & c\lambda - ab & b\lambda + ac \\ -c\lambda - ab & \lambda^2 + b^2 & a\lambda - bc \\ -b\lambda + ac & -a\lambda - bc & \lambda^2 + c^2 \end{pmatrix}$$

und nach Kürzung durch λ

$$\frac{1}{\lambda^2 + a^2 + b^2 + c^2}\begin{pmatrix} \lambda^2 + a^2 - b^2 - c^2 & 2\lambda c - 2ab & 2\lambda b + 2ac \\ -2\lambda c - 2ab & \lambda^2 + b^2 - c^2 - a^2 & 2\lambda a - 2bc \\ -2\lambda b + 2ac & -2\lambda a - 2bc & \lambda^2 + c^2 - a^2 - b^2 \end{pmatrix}.$$

Das ist also für $n = 3$ die Gestalt einer allgemein orthogonalen Matrix mit der Determinante $+1$.

c) Aus den orthogonalen Matrizen erhalten wir ohne weiteres durch Transformation auch die Transformationen, die eine beliebige quadratische Form mit nicht verschwindender Determinante in sich überführen, indem wir diese quadratische Form in die Einheitsform überführen. Aber eine quadratische Form mit reellen Koeffizienten läßt sich, wenn für sie die Zahl $\pi \neq n$ ist, nur durch nicht reelle Transformationen auf eine Summe von Quadraten transformieren. Also erhalten wir aus den orthogonalen Matrizen durch Transformation mit einer solchen Transformation eine Matrix mit nichtreellen Koeffizienten. Wir müssen erst auch die Koeffizienten der ursprünglichen orthogonalen Matrix passend imaginär wählen, um zu den reellen Transformationen der quadratischen Form in sich zu kommen. Das ist auch leicht zu machen. Sollen z. B. alle Transformationen gefunden werden, die die Form $-x_1^2 + x_2^2$ in sich überführen, dann setzen wir in den obigen Formeln ix_1, ix_1', $i\lambda$ an die Stelle von x_1, x_1' und λ. Wir erhalten dann die gewünschten Transformationen

$$x_1' = \frac{\lambda^2 + 1}{\lambda^2 - 1}\, x_1 - \frac{2\lambda}{\lambda^2 - 1}\, x_2\,,$$

$$x_2' = \frac{-2\lambda}{\lambda^2 - 1}\, x_1 + \frac{\lambda^2 + 1}{\lambda^2 - 1}\, x_2\,.$$

Hier ist die Determinante der Transformation gleich $+1$. Durch Vertauschung der Vorzeichen in einer Zeile erhält man auch die Transformation mit der Determinante -1. Für allgemeines n erhalten wir die reellen Transformationen für die Form $\sum\limits_{k=1}^{n} \pm x_k^2$, indem wir in denjenigen Drehungen in bezug auf die Variabeln x_k und x_{k+1}, bei denen *eine* Variable, etwa x_k, mit negativem Quadrat in der quadratischen Form vorkommt, ix_k, ix_k', $i\lambda_k$ statt x_k, x_k', λ_k setzen. Aus den Transformationen, die die Form $\sum\limits_{k=1}^{n} \pm x_k^2$ in sich überführen, erhalten wir die Transformationen für die allgemeine quadratische Form durch Transformation.

Ebenso können wir auch die in b) für den Fall $n = 3$ aufgestellte orthogonale Matrix in Matrizen für die Transformation der Form $-x_1^2 + x_2^2 + x_3^2$ in sich umwandeln, indem wir ix, ix', ix, ia resp. statt x, x', λ, a setzen. So erhalten wir die Matrix

$$\frac{1}{b^2 + c^2 - \lambda^2 - a^2} \begin{pmatrix} b^2 + c^2 - \lambda^2 - a^2 & 2\lambda c - 2ab & 2\lambda b + 2ac \\ 2\lambda c + 2ab & -\lambda^2 + b^2 - c^2 + a^2 & -2\lambda a - 2bc \\ 2\lambda b - 2ab & 2\lambda a - 2bc & -\lambda^2 + c^2 + a^2 - b^2 \end{pmatrix}.$$

Der Durchgang durch das Imaginäre wird vermieden bei einer *dritten Methode* zur Bestimmung der orthogonalen Matrizen, die gleichzeitig auch für beliebige quadratische Formen gilt und von geometrischer Bedeutung ist.

Schon im Anfang dieses Paragraphen wiesen wir auf die uns aus § 4 bekannten Transformationen einer quadratischen Form in sich hin, nämlich die kollineare Spiegelung in bezug auf Pol und Polare. Wir wollen noch andere Arten von Spiegelungen betrachten. Haben wir z. B. die Fläche $x_1^2 + x_2^2 - x_3^2 - x_4^2 = 0$, so geht sie durch die Transformation $\lambda x_1' = -x_1$, $\lambda x_2' = -x_2$, $\lambda x_3' = x_3$, $\lambda x_4' = x_4$ oder durch die Transformation $\lambda x_1' = -x_3$, $\lambda x_2' = -x_4$, $\lambda x_3' = x_1$, $\lambda x' = x_2$ in sich über. Beide Transformationen sind Spiegelungen an einem Paar von windschiefen Geraden (vgl. Kapitel XII, § 6, 5). Ihre Determinante ist positiv. Durch Zusammensetzung der Spiegelungen verschiedener Arten erhalten wir die allgemeinste Transformation von Q in sich. Zum Beweise gehen wir ähnlich vor wie bei der ersten Methode. Wir nehmen $n = 4$ und betrachten x_i als homogene Koordinate im R_3, $Q = 0$ also als die Gleichung einer Fläche 2ter Ordnung. Dann möge durch die $Q = 0$ in sich überführende Transformation die Ebene ε in die Ebene $x_4 = 0$ übergehen. Wir können jetzt das Koordinatensystem so wählen, daß es Polartetraeder für $Q = 0$ ist und daß weiter die Gerade $x_4 = x_3 = 0$ die Schnittlinie von $x_4 = 0$ und ε ist. Die Ebene ε hat dann die Gleichung $x_3 + \mu x_4 = 0$.

Der Einfachheit wegen bringen wir noch durch reelle Koordinatentransformation ohne Änderung des Koordinatensystems die Gleichung der Fläche $Q = 0$ auf die Form $Q^0 = 0$, wo Q^0 ein Aggregat von positiven und negativen Quadraten der x_i ist.

Wir haben jetzt zwei Fälle zu unterscheiden: 1. x_4^2 und x_3^2 haben in Q^0 dasselbe Vorzeichen. Dann gibt es stets eine zentrale kollineare Spiegelung, die Q^0 in sich und $x_4 = 0$ in ε, d. h. $x_4 + \mu x_3 = 0$ überführt. Denn die Involutionen, die $x_3^2 + x_4^2 = 0$ in sich überführen, sind als gewöhnliche Spiegelung einer Ebene an Geraden durch den Nullpunkt zu deuten. Durch geeignete Wahl der Spiegelgeraden R kann man durch eine solche Spiegelung eine Gerade in eine gegebene andere Gerade überführen. Analytisch folgt das Resultat so: Die Transformation

$$\lambda x_4 = (\varrho^2 - 1) x_4' + 2 \varrho x_3',$$

$$\lambda x_3 = -2 \varrho x_4' + (\varrho^2 - 1) x_3',$$

$$\lambda x_2 = (\varrho^2 + 1) x_2',$$

$$\lambda x_1 = (\varrho^2 + 1) x_1'$$

ist eine Involution, führt $Q^0 = 0$, speziell auch $x_4^2 + x_3^2 = 0$ in sich über und die Gerade $x_4 = 0$ in die Gerade $\dfrac{\varrho_2 - 1}{2\varrho} x_4' + x_3' = 0$. Der Faktor von x_4' nimmt aber für geeignete reelle ϱ jeden gegebenen Wert μ an. Also kann in diesem Falle durch eine Spiegelung $Q^0 = 0$ in sich und $x_4 = 0$ in ε übergeführt werden.

2. x_4^2 und x_3^2 haben in Q^0 verschiedene Vorzeichen. Dann unterscheiden wir zwei Unterfälle: a) In Q^0 kommen nicht gleichviel positive und negative Vorzeichen vor. Es sei etwa $Q^0 \equiv x_1^2 + x_2^2 + x_4^2 - x_3^2$ oder $Q^0 \equiv x_1^2 + x^2 + x_3^2 - x_4^2$. Dann muß $|\mu| > 1$ sein. Denn die Ebene $x_4 = 0$ schneidet $Q^0 = 0$ in dem C_2 mit der Gleichung $x_1^2 + x_2^2 - x_3^2 = 0$ resp. $x_1^2 + x_2^2 + x_3^2 = 0$, die Ebene $\mu x_4 + x_3 = 0$ aber in dem C_2 mit der Gleichung $x_1^2 + x_2^2 - \left(1 - \dfrac{1}{\mu^2}\right) x_3^2 = 0$ resp. $x_1^2 + x_2^2 + \left(1 - \dfrac{1}{\mu^2}\right) x_3^2 = 0$. Da $x_4 = 0$ in ε durch eine reelle Transformation übergehen soll, so müssen beide C_2 reell resp. imaginär sein, d. h. es muß stets $\dfrac{1}{\mu^2} < 1$ oder $|\mu| > 1$ sein. Auch jetzt gibt es eine zentralkollineare Spiegelung, die $Q^0 = 0$ in sich und $x_4 = 0$ in ε überführt, denn die Transformation

$$\lambda x_4 = (\varrho^2 + 1) x_4' + 2\varrho x_3',$$
$$\lambda x_3 = -2\varrho x_4' - (\varrho^2 + 1) x_3',$$
$$\lambda x_2 = (\varrho^2 - 1) x_2',$$
$$\lambda x_3 = (\varrho^2 - 1) x_3'$$

ist eine Involution, führt $Q^0 = 0$ und speziell auch $x_4^2 - x_3^2 = 0$ in sich über und führt die Ebene $x_4 = 0$ in die Ebene $\dfrac{\varrho^2 + 1}{2\varrho} x_4' + x_3' = 0$ über. Der Faktor von x_4' nimmt aber für geeignetes reelles ϱ jeden Wert μ an, wenn $|\mu| > 1$ ist. Also kann durch eine solche Transformation auch $x_4 = 0$ in ε übergeführt werden. b) In Q^0 kommen gleichviel positive und negative Vorzeichen vor; es sei etwa $Q^0 \equiv x_1^2 + x_3^2 - x_2^2 - x_4^2$. Im Falle $|\mu| > 1$ können wir dieselbe Spiegelung benutzen wie unter a). Wenn aber $|\mu| < 1$ ist, dann benutzen wir die Transformation

$$\lambda x_4 = 2\varrho x_4' + (\varrho^2 + 1) x_3',$$
$$\lambda x_3 = -(\varrho^2 + 1) x_4' - 2\varrho x_3',$$
$$\lambda x_2 = -(\varrho^2 - 1) x_1,$$
$$\lambda x_1 = (\varrho^2 - 1) x_2.$$

Diese Transformation ist eine Involution, wie man durch zweimalige Ausführung leicht bestätigt, sie führt $x_1^2 + x_3^2 - x_2^2 - x_4^2 = 0$ in sich über, speziell auch $x_4^2 - x_3^2 = 0$. Die Gerade $x_4 = 0$ geht in die Gerade $\dfrac{2\varrho}{\varrho^2 + 1} x_4' + x_3' = 0$ über. Der Faktor von x_4' nimmt jeden Wert μ an, wenn $|\mu| < 1$ ist. Die Transformation ist eine Spiegelung mit zwei imaginären Geraden als Achsen. Durch eine solche Spiegelung gehen also in diesem Fall die Ebenen ε und $x_4 = 0$ ineinander über. In jedem Falle können wir also durch eine Spiegelung, die $Q^0 = 0$ in sich überführt, die Ebene ε in die Ebene $x_4 = 0$ überführen.

Wir setzen nun in Q $x_4 = 0$ und operieren mit den drei Variabeln $x_1 x_2 x_3$ und dem durch Nullsetzen von x_4 aus Q entstehenden Kegelschnitt $Q_1 = 0$ genau so wie vorher mit der Fläche $Q = 0$ und können durch eine zentralkollineare Spiegelung mit Zentrum in $x_4 = 0$ $Q = 0$ und $x_4 = 0$ in sich und gleichzeitig eine vorgegebene Gerade der Ebene $x_4 = 0$ in die Gerade $x_4 = x_3 = 0$ überführen, falls es überhaupt eine reelle Transformation gibt, die $Q = 0$ und $x_4 = 0$ in sich und die vorgegebene Gerade in $x_4 = x_3 = 0$ überführt. Endlich können wir durch zentralkollineare Spiegelung mit einem geeigneten Punkt der Geraden $x_4 = x_3 = 0$ als Zentrum Q, $x_4 = 0$, $x_3 = 0$ in sich über und einen vorgegebenen Punkt der Geraden $x_4 = x_3 = 0$ in den Punkt $x_4 = x_3 = x_2 = 0$ überführen, falls es überhaupt eine reelle Transformation gibt, die diese Überführung bewirkt. Nun sind aber, wenn ein allgemeiner Punkt P, eine allgemeine Gerade g durch den Punkt, eine allgemeine Ebene ε durch die Gerade fest bleiben sollen, alle Transformationen, die $Q = 0$ in sich überführen, Spiegelungen, die das durch P, g und ε bestimmte Polartetraeder von Q in sich überführen. Solcher Spiegelungen gibt es vier zentrale und drei axiale. Damit haben wir die allgemeinste Transformation, die Q in sich überführt durch drei oder vier Spiegelungen erzeugt, von denen die vierte Spiegelung als eine von sieben bestimmten Spiegelungen gewählt werden kann.

Wir gehen nun zur analytischen Darstellung über. Dazu müssen wir die zentrale Kollineation mit beliebigem Zentrum $(\xi_1, \xi_2, \xi_3, \xi_4)$ und beliebiger fester Ebene $\sum u_i x_i = 0$ darstellen. Nun ist

$$\varrho x_1' = -x_1$$
$$\varrho x_i' = x_i \quad i > 1$$

eine Spiegelung mit dem Zentrum $x_2 = x_3 = x_4 = 0$ und der festen Ebene $x_1 = 0$. Wir erhalten hieraus, indem wir links und rechts geeignet transformieren, die gewünschte Transformation:

$$\varrho \sum u_i x_i' = -\sum u_i x_i$$
$$\varrho(-\xi_2 x_1' + \xi_1 x_2') = -\xi_2 x_1 + \xi_1 x_2$$
$$\varrho(-\xi_3 x_1' + \xi_1 x_3') = -\xi_3 x_1 + \xi_1 x_3$$
$$\varrho(-\xi_4 x_1' + \xi_1 x_4') = -\xi_4 x_1 + \xi_1 x_4$$

oder ausgerechnet

$$\varrho x_1' = \begin{vmatrix} -\sum u_i x_i & u_2 & u_3 & u_4 \\ -\xi_2 x_1 + \xi_1 x_2 & \xi_1 & 0 & 0 \\ -\xi_3 x_1 + \xi_1 x_3 & 0 & \xi_1 & 0 \\ -\xi_4 x_1 + \xi_1 x_4 & 0 & 0 & \xi_1 \end{vmatrix}$$

und analoge Ausdrücke für $\varrho x_2'$, $\varrho x_3'$ und $\varrho x_4'$.

Im Falle, daß $Q \equiv \sum x_i^2$ ist, erhalten wir zu einen gegebenen Punkt $(\xi_1, \xi_2, \xi_3, \xi_4)$ die Polarebene $\sum \xi_i x_i = 0$, also $u_i = \xi_i$. Durch Einsetzen ergibt sich für diesen Fall, in dem wir ϱ so wählen, daß die Determinante der Transformation 1 wird,

$$
x_1' = \frac{
\begin{vmatrix}
-\sum \xi_i x_i & \xi_2 & \xi_3 & \xi_4 \\
-\xi_2 x_1 + \xi_1 x_2 & \xi_1 & 0 & 0 \\
-\xi_3 x_1 + \xi_1 x_3 & 0 & \xi_1 & 0 \\
-\xi_4 x_1 + \xi_1 x_4 & 0 & 0 & \xi_1
\end{vmatrix}
}{
\begin{vmatrix}
\xi_1 & \xi_2 & \xi_3 & \xi_4 \\
-\xi_2 & \xi_1 & 0 & 0 \\
-\xi_3 & 0 & \xi_1 & 0 \\
-\xi_4 & 0 & 0 & \xi_1
\end{vmatrix}
}
$$

und ähnlich für x_2', x_3' und x_4'. Nach Division mit ξ_1^2 erhalten wir als Matrix der Transformation

$$
\frac{1}{\xi_1^2 + \xi_2^2 + \xi_3^2 + \xi_4^2}
\begin{pmatrix}
-\xi_1^2 + \xi_2^2 + \xi_3^2 + \xi_4^2 & -2\xi_1\xi_2 & -2\xi_1\xi_3 & -2\xi_1\xi_4 \\
-2\xi_2\xi_1 & \xi_1^2 - \xi_2^2 + \xi_3^2 + \xi_4^2 & -2\xi_2\xi_3 & -2\xi_2\xi_4 \\
-2\xi_3\xi_1 & -2\xi_3\xi_2 & \xi_1^2 + \xi_2^2 - \xi_3^2 + \xi_4^2 & -2\xi_3\xi_4 \\
-2\xi_4\xi_1 & -2\xi_4\xi_2 & -2\xi_4\xi_3 & \xi_1^2 + \xi_2^2 + \xi_3^2 - \xi_4^2
\end{pmatrix}.
$$

Durch Zusammensetzung dieser Transformation mit einer entsprechenden Transformation für die drei Variabeln x_1, x_2, x_3 sowie mit einer Transformation für die zwei Variabeln x_1 und x_2 und endlich eventuell mit einer axialen Spiegelung an zwei zu einander windschiefen Kanten des Koordinatentetraeders erhalten wir die allgemeinste orthogonale Matrix für die vier Variabeln x_1 bis x_4 mit der Determinante 1. Fügen wir noch eine zentrale Spiegelung hinzu, dann hat die resultierende Matrix die Determinante -1. Bei der ersten Transformation haben wir drei unabhängige Parameter, bei der zweiten zwei, bei der dritten einen, insgesamt $b = \dfrac{4 \cdot (4 - 1)}{2}$ in Übereinstimmung mit dem früheren Resultat. Zur *Bestimmung* einer Transformation haben wir im allgemeinen bei dieser Methode $n - 1$ quadratische Gleichungen zu lösen.

d) Die Transformationen einer *nicht definiten* quadratischen Form (d. h. einer solchen, die sich nicht reell auf eine Summe von Quadraten transformieren läßt) in sich haben insofern Ähnlichkeit mit den Transformationen der definiten quadratischen Formen, als sie durch dieselben Stücke bestimmt werden, für $n = 4$ z. B. durch ein Paar zusammengehöriger Ebenen, ein Paar zusammengehöriger Geraden in diesen Ebenen, ein Paar zusammengehöriger Punkte auf diesen Geraden. Dies stimmt wiederum ganz überein mit der Bestimmung einer allgemeinen Bewegung im gewöhnlichen Raum. Man nennt deswegen die projektiven Transformationen des dreidimensionalen Raumes, die eine quadratische Form in sich überführen, *(Nichteuklidische) Bewegungen mit Zugrundelegung des Gebildes $Q = 0$ als absoluten Gebildes*. Es bestehen aber große Unterschiede in der Art der Nicht-Euklidischen Bewegungen je nach der zu Q gehörenden Zahl π, worauf wir hier nicht eingehen wollen.

3. *Hauptachsenproblem.* Wir wollen jetzt das Problem lösen, zu entscheiden, wann zwei quadratische Formen Q_1 und Q_2 durch eine lineare Transformation, die K_0 ungeändert läßt, also bei rechtwinkligen Koordinaten durch eine Drehung um den Anfangspunkt, ineinander übergeführt werden können (Hauptachsenproblem). Zu diesem Zwecke müssen wir die Invarianten einer quadratischen Form Q bei Drehungen um den Anfangspunkt aufstellen. Bei Drehung geht die Matrix $\mathfrak{Q}$ von Q in $\mathfrak{D}^*\mathfrak{Q}\mathfrak{D} = \mathfrak{D}^{-1}\mathfrak{Q}\mathfrak{D}$ über. Also haben wir in diesem Falle die gewöhnliche Transformation einer Matrix vor uns. Wir haben also dieselben Invarianten wie bei der allgemeinen Transformation von $\mathfrak{Q}$, d. h., daß die *Koeffizienten des Polynoms*

$$\Lambda \equiv |\,\mathfrak{Q} - \lambda\,\mathfrak{E}\,|$$

Invarianten bei Drehung sind. Merkwürdigerweise bilden diese auch ein volles Invariantensystem, falls alle Koeffizienten von $\mathfrak{Q}$ reell sind, d. h., wir können $\mathfrak{Q}_1$ immer dann durch eine Drehung in $\mathfrak{Q}_2$ transformieren, wenn die Koeffizienten von $\mathfrak{Q}_1$ und $\mathfrak{Q}_2$ reell und die Koeffizienten von Λ_1 und Λ_2 die gleichen sind. Der Beweis hierfür wird durch eine Kombination des Verfahrens in § 3 und in § 4, 3. a) geführt. Vorher aber müssen wir bemerken, daß in diesem Falle *alle Wurzeln der charakteristischen Gleichung* $\Lambda = 0$ *reell* sind, *falls die Koeffizienten von $\mathfrak{Q}$ reell* sind. Denn ist x eine Lösung von $\Lambda = 0$ und $(x_1, \ldots, x_n)$ ein zugehöriges Lösungssystem der Gleichungen

$$\lambda\,x_i = \sum_{k=1}^{k=n} a_{ik}\,x_k\,,$$

dann multiplizieren wir diese Gleichungen mit $\overline{x_i}$, dem konjugierten Wert von x_i, addieren und erhalten die Gleichung

$$\lambda \sum_{i=1}^{i=n} x_i\,\overline{x_i} = \sum_{i=1}^{i=n} \overline{x_i} \sum_{k=1}^{k=n} a_{ik}\,x_k\,.$$

Der Faktor von λ ist reell und ungleich Null, weil $x_i\,\overline{x_i}$ positiv ist, wenn nicht $x_i = 0$ ist und weil nach Voraussetzung nicht alle $x_i = 0$ sind. Die rechte Seite ist reell wegen $a_{ik} = a_{ki}$; denn es ist

$$a_{ik}\,x_k\,\overline{x_i} + a_{ki}\,\overline{x_k}\,x_i = a_{ik}(x_k\,\overline{x_i} + \overline{x_k}\,\overline{x_i})$$

und die Summe zweier konjugiert imaginären Größen ist reell. Also ist auch λ reell.

Die Gleichung $\Lambda = 0$ hat also sich ereine reelle Wurzel λ_1, zu der eine reelle Fixgerade der zu $\mathfrak{Q}$ gehörenden linearen Transformation gehört. Durch eine Drehung (s. § 4, 3. a) können wir diese Fixgerade zur Geraden $x_2 = x_3 \ldots = x_n = 0$ machen, dadurch wird aber $\mathfrak{Q}$ in eine Matrix $\mathfrak{Q}'$ übergeführt, bei der in der ersten Kolonne alle Glieder bis auf das erste null sind (s. § 3). Nun ist aber $\mathfrak{Q}'$ eine symmetrische Matrix (nämlich die Matrix einer quadratischen Form), also verschwinden auch alle

Glieder der ersten Reihe bis auf das erste. Die quadratische Form Q ist also durch Drehung transformiert auf die Form

$$Q' \equiv \lambda_1 x_1^2 + \sum_{\substack{i=2\ldots n \\ k=2\ldots n}} a'_{ik} x_i x_k.$$

Wir setzen nun in Q' $x_1 = 0$ und erhalten eine Form der $n - 1$ Variabeln im R_{n-1} $x_1 = 0$. Wir erhalten wieder eine Fixgerade, die notwendig, weil sie in $x_1 = 0$ liegt, senkrecht auf der ersten Fixgeraden steht. Durch Drehung im R_{n-1} führen wir sie in $x_2 = x_3 = x_4 \ldots = x_n = 0$ über und spalten dadurch von Q auch die Variable x_2 ab. So fortfahrend, erhalten wir durch Drehungen endlich die Form $\sum \lambda_i x_i^2$, wo die λ_i die sämtlichen Wurzeln von $\Lambda = 0$ bedeuten. *Stimmen also die Wurzeln der charakteristischen Gleichung für Q_1 und Q_2 überein, d. h., sind die Koeffizienten der charakteristischen Gleichung dieselben, dann sind auch Q_1 und Q_2 durch Drehungen ineinander überführbar.* (Elementarteiler gibt es hier nicht, weil durch die Drehung aus der symmetrischen Matrix wieder eine symmetrische Matrix entsteht.) Damit ist das Hauptachsenproblem als gelöst zu betrachten. Um eine reelle quadratische Form auf die Normalform $\sum \lambda_i x_i^2$ zu bringen, haben wir zunächst die Gleichung n^{ten} Grades $\Lambda = 0$ (mit lauter reellen Wurzeln) zu lösen, dann die Drehungen mit Hilfe von quadratischen Gleichungen so zu bestimmen, daß die Hauptachsen (Fixgeraden) in die Koordinatenachsen übergeführt werden.

Wesentlich für die Durchführung des Verfahrens ist, daß die Fixgeraden der zu der reellen Matrix $\mathfrak{Q}$ gehörenden Matrix reell sind. Denn falls sie bei nichtreellem $\mathfrak{Q}$ nicht reell sind, kann es eintreten, daß sie eine besondere invariante Beziehung zum absoluten Gebilde (Kegel) $\sum x_i^2 = 0$ haben. So liegt z. B. die Gerade

$$x_1 + i x_2 = 0, \qquad x_3 = x_4 \ldots = x_n = 0$$

auf dem absoluten Kegel und kann durch keine reelle oder imaginäre Transformation, die $\sum x_i^2$ (oder auch nur $\sum x_i^2 = 0$) in sich überführt, also durch keine orthogonalen Transformationen oder Drehungen (sogar mit Ähnlichkeitstransformation vom Anfangspunkt aus) in die Gerade $x_2 = x_3 \cdots = x_n = 0$ übergeführt werden, die nicht auf dem absoluten Gebilde liegt. Man kann also ein $\mathfrak{Q}$ mit nichtreellen Koeffizienten nicht immer durch orthogonale Transformationen in die Form $\sum a_i x_i^2$ überführen, und man erkennt leicht, daß es quadratische Formen Q_1 und Q_2 mit imaginären Koeffizienten gibt, die zwar dieselbe charakteristische Gleichung haben, aber nicht durch orthogonale Transformation ineinander transformierbar sind.

Ähnliches gilt für die Beantwortung der allgemeinen Frage, die am Anfang dieses Paragraphen aufgestellt wurde, zu entscheiden, wann zwei Paare Q_1 und Q_2 resp. Q'_1 und Q'_2 von quadratischen Formen inein-

ander überführbar sind. Dies Problem führt für reelle Formen nur dann
auf das Hauptachsenproblem, wenn wenigstens ein Q_i definit ist (d. i.
$\pi = n$ hat). Auch hier reicht sonst die Übereinstimmung der charakteristischen Gleichungen für die Überführbarkeit nicht immer aus. Ein einfaches Beispiel für diese Erscheinung erhält man, wenn man $Q_1 \equiv Q_1' = 0$
als reellen Kegelschnitt nimmt, $Q_2 = 0$ und $Q_2' = 0$ als Kegelschnitte,
die $Q_1 = 0$ mehrfach berühren. Alle Kegelschnitte, die $Q_1 = 0$ dreifach
berühren, vierfach berühren oder mit $Q_1 = 0$ zusammenfallen, liefern
dieselbe charakteristische Gleichung (dritten Grades mit dreifacher
Wurzel). Durch Transformationen, die $Q_1 = 0$ in sich überführen,
sind alle dreifach berührenden ineinander überführbar, ebenso alle
vierfachen, aber natürlich ein dreifach berührender nicht in einen
vierfach berührenden, oder in $Q_1 = 0$ selbst. Das Problem wird gelöst
durch Betrachtung der Elementarteilen (gemeinschaftlichen Faktoren
von Unterdeterminanten) der charakteristischen Matrix $\mathfrak{Q}_2 + \lambda \mathfrak{Q}_1$,
worauf wir nicht eingehen wollen.

IV. Historische Übersicht[1].

Die Verbindung zwischen Zahlen und räumlichen Größen ist vor
der historischen Zeit hergestellt durch das Zusammenlegen einer Anzahl
gleicher Größen zu einer gleichartigen Größe, durch das Zerlegen einer
Größe in eine Anzahl von gleichen, zu ihr gleichartigen Größen. Bei
diesem Prozeß kommen von Zahlen nur ganze Zahlen und Stammbrüche
vor, d. h. rationale Zahlen mit dem Zähler 1. Das Vertrautwerden mit
allgemeineren rationalen Zahlen und ihrer Verknüpfung fällt schon in
historische Zeit, wir können es etwa in alten ägyptischen und babylonischen Urkunden beobachten. Aber unser Wissen davon ist noch
sehr lückenhaft. Wir wollen hier nicht weiter darauf eingehen. Ebenfalls in alten babylonischen und ägyptischen Dokumenten finden wir
Berechnungen von geometrischen Größen, d. h. allgemeine Formeln,
Vorschriften, die auf spezielle gegebene Maßzahlen angewandt als
Resultat eine gesuchte Maßzahl ergeben. Charakteristisch ist hier
zweierlei: die speziellen Maßzahlen sind stets solche rationale Zahlen,
daß das Resultat wieder eine rationale Maßzahl ergibt, andererseits
werden die Formeln stets nur fertig angegeben. Es fehlt jede An-
deutung, ob die alten Mathematiker zu diesen Formeln direkt geometrisch gekommen sind oder etwa durch Umformung, Entwicklung,
Kombination einfacherer, aus den geometrischen Verhältnissen ab-
geleiteter Formeln. Wüßten wir etwas über diese eventuelle Ableitung

---

[1] Eine ins einzelne gehende Darstellung für die Zeit von DESCARTES an
findet man bei WIELEITNER, Geschichte der Mathematik II, 2. Vor allem sei
der Leser auf den noch jetzt sehr anregenden „Apercu historique de la géometrie"
von M. CHASLES, 2. Aufl., 1875, verwiesen.

der Formeln, so würden wir Aufschluß darüber bekommen, welche Bedeutung in jenen alten Zeiten das algebraisch-rechnerische Element für die Geometrie gehabt hat. Die Formeln setzen die Kenntnis von Streckenbeziehungen voraus, wie sie etwa für die Seiten eines rechtwinkligen Dreiecks durch den sog. Pythagoreischen Lehrsatz geliefert werden.

Die Entdeckung irrationaler Streckenverhältnisse durch griechische Mathematiker am Ende des 5. Jahrhunderts v. Chr. führte zu der Erkenntnis, daß die Verbindung der Geometrie mit der Algebra doch nicht so einfach durchgeführt werden konnte. Das hatte einmal die Wirkung, daß man sich auf rein algebraischem Gebiete unsicher fühlte, die den algebraischen Umformungen entsprechenden Folgerungen rein geometrisch ableitete, indem die algebraischen Operationen selbst geometrisch gedeutet wurden. So finden wir in Euklid, Buch II eine Einführung in die griechische Flächenrechnung, in der das Produkt zweier Strecken durch ein Rechteck dargestellt wird. Hier werden nicht nur Sätze wie $(a + b)^2 = a^2 + 2ab + b^2$ durch Flächenzerlegung abgeleitet, sondern es wird auch durchaus geometrisch die Konstruktion von Strecken

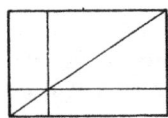
Fig. 88.

gelehrt, die einer quadratischen Streckengleichung genügen. Ein Hauptmittel für diese Ableitung ist das Operieren mit dem *Gnomon*: Zwei Parallelen zu den Seiten durch einen Punkt der Diagonale zerlegen ein Rechteck in vier Rechtecke, zwei von diesen sind inhaltsgleich und bilden mit einem der übrigen Rechtecke einen Gnomon (s. Fig. 88). Speziell wird der Gnomon benutzt, wenn das zerlegte Rechteck ein Quadrat (über der Seite $a + b$) ist; in diesem Fall ist der Gnomon ein Quadrat über der Strecke a, vermehrt um das doppelte Rechteck aus a und b. Diese Summe hat natürlich bei der Lösung quadratischer Gleichungen eine große Bedeutung. Die durch die Flächenrechnung dargestellte geometrische Algebra spielt in der ganzen griechischen und nachgriechischen Mathematik eine beherrschende Rolle. Erst im 17. Jahrhundert befreit man sich völlig von ihr, wie wir weiter unten berichten werden.

Eine weitere Folge der Entdeckung irrationaler Streckenverhältnisse war die Aufstellung der Proportionenlehre, der Lehre von den allgemeinen Größenverhältnissen. Die Grundlagen der Proportionenlehre findet man in dem Buch V der Elemente von EUKLID. Hier werden zwei Größenverhältnisse $a:b$ und $c:d$ als gleich definiert, falls die Verhältnisse dieselbe Einteilung in den Verhältnissen von ganzen Zahlen hervorrufen, d. h. falls mit

gleichzeitig

$$na > mb \quad \text{bzw.} \quad na = mb \quad \text{bzw.} \quad na < mb$$

$$nc > md \quad \text{bzw.} \quad nc = md \quad \text{bzw.} \quad nc < md$$

ist. Diese Definition geht über das rein Geometrische heraus. Sie setzt ja nur voraus, daß man die Größen vervielfältigen kann, und daß für

sie eine einfache Anordnung gegeben ist. Es wäre von der euklidischen
Lehre über allgemeine Größenverhältnisse aus leicht gewesen, das
allgemeine Rechnen mit Verhältnissen darzustellen, das sich von
unserem heutigen algebraischen Rechnen kaum anders als durch die
Bezeichnung unterscheiden würde. Aber das wird nicht getan. Im
Altertum werden die Verhältnisse nicht miteinander verknüpft, weder
miteinander multipliziert, noch zueinander addiert. Man benutzt im
wesentlichen die bekannten Umformungen von Verhältnisgleichungen,
z. B. aus $a:b = c:d$ folgt $a:c = b:d$ und $a + b:b = c + d:d$, ferner
die Gleichheit der Rechtecke ad und bc (das Produkt zweier Verhältnisse
kommt nur scheinbar vor, es wird stets aufgefaßt als das Verhältnis
von Rechtecksgrößen). Mit Hilfe dieser Umformungen schaffen nun
die großen griechischen Mathematiker die *alte* analytische Geometrie.
Ganz besonders fruchtbar war die Anwendung der Proportionenrechnung
auf die Lehre von den Kegelschnitten, die in dem zum großen Teil
erhaltenen Werk von APOLLONIOS in umfassender Weise abgeleitet wird.
Bei dieser Ableitung war ebenso wie heute die „Gleichung" der Kegelschnitte von grundlegender Bedeutung: die Punkte eines Kegelschnittes
wurden charakterisiert durch ihre Abstände von zwei Achsen, etwa
einer Scheiteltangente und dem zu dieser Tangente senkrechten Durchmesser des Kegelschnittes. Die „Gleichung" wurde etwa für die
Parabel in folgender Form dargestellt: das Quadrat über dem Abstand
von dem Durchmesser ist gleich dem Rechteck aus einer festen Strecke
und dem Abstand von der Scheiteltangente. Auf Grund dieser Beziehung werden alle Eigenschaften der Parabel abgeleitet.

Die Lehre von den Kegelschnitten, wie sie in dem Werk von APOL-
LONIUS auseinandergesetzt wird, gilt mit Recht als die höchste Leistung
der Griechen auf dem Gebiete der algebraischen Geometrie. Wir müssen
aber auch die trigonometrischen Entwicklungen bei den Alten zu diesem
Gebiet rechnen. In der Tat handelt es sich ja in der Trigonometrie nur
um algebraische Beziehungen zwischen Streckenverhältnissen. Die
Trigonometrie, insbesondere die sphärische Trigonometrie, war von
größter Bedeutung in der Astronomie. Wir finden sie, soweit sie überhaupt im Altertum entwickelt war, in dem großen Werk von CLAUDIUS
PTOLEMÄUS (etwa 150 n. Chr.), das heute meistens mit seinem arabischen
Namen „Almagest" genannt wird. Es sind im wesentlichen zwei Pro-
bleme, die aus dem ptolemäischen Werk für uns in Betracht kommen.
Das erste Problem betrifft die Berechnung einer Sehnentafel, d. h. die
Berechnung des Verhältnisses des Kreisdurchmessers zu den Sehnen,
die zu einem rationalen Teil des Vollwinkels gehören. Die Berechnungs-
methode stammt vielleicht schon von dem großen Astronomen HIP-
PARCH (150 v. Chr.). Das Haupthilfsmittel ist die Beziehung, die wir
heute als Additionstheorem für den Sinus, resp. Kosinus bezeichnen.
PTOLEMÄUS erhält dieses Theorem in der Form eines Satzes über Kreis-

vierecke: in einem Kreisviereck ist das Rechteck aus den Diagonalen gleich der Summe der beiden Rechtecke aus den Paaren von gegenüberliegenden Seiten. Für die Entwicklungsgeschichte der analytischen Geometrie ist es von Bedeutung, daß das Additionstheorem äquivalent ist mit den Drehungsformeln für ein rechtwinkliges Koordinatensystem.

Das zweite ptolemäische Problem betrifft die Ableitung von Beziehungen von Winkeln und Seiten ebener und sphärischer Dreiecke. Die Ableitung gründet sich im wesentlichen auf den Satz, den wir heute als Satz von MENELAUS bezeichnen. Dieser Satz gibt eine Beziehung zwischen den sechs Abschnitten, die auf den Seiten eines Dreieckes durch eine Transversale erzeugt werden. Charakteristisch für die Art der Darstellung bei PTOLEMÄUS ist, daß immer wieder dieser Transversalensatz benutzt wird, um für eine einzelne Aufgabe die nötigen Beziehungen abzuleiten. Es fehlt ganz das uns heute so selbstverständlich gewordene Arsenal von Beziehungen zwischen den Seiten und Winkeln eines Dreiecks.

Bei aufmerksamer Betrachtung der alten Mathematik wird man noch an manchen Stellen Keime der analytischen Geometrie entdecken. Besonders bemerkenswert ist wohl die in der Meßkunst sehr weit verbreitete und ja auch ganz natürliche Koordinatenmethode, für die wir schöne Beispiele in der Meßkunde des HERON (um 100 n. Chr.) finden.

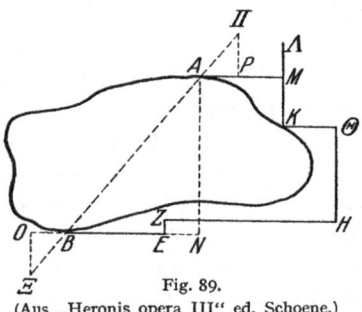

Fig. 89.
(Aus „Heronis opera III" ed. Schoene.)

Wir führen als charakteristisches Beispiel die Figur an, die illustriert, wie man die Koordinatenmethode anwendet, um die Richtung eines durch einen Berg zwischen den Punkten A und B zu grabenden Tunnels zu finden. A und B werden durch einen rechtwinkligen Polygonzug verbunden. Man erhält durch diesen Zug die Koordinatendifferenzen von A und B in bezug auf ein mit den Seiten des Polygonzuges paralleles Achsensystem. Dann konstruiert man rechtwinklige Dreiecke mit einer Ecke in A resp. B, deren Katheten parallel zu den Achsen und in ihren Längen proportional zu den obigen Koordinatendifferenzen sind. Die Hypotenusen dieser Dreiecke zeigen die Richtung des zu grabenden Tunnels.

Auch räumliche rechtwinklige Koordinaten kommen im Altertum vor, bei der graphischen („darstellend geometrischen") Methode zur Lösung astronomischer Aufgaben. Hierbei werden als Koordinatenebenen der Meridian, der Horizont und der Vertikalkreis benutzt. Eine solche Aufgabe findet sich ebenfalls in der Heronischen Metrik, und zwar wird die Aufgabe behandelt, die Entfernung von Alexandrien und Rom zu finden, wenn Längen- und Breitendifferenz bekannt sind.

So finden wir die Koordinatenmethode bei den Alten in der reinen wie in der angewandten Mathematik. Aber ihre universelle Bedeutung für die Theorie räumlicher Verhältnisse ist noch nicht erkannt.

Man hat oft versucht, die auffallende Erscheinung zu erklären, daß nach dem großen Werk von APOLLONIUS die Geometrie und überhaupt die Mathematik in dem griechischen Kulturgebiet keine weiteren entscheidenden Fortschritte gemacht hat. Man hat zuweilen biologische Erscheinungen als Modell für diesen Vorgang gebraucht und etwa von einem allgemeinen Verfall der griechischen Kultur um diese Zeit gesprochen. Dieser Verfall wird dann als „Ursache" des Stillstandes der Mathematik angegeben. Aber einerseits sind solche allgemeinen Behauptungen über den Kulturzustand nie ganz zutreffend — man kann ja in manchem Zweig der griechischen Kultur für diese Zeit sicher nicht von einem Niedergang sprechen —, andererseits befriedigt dies durchaus nicht unser Bedürfnis, uns die Einzelheiten eines Vorganges anschaulich zu machen. Um dieses Ziel zu erreichen, um gleichsam den Übergang von der Blüte zum Stillstand und Verfall mitzuerleben, genügt es nicht, sich eine allgemeine Ermattung im wissenschaftlichen Denken vorzustellen. Man muß schon versuchen, sich in Einzelheiten zu vertiefen. Wir wollen deswegen im folgenden diejenigen Gründe für die betrachtete Erscheinung anführen, die zunächst gar nichts mit dem Milieu zu tun haben, die also durch die Entwicklung selbst bedingt sind. Diese Gründe charakterisieren die griechische Mathematik nach der negativen Seite. Sie zeigen diejenigen wesentlichen Methoden und Betrachtungen, die im Altertum noch gar nicht oder nur im Keime vorhanden waren. So bilden die jetzt folgenden Bemerkungen den Übergang zu der Darstellung der modernen Methoden in der analytischen Geometrie. Wir müssen noch folgendes vorausschicken: die verschiedenen Gründe bilden ein kausal sehr verschlungenes Geflecht. Die Reihenfolge, in der wir sie besprechen, darf deswegen nicht aufgefaßt werden als eine Anordnung nach dem Grade ihrer Ursprünglichkeit.

Zunächst stellt man fest, daß durch die großen Erfolge der klassischen Zeit eine Armut an interessanten Problemen auftreten mußte. Es gibt kaum einen schönen algebraischen Satz über Kegelschnitte, der nicht schon von APOLLONIUS dargestellt wäre. So fehlte der späteren geometrischen Forschung der Reiz, den ein weites, im wesentlichen noch unbekanntes Gebiet ausübt. Dieser Stoffmangel bleibt bis zum 17. Jahrhundert, wo zuerst DESARGUES durch die Betrachtung der *Transformationen*, der Abbildungen der Gebilde aufeinander, den Geometern ein ungeheures neues Reich eröffnete. Ein spezieller Fall einer solchen Abbildung, die Zuordnung von Punkten einer Geraden zu den Punkten einer zu der ersten senkrechten Geraden wird dargestellt durch die einander entsprechenden Fußpunkte der Lote von den Punkten einer *Kurve* auf diese beiden Geraden. Die

Zuordnung der Punkte der beiden Geraden bezeichnen wir als *funktio-
nalen Zusammenhang*, als deren Träger die Kurve bezeichnet werden
kann. Eine solche Kurve ist ein besonders einfacher Fall für den Begriff des *geometrischen Ortes*. Dieser Begriff war den Alten ja durchaus
geläufig. Aber er war nicht selbständig. Ein geometrischer Ort mußte
erst immer legitimiert werden dadurch, daß er sich als identisch mit
einer durch unmittelbare geometrische oder mechanische Konstruktion
erhaltenen Kurve erwies. Den Alten fehlte durchaus der Funktions-
begriff, wie auch allgemeiner die Fähigkeit, eine Abbildung zu *einer*
Erscheinung zusammen zu sehen. Andererseits war es ihnen nicht
intuitiv klar (wie den Denkern des 17. und 18. Jahrhunderts), daß ein
geometrischer Ort eine Kurve *definiert*, d. h. einen *stetigen* Linienzug.
So werden z. B. bei ARCHIMEDES und APOLLONIUS die Punkte der Ebene
algebraisch vollständig charakterisiert, von denen aus eine, zwei, drei
oder vier Normalen auf einen gegebenen Kegelschnitt gezogen werden
können. Aber die Evolute, also die Kurve, von deren Punkten aus zwei
Normalen auf die gegebene Parabel resp. drei Normalen auf die Ellipse
oder Hyperbel gezogen werden können, wird nicht als Kurve erkannt
und etwa in ihrer so sinnfälligen Gestalt dargestellt.

Stets ist der Übergang von dem zunächst diskret gesehenen (oder
auf andere Weise zuerst diskret erkannten) zum kontinuierlichen mit
Schwierigkeit verbunden. Ein großes Hilfsmittel ist für uns in diesem
Falle die algebraische Formel, der algebraische Ausdruck z. B. für die
Abhängigkeit der Koordinaten des Punktes auf dem geometrischen Ort
voneinander. Trotz der vollkommenen Einsicht in diese Abhängigkeit
existiert die algebraische Formel als solche nicht für die Griechen. Denn
die Algebra war ganz unselbständig. Die algebraische Formel existierte
nur in geometrischer Einkleidung. Dies lag zum Teil an der Theorie
der irrationalen Verhältnisse oder Irrationalzahlen, wie wir heute sagen
(s. oben). Ihre Theorie ist — auch heute — auf geometrischen Vorstellungen begründet, aber wir haben sie formal gelöst von diesem Unter-
grund. Dieser Befreiungsprozeß hat sehr lange gedauert. Durch die
jahrhundertelang dauernde Beschäftigung mit den algebraischen Pro-
zessen während der „Ruhezeit" der Mathematik von etwa 300 n. Chr.
bis 1500 wurden diese schließlich als etwas Selbständiges empfunden.
Die Ruhezeit kann man vergleichen mit dem Puppenstadium eines
Schmetterlings; im Inneren des Organismus findet eine vollständige
Umschmelzung statt, die der Genesis entsprechenden Verbände werden
gelöst, eine ganz neue Verteilung und Bedeutung der Organe entsteht.
Auf Einzelheiten kann hier nicht eingegangen werden. Es sind nur
die Hauptmerkpunkte hervorzuheben: 1. Eine Fülle von arithmetischen
Problemen bei DIOPHANT (um 300 n. Chr.). In diesen handelt es sich
nur um rationale Zahlen, es besteht deswegen kaum eine Verbindung
zur Geometrie. In dem Werke sind fast keine Figuren enthalten. 2. Das

berühmte Werk von MUHAMMED IBN MUSA AL KWARIZMI (um 850 n. Chr.), das der Wissenschaft von den Gleichungen den Namen Algebra gegeben hat. Hier werden die Lösungen von Zahlengleichungen ersten und zweiten Grades systematisch gelehrt. Die Lehre des IBN MUSA kam durch LIONARDO PISANO (um 1200) nach Westeuropa.

Die Neuzeit begann mit der Formulierung der algebraischen Regeln ganz unabhängig von der geometrischen Bedeutung durch CHUQUET (1484). Hier werden die zunächst unanschaulichen negativen Größen eingeführt, und es treten sogar, dem Verfasser unbewußt, in den Rechnungen auch imaginäre Größen auf. Sodann wurden Fortschritte der Algebra über das im Altertum erreichte Ziel durch die italienischen Mathematiker des 16. Jahrhunderts gemacht. *Ohne Benutzung geometrischer Betrachtungen* wurden die Gleichungen dritten und vierten Grades gelöst. Freilich war manches noch in geometrische Sprache eingekleidet, so daß CARDANO beispielsweise die Entwicklung für die dritte Potenz der Summe zweier Größen in geometrischer Form als den wesentlichsten Schritt bei der Lösung der Gleichung dritten Grades betrachtete. Dann kam die Erfindung der algebraischen Zeichensprache durch die hauptsächlich deutschen Cossisten (16. Jahrhundert) und vor allem durch VIETA (um 1600). Symbole, die man auch als Abkürzungen auffassen kann, haben auch die Alten schon gehabt; aber erst VIETA hat systematisch die Größen durch einzelne Buchstaben ausgedrückt und eine leichte Handhabung allgemeiner Größenbeziehungen ohne Zuhilfenahme geometrischer Vorstellungen ermöglicht. VIETA machte übrigens die Geometrie in ähnlicher Weise fruchtbar für die *entwickelte* Algebra wie die Griechen für ihre Algebra, indem er den allgemeinen Satz bewies, daß die Bestimmung der Wurzeln einer Gleichung dritten Grades, abgesehen von Konstruktionen durch Zirkel und Lineal, noch die Trisektion eines Winkels oder die Konstruktion zweier mittlerer Proportionalen, d. h. die Konstruktion des Ausdrucks $\sqrt[3]{a^2 b}$ erfordert.

DESCARTES stellt der Geometrie die selbständige Algebra gegenüber („*Géométrie*" 1637): 1. Er benutzte zur Bestimmung eines allgemeinen Punktes der Ebene zwei Strecken, die Koordinaten, ebenso wie die Alten, wie wir oben sahen, speziell APOLLONIUS. 2. Durch Einführung einer Einheitsstrecke konnte er jedem algebraischen Ausdruck eine Strecke zuordnen, also nicht nur etwa ein Ausdruck „erster Dimension" wie $\sqrt[3]{a^2 b}$ oder a^2/b war eine Strecke, sondern auch $\sqrt[3]{a}$ oder a^2. 3. Mit Benutzung von 1. und 2. konnte jeder algebraischen *Funktion* einer Veränderlichen eine Kurve zugeordnet werden. DESCARTES ließ nur solche Kurven als geometrisch zu, die durch algebraische Operationen konstruierbar waren. So konnte jedes geometrische Problem, das die Bestimmung eines Punktes usw. unter Zuhilfenahme von geometrischen Örtern forderte, auf ein rein algebraisches Problem zurückgeführt werden.

Nun zu einigen Einzelheiten aus dem Werk von DESCARTES: Das
erste Buch beginnt mit der geometrischen Konstruktion der algebraischen
Verknüpfungen, also der Summe und des Produktes zweier Strecken
oder der Quadratwurzel. Auf Grund der algebraischen Lösung der
quadratischen Gleichung kann jetzt jede Strecke konstruiert werden,
die einer quadratischen Beziehung genügt. Das ist genau der umgekehrte Weg wie bei EUKLID, wo unmittelbar aus der geometrisch
gewonnenen oder vorgelegten quadratischen Beziehung für eine unbekannte Strecke die geometrische Lösung gesucht und gefunden wird,
wo algebraische Gleichungen geometrisch gedeutet werden und ihre
„Lösung" durch ihre geometrische Lösung abgeleitet wird. Das ganze
Operieren mit Flächenstücken, die „Gnomonwirtschaft", ist ver-
schwunden. Hier ist wirklich ein Königsweg zur Lösung der Aufgaben
gefunden. Die Algebra ist nicht mehr geometrisch, sondern die Geometrie wird von der Algebra beherrscht. So werden die Kurven nicht
mehr wie bei den Alten nach ihrer Herkunft geordnet, sondern nach
dem Grade der algebraischen Beziehung, durch die sie dargestellt
werden. Die „mechanischen" (nicht algebraischen) Kurven werden
aus der Geometrie ausgeschlossen, während die Alten einige von ihnen,
z. B. die Spirale, gern betrachtet haben, weil ihr Kurvencharakter unmittelbar einleuchtete. Von Wichtigkeit ist auch, daß DESCARTES
allgemeine, nicht näher spezialisierte Kurven untersuchte, etwa zum
Zweck der Entwicklung einer allgemeinen Methode für die Tangenten-
konstruktion. Diese Betrachtung ganz allgemeiner Funktionenklassen
hatte große Bedeutung für die Entwicklung der Analysis. Auf die
großartigen rein algebraischen Resultate von DESCARTES einzugehen,
ist hier nicht der Platz.

Die „Géométrie" erschien 1637[1] zusammen mit dem berühmten „Dis-
cours de la méthode" („je pense, donc je suis") und der „Dioptrique".
Das Werk hatte eine ungeheure Wirkung. Es ist der Ausdruck eines
typisch rationalistischen, revolutionären Geistes, der mit Frohlocken
das Alte stürzt, um das als rationell erkannte Neue an die Stelle zu
setzen. Die klaren, übersichtlichen Entwicklungen in der „Géométrie"
machen die mathematische Forschung für jeden zugänglich und ersparen
dem produktiven Forscher die unendliche Mühe der tastend vorwärts-
dringenden Einzelarbeit. DESCARTES' Leistung trägt vorzüglich den
Stempel der neuen Zeit, der Zeit der Aufklärung, des Rationalismus,
der Maschinen. DESCARTES selbst war durch die neue Einsicht er-
schüttert und begeistert, und er schrieb am Ende seines Werkes in
überwältigendem Stolz die Worte: „Denn wenn man in einer fort-
schreitenden Reihe von mathematischen Problemen die ersten zwei

---

[1] Ungefähr zur selben Zeit entstand die „Ad locos planos et solidos
isagoge" von P. FERMAT, in der manches Cartesische vorkommt, manches auch
über DESCARTES hinausgeht. Aber FERMATS Werk wurde erst 1679 gedruckt.

oder drei gelöst hat, dann ist die Lösung der übrigen nicht schwer, so daß ich hoffe, daß die Nachwelt mir danken wird, nicht nur für das, was ich hier auseinandergesetzt habe, sondern auch für das, was ich absichtlich überging, um ihr das Vergnügen des Findens zu lassen."

Ehe wir nun die weitere Entwicklung der analytischen Geometrie betrachten, müssen wir noch einen weiteren Grund für den Stillstand der geometrischen Forschung in Griechenland erwähnen. Wenn man heute die Werke von ARCHIMEDES oder APOLLONIUS studiert, so wird die Lektüre zunächst durch eine gewisse äußere Einförmigkeit ermüdend. Dieselbe stereotype Anordnung von Lehrsatz und Beweis geht durch das ganze Werk. Kein Satz wird als besonders wichtig hervorgehoben. Der planmäßige Aufbau enthüllt sich erst der eindringenden Betrachtung. Nur die Vorreden geben gelegentlich an, welche Hauptziele zu erreichen sind. Auch die späteren griechischen Kommentatoren haben zu diesen zusammenfassenden Werken keine Übersicht, keine sachlichen Dispositionen geliefert. Es scheint fast, als ob diese Leistung so schwer und anstrengend war, daß die Spannkraft weder bei den ursprünglichen Pfadfindern noch bei den Späteren, die denselben Weg gingen, zu einer bewußten, klar darzustellenden Übersicht ausreichte. Diese Schwierigkeit rührte zum Teil daher, daß vereinfachende und zusammenfassende Beweisprinzipien fehlten. Es charakterisiert den jugendlichen Stand der Wissenschaft, daß Übertragungsprinzipien nur selten angewandt wurden. Jeder Satz wurde möglichst einfach an das bereits Erreichte angeschlossen. Nie wird etwa Gebrauch gemacht davon, daß gewisse Eigenschaften der Figuren durch Projektion sich nicht verändern, daß man also nur den speziellen Fall zu erledigen braucht, um daraus unmittelbar die Gültigkeit für den allgemeinen Fall zu erschließen. Noch viel weniger kann man erwarten, daß durch das Prinzip der Dualität tiefere Einsicht in die Struktur der Geometrie gewonnen und die Übersicht außerordentlich vereinfacht wird. Solche allgemeine Prinzipien werden bewußt erst im Anfang des 19. Jahrhunderts gebraucht, wo besonders der Name PONCELET zu nennen ist.

Durch die Veröffentlichung der „Géométrie" durch DESCARTES bekam die Mathematik Flügel. Aber wenn DESCARTES der Vater der analytischen Geometrie genannt wird, so haben Kritiker mit Recht eingewandt, daß DESCARTES eigentlich mehr das geschaffen hat, was im Schullehrgang algebraische Geometrie genannt wird, als die Grundlagen der analytischen Geometrie. Denn in der Tat, die Grundgebilde der Geometrie hat DESCARTES nicht analytisch dargestellt. Weder wird etwa der allgemeine Punkt der Ebene und ein Paar allgemeiner Zahlen aufeinander bezogen, noch der Abstand zweier Punkte, die Beziehung zwischen den Koordinaten der Punkte auf einer Geraden, der Winkel zweier Geraden analytisch dargestellt. Für die mangelnde Systematik ist bezeichnend, daß DESCARTES keine negativen Koordinaten anwendet.

Die Geometrie von DESCARTES hat besondere Bedeutung in der
zweiten lateinischen Ausgabe vom Jahre 1659. In dieser Ausgabe sind
bereits eine ganze Reihe von Arbeiten enthalten, die durch das Studium
der „Géométrie" entstanden waren. So finden sich in dieser Ausgabe
die erste systematische „analytische Geometrie", die „Elementa Cur-
varum Linearum" von J. DE WITT. Hier werden systematisch die
Kurven untersucht, die durch eine Gleichung ersten oder zweiten Grades
dargestellt werden. Dabei ist aber die analytische Begründung der
analytischen Geometrie noch sehr unvollkommen. Es werden nur die
absoluten Werte von Koordinaten gebraucht, die Buchstaben in den
Gleichungen bedeuten stets die absoluten Größen von Strecken. So
muß wie auch noch 50 Jahre später bei L'HOSPITAL die Gleichung der
geraden Linie in den vier verschiedenen Formen dargestellt werden:

$$y = \frac{b}{a} x, \quad y = \pm \frac{b}{a} x + c, \quad y = + \frac{b}{a} x - c.$$

Die Beziehung
$$y = - \frac{b}{a} x - c$$

hatte keine geometrische Bedeutung. Es fehlen immer noch die Formeln,
die wir jetzt an den Anfang stellen, wie die für den Abstand zweier
Punkte oder den Winkel zweier Geraden, ferner die Abbildung der
Punktmannigfaltigkeit auf die Gesamtheit der Paare von reellen
Zahlen. Die Diskussion der allgemeinen quadratischen Beziehung
zwischen zwei Veränderlichen ist, hauptsächlich durch die Vermeidung
negativer Koordinaten behindert, nicht vollständig durchgeführt.

In dem Buch von L'HOSPITAL: „Traité analytique des Sections
coniques" (1705) werden schon negative Koordinaten eingeführt, aber
ihr Gebrauch wird ausdrücklich ausgeschlossen. Die Kurven sollen nur
in dem Winkel betrachtet werden, wo x und y positiv sind. Die Diskussion der Gleichung zweiten Grades ist schon sehr weit fortgeschritten.
Es wird die Bedeutung der Diskriminante $a_{11} a_{22} - a_{12}^2$ (in unserer Bezeichnung) für die Unterscheidung von Ellipse, Hyperbel und Parabel
vollständig erkannt. Es wird auch der Fall diskutiert, daß der quadratischen Gleichung keine reellen Punkte entsprechen. Auch die Möglichkeit, daß die Gleichung ein Geradenpaar darstellt, wird erkannt.

Fast zu derselben Zeit wie das Werk von L'HOSPITAL erschien eine
wunderbare Arbeit von NEWTON über die Kurven dritten Grades (1706).
Diese Arbeit zeigt eine geradezu virtuose Beherrschung analytisch-
geometrischen Denkens. NEWTON verschmäht es aber, Beweise für seine
Sätze zu geben. Gleich am Anfang steht die Bemerkung, daß man Kurven
n-ten Grades nicht nur durch die (mit dem zugrunde gelegten Koordinatensystem verbundene) Eigenschaft, daß in ihrer Gleichung die
Maximaldimension der Glieder in x und y gleich n ist, definieren kann,
sondern auch durch die von jedem Koordinatensystem unabhängige

Eigenschaft, daß sie im allgemeinen mit einer Geraden n und nicht mehr Punkte gemeinsam haben. Der wichtigste Satz in dieser Arbeit ist folgender: Alle Kurven dritten Grades sind perspektive Bilder (umbrae, Schatten) der in bezug auf die x-Achse symmetrischen Kurven

$$y^2 = ax^3 + bx^2 + cx + d.$$

Dieser Satz ermöglicht NEWTON, eine Übersicht über die verschiedenen Formen der Kurven dritten Grades zu geben. Er hat später für die Theorie der elliptischen Integrale eine besondere Bedeutung bekommen. Wichtig ist ferner das Kapitel über die *Erzeugung* (descriptio organica) von Kegelschnitten durch projektive Beziehung zweier Geradenbüschel aufeinander und von Kurven dritten Grades mit Doppelpunkt mit Hilfe der Einschaltung eines Kegelschnittes in die projektive Beziehung. Mit Hilfe von algebraischen Betrachtungen über das Unendlichwerden von Wurzeln, das Zusammenfallen von Wurzeln usw. wird die geometrische Form beherrscht.

Ebenso wie EULERs große Werke über Differential- und Integralrechnung die ganze Fülle der aus den neuen Methoden der Analysis erwachsenden Probleme und Resultate zur Erscheinung bringen, ist auch sein Werk über Geometrie (der zweite Teil seiner „Introductio in analysin infinitorum" 1748) von einem überraschenden Reichtum. Überall, im elementaren wie im höheren Gebiet werden wichtige und schöne Fragestellungen und Lösungen gebracht. EULER geht charakteristischerweise von dem Analytischen aus: Kurven sind Darstellungen von Funktionen, und die Kurven werden eingeteilt nach der Art der Funktion, die sie darstellen. Das Positive und Negative bei Zahlen und Koordinaten wird ganz gleichmäßig behandelt. Die allgemeinen Formeln für die Koordinatentransformation, insbesondere auch für die Drehung des Koordinatensystems, werden abgeleitet, die Kurven zweiten Grades analytisch vollständig diskutiert. Es wird ausführlich die Untersuchung des Verlaufs von algebraischen Kurven gelehrt mit Benutzung der Bestimmung von Tangenten und Krümmungskreisen. Hierbei wird die Differentialrechnung nur in der Bezeichnung vermieden. Endlich werden Kurvenscharen und allgemeinere Kurventransformationen betrachtet, es wird von ähnlichen und affinen Kurven gehandelt. Die Lehre von der Elimination wird entwickelt zur Lösung der Aufgabe, die Schnitte zweier algebraischen Kurven zu finden.

Für uns ist von besonderer Wichtigkeit der Anhang, in dem zum ersten Male die räumliche analytische Geometrie ausführlich behandelt wird. DESCARTES hatte schon das allgemeine Prinzip des räumlichen Koordinatensystems ausgesprochen. Daran anschließend, macht er übrigens einen methodisch interessanten Fehler, den wir hier kurz darstellen wollen. Da DESCARTES nicht die Gleichung der Geraden benutzte, konstruierte er die Kurve berührende Kreise und erhielt dadurch direkt die Normale an die Kurve. Deswegen versuchte er auch, die Normale an eine Raumkurve zu definieren: seien C' und C'' die beiden orthogonalen Projektionen der Kurve C auf zwei zueinander senkrechte Ebenen ε_1 und ε_2, n' und n'' die Normalen in entsprechenden Punkten auf C' und C'', dann behauptet DESCARTES, daß die Normale auf C der Durchschnitt der beiden in n' und n'' auf ε_1 resp. ε_2 senkrechten Ebenen ist, was, wie leicht ersichtlich, ganz falsch ist. Dagegen wäre die analoge Definition der Tangente an C richtig gewesen.

Wichtige und schöne Untersuchungen über gekrümmte Flächen und Raumkurven hatten PARENT (1700) und CLAIRAUT (1731) vor EULER bekanntgemacht. Bei EULER finden wir die erste systematische Darstellung, unter anderem werden die Kurven zweiten Grades als durch den Schnitt einer Ebene mit einem Kegel oder einem Zylinder entstehend nachgewiesen. Sehr wichtig sind ferner die Formeln für die Drehung um einen Punkt, die besonders für EULERS Mechanik von Bedeutung waren. Endlich werden noch die Flächen zweiter Ordnung diskutiert. Diese Untersuchung wird mit Hilfe des Asymptotenkegels geführt, der durch die Glieder zweiter Ordnung in den Variabeln gegeben ist. Die fünf Haupttypen werden: Ellipsoid, elliptisches Hyperboloid, hyperbolisches Hyperboloid, elliptisches Paraboloid, hyperbolisches Paraboloid genannt.

1773 erschien eine Arbeit von LAGRANGE in den Berliner Akademieberichten (Werke Bd. III), in der das Tetraeder analytisch-geometrisch behandelt wird. In dieser Arbeit tritt die Verbindung der analytischen Geometrie mit der *linearen Algebra* zum erstenmal in Erscheinung. LAGRANGE sagt in der Einleitung, daß er zeigen will, wie auch in der elementaren Geometrie, die bisher ausschließlich mit den Methoden der „reinen" Geometrie behandelt worden war, die analytische, d. h. Koordinatenmethode, erfolgreich angewandt werden könne. Diese Anwendung führt nun LAGRANGE in einer begeisternden Klarheit und Eleganz durch. Am Anfang werden die sämtlichen Sätze über dreireihige Determinanten (ohne unsere heutige Bezeichnung natürlich) abgeleitet. Wir bemerken dabei, daß die Determinanten schon 1750 von G. CRAMER bei der Lösung von linearen Gleichungen benutzt wurden. Charakteristisch für die Behandlung der geometrischen Probleme bei LAGRANGE ist die Abwesenheit von Figuren. Die geometrische Anschauung wird möglichst wenig in Anspruch genommen. Z. B. wird bei der Berechnung des Tetraederinhaltes das körperliche Lot als die kürzeste Entfernung der Spitze von der Basis eingeführt und mit Hilfe des Differentiationsprozesses berechnet. Dies entspricht einem Streben von LAGRANGE, das besonders auch in seiner Mechanik zum Ausdruck kommt, in der durch einige wenige grundlegende Betrachtungen die Probleme der Mechanik in Probleme der Analysis verwandelt und dadurch die sich auf das einzelne beziehenden visuellen Vorstellungen und also auch Figuren entbehrlich gemacht werden.

Diese Tendenz wurde von dem Schüler LAGRANGES, LACROIX, in seiner systematischen Darstellung der analytischen Geometrie durchgeführt (im „Traité du calcul differentiel et du calcul integral" 1797). Hier kommt zum ersten Male zum Ausdruck, daß die ganze Geometrie analytisch ist, d. h. auf Grund der Koordinatenmethoden algebraisch behandelt werden kann, nachdem einmal von grundlegenden geometrischen Eigenschaften aus der Übergang zur algebraischen Darstellung gewonnen ist. Diese Art, die Geometrie zu betrachten, „on pourroit appeler Géométrie analytique" (S. XXIV des Vorwortes der ersten Auflage). *Hier tritt endlich der Name für unsere Disziplin auf.* Der Name „analytische Geometrie" ist also analog zum Namen „analytische Mechanik" (mécanique analytique) gebildet, dem Titel des klassischen Werkes von LAGRANGE[1].

Im 19. Jahrhundert waren folgendes die wichtigsten Momente in der Entwicklung der analytischen Geometrie: 1. die Entdeckung eines neuen Reiches geometrischer Erscheinungen in der projektiven Geometrie, 2. die Ausbildung der linearen Algebra, die zur algebraischen Beherrschung dieser Erscheinungen notwendig ist, im Anfang unabhängig von der projektiven Geometrie, später im engsten Zusammenhang mit ihr, 3. die projektive Charakterisierung der Bewegungen unter den übrigen projektiven Transformationen. Dadurch wurde erreicht, daß die elementare Geometrie, die Geometrie der Gebilde zweiter Ordnung (der Kegelschnitte und Flächen zweiter Ordnung), zusammen mit der projektiven Geometrie ein einheitliches Gebilde wird, dessen Struktur vollständig klar ist durch die isomorphe Struktur der Gebilde der linearen Algebra. Dieses Zusammenfallen von Algebra und Geometrie ist nicht möglich ohne die konsequente Benutzung imaginärer (komplexer) Elemente, die erst im 19. Jahrhundert in die Geometrie eingeführt werden. Dagegen findet sich die ebenfalls für die systematische Ordnung nötige Einführung unendlich ferner Elemente in die Geometrie schon in dem Werk von DESARGUES (1639).

Zu diesem allgemeinen Umriß geben wir noch einige spezielle Ausführungen. Im Jahre 1822 erschien der berühmte „Traité des propriétés projectives des figures" von PONCELET, der die Geometrie durch eine Fülle neuer Entdeckungen bereicherte. Von den projektiven, d. h. bei beliebiger Projektion sich nicht ändernden Eigenschaften der Figuren waren im Altertum nur wenige, freilich grundlegende, Eigenschaften bekannt, vor allem der Satz des PAPPUS von der Invarianz des Doppelverhältnisses. Für uns ist von besonderer Bedeutung *das Prinzip der Kontinuität* von PONCELET. Dieses Prinzip sagt aus, daß, wenn geometrische Figuren bei Veränderung ihrer Elemente in einem gewissen Bereich eine bestimmte Eigenschaft haben, sie diese Eigenschaft behalten, falls man diesen Bereich erweitert. Dieses Prinzip ist

---

[1] Vgl. LORIA, Verh. d. Int. math. Kongr., Heidelberg 1904, S. 572.

heuristisch von größter Bedeutung, es wird gestützt durch die viel später angestellten Betrachtungen über algebraische Funktionen. Vor allem zwingt es zur Einführung der imaginären Elemente in die Geometrie. In dieser Hinsicht ist natürlich die Entdeckung der Bedeutung der imaginären Kreispunkte durch PONCELET (Traité § 94) und CHASLES besonders hervorzuheben. In der Tat ist es ein besonders schöner Beweis für die Wichtigkeit der Einführung der Algebra in die Geometrie, daß mit ihrer Hilfe die Kreise in so einfacher Weise unter den übrigen Kegelschnitten charakterisiert werden können durch die Eigenschaft, daß sie durch zwei bestimmte (imaginäre und unendlich ferne) Punkte der Ebene hindurchgehen.

Freiere Koordinatensysteme, insbesondere auch das der homogenen (linearen) Koordinaten, wurden von einer ganzen Reihe von Mathematikern, wir nennen nur PLUECKER und MOEBIUS, in der ersten Hälfte des 19. Jahrhunderts betrachtet. Das mit der Einführung der linearen Koordinaten zusammenhängende Prinzip der Dualität, die Erkenntnis, daß in allen rein projektiven Sätzen der Ebene Punkt und Gerade, in den Sätzen für den Raum Punkt und Ebene vertauscht werden können, stammt von PONCELET und GERGONNE. PONCELET erschloß die Gültigkeit des Prinzipes aus der Existenz des ebenen resp. räumlichen Polarsystems, GERGONNE aus dem dualen Charakter der grundlegenden Sätze der projektiven Geometrie — die Dualität der Figuren auf der Kugel war schon 200 Jahre früher von dem Holländer SNELLIUS erkannt worden. MOEBIUS hat zuerst negative Größen auch in die Geometrie eingeführt, bis dahin waren zwar die Koordinaten positiv und negativ, die Größen selbst wurden stets als absolute Größen betrachtet. Durch Festsetzung des Anfangs- und Endpunktes wird den Strecken auf einer Geraden, durch den Umlaufsinn wird den Polygonen in einer Ebene, durch zusammengehörige Umlaufssinne der Seitenflächen wird den konvexen Polyedern ein positives oder negatives Maß beigelegt. Diese Einführung gibt erst eine Erklärung dafür, daß die analytisch-geometrischen Formeln für den Abstand zweier Punkte auf einer Koordinatengeraden, für den Dreiecksinhalt in einer Koordinatenebene, für den Tetraederinhalt im Raum ein bestimmtes Vorzeichen haben.

MOEBIUS, HAMILTON (1844) und GRASSMANN (1844) schufen eine *geometrische Algebra,* d. h. einen Kalkül, der sich nicht allein auf das Verhältnis zweier Strecken auf einer Geraden aufbaut wie die gewöhnliche Algebra, sondern auf die Verknüpfung von ebenen resp. räumlichen Gebilden. Diese Algebra umfaßt die heute viel gebrauchte (auch in der analytischen Geometrie mit Vorteil benutzte) *Vektorrechnung.*

Die projektiven Transformationen waren dargestellt durch lineare Transformationen der Koordinaten. Zur Beherrschung der projektiven Geometrie war also eine entwickelte lineare Algebra nötig. Das wichtigste Werkzeug für diese Entwicklung schufen CAUCHY (in der „Analyse algébrique" 1815) und Jacobi (1840) in der Theorie der Determinanten. Gleichzeitig mit der Jacobischen Arbeit erschien eine Arbeit von Cayley, in der zuerst die Schreibweise der Determinanten in einem quadratischen Schema gebraucht wird, die von so großer Bedeutung ist. Durch die Zusammenarbeit von Engländern (Cayley, Sylvester, Smith), Deutschen (Weierstrasz, Kronecker, Frobenius) und Franzosen (Hermite) wurde die lineare Algebra, d. h. das Rechnen mit Matrizen, die Theorie der Elementarteiler, die Theorie von Transformationen von quadratischen Formen usw. etwa von 1850—1880 zu einem befriedigenden Abschluß gebracht. Endlich wurden durch Laguerre und Cayley die Bewegungen und Ähnlichkeitstransformationen projektiv gedeutet, nämlich als solche projektive Transformationen, die ein bestimmtes Gebilde zweiten Grades in sich überführen. Die Metrik wurde dadurch in die projektive Geometrie „eingeordnet". Dieser Ausdruck stammt von F. Klein, der in seinem „Erlanger Programm" (1872) besonders die gruppentheoretische Charakterisierung der verschiedenen Zweige der Geometrie hervorhob.

Durch diese Arbeit war nun ein Gebiet der analytischen Geometrie so komplett algebraisch dargestellt, daß man sich in den heutigen Lehrbüchern meistens auf dieses abgeschlossene Gebiet beschränkt und die Theorie der Kurven höheren Grades ausschließt. Das Studium der Kurven von drittem und höherem Grade führt notwendig auf zwei schwierigere Disziplinen, einmal zur Invariantentheorie, d. h. zur Untersuchung der Funktionen der Koeffizienten von Formen höheren Grades, die durch lineare Transformationen der Variabeln in sich übergehen, andererseits zur Funktionentheorie, d. h. zur Untersuchung der Mannigfaltigkeiten von Paaren komplexer Zahlen x und y, die ein gegebenes Polynom $P(x, y)$ zu Null machen. Die Darstellung dieser beiden Disziplinen überschreitet den Rahmen dieses Lehrbuches.

Die Verbindung mit der Algebra hat einen großen Teil der Geometrie, wie es scheint, zu einem definitiven Abschluß gebracht. Aber freilich wird erst die Vertrautheit mit den geometrischen Gestalten, die Fähigkeit, geometrisch zu denken, die schöpferische Kraft, die immer neue Einzelheiten zur Erscheinung bringt, den Stoff lebendig und überhaupt in irgendeinem Sinne bedeutend machen können.

V. Heuristische Überlegungen in der analytischen Geometrie.

Wie in der Übersicht bereits auseinandergesetzt, soll in diesem Anhang der Leser etwas davon erfahren, mit welchen Überlegungen der heutige Mathematiker im analytisch-geometrischen Gebiet arbeitet. Und zwar beschränken wir uns im folgenden auf den elementaren Teil der analytischen Geometrie, auf solche Probleme, die in den Rahmen des vorliegenden Lehrbuchs gehören; es werden also z. B. Probleme aus der Theorie der höheren algebraischen Kurven nicht behandelt. Es entspricht der Absicht dieses Anhangs, daß die zur Lösung der Probleme führenden Wege möglichst kurz ohne ins Einzelne gehende Ausführungen dargestellt werden.

§ 1. Lineare Transformationen und Kreisverwandtschaften.

a) Ein Satz über die stereographische Projektion.

Die stereographische Abbildung der Kugel Σ auf eine Ebene σ geschieht durch zentrale Projektion der Punkte auf Σ vom „Nordpol" N aus auf die im „Südpol" S berührende Ebene σ. Ein sehr bekannter Satz besagt, daß ein Kreis auf Σ in einen Kreis oder eine Gerade auf σ projiziert wird und umgekehrt. Es handelt sich darum, ohne Proportionenrechnung oder ähnliches durch eine allgemeine Überlegung die Richtigkeit des Satzes einzusehen. Sei zunächst ein Kreis K' auf σ gegeben. Dann schneidet jede Ebene parallel zu σ den Projektionskegel durch K' mit der Spitze N in einem Kreis. Alle diese Kreise haben dieselben imaginären Kreispunkte. Die Ebene ν parallel zu σ durch N schneidet deshalb den Kegel in dem Paar von Minimalgeraden (Geraden durch die imaginären Kreispunkte) durch N in ν. Die Kugel wird von jeder dieser Ebenen ebenfalls in einem Kreis geschnitten. Also schneidet ν die Kugel Σ ebenfalls in dem Paar von Minimalgeraden. Dieses Paar (eine zerfallende C_2) hat also Σ mit dem Projektionskegel gemeinsam. Folglich zerfällt die Kurve vierten Grades, in der Kegel und Kugel sich schneiden, in zwei C_2. Also hat Σ mit dem Kegel noch eine zweite (nicht zerfallende) C_2, d. h. eine ebene Kurve, also einen Kreis K gemeinsam, aus dem K' durch stereographische Projektion entsteht. Daß auch jeder Kreis K auf Σ wieder in einen Kreis K' oder eine Gerade g' auf σ projiziert wird, folgt nunmehr einfach daraus, daß auf Σ ein Kreis, auf σ ein Kreis oder im speziellen Falle eine Gerade durch drei beliebige Punkte eindeutig bestimmt ist. — Daß zwei Flächen zweiter Ordnung, die eine C_2 gemeinsam haben, außerdem nur noch eine weitere C_2 gemeinsam haben, folgt einfach so: Wir betrachten das Büschel von Flächen zweiter Ordnung

$$F \equiv F' + \lambda F'' = 0.$$

Wir nehmen an, daß $F' = 0$ und $F'' = 0$ eine C_2 gemeinsam haben. Dann bestimmen wir λ so, daß $F = 0$ durch einen Punkt P der Ebene $L = 0$ geht, in der die C_2 liegt; P soll nicht auf dieser C_2 liegen. Dann müssen alle Punkte von $L = 0$ auf $F = 0$ liegen; denn eine Ebene hat mit einer Fläche zweiter Ordnung nur eine C_2 gemeinsam oder liegt ganz auf der Fläche. F zerfällt also für dieses λ in zwei lineare Faktoren

$$F \equiv F' + \lambda F'' \equiv L L';$$

alle Punkte, für die gleichzeitig F' und F'' Null sind, liegen daher entweder auf $L = 0$ oder $L' = 0$.

Durch Grenzübergang schließen wir, daß auch die Nullkreise (die Paare von Minimalgeraden) auf der Kugel durch stereographische Projektion wieder in Minimalgerade übergehen (abgesehen von dem Nullkreis in N, der in die unendlich ferne Gerade von σ übergeht), also ist auch das Doppelverhältnis der Tangenten von zwei sich in P auf Σ schneidenden Kreisen K_1 und K_2 mit den Minimalgeraden durch P gleich dem Doppelverhältnis der beiden Tangenten an K_1' und K_2' auf σ mit den Minimalgeraden durch P'. Das bedeutet, daß der Winkel von K_1 und K_2 gleich dem Winkel von K_1' und K_2' ist. Die stereographische Projektion ist eine winkeltreue Abbildung.

b) Beziehungen zwischen projektiven Transformationen und Kreisverwandtschaften.

1. Die allgemeine reelle projektive Verwandtschaft (lineare Transformation) T im Raume induziert auf Σ eine Kreisverwandtschaft: die durch T einander entsprechenden Ebenen ε und $\bar{\varepsilon}$ schneiden Σ in den sich entsprechenden Kreisen K und $\bar{K}$. Da, wenn Σ reell von ε geschnitten wird, Σ nicht von $\bar{\varepsilon}$ reell geschnitten zu werden braucht, kann auch einem reellen K ein imaginärer K entsprechen. Durch stereographische Projektion erhält man aus der Kreisverwandtschaft auf Σ eine Kreisverwandtschaft $K' \to \bar{K}'$ auf σ, wobei zu den Kreisen auf σ auch die Geraden als Grenzfall hineingerechnet werden. Wenn K' reell ist, kann $\bar{K}'$ imaginär sein und umgekehrt. Aber einem K' mit reellem Mittelpunkt entspricht stets wieder ein $\bar{K}'$ mit reellem Mittelpunkt. Denn eine reelle Ebene schneidet Σ in einem Kreis, der durch reelle Gleichungen zwischen x, y und z dargestellt wird. Der durch Projektion von N aus diesem Kreis entstehende Kreis auf σ hat deswegen auch eine Gleichung mit reellen Koeffizienten. Einem Kreis mit dem Radius Null (einem Paar von Minimalgeraden) entspricht im allgemeinen ein Kreis mit von Null verschiedenem reellen oder imaginären Radius, denn eine Σ berührende Ebene ε geht im allgemeinen in eine Σ nicht berührende Ebene $\bar{\varepsilon}$ über. *Ein Kreisbüschel geht stets wieder in ein Kreisbüschel über*, weil durch eine projektive Verwandtschaft T alle Ebenen durch eine Gerade wieder in alle Ebenen durch eine Gerade übergehen. Andererseits ist T immer dann eine projektive Verwandtschaft, wenn jeder Ebene wieder eine Ebene und allen Ebenen durch eine Gerade wieder alle Ebenen durch eine Gerade entsprechen. Wir haben also: *Die Gruppe der reellen projektiven Verwandtschaften des Raumes ist isomorph abbildbar auf die Gruppe der reellen und imaginären Kreisverwandtschaften, die Kreise mit reellem Mittelpunkt wieder in Kreise mit reellem Mittelpunkt und Kreisbüschel wieder in Kreisbüschel überführen.* Diese Kreisverwandtschaften sind nicht als Punkttransformationen zu denken, da bei ihnen im allgemeinen den Kreisen

durch einen Punkt P' nicht wieder Kreise durch einen Punkt $\bar{P}'$ entsprechen.

2. Wir betrachten die reellen projektiven Transformationen T, die die Punkte von Σ ineinander überführen (die Transformationen T sind ein Abbild der Nicht-Euklidischen Bewegungen im Raum; s. Anh. III, § 6, 2, d). Diese Transformationen erzeugen eine reelle Kreisverwandtschaft auf Σ, bei der die Punkte (die reellen Punkte der Nullkreise) auf Σ wieder in Punkte auf Σ übergehen. Die auf Σ erzeugte Transformation ist deswegen, nach demselben Schluß wie am Ende von a), winkeltreu (ein Satz, der übrigens, direkt abgeleitet, die Grundlage für die Ableitung der Nicht-Euklidischen analytischen Geometrie liefert). Durch stereographische Projektion erhalten wir eine winkeltreue Kreisverwandtschaft in der Ebene, bei der reelle Kreise wieder in reelle Kreise (oder Geraden) übergehen, Punkte in Punkte, mit Ausnahme eines Punktes, dem die unendlich ferne Gerade entspricht. Denn geht durch T der Punkt N aus $\bar{N}$ hervor, dann entspricht dem Punkt N' in σ die unendlich ferne Gerade in σ. Umgekehrt erzeugt jede reelle ebene Kreisverwandtschaft, bei der Punkte wieder in Punkte übergehen mit Ausnahme eines Punktes, der in die unendlich ferne Gerade übergeht, eine projektive Transformation des Raumes, bei der Σ in sich übergeht. Denn Büschel von Kreisen gehen, weil Punkte wieder in Punkte übergehen, von selbst wieder in Büschel von Kreisen über. Also ist die im Raum erzeugte Transformation eine projektive: *Die Gruppe der dreidimensionalen („hyperbolischen") Nicht-Euklidischen Bewegungen, die Gruppe der reellen linearen Transformationen, die eine Kugel oder allgemeiner eine nicht geradlinige Fläche zweiter Ordnung in sich überführen, die Gruppe der reellen Kreisverwandtschaften in der Ebene sind zueinander isomorphe Transformationsgruppen.*

3. Wir betrachten noch spezieller diejenigen reellen projektiven Transformationen T, die Σ und eine Σ schneidende Ebene in sich überführen. Diese Ebene sei etwa eine Meridianebene μ durch N und S. Wir spezialisieren T noch weiter, indem wir voraussetzen, daß durch T jede der durch μ entstehenden Hälften von Σ in sich übergeführt wird, die beiden also nicht miteinander vertauscht werden. Ein solches T erzeugt auf μ eine projektive Transformation, die den Meridiankreis M auf μ in sich überführt, — also eine als ebene Nicht-Euklidische Bewegung zu deutende Transformation — und durch stereographische Projektion eine Transformation auf einer Geraden M' von σ, die sich leicht als projektive Transformation ergibt. Denn das Doppelverhältnis von vier Punkten P_1, P_2, P_3, P_4 auf dem Kreis M ist gleich dem Doppelverhältnis der vier Strahlen NP_i, also gleich dem Doppelverhältnis der vier Punkte P_i' auf M'. Da aber bei projektiven Transformationen das Doppelverhältnis der P_i nicht geändert wird, so bleibt auch das Doppelverhältnis der P_i' bei der durch T erzeugten Transformation auf M'

ungeändert, also ist diese induzierte Transformation projektiv. Auch das Umgekehrte folgt sofort, denn die Zuordnung zweier Tripel auf M' zueinander bestimmt ebenso eindeutig die projektive Transformation auf M' wie die Zuordnung zweier Tripel auf M eindeutig eine projektive Transformation, die Σ und M und die beiden Hälften von Σ in bezug auf M in sich überführt: *Die Gruppe der ebenen („hyperbolischen") Nicht-Euklidischen Bewegungen, die Gruppe der reellen linearen Transformationen, die einen Kreis oder allgemeiner eine reelle, nicht zerfallende C_2 in sich überführen, die Gruppe der reellen projektiven Transformationen einer Geraden in sich sind zueinander isomorphe Transformationsgruppen.*

4. Ordnen wir dem Punkte der Ebene mit den (kartesischen) Koordinaten x und y die komplexe Zahl $x + i y = z$ zu, so erkennen wir leicht, daß die Transformation

$$x' = x + a, \qquad y' = y + b, \qquad z' = z + a + i b$$

eine Parallelverschiebung, die Transformation

$$x' = \sqrt{a^2 + b^2} \left(\frac{a}{\sqrt{a^2 + b^2}} x - \frac{b}{\sqrt{a^2 + b^2}} y \right),$$

$$y' = \sqrt{a^2 + b^2} \left(\frac{b}{\sqrt{a^2 + b^2}} x + \frac{a}{\sqrt{a^2 + b^2}} y \right),$$

$$z' = (a + i b) z$$

eine Ähnlichkeitstransformation, verbunden mit Drehung, darstellt. Beide Transformationen sind also ganz spezielle Kreisverwandtschaften. Die Transformation

$$x' = \frac{x}{x^2 + y^2}, \qquad y' = \frac{-y}{x^2 + y^2}, \qquad z' = \frac{1}{z}$$

ist eine Inversion am Einheitskreis (s. S. 125), verbunden mit Spiegelung an der x-Achse, also ebenfalls eine Kreisverwandtschaft. Nun kann man (vgl. S. 77) aus diesen drei Arten von Transformationen die allgemeinste Transformation

$$z' = \frac{\alpha z + \beta}{\gamma z + \delta} \qquad (\alpha \delta - \beta \gamma \neq 0)$$

zusammensetzen, wo α, β, γ, δ reelle oder komplexe Zahlen sind. Diese Transformationen stellen also ebenfalls reelle Kreisverwandtschaften dar. Lassen sich alle Kreisverwandtschaften so darstellen? Durch die Zuordnung zweier beliebiger Tripel ist eine lineare Transformation einer Variablen eindeutig bestimmt. Aber durch die Zuordnung zweier Tripel $P_1 P_2 P_3$ und $\overline{P}_1 \overline{P}_2 \overline{P}_3$ auf Σ ist eine Σ in sich überführende projektive Transformation T des Raumes nicht eindeutig bestimmt. Denn es muß noch weiter angegeben werden, wie die beiden Teile, in die die Ebenen durch P_1, P_2, P_3 resp. durch $\overline{P}_1$, $\overline{P}_2$, $\overline{P}_3$ die Kugel Σ zerfällen, einander durch T zugeordnet werden sollen. Nun bilden diejenigen Transformationen T eine Gruppe, die den Umlaufssinn von vier Punkten auf einer

Kugel nicht verändern (das sind Transformationen, deren Koeffizientendeterminante positiv ist). Wir erhalten so: *Die Gruppe der räumlichen ("hyperbolischen") Bewegungen, die den Umlaufssinn eines Tetraeders unverändert lassen, die Gruppe der linearen Transformationen des Raumes mit positiver Determinante, die eine Kugel oder allgemeiner eine nicht geradlinige Fläche zweiter Ordnung in sich überführen, die Gruppe der linearen Transformationen einer komplexen Veränderlichen sind zueinander isomorphe Transformationsgruppen.*

§ 2. Bestimmung von Kegelschnitten durch Punkte und Tangenten (Benutzung der Elementargeometrie).

Der Fall, daß fünf Punkte oder fünf Tangenten einer C_2 gegeben sind, ist analytisch durch die Bestimmung der Koeffizienten der Gleichung in Punkt- resp. Linienkoordinaten erledigt, konstruktiv geometrisch durch den PASCALschen resp. BRIANCHONschen Satz. Es bleiben die Fälle, daß ein Stück der einen Art und vier Stücke der anderen Art gegeben sind oder zwei Stücke der einen Art und drei Stücke der anderen Art.

a) Im ersten Falle nehmen wir vier Punkte als gegeben an, und zwar zwei von ihnen als die imaginären Kreispunkte. Dann haben wir das Problem zu lösen, durch zwei gegebene Punkte einen Kreis zu konstruieren, der eine gegebene Gerade g berührt. Durch zwei Punkte gibt es ein Kreisbüschel, das auf jeder Geraden, speziell auch auf g, eine Involution ausschneidet. Die Doppelpunkte der Involution auf g sind die Berührungspunkte der beiden Kreise, die die gegebene Bedingung befriedigen. Die projektive Übertragung auf die allgemeine C_2 ist ohne weiteres klar. Die Entscheidung, ob die beiden Lösungen reell, imaginär oder zusammenfallend sind, ergibt sich leicht durch die Betrachtung der betreffenden Involution oder der Lage des vollständigen Vierecks aus den vier Punkten in bezug auf g.

b) Im zweiten Falle nehmen wir drei Tangenten und zwei Punkte als gegeben an. Wir nehmen die beiden Punkte als die beiden imaginären Kreispunkte an und erhalten dann die Aufgabe, die Kreise zu konstruieren, die drei gegebene Geraden berühren. Aus der Elementargeometrie sind diese Kreise als Inkreis und Ankreise für ein Dreieck bekannt. Die Aufgabe hat also im allgemeinen vier Lösungen, die natürlich nicht immer alle, wie bei der eben angenommenen speziellen Wahl der beiden Punkte, reell zu sein brauchen. Die Elementargeometrie liefert auch sofort die Konstruktion: Die Halbierungslinien der Dreieckswinkel und der Außenwinkel schneiden sich zu dreien in den vier Mittelpunkten, den vier möglichen Lagen des Poles zu der unendlich fernen Gerade in bezug auf den Kreis. Die beiden Halbierungslinien durch eine Ecke, etwa A, sind das gemeinschaftliche Paar von zwei Involutionen, der Involution mit den Minimalgeraden als Doppelelementen und der Involution mit den beiden Dreiecksseiten AB und AC

als Doppelelementen. Sind also für die allgemeine C_2 zwei Punkte P_1 und P_2 und drei Tangenten a, b, c, die sich in A, B, C schneiden, gegeben, so betrachten wir die Involutionen in A, B, C, die einmal durch die Geradenpaare (b, c), (c, a), (a, b) als Doppelelemente gegeben sind, andererseits durch die Geradenpaare (AP_1, AP_2), (BP_1, BP_2), (CP_1, CP_2) als Doppelelemente. Die gemeinschaftlichen Paare der beiden Involutionen in A bzw. B bzw. C schneiden sich zu je dreien in vier Punkten, die die 4 möglichen Lagen des Poles zu $P_1 P_2$ in bezug auf die gesuchte C_2 ergeben. Verbinden wir einen dieser Punkte mit P_1 und P_2, so erhalten wir die Tangenten in P_1 und P_2. Durch fünf Tangenten ist aber eine C_2 eindeutig bestimmt.

Die Konstruktion läßt sich leicht als richtig nachweisen. Aber der Weg, auf dem wir sie gefunden haben, ist etwas kühner, als es die in § 1 benutzten Wege waren, weil wir gar nicht überlegt haben, ob es möglich ist, durch eine reelle oder imaginäre lineare Transformation zwei beliebige Punkte und drei beliebige Geraden in die imaginären Kreispunkte und drei reelle Geraden überzuführen. Wie benutzen bei unserer Überlegung vielmehr das Kontinuitätsprinzip von PONCELET (s. oben S. 391).

§ 3. C_2, die eine gegebene C_2 berühren.

a) C_2, die eine gegebene C_2 doppelt berühren (Benutzung von Projektionen des Raumes auf die Ebene).

Um die Kegelschnitte zu finden, die einen gegebenen Kegelschnitt mit der Gleichung

$$Q(x, y) = 0$$

doppelt berühren, betrachten wir die beiden Flächen

$$z^2 = \pm Q(x, y).$$

Der gemeinsame *Umriß* dieser Flächen im Grundriß [bei Projektion senkrecht zur (x, y)-Ebene] hat die Gleichung

$$Q(x, y) = 0.$$

Jede Kurve auf einer dieser Flächen berührt in der Projektion auf die (x, y)-Ebene den Umriß (in reellen oder imaginären Punkten). Schneiden wir

$$z^2 = \pm Q(x, y)$$

mit einer Ebene ε

$$z = ax + by + c \equiv l(x, y),$$

so ergibt die Projektion eine C_2, die $Q = 0$ berührt, und zwar in den beiden Punkten, in denen ε den Umriß schneidet. Also berühren alle C_2 mit der Gleichung

$$(l(x, y))^2 \mp Q(x, y) = 0$$

die C_2 mit der Gleichung $Q = 0$ doppelt. Da andererseits der Zylinder senkrecht zur (x, y)-Ebene und mit einer C_2 als Basis, die $Q = 0$ doppelt berührt, die Flächen

$$z^2 = \pm Q(x, y)$$

doppelt berührt, so schneidet dieser Zylinder jede dieser Flächen in zwei Kegelschnitten[1]. Also erhalten wir auch alle Kegelschnitte, die $Q = 0$ doppelt berühren, in der obigen Form, und zwar liefern selbstverständlich die beiden Formen

$$(l(x, y))^2 \mp Q(x, y) = 0$$

und

$$(-l(x, y))^2 \mp Q(x, y) = 0$$

dieselbe C_2. Diese beiden Formen entsprechen den beiden Kegelschnitten, die auf den Flächen durch die beiden Ebenen

$$\pm z = l(x, y)$$

ausgeschnitten werden. Falls $Q = 0$ reell ist und der doppelt berührende Kegelschnitt reell ist, erhält man durch den Projektionszylinder auf einer der beiden Flächen reelle Kegelschnitte, also auch ein reelles l.

Die Einfachheit der Form für die Gleichung der C_2, die $Q = 0$ doppelt berühren, führt zu dem Versuch, diese Form direkt abzuleiten. Das geht auch sofort mit der Überlegung: Wenn $Q' = 0$ und $Q = 0$ sich doppelt berühren, dann muß in dem Büschel

$$\lambda Q + \mu Q' = 0$$

die doppelt zu zählende Gerade enthalten sein, die durch die beiden Berührungspunkte hindurchgeht. Also ist für geeignetes λ und μ

$$\lambda Q + \mu Q' = (l(x, y))^2,$$

woraus sich unmittelbar die oben angegebene Form für die Gleichung der doppelt berührenden Kegelschnitte ergibt.

Alle C_2, die zwei Geraden $l_1 = 0$ und $l_2 = 0$ berühren, sind in der Form enthalten

$$(l(x, y))^2 \mp l_1 l_2 = 0.$$

---

[1] Berühren sich zwei Flächen zweiter Ordnung F und F' in zwei Punkten P_1 und P_2, dann legen wir durch P_1 und P_2 und irgendeinen weiteren gemeinsamen Punkt Q von F und F' eine Ebene ε. Diese schneidet F und F' in derselben C_2. Denn diese ist bestimmt durch Q und die beiden Tangenten in P_1 und P_2, die Schnittgeraden von ε mit den Tangentialebenen, die F und F' in P_1 und P_2 gemeinschaftlich besitzen. Also liegen alle gemeinsamen Punkte von F und F' auf gemeinschaftlichen C_2 durch P_1 und P_2. Da der Schnitt von der vierten Ordnung ist, gibt es höchstens zwei solche C_2, wenn F und F' nicht zusammenfallen.

Die vier Kegelschnitte, die durch drei gegebene Punkte (x_i, y_i) $(i = 1, 2, 3)$ gehen und zwei Geraden $l_1 = 0$ und $l_2 = 0$ berühren, haben daher die Gleichung

$$\begin{vmatrix} x & y & \sqrt{l_1(x, y)\, l_2(x, y)} & 1 \\ x_1 & y_1 & \sqrt{l_1(x_1, y_1)\, l_2(x_1, y_1)} & 1 \\ x_2 & y_2 & \sqrt{l_1(x_2, y_2)\, l_2(x_2, y_2)} & 1 \\ x_3 & y_3 & \sqrt{l_1(x_3, y_3)\, l_2(x_3, y_3)} & 1 \end{vmatrix} = 0.$$

Die verschiedenen Vorzeichen der Quadratwurzeln liefern die verschiedenen Kegelschnitte. Wir haben so eine elegante analytische Lösung des Problems § 2, b) (in dualisierter Form). Setzen wir in diese Gleichung statt des Radikanden $l_1 l_2$ den allgemeinen quadratischen Ausdruck $Q(x, y)$, so erhalten wir die vier Kegelschnitte durch die drei Punkte (x_i, y_i), die $Q = 0$ doppelt berühren. Setzen wir

$$l_1 l_2 = (x - a)^2 + (y - b)^2,$$

so erhalten wir die vier Kegelschnitte durch die drei Punkte (x_i, y_i), die den Punkt (a, b) als Brennpunkt haben.

b) C_2, die eine gegebene C_2 einfach berühren (Benutzung von zentralen Kollineationen).

Bilden wir durch eine zentrale Kollineation mit Zentrum S in einem Punkt der gegebenen C_2 diese ab, so entsteht eine C_2, die die erste in S berührt. Die Achse der zentralen Kollineation schneidet die beiden Kegelschnitte in zwei weiteren Punkten P_1 und P_2, die diese Kegelschnitte außer S noch gemeinsam haben. Eine Gerade durch S schneidet die beiden C_2 in zwei einander bei der zentralen Kollineation entsprechenden Punkten P und P'. Durch Zentrum, Achse und ein entsprechendes Punktepaar ist eine zentrale Kollineation eindeutig bestimmt. Durch S, die Tangente in S, durch die Punkte P_1, P_2 und P' ist eine C_2 eindeutig bestimmt. Also entsprechen sich die zentralen Kollineationen mit Zentrum auf der gegebenen C_2 und die Kegelschnitte, die diese C_2 berühren, eineindeutig.

Zur analytischen Darstellung bedienen wir uns am bequemsten der Darstellung einer C_2 durch rationale Funktionen eines Parameters. (Da etwa die Parabel $y = x^2$ sich durch einen Parameter rational in der Form darstellen läßt: $\qquad x = \lambda, \quad y = \lambda^2,$

so folgt vermittels einer linearen Transformation, daß sich die Koordinate jeder C_2 durch lineare Funktionen von λ und λ^2 darstellen lassen). Sei

$$x = \varphi(\mu), \quad y = \psi(\mu)$$

die Parameterdarstellung der gegebenen C_2 mit der Gleichung

$$Q(x, y) = 0.$$

Dann erhalten wir die zentralen Kollineationen mit Zentrum in einem
Punkte λ dieser C_2 durch die Beziehungen

$$x - \varphi(\lambda) = \frac{x' - \varphi(\lambda)}{l(x', y')},$$

$$y - \psi(\lambda) = \frac{y' - \psi(\lambda)}{l(x', y')}.$$

Der gegebene Kegelschnitt geht also durch die zentrale Kollineation
über in einen Kegelschnitt mit der Parameterdarstellung:

$$\frac{x' - \varphi(\lambda)}{l(x', y')} + \varphi(\lambda) = \varphi(\mu),$$

$$\frac{y' - \psi(\lambda)}{l(x', y')} + \psi(\lambda) = \psi(\mu),$$

woraus sich x' und y' als lineare Funktionen von $\varphi(\mu)$ und $\psi(\mu)$ berechnen lassen. Die Gleichung des Kegelschnittes lautet

$$Q\left(\frac{x' - \varphi(\lambda)}{l(x', y')} + \varphi(\lambda), \frac{y' - \psi(\lambda)}{l(x', y')} + \psi(\lambda)\right) = 0.$$

Die vorstehenden Beispiele sollen zeigen, daß es praktisch ist, die
vielen verschiedenen Methoden der analytischen Geometrie bei der Hand
zu haben, damit man zur Erledigung der verschiedenen Probleme die
jedesmal passendste Methode frei wählen kann.

VI. Ungelöste Probleme der analytischen Geometrie[1].

1. Es handelt sich im folgenden nicht darum, einzelne Probleme
anzuführen, deren Darstellung in der Sprache der analytischen Geometrie unmittelbar möglich ist, deren Bewältigung aber mit so großen
Schwierigkeiten verbunden ist, daß diese Bewältigung ein erwähnens-
wertes Ziel der weiteren Forschung ist. Wir wollen vielmehr versuchen,
unseren Blick über die herkömmliche analytische Geometrie hinaus
auf Gebiete zu richten, die noch gar nicht unter die Herrschaft der
Sprache der analytischen Geometrie, d. h. der Algebra, gekommen sind.
In der Tat gibt es geometrische Phänomene, die sich heute noch
durchaus nicht befriedigend in algebraischer Form darstellen lassen.
Das wichtigste Gebilde dieser Art ist die zweidimensionale Verallgemeinerung der in eine Reihe von Strecken eingeteilten Strecke, d. h. *das in
eine endliche Anzahl von Teilflächen zerlegte Flächenstück*, etwa *die Figur
der lückenlosen Überdeckung einer Dreiecksfläche mit einer endlichen Anzahl von Dreiecken.* Diese Figur ist mit den üblichen Hilfsmitteln nur
so zu beschreiben, daß das Gefüge der Dreiecke sukzessive durch Be-
schreibung der Lage jedes Dreiecks festgelegt wird. Es gibt keine
Möglichkeit, die Zerlegungsfiguren für eine feste, größere Anzahl n von

---

[1] Ein Teil des Folgenden ist abgedruckt aus der Arbeit „Über Zerlegung
von Rechtecken in Rechtecke" Math. Ann. LVII.

Dreiecken systematisch anzuordnen. Z. B. könnte man in eine Klasse von Figuren alle diejenigen werfen, die auseinander durch eine stetige Veränderung der Dreiecksseiten hervorgehen, wobei keine Seite in einen Punkt oder kein Dreieck in eine Strecke ausartet. Bei dieser Einteilung sind die beiden nebenstehenden Zerlegungsfiguren mit drei Teildreiecken als zu verschiedenen Klassen gehörend anzusehen. Aber, welche verschiedenen Klassen von Einteilungen es für großes n gibt, ist bisher noch ganz ungeklärt. So kommt es, daß ganz einfach auszusprechende Zerlegungsprobleme trotz größter auf sie verwandter Mühe nicht erledigt werden konnten. Das bekannteste derartige Problem ist das sogenannte Vierfarbenproblem: es ist zu entscheiden, ob vier Farben hinreichen, um bei jeder Zerlegung die Zerlegungsdreiecke so zu färben, daß keine zwei Dreiecke mit gleicher Farbe aneinanderstoßen.

Fig. 90.

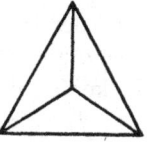

Fig. 91.

Die Beherrschung dieser einfachen Zerlegungsfigur ist der erste Schritt, um die *Topologie*, die Lehre von den allgemeinen Lagenbeziehungen, zu algebraisieren. Von diesem Ziel ist man heute noch sehr weit entfernt. Um eine Vorstellung davon zu erhalten, auf welchen neuen Wegen Fortschritte in dieser Richtung gemacht werden könnten, geben wir das folgende bescheidene Beispiel, das die nächst der Streckenzerlegung einfachste Zerlegungsfigur behandelt, nämlich die Zerlegung eines Rechtecks in Rechtecke.

2. Wir gehen von der Bemerkung aus, daß sich jedes Rechteck nur so in Rechtecke zerlegen läßt, daß die Seiten der Teilrechtecke je der einen oder anderen Seite des großen Rechtecks parallel sind. Dies ergibt sich sofort, wenn man mit der Zusammensetzung in einer Ecke des großen Rechtecks beginnt. Nach „Ausfüllung" einer Ecke durch ein Rechteck bleibt ein noch auszufüllendes Polygon mit nur solchen Winkeln, deren Schenkel den Seiten des großen Rechtecks parallel sind. Durch Ausfüllung einer Ecke dieser Figur durch ein Rechteck entsteht eine neue Figur von derselben Beschaffenheit usw., so daß die Richtigkeit der Bemerkung einleuchtet.

Sei nun eine Zerlegung des Rechtecks mit den Seiten x_0 und y_0 in Rechtecke mit den Seiten x_1 und y_1, x_2 und y_2, ..., x_n und y_n vorgelegt, wobei die Seiten x_i der Seite x_0, die Seiten y_i der Seite y_0 parallel sind. Seien

$$S_x \begin{cases} l_1^x(x_0, x_1 \ldots x_n) = 0 \\ l_2^x(x_0, x_1 \ldots x_n) = 0 \\ \cdots\cdots\cdots\cdots \\ \cdots\cdots\cdots\cdots \end{cases} \quad \text{und} \quad S_y \begin{cases} l_1^y(y_0, y_1 \ldots y_n) = 0 \\ l_2^y(y_0, y_1 \ldots y_n) = 0 \\ \cdots\cdots\cdots\cdots \\ \cdots\cdots\cdots\cdots \end{cases}$$

diejenigen homogenen, linearen, ganzzahligen und voneinander unabhängigen Beziehungen, die zwischen x_0, $x_1 \ldots x_n$ und zwischen y_0,

$y_1 \ldots y_n$ bestehen; z. B. für die Zerlegung in Fig. 9 bestehen die Beziehungen.

$$S_x \begin{cases} x_2 + x_3 - x_0 = 0 \\ x_1 + x_6 + x_7 + x_3 - x_0 = 0 \\ x_1 + x_6 + x_4 - x_0 = 0 \\ x_1 + x_5 - x_0 = 0 \end{cases} \qquad S_y \begin{cases} y_1 + y_2 - y_0 = 0 \\ y_5 + y_6 + y_2 - y_0 = 0 \\ y_5 + y_4 + y_7 + y_2 - y_0 = 0 \\ y_5 + y_4 + y_3 - y_0 = 0 \end{cases}$$

Es befriedigen diese Größen ferner nach Voraussetzung die Gleichung

(1) $$x_0 y_0 = x_1 y_1 + x_2 y_2 + \cdots + x_n y_n.$$

Aus der speziellen Eigenschaft aber der Größenpaare $x_1, y_1; \ldots x_n, y_n$, daß die aus ihnen gebildeten Rechtecke das Rechteck x_0, y_0 einfach und lückenlos überdecken können, folgt nun:

Jedes System von Werten $x_0, y_0; x_1, y_1; \ldots x_n, y_n$, das die Gleichungen S_x und S_y befriedigt, erfüllt auch die Gleichung (1).

Zum Beweise lassen wir zwei Seiten des in die Rechtecke $x_1, y_1; \ldots$ zerlegten Rechtecks x_0, y_0 zusammenfallen mit den positiven Achsen eines Koordinatensystems, und zwar die Seite von der Länge y_0 mit der y-Achse. Dann ist jedem der Eckpunkte jedes Rechtecks x_i, y_i ein Koordinatenpaar zugeordnet, das wir je nach der Wahl des Eckpunktes mit $x_{i,0}, y_{i,0}; x_{i,1}, y_{i,0}; x_{i,0}, y_{i,1}$ und $x_{i,1}, y_{i,1}$ bezeichnen, wo

$$x_{i,1} = x_{i,0} + x_i, \qquad y_{i,1} = y_{i,0} + y_i$$

ist. Jede der Größen $x_{i,0}$ und $x_{i,1}$ kann, wie leicht ersichtlich, auf mannigfache Weise als Summe von Größen $x_k, x_l, \ldots$, jede der Größen $y_{i,0}$ und $y_{i,1}$ ebenfalls so als Summe von Größen $y_k, y_l, \ldots$ dargestellt werden.

Führen wir nun zunächst statt des gegebenen Systems positiver Größen $x_0, x_1 \ldots, y_0, y_1 \ldots$ ein neues $\bar{x}_0, \bar{x}_1 \ldots, y_0, y_1 \ldots$ ein, in dem wir, wie schon die Bezeichnung andeutet, nur die Größen $x_0, \ldots$ abgeändert haben, und zwar so, daß auch die abgeänderten Größen $\bar{x}_0 \ldots$ die Gleichungen S_x befriedigen. Wir wollen ferner diese Veränderung als so klein annehmen, daß auch die Größen $\bar{x}_0, \ldots$ sämtlich positiv sind. Wir ordnen nun den Punkten $x_{i,0}, y_{i,0}; x_{i,1}, y_{i,0}; x_{i,0}, y_{i,1}; x_{i,1}, y_{i,1}$ Punkte mit den gleichen Ordinaten und solchen neuen Abszissen $\bar{x}_{i,0}, \bar{x}_{i,1}$ zu, wie sie sich durch Einsetzung der neuen Größen $\bar{x}_0, \ldots$ in die Darstellung der alten Abszissen durch die alten Größen $x_0, \ldots$ ergeben. Zunächst ist diese Zuordnung eindeutig. Denn war vorher etwa:

$$x_{i,0} = x_{k_1} + x_{l_1} + \cdots = x_{k_2} + x_{l_2} + \cdots,$$

so wird jetzt

$$\bar{x}_{i,0} = \bar{x}_{k_1} + \bar{x}_{l_1} + \cdots = \bar{x}_{k_2} + \bar{x}_{l_2} + \cdots,$$

weil die Größen $\bar{x}_{k_1}, \bar{x}_{l_1}, \ldots, \bar{x}_{k_2}, \bar{x}_{l_2}, \ldots$ nach Voraussetzung die sämtlichen ganzzahligen linearen Beziehungen, die zwischen den x_{k_1},

$x_{l_1}, \ldots, x_{k_2}, x_{l_2}, \ldots$, bestehen, ebenfalls erfüllen. Es ergibt sich ferner, daß

$$\bar{x}_{i,1} = \bar{x}_{i,0} + \bar{x}_i$$

ist. Denn war

$$x_{i,0} = x_k + x_l + \cdots,$$

so ergibt sich für $x_{i,1}$ die Darstellung:

$$x_{i,1} = x_k + x_l + \cdots + x_i,$$

also für die neuen Werte:

$$\bar{x}_{i,0} = \bar{x}_k + \bar{x}_l + \cdots,$$
$$\bar{x}_{i,1} = \bar{x}_k + \bar{x}_l + \cdots + \bar{x}_i;$$

und daraus:

$$\bar{x}_{i,1} - \bar{x}_{i,0} = \bar{x}_i.$$

Aus den Rechtecken mit den Seiten x_i und y_i werden demgemäß Rechtecke mit den Seiten $\bar{x}_i$ und y_i, welche gegen die früheren lediglich nach rechts oder links verschoben und in ihrer Breite abgeändert sind. Sie sind aber weder nach unten oder oben verschoben noch in ihrer Höhe verändert. Daraus ergibt sich unmittelbar: Fielen die Basen (zu der Seite x_0 parallelen Seiten) zweier Rechtecke vor der Abänderung in eine Gerade, so liegen sie auch nach dieser in einer Geraden. Aber wir können auch leicht schließen: Fielen die Höhen zweier Rechtecke vor der Abänderung in eine Gerade, so liegen sie auch nachher in einer Geraden. Denn war etwa:

$$x_{i,0} = x_{k,0}$$

und:

$$x_{i,0} = x_{k_1} + x_{l_1} + \cdots,$$
$$x_{k,0} = x_{k_2} + x_{l_2} + \cdots,$$

so folgt:

$$x_{k_1} + x_{l_1} + \cdots = x_{k_2} + x_{l_2} + \cdots.$$

Dann ist auch:

$$\bar{x}_{i,0} = \bar{x}_{k_1} + \bar{x}_{l_1} + \cdots,$$
$$\bar{x}_{k,0} = \bar{x}_{k_2} + \bar{x}_{l_2} + \cdots,$$
$$\bar{x}_{k_1} + \bar{x}_{l_1} + \cdots = x_{k_2} + \bar{x}_{l_2} + \cdots,$$

also auch:

$$\bar{x}_{i,0} = \bar{x}_{k,0},$$

und auch die Höhen mit den neuen Abszissen $\bar{x}_{i,0}$ und $\bar{x}_{k,0}$ liegen in einer Geraden.

Damit ist die Lückenlosigkeit der Bedeckung des Rechtecks x_0, y_0 mit den Rechtecken $\bar{x}_1, y_1; \bar{x}_2, y_2; \ldots$ gewährleistet. Wir haben noch die „Einfachheit" dieser Bedeckung nachzuweisen. Angenommen nun, zwei Rechtecke mit den Ecken $x_{i,0} y_{i,0} \ldots$ und $x_{h,0} y_{h,0} \ldots$ gingen durch die Abänderung in die Rechtecke $\bar{x}_{i,0}, y_{i,0} \ldots$ und $\bar{x}_{h,0}, y_{h,0} \ldots$ über, die übereinandergriffen. Da die Abänderung die Rechtecke nicht nach oben oder unten verschiebt, auch ihre Höhen nicht verändert, so müssen diese beiden Rechtecke so liegen, daß sie durch eine Verschiebung parallel zur x-Achse zum Übereinandergreifen gebracht werden können. Ist etwa $x_{i,0} > x_{h,1}$, dann muß, wenn die Abänderung die Rechtecke übereinanderschieben soll, jedenfalls $\bar{x}_{h,1} > \bar{x}_{i,0}$ sein.

Es sei nun

$$x_{i,0} = x_{h,1} + x_r + x_s + \cdots,$$

wo $x_r, x_s \ldots$ Grundlinien von Rechtecken zwischen den Rechtecken x_i und x_h bedeuten. Es folgt:

$$\bar{x}_{i,0} = \bar{x}_{h,1} + \bar{x}_k + \bar{x}_r + \cdots,$$

also da nach Voraussetzung auch alle abgeänderten Größen positiv sein sollen:

$$x_{i,0} > \bar{x}_{h,1}.$$

Also ist ein Übereinandergreifen der abgeänderten Rechtecke $\bar{x}_0, y_0$; $\bar{x}_1, y_1; \ldots; \bar{x}_n, y_n$ unmöglich, und wir haben damit nachgewiesen, daß $\bar{x}_0, y_0$ von $\bar{x}_1, y_1; \ldots$ einfach und lückenlos überdeckt wird. Folglich befriedigen $\bar{x}_0, y_0; \bar{x}_1, y_1; \ldots$ auch die Gleichung (1).

Verändern wir jetzt auch die Größen $y_1 \ldots$ und stellen die analogen Betrachtungen an, so ergibt sich: Jedes System von lauter positiven Größen $\bar{x}_0, \bar{y}_0; \bar{x}_1, \bar{y}_1; \ldots$, das in S_x und S_y für $x_0, y_0; x_1, y_1; \ldots$ eingesetzt diese Gleichungssysteme befriedigt, erfüllt auch die Gleichung (1). Weil aber die Gleichungen S_x und S_y linear sind und die Gleichung (1) eine algebraische ist, so können wir die Voraussetzung der Posivität (die wir zur Erleichterung der geometrischen Betrachtung eingeführt haben) fallen lassen. Wir lassen jetzt die Striche über den $\bar{x}_0, \bar{y}_0$ weg, indem wir uns die zunächst fest gegebenen Größen x_0, y_0 variabel denken und erhalten unseren Satz.

Man kann diesen Satz auch im $2n + 2$-dimensionalen Raume deuten: *Die lineare Mannigfaltigkeit, welche im Raume der x_0, y_0, $x_1, y_1, \ldots, x_n, y_n$ durch die linearen Gleichungssysteme S_x und S_y bestimmt wird, liegt auf der quadratischen Mannigfaltigkeit, die durch (1) gegeben ist.*

Soll es also möglich sein, aus den Rechtecken mit den Seiten x_1, y_1; $\ldots; x_n, y_n$ ein Rechteck zusammenzusetzen, so müssen zwischen diesen Größen gewisse lineare ganzzahlige Beziehungen bestehen, welche von der Art sind, wie sie aus S_x und S_y durch Elimination von x_0 und y_0 entstehen.

Mit Hilfe von bekannten Sätzen über die linearen Mannigfaltigkeiten auf quadratischen Mannigfaltigkeiten (s. S. 363) folgt aus unserem Satz, daß bei Zerlegung in n Rechtecke $n + 1$ voneinander unabhängige derartige lineare Beziehungen zwischen den Seitenlängen bestehen müssen. Ferner folgt: treten x_k und x_l in den linearen Gleichungen nur gemeinsam in der Form $x_k + x_l$ auf, so folgt aus den linearen Gleichungen zwischen den y_i, daß y_k gleich y_l ist; kommt x_k in allen x-Gleichungen vor, so folgt y_k gleich y_0; kommt x_k überhaupt nicht in diesen Gleichungen vor, so folgt y_k gleich 0. Wir wissen aber noch mehr über die linearen Gleichungen; aus ihrer geometrischen Bedeutung ergibt sich nämlich: die Gleichungen, aus denen (1) folgt, lassen sich so wählen und anordnen, daß eine Größe x_i oder y_i nur in aufeinanderfolgenden Gleichungen, und zwar mit dem Koeffizienten $+1$ für $i \neq 0$ und -1 für $i = 0$ vorkommt.

3. Wir wollen nun im folgenden einfache Beispiele betrachten, bei deren Behandlung jene Gleichungssysteme von wesentlichem Nutzen sind.

a) Rechtecke mit kommensurablen Seiten.

Sei etwa:

$$y_1 = r_1 x_1, \quad y_2 = r_2 x_2, \ldots, \quad y_n = r_n x_n,$$

wo die r_i rationale Zahlen sind. Setzen wir diese Werte von $y_1 \ldots y_n$ in die Gleichungssysteme S_x und S_y sowie in die Gleichung (1) ein, so ergibt sich:

Soll es möglich sein, aus den Rechtecken $y_1, x_1; \ldots; y_n, x_n$ ein Rechteck, etwa mit den Seiten y_0 und x_0 zusammenzusetzen, so muß jedes Wertesystem $x_0, x_1, \ldots, x_n$, welches das System aller ganzzahligen Beziehungen zwischen $x_0, y_0, x_1, \ldots, x_n$,

$$S \begin{cases} l_1(x_0, y_0, x_1, x_2, \ldots, x_n) = 0, \\ l_2(x_0, y_0, x_1, x_2, \ldots, x_n) = 0, \\ \cdots \cdots \cdots \cdots \cdots \\ \cdots \cdots \cdots \cdots \cdots \end{cases}$$

befriedigt, auch die Gleichung:

(1)
$$x_0 y_0 = r_1 x_1^2 + r_2 x_2^2 + \cdots + r_n x_n^2$$

erfüllen. Setzen wir in (1) $x_0 = -y_0$, so ergibt sich

$$x_0 = y_0 = x_1 = x_2 = \cdots = x_n = 0$$

als einziges reelles Wertesystem, das diese Gleichung erfüllt. Dieses Wertesystem ist demnach auch das einzige, welches die Gleichungen S und die Gleichung $x_0 = -y_0$ gleichzeitig befriedigt. Daraus folgt aber, daß S aus $n + 1$ Gleichungen bestehen muß. Denn aus weniger als $n + 2$ linearen Gleichungen zwischen $n + 2$ Variabeln kann niemals das identische Verschwinden aller Variabeln gefolgert werden. Da nun der Fall, daß eine der Größen $x_0, y_0, x_1, \ldots, x_n$ verschwindet, auszuschließen ist, so folgt, daß diese Größen alle zueinander in rationalen Verhältnissen stehen. Wir haben also den Satz:

Läßt sich aus einer Anzahl von Rechtecken ein Rechteck zusammensetzen und stehen die Seiten jedes einzelnen der Teilrechtecke in rationalem

Verhältnis zueinander, so stehen die Seiten sämtlicher Teilrechtecke unter-
einander und mit den Seiten des zusammengesetzten Rechtecks in ratio-
nalem Verhältnis.

Als Spezialfälle von diesem Satz wollen wir folgende erwähnen:

Ein Quadrat läßt sich nur in Quadrate mit kommensurablen Seiten
zerlegen. Legt man also in eine Ecke eines Quadrates ein Quadrat,
dessen Seite nicht kommensurabel ist, mit der Seite des großen Quadrates,
so läßt sich der übrigbleibende Teil des großen Quadrates auf keine
Weise in Quadrate zerlegen.

Ein Rechteck mit nichtkommensurablen Seiten läßt sich nicht in
Quadrate zerlegen.

b) Rechtecke mit Seiten, die in vorgegebenem Verhältnis
zueinander stehen.

Sei

$$y_1 = a_1 x_1, \quad y_2 = a_2 x_2, \ldots, \quad y_n = a_n x_n,$$

wo $a_1, a_2, \ldots, a_n$ irgendwelche positive Zahlen sind. Setzen wir diese
Werte von $y_1 \ldots y_n$ in S_x, S_y und (1) ein, so ergibt sich:

Angenommen, es läßt sich aus den Rechtecken mit den Seiten x_1
und y_1, x_2 und y_2, $\ldots$, x_n und y_n ein Rechteck, etwa mit den Seiten x_0
und y_0, zusammensetzen und sei:

$$S \begin{cases} l_1(x_0, y_0, x_1, x_2, \ldots, x_n) = 0, \\ l_2(x_0, y_0, x_1, x_2, \ldots, x_n) = 0, \\ \cdot \cdot \cdot \cdot \cdot \cdot \cdot \cdot \cdot \cdot \cdot \cdot \\ \cdot \cdot \cdot \cdot \cdot \cdot \cdot \cdot \cdot \cdot \cdot \cdot \end{cases}$$

das System aller solchen linearen homogenen Gleichungen zwischen
$x_0, y_0, x_1, \ldots, x_n$, in denen die Koeffizienten von $x_0, y_0, x_1, \ldots, x_n$
bzw. von der Form:

$$r_0, \varrho_0, r_1 + \varrho_1 a_1, r_2 + \varrho_2 a_2, \ldots, r_n + \varrho_n a_n$$

sind, wo $r_0, \varrho_0, r_1, \varrho_1, \ldots, r_n, \varrho_n$ rationale Zahlen sind. Dann muß jedes
Wertesystem $x_0, y_0, x_1, \ldots, x_n$, das S befriedigt, auch die Gleichung

$$x_0 y_0 = a_1 x_1^2 + a_2 x_2^2 + \cdots + a_n x_n^2$$

befriedigen. Setzen wir jetzt wieder $x_0 = -y_0$, so erhalten wir aus dieser
Gleichung

$$x_0 = y_0 = x_1 = x_2 = \cdots = x_n = 0.$$

Folglich muß S wieder aus $n + 1$ Gleichungen bestehen, und es ergibt
sich:

$$y_0 = a_0 x_0; \quad x_1 = k_1 x_0, \quad x_2 = k_2 x_0, \ldots, \quad x_n = k_n x_0,$$

wo die Größen $a_0; k_1, k_2, \ldots, k_n$ rationale Ausdrücke in $a_1, \ldots, a_n$ mit
rationalen Koeffizienten sind. Zu jedem Werte einer der Größen x_i gehört also nur ein einziges Wertesystem $x_0, x_1, \ldots, x_n; y_0, y_1, \ldots, y_n$.
Die so erhaltenen Resultate können wir in folgende Formen bringen:

1. *Sei ein Rechteck* x_0, y_0 *vorgelegt, das in die Rechtecke* x_1, y_1; x_2, y_2; ...; x_n, y_n *geteilt ist. Dann ist*

$$\frac{x_0}{y_0} = R\left(\frac{x_1}{y_1}, \frac{x_2}{y_2}, \ldots, \frac{x_n}{y_n}\right),$$

wo R *eine rationale Funktion der Argumente mit rationalen Koeffizienten bedeutet.*

2. *Betrachten wir die unendliche Reihe von Scharen von Rechtecken, deren Seitenverhältnisse vorgegebene Werte*

$$a_1, a_2, \ldots, a_n, \ldots$$

haben. Dann läßt sich a) aus den Rechtecken dieser Scharen nicht jedes Rechteck zusammensetzen, vielmehr muß das Seitenverhältnis eines solchen Rechtecks sich rational mit rationalen Koeffizienten durch eine endliche Anzahl von Größen aus der Reihe $a_1, a_2, \ldots, a_n, \ldots$ ausdrücken lassen. Es gibt also wieder nur eine abzählbar unendliche Anzahl von Scharen von Rechtecken, die sich so zusammensetzen lassen. *b) Zu einem bestimmten Rechteck einer jener Scharen mit nicht verschwindenden Seiten gehören nur je eine abzählbar unendliche Anzahl von Rechtecken jeder der Scharen, aus denen mit dem vorgegebenen Rechteck Rechtecke zusammengesetzt werden können.*

3. Vorgelegt sei ein Rechteck x_0, y_0, irgendwie zusammengesetzt aus den Rechtecken x_1, y_1; x_2, y_2; ...; x_n, y_n. Wir denken uns nun die Teilrechtecke und das große Rechteck veränderlich, und zwar mit folgenden Beschränkungen:

a) Jedes einzelne Teilrechteck für sich ist nur so zu bewegen, daß es ein Rechteck bleibt und daß, wenn man einen Winkel festhält, die gegenüberliegende Ecke auf der zugehörigen Diagonale fortschreitet. Also jedes Rechteck darf nur in ihm ähnliche übergeführt werden.

b) Rechtecke, die je mit einer Seite aneinander liegen, dürfen nicht übereinandergeschoben werden, sondern können nur aneinander hingleiten. — Diese Beschränkung, die sich nach früher Entwickeltem analytisch ausdrücken läßt als ständige Erfüllung gewisser linearer ganzzahliger Relationen zwischen den Rechtecksseiten, bewirkt, daß die veränderten Teilrechtecke wieder das große (ebenfalls veränderte) Rechteck einfach und lückenlos bedecken.

Halten wir endlich c), um bloße Bewegungen des Systems auszuschließen, einen Winkel des großen Rechtecks fest, so ergibt sich: *Das durch a), b), c) definierte kinematische System hat nur einen Freiheitsgrad:* Durch die Lage einer Ecke irgendeines Rechtecks (natürlich mit Ausnahme der von vornherein festgehaltenen Ecke des großen Rechtecks), ist die Lage jeder Ecke jedes Rechtecks bestimmt, und es schreitet auch die dem festen Winkel gegenüberliegende Ecke des großen Rechtecks auf einer Geraden fort, die durch den festen Scheitel hindurchgeht. Die Figur des in Rechtecke eingeteilten Rechtecks kann nur in ihr ähnliche Figuren übergehen. — *Rechtecke, die aus resp. ähnlichen Rechtecken homolog zusammengesetzt sind, sind ähnlich.*

Wir wollen bei dieser Gelegenheit bemerken, daß die bisherigen Resultate zeigen, daß nur die gleichsam trivialen Arten der Zerlegung möglich sind. Denn wie es beispielsweise trivial ist, daß sich ein Quadrat aus kommensurablen Quadraten zusammensetzen läßt, so ist es ebenfalls selbstverständlich, daß wir, bei gegebener Zerlegung eines Rechteckes in Rechtecke, mit „proportional" abgeänderten Teilrechtecken wieder ein Rechteck, und zwar mit ebenfalls proportional abgeänderten Seiten, zusammensetzen können.

c) Zerlegungsklassen.

Es ist zweckmäßig, in diesem Falle über die in 1. gegebene Klassenzusammenfassung hinaus auch diejenigen Figuren in dieselbe Klasse zu werfen, die auseinander dadurch entstehen, daß ein Teilrechteck in zwei Rechtecke zerlegt wird, ein zweites Teilrechteck ebenfalls in zwei Rechtecke usw. Dadurch erreichen wir, daß als Repräsentant jeder Klasse eine Zerlegung gewählt werden kann, bei der kein Teilrechteck mit dem großen Rechteck und keine zwei Teilrechtecke eine ganze Seite gemeinsam haben. Es zeigt sich nun, daß es keinen solchen Klassenrepräsentanten gibt, bei dem die Zerlegung aus 2, 3, 4 oder 6 Rechtecken besteht. Dagegen gibt es solche Repräsentanten für jedes andere *n*, wie die nachstehenden Figuren zeigen. Schon für

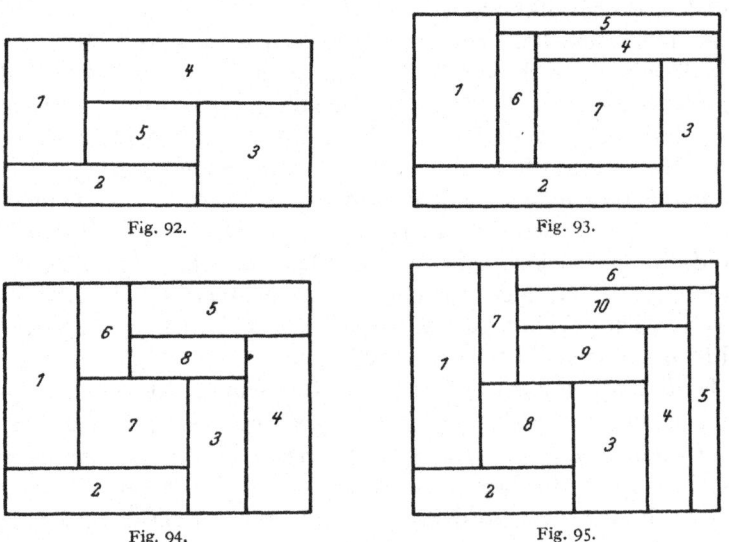

Fig. 92.   Fig. 93.

Fig. 94.   Fig. 95.

n gleich 9 gibt es sogar mehrere verschiedene Klassen. Daß in den vier Ausnahmefällen kein die Bedingung befriedigender Repräsentant vorhanden ist, kann man natürlich direkt durch Betrachtung aller überhaupt möglichen Fälle der Zerlegung in Rechtecke der betreffenden Anzahl feststellen. Will man aber mit einem allgemeinen Ansatz diese Fälle erledigen, so genügt eine rein topologische Betrachtung nur für die Fälle n gleich 2, 3 oder 4. Der Fall der Zerlegung in 6 Rechtecke bleibt dabei unerledigt. Hier benutzt man mit Vorteil unsere algebraische Methode. Aus dem ersten der auf S. 406 am Schlusse der allgemeinen Theorie angeführten Sätze ergibt sich, daß in diesem Fall notwendig sieben lineare Gleichungen für die x_i und y_i vorhanden sind; wir nehmen zunächst an, daß wir drei Gleichungen für die x_i haben. Wir ordnen die x_i je nach ihrem Vorkommen in diesen drei Gleichungen in sieben Abteilungen an, dabei sind die Gleichungen entsprechend der Bemerkung auf S. 407 angeordnet gedacht.

$$x_i \begin{cases} \text{kommt vor in der} \\ \text{kommt nicht vor in der} \end{cases} \begin{pmatrix} 1^{\text{ten}}, 2^{\text{ten}}, 3^{\text{ten}} \\ - \end{pmatrix}, \begin{pmatrix} 1^{\text{ten}}, 2^{\text{ten}} \\ 3^{\text{ten}} \end{pmatrix}, \begin{pmatrix} 1^{\text{ten}} \\ 2^{\text{ten}}, 3^{\text{ten}} \end{pmatrix},$$

$$\begin{pmatrix} 2^{\text{ten}}, 3^{\text{ten}} \\ 1^{\text{ten}} \end{pmatrix}, \begin{pmatrix} 2^{\text{ten}} \\ 1^{\text{ten}}, 3^{\text{ten}} \end{pmatrix}, \begin{pmatrix} 3^{\text{ten}} \\ 1^{\text{ten}}, 2^{\text{ten}} \end{pmatrix}, \begin{pmatrix} - \\ 1^{\text{ten}}, 2^{\text{ten}}, 3^{\text{ten}} \end{pmatrix} \text{Gleichung.}$$

Kommt in der ersten Abteilung ein x_i vor, so ist das y_i gleich y_0, kommt in der letzten Abteilung ein x_i vor, so ist das y_i gleich 0, was beides ausgeschlossen ist. Sind aber die sämtlichen sechs x-Seiten in den übrigen fünf Abteilungen verteilt, so müssen in mindestens einer zwei vorkommen, woraus dann folgt, daß zwei y_i gleich sind. Folgt aber die Gleichheit zweier Seiten auf Grund der linearen Gleichungen, dann gibt es, wie man aus der geo-metrischen Bedeutung und den angeführten algebraischen Eigenschaften ohne Schwierigkeit ableitet, ein mit Recht-ecken ausgefülltes Rechteck, von dem zwei Seiten jenen beiden gleich sind (s. Fig. 96). Hieraus folgert man dann in selbstverständlicher Weise die Unmöglichkeit, für diesen Fall ein Rechteck in sechs Rechtecke zu zerlegen, ohne daß Paare von zusammenfallenden Seiten auftreten. Der Fall, daß zwischen den x_i nur zwei oder eine lineare Gleichung besteht, führt natürlich zu demselben Resultat, da dann die x_i in noch weniger Abteilungen einzuordnen sind.

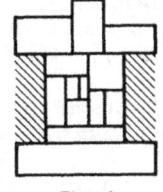

Fig. 96.

Man kann auch als Repräsentanten von Zerlegungsfiguren nur solche Figuren zulassen, die nicht aus anderen Figuren dadurch ent-stehen, daß ein Teilrechteck in mehrere Teilrechtecke zerlegt wird. Auch dann gibt es für jede Zahl $n > 4$ und $\neq 6$ Repräsentanten.

Sachverzeichnis[1].

---

[1] Der Buchstabe B verweist auf die Beispiele S. 284ff.

Made in United States
Orlando, FL
22 March 2026

79555409R00236